AF544394

EUL
VERLAG

FGF ENTREPRENEURSHIP-RESEARCH MONOGRAPHIEN

Herausgegeben von Prof. Dr. Heinz Klandt, Oestrich-Winkel, Prof. Dr. Michael Frese, Gießen, Prof. Dr. Josef Brüderl, Mannheim, Prof. Dr. Rolf Sternberg, Hannover, Prof. Dr. Ulrich Braukmann, Wuppertal, und Prof. Dr. Lambert T. Koch, Wuppertal

Band 70
Michael Alpert
Türkische Selbstständige in Deutschland – Strukturen und Erfolgsfaktoren im Gründungsprozess
Lohmar – Köln 2011 • 340 S. • € 63,- (D) • ISBN 978-3-8441-0029-7

Band 71
Sean Patrick Saßmannshausen
Entrepreneurship-Forschung: Fach oder Modetrend? – Evolutorisch-wissenschaftssystemtheoretische und bibliometrisch-empirische Analysen
Lohmar – Köln 2012 • 636 S. • € 83,- (D) • ISBN 978-3-8441-0165-2

Band 72
Andreas Brülhart
Opportunity Recognition und Entrepreneurship Education – Eine empirische Untersuchung an Studierenden eines Entrepreneurship-Masterprogrammes
Lohmar – Köln 2013 • 300 S. • € 59,- (D) • ISBN 978-3-8441-0259-8

Band 73
Stefan Gladbach
Der Abbruch akademischer Gründungsvorhaben – Eine explorativ-empirische Untersuchung
Lohmar – Köln 2015 • 304 S. • € 59,- (D) • ISBN 978-3-8441-0387-8

Band 74
Benjamin Danko
Unternehmensgründung durch Studierende – Eine ressourcenbasierte Analyse des Informationsprozesses im Vorfeld der Gründungsrealisation
Siegburg 2018 • 592 S. • € 96,- (D) • ISBN 978-3-8441-0559-9

JOSEF EUL VERLAG

Reihe: FGF Entrepreneurship-Research Monographien · Band 74

Herausgegeben von Prof. Dr. Heinz Klandt, Oestrich-Winkel, Prof. Dr. Michael Frese, Gießen, Prof. Dr. Josef Brüderl, Mannheim, Prof. Dr. Rolf Sternberg, Hannover, Prof. Dr. Ulrich Braukmann, Wuppertal, und Prof. Dr. Lambert T. Koch, Wuppertal

Dr. Benjamin Danko

Unternehmensgründung durch Studierende

Eine ressourcenbasierte Analyse des Informationsprozesses im Vorfeld der Gründungsrealisation

Mit einem Geleitwort von Prof. Dr. Thorsten Claus, Technische Universität Dresden, und Prof. Dr. Thomas A. Martin, Hochschule Ludwigshafen

Bibliografische Information der Deutschen Nationalbibliothek

Die Deutsche Nationalbibliothek verzeichnet diese Publikation in der Deutschen Nationalbibliografie; detaillierte bibliografische Daten sind im Internet über <http://dnb.d-nb.de> abrufbar.

Dissertation, Technische Universität Dresden, 2018

ISBN 978-3-8441-0559-9
1. Auflage September 2018

© JOSEF EUL VERLAG GmbH, Siegburg, 2018
Alle Rechte vorbehalten

JOSEF EUL VERLAG GmbH
Zeithstr. 356
53721 Siegburg
Tel.: 0 22 05 / 90 10 6-80
Fax: 0 22 05 / 90 10 6-88
E-Mail: info@eul-verlag.de
https://www.eul-verlag.de

Bei der Herstellung unserer Bücher möchten wir die Umwelt schonen. Dieses Buch ist daher auf säurefreiem, 100% chlorfrei gebleichtem, alterungsbeständigem Papier nach DIN 6738 gedruckt.

Unternehmensgründung durch Studierende –

Eine ressourcenbasierte Analyse des Informationsprozesses im Vorfeld der Gründungsrealisation

Dissertation
zur Erlangung des akademischen Grades
doctor rerum politicarum
Dr. rer. pol.

durch die
Fakultät Wirtschaftswissenschaften
der Technischen Universität Dresden

vorgelegt von
Master of Arts Diplom-Betriebswirt (FH) Benjamin Danko
geboren am 10.06.1981 in Freiburg im Breisgau

Gutachter: Prof. Dr. rer. pol. Thorsten Claus, Zittau
Prof. Dr. rer. pol. Thomas A. Martin, Ludwigshafen
Prof. Dr. rer. pol. Michael Schefczyk, Dresden

Disputation: Dresden, 16.07.2018

Geleitwort

Unternehmensgründungen wird ein hoher Stellenwert im Rahmen des volkswirtschaftlichen Strukturwandels beigemessen. Neugründungen haben eine bedeutende Innovationsfunktion mit positiven Effekten auf Wirtschaftswachstum und Arbeitsplatzschaffung. Forschungsaktivitäten an Hochschulen stehen in positivem Zusammenhang mit innovativen Unternehmensgründungen. In Deutschland sind Gründungsaktivitäten jedoch sowohl allgemein als auch speziell der studentischen Zielgruppe im internationalen Vergleich unterdurchschnittlich ausgeprägt. So existieren hierzulande vergleichsweise Defizite in der Gründungsausbildung an Hochschulen und der Gründungskultur, denen nur mit zielgruppenspezifischen Gründungsförderprogrammen begegnet werden kann, die am individuellen Bedarf der potenziellen Gründer ansetzen.

Herr Benjamin Danko konzentrierte sich auf die Vorgründungsphase der tatsächlichen effektiven Unternehmensgründung, d.h. insbesondere auf die Gründungsintentionen. Dazu erforscht er in seiner empirisch ausgerichteten Arbeit die relevante Frage, wie die Gründungsrelevanz (aktueller Vorbereitungsstand) sowie die zukünftige Gründungswahrscheinlichkeit von Studierenden erklärt und beeinflusst werden können. Die Dissertation erstellt mehrere Regressionsmodelle dazu und testet ihre Gültigkeit. Dem Nachwuchsforscher gelingt es, seine Arbeitsmodelle und Hypothesen weitgehend zu bestätigen.

Die Arbeit beruht auf Datenerhebungen an vier Hochschulen in Deutschland. Das Forschungsprojekt stand in Wechselwirkung zu der international ausgerichteten *GESt*-Studie unter Leitung von Prof. Dr. Walter Ruda (Hochschule Kaiserslautern, Campus Zweibrücken). Die Arbeit wurde vom Internationalen Hochschulinstitut Zittau, eine zentrale wissenschaftliche Einrichtung der TU Dresden, und der Hochschule Ludwigshafen am Rhein kooperativ betreut.

Zittau, im August 2018 — Prof. Dr. Thorsten Claus

Ludwigshafen, im August 2018 — Prof. Dr. Thomas A. Martin

Vorwort

An erster Stelle möchte ich meinen Dank an Professor Dr. Thorsten Claus (Direktor des Internationalen Hochschulinstitutes (IHI) Zittau) für seine wissenschaftliche Betreuung und die Zusage, als potenzieller Erstgutachter meiner Dissertation zu fungieren, hervorheben. Ein expliziter Dank gilt Professor Dr. Thomas A. Martin (Hochschule Ludwigshafen am Rhein) für seine Betreuung, die Möglichkeit, über ein kooperatives Promotionsverfahren zwischen dem IHI Zittau und der Hochschule Ludwigshafen mein Doktorandenstudium zu absolvieren und die Zusage, als potenzieller Zweitgutachter meiner Dissertation zu fungieren. Weiter bedanke ich mich bei Professor Dr. Michael Schefczyk (Lehrstuhl Entrepreneurship und Innovation, Technische Universität Dresden) für seine Anregungen und Zusage, als potenzieller Drittgutachter meiner Dissertation zu fungieren. Zudem gilt mein ausdrücklicher Dank Professor Dr. Wolfgang Gerstlberger (Süddänische Universität, Odense, Dänemark; ehemals: Stiftungslehrstuhl für Innovationsmanagement und Mittelstandsforschung, IHI Zittau) für seine Betreuung und die Möglichkeit, über ein kooperatives Promotionsverfahren zwischen dem IHI Zittau und der Hochschule Ludwigshafen mein Doktorandenstudium zu absolvieren. Ferner bedanke ich mich explizit bei Professor Dr. Walter Ruda (Hochschule Kaiserslautern, Campus Zweibrücken) für die langjährige Forschungszusammenarbeit. Mein besonderer Dank gilt auch Professor Dr. Rubén Ascúa (Universidad Tecnológica Nacional, Regionale Fakultät Rafaela, Argentinien) für die langjährige Forschungszusammenarbeit und damit verbundenen Forschungsaufenthalten in Argentinien.

Für Forschungsaufenthalte an ihren Universitäten möchte ich mich auch bedanken bei Professor Dr. Gianni Augusta Romani Chocce (Universidad Católica del Norte, Antofagasta, Chile), Professor Dr. Leandro Lepratte und Professor Rafael Blanc (Universidad Tecnológica Nacional, Regionale Fakultät Concepción del Uruguay, Argentinien) sowie Assistant Professor Dr. Renato Garcia (ehemals: Universidade de São Paulo, Brasilien; aktuell: Universidade Estadual de Campinas, Brasilien).

Für Forschungszusammenarbeit gilt mein Dank Professor Dr. Wolfgang Arnold (Technische Hochschule Mittelhessen, Campus Friedberg), Professor Dr. Hamid Etemad (McGill University, Montreal, Kanada), Professor Dr. Irene Fafaliou (Universität Piräus, Griechenland), Professor Dr. Szilveszter Farkas (ehemals: István-Széchenyi-Universität, Győr, Ungarn; aktuell: Wirtschaftshochschule Budapest, Ungarn), Professor Dr. László A. Szerb (Universität Pécs, Ungarn), Assistant Professor Dr. Agnieszka Kurczewska (Universität Lodz, Polen) sowie Prof. Dr. Blanca Josefina García Hernández (Universidad Autónoma del Estado de Hidalgo, Pachuca de Soto, Mexiko), bei der ich mich besonders bedanken möchte für ihre mir entgegengebrachte Wertschätzung im Zusammenhang mit meiner Aufnahme in den Wissenschaftlichen Ausschuss des „IV Congreso Nacional CIMIPYME y I Congreso Internacional de Investigación sobre la Pequeña y Mediana Empresa de ICSB México“ des International Council for Small Business México.

Für fachliche Anregungen bedanke ich mich bei Professor Dr. Heinz Klandt (EBS Universität für Wirtschaft und Recht, Oestrich-Winkel), Professor Dr. Josef Mugler (Wirtschaftsuniversität Wien, Österreich), Professor Dr. Silke Tegtmeier (Leuphana Universität Lüneburg), Professor Dr. Friederike Welter (Universität Siegen) sowie Mg. Juan Salvador Federico (Universidad Nacional de General Sarmiento, Buenos Aires, Argentinien).

Mein weiterer Dank gilt Dr. Ursula-Anna Schmidt (Hochschule Kaiserslautern, Campus Zweibrücken) sowie M.A. Wafa Abou-Zaki (George Washington University, Washington, D.C., USA) für ihre Unterstützung im Zusammenhang mit Forschungsaktivitäten an ihren Hochschulen.

Mein größter Dank gilt meinen Eltern, die auch in den herausforderndsten Zeiten stets an mich geglaubt haben. Besonders bedanken möchte ich mich schließlich bei meinem verstorbenen Schulfreund Christian Stankiewicz für seinen entscheidenden Anstoß, ein Studium der Betriebswirtschaftslehre aufzunehmen. Ihm sowie meinen Eltern ist diese Dissertation gewidmet.

Florianópolis, den 4. September 2018 Benjamin Danko

Meinem verstorbenen Schulfreund

Christian Stankiewicz

sowie

meinen Eltern

ist dieses Buch gewidmet.

Inhaltsverzeichnis

Abbildungsverzeichnis

Tabellenverzeichnis

Abkürzungsverzeichnis

Anm. d. Verf.	Anmerkung des Verfassers
Bd.	Band
BMBF	Bundesministerium für Bildung und Forschung
bspw.	beispielsweise
bzw.	beziehungsweise
ca.	circa
cf.	confer (vergleiche)
d.h.	das heißt
ENSR	European Network for SME Research
EPQ	Entrepreneurial Potential Questionnaire
et al.	et alii (und andere)
EU	Europäische Union
F&E	Forschung und Entwicklung
f.	folgende
ff.	fortfolgende
GEM	Global Entrepreneurship Monitor
GESt	Gründung und Entrepreneurship von Studierenden
ggf.	gegebenenfalls
GUESSS	Global University Entrepreneurial Spirit Students‘ Survey

H	Hypothese
HIE	high impact entrepreneurship
Hrsg.	Herausgeber
HS KL	Hochschule Kaiserslautern
HS LU	Hochschule Ludwigshafen am Rhein
i.d.R.	in der Regel
i.H.v.	in Höhe von
I/O Psychology	Industrial and Organizational Psychology
ICSB	International Council for Small Business
IfM	Institut für Mittelstandsforschung Bonn
IGA	Internationales Gewerbearchiv
IHI	Internationales Hochschulinstitut Zittau
inkl.	inklusive
Inmit	Institut für Mittelstandsökonomie an der Universität Trier
insb.	insbesondere
ISCE	International Survey on Collegiate Entrepreneurship
Kap.	Kapitel
KfW	Kreditanstalt für Wiederaufbau
KMU	kleine und mittlere Unternehmen
n-Ach	need for achievement

Nr.	Nummer
o. S.	ohne Seiten
o. V.	ohne Verfasser
OECD	Organisation for Economic Co-operation and Development
PSED	Panel Study of Entrepreneurial Dynamics
Pymes	pequeñas y medianas empresas (kleine und mittlere Unternehmen)
R & D	Research and Development
R&D	Research and Development
RBV	Resource-Based View
SME	small and medium-sized enterprises
SMEs	small and medium-sized enterprises
Sp.	Spalte
TEA	Total Early-stage Entrepreneurial Activity
THM	Technische Hochschule Mittelhessen
u.a.	unter anderem
U.S.	United States (of America)
UK	United Kingdom
US	United States (of America)
USA	United States of America
vgl.	vergleiche

Vol.	Volumen (Band)
vs.	versus
z.B.	zum Beispiel
zit. n.	zitiert nach

Abstract

Die Unterstützung und Schaffung von Anreizen für das akademische Entrepreneurship als auch die Beschleunigung der Vermarktung von Inventionen aus dem Hochschulkontext heraus wird als Möglichkeit der Förderung von Innovationen in der Volkswirtschaft angesehen (Kauffman Foundation 2007: 2f.; Henrekson/Stenkula 2010: 618; Europäische Kommission 2013: 7). Entsprechend widmet sich auch die Bundesrepublik Deutschland der Förderung von akademischen Unternehmensgründungen und der Etablierung einer Kultur der unternehmerischen Selbständigkeit (Kulicke/Dornbusch/Kripp/Schleinkofer 2012: 1). Allerdings weist Deutschland gegenüber den anderen untersuchten innovationsbasierten Ländern die niedrigste Gründungsquote auf (Sternberg/von Bloh/Brixy 2016: 6-9), und die Gründungsabsichten von Studierenden in Deutschland sind im internationalen Vergleich unterdurchschnittlich und gegenüber früheren Untersuchungen rückläufig (Bergmann 2014: 10-14). Um das Gründungspotenzial der akademischen Zielgruppe im Rahmen der Gründungsförderung auszuschöpfen (Acs 2001: 17; Braukmann 2003: 201; Henrekson/Johansson 2010: 241), sind Kenntnisse über Einflussfaktoren während des Unternehmensgründungsprozesses auch der Zielgruppe der Studierenden erforderlich (Shane 1996: 773; Ucbasaran/Westhead/Wright 2008: 171; Bergmann 2014: 3; Sternberg/Vorderwülbecke/Brixy 2015: 25). Die vorliegende betriebswirtschaftliche Arbeit verfolgt das Ziel, im Sinne der postulierten Subjektorientierung (Braukmann 2003: 193) förderliche und hinderliche Einflussfaktoren auf aktuelle und antizipierte Unternehmensgründungsaktivitäten von Studierenden aus ressourcenbasierter Perspektive heraus zu untersuchen, die aufgrund der hohen Bedeutung der Ressourcenverfügbarkeit während des Gründungsprozesses (Mellewigt/Schmidt/Weller 2006: 94-96) zweckdienlich ist, um dem bestehenden Forschungsdefizit entgegenzuwirken (Alvarez/Busenitz 2001: 771; Tokuda 2005: 125-45; Dollinger 2008: 10-36; Samuelsson/Davidsson 2009: 229f.; Pryor/Webb/Ireland/Ketchen 2016: 21f.). Hierbei wird entsprechend des ressourcenbasierten Ansatzes aus dem strategischen Management eine Ressourcenheterogenität bei potenziellen Gründern zugrunde gelegt (Conner/Prahalad 1996: 478; Alvarez/Busenitz 2001: 755; Dollinger 2008: 50), bspw. hinsichtlich Wissen, Kapital und Anreizen (Lilischkis 2001: 22-35). Aufgrund der offensichtlichen Sonderstellung der Ressource „Information" (Stigler

1961: 213-25; Casson 1999: 50-52) sowie der Bedeutung der Akkumulation von Informationen für die Identifikation als auch Verfolgung potenzieller unternehmerischer Gelegenheiten (Alvarez/Busenitz 2001: 769; Ucbasaran/Westhead/Wright 2008: 155) fokussiert die vorliegende Arbeit den „Informationsprozess“ der potenziellen Gründer im Sinne des Zugangs zu gründungsrelevanten Informationen während des Gründungsprozesses. Zur Erreichung des Forschungszieles werden aus der auf den Gründungsprozess bezogenen Entrepreneurship-Literatur die sich für eine ressourcenorientierte Perspektive als relevant herauskristallisierenden Einflussbereiche aufgegriffen, die jeweils grundlegenden Einflussgrößen identifiziert und im Rahmen eines Arbeitsmodells in einen Gesamtzusammenhang gebracht. Daraufhin werden die Annahmen des Arbeitsmodells im Rahmen von multiplen Regressionen basierend auf Befragungsdaten aus einer Primärerhebung bei Studierenden der Fachrichtungen Betriebswirtschaftslehre, Ingenieurwissenschaften und Informatik an vier deutschen Hochschulen empirisch überprüft. Wie die empirischen Ergebnisse schließlich verdeutlichen, trägt eine ressourcenbasierte Perspektive des Unternehmensgründungsprozesses von Studierenden beziehungsweise das daraus im Rahmen dieser Arbeit hervorgegangene Arbeitsmodell dazu bei, aktuelle Gründungsaktivitäten von Studierenden als auch deren antizipierte Gründungsaktivitäten empirisch zu erklären. Demnach wird mit der vorliegenden Arbeit dahingehend ein Beitrag zur Entrepreneurship-Forschung geleistet, indem im Rahmen des weitgehend unerforschten Unternehmensgründungsprozesses diverse ressourcenbasierte Einflussgrößen aufgedeckt werden, denen vergleichsweise eine höhere oder eine geringere Bedeutung innerhalb der Informations- und Entscheidungsprozesse potenzieller Unternehmensgründer aus der studentischen Zielgruppe bezüglich der Verfolgung potenzieller unternehmerischer Gelegenheiten beigemessen werden kann.

1 Einleitung

1.1 Problemstellung und Zielsetzung der Arbeit

„Entrepreneurs develop innovations, fulfill customer needs, and spur economic growth by recognizing, evaluating, and exploiting opportunities. Despite progress, scholarly understanding of how entrepreneurs achieve these objectives may be incomplete" (Pryor/Webb/Ireland/Ketchen 2016: 21).

Sofern Großunternehmen sich nicht anhand von flexibleren neuen Organisationsformen umstrukturieren und an den zunehmenden Wandel der wirtschaftlichen Rahmenbedingungen in den späten 1970er Jahren anpassen konnten, wurden sie grundsätzlich durch Gruppen von kleinen und mittleren Unternehmen ersetzt (Casson 2005a: 343f.). Die neue Informationswirtschaft ist durch ununterbrochene Innovation und zunehmenden Wandel geprägt (Acs 2001: 10), insbesondere bedingt durch den Globalisierungsprozess (Casson 2005a: 343). Unternehmensgründungen – „als ein die Wirtschaftspraxis prägendes reales Phänomen" (Fallgatter 2004: 40) – sind ein wesentlicher Bestandteil des Erneuerungsprozesses der Marktwirtschaft, tragen gemeinsam mit Unternehmensschließungen wesentlich zum wirtschaftlichen Strukturwandel bei (Brüderl/Preisendörfer/Ziegler 1998: 12[1]) und üben zusammen mit kleinen und mittleren Unternehmen generell eine bedeutende Innovationsfunktion aus (Coase 1937, zit. n. Alvarez/Busenitz 2001: 770; Henrekson/Stenkula 2010: 595), die zu technologischem Wandel, Wirtschaftswachstum und der Schaffung von Arbeitsplätzen führt (Birch 1979, 1981: 8; Schmitz 1989; Audretsch/Thurik 2000: 19-30[2]; Acs 2001: 4-11[3]; Storey 2005: 479; Acs/Parsons/Tracy 2008: 1-4; van Praag/Versloot 2008; Stangler/Litan 2009: 2-12; Acs/Audretsch/Braunerhjelm/Carlsson 2012: 289-98). Aufgrund der positiven volkswirtschaftlichen Effekte infolge eines für Unternehmensgründungen günstigen Umfeldes rückte „Entrepreneurship" – das als Aktivität aufgefasst, „für Unternehmertum, unternehmerisches Handeln und das Gründen eines Unternehmens" (Fallgatter 2007: 16) steht – seit den durch bedeutende Veränderungen geprägten 1980er Jahren (Boutillier 2008b: 132; Carlsson/Braunerhjelm/McKelvey/Olofsson/Persson/

1 Mit Verweis auf Joos 1987.

2 Neben eigenen empirischen Ergebnissen auch mit Verweisen auf Davis/Haltiwanger/Schuh 1996a, 1996b; Carree/Klomp 1996; Audretsch 1995; Acs/Armington 1998; ENSR/EIM 1997.

3 Mit Verweis auf Literaturreviews in Acs 1996; Admiraal 1996; OECD 1996; Storey 1994.

Ylinenpää 2013: 919f.[4]; Mason 1989, zit. n. Shane 1996: 774) wieder in den Mittelpunkt der Interessen von Wirtschaftswissenschaftlern sowie der wirtschaftspolitischen Agenda in entwickelten Volkswirtschaften, auch in Europa (European Commission 1999: 4f.; Hofstede/Noorderhaven/Thurik/Uhlaner/Wennekers/Wildeman 2004: 162-64; Boutillier 2008b: 131; Carree/Thurik 2010: 559f.; Henrekson/Stenkula 2010: 595; Sargeant/Moutray 2010: 58). Empirischen Forschungsergebnissen zufolge verzeichneten in Deutschland ab den 1990er Jahren Regionen mit höheren Gründungsquoten höhere Wachstumsraten (Audretsch/Fritsch 1996: 137-48, 2002: 113-23; Fritsch 1997: 437; Audretsch/Keilbach 2004a: 423-27, 2004b: 950-57). Mueller belegt basierend auf Daten westdeutscher Regionen aus den Jahren 1992-2002 ebenfalls den positiven Effekt von Unternehmensgründungsaktivitäten und zudem von Forschungs- und Entwicklungsintensität auf regionales Wirtschaftswachstum (2006: 1502-06). Aus wirtschaftspolitischer Sicht ist zwecks Steigerung des Wirtschaftswachstums somit auch für Deutschland die Forderung naheliegend, neben Wissensfaktoren wie Forschung und Entwicklung und dem Bildungswesen (Acs/Szerb 2007: 114) auch die Mechanismen für die Übertragung und Vermarktung von Wissen und Inventionen bzw. unternehmerisches Bewusstsein und unternehmerische Fähigkeiten intensiver zu fördern (Audretsch/Keilbach 2004a: 427, 2004b: 951-57; Mueller 2006: 1507, 2007: 355-61; Carree/Thurik 2010: 580; Henrekson/Stenkula 2010: 616f.; Acs/Audretsch/Lehmann 2013: 763) und demzufolge durch die Verbesserung der für Entrepreneurship förderlichen Rahmenbedingungen unternehmerische Aktivitäten anzuregen (Acs/Szerb 2007: 112). Sowohl die Europäische Union, z.B. mit dem „Aktionsplan Unternehmertum 2020“ (Europäische Kommission 2013), als auch die Bundesrepublik Deutschland, bspw. mit dem seit Ende 1998 initiierten und schrittweise weiterentwickelten Programm „EXIST – Existenzgründungen aus der Wissenschaft“ (Kulicke/Dornbusch/Kripp/Schleinkofer 2012), widmen sich der Förderung von Entrepreneurship bzw. (innovativen) Unternehmensgründungen und der Etablierung einer Kultur der unternehmerischen Selbständigkeit. Der Fokus des EXIST-Programms liegt auf der Förderung von innovativen Unternehmensgründungen aus Hochschulen durch Wissenschaftler[5],

4 Mit Verweisen auf Carlsson 1989a, 1989b, 1992; Carlsson/Acs/Audretsch/Braunerhjelm 2009.

5 In der vorliegenden Arbeit wird grundsätzlich die maskuline Begriffsform aufgeführt; dabei wird sie allerdings als neutrale Form verstanden, die ebenfalls die feminine Form inkludiert.

Studierende sowie Absolventen (Kulicke/Dornbusch/Kripp/Schleinkofer 2012: 1). Die Unterstützung und Schaffung von Anreizen für das akademische Entrepreneurship als auch die Beschleunigung der Vermarktung von Inventionen aus dem Hochschulkontext heraus wird als Möglichkeit der Förderung von Innovationen in der Volkswirtschaft angesehen (Kauffman Foundation 2007: 2f.; Henrekson/Stenkula 2010: 618; Europäische Kommission 2013: 7).

Während Hochschulen und Forschungseinrichtungen als grundlegende Quelle der Generierung von Wissen eingestuft werden (Mueller 2006: 1506; Acs/Audretsch/Lehmann 2013: 764-70), das die Menge technologischer bzw. unternehmerischer Gelegenheiten erweitert und unternehmerische Aktivitäten signifikant positiv beeinflusst (Jaffe 1989: 957; Audretsch/Feldman 1996: 630, 639; Audretsch/Keilbach 2004b: 952; Acs/Braunerhjelm/Audretsch/Carlsson 2009: 18-28; Link/Welsh 2013: 1-7; Qian/Acs 2013: 185), schöpfen „Entrepreneure", d.h. Unternehmer, der „Knowledge Spillover Theory of Entrepreneurship"[6] zufolge neues, sich über Spillover angeeignetes Wissen – als unternehmerische Gelegenheiten (Drucker 1985: 107-29; Shane/Venkataraman 2000: 220-24) – aus (Acs 2010: 175-78; Acs/Audretsch/Lehmann 2013: 758). Diese Theorie exemplifiziert die Rolle des Entrepreneurs im Kontext des wirtschaftlichen Wandels, namentlich die Transformation von Wissen in wirtschaftlich nutzbares Wissen, indem dieser Akteur, insbesondere im Rahmen neu gegründeter Unternehmen (Acs/Plummer 2005: 439f.; Mueller 2006: 1499-506), Wissen verwertet bzw. Inventionen vermarktet (Acs/Braunerhjelm/Audretsch/Carlsson 2009: 28; Henrekson/Stenkula 2010: 617). Fritsch und Aamoucke decken demgemäß empirisch einen positiven Zusammenhang zwischen der Präsenz von Hochschulen sowie weiteren öffentlichen Forschungsinstituten und der Entstehung von Unternehmensgründungen in als innovativ eingestuften Branchen für deutsche Regionen auf (2013: 865-81). Zwar mögen diese Forschungsergebnisse in Einklang mit den Annahmen der Knowledge Spillover Theory of Entrepreneurship stehen und die Bedeutung auch von Hochschulen im Gründungskontext untermauern, jedoch bleibt offen, inwiefern es sich hierbei um Un-

6 Vgl. hierzu z.B. Audretsch 1995; Audretsch/Lehmann 2005; Acs/Armington 2006; Audretsch/Keilbach/Lehmann 2006; Acs/Braunerhjelm/Audretsch/Carlsson 2009; Acs/Audretsch/Lehmann 2013.

ternehmensgründungen durch die akademische Zielgruppe des EXIST-Programms handelt.

Allerdings wird durch den Global Entrepreneurship Monitor (GEM) zumindest auf die Fragestellung eingegangen, wie sich Deutschland insgesamt mit den Unternehmensgründungsaktivitäten der Bevölkerung im internationalen Vergleich positioniert. So weist der zum gegebenen Zeitpunkt aktuellste Länderbericht für Deutschland bzgl. des Jahres 2015 gegenüber den anderen entsprechend untersuchten 22 innovationsbasierten, also vergleichbaren, Ländern die niedrigste „Total Early-stage Entrepreneurial Activity“ (TEA) – d.h. „werdende Gründer“ und „Gründer junger Unternehmen“ – aus (Sternberg/von Bloh/Brixy 2016: 6, 9). Zudem ist diese TEA i.H.v. 4,7 Prozent geringer als diejenigen der vorangegangenen vier Jahre (Sternberg/von Bloh/Brixy 2016: 10). Aber auch im Rahmen der TEA bzgl. des Jahres 2014 i.H.v. 5,3 Prozent erreichte Deutschland vergleichsweise zu den 28 weiteren entsprechend untersuchten innovationsbasierten Ländern nur den drittletzten Rang (Sternberg/Vorderwülbecke/Brixy 2015: 6, 9). Hinzu kommt, dass die Gründungsabsichten von Studierenden in Deutschland im internationalen Vergleich auffallend geringer ausfallen als die Durchschnittswerte der anderen im Rahmen des Global University Entrepreneurial Spirit Students‘ Survey (GUESSS) untersuchten Länder (Bergmann 2014: 14[7]), was sich möglicherweise auf die im Rahmen des GEM für Deutschland aufgezeigten komparativen Defizite im Bereich der gründungsbezogenen Ausbildung an Hochschulen und Schulen sowie der mangelnden Gründungskultur zurückführen lässt (Sternberg/Vorderwülbecke/Brixy 2015: 6; Sternberg/von Bloh/Brixy 2016: 6). Trotz wirtschaftspolitischer Maßnahmen im Bereich der Gründungsförderung, inklusive der Gründungsausbildung – die praxisrelevantes Wissen vermittelt, unternehmerisches Denken fördert und wesentlich zur Schaffung einer Gründungskultur beitragen kann (Fayolle 2006: 6; Sternberg/Vorderwülbecke/Brixy 2015: 23-25) –, an Hochschulen in Deutschland (vgl. hierzu z.B. Koch 2002: 6; Uebelacker 2005: 83-174; Bergmann 2014: 3, 21-26), konnten diese beiden Standortnachteile in Deutschland scheinbar nicht ausreichend reduziert werden (Sternberg/Vorderwülbecke/Brixy 2015: 25). So sind Studienergebnissen zufolge die Gründungsabsichten der Studierenden in Deutschland für das Jahr 2013 im Ver-

---

7 Mit Verweis auf Sieger/Fueglistaller/Zellweger 2014.

gleich zu den früheren Untersuchungen des GUESSS nämlich rückläufig (Bergmann 2014: 1, 10f.) bzw. „so gering wie noch nie in den vergangenen Jahren“ (Bergmann 2014: 11).

Gewiss sind dies ernüchternde Ergebnisse; zumal gerade von der akademischen Zielgruppe technologiebasierte bzw. wissensintensive und/oder wachstumsorientierte Gründungen mit überdurchschnittlich positiven volkswirtschaftlichen Effekten erwartet werden (Schwarz/Grieshuber 2001: 105f.; Koch 2002: 6; Uebelacker 2005: 79f.; Ruda/Martin/Ascúa/Gerstlberger/Danko 2012: 104f.; Sternberg/Vorderwülbecke/Brixy 2015: 13), was neben Forschungsaktivitäten an Hochschulen und der diesbezüglichen Wissensgenerierung und Wissensdiffusion auch auf die dortige akademische Vermittlung von „generalisierten“ Kompetenzen zurückgeführt wird, die für potenzielle Unternehmensgründer förderliche Ressourcen darstellen können, um z.B. die neuesten Forschungserzeugnisse wirtschaftlich erfolgreich zu verwerten (Acs/Szerb 2007: 112; Aldrich/Martinez 2010: 405[8]). Entsprechend betrachten Audretsch und Lehmann das Humankapital von Hochschulabsolventen als einen grundsätzlichen Mechanismus und Hochschulabsolventen als einen der bedeutendsten Kanäle für Wissensspillover aus Hochschulen (2005: 1194[9]). Während die Entrepreneurship-Forschung schwerpunktmäßig technologieorientierte Unternehmensgründungen durch Wissenschaftler untersucht, dominiert jedoch vergleichsweise eindeutig die Anzahl an Unternehmensgründungen durch Studierende (Bergmann 2014: 3[10]) und Hochschulabsolventen (Aldrich/ Martinez 2010: 413); wobei diverse Studien für Studierende der Betriebswirtschaftslehre, der Ingenieurwissenschaften und der Informatik zumeist die höchsten bzw. überdurchschnittliche Gründungswahrscheinlichkeiten bzw. Gründungsaktivitäten aufzeigen (Otten 2000: 12, zit. n. Görisch 2002b: 29; Schwarz/Grieshuber 2001: 105; Görisch 2002b: 28-30; Josten/van Elkan/Laux/Thomm 2008a: 13f.; Bergmann 2014: 5f., 12f.), so dass Studierende der Fachrichtungen Betriebswirtschaftslehre, Ingenieurwissenschaften und Informatik geeignete Zielgruppen für die vorliegende Arbeit darstellen. Diese durch die akademische Zielgruppe gegründeten Unternehmen sind „insgesamt betrachtet auch nicht von geringerer Qualität als Gründungen von Wissenschaft-

[8] Mit Verweisen auf Romanelli 1989; Nelson 1994.
[9] Unter Bezugnahme auf Saxenian 1994; Varga 2000.
[10] Mit Verweis auf Shane 2004.

lern“ (Bergmann 2014: 3[11]). Entsprechend wird für die Gründungsförderpolitik eine explizite Schwerpunktsetzung auf die weiter oben genannten komparativen Standortnachteile Deutschlands postuliert (Sternberg/Vorderwülbecke/Brixy 2015: 6).

Um in diesem Zusammenhang die Gründungsausbildung an Hochschulen, durch die Studierende für die Gründung sensibilisiert, ggf. zu dieser motiviert und – mittels der Vermittlung gründungsspezifischer Grundkenntnisse sowie der Schulung unternehmerischer Schlüsselqualifikationen (Breuer 2006: 84) – auf diese vorbereitet werden (Uebelacker 2005: 101; Bergmann 2014: 28), bedarfsgerecht und zielgruppenspezifisch ausgestalten (Koch 2002: 11-13; Braukmann 2003: 189-92; Ucbasaran/Westhead/ Wright 2008: 171) bzw. verbessern zu können (Uebelacker 2005: 78, 88) und – mittels der hochschulischen Gründungsförderung allgemein – eine positivere und nachhaltige Gründungskultur an Hochschulen zu schaffen (Braukmann 2003: 201; Bergmann 2014: 3) sowie akademische Unternehmensgründungen sowohl quantitativ als auch qualitativ – und somit das Gründungspotenzial – zu erhöhen (Acs 2001: 17; Braukmann 2003: 201; Henrekson/Johansson 2010: 241),[12] sind Kenntnisse über förderliche und hinderliche Einflussfaktoren im Rahmen des Unternehmensgründungsprozesses der primären Zielgruppe der hochschulischen Gründungsausbildung, d.h. der Studierenden (Uebelacker 2005: 78-80), erforderlich (Shane 1996: 773; Ucbasaran/Westhead/Wright 2008: 171; Bergmann 2014: 3; Sternberg/Vorderwülbecke/Brixy 2015: 25); denn ansonsten bleiben Einflussnahmen zufällig (Szyperski/Nathusius 1999: 2). Hierbei ist das alleinige Auswerten von Gründungsstatistiken unzureichend; vielmehr sind im Rahmen einer betriebswirtschaftlichen Untersuchung des Gründungsprozesses – wie diejenige der vorliegenden Arbeit – die potenziellen Gründer als Entscheidungsträger über eine eigene Gründung (Berg 2004: 75; Mellewigt/Schmidt/Weller 2006: 110; Acs/Audretsch/Lehmann 2013: 757) als Haupteinwirkungsfaktoren zu charakterisieren, da sich bei ihnen die verschiedenen Rollen des Ideengenerierens, Planens, Steuerns, Durchführens und Überwachens vereinen, und sie somit innerhalb einer neugegründeten Wirtschaftseinheit den essenziellen Produktionsfaktor ausmachen

11 Mit Verweis auf Åstebro/Bazzazian/Braguinsky 2012.

12 Henrekson und Johansson verdeutlichen, dass die beiden Postulate der Erhöhung der Gründungsquoten allgemein und der Erhöhung von wachstumsstarken Unternehmen bzgl. der Schaffung von Arbeitsplätzen einander ergänzen (Henrekson/Johansson 2010: 241, mit weiteren Verweisen).

(Baumol 1968: 64; Barney 1986: 660[13]; Bygrave 1989: 20; Alvarez/Busenitz 2001: 766; Dollinger 2008: 36), so dass im Rahmen einer einzelwirtschaftlichen Perspektive insbesondere individuelle Einstellungen und Motive bzgl. der beruflichen Selbständigkeit der potenziellen Unternehmensgründer zu erforschen sind (Szyperski/Nathusius 1999: 2) bzw. auf eine subjektive Wahrnehmung und Beurteilung der förderlichen und hinderlichen Einflussfaktoren im Gründungsprozess abzustellen ist (Glade 1967: 251, zit. n. Low/MacMillan 1988: 150; Douglas 2009: 3-19; Casson 2010: 377).

In diesem Zusammenhang setzt die vorliegende Arbeit nicht am Ziel der Analyse der Gründungsausbildung an; vielmehr untersucht sie – der postulierten Subjektorientierung, „u.a. im Sinne eines Anknüpfens an die für eine Berufswahl ‚unternehmerische Selbständigkeit' relevanten Werte, Wünsche oder Sorgen der potenziellen Gründerinnen und Gründer" (Braukmann 2003: 193), folgend – aus ressourcenbasierter Perspektive potenzielle Einflussfaktoren auf Gründungsaktivitäten bzw. den Gründungsprozess von Studierenden, um ausgehend von diesbezüglichen Ergebnissen Erkenntnisse ableiten zu können, welche förderlichen und hinderlichen gründungsprozessualen Faktoren grundsätzlich bei der Ausgestaltung einer bedarfsorientierten und zielgruppenspezifischen akademischen Gründungsförderung zu berücksichtigen sind. Hierbei wird eine – zumindest partielle – Lehr- und Lernbarkeit von gründungsrelevanten Handlungskompetenzen innerhalb der akademischen Ausbildung (Breuer 2006: 88f.) zugrunde gelegt,[14] die als weitgehend akzeptiert bzw. empirisch belegt eingestuft wird (Katz 1991: 87; Gibb 1993: 12; Gorman/Hanlon/King 1997: 71[15]; Koch 2002: 7-14; Kuratko 2005: 580[16]; Uebelacker 2005: 89-95[17]; Fayolle 2006: 3f.[18]; Volery/Müller 2006: 2f.[19]).

Insgesamt verdeutlichen mehrere empirische Untersuchungen den hohen Stellenwert der Ressourcenverfügbarkeit während des Gründungszeitpunktes für die Überlebens- und Wachstumsfähigkeit von Unternehmen (Eisenhardt/Schoonhoven 1990: 504-27;

13 Mit Verweisen auf Schein 1983; Zucker 1977.
14 „An '*entrepreneurial perspective*' can be developed in individuals" (Kuratko 2005: 578).
15 Mit weiteren Verweisen.
16 Mit weiteren Verweisen.
17 Mit weiteren Verweisen.
18 Mit weiteren Verweisen.
19 Mit weiteren Verweisen.

Roure/Keeley 1990: 201-18; Chandler/Hanks 1994: 331-45; Cooper/Gimeno-Gascon/Woo 1994: 371-93; Klandt/Kirchhoff-Kestel/Struck 1998, zit. n. Mellewigt/Witt 2002: 82; Bamford/Dean/McDougall 2000: 254-73; Brüderl/Schüssler 1990: 530-46; Brüderl/Preisendörfer/Ziegler 1998: 277) und belegen hiermit die „organizational imprinting"-These von Stinchcombe (1965) (Boeker 1988: 33-51) bzw. die „Pfadabhängigkeit" des Unternehmens von seinen anfänglichen Gegebenheiten während des Gründungsprozesses (Alvarez/Busenitz 2001: 769). Nichtsdestotrotz ist der für den Unternehmenserfolg hochrelevante Gründungsprozess, während dem die zum Gründungszeitpunkt schließlich verfügbaren Ressourcen akkumuliert werden und der somit die Ausgangsbasis des potenziellen Gründungserfolgs im Falle der Gründungsrealisation darstellt, weitgehend unerforscht bzw. unzureichend thematisiert (Mellewigt/Schmidt/Weller 2006: 94; Samuelsson/Davidsson 2009: 229f.; Saßmannshausen 2012: 89; Gladbach 2015: 58; Pryor/Webb/Ireland/Ketchen 2016: 21f.). Vielmehr beginnt die betriebswirtschaftliche Literatur mit der Prämisse, dass Unternehmen bereits als Repräsentant eines Aggregats existieren (Penrose 1980, zit. n. Bhave 1994: 224; Picot/Laub/Schneider 1989: 1; Mellewigt/Witt 2002: 82[20]), oder es wird nur oberflächlich auf den Gründungsprozess eingegangen (Samuelsson/Davidsson 2009: 229f.[21]). Aufgrund der hohen Bedeutung der Ressourcenverfügbarkeit für ein erfolgreiches Durchlaufen des Unternehmensgründungsprozesses (Mellewigt/Schmidt/Weller 2006: 96), erscheint im Rahmen einer betriebswirtschaftlichen Analyse des Gründungsprozesses bei der studentischen Zielgruppe insbesondere eine ressourcenorientierte Perspektive zweckdienlich zu sein, diesem Forschungsdefizit (im Bereich des Hochschulkontextes) entgegenzuwirken (Alvarez/Busenitz 2001: 771; Dollinger 2008: 10, 36). Hierbei wird auf den ressourcenbasierten Ansatz des strategischen Managements[22] zurückgegriffen, der von einer Ressourcenheterogenität von Unternehmen (Barney 1991: 99-101; Mahoney/Pandian 1992: 363; Peteraf 1993: 179; Wernerfelt 1995: 172; Alvarez/Busenitz 2001: 756f., 761, 769; Barney 2001b: 649; Berg 2004: 32[23]; Foss/Ishikawa 2007: 755f.; Dollinger 2008: 36) als auch von potenziellen Gründern (Alvarez/Busenitz

20 Mit Verweis auf Kaiser/Gläser 1999: 14.

21 Mit Verweisen auf Gartner 1988; Katz/Gartner 1988.

22 Wernerfelt 1984: 171-80, 1995: 171-73; Barney 1991: 99-117, 2001a: 41-54; Mahoney/Pandian 1992: 363-75; Peteraf 1993: 179-90; Barney/Wright/Ketchen 2001: 625-37.

23 Unter Bezugnahme auf Peteraf 2003.

2001: 755; Conner/Prahalad 1996: 478; Dollinger 2008: 50) – bspw. hinsichtlich Persönlichkeiten, Eigenschaften, Wissen, Fähigkeiten, Erfahrungen, soziodemographischen Hintergründen, sozialen Netzwerken, Motivationen und Vorstellungen (Dollinger 2008: 36) – ausgeht und hierbei die einzelnen Wirtschaftssubjekte einschließlich ihrer individuellen Ausstattungen an Ressourcen untersucht, die alles umfassen, was wertvoll ist, eine Stärke oder Schwäche verkörpern kann, in die Wertschöpfung einfließt bzw. zu strategischen Wettbewerbsvorteilen oder Wettbewerbsnachteilen führen kann (Wernerfelt 1984: 172; Barney 1991: 101[24]; Dollinger 1999: 26; Knoll 2000: 35; Mellewigt/Schmidt/Weller 2006: 96; Fallgatter 2007: 20). Der ressourcenbasierte Ansatz liefert demnach, basierend auf der Analyse des Ressourcenbestandes, für die strategische Unternehmensplanung einen Denkrahmen zur Aufdeckung potenzieller Entwicklungen und Probleme des Unternehmens (Berg 2004: 44-46), der sich in der Entrepreneurship-Forschung bzw. speziell im Rahmen einer Untersuchung des Gründungsprozesses entsprechend aufgreifen lässt (Chandler/Hanks 1994: 331-45; Alvarez/Busenitz 2001: 755-72; Brush/Greene/Hart 2001: 74; Berg 2004: 63-90; Tokuda 2005: 125-45). Demnach wird im Sinne der Annahme der Ressourcenheterogenität des ressourcenbasierten Ansatzes davon ausgegangen, dass die potenziellen Gründer über unterschiedliche Ressourcen – die sich grundsätzlich den Bereichen Wissen, Kapital und Anreize (Lilischkis 2001: 22-35) zuordnen lassen – verfügen (Conner/Prahalad 1996: 478; Alvarez/Busenitz 2001: 755; Tokuda 2005: 144; Dollinger 2008: 50), die wiederum die Gründungsrealisierung bzw. die Gründungswahrscheinlichkeit dieser Akteure beeinflussen. So treten im Rahmen einer Analyse des Gründungsprozesses die potenziellen Gründer – einschließlich ihrer verfügbaren und zur Gründungsrealisation notwendigen Ressourcen (Dubini/Aldrich 1991: 309) – in den Mittelpunkt des Forschungsinteresses (Bygrave 1989: 14; Mitton 1989: 10; Müller-Böling/Klandt 1990: 158; Klandt/Münch 1990: 174; Dubini/Aldrich 1991: 309; Cooper/Gimeno-Gascon/Woo 1994: 375; Szyperski/Nathusius 1999: 38[25]; Markman 2007: 83; Dollinger 2008:

[24] Mit Verweisen auf Learned/Christensen/Andrews/Guth 1965 (bibliographische Daten verbessert); Porter 1981.

[25] Mit Verweis auf Liles 1974 und die dort angegebene Literatur.

25, 41, 50; Ucbasaran/Westhead/Wright 2008: 170[26]; Harms/Kraus/Schwarz 2009: 37; Samuelsson/Davidsson 2009: 230; Carree/Thurik 2010: 564).

Neben dem ressourcenbasierten Ansatz werden – auch im Sinne des Postulats, im Rahmen der Entrepreneurship-Forschung mehrere theoretische Perspektiven zu berücksichtigen (Low/MacMillan 1988: 156; Gartner/Gatewood 1992: 8f.; Brüderl/Preisendörfer/Ziegler 1998: 32; Mellewigt/Schmidt/Weller 2006: 94f.) – zudem die theoretischen Annahmen insbesondere der Humankapitaltheorie[27] und der Perspektive sozialer Netzwerke[28] zugrunde gelegt, die ohnehin als zweckdienliche theoretische Zugänge für eine Untersuchung des Gründungsprozesses eingestuft werden (Mellewigt/ Witt 2002: 100-02; Brüderl/Preisendörfer/Ziegler 1992: 231; Brüderl/Preisendörfer/ Ziegler 1998: 41-55; Fallgatter 2004: 39). So folgt auch die vorliegende Arbeit nicht einer idealtypischen, monistischen Form paradigmatischer Normalwissenschaften im Sinne von Kuhn (1962, 1976) oder Lakatos (1974), wie in den Wirtschaftswissenschaften bspw. die volkswirtschaftliche neoklassische Schule (Saßmannshausen 2009[29]; Carlsson/Braunerhjelm/McKelvey/Olofsson/Persson/ Ylinenpää 2013: 919[30]), sondern den kontextgebundenen Formen der Erkenntnisgewinnung[31] im Sinne des Theorie- und Methodenpluralismus nach Feyerabend (1976, 1993), der das Poppersche Argument der Theorienabhängigkeit der Erfahrung[32] verschärft (Saßmannshausen 2012: 96-100). Unter der Annahme theoretisch vorbelasteter Wahrnehmung[33] kann ohnehin eine einzig „richtige“ Theorie nicht existieren (Feyerabend 1976; Schnädelbach 1989: 269; Klein 1995: 66, zit. n. Saßmannshausen 2012: 99f.).

---

26 Mit Verweis auf Westhead/Ucbasaran/Wright/Binks 2004 (bibliographische Daten verbessert).

27 Vgl. hierzu z.B. Becker 1993a; Mincer 1974; Schultz 1975, 1980.

28 Vgl. hierzu z.B. Granovetter 1985.

29 Mit weiteren Verweisen.

30 Mit Verweisen auf Hayek 1945; Casson 1982.

31 „Diese Schule betont den Prozess des Theoretisierens und steht den Sozialwissenschaften näher als den Naturwissenschaften. Sie schließt damit Theorie-, Hypothesen- und Modellbildung sowie deren empirische Überprüfung keineswegs aus, stellt diese Schritte jedoch in einen größeren erkenntnisphilosophischen Gesamtzusammenhang. In der Wissenschaftstheorie ist diese Schule eng mit dem Namen Feyerabend verbunden“ (Saßmannshausen 2012: 97, unter Weglassung der Hervorhebung im Original).

32 Vgl. zur theoriegeleiteten, empirisch geprüften Erkenntnisgewinnung und Kritik Popper 1969, 1972.

33 Auch Müller-Böling und Klandt zufolge bauen wissenschaftliche Aussagen auf existentem Wissen bzw. existierenden Theorien auf (Müller-Böling/Klandt 1990: 164).

Bezugnehmend auf das Eingangszitat, fokussiert sich die vorliegende Arbeit weniger auf die kognitionspsychologisch geprägte Fragestellung nach dem „Erkennen" potenzieller unternehmerischer Gelegenheiten oder auf die, sich über den Gründungsprozess hinaus beziehende Fragestellung nach dem „Verwerten" potenzieller unternehmerischer Gelegenheiten, sondern vielmehr auf die Fragestellung nach der – auch aufgrund des Phänomens der „externally stimulated opportunities" (Bhave 1994: 228-30) zutreffender bezeichneten – „Verfolgung" potenzieller unternehmerischer Gelegenheiten durch die studentische Zielgruppe. Die Entscheidungen für oder gegen die Verfolgung von Geschäftsideen im Rahmen von Unternehmensgründungen hängen neben erwarteten Renditen der Geschäftsideen, erzielbarem Einkommen durch alternative Beschäftigungsformen, Risikohaltung und weiteren persönlichen Merkmalen der potenziellen Gründer auch von der unternehmerischen Kultur[34] und weiteren Gründungshemmnissen wie finanziellen und regulatorischen Restriktionen ab (Acs/Armington 2006: 56-60).[35] Im Rahmen der diversen Entscheidungsvorgänge während des Gründungsprozesses (Casson/Wadeson 2007b: 296; Pryor/Webb/Ireland/Ketchen 2016: 36) zur Bewältigung der unternehmerischen Herausforderung der Akkumulation und Koordination von für die Gründungsrealisation notwendigen Ressourcen (Brush/Greene/Hart 2001: 71; Dollinger 2008: 10-21[36]) stellt im Sinne der Informationssuchperspektive (Stigler 1961: 213-25; Alvarez/Busenitz 2001: 768[37]; Ucbasaran/Westhead/Wright 2008: 155) der Zugang zu bzw. die Ansammlung von gründungsrelevanten Informationen – insbesondere über soziale Beziehungen der potenziellen Gründer (Dubini/Aldrich 1991: 305-09; Witt 2004: 391-94; Arenius/De Clercq 2005: 262[38]) – eine kritische unternehmerische Aktivität dar (Alvarez/Busenitz 2001: 768; Mellewigt/Schmidt/Weller 2006: 99f.; Baron 2007a: 172f.[39]; Casson 2010: 376), durch die ein Lernprozess zwecks adäquaten bzw. adäquateren Entscheidens ermöglicht wird (Cooper/Folta/Woo 1995: 108[40]; Venkataraman 1997: 122[41]; Chiles/Bluedorn/Gupta 2007: 474[42]).

34 „An entrepreneurial culture is defined as a social context where entrepreneurial behavior is encouraged (Johannisson, 1984)" (Acs/Armington 2006: 57).

35 Zu Modellen über die unternehmerische Berufswahl, vgl. z.B. Evans/Jovanovic 1989; Blanchflower/Oswald 1998.

36 Mit Verweis auf Barney 2001a.

37 Mit Verweis auf Caplan 1999.

38 Mit Verweis auf Davidsson/Honig 2003.

39 Mit Verweis auf Ozgen/Baron 2007.

40 Unter Bezugnahme auf Stinchcombe 1990: 7.

Die von den potenziellen Gründern akkumulierten Informationen werden als tief eingebettetes und sozial komplexes Wissen über Kombinierungsmöglichkeiten von Ressourcen (Casson 1982: 23, zit. n. Tokuda 2005: 138) im Gründungsprozess betrachtet (Alvarez/Busenitz 2001: 769).[43] Aufgrund der offensichtlichen Sonderstellung der Ressource „Information" (Casson 1999: 50-52) sowie der Bedeutung der Akkumulation von externen Informationen für die Identifikation als auch Verfolgung potenzieller unternehmerischer Gelegenheiten (Alvarez/Busenitz 2001: 769; Ucbasaran/Westhead/Wright 2008: 155) fokussiert die vorliegende Arbeit den „Informationsprozess" der potenziellen Gründer im Sinne des Zugangs zu gründungsrelevanten Informationen während des Gründungsprozesses. In diesem Zusammenhang sind Gründungsinformationsquellen entscheidend, zumal sie Zugang zu wesentlichen Informationen als auch Ressourcen allgemein ermöglichen (Berg 2004: 76[44]; Baron 2007a: 173[45]; Busenitz/Arthurs 2007: 142; Sarasvathy/Dew/Velamuri/Venkataraman 2010: 87), die wiederum – basierend auf dem persönlichen Human- und Sozialkapital (Hindle/Klyver/Jennings 2009: 36-43) – entscheidend für Gründungsintentionen und Gründungsaktivitäten sein können (Venkataraman 1997: 123; Brüderl/Preisendörfer/Ziegler 1998: 26f.; Alvarez/Busenitz 2001: 768; Hindle/Klyver/Jennings 2009: 40).

Die vorliegende betriebswirtschaftliche Arbeit verfolgt das Ziel, ressourcenbasierte Einflussgrößen auf aktuelle sowie antizipierte Unternehmensgründungsaktivitäten von Studierenden zu erforschen. Hierbei sollen aus der auf den Unternehmensgründungsprozess bezogenen Entrepreneurship-Literatur die sich für eine ressourcenorientierte Perspektive als relevant herauskristallisierenden Einflussbereiche aufgegriffen und die jeweils grundlegenden Einflussgrößen identifiziert werden, um daraufhin im Rahmen eines Arbeitsmodells in einen Gesamtzusammenhang gebracht zu werden. Schließlich sollen die Annahmen des Arbeitsmodells im Rahmen von multiplen Regressionen basierend auf Befragungsdaten aus einer Primärerhebung bei Studierenden der Fachrichtungen Betriebswirtschafslehre, Ingenieurwissenschaften und Informatik an vier

41 Mit Verweis auf Arrow 1974.

42 Unter Bezugnahme auf Lachmann 1976: 131.

43 Hierbei lassen sich die heterogenen Vorstellungen der Akteure über potenzielle Werte und Kombinierungsmöglichkeiten von Ressourcen ebenfalls als Ressourcen auffassen (Alvarez/Busenitz 2001: 756).

44 Mit Verweis auf Venkataraman/Sarasvathy 2001: 659.

45 Mit Verweis auf Ozgen/Baron 2007.

deutschen Hochschulen empirisch überprüft werden. Demzufolge lässt sich als erste Forschungsfrage ermitteln; inwiefern lässt sich die „Gründungsrelevanz“ der Studierenden – im Sinne von aktuellen Gründungsaktivitäten – sowie die von den Studierenden eingeschätzte „Gründungswahrscheinlichkeit“ – im Sinne von antizipierten Gründungsaktivitäten – anhand der herausgearbeiteten ressourcenbasierten Einflussgrößen statistisch erklären? Daraus lässt sich die zweite Forschungsfrage ableiten; inwiefern beeinflussen die herausgearbeiteten ressourcenbasierten Einflussgrößen die beiden Erfolgsgrößen „Gründungsrelevanz“ bzw. „Gründungswahrscheinlichkeit“ der Studierenden mit unterschiedlicher Wirkungsrichtung? Schließlich soll der dritten Forschungsfrage nachgegangen werden; welche ressourcenbasierten Einflussgrößen üben den stärksten Effekt auf die Gründungsrelevanz bzw. auf die Gründungswahrscheinlichkeit der Studierenden aus? Durch die infolge der Beantwortung dieser Forschungsfragen einhergehenden Erkenntnisse könnte verdeutlicht werden, auf welche gründungsprozessualen Einflussbereiche im Rahmen der akademischen Gründungsförderung im Sinne einer zielgruppenadäquaten Ausgestaltung besonders Wert gelegt werden sollte.

1.2 Aufbau der Arbeit

Nach dem einführenden Kapitel, mit der darin aufgeführten Problemstellung, der verdeutlichten Schwerpunktsetzung der vorliegenden betriebswirtschaftlichen Arbeit sowie der aufgezeigten Zielsetzung dieser Arbeit, wird im Rahmen des zweiten Kapitels, basierend auf der einschlägigen Fachliteratur, ein Arbeitsmodell entwickelt, das die der eingenommenen ressourcenbasierten Perspektive zufolge grundlegenden Einflussfaktoren im Unternehmensgründungsprozess von Studierenden beinhaltet. Hierbei wird, nach der anfänglichen Erläuterung von für diese Arbeit wesentlichen Begrifflichkeiten, im zweiten Unterkapitel auf die volkswirtschaftliche Bedeutung des wirtschaftlichen Akteurs „Entrepreneur“ und des Phänomens „Unternehmensgründung“ eingegangen. Daraufhin erfolgt im dritten Unterkapitel eine theoretische Einordnung des Untersuchungsgegenstandes der vorliegenden Arbeit in das Forschungsfeld „Entrepreneurship“. In einem weiteren Unterkapitel wird infolge der Interdisziplinarität des Untersuchungsgegenstandes die vorliegende betriebswirtschaftliche Arbeit von Themenschwerpunkten der psychologisch geprägten Entrepreneurship-Forschung abgegrenzt. Dem schließt sich ein fünftes Unterkapitel an, in dem die beiden zu untersuchenden Erfolgsgrößen des Unternehmensgründungsprozesses festgelegt werden, die studentische Zielgruppe der vorliegenden Arbeit diesbezüglich eingeordnet wird und die fundamentale Bedeutung des Zugangs zu gründungsrelevanten Informationen während des Unternehmensgründungsprozesses verdeutlicht wird. Das sechste Unterkapitel befasst sich aus Sicht des ressourcenorientierten Ansatzes mit der unternehmerischen Herausforderung der Akkumulation von für eine Unternehmensgründung erforderlichen Ressourcen während des Gründungsprozesses, bevor schließlich im siebten Unterkapitel aus den Einflussbereichen, die sich der Entrepreneurship-Forschung zufolge als bedeutend für den Unternehmensgründungsprozess herauskristallisiert haben, die als wesentlich erscheinenden ressourcenbasierten Einflussfaktoren auf Gründungsrelevanz bzw. Gründungswahrscheinlichkeit der Studierenden in einem Arbeitsmodell zusammengeführt und zudem Hypothesen abgeleitet werden. Im Rahmen des dritten Kapitels wird die methodische Vorgehensweise im Rahmen der empirischen Untersuchung der vorliegenden Arbeit beschrieben, die hierbei auch in den von Müller-Böling und Klandt (1990) entwickelten Gesamtbezugsrahmen für die empirische Gründungsforschung eingeordnet wird, und ferner wird die aus der Befragung von Studierenden der Betriebswirtschaftslehre, der Ingenieurwissenschaften und der Informatik an vier deutschen Hochschulen hervorgehende Stichprobe analysiert. Im vierten Kapitel erfolgt anhand der generierten Stichprobe eine empirische Überprüfung der Annahmen des im zweiten Kapitel entwickelten Arbeitsmodells. Nach einer deskriptiven Übersicht über die Ausprägungen der in der vorliegenden Arbeit fokussierten gründungsrelevanten Merkmale bei der Stichprobe werden im zweiten Unterkapitel Faktorenanalysen im Rahmen der Gründungsmotive, der Gründungshemmnisse und des Gründungssupports durchgeführt, um die in diesen drei Bereichen relativ hohe Anzahl an herausgearbeiteten Einflussvariablen auf Gründungsrelevanz bzw. Gründungswahrscheinlichkeit auf eine überschaubare geringere Anzahl von untereinander unabhängigen Einflussgrößen zu verringern. Daraufhin erfolgt im dritten Unterkapitel eine regressionsbasierte Überprüfung der herausgearbeiteten Einflussfaktoren im Rahmen von zwei Varianten der Gründungsrelevanz und der Gründungswahrscheinlichkeit der Studierenden als Regressanden anhand diverser Modellvarianten und Methoden, bevor schließlich im vierten Unterkapitel die im zweiten Kapitel aus der Literatur abgeleiteten Hypothesen, basierend auf den Ergebnissen der Regressionsmodelle aus dem hervorgehenden Unterkapitel, überprüft werden. Im fünften Kapitel schließt die vorliegende Arbeit mit einem Fazit.

2 Herleitung eines Arbeitsmodells

„Until progress is made in the development of rigorous models of the entrepreneurial process, our ability to generate theory will be severely circumscribed“ (Low/MacMillan 1988: 154).

Dieses Kapitel hat zum Ziel, im Rahmen der Schwerpunktsetzung der vorliegenden Arbeit auf den studentischen Unternehmensgründungsprozess, ausgehend von einer theoretischen Einordnung des Untersuchungsgegenstandes der Gründungsaktivität, ein – sich aus ressourcenbasierter Perspektive (vgl. z.B. Barney 1991: 99-117; Alvarez/Busenitz 2001: 755-72; Dollinger 2008: 32-60) auf die als wesentlich erachteten bzw. aufgedeckten Einflussbereiche fokussierendes (vgl. z.B. Gartner/Gatewood 1992: 5-8; Mugler 1998: 99) – Arbeitsmodell zu entwickeln, das die Basis für eine empirische Überprüfung der im Verlauf dieses Kapitels generierten Annahmen über den weitgehend unerforschten (Vor-) Gründungsprozess (vgl. z.B. Mellewigt/Schmidt/Weller 2006: 94; Samuelsson/Davidsson 2009: 229f.; Saßmannshausen 2012: 89; Gladbach 2015: 58; Pryor/Webb/Ireland/Ketchen 2016: 21f.) bei der studentischen Zielgruppe schafft.

2.1 Begriffliche Grundlagen

Um ein einheitliches Begriffsverständnis für die Ausführungen in der vorliegenden Arbeit zu gewährleisten, werden im folgenden Abschnitt die hier grundlegenden Begriffe Unternehmer, Entrepreneurship und Unternehmensgründung beschrieben und im darauffolgenden Abschnitt der Unternehmensgründungsprozess in seine einzelnen Phasen aufgegliedert und hierbei das zugrunde gelegte Gründungsprozess-Modell illustriert. Weitere Begriffe werden, sofern dies zweckdienlich erscheint, an anderer Stelle im Verlauf der Arbeit definiert.

2.1.1 Unternehmer, Entrepreneurship und Unternehmensgründung

Die allgemeinste und vermutlich früheste Bedeutung des Begriffs Unternehmer, d.h. Entrepreneur – „celui qui entreprend quelque chose“ (Littré 1874: 1437, 1883: 1437) –, wurde bereits während des Mittelalters im Zuge der Entwicklung der französischen Sprache geformt (Landström 2010: 8; Hoselitz 1951: 193f.; Littré 1874: 1437, 1883: 1437). Cantillon sieht im Unternehmer einen ergebnisorientierten Träger von Preisrisiken, der – ohne den tatsächlichen Verkaufspreis prognostizieren zu können – zu fixen Preisen kauft (Cantillon 1755: 62-75). Gegensätzlich hierzu negiert Turgot in seinem bestandsorientierten Ansatz die Risikoübername als unternehmercharakteristisch, sondern definiert den Unternehmer als Kapitalisten, der anhand der Kapitalbereitstellung Gewinne realisiert (Turgot 1769/1990: 78, zit. n. Schmitz 2004: 35). Say distanziert sich 1803 mit seiner Unternehmerperspektive sowohl von einer ergebnisorientierten als auch bestandsorientierten Ansicht und begründet seine prozessorientierte Sichtweise, in welcher der Unternehmer Produktionsfaktoren kombiniert beziehungsweise koordiniert (Say 1803: 32f., zit. n. Schmitz 2004: 47f.). Der ökonomischen Literatur folgend, lassen sich vier Hauptfunktionen des Unternehmers aufführen (Brüderl/Preisendörfer/Ziegler 1998: 22-27[46]), namentlich Koordination (Say 1803), Bewältigung von Ungewissheit (Knight 1921), Arbitrage (Kirzner 1973, 1979) und Innovation (Schumpeter 1911). Auf die revolutionäre Unternehmerkonzeption von Schumpeter ist der Ausdruck „kreativer Zerstörer“ zurückzuführen (Schmitz 2004: 48). „Unternehmung nennen wir die Durchsetzung neuer Kombinationen und auch deren Verkörperungen in Betriebsstätten usw., Unternehmer die Wirtschaftssubjekte, deren Funktion die Durchsetzung neuer Kombinationen ist und die dabei das aktive Element sind“ (Schumpeter 1993b: 111). „In Kirzner's treatment, entrepreneurship is characterized as ‘a responding agency. I view the entrepreneur not as a source of innovative ideas ex nihilo, but as being alert to the opportunities that exist already and are waiting to be noticed’ (Kirzner 1973: 74)“ (Foss/Ishikawa 2007: 766). Die einst als konkurrierend angesehenen Ansätze von Schumpeter und Kirzner werden von der Literatur mittlerweile in Form einer pluralistischen Auffassung zweier unterschiedlicher Typen von

[46] Mit weiteren Verweisen.

unternehmerischen Gelegenheiten oder Innovationen zugeschrieben (Carlsson/Braunerhjelm/McKelvey/Olofsson/Persson/Ylinenpää 2013: 926; Acs/Braunerhjelm/Audretsch/Carlsson 2009: 16; Shane/Venkatamaran 2000: 220f.). Während sich Schumpetersche Gelegenheiten aus durch Marktungleichgewichte resultierende Kräfte ergeben, die das existente Marktsystem grundlegend verändern, sind Kirznersche Gelegenheiten mehr durch Routineaktivitäten oder Imitationen bedingt, welche etablierte Prozesse verstärken und equilibrierend auf die Wirtschaft[47] wirken (Braun 2006: 16f.[48]; Chiles/Bluedorn/Gupta 2007: 468f.[49]). Venkataraman unterscheidet „the weak premise of entrepreneurship“[50] und „the strong premise of entrepreneurship“[51] voneinander (Venkataraman 1997: 121). Innovationen nach Kirzner mit ihrem Entdeckungscharakter sind zwar weniger innovativ als schöpferisch geprägte Innovationen nach Schumpeter, überwiegen allerdings quantitativ aufgrund ihrer idiosynkratischen Natur im Wirtschaftssystem „because prior decision makers made errors or omissions that create surpluses and shortages“ (Shane 2003: 22). Casson ermöglicht darüber hinaus mit seiner Unternehmerdefinition die Integration wesentlicher Unternehmeransätze. „An entrepreneur is someone who specializes in taking judgmental decisions about the coordination of scarce resources“ (Casson 1982: 23, zit. n. Tokuda 2005: 138). Die theoretischen Ansätze von Schumpeter und Kirzner verkörpern lediglich Sonderfälle in der Cassonschen Koordinationstheorie. „The confident individuals ‚bet’ against others by acquiring assets that they believe other people have undervalued [...]. Using this approach, the arbitraring activity described by Hayek and Kirzner and the innovative activity described by Schumpeter, are seen to be special cases of the general concept of entrepreneurial speculation based upon self-confident judgement” (Casson 1987: 151, zit. n. Schmitz 2004: 54). Diesem integrativen Unternehmerkonzept von Casson folgt die vorliegende Arbeit (vgl. hierzu z.B. auch Casson 1997, 1999, 2003, 2010; Casson/Wadeson 2007b).

47 Die Wirtschaft nähert sich einem Gleichgewichtszustand an.
48 Mit weiteren Verweisen.
49 Mit weiteren Verweisen.
50 Vgl. hierzu die Arbeiten von Kirzner 1979, 1985.
51 Vgl. hierzu Schumpeters „Prozess der schöpferischen Zerstörung“ (Schumpeter 1993a: 134-42) sowie Schumpeters „Durchsetzung neuer Kombinationen“ (Schumpeter 1993b: 100f.).

Unternehmerisches Handeln – von Unternehmern geleistet – unterliegt in der Literatur vielfältigen Definitionen und deckt sich weitgehend mit dem prozessualen Begriffsverständnis des „Entrepreneurship“, das in diesem Sinne auch die Begriffe „Unternehmertum“ sowie „Unternehmensgründung“ inkludiert (Fallgatter 2004: 24f., 2007: 16f.). Entrepreneurship wird zudem ein sich in jüngerer Zeit auch in Deutschland etablierendes (insb.) betriebswirtschaftliches Fach (vgl. hierzu Saßmannshausen 2012: 541) bezeichnet, das die Erscheinung der Unternehmensgründung samt deren Lehrbarkeit durchleuchtet (Fallgatter 2004: 24f., 2007: 16). Bzgl. der scheinbar am weitesten verbreiteten bzw. weitgehend akzeptierten (Baron 2007b: 19; Baum/Frese/Baron/Katz 2007: 6) „Entrepreneurship-Definition“ von Venkataraman (1997)[52] bzw. Shane und Venkataraman (2000)[53] argumentiert Saßmannshausen, „dass dieser Satz weniger eine theoretische Definition von Entrepreneurship ist“ (Saßmannshausen 2012: 114), sondern eine ontologische Festlegung, die „statt eines *monistischen, disziplinären* Zugangs *pluralistische, problemorientierte und multidisziplinäre* Zugänge zu Entrepreneurship“ (Saßmannshausen 2012: 114) ermöglicht. Saßmannshausen postuliert ein ontologisches Paradigma[54] der Entrepreneurship-Forschung, das auf Venkataraman (1997) und Kumar (2006) aufbaut. Während Kumar die fachliche Präzisierung suggeriert (Kumar 2006: 3), erweitert Saßmannshausen diese wiederum um die Rolle des individuellen Unternehmers, zumal Entrepreneurship lediglich mit einem oder mehreren gemeinsam handelnden Entrepreneuren denkbar ist, wodurch eine Abgrenzung des Entrepreneurship zum Innovationsmanagement[55] ermöglicht wird (Saßmannshausen 2012: 115f.); demzufolge befasst sich die Entrepreneurship-Forschung damit, „how opportunities to bring into existence future goods and services, for public exchange,

---

52 „[E]ntrepreneurship as a scholarly field seeks to understand how opportunities to bring into existence ‘future’ goods and services are discovered, created, and exploited, by whom, and with what consequences. As researchers we approach the subject using different perspectives, theories and methods“ (Venkataraman 1997: 120).

53 Shane und Venkataraman „define the field of entrepreneurship as the scholarly examination of how, by whom, and with what effects opportunities to create future goods and services are discovered, evaluated, and exploited (Venkataraman, 1997)“ (Shane/Venkataraman 2000: 218).

54 „A paradigm (Kuhn, 1983) is defined as a set of interrogations, assumptions and responses starting from which a given reality becomes understandable. However a paradigm also gives a structure to the scientific community which uses it as a reference“ (Boutillier 2008b: 131). Vgl. hierzu auch Drucker 1985: 111; Saßmannshausen 2012: 94.

55 Bei dem „die Innovationsleistung ihren Ursprung nicht überwiegend in der unternehmerischen Schaffenskraft des einzelnen findet, sondern in einer darauf hin optimierten mechanistischen Organisationsstruktur“ (Saßmannshausen 2012: 116).

are discovered, created, *developed, evaluated, shaped,* and exploited *by individuals or groups of individuals,* and with what consequences“ (Saßmannshausen 2012: 524). Entrepreneurship beschränkt sich folglich nicht auf das Phänomen der Unternehmensgründung, sondern spielt auch innerhalb von u.a. Großunternehmen eine Rolle (Saßmannshausen 2012: 48), allerdings nimmt die Unternehmensgründung häufig einen Schwerpunkt innerhalb des Entrepreneurship ein, wie durch eine Vielzahl an Definitionen des Entrepreneurship (vgl. z.B. Cole 1968, zit. n. Low/MacMillan 1988: 140f.; Gartner 1988: 11; Aldrich 1990: 7; Alvarez/Busenitz 2001: 756f.; Audretsch/Keilbach 2004b: 951) bzw. des Entrepreneurs (vgl. z.B. Brockhaus 1980: 509f.; Begley/Boyd 1987: 80; Gartner 1988: 11; Baumol 1993: 198; Shane 1996: 777; Utsch/Rauch/Rothfuß/Frese 1999: 32; Bhidé 2003: 25; Dollinger 2008: 54; Zhao/Seibert/Lumpkin 2010: 383) ersichtlich wird. Auch Schumpeter beschreibt den Gründer als einen besonderen Unternehmertypen (Schumpeter 1993b: 115), und Klandt und Münch erachten eine äquivalente Verwendung des deutschen Terminus „Gründungsforschung“[56] und des englischsprachigen Begriffs „entrepreneurship research“ als gerechtfertigt (Klandt/ Münch 1990: 171f.). Die Schwerpunktsetzung der vorliegenden Arbeit liegt ebenfalls auf der Unternehmensgründung bzw. Gründung[57] als ein unternehmerischer Akt (Alvarez/Busenitz 2001: 761); so wird Entrepreneurship als Prozess (Baron 2007b: 19f.) aufgefasst und die diversen Phasen im Vorfeld der Gründungsrealisation betrachtet (Fallgatter 2004: 24f.). Hierbei wird die Gründung, in Anlehnung an Szyperski und Nathusius (1999: 25), als Prozess der Schaffung eines gegenüber seines Umfeldes qualitativ abgegrenzten und zuvor in entsprechender Struktur nicht bestehenden Sys-

56 Die Gründungsforschung befasst sich mit der Entstehung und der ersten Lebensphase von Unternehmen (Klandt 1984a: 43, zit. n. Driescher 1999: 18); hierbei nimmt sie eine wirtschaftswissenschaftliche, insb. betriebswirtschaftliche Perspektive ein, ohne die zahlreichen Verflechtungen mit anderen Sozialwissenschaftsbereichen gänzlich ignorieren zu wollen (Klandt 1984b: 39-42, zit. n. Wimmer 1996: 29; Klandt/ Münch 1990: 171, mit Verweisen auf Szyperski/Klandt 1981; Mugler/ Plaschka 1987; Weihe 1988).

57 Bei der Gründung existieren mehrere Gründungsformen, die sich bspw. hinsichtlich der Dimensionen „selbständige“ und „unselbständige“ Gründungen sowie hinsichtlich der Dimensionen „derivative“ und „originäre“ Gründungen differenzieren lassen (vgl. hierzu Szyperski/Nathusius 1999: 26-30). Die vorliegende Arbeit fokussiert auf die „selbständig-originäre“ Gründung, die mit den höchsten Gestaltungsmöglichkeiten einhergeht; alleinig bei ihr resultiert aus dem Gründungsprozess ein neugeschaffenes selbständiges Unternehmen, weshalb lediglich die selbständig-originäre Gründung als „Unternehmensgründung“ bezeichnet wird (Szyperski/Nathusius 1999: 29). Die weiteren Ausführungen können gewiss auch relevant für die anderen Gründungsformen sein (vgl. hierzu Szyperski/Nathusius 1999: 30); allerdings bezieht sich in der vorliegenden Arbeit der verwendete Begriff „Gründung“ i.d.R. auf die Unternehmensgründung.

tems – „welches als wirtschaftlich selbständige Wirtschaftseinheit der Fremdbedarfsdeckung dient und dabei die besondere Art des wirtschaftlichen Risikos zu tragen hat“ (Szyperski/Nathusius 1999: 25) – angesehen.

2.1.2 Vorgründungsprozess und Gründungsphase

Die Gründungsforschung bezieht sich auf die „Genese und Genetik neuer wirtschaftlicher Einheiten insbesondere auf die Gründung und Frühentwicklung von Unternehmungen“ (Klandt/Münch 1990: 171[58]). Für eine Begriffsabgrenzung als auch Untersuchung des Gründungsprozesses erscheint eine Unterteilung in einzelne Phasen zweckdienlich (Baron 2007b: 19f.; Mellewigt/Witt 2002: 85; Gaglio/Katz 2001: 107; Szyperski/Nathusius 1999: 33; Mugler 1998: 99; Bhave 1994: 223-38; Reynolds/Miller 1992: 406f.; Whetten 1987: 335-39). Entsprechend betonen auch Low und ManMillan, dass „the notion that a start-up moves through discrete stages is an insight that must be incorporated into any theory of new venture creation“ (Low/MacMillan 1988: 153). In diesem Zusammenhang werden insbesondere Theorien zur Unternehmensentwicklung[59], die eine prozessorientierte Untersuchung der Betriebsentwicklung fokussieren, als geeignet eingestuft für die Analyse des Gründungsprozesses allgemein bzw. des Vorgründungsprozesses (als Teil des Gründungsprozesses) speziell (Mellewigt/Schmidt/Weller 2006: 97[60]; Brüderl/Preisendörfer/Ziegler 1998: 15, 43f.). Betriebswirtschaftlichen Lebenszyklusmodellen folgend, lässt sich der Gründungsprozess als Teil des Lebenszyklus von Organisationen auffassen (Whetten 1987: 335-39; Baum/Frese/Baron/Katz 2007: 2), der wiederum zu spezifizieren versucht wird (Reynolds/Miller 1992: 406); wobei für die Festlegung von Unternehmenslebenszyklusphasen keine allgemeingültig richtige Antwort existiert, vielmehr zeigen Lebenszyklusmodelle lediglich ein „Möglichkeitenspektrum“ auf (Mugler 1998: 101). Allerdings beziehen sich die in der Literatur auffindbaren und entwickelten Phasenmodelle – bspw. der betriebswirtschaftlichen Wachstumstheorie herrührende Lebenszyklus-, Krisen- und Strukturveränderungsmodelle[61] (Mellewigt/Witt 2002: 102; Low/MacMillan

---

[58] Unter Weglassung des Bindestrichs nach „Gründung“ im Original.
[59] Vgl. hierzu z.B. Fritsch 1990: 59-64; Mugler 1998: 99f.
[60] Mit Verweis auf Brüderl/Preisendörfer/Ziegler 1996: 43.
[61] Vgl. hierzu z.B. Greiner 1972; Albach 1976; Churchill/Lewis 1983; Miller/Friesen 1984.

1988: 153) – normalerweise auf den gesamten Unternehmenslebenszyklus (Mellewigt/ Schmidt/Weller 2006: 97[62]), während nur wenige Publikationen[63] den Vorgründungsprozess weiter ausdifferenzieren (Mellewigt/Schmidt/Weller 2006: 97f.); normalerweise jedoch mit lediglich bis zu zwei Phasen, was aufgrund der Komplexität[64] (vgl. z.B. Low/MacMillan 1988: 140; Gartner 1989b: 27; Brüderl/Preisendörfer/Ziegler 1998: 20f.; Zacharias 2001: 38f.; Berg 2004: 77-84; Fallgatter 2004: 32) des Gründungsprozesses als nicht ausreichend betrachtet werden kann und das existierende Forschungsdefizit in diesem Bereich (vgl. z.B. Mellewigt/Witt 2002: 82; Mellewigt/ Schmidt/Weller 2006: 94; Samuelsson/Davidsson 2009: 229f.; Saßmannshausen 2012: 89; Gladbach 2015: 58[65]; Pryor/Webb/Ireland/Ketchen 2016: 21f.) verdeutlicht. Eine Ausnahme bildet z.B. das Modell von Kaiser und Gläser mit sieben Phasen der Unternehmensentwicklung – namentlich „Vorlaufphase" (Idee), „Planungsphase", „Gründungsphase" (Errichtung), „Frühentwicklungsphase" (Bewährung), „Erste Wachstumsphase", „Konsolidierungsphase" und „Zweite Wachstumsphase" (Kaiser/Gläser 1999: 15, zit. n. Mellewigt/Witt 2002: 82) –, von denen sich drei dem Gründungsprozess zurechnen lassen. Der hier verortete Beginn des Vorgründungsprozesses mit einer Geschäftsidee bzw. mit einem erstmaligen Produktidee- oder Unternehmenskonzept-Entwurf durch die potenziellen Gründer scheint die überwiegende Meinung in der Literatur zu sein (Mellewigt/Witt 2002: 82), der jedoch in der vorliegenden Arbeit nicht gefolgt wird. Vielmehr stellt hier den Ausgangspunkt des Vorgründungsprozesses die sogenannte „Sensibilisierungsphase" dar, wie sie vom Institut für Mittelstandsforschung (1997, zit. n. Mellewigt/Schmidt/Weller 2006: 98) aufgegriffen wird. Dies liegt einerseits darin begründet, dass „Persönlichkeitsfaktoren, die für die Unternehmensführung wichtig sein könnten, schon in frühen Sozialisationsphasen [...] geprägt werden" (Mugler 1998: 101), und andererseits müssen sich Individuen zuerst „für eine erste systematische und nachhaltige (kognitive, affektive und sozial-kommunikative)

---

62 Mit Verweis auf Baier/Pleschak 1996: 11f.

63 Vgl. hierzu Klandt/Kirschbaum 1985; Unterkofler 1989; Bhave 1994: 224; Arnold 1996; Baier/ Pleschak 1996; Hofmeister 1996; Institut für Mittelstandsforschung 1997; Backes-Gellner/Demirer/Moog/Otten 1998: 30, zit. n. Mellewigt/Schmidt/Weller 2006: 97f.; Mugler 1998: 100-03.

64 „*Komplexität* wird verstanden als der im Zeitablauf variierende Grad an Vielschichtigkeit, Vernetzung und Folgelastigkeit eines Handlungsraumes" (Zacharias 2001: 42).

65 Gladbach betont, „dass sich die Entrepreneurship-Forschung erst seit ca. 2006 explizit mit der Nascent Entrepreneurship-Phase beschäftigt" (Gladbach 2015: 58, angelehnt an van Gelderen/ Patel/Fiet 2007: 3).

Auseinandersetzung mit der [...] Existenzgründungsthematik bereit erklären" (Braukmann 2003: 191), bevor möglicherweise eine von Gründungsinteresse geprägte Phase erreicht wird (Krueger 2009: 69), die sich als „Ideengenerierungsphase" bezeichnen lässt; anstelle – wie zuvor im Zusammenhang mit der in der Literatur üblichen ersten Phase des Vorgründungsprozesses (Mellewigt/Witt 2002: 82) geschildert wurde – eine bereits vorhandene Geschäftsidee für den Eintritt in den Vorgründungsprozess vorauszusetzen. Die gewählte Bezeichnung der zweiten Phase des Vorgründungsprozesses im Sinne der vorliegenden Arbeit, namentlich „Ideen*generierungsphase*", ist dahingehend bedeutsam, zumal neben derartigen „internally stimulated opportunities" (Bhave 1994: 230), die den potenziellen Gründern im Vorfeld der potenziellen Gründungsentscheidungen bzw. Gründungsintentionen vorliegen, auch „externally stimulated opportunities" (Bhave 1994: 230) denkbar – und scheinbar sogar weitverbreitet(er) (vgl. hierzu z.B. Hills/Singh/Lumpkin/Baltrusaityte 2004, zit. n. Frank/Mitterer 2009: 401; Bhave 1994: 230) – sind, bei denen die Gründungsentscheidungen bzw. Gründungsintentionen der Identifizierung von potenziellen unternehmerischen Gelegenheiten (vgl. hierzu Ucbasaran/Westhead/Wright 2008: 167f.; Casson 1982, zit. n. Shane/Venkataraman 2000: 220 sowie Kapitel 2.5) durch die potenziellen Gründer vorausgehen (Bhave 1994: 228-30; Frank/Mitterer 2009: 370; Douglas 2009: 4). Der Ideengenerierungsphase lassen sich neben Gründungsüberlegungen auch die gedankliche Konzeption einer Geschäftsidee durch den potenziellen Gründer zuschreiben. Sofern im diesem Zusammenhang konkrete Absichten vorliegen, einer Geschäftsidee weiter nachzugehen und sich die potenziellen Gründer im Rahmen diesbezüglicher Handlungsoptionen schließlich zu engagieren beginnen (Krueger 2009: 69; Bird/Schjoedt 2009: 335), treten sie in die dritte Phase des Vorgründungsprozesses ein, der sogenannten „Analyse- und Planungsphase", in der eine Geschäftsidee im Rahmen einer Machbarkeitsuntersuchung[66] zuerst hinsichtlich deren grundsätzlicher Realisierbarkeit überprüft wird (Ucbasaran/Westhead/Wright 2008: 158), um daraufhin gegebenenfalls einen Businessplan – als internes Steuerungsinstrument bzgl. u.a. Zielen, Ressourcenbe-

[66] „The viability screening process involves gathering information about the resources needed to exploit the specific new venture opportunity, considering whether or not these resources can be assembled to produce and sell the new venture's product or service, and investigating whether there is a sufficient market for that product or service at a price level that will allow profits" (Douglas 2009: 4).

darf, Produktentwicklung und Marktpotenzial sowie „als externes Marketinginstrument gegenüber Investoren“ (Mellewigt/Witt 2002: 89) – auszuarbeiten und die Markteintrittsstrategie für das Gründungsvorhaben festzulegen (Mellewigt/Witt 2002: 91). Nach einer Ausarbeitung eines Geschäftskonzeptes (Bhave 1994: 231) gilt die Analyse- und Planungsphase, in der die potenziellen Gründer demnach eine potenzielle Unternehmensgründung als „nascent entrepreneurs“ (Douglas 2009: 4[67]) konkret vorbereiten (Mellewigt/Witt 2002: 88), und mit dieser der Vorgründungsprozess als abgeschlossen; wobei sich das Ende insbesondere der Analyse- und Planungsphase – aber auch der anderen Phasen des Gründungsprozesses – oftmals aufgrund von nicht überschneidungsfreien Phasen bzw. unscharfen Abgrenzungen zwischen den einzelnen Phasen nicht eindeutig festlegen lässt (Gaglio/Katz 2001: 107; Zacharias 2001: 38f.; Mugler 1998: 101f.). Allerdings sollen durch die Phaseneinteilung ohnehin nur idealtypische Abgrenzungskriterien angedeutet werden (Szyperski/Nathusius 1999: 33), die der Komplexitätsreduktion und Überschaubarkeit des Gründungsprozesses dienen (Zacharias 2001: 38f.) und schließlich seine Analysierbarkeit ermöglichen. Nach der Analyse- und Planungsphase bzw. am Ende des Vorgründungsprozesses stehen die potenziellen Gründer vor der Gründungsentscheidung, die basierend auf den zuvor akkumulierten gründungsrelevanten Informationen getroffen wird (Douglas 2009: 4) und als „eine konstitutive Entscheidung mit großer Tragweite für den weiteren Lebensweg aufgefasst“ (Braukmann 2002: 91, zit. n. Braukmann 2003: 200) wird. Dies liegt darin begründet, dass die potenziellen Gründer im Falle der Gründungsentscheidung einen sogenannten „point of no return“ (Szyperski/Nathusius 1999: 33) überschreiten, der als Abgrenzungsmerkmal zwischen dem Abschluss des Vorgründungsprozesses im Sinne einer vorliegenden Gründungskonzeption und dem Beginn der vierten Phase des Gründungsprozesses, der sogenannten „Errichtungsphase“, die als konkrete Umsetzung der Gründungskonzeption anzusehen ist – und in der spätestens infolge der Beschaffung von für die Umsetzung der Gründungskonzeption notwendigen Ressourcen unausweichlich der Kapitalbedarf eintritt (Mellewigt/Witt 2002: 88[68]; Bhave 1994: 232) –, betrachtet wird. Bei dieser Überschreitung des „point of no return“ führt der Abbruch der Gründungsaktivitäten bzw. eine „Rückkehr zu vorange-

67 Mit Verweis auf Shaver/Carter/Gartner/Reynolds 2001.

68 Mit Verweis auf Hustedde/Pulver 1992.

gangenen Planungsschritten“ (Szyperski/Nathusius 1999: 33) nämlich aufgrund der an dieser Stelle bereits eingetretenen konkreten Errichtung des Unternehmens – und den damit einhergehenden Ausgaben, bspw. für Betriebsmittel oder Mieten, denen allerdings noch keine Einnahmen gegenüberstehen (Sternberg/Vorderwülbecke/Brixy 2015: 24) – oftmals zu „gravierenden“ finanziellen Einbußen (Szyperski/Nathusius 1999: 33; Driescher 1999: 19[69]). Mit dem Überschreiten des „point of no return“ erreichen die zuvor potenziellen Gründer als (faktische) Gründer demnach die Errichtungsphase, d.h. die Gründungsphase (im engeren Sinne[70]), die alle Vorgänge[71] umfasst, „die das Unternehmen als sozial, rechtlich und wirtschaftlich selbständiges Gebilde ins Leben rufen“ (Jäger 1976: 788, zit. n. Wimmer 1996: 37). Um das Ende der Errichtungsphase und somit des Gründungsprozesses festzulegen, wird in Anlehnung an Szyperski und Nathusius (1999: 31) sowie Reynolds und Miller (1992: 407-15) auf die Erzielung erster Umsatzerlöse abgestellt. Dies erscheint zweckdienlich, da diese Kennziffer die aktive Teilnahme der entstandenen Unternehmensgründung in der Volkswirtschaft induziert (Reynolds/Miller 1992: 415). Mit dem Markteintritt und der damit einhergehenden ersten Umsatzerwirtschaftung (Mellewigt/Witt 2002: 85) endet folglich die auch als „Nur-Kosten-Phase“ (Unterkofler 1989: 37-39, zit. n. Wimmer 1996: 37) bezeichnete Gründungsphase (Bhave 1994: 236), auf die die „Frühentwicklungsphase“ folgt (Kaiser/Gläser 1999: 15, zit. n. Mellewigt/Witt 2002: 85; Szyperski/Nathusius 1999: 33; Zacharias 2001: 38), welche im Rahmen der vorliegenden Arbeit ausgeklammert wird.[72]

[69] Mit Verweis auf Pörner 1989: 90.

[70] Der Zusatz „im engeren Sinne“ soll darauf hinweisen, dass sich die Bedeutung des Begriffs „Gründungsphase“ in der vorliegenden Arbeit lediglich auf eine Phase des Gründungsprozesses bezieht (vgl. z.B. Mugler 1998: 101) und nicht – wie in der Literatur oftmals der Fall – mit diesem gleichgesetzt wird (vgl. z.B. Szyperski/Nathusius 1999: 30-34); im weiteren Verlauf der Arbeit wird allerdings auf diesen Zusatz verzichtet.

[71] Bspw. Fremdkapitalakquise, Miet- oder Kaufvertrag über Räumlichkeiten, Produktentwicklung, Mitarbeiterakquirierung, Gewerbeanmeldung, Eröffnung eines Bankkontos (vgl. z.B. Reynolds/Miller 1992: 407, mit weiterem Verweis; Wimmer 1996: 38, mit weiterem Verweis; Driescher 1999: 18, mit weiterem Verweis; Szyperski/Nathusius 1999: 23, mit weiteren Verweisen; Bird/Schjoedt 2009: 334, mit weiterem Verweis).

[72] Einige Untersuchungen beziehen auch die Frühentwicklungsphase oder sogar ebenfalls die darauffolgende Entwicklungsphase (auch zusammengefasst als Nachgründungsphase) und hierbei das Kalkül der Sicherung der Überlebensfähigkeit in die Betrachtung der Unternehmensgründung – oder in diesem Sinne eigentlich der Unternehmensgründung und -entwicklung (Zacharias 2001: 38) – ein und verweisen hierbei entsprechend auf die Schwierigkeit der Bestimmung des Grün-

Aus den Ausführungen in diesem Abschnitt resultiert das in Abbildung 1 dargestellte und der vorliegenden Arbeit zugrunde gelegte Gründungsprozess-Modell, nach welchem der die „Sensibilisierungsphase", die „Ideengenerierungsphase" sowie die „Analyse- und Planungsphase" umfassende Vorgründungsprozess gemeinsam mit der aus der „Errichtungsphase" bestehenden Gründungsphase den Gründungsprozess darstellen. Allerdings sei abschließend nochmals darauf hingewiesen, dass sich von den hier aufgezeigten Phasen des Gründungsprozesses insbesondere die „Analyse- und Planungsphase" und die „Errichtungsphase" häufig nicht eindeutig voneinander abgrenzen lassen, zumal die Gründungsentscheidung meist nicht „als einmaliges, gewissermaßen unwiderrufliches Ereignis (‚point of no return') […] exakt identifizierbar" (Mugler 1998: 101f.) ist.

Abbildung 1

Gründungsprozess-Modell

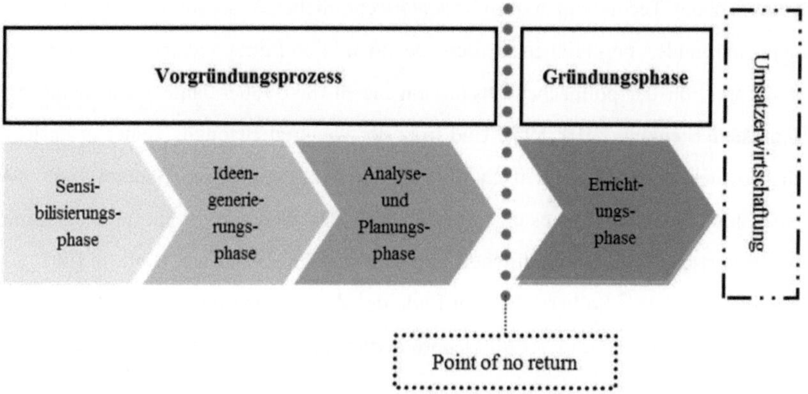

Quelle: Eigene Erstellung, in Anlehnung an Danko/Ruda/Martin/Ascúa/Gerstlberger 2013: 323[73].

dungsabschlusses (Berg 2004: 71f., 90) oder der exakten Abgrenzung der einzelnen, nicht überschneidungsfreien Phasen voneinander (Zacharias 2001: 38f.).

73 Mit Verweisen auf Mugler 1998; Kaiser/Gläser 1999; Szyperski/Nathusius 1999; Mellewigt/Witt 2002; Mellewigt/Schmidt/Weller 2006.

2.2 Volkswirtschaftliche Bedeutung von Entrepreneuren und Unternehmensgründungen

„Economic historians of the late nineteenth and early twentieth centuries devoted considerable attention to businessmen and firms. They pointed in their writings to the achievements of individual entrepreneurs, as well as the contributions of inventors to the development of new technology, in explaining economic expansion. But they did not attempt to define explicitly the role of the entrepreneur in economic change, although they appear to have implicitly assumed that he was an important agent“ (Soltow 1968: 84).

Auch wenn die ersten schriftlich niedergelegten Definitionen vom „Entrepreneur“ und der Anerkennung seiner wichtigen wirtschaftlichen Rolle auf das 18. Jahrhundert zurückgeführt werden (Schmitz 2004: 39; Zhang 2005: 75; Carlsson/Braunerhjelm/McKelvey/Olofsson/Persson/Ylinenpää 2013: 916), verdeutlicht oben stehendes Zitat, dass die positiven Beiträge von Entrepreneuren bzw. Entrepreneurship sowie von Inventoren neuer Technologien zum volkswirtschaftlichen Wachstum bereits vor über einem Jahrhundert beschrieben wurden. Dennoch blieb Entrepreneurship seit der Großen Depression der politischen Diskussion bis in die 1980er Jahre weitgehend fern (Henrekson/Stenkula 2010: 595). Und trotz der weiteren Betonung seiner offensichtlich bedeutenden Rolle im wirtschaftlichen Entwicklungsprozess (Baumol 1968: 64; Leibenstein 1968: 72),[74] ist es umso verwunderlicher, dass der Entrepreneur daraufhin aus der wirtschaftswissenschaftlichen Literatur nahezu verschwand (Soltow 1968: 84; Baumol 1968: 64).[75] So herrschte seit Ende des Zweiten Weltkrieges im Rahmen der Industriekonzentration und der Massenproduktion das Paradigma[76] der Großunterneh-

---

[74] So wurde z.B. im Rahmen des Tagungsbands der Konferenz der International Economic Association 1960 noch hervorgehoben, alle Hypothesen über wirtschaftliches Wachstum müssten auch den Entrepreneur als hierfür ursächlichen Entscheidungsträger einbeziehen (Soltow 1968: 84).

[75] Bspw. wurde – nachdem 1940 mit Unterstützung durch Joseph Schumpeter das von seinem Kollegen Arthur Cole an der Harvard University geleitete Committee on Research in Economic History mit einem der beiden Forschungsschwerpunkte auf der Rolle von Entrepreneurship in der amerikanischen wirtschaftlichen Entwicklung gegründet wurde (Cole 1970: 723; Carlsson/Braunerhjelm/McKelvey/Olofsson/Persson/Ylinenpää 2013: 917, mit Verweis auf Cole 1944) – das im Jahre 1948 durch Cole an der Harvard University schließlich etablierte Research Center in Entrepreneurial History bereits 1958 wieder geschlossen (Hughes 1983: 133); da sich der Forschungsfokus in der Wirtschaftsgeschichte allgemein weg von der „entrepreneurial history“ hin zur „history of large firms“ verschob (Carlsson/Braunerhjelm/McKelvey/Olofsson/Persson/Ylinenpää 2013: 917f.).

[76] „A paradigm (Kuhn, 1983) is defined as a set of interrogations, assumptions and responses starting from which a given reality becomes understandable. However a paradigm also gives a struc-

men vor (Boutillier 2008b: 131) – Schumpeter beschrieb bereits 1942 die damalige Epoche als geprägt von einer Überlegenheit der „typischen, großdimensionierten Unternehmungseinheit“ (Schumpeter 1993a: 166).[77] Galbraith prägte in diesem Zusammenhang im Jahre 1968 den Begriff einer zu jener Zeit vorherrschenden „Technostructure“[78] und verdeutlicht: „With the rise of the modern corporation, the emergence of the organization required by modern technology and planning and the divorce of the owner of the capital from control of the enterprise, the entrepreneur no longer exists as an individual person in the mature industrial enterprise“ (Galbraith 2007: 87), wobei er hervorhebt, dass der Entrepreneur als führende Kraft des Unternehmens weiterhin in kleineren Unternehmen sowie in größeren, die noch ihre volle Organisationsreife zu erreichen hätten, vorkommt, ansonsten jedoch durch das Management ersetzt wird (Galbraith 2007: 87).[79] Auch Chandler grenzte im Jahre 1977 im Rahmen seiner Studie über die historische Emergenz der Großunternehmen die „managerial firm“ von der „entrepreneurial firm“ ab (Chandler 1999: insb. 415, 451) und veranschaulichte die Entwicklung und hohe Bedeutung des durch die Trennung von Eigentum und Management geprägten „managerial capitalism“ (Chandler 1999: passim).[80,81] „In many

---

ture to the scientific community which uses it as a reference“ (Boutillier 2008b: 131). Vgl. hierzu auch Drucker 1985: 111; Saßmannshausen 2012: 94.

77 Allerdings grenzt er ein, dass „bloße Größe dabei weder notwendig noch hinreichend ist“ (Schumpeter 1993a: 166), folglich auch andere Merkmale entscheidend sind.

78 Vgl. hierzu (Galbraith 2007: 73-122, insb. 87f.). „Technology means the systematic application of scientific or other organized knowledge to practical tasks“ (Galbraith 2007: 14). Galbraith führt Bedarf sowie Gelegenheit für große Unternehmensorganisationen auf einige Wandel bzw. eine Matrix an Umbrüchen zurück, beschreibt die wenigen technologisch dynamischen, massiv kapitalisierten und hochorganisierten Kapitalgesellschaften als sehr unterschiedlich von den vielen kleinen traditionellen Unternehmen (Galbraith 2007: 1-12) und vermutet: „Size is the general servant of technology […]. The small competitive firm cannot afford the outlays that innovation demands“ (Galbraith 2007: 40).

79 Schumpeter beschreibt in diesem Zusammenhang bereits im Jahre 1942 (englische Erstausgabe), wie der „kapitalistische Prozeß“ im Bereich der Großunternehmen seinen eigenen institutionellen Rahmen – Eigentum und freies Vertragsrecht – angreift bzw. in den Hintergrund verschiebt (Schumpeter 1993a: 228-30) und merkt an: „Mit Ausnahme der Fälle, – sie sind immer noch von beträchtlicher Bedeutung –, in denen eine Aktiengesellschaft sich praktisch im Besitz einer Einzelperson oder einer einzelnen Familie befindet, ist die Gestalt des Eigentümers und mit ihr das spezifische Eigentumsinteresse von der Bildfläche verschwunden“ (Schumpeter 1993a: 228).

80 Während derartige, durch eine Reihe von angestellten Managern unterschiedlicher Führungsebenen geleiteten bzw. administrativ koordinierten, „modern, multiunit enterprises” im Jahre 1840 noch nicht existierten, dominierten sie bereits zur Zeit des Ersten Weltkrieges viele Sektoren in den USA, modifizierten die Grundstruktur dieser Sektoren als auch der Gesamtwirtschaft (vgl. hierzu auch Schumpeter 1993a: 137f.), präsentierten diese „amerikanische Herausforderung“ Unternehmern in Europa und weiteren Ländern, und die Manager dieser Mitte des 20. Jahrhunderts maßgeblichen und allgegenwärtigen Institution wurden zur einflussreichsten Gruppe wirtschaftlicher Entscheidungsträger (Chandler 1999: 1-12, 455f., 468f., 476f., 482f.). „Modern business en-

sectors of the economy the visible hand of management replaced what Adam Smith referred to as the invisible hand of market forces" (Chandler 1999: 1).[82] Diese Periode der Akkumulation (Carree/Thurik 2010: 561) bzw. der „Skalen- und Verbundeffekte" (Chandler 2004: 14-46),[83] in der die Marktanteile der hierarchischen Industrieunternehmen schrittweise anwuchsen[84] und die Anteile der Selbständigen an den Erwerbstätigen in den Ländern der westlichen Welt sanken, dauerte bis in die 1970er Jahre an und trug die Merkmale eines *Schumpeter Mark II Regimes*[85], mit einer sinkenden Präsenz kleiner und mittlerer Unternehmen (KMU)[86] in den meisten Sektoren (Carree/

---

terprise was thus the institutional response to the rapid pace of technological innovation and increasing consumer demand in the United States during the second half of the nineteenth century" (Chandler 1999: 12).

81 In „Scale and Scope: The Dynamics of Industrial Capitalism" (Erstauflage 1990) untersucht Chandler den „managerial capitalism" in „modernen" Industrieunternehmen – während des Ersten Weltkrieges, Ende der 1920er Jahre und zu Beginn der Nachkriegszeit des Zweiten Weltkrieges – in einem internationalen Kontext, fokussiert die drei zu dieser Zeit führenden Industriestaaten und beschreibt, wie sich in Deutschland ein stärker kooperativ geprägter „managerial capitalism" bzw. organisierter Kapitalismus entwickelte (vgl. hierzu Chandler 2004: 393-592).

82 Hierbei waren anfänglich durch neue und fortschreitende Technologien und wachsende Märkte gekennzeichnete Sektoren betroffen, im Zuge fortgeschrittener Technologien und weiter expandierender Märkte, insb. nach dem Zweiten Weltkrieg, etablierten sich die großen managergeführten Unternehmen mit zunehmendem Ausmaß, auch in Europa und anderen Teilen der Welt, in denjenigen Sektoren, in denen sich die administrative Koordinierung profitabler erwies als die Marktkoordinierung (Chandler 1999: 8, 11, 469, 472f., 476-79, 482f.).

83 „The critical entrepreneurial act was not the invention—or even the initial commercialization—of a new or greatly improved product or process. Instead it was the construction of a plant of the optimal size required to exploit fully the economies of scale or those of scope, or both" (Chandler 2004: 26).

84 Vgl. hierzu auch Schumpeter: „[S]eit damals [1890er Jahre; Anm. d. Verf.] ist doch wohl die Vorherrschaft der Großkonzerne zum mindesten in der verarbeitenden Industrie zu datieren" (Schumpeter 1993a: 135).

85 In „Kapitalismus, Sozialismus und Demokratie" beschreibt Schumpeter, wie große Unternehmen – bzw. die „vollkommen bürokratisierte industrielle Rieseneinheit" (Schumpeter 1993a: 218) – die kleinen und mittelgroßen im Innovationsprozess übertreffen bzw. verdrängen (Schumpeter 1993a: 107-97, 213-19, 226-30, insb. 174f., 193, 214-18). „This process of creative accumulation is the main characteristic of the Schumpeter Mark II regime" (Carree/Thurik 2010: 561).

86 Während die alte EU-Definition von KMU noch mit der Definition der USA von „small business" bzw. „small firm" – seltener auch „small and medium-sized enterprises" (SME oder SMEs) – dahingehend übereinstimmte, dass diese Gruppen jeweils bis unter 500 Mitarbeiter umfassen (Storey 2005: 474; Acs 2001: 8; Audretsch 2001: 23), hat die EU ihre KMU-Definition 1996 geändert und spezifiziert und 2003 wie folgt aktualisiert. So beschäftigen Mikrounternehmen weniger als 10, kleine Unternehmen 10-49 und mittlere Unternehmen 50-249 Mitarbeiter, wobei die Mitarbeiteranzahl als Hauptkriterium für die Definition fungiert, die durch die finanziellen Kriterien Umsatz und Bilanzsumme ergänzt werden (vgl. hierzu Europäische Kommission 2003: L 124/36-40). Während laut EU-Definition kleine Unternehmen folglich bis zu 49 Mitarbeiter beschäftigen, sind nach der US-Definition im „small business" weniger als 500 Mitarbeiter eingestellt. Zudem existieren weitere Definitionen in anderen Ländern. Diese Unterschiede erschweren die Vergleichbarkeit von Forschungsergebnissen und sind bei ihrer Interpretation zu berücksichtigen (Storey 2005: 474f.). Für diese Arbeit erscheint es aufgrund einiger verwendeter Quellen, die sich auf die US-Definition von „small business" beziehen, sinnvoll, auch für „small business" den

Thurik 2010: 561f.; Acs 2001: 5). Obgleich sich Schumpeters Beschreibung der Großunternehmen als fortwährend „kräftigster Motor" des wirtschaftlichen Fortschritts und vor allem der langfristigen Ausdehnung der Gesamtproduktion (Schumpeter 1993a: 174f., 214-18) bzw. die von ihm im Jahre 1942 antizipierte fortbestehende Entwicklung zu einer „gemanagten Wirtschaft" über mehr als drei Dekaden abzeichnete (Audretsch/Thurik 2000: 18[87]), versagten seine Prognosen schlussendlich an der sich daraufhin in den modernen Volkswirtschaften im Rahmen der fortschreitenden Globalisierung entwickelnden „unternehmerischen Wirtschaft"[88] mit einer Verschiebung der komparativen Vorteile[89] in Europa von traditionellen Sektoren[90] zu wissensbasierten Sektoren[91] (Carree/Thurik 2010: 588; Audretsch/Thurik 2000: 18-24; Audretsch/Thurik 1997: 32), angetrieben durch Entrepreneure mit besonderen kreativen Fähigkeiten, außergewöhnlichen unternehmerischen Visionen, Wagemut und Risikobereitschaft (Thore/Ronstadt 2005: 133).[92] Vor allem wissens- und informationsbasierte Volkswirtschaften begünstigen aufgrund der sinkenden Informationsübermittlungskosten im Zeitalter der elektronischen Datenverarbeitung Entrepreneurship (Scarborough/Zim-

---

Begriff „KMU" zu verwenden, unter KMU i.d.R. die weiter gefasste Gruppe mit bis unter 500 Mitarbeiter zu bezeichnen und im Falle von Abweichungen explizit darauf hinzuweisen. Neben diesen quantitativen existieren auch qualitative Kriterien zur Abgrenzung der KMU von Großunternehmen. So ist als Hauptunterschied die Rolle von Eigentum und Management zu nennen. In KMU vereint normalerweise eine Person (oder eine kleine Gruppe von Personen) diese beiden Rollen und formt und steuert das Unternehmen und dessen Zukunft. Diese Person wird gewöhnlich als Unternehmer bzw. „Entrepreneur" und seine Funktion oftmals als Unternehmertum bzw. „Entrepreneurship" bezeichnet. Zudem wird häufig die Funktion des Entrepreneurs für die Durchsetzung von Innovationen sowie auf aggregierter Ebene für die wirtschaftliche Entwicklung betont (Carree/Thurik 2010: 560).

87 Unter Bezugnahme auf Audretsch/Thurik 1997; Wennekers/Thurik 1999.

88 „An entrepreneurial regime is one that is favourable to innovative entry and unfavourable to innovative activity by established firms; a routinized regime is one in which the conditions are the other way around" (Winter 1984: 297).

89 Vgl. hierzu Audretsch/Thurik 2000: 18-22.

90 So verfügten die „führenden" europäischen Länder über komparative Vorteile bspw. in der Chemie-, Textil-, Nahrungsmittel-, Automobil-, Metall- und Werkzeugmaschinenindustrie (Audretsch/Thurik 2000: 18, 21), wobei die letzten drei explizit für Deutschland aufgeführt werden (Audretsch/Elston 1997, zit. n. Audretsch/Thurik 1997: 27).

91 Bspw. die in den 1980er und 1990er Jahren entstandene Computerrevolution, Informationstechnologie und Biotechnologie, die durch eine unablässige Evolution von Hochtechnologieprodukten einschließlich der kontinuierlichen Weiterentwicklung von begehrten Attributen gekennzeichnet sind (Thore/Ronstadt 2005: 133), die sich in der rapide ansteigenden globalen Nachfrage nach neuen und verbesserten Produkten und Dienstleistungen widerspiegelt (Audretsch/Thurik 2000: 23).

92 Als Quelle des komparativen Vorteils für Europa im Rahmen der „entrepreneurial economy" wird auf (neuem) Wissen, Kreativität und neuen Ideen basierende wirtschaftliche bzw. innovative Aktivität angesehen (Audretsch/Thurik 2000: 23f.; Audretsch/Thurik 1997: 8, 32).

merer 2005: 4), und Holcombe zufolge stellt Entrepreneurship die Grundlage für wirtschaftliches Wachstum dar (Holcombe 1998: 46). Unternehmerische Aktivitäten ereignen sich auf der Unternehmensebene, so dass die Unternehmensgründung[93] Entrepreneuren als Vehikel dient, ihre persönlichen Qualitäten, Ideen und Ziele bzw. unternehmerischen Gelegenheiten im Rahmen der beruflichen Selbständigkeit in Aktivitäten zu überführen (Carree/Thurik 2010: 586) bzw. zu vermarkten (Audretsch/Thurik 2000: 24, 28). Nach Mitte der 1970er Jahre kehrte sich der Rückgang der Anteile der Selbständigen an den Erwerbstätigen in den meisten westlichen Industrieländern bzw. entwickelten Volkswirtschaften um (Brüderl/Preisendörfer/Ziegler 1998: 11[94]; Carree/ Thurik 2010: 562[95]), und viele alte und große Unternehmen verloren Marktanteile gegenüber ihren neuen, kleinen und unternehmerischen Kontrahenten,[96] was als Wechsel von einem *Schumpeter Mark II Regime* zu einem *Schumpeter Mark I Regime*[97], mit Sektoren in denen sich KMU stark vermehren, angesehen wird (Carree/Thurik 2010: 561f.).[98] „More recently it appears that technological change, globalization, deregulation, shifts in the labor supply, variety in demand, and resulting higher levels of uncertainty have shifted industry structure away from greater concentration and centralization and toward lesser concentration and decentralization“ (Carree/Thurik 2010: 558, angelehnt an Thurik 2009). So beschäftigen der OECD (Organisation for Economic Co-operation and Development) zufolge in Deutschland die Gruppe der Unter-

93 „The new business opportunities could often be most suitable exploited by newly formed business organizations“ (Thore/Ronstadt 2005: 133, angelehnt an Acs/Audretsch 1990; Baldwin/Johnson 2001).

94 Mit Verweisen auf Bögenhold 1987; Sengenberger/Loveman 1987; Steinmetz/Wright 1989; Leicht/Stockmann 1993; Pfeiffer 1994.

95 Mit Verweisen auf Acs/Audretsch/Evans 1994; Audretsch/Thurik 2001.

96 Audretsch und Thurik (1997: 34) heben unter Verweis auf mehrere empirische Studien (enthalten in Acs/Audretsch 1993; Loveman/Sengenberger 1991) hervor, dass sich zwischen Mitte der 1970er und Anfang der 1990er Jahre die Verlagerung von Großunternehmen hin zu KMU in der Wirtschaftsstruktur praktisch jedes „führenden“ Industrielandes abzeichnete.

97 In „Theorie der wirtschaftlichen Entwicklung“ (Erstauflage 1911) betont Schumpeter die Rolle des Entrepreneurs bzw. Unternehmers als grundlegende Ursache wirtschaftlicher Entwicklung, beschreibt, wie der innovative Unternehmer anhand der Vermarktung neuer Erfindungen bestehende Technologien und Produkte verdrängt und schildert, dass Unternehmer im Rahmen der Durchsetzung neuer Kombinationen „scharenweise“ auftreten (Schumpeter 1993b: 88-139, 318-69). „This process of creative destruction is the main characteristic of what has been called the Schumpeter Mark I regime“ (Carree/Thurik 2010: 561). Vgl. zum Prozess der „kreativen Zerstörung“ auch Lanzillotti 2005: 12f.; Schumpeter 1993a: 134-75, 213-19, insb. 136-40, 214-18.

98 Schumpeter schwankte folglich in seiner Ansicht über die für das Wirtschaftswachstum förderlichste Wirtschaftsform (Audretsch/Thurik 2000: 18), jedoch antizipierte er nicht die geschilderte Umkehrung des Trends.

nehmen mit 1-9 Beschäftigten 19,5 Prozent und alle Unternehmen mit weniger als 250 Beschäftigten 63,5 Prozent aller Beschäftigten (OECD 2014: 31).

Die neue Informationswirtschaft ist durch ununterbrochene Innovation und zunehmenden Wandel geprägt (Acs 2001: 10), insbesondere bedingt durch den Globalisierungsprozess (Casson 2005a: 343). Unternehmensgründungen sind ein wesentlicher Bestandteil des Erneuerungsprozesses der Marktwirtschaften, tragen gemeinsam mit Unternehmensschließungen wesentlich zum wirtschaftlichen Strukturwandel bei (Brüderl/Preisendörfer/Ziegler 1998: 12[99]) und üben zusammen mit KMU generell eine bedeutende Innovationsfunktion aus,[100] die zu technologischem Wandel und Beschäftigungswachstum führt (Acs 2001: 11). Demgegenüber ermöglichten Produktivitätsgewinne in den letzten Jahren den etablierten Unternehmen, mit weniger Personal zu wirtschaften, was einen dramatischen Personalabbau in etlichen Großunternehmen verursachte (Scarborough/Zimmerer 2005: 2; Audretsch/Thurik 2000: 21f.). Unternehmensgründungen sowie generell KMU, die den Großteil von Entrepreneurship in der Wirtschaft erbringen (Acs 2001: 13), tragen mit neu geschaffenen Arbeitsplätzen wesentlich zur Kompensierung des Personalabbaus der Großunternehmen bei (Audretsch/Thurik 2000: 24-27; Scarborough/Zimmerer 2005: 2f.)[101] und verfügen gegen-

---

99 Mit Verweis auf Joos 1987.

100 „Despite the survival problem with smaller firms, Coase (1937) theorized that innovation and entrepreneurship are particular to the small firm" (Alvarez/Busenitz 2001: 770).

101 So waren Kirchhoff (1997) zufolge die während den 1980er und 1990er Jahren in den USA gegründeten, unabhängigen Unternehmen fähig, mehr Arbeitsplätze zu schaffen als die über fünf Millionen durch etablierte Großunternehmen abgebauten Arbeitsplätze (Baum/Frese/Baron/Katz 2007: 5). In den USA werden KMU insgesamt als Hauptquelle für die Schaffung von Arbeitsplätzen betrachtet (Audretsch 2002, zit. n. Storey 2005: 473). Der Small Business Economy Report konstatiert, in Anlehnung an die Business Employment Dynamics Data Series des Bureau of Labor Statistics, dass KMU (Unternehmen mit weniger als 500 Mitarbeitern) in den USA zwischen 1993 und 2008 zu fast zwei Drittel der netto geschaffenen Arbeitsplätze beigetragen haben (Sargeant/Moutray 2010: 26f.). Der Ewing Marion Kauffman Foundation zufolge trugen zwischen 1980 und 2005 die bis zu fünf Jahre alten Jungunternehmen zu annähernd allen in den USA netto geschaffenen Arbeitsplätzen bei, wobei ohne die Start-up-Unternehmen (bis zu einem Jahr alt) die Netto-Arbeitsplatzschaffung in den meisten Jahren dieses Zeitraums negativ wäre (Stangler/Litan 2009: 2-8). Brüderl und Preisendörfer zufolge schätzen Fritsch und Hull (1987), dass in Westdeutschland KMU in den 1980er Jahren zu etwa einem Drittel zur Netto-Arbeitsplatzgenerierung beigetragen haben (Brüderl/Preisendörfer 2000: 47). Fritsch und Weyh berechnen, basierend auf der deutschen Sozialversicherungsstatistik (vgl. hierzu Fritsch/Brixy 2004), für die zwischen 1984 und 2002 in Westdeutschland gegründeten Unternehmen, die im ersten Jahr ihres Bestehens 1-20 Beschäftigte auswiesen – wodurch Unternehmensgründungen ohne Beschäftigte, mit Ausnahme des/der Eigentümer/s, nicht erfasst sind (sie werden allerdings erfasst, sobald sie Beschäftigte aufweisen, vgl. hierzu auch Fritsch/Brixy 2004), und neue Niederlassungen von Großunternehmen weitgehend unberücksichtigt blieben (Fritsch/Weyh 2006: 247, 257, inkl. Verweisen auf

über Großunternehmen aufgrund von transparenteren Strukturen, kürzeren Entscheidungswegen und höherer Flexibilität über den maßgeblichen Wettbewerbsvorteil, wesentlich schneller auf hochrentable unternehmerische Gelegenheiten reagieren und mithilfe von moderner Technologie in wesentlich kürzeren Zeiträumen Produkte und Dienstleistungen entwickeln und vermarkten zu können (Scarborough/Zimmerer 2005: 3; Thore/Ronstadt 2005: 121; Aldrich/Martinez 2010: 413), während „hochstrukturierte" Großunternehmen mit ihren Kernkompetenzen in traditionellen Sektoren (Audretsch/Thurik 2000: 24) als ineffizient beim Wirtschaften innerhalb eines dynamischen Umfelds eingestuft werden (Acs 2001: 13).[102] Eine dynamische Wirtschaft basiert auf innovativen Aktivitäten, die eine hohe Gründungsquote neuer, i.d.R. kleiner Unternehmen erfordern (Acs/Carlsson/Karlsson 1999: 33), und die Unternehmensgründungen sind wiederum notwendig für die Erzeugung von wirtschaftlicher Varietät und für die Eliminierung von Stagnation (Acs 2001: 14). Die einflussreiche Studie von Birch (1979), die den positiven Beitrag von KMU sowie jungen Unternehmen zur Arbeitsplatzschaffung in den USA aufzeigt (Storey 2005: 479; Acs/Parsons/Tracy 2008: 1),[103] initiierte neben einer „Lawine von Kontroversen" (Kirchhoff 1996: 627) die weitere systematische Erforschung von KMU (Acs/Carlsson/Karlsson 1999: 22; Acs/Parsons/Tracy 2008: 5) und Entrepreneurship (Carlsson/Braunerhjelm/McKelvey/Olofsson/Persson/Ylinenpää 2013: 920) in OECD-Ländern[104], mit einhergehenden Befunden über die allgemein bedeutende Rolle von KMU, Unternehmensgründungen und Entrepreneurship bei der Generierung von Arbeitsplätzen (Audretsch/Thurik 2000: 19,

---

Brixy/Fritsch 2002; Fritsch/Grotz/Brixy/Niese/Otto 2002) –, einen Anteil von etwa einem Viertel an der Beschäftigung der gesamten Privatwirtschaft im Jahre 2002 (Fritsch/Weyh 2006: 255f.). Diese Ergebnisse verdeutlichen die positiven Effekte von Unternehmensgründungen auf die Volkswirtschaft auch in der Bundesrepublik Deutschland.

[102] Sofern Großunternehmen sich nicht anhand von flexibleren neuen Organisationsformen umstrukturieren und an den zunehmenden Wandel der wirtschaftlichen Rahmenbedingungen in den späten 1970er Jahren anpassen konnten, wurden sie grundsätzlich durch Gruppen von KMU ersetzt (Casson 2005a: 343f.); eine wichtige Rolle im Reorganisationsprozesses der Großunternehmen spielten bspw. Downsizing, Hierarchieabbau sowie die Übertragung von Verantwortung an Untergebene (Empowerment), insbesondere im Rahmen der Forcierung von „Intrapreneurship", d.h. „a more entrepreneurial attitude by individual staff" (Casson 2005a: 344).

[103] Vgl. hierzu auch Birch 1981, u.a.: „About 80 percent of the replacement jobs are created by establishments four years old or younger" (Birch 1981: 8). Allerdings weisen Acs, Parsons und Tracy auf eine durch die Small Business Administration (1983) durchgeführte Neuberechnung dieses Anteils, bereinigt um neue Niederlassungen von bereits existierenden Unternehmen, hin: „53 percent instead of 82 percent of new jobs were created by firms with fewer than 100 employees in the period 1976-1982" (Acs/Parsons/Tracy 2008: 5).

[104] Mitgliedsstaaten der Organisation for Economic Co-operation and Development (OECD).

25f.,[105] 29f.; Stangler/Litan 2009: 2-12) und innovativen Aktivitäten (Henrekson/Stenkula 2010: 595) bzw. für das Wirtschaftswachstum[106] (Acs 2001: 4[107]; Schmitz 1989, zit. n. Audretsch/Thurik 2000: 30; Audretsch/Thurik 1997: 34; van Praag/Versloot 2008[108], zit. n. Acs/Parsons/Tracy 2008: 4; Acs/Audretsch/Braunerhjelm/Carlsson 2012: 289-98).

Im Zusammenhang mit dem Wiederanstieg von KMU sowie dem Wiedererwachen von Entrepreneurship und aufgrund der positiven Faktoren eines günstigen Umfelds für Unternehmensgründungen rückte Entrepreneurship seit den durch bedeutende Veränderungen[109] geprägten 1980er Jahren[110] wieder in den Mittelpunkt der Interessen von Wirtschaftswissenschaftlern[111] sowie der wirtschaftspolitischen Agenda in entwickelten Volkswirtschaften, auch in Europa (Henrekson/Stenkula 2010: 595; Boutillier

---

105 Neben eigenen empirischen Ergebnissen auch mit Verweisen auf Davis/Haltiwanger/Schuh 1996a, 1996b; Carree/Klomp 1996; Audretsch 1995; Acs/Armington 1998; ENSR/EIM 1997.

106 „In his 1911 treatise, Schumpeter argued that a more decentralized and turbulent industry structure where the process of creative destruction was triggered by vigorous entrepreneurial activity was the engine of economic growth“ (Audretsch/Thurik 2000: 18). Mit „1911 treatise“ ist Schumpeters Werk „Theorie der wirtschaftlichen Entwicklung“ (Erstauflage 1911) gemeint (vgl. hierzu Schumpeter 1993b).

107 Mit Verweis auf Literaturreviews in Acs 1996; Admiraal 1996; OECD 1996; Storey 1994.

108 Mit einem Literaturreview über den wirtschaftlichen Nutzen von Entrepreneurship.

109 Wie Deregulierung/Privatisierung, Entwicklung von Finanzmärkten, neue Informations- und Kommunikationstechnologien, Zunahme von Massenarbeitslosigkeit und dieser entgegensteuernden staatlichen Anreizen zur Unternehmensgründung (Boutillier 2008b: 132) sowie die Intensivierung des globalen Wettbewerbs, der resultierend Anstieg des Unsicherheitsgrades und intensivere Fragmentierung der Märkte (Carlsson/Braunerhjelm/McKelvey/Olofsson/Persson/Ylinenpää 2013: 920).

110 „The shift in the early 1980s toward increased rates of entrepreneurship in the U.S. economy can be explained by the wave of technological innovation that occurred in the 1980s based on microelectronic, computer, telecommunication and information technologies (Mason, 1989)“ (Shane 1996: 774). Neben diesem Wandel der Charakteristika technologischen Fortschritts, der Großunternehmen gegenüber KMU weniger Vorteile, bspw. aufgrund von vergleichsweise langsamer Anpassungsfähigkeit an neue Marktbedingungen, einräumte, trugen allerdings auch die grundlegenden Veränderungen in der Weltwirtschaft zum Übergang in das neue technologische Regime bei, in dem Unternehmensgründungen als entscheidend für die Übertragung von neuem Wissen in Wirtschaftswachstum eingestuft werden (Carlsson/Braunerhjelm/McKelvey/Olofsson/Persson/Ylinenpää 2013: 919f., mit Verweisen auf Carlsson 1989a, 1989b, 1992; Carlsson/Acs/Audretsch/Braunerhjelm 2009).

111 Dass sich in diesem Zusammenhang neben Wirtschaftswissenschaftlern auch eine Vielzahl enthusiastischer Forscher mit anderen fachlichen Hintergründen, auch aus unterschiedlichen Disziplinen, und unterschiedlichen Interessen der wieder auflebenden Entrepreneurship-Forschung widmeten, trug entscheidend zur Entwicklung dieses Forschungsfeldes bei (Carlsson/Braunerhjelm/McKelvey/Olofsson/Persson/Ylinenpää 2013: 920), das entsprechend durch eine Vielfalt an Forschungstraditionen, -perspektiven und -methoden geprägt ist (Carlsson/Braunerhjelm/McKelvey/Olofsson/Persson/Ylinenpää 2013: 913, 915, mit Verweisen auf Casson 1982; Acs/Audretsch 2003).

2008b: 131; Carree/Thurik 2010: 559f.; Hofstede/Noorderhaven/Thurik/Uhlaner/Wennekers/Wildeman 2004: 162-64; Sargeant/Moutray 2010: 58; European Commission 1999: 4f.). Während empirischen Ergebnissen zufolge in den USA Regionen mit höheren Branchen-Turbulenzen[112], d.h. höheren Unternehmensgründungs- und -schließungsquoten,[113] – im Gegensatz zu westdeutschen Regionen (Audretsch/Fritsch 1996: 137-48; Fritsch 1997: 437) – bereits in den 1980er Jahren höhere Wachstumsraten aufwiesen (Reynolds 1999: 98-133), verzeichneten in den 1990er Jahren auch in Deutschland Regionen mit höheren Gründungsquoten höhere Wachstumsraten (Audretsch/Fritsch 2002: 113-23), so dass sich mittlerweile auch in Deutschland die Wachstumsquelle von etablierten Unternehmen zu neu gegründeten unternehmerischen Unternehmen verschoben hat, Deutschlands Wachstumsmotor demzufolge seit den 1990er Jahren dahin wechselte, sich auf Entrepreneurship zu stützen (Carree/Thurik 2010: 578f.).[114] Braunerhjelm et al. kommen basierend auf ihrer empirischen Untersuchung von 17 OECD-Ländern (inklusive Deutschland) im Zeitraum von 1981 bis 2002 ebenfalls zu dem Ergebnis, dass hauptsächlich „Entrepreneure" (nicht-landwirtschaftliche Selbständigen-Quote) zum Wirtschaftswachstum (Bruttoinlandsprodukt-Veränderung) beitrugen und hierbei deren Bedeutung in den 1990er Jahren zunahm (Braunerhjelm/Acs/Audretsch/Carlsson 2010: 105-23).[115] Im Kontext der Förderung des Wirtschaftswachstums wird postuliert, dass die Wirtschaftspolitik in Einklang mit dem Wechsel von der gemanagten zur unternehmerischen Wirtschaft gebracht wird (Audretsch/Thurik 1997: 34). „[A]ny policy recommendation on economic development should be based on an analysis that incorporates entrepreneurship,[116] the engine

---

112 Audretsch und Fritsch „define industry turbulence as the simultaneous movement of firms into and out of a market" (Audretsch/Fritsch 1996: 138).

113 Vgl. hierzu sowie zum Zusammenhang zwischen Turbulenz und Wirtschaftswachstum Audretsch/Fritsch 1996: 138-41 und die dort aufgeführten Literaturquellen.

114 Die Entwicklung von einer gemanagten zu einer unternehmerischen Wirtschaft setzte sich auch im 21. Jahrhundert fort, worauf die auch in Deutschland gestiegenen Selbständigen-Quoten in der Periode von 2003 bis 2007 hinweisen (Carree/Thurik 2010: 562, unter Bezugnahme auf die COMPENDIA-Datenbank, vgl. hierzu Carree/van Stel/Thurik/Wennekers 2007: 285).

115 Auch Thurik liefert im Rahmen einer empirischen Untersuchung von 23 OECD-Ländern zwischen 1984 und 1994 den Nachweis, dass höhere „business ownership rates" mit höheren Beschäftigungswachstums-Quoten verbunden sind (Thurik 1999, zit. n. Braunerhjelm/Acs/Audretsch/Carlsson 2010: 108). Zu weiteren empirischen Studien, die einen positiven Zusammenhang zwischen diversen Maßen unternehmerischer Aktivität (vornehmlich Gründungsquoten) und Indikatoren für Wirtschaftswachstum feststellen, vgl. Braunerhjelm/Acs/Audretsch/Carlsson 2010: 107f.

116 Vgl. hierzu auch Holcombe 1998: 60.

of economic growth“ (Yu 1998: 906). Auch die OECD (OECD 1998) betrachtet Entrepreneurship als fundamental für funktionierende Marktwirtschaften, und die US Small Business Administration (Small Business Administration 1998) bezeichnet die kontinuierliche Unternehmensgründung in allen Wirtschaftssektoren als entscheidend für volkswirtschaftlichen Wohlstand (Baum/Frese/Baron/Katz 2007: 5).

Seitdem Solow sein konstruiertes Wachstumsmodell auf die neoklassische Produktionsfunktion, die die Faktoren Arbeit und Kapital mit volkswirtschaftlichem Output verbindet, stützte (Solow 1956: 66-94), haben sich Wirtschaftswissenschaftler im Rahmen der Erklärung der Bestimmungsgrößen des wirtschaftlichen Wachstums auf das neoklassische Modell der Produktionsfunktion berufen (Audretsch/Keilbach 2004b: 950; Hofstede/Noorderhaven/Thurik/Uhlaner/Wennekers/Wildeman 2004: 163), bis es in jüngerer Zeit u.a. durch Romer um den aus seiner Sicht ausgelassenen Faktor Wissenskapital[117] erweitert wurde (Romer 1986: 1014-35)[118] und schließlich durch Audretsch und Keilbach um den ihrer Ansicht nach ebenfalls fehlenden Faktor Entrepreneurship-Kapital[119] (Audretsch/Keilbach 2004b: 950-54).[120] Entrepreneurship und Unternehmensgründungen fungieren als ein Mechanismus für „knowledge spillovers“[121] (Wissensspillover), der den Austausch von Ideen fördert, um diese schließlich zu vermarkten (Acs/Braunerhjelm/Audretsch/Carlsson 2009: 18; Audretsch/Keilbach 2004a: 422; Audretsch/Keilbach/Lehmann 2006, zit. n. Carree/Thurik 2010: 580; Mueller 2007: 355-60[122]).[123] Entrepreneurship-Kapital äußert sich in der Gründung

---

117 „Knowledge is accumulated by devoting resources to research“ (Romer 1986: 1007).

118 Die neue Wachstumstheorie (vgl. hierzu Lucas 1988; Romer 1990) betrachtet Wissen als einen Produktionseinsatzfaktor und übernimmt die Hauptthese der Wissensproduktionsfunktion (vgl. hierzu Griliches 1979; Jaffe 1989), dass technologischer Fortschritt bzw. die Generation neuen Wissens einen endogenen Prozess darstellt (Qian/Acs 2013: 186f.).

119 Entrepreneurship-Kapital wird definiert „as a region's endowment with factors conducive to the creation of new businesses“ (Audretsch/Keilbach 2004b: 951) und wird als eine spezielle Teilmenge vom „Sozialkapital“ – das sich auf Beziehungen zwischen Individuen und Merkmale von sozialen Organisationen wie Netzwerke, Normen und Vertrauen bezieht, die Koordinierung und Zusammenwirken zwecks gegenseitiger Vorteile erleichtern (Putnam 2000: 19; vgl. hierzu auch Coleman 1988; Putnam 1993) – betrachtet, die sich in verschiedenen rechtlichen, institutionellen und sozialen Faktoren und Kräften widerspiegelt und hierbei für unternehmerische Aktivitäten und Unternehmensgründungen förderlich ist (Audretsch/Keilbach 2004a: 420f., 427).

120 Vgl. hierzu auch Baumol 2002: 58f.; Qian/Acs 2013: 187, mit weiteren Verweisen.

121 Vgl. hierzu z.B. Acs/Braunerhjelm/Audretsch/Carlsson 2009: 15-28.

122 Mit weiteren Verweisen.

123 Zwar begründeten bereits Romer (1986), Lucas (1988, 1993) sowie Grossman und Helpman (1991) „knowledge spillovers“ als grundlegend für endogenes Wachstum (Audretsch/Keilbach

neuer Unternehmen (Audretsch/Keilbach 2004a: 420), durch die Wissensspillover ausgelöst werden, die Konkurrenz intensiviert, die Vielfalt in der Unternehmenspopulation erhöht und wirtschaftlicher Wandel eingeleitet werden, was sich wiederum positiv auf Innovation und volkswirtschaftliches Wachstum auswirkt (Audretsch/Keilbach 2004b: 952f.; Porter 1990a: 78-85, 1990b; Glaeser/Kallal/Scheinkman/Shleifer 1992: 1126-48; Acs 2001: 10f.). Die Annahme, dass die Funktion, neue Ideen im Rahmen unternehmerischer Aktivitäten zu verwirklichen, neben den Faktoren Arbeit, physischem Kapital und Wissenskapital ebenfalls wesentlich für die Produktionsleistung ist, wird basierend auf einer Spezifikation der Cobb-Douglas-Produktionsfunktion und Daten aus den Jahren 1989-1992 am Beispiel von 327 Kreisen in Westdeutschland empirisch bestätigt; den Ergebnissen zufolge übt Entrepreneurship-Kapital[124] einen stärkeren positiven Effekt als Wissenskapital[125] auf das Bruttoinlandsprodukt (Audretsch/Keilbach 2004b: 950-57) bzw. auf die Arbeitsproduktivität (Audretsch/Keilbach 2004a: 423-27) aus. Mueller belegt, basierend auf jüngeren Daten westdeutscher Regionen aus den Jahren 1992-2002, ebenfalls den positiven Effekt von Unternehmensgründungsaktivitäten und Forschungs- und Entwicklungsintensität auf regionales Wirtschaftswachstum (Mueller 2006: 1502-06). Aus wirtschaftspolitischer Sicht ist zwecks Steigerung des Wirtschaftswachstums somit (zumindest für Deutschland) die Forderung naheliegend, neben Wissensfaktoren wie Forschung und Entwicklung (F&E) und dem Bildungswesen (Acs/Szerb 2007: 114) auch die Mechanismen für die Übertragung und Vermarktung von Wissen und Inventionen bzw. unternehmerisches Bewusstsein und unternehmerische Fähigkeiten intensiver zu fördern (Mueller 2006:

2004b: 951; Glaeser/Kallal/Scheinkman/Shleifer 1992: 1127), vernachlässigten jedoch – entgegen Arrows (1962b) Behauptung, Wissen übertrage sich nicht automatisch in kommerzielles bzw. wirtschaftlich nutzbares Wissen (Audretsch/Keilbach 2004a: 422; vgl. hierzu auch Mueller 2006: 1501; Henrekson/Stenkula 2010: 617; Acs 2010: 178; Qian/Acs 2013: 187) – die Analyse der Mechanismen, durch die Wissen zwischen Organisationen und Individuen übermittelt wird (Audretsch/Keilbach 2004b: 951; Acs/Braunerhjelm/Audretsch/Carlsson 2009: 17f.; Acs/Audretsch/Lehmann 2013: 760f.).

124 Entrepreneurship-Kapital wird ausgedrückt durch die Unternehmensgründungsquoten zwischen 1989 und 1992. Hierbei werden neben einer sich aus den Daten der Handelsregister ergebenden Variante zwei weitere Varianten (basierend auf Hochtechnologiegründungen der verarbeitenden Industrie mit einer Forschungs- und Entwicklungsintensität über 2,5 Prozent bzw. Gründungen in Sektoren der Informations- und Kommunikationstechnologie) berechnet, so dass die verwendeten Indikatoren den Autoren zufolge einen hohen Kreditbedarf und/oder innovative Aktivitäten mit überdurchschnittlich hohem Risiko widerspiegeln (Audretsch/Keilbach 2004b: 953f.).

125 Wie bereits durch andere Autoren (Griliches 1979; Jaffe 1989; Audretsch/Feldman 1996), ausgedrückt durch die Anzahl der Forschungs- und Entwicklungsmitarbeiter in öffentlichen (1992) und privaten (1991) Sektoren (Audretsch/Keilbach 2004b: 953).

1507; Audretsch/Keilbach 2004b: 951-57, 2004a: 427; Mueller 2007: 355-61; Carree/Thurik 2010: 580; Henrekson/Stenkula 2010: 616f.; Acs/Audretsch/Lehmann 2013: 763) und demzufolge durch die Verbesserung der für Entrepreneurship förderlichen Rahmenbedingungen unternehmerische Aktivitäten anzuregen (Acs/Szerb 2007: 112). Auch Audretsch und Fritsch folgern, ausgehend von ihren empirischen Ergebnissen über westdeutsche Regionen, dass KMU und Unternehmensgründungen möglicherweise die entscheidende Quelle zukünftigen Wachstums und von zentraler Bedeutung für langfristige wirtschaftliche Entwicklung sind, was einen Fokus der regionalen Wirtschaftspolitik auf die Förderung von Unternehmensgründungen nahelegt (Audretsch/Fritsch 2002: 122).

Sowohl die EU, bspw. mit dem „Aktionsplan Unternehmertum 2020" (Europäische Kommission 2013), als auch die Bundesrepublik Deutschland, bspw. mit dem seit Ende 1998 initiierten und schrittweise weiterentwickelten Programm „EXIST – Existenzgründungen aus der Wissenschaft" (Kulicke/Dornbusch/Kripp/Schleinkofer 2012), widmen sich der Förderung von Entrepreneurship bzw. (innovativen) Unternehmensgründungen und der Etablierung einer Kultur der unternehmerischen Selbständigkeit. Auf Letzterem aufbauende Leitziele des EXIST-Programms „sind die konsequente Übersetzung wissenschaftlicher Forschungsergebnisse in wirtschaftliche Wertschöpfung, die zielgerichtete Förderung des großen Potenzials an Geschäftsideen und Gründerpersönlichkeiten an Hochschulen und Forschungseinrichtungen und letztlich eine deutliche Steigerung der Anzahl innovativer Unternehmensgründungen und damit neuer und gesicherter Arbeitsplätze" (Kulicke/Dornbusch/Kripp/Schleinkofer 2012: 1). Folglich liegt der Fokus des EXIST-Programms auf der Förderung von innovativen Unternehmensgründungen aus Hochschulen durch Wissenschaftler, Studierende sowie Absolventen. Die Unterstützung und Schaffung von Anreizen für das akademische Entrepreneurship als auch die Beschleunigung der Vermarktung von Inventionen aus dem Hochschulkontext heraus wird als Möglichkeit der Förderung von Innovationen in der Volkswirtschaft angesehen (Kauffman Foundation 2007: 2f.; Henrekson/Stenkula 2010: 618), zumal Forschungseinrichtungen an Hochschulen innovationsgenerierendes Wissen hervorbringen, das innovativen privatwirtschaftlichen Unternehmen bzw. Unternehmensgründungsvorhaben zugänglich wird (Audretsch/Keilbach 2004b:

952) und schließlich zur Entwicklung von kommerziellen Innovationen, insbesondere durch Unternehmensgründungen und KMU (Acs/Audretsch/Feldman 1994: 336), führt (Audretsch/Feldman 1996: 630, 639; Jaffe 1989: 957).[126] Diesen positiven Zusammenhang zwischen der Präsenz von Hochschulen und weiteren öffentlichen Forschungsinstituten und der Entstehung von Unternehmensgründungen in als innovativ eingestuften Branchen decken Fritsch und Aamoucke im Rahmen ihrer empirischen Analyse deutscher Regionen explizit für Deutschland auf (Fritsch/Aamoucke 2013: 865-81). Während KMU in den 1960er Jahren noch mit technologischem Rückstand und bescheidenen wirtschaftlichen Beiträgen in Verbindung gebracht wurden, sind sich die nationalen Regierungen mittlerweile über die aktuelle Ansicht bewusst, dass unter den KMU auch eine Gruppe von dynamischen und innovativen Unternehmen existiert, die gemeinsam erheblich zum volkswirtschaftlichen Wohlstand beitragen (Storey 2005: 473; Acs/Carlsson/Karlsson 1999: 3-34, insb. 31-34). Hierbei übt insbesondere die Teilmenge der unternehmerischen Unternehmensgründungen als „Überbringer" neuer Ideen eine essentielle Funktion für das Wirtschaftswachstum aus (Carlsson 2001: 109). Derartige wachstumsintensive Unternehmen, u.a. als „Gazellen", „high-growth enterprises" oder „high-growth firms" bezeichnet,[127] bringen bedeutende Innovationen hervor und schaffen die meisten Arbeitsplätze (Birch/Medoff 1994: 163; Birch/Haggerty/ Parsons 1995, zit. n. Acs/Parsons/Tracy 2008: 5; Henrekson/Stenkula 2010: 596). Diverse – in verschiedenen Ländern, u.a. in Deutschland, durchgeführte – Studien über den Einfluss von außergewöhnlich wachstumsstarken Unternehmen kommen trotz Unterschiede bzgl. Definitionen, Zeiträume und weiterer Kriterien einheitlich zu dem – als robust eingeschätzten (Henrekson/Johansson 2010: 240) – Ergebnis, dass die

126 „The knowledge production function approach (Jaffe 1986, 1989; Griliches 1979) suggests that industry R&D and university R&D are sources of innovations" (Qian/Acs 2013: 185). Hierbei stellen Wissensspillover von Hochschulen in die gewerbliche Wirtschaft eine der entscheidenden Determinanten für Innovationen im privaten Sektor dar (Qian/Acs 2013: 185).

127 Für Gazellen, bzw. „gazelles" im Englischen, existiert keine allgemein anerkannte Definition (Henrekson/Johansson 2010: 228). Birch, Haggerty und Parsons definieren sie als ein „business establishment which has achieved a minimum of 20% sales growth each year over the interval, starting from a base-year revenue of at least $100,000" (Birch/Haggerty/Parsons 1995: 46). Die OECD definieren Gazellen als diejenige Teilgruppe von „high-growth enterprises", die bis zu fünf Jahre als Arbeitgeber fungieren (OECD 2014: 70), und „High-growth enterprises, as measured by employment, are enterprises with average annualised growth in employees greater than 20% a year, over a three-year period, and with ten or more employees at the beginning of the observation period" (OECD 2014: 70). Acs, Parsons und Tracy definieren „High-impact firms" als „enterprises whose sales have at least doubled over a four-year period and which have an employment growth quantifier of two or more over the period" (Acs/Parsons/Tracy 2008: 1).

wachstumsintensiven Unternehmen zwar nur einen geringen Anteil der untersuchten Unternehmen insgesamt repräsentieren und im Durchschnitt jünger sind, jedoch zu einem signifikanten volkswirtschaftlichen Wachstum beitragen und offensichtlich überdurchschnittlich viele Arbeitsplätze generieren (Henrekson/Johansson 2010: 227, 230-40[128]; Acs/Szerb 2007: 118; Acs/Parsons/Tracy 2008: 44). Birch und Medoff zufolge generierten in der Periode 1988-1992 vier Prozent der Unternehmen 70 Prozent der neuen Arbeitsplätze fortlaufender Unternehmen in den USA (Birch/Medoff 1994, zit. n. Acs/Parsons/Tracy 2008: 5; Henrekson/Johansson 2010: 230). „High-impact firms" repräsentierten während den analysierten Perioden (1994-1998, 1998-2002, 2002-2006) Anteile von 5,2 bis 6,5 Prozent[129] und trugen zu annähernd dem gesamten Arbeitsplatzwachstum in den USA bei (Acs/Parsons/Tracy 2008: 2f., 22; Sargeant/ Moutray 2010: 28), während fast alle Arbeitsplatzverluste sogenannten „low-impact firms“ mit mehr als 500 Mitarbeitern zuzuschreiben sind (Acs/Parsons/Tracy 2008: 2, 44). „High-growth enterprises" mit Anteilen zwischen zwei und sechs Prozent und Gazellen mit etwa einem Prozent der Unternehmenspopulation in den meisten Ländern erwirken den größten Beitrag zur Netto-Arbeitsplatzgenerierung (OECD 2014: 70). Storey schätzt, basierend auf 13 im Vereinigten Königreich und einer in den USA durchgeführten Studien, dass von einer Gruppe analysierter Unternehmensgründungen die am schnellsten wachsenden vier Prozent zu ca. der Hälfte der neuen, durch diese Kohorte innerhalb von 10 Jahren geschaffenen Arbeitsplätze beitragen (Storey 1994: 113-119, zit. n. Henrekson/Johansson 2010: 234; Brüderl/Preisendörfer 2000: 49; Fritsch/Weyh 2006: 246, 257). Brüderl und Preisendörfer kommen für Deutschland (am Beispiel von München und Oberbayern)[130] zu dem Ergebnis, dass 4,3 Prozent der analysierten originären Unternehmensgründungen „schnelles Wachstum“ – d.h. innerhalb der ersten vier Jahre mindestens eine Verdopplung der Beschäftigten sowie mindestens fünf zusätzliche Beschäftigte – aufwiesen und 35 Prozent der von der gesam-

---

128 Mit Verweisen auf u.a. Storey 1994; Schreyer 2000; Brüderl/Preisendörfer 2000; Fritsch/Weyh 2006; Deschryvere 2008.

129 Henrekson und Stenkula zufolge weist Acs 2008 den „high-impact firms“ seit Mitte der 1990er Jahren einen Anteil von 2-4 Prozent an den US-Unternehmen zu (Henrekson/Stenkula 2010: 596). Für diese Abweichungen könnten u.a. verschiedene Datenquellen ursächlich sein (vgl. hierzu Acs/ Parsons/Tracy 2008: 16-18, 82-87).

130 Basierend auf im Jahre 1990 durchgeführten Interviews von 1.291 Gründern originärer Unternehmensgründungen, die im Zeitraum 1985-1986 bei der lokalen Handelskammer angemeldet wurden.

ten Stichprobe innerhalb von vier Jahren geschaffenen Arbeitsplätze generiert haben (Brüderl/Preisendörfer 2000: 52-56). Fritsch und Weyh analysieren, basierend auf der deutschen Sozialversicherungsstatistik (vgl. hierzu Fritsch/Brixy 2004), die zwischen 1984 und 2002 in Westdeutschland gegründeten Unternehmen, die im ersten Jahr ihres Bestehens 1-20 Beschäftigte auswiesen,[131] und verdeutlichen, dass ein geringer Anteil dieser Unternehmen eine beachtliche Anzahl an Arbeitsplätzen schufen (Fritsch/Weyh 2006: 245-47, 254-56). So wurden von den Arbeitsplätzen der Gruppe nach zehn Jahren etwa 38 Prozent von einem Prozent der Unternehmen geschaffen und 65 Prozent von fünf Prozent der Unternehmen, und nach 18 Jahren trugen die wachstumsstärksten ein Prozent der Unternehmen zu fast 44 Prozent und die wachstumsstärksten fünf Prozent zu annähernd drei Viertel der gesamten Arbeitsplätze bei (Fritsch/Weyh 2006: 254); bzw. nach 10 Jahren wurde die Hälfte der neuen Arbeitsplätze von 2,22 Prozent der Unternehmensgründungen generiert, und nach 18 Jahren trugen 1,58 Prozent der Unternehmensgründungen zur Hälfte der geschaffenen Arbeitsplätze bei (Fritsch/Weyh 2006: 257). „Indeed, for developed countries high impact entrepreneurship (HIE)[132] has become the main form of entrepreneurship driving their economies“ (Acs 2010: 165). In diesem Zusammenhang spielen insbesondere innovative KMU im Bereich der Hochtechnologie die entscheidende Rolle für technologische Entwicklung in vielen (jungen) Sektoren (Carree/Thurik 2010: 563). Allerdings hat sich gezeigt, dass die wachstumsintensiven Unternehmen nicht nur aus dem Hochtechnologiebereich kommen, sondern sich über alle Sektoren, auch den Dienstleistungsbereich, erstrecken (Henrekson/Johansson 2010: 227-40; Fritsch/Weyh 2006: 245, 254-57). Acs weist darauf hin, dass Hochtechnologie-Unternehmen nur etwa zehn Prozent der „high-impact firms“ ausmachen (Acs 2010: 173). Zusammengefasst betrachtet, tragen chancengetriebene und wachstumsintensive Unternehmensgründungen bzw. HIE überdurchschnittlich positiv zu Wirtschaftswachstum und Innovation sowie zur Schaffung (qualifizierter) Arbeitsplätze bei (vgl. hierzu auch Acs/Parsons/Tracy 2008: 8; Henrekson/

[131] Folglich sind Unternehmensgründungen ohne Beschäftigte, mit Ausnahme des/der Eigentümer/s, nicht erfasst (sie werden allerdings erfasst, sobald sie Beschäftigte aufweisen, vgl. hierzu auch Fritsch/Brixy 2004), und neue Niederlassungen von Großunternehmen blieben weitgehend unberücksichtigt (Fritsch/Weyh 2006: 247, 257, inkl. Verweisen auf Brixy/Fritsch 2002; Fritsch/Grotz/Brixy/Niese/Otto 2002).

[132] Vgl. hierzu Acs 2010: 166-68.

Stenkula 2010: 598[133]). Politische Entscheidungsträger verknüpfen das Wachstum von jungen Hochpotenzialunternehmen mit der Revitalisierung der volkswirtschaftlichen Dynamik und globaler Wettbewerbsfähigkeit (Sargeant/Moutray 2010: 58). „Da wachstumsintensive Unternehmen im Hochtechnologiebereich zunehmend ins Zentrum der Unternehmenspolitik rücken, spielen die Hochschulen eine aktive Rolle in der Innovationspolitik der Mitgliedstaaten und der EU“ (Europäische Kommission 2013: 7).

Im Prozess der Erkennung bzw. Generierung (chancengetriebener) unternehmerischer Gelegenheiten[134] sind Individuen, Unternehmen bzw. Unternehmensgründungen, Hochschulen und weitere Forschungseinrichtungen von zentraler Bedeutung, da die Forschungs- und Entwicklungsaktivitäten dieser Akteure einerseits neues Wissen hervorbringen und andererseits die Voraussetzung für die Fähigkeit darstellen, Wissen zu identifizieren und auszuschöpfen (Cohen/Levinthal 1989: 569-94; Mueller 2007: 355). Während Hochschulen und Forschungseinrichtungen als grundlegende Quelle der Generierung von Wissen angesehen werden (Acs/Audretsch/Lehmann 2013: 764-70; Mueller 2006: 1506), das die Menge technologischer bzw. unternehmerischer Gelegenheiten erweitert und unternehmerische Aktivitäten signifikant positiv beeinflusst (Acs/Braunerhjelm/Audretsch/Carlsson 2009: 18-28; Link/Welsh 2013: 1-7; Acs 2010: 178), schöpfen Entrepreneure der „Knowledge Spillover Theory of Entrepreneurship“[135] zufolge neues, sich über Spillover angeeignetes Wissen – als unternehmerische Gelegenheiten (Shane/Venkataraman 2000: 220-24; Drucker 1985: 107-29) – aus (Acs/Audretsch/Lehmann 2013: 758; Acs 2010: 175-78). Die Theorie exemplifiziert – wie laut des zu Beginn dieses Kapitels aufgeführten Zitates von Soltow (1968:

133 Mit Verweis auf Acs 2008.

134 Vgl. zur Rolle von „opportunities“ in der Entrepreneurship-Literatur z.B. Shane/Venkataraman 2000; Gaglio/Katz 2001; Shane 2003; Arenius/De Clercq 2005; Casson 2005a, 2005b; Casson/Wadeson 2007a, 2007b; Companys/McMullen 2007; McMullen/Plummer/Acs 2007; Braunerhjelm 2008; Ucbasaran/Westhead/Wright 2008; Frank/Mitterer 2009; Haynie/Shepherd/McMullen 2009; Samuelsson/Davidsson 2009; Robson/Akuetteh/Westhead/Wright 2012; Arentz/Sautet/Storr 2013.

135 Vgl. hierzu z.B. Acs/Braunerhjelm/Audretsch/Carlsson 2009; Acs/Audretsch/Lehmann 2013; Acs/Armington 2006; Audretsch 1995; Audretsch/Keilbach/Lehmann 2006; Audretsch/Lehmann 2005. „The theory focuses on individual agents with endowments of new economic knowledge as the unit of analysis in a model of economic growth, rather than exogenously assumed firms. Agents with new knowledge endogenously pursue the exploitation of knowledge“ (Acs/Braunerhjelm/Audretsch/Carlsson 2009: 28).

84) noch vermisst – die Rolle des Entrepreneurs im Kontext des wirtschaftlichen Wandels, namentlich die Transformation von Wissen in wirtschaftlich nutzbares Wissen, indem dieser Akteur, insbesondere im Rahmen neu gegründeter Unternehmen (Acs/Plummer 2005: 439f.; Mueller 2006: 1499-506), Wissen verwertet bzw. Inventionen vermarktet (Henrekson/Stenkula 2010: 617; Acs/Braunerhjelm/Audretsch/Carlsson 2009: 28). Das nachfolgende Zitat stellt im Rahmen der zusammengefassten Beschreibung der wirtschaftlichen Bedeutung von Entrepreneuren und Unternehmensgründungen ferner einen expliziten Bezug zum Ressourcenaspekt her.

„By commercializing ideas that evolved from an incumbent organization via the creation of a new firm, the entrepreneur (human capital) not only serves as a conduit for the spillover of knowledge, but also for the ensuing innovative activity and enhanced economic performance through resource allocation“ (Acs/Audretsch/Lehmann 2013: 757).

Demzufolge übernehmen Entrepreneure im Unternehmensgründungsprozess, neben der Rolle der Transformation von Wissen in kommerzielles Wissen bzw. Geschäftsideen, die Akkumulation von weiteren, für die Gründungsrealisation notwendigen Ressourcen sowie die zweckdienliche Allokation der ihnen verfügbaren Ressourcen und tragen schließlich im Rahmen ihrer innovativen Aktivitäten – zumindest auf aggregierter Ebene – positiv zum Wirtschaftswachstum und zur Schaffung (qualifizierter) Arbeitsplätze bei.

Allerdings weisen junge Unternehmen relativ hohe Misserfolgsquoten auf (Aldrich 1999: 107). Die Hypothese der sogenannten „liability of newness“[136] bzw. das besonders hohe Risiko einer Geschäftsaufgabe in den ersten Jahren nach der Unternehmensgründung wurde mehrfach empirisch bestätigt, da ein hoher Anteil der Unternehmen innerhalb kurzer Zeit nach der Gründung scheitert (Fritsch/Weyh 2006: 252; Brüderl/Preisendörfer/Ziegler 1992: 227[137], 230). So operierten empirischen Ergebnissen zufolge fünf Jahre nach ihrer Gründung weniger als die Hälfte der Unternehmen in den USA (o. V. 1997: 29f.), und in Deutschland (am Beispiel von München und Oberbayern) „scheiterten“ – d.h. sie wurden als Gewerbe abgemeldet bzw. aus dem Handelsregister gelöscht (Brüderl/Schüssler 1990: 538) – von den zwischen 1985 und 1986 ge-

[136] Vgl. hierzu z.B. Stinchcombe 1965; Fritsch/Weyh 2006: 246.
[137] Mit Verweisen auf Freeman/Carroll/Hannan 1983; Aldrich/Auster 1986; Brüderl/Schüssler 1990.

gründeten Unternehmen laut auf Interviews basierten Ergebnissen annähernd ein Viertel innerhalb von zwei Jahren, 37 Prozent innerhalb von fünf Jahren (Brüderl/ Preisendörfer/Ziegler 1992: 231-36), 32 Prozent innerhalb von vier Jahren und den Registrierungsdaten zufolge 43 Prozent innerhalb von vier Jahren (Brüderl/Preisendörfer 2000: 53). Fritsch und Weyh kommen im Rahmen ihrer weiter oben bereits geschilderten Analyse von Unternehmensgründungen in Westdeutschland im Zeitraum 1984-2002 zu dem Ergebnis, dass annähernd 37 Prozent der Unternehmen weniger als zwei Jahre und etwa 52 Prozent weniger als fünf Jahre am Markt bestanden (Fritsch/ Weyh 2006: 256, 258). Auch die Europäische Kommission konstatiert: „Etwa 50 % der neu gegründeten Unternehmen melden in den ersten fünf Jahren ihres Bestehens eine Insolvenz an" (Europäische Kommission 2013: 11[138]). Aufgrund dieses hohen Risikos des Scheiterns erscheint es wichtig, die Faktoren zu erforschen, die Unternehmensgründung und -wachstum beeinflussen (Baum/Frese/Baron/Katz 2007: 5). In diesem Zusammenhang suggerieren Low und MacMillan im Bereich der Untersuchung des Gründungserfolges, nicht nur unternehmerischen Erfolg, sondern auch unternehmerisches Scheitern zu untersuchen; zumal Letzteres Folge von Reaktionen der Wettbewerber sein kann, die insgesamt zu einer Erhöhung der Wettbewerbsfähigkeit der gewerblichen Wirtschaft und damit zu wirtschaftlichem Fortschritt führen können, sowie eine Quelle von Lerneffekten für potenziellen zukünftigen Erfolg darstellt (Low/MacMillan 1988: 141, angelehnt an Maidique/Zirger 1985). „Das Scheitern von Unternehmen ist, wie deren Gründung, Bestandteil eines dynamischen, gesunden Marktes" (Europäische Kommission 2013: 20).

In dieser Arbeit werden allerdings nicht Einflussgrößen auf unternehmerischen Erfolg und unternehmerisches Scheitern untersucht, sondern Faktoren, die die Unternehmensgründung von Studierenden bzw. Akademikern beeinflussen. Hierbei wird, angelehnt an die Ausführungen in diesem Unterkapitel, unterstellt, dass die durch Unternehmensgründungen hervorgehenden innovativen Aktivitäten – insbesondere der studentischen bzw. akademischen Zielgruppe[139] – auf aggregierter Ebene positiv zum

[138] Unter Weglassung der Hervorhebung im Original.

[139] Vgl. hierzu z.B. Kulicke/Dornbusch/Kripp/Schleinkofer 2012: 1; Kauffman Foundation 2007: 2f.; Henrekson/Stenkula 2010: 618; Jaffe 1989: 957; Europäische Kommission 2013: 7, 17.

Wirtschaftswachstum und zur Schaffung (qualifizierter) Arbeitsplätze beitragen.[140] So betont auch Dollinger verallgemeinernd: „In today's market-based economies, new venture creation is the key to technological and economic progress" (Dollinger 2008: 28). Anstelle der Analyse von Erfolgsgrößen von bereits gegründeten und am Markt wirtschaftenden (jungen) Unternehmen, sollen folglich Faktoren im Vorfeld der Gründung untersucht werden, denen ein Einfluss auf aktuelle oder zukünftige Gründungsaktivität zugeschrieben wird.[141] Wie im nächsten Unterkapitel verdeutlicht werden wird, erscheint im Rahmen der in dieser betriebswirtschaftlichen Arbeit durchzuführenden Befragung von Studierenden über deren Unternehmensgründungsprozesse die Einnahme einer ressourcenorientierten Perspektive zweckmäßig.

2.3 Ausgangsmodell

„While it has become widely acknowledged that entrepreneurship is a vital force in the economies of developed countries, there is little consensus about what actually constitutes entrepreneurial activity" (Audretsch/Keilbach 2004b: 950).

Dieses Zitat hebt nochmals die generell anerkannte grundlegende volkswirtschaftliche Bedeutung von Unternehmertum und Unternehmensgründungen hervor, verweist jedoch auf die bisher nichtsdestotrotz weitgehend unerforschte Fragestellung nach den Einflussfaktoren auf die Gründungsaktivität, auf die diese betriebswirtschaftliche Arbeit aus ressourcenorientierter und studentischer Perspektive heraus fokussiert. Da das Fehlen einer erklärenden Theorie des Entrepreneurship[142] (auch) auf dessen Interdisziplinarität[143] zurückgeführt wird (Acs/Szerb 2007: 119; Saßmannshausen 2012:

---

140 Vgl. hierzu z.B. Audretsch/Keilbach 2004b: 950-57; Audretsch/Keilbach 2004a: 423-27; Mueller 2006: 1502-06; Audretsch/Fritsch 2002: 122; Acs 2001: 4; Audretsch/Thurik 1997: 34; van Praag/Versloot 2008; Audretsch/Thurik 2000: 19, 25f., 29f.; Stangler/Litan 2009: 2-12; Europäische Kommission 2013: 4.

141 So ist gerade der für den Unternehmenserfolg als hochrelevant eingestufte (Vor-) Gründungsprozess weitgehend unerforscht bzw. unzureichend thematisiert (Samuelsson/Davidsson 2009: 229f.; Saßmannshausen 2012: 89; Mellewigt/Schmidt/Weller 2006: 94; Mellewigt/Witt 2002: 82; Bygrave 1993: 256; Reynolds/Miller 1992: 405f.; Bamford/Dean/McDougall 2000: 270).

142 Vgl. zum Fehlen eines „monistischen theoretischen Paradigmas" in der Entrepreneurship-Forschung Saßmannshausen 2012: 107-20, 522-25, insb. 108, mit Verweis auf Walterscheid 2001; und zum Theoriedefizit in der Gründungsforschung Mellewigt/Witt 2002: 100f.; Klandt/Münch 1990: 177; Picot/Laub/Schneider 1989: 2; Brüderl/Preisendörfer/Ziegler 1998: 18, mit Verweisen auf Eckart/v. Einem/Stahl 1987; Mugler/Plaschka 1987; Fritsch 1990.

143 Vgl. zur Interdisziplinarität des Entrepreneurship z.B. Low/MacMillan 1988: 140, 154f., mit weiteren Verweisen; Hébert/Link 1989: 39; Bygrave 1989: 9f.; Gartner 1989b: 27; Acs/Audretsch 2005b: 3; Saßmannshausen 2012: 26, 109, mit Verweisen auf Herron/Sapienza/Smith-Cook 1991,

109f.),[144] liegt das Forschungsziel dieser betriebswirtschaftlichen Arbeit – „bei einer realistischen Einschätzung des Forschungsfeldes“ (Brüderl/Preisendörfer/Ziegler 1998: 20) – nicht in der Entwicklung einer generellen Entrepreneurship- oder Unternehmensgründungstheorie,[145] sondern darin, im Rahmen eines ressourcenorientierten und studentischen Forschungsfokus ein Modell zu entwickeln, die Modellannahmen empirisch zu überprüfen und anhand der Forschungsergebnisse zur Erklärung („lediglich“) eines entsprechenden Teilbereichs des komplexen (Gartner 1989b: 27; Berg 2004: 77-84; Palmer 1971: 36), fachübergreifenden und besonders heterogenen Phänomens der Unternehmensgründung (Alvarez/Busenitz 2001: 755-72; Saßmannshausen 2012: 19, 525f.) beizutragen.[146,147] Bereits Low und MacMillan fordern die Entre-

1992. Dass die Gründungsforschung durch fachliche Interdisziplinarität gekennzeichnet ist, wird bspw. dadurch deutlich, dass sich auch renommierte fachübergreifende betriebswirtschaftliche Journale (z.B. Academy of Management Journal oder Administrative Science Quarterly) sowie anderen Fächern zuzuordnende Journale (z.B. Strategic Management Journal oder Organization Science) diesem Forschungsfeld geöffnet haben (Saßmannshausen 2012: 541).

144 Eine monistische Theorie birgt laut Saßmannshausen die Gefahr der Abschottung gegenüber einer interdisziplinären Befruchtung und damit der Aufgabe der gegenwärtigen – für den komplexen Bereich des Entrepreneurship erforderliche – Forschungsvielfalt; was derzeitig für die Entrepreneurship-Forschung als nicht förderlich eingestuft wird (Saßmannshausen 2012: 525) und sogar Bygrave eingesteht (Bygrave 1995: 4; Saßmannshausen 2012: 112), obwohl er „die Etablierung eines normalwissenschaftlichen, positivistischen Paradigmas“ (Saßmannshausen 2012: 111) anstrebt.

145 Low verdeutlicht, dass – je nach verfolgter Strategie der zukünftigen Forschungsrichtung – nicht zwangsläufig die Notwendigkeit für eine Entrepreneurship-Theorie besteht (Low 2001: 17-21). Venkataraman weist zudem darauf hin, dass es einer Ansicht zufolge sogar unmöglich sei, eine Entrepreneurship-Theorie zu entwickeln (Venkataraman 1997: 135).

146 Vgl. hierzu z.B. Carlsson/Braunerhjelm/McKelvey/Olofsson/Persson/Ylinenpää 2013: 915; oder auch Churchill: „At this early stage [of entrepreneurship research; Anm. d. Verf.], we should welcome a diversity of methodologies and the construction of partial theories rather than trying to pursue a complete theory following paradigms of more developed sciences“ (Churchill 1989: 7).

147 Auch Klandt und Münch nehmen bei ihrer empirischen Untersuchung der Gründungsforschung bzw. der „Genese und Genetik neuer wirtschaftlicher Einheiten“ eine wirtschaftswissenschaftliche, insbesondere betriebswirtschaftliche Perspektive ein, ohne hierbei die Überschneidungen mit anderen sozialwissenschaftlichen Bereichen wie Psychologie und Soziologie gänzlich vernachlässigen zu wollen (Klandt/Münch 1990: 171, mit weiteren Verweisen); zumal bereits in den 1960er Jahren mehrere Studien komplexe wirtschaftliche, soziale und psychologische Einflussgrößen auf den Gründungsprozess aufzeigten (Cochran 1965; Alexander 1967, zit. n. Low/MacMillan 1988: 149). Auch die Konzeption des „Model of the Entrepreneurial Process“ von Bygrave – eine Weiterentwicklung des Prozessmodells von Moore (1986), die streng genommen einen Bezugsrahmen darstellt (vgl. hierzu Bygrave 1989: 8, unter Bezugnahme auf Hawking 1988) – basiert hauptsächlich auf den Forschungsdisziplinen Betriebswirtschaftslehre, Ökonomie, Psychologie, Soziologie und zu einem geringeren Ausmaß Politikwissenschaft (Bygrave 1989: 8f.). Ferner differenzieren Stevenson und Jarillo Entrepreneurship in drei Theorieströmungen, namentlich volkswirtschaftliche, psychologische/soziologische und betriebswirtschaftliche Perspektive (Stevenson/Jarillo 1990: 18-21). Demnach erscheint es sinnvoll als auch gerechtfertigt, sich im Rahmen dieser betriebswirtschaftlichen Arbeit auch themenverwandten Bereichen der (sozial-) psychologisch geprägten Entrepreneurship-Forschung anzunähern, auch um sich von diesen wiederum thema-

preneurship-Forschung auf, von der bloßen Dokumentation des Unternehmertums abzusehen und sich vielmehr der Erklärung dieses Phänomens zuzuwenden (Low/MacMillan 1988: 151).[148] Um zu Erkenntnisfortschritten im Bereich des unternehmerischen Prozesses zu gelangen und einen Beitrag zu einer Theorie des Entrepreneurship zu leisten, postulieren sie Fortschritte explizit in der Entwicklung rigoroser Modelle des unternehmerischen bzw. Gründungsprozesses (Low/MacMillan 1988: 154),[149] wobei sie anregen, bei der Untersuchung theoretischer Annahmen mehrere theoretische Perspektiven zu berücksichtigen (Low/MacMillan 1988: 156). Mellewigt und Witt weisen auch in jüngerer Zeit darauf hin, dass in der Gründungsforschung explorative Untersuchungen (Müller-Böling/Klandt 1993b: 164), Häufigkeitsauszählungen und bivariate Analysen (Brüderl/Preisendörfer/Ziegler 1998: 17) nichtsdestotrotz immer noch dominieren (Mellewigt/Witt 2002: 103f.), so dass sie weiterhin „eine stärker theoretisch fundierte Erforschung des Vorgründungsprozesses auf der Basis prüfender Forschungsdesigns" (Mellewigt/Witt 2002: 105) postulieren.[150] Gartner und Gatewood zufolge nimmt die Entwicklung von Modellen eine wichtige Rolle bei der Ermittlung der entscheidenden Einflussfaktoren[151] im Rahmen des Phänomens der Un-

---

tisch abzugrenzen (vgl. Kapitel 2.4) und vielmehr einen betriebswirtschaftlichen Forschungsschwerpunkt einzunehmen. Mellewigt und Witt verdeutlichen im Zusammenhang ihrer Analyse der Bedeutung des Vorgründungsprozesses für die Evolution von Unternehmen, dass die Gründungsforschung (Entrepreneurship Research) als am geeignetsten zur Beantwortung der Fragestellung erscheint (Mellewigt/Witt 2002: 82), was dafür spricht, auch im Rahmen dieser ebenfalls den Vorgründungsprozess untersuchenden Arbeit insbesondere auf Literatur dieses in Deutschland jüngsten Teilgebietes der Betriebswirtschaftslehre (Müller-Böling/Klandt 1993b: 137) zurückzugreifen. Und Venkataraman sieht die Betriebswirtschaftslehre als am geeignetsten für die Untersuchung seiner innerhalb der Entrepreneurship-Forschung aufgeworfenen Fragestellungen (Venkataraman 1997: 135).

148 Die Forderung, im Rahmen der Entrepreneurship-Forschung von der bloßen Exploration zur Beschreibung, Erklärung und Prädiktion überzugehen, wird weiterhin in jüngerer Zeit gestellt (Carlsson/Braunerhjelm/McKelvey/Olofsson/Persson/Ylinenpää 2013: 927).

149 Auch Chandler und Lyon fordern von der Entrepreneurship-Forschung die Entwicklung theoretisch fundierter Modelle mit anschließender Analyse (Chandler/Lyon 2001: 101) und führen dazu auf: „Too few studies clearly specify a research model. Without a clearly specified research model, methods cannot be well matched to theory and structural validity cannot be established" (Chandler/Lyon 2001: 107).

150 Eine angewandte Entrepreneurship-Forschung, basierend auf „sorgfältigeren Designs" sowie theoretischen Modellen, die zu zuverlässigeren und robusteren Schätzungen führt, wird weiterhin in jüngerer Zeit nahegelegt (Carlsson/Braunerhjelm/McKelvey/Olofsson/Persson/Ylinenpää 2013: 927).

151 Hierbei geht es darum, einerseits alle für die Fragestellung wichtigen ermittelbaren Faktoren einzubeziehen und andererseits eine gewisse „Sparsamkeit" anzustreben; denn gerade durch die Schwerpunktsetzung auf einige wichtige Einflussgrößen können Erkenntnisse generiert werden (vgl. hierzu Gartner/Gatewood 1992: 5; Mugler 1998: 99).

ternehmensgründung ein (Gartner/Gatewood 1992: 5),[152] wobei sie anmerken, dass „organization formation can be modeled from a number of different perspectives, and each model can describe significant aspects of the phenomenon" (Gartner/Gatewood 1992: 8). Zur adäquaten Beantwortung der Fragestellung, wie Organisationen entstehen, postulieren die beiden Autoren die Generierung einer „notwendigen Vielfalt" verschiedener, situativ geeigneter Antworten (Gartner/Gatewood 1992: 9), was der Berücksichtigung mehrerer theoretischer Perspektiven (vgl. hierzu z.B. Low/MacMillan 1988: 156; Brüderl/Preisendörfer/Ziegler 1998: 32; Mellewigt/Schmidt/Weller 2006: 94f.) entspricht.[153] So folgt auch die vorliegende Arbeit nicht einer idealtypischen, monistischen Form paradigmatischer Normalwissenschaften im Sinne von Kuhn oder Lakatos (vgl. hierzu Kuhn 1962, 1976; Lakatos 1974; Saßmannshausen 2012: 96f.), wie in den Wirtschaftswissenschaften bspw. die volkswirtschaftliche neoklassische Schule (vgl. hierzu Saßmannshausen 2009[154]), sondern den kontextgebundenen Formen der Erkenntnisgewinnung[155] im Sinne des Theorie- und Methodenpluralismus nach Feyerabend (vgl. hierzu Feyerabend 1976, 1993; Saßmannshausen 2012: 97-100), der das Poppersche Argument der Theorienabhängigkeit der Erfahrung[156] verschärft (Saßmannshausen 2012: 96-99). „Denn aus der Sicht von Feyerabend kann es gar keine theorieunabhängige Identifikation von Einzeltatsachen geben, jede Wahrnehmung ist theoretisch vorbelastet und daher sei zu empfehlen, mehrere theoretische

---

152 Auch Bygrave fordert den Einsatz von Modellen in der Entrepreneurship-Forschung, die den Forschungsprozess „a priori" lenken und verweist ebenfalls auf die (entsprechend des damaligen Forschungsstandes) große Herausforderung, diejenigen Teile des Gründungsprozesses aufzugreifen, die beständig genug sind, um mithilfe von Regressionsmodellen losgelöst analysiert werden zu können (Bygrave 1989: 23).

153 Die besonders durch Gartner – der im Gegensatz zu Bygrave oder Fallgatter (vgl. hierzu Saßmannshausen 2012: 100-02, mit Verweisen auf Bygrave 1989, 1993, 1995; Bygrave/Hofer 1991; Fallgatter 2004) offensichtlich eine monistische Modellwissenschaft ablehnt (Gartner/Gatewood 1992) – erstellten Taxonomien, Kategorisierungen, Typisierungen und Systematisierungen in der Entrepreneurship-Forschung sollen zukünftiges Theoretisieren und die Modellbildung im Entrepreneurship unterstützen (Saßmannshausen 2012: 102, mit weiteren Verweisen).

154 Mit weiteren Verweisen.

155 „Diese Schule betont den Prozess des Theoretisierens und steht den Sozialwissenschaften näher als den Naturwissenschaften. Sie schließt damit Theorie-, Hypothesen- und Modellbildung sowie deren empirische Überprüfung keineswegs aus, stellt diese Schritte jedoch in einen größeren erkenntnisphilosophischen Gesamtzusammenhang. In der Wissenschaftstheorie ist diese Schule eng mit dem Namen Feyerabend verbunden" (Saßmannshausen 2012: 97, unter Weglassung der Hervorhebung im Original).

156 Vgl. zur theoriegeleiteten, empirisch geprüften Erkenntnisgewinnung und Kritik Popper 1969, 1972.

und methodische Zugänge parallel zu verfolgen“ (Saßmannshausen 2012: 99,[157] angelehnt an Feyerabend 1976); zumal unter der Annahme theoretisch vorbelasteter Wahrnehmung[158] eine einzig „richtige“ Theorie nicht existieren kann (Klein 1995: 66; Schnädelbach 1989: 269; Feyerabend 1976, zit. n. Saßmannshausen 2012: 99f.). Da die vorliegende Arbeit, wie weiter oben verdeutlicht, allerdings nicht bezweckt, die Fragestellung aus allen bzw. anhand vieler in Frage kommenden theoretischen Perspektiven und mit allen bzw. mehreren erdenklichen Forschungsmethoden zu untersuchen, sind vielmehr zur Beantwortung der Forschungsfragen geeignete theoretische Perspektiven und eine adäquate Forschungsmethode ausfindig zu machen bzw. auszuwählen. Dementsprechend wird durch die in diesem Abschnitt aufgegriffenen theoretischen Ansätze und anhand des darauf basierenden Ausgangsmodells eine thematische Eingrenzung des Gründungsprozesses vorgenommen, so dass das im Verlauf von Kapitel 2 zu entwickelnde Arbeitsmodell zur Erklärung lediglich eines entsprechenden Teilbereichs des komplexen Gründungsprozesses mit seiner Vielzahl an möglichen Problemstellungen (Brüderl/Preisendörfer/Ziegler 1998: 20f.; Fallgatter 2004: 32) beitragen soll und kann; zumal das Ziel der vorliegenden Arbeit, wie bereits geschildert, nicht darin liegen kann, ein Modell oder eine Theorie zu entwickeln, die die komplexen Gründungsprozesse vollständig erklären, im Sinne eines „key that unlocks the mystery of entrepreneurship“ (Bygrave/Hofer 1991: 14). Während Bygrave und Hofer die Entwicklung eines derartigen „idealen“ Modells als sehr unwahrscheinlich erscheint, stufen sie darüber hinaus bereits die Entwicklung eines „nützlichen“ Modells als extrem schwierig ein (Bygrave/Hofer 1991: 20).[159] Demzufolge kann der Anspruch der vorliegenden Arbeit nicht darin liegen, dass die in das zu entwickelnde Modell integrierten Variablen (aktuelle) Gründungsrelevanz und (antizipierte) Gründungswahrscheinlichkeit im Sinne spezifischer Ergebnisgrößen vollständig,[160] sondern vielmehr teilweise erklärt werden.

---

157 Unter Weglassung der Hervorhebung im Original.

158 Auch Müller-Böling und Klandt zufolge bauen wissenschaftliche Aussagen auf existentem Wissen bzw. existierenden Theorien auf (Müller-Böling/Klandt 1990: 164).

159 Vgl. zur hohen Herausforderung, die „verwirrende“ Vielfalt der Entrepreneurship-Forschung zwecks generalisierbarer Schlussfolgerungen zu organisieren Bhave 1994: 224, mit weiteren Verweisen.

160 Bezogen auf die Prädiktion der Gründungsrealisation als spezifisches Resultat anhand eines Sets an Antezedenzien sprechen Bygrave und Hofer in diesem Zusammenhang vom „key to economic

Um Hinweise über, für die vorliegende Arbeit geeignete theoretische Perspektiven zu erhalten, erscheint es sinnvoll, Forschungszweige bzw. -disziplinen zu betrachten, die sich der Thematik der Unternehmensgründung angenommen haben. Brüderl, Preisendörfer und Ziegler heben die nach ihrer Ansicht bedeutendsten, sich mit der Thematik Unternehmens- oder Betriebsgründungen sowie beruflicher Selbständigkeit befassenden Forschungszweige hervor, namentlich Arbeitsmarktforschung, Entrepreneurship-Forschung, soziologische Ungleichheits- und Mobilitätsforschung, Organisationsforschung, (Industrie-) Ökonomik sowie betriebswirtschaftliche Forschung (Brüderl/Preisendörfer/Ziegler 1998: 13-16).[161] Die Erforschung von (Unternehmens-) Gründungen und beruflicher Selbständigkeit durch diese diversen Forschungszweige der Wirtschafts- und Sozialwissenschaften spiegelt bereits die hohe Komplexität dieser Thematik wider, die allerdings noch verschärft wird, zumal sich auch andere Forschungs-

growth" (Bygrave/Hofer 1991: 14-16); und das, obwohl sie „Entrepreneurial Event" definieren als „the creation of a new organization to pursue an opportunity" (Bygrave/Hofer 1991: 14), was sich i.d.R. mit der (Unternehmens-) Gründung im Allgemeinen gleichsetzen lässt, unabhängig vom Innovationspotenzial. Daraus lässt sich folgern, dass auch Bygrave und Hofer Unternehmensgründungen generell mit volkswirtschaftlichem Wachstum in Verbindung bringen (vgl. hierzu auch Kapitel 2.2). Das spricht dafür, auch in der vorliegenden Arbeit i.d.R. bzw. auf aggregierter Ebene von positiven volkswirtschaftlichen Wachstumseffekten durch Unternehmensgründungen auszugehen, ohne die zugrundeliegenden Geschäftsideen einer näheren Analyse unterwerfen zu müssen; zumal das Forschungsziel der vorliegenden Arbeit darin liegt, Einflussgrößen auf das Voranschreiten der Studierenden im Gründungsprozess sowie auf deren antizipierte Gründungswahrscheinlichkeit zu untersuchen und nicht in einer Innovationspotenzialanalyse der (potenziellen) Geschäftsideen.

161 Während die Arbeitsmarktforschung insbesondere auf die Schaffung von Arbeitsplätzen durch Unternehmensgründungen fokussiert (vgl. hierzu Kapitel 2.2), geht es bei der Entrepreneurship-Forschung u.a. vielmehr um sozialhistorische und kulturvergleichende Untersuchungen über die Entwicklung des Unternehmertums im Prozess wirtschaftlicher Entwicklung (vgl. hierzu Kapitel 2.2 und Kapitel 2.5) oder um die Analyse von individuellen Eigenschaften und der Persönlichkeit von Unternehmern (vgl. hierzu Kapitel 2.4) (Brüderl/Preisendörfer/Ziegler 1998: 13-14). Standen im Rahmen der Organisationsforschung weitgehend bürokratische Großorganisationen im Mittelpunkt des Forschungsinteresses, wurde vermehrt infolge des organisationsökologischen bzw. populationsökologischen Ansatzes (vgl. hierzu z.B. Hannan/Freeman 1989; Ziegler 1995; Hannan/ Freeman 1977; Carroll 1984) die Perspektive auch auf Überlebe- und Sterbeprozesse kleinerer und jüngerer Unternehmen und deren Dynamik erweitert (Brüderl/Preisendörfer/Ziegler 1998: 15; Mellewigt/Witt 2002: 101), und ferner widmet sich die Organisationsforschung mittlerweile häufiger organisationalen Lebenszyklusmodellen (vgl. hierzu Kapitel 2.1.2) (Brüderl/Preisendörfer/Ziegler 1998: 15; Mellewigt/Weller 2002: 84f.). Im Rahmen der Ökonomik untersucht insbesondere die Industrieökonomik (vgl. hierzu z.B. Scherer/Ross 1990) etliche Problemstellungen mit offensichtlicher Relevanz für kleine Organisationen sowie beruflich Selbständige, wie bspw. Marktzutrittsprobleme und -barrieren (Brüderl/Preisendörfer/Ziegler 1998: 15f.), und die betriebswirtschaftliche Literatur hat neben zahlreichen praktischen Existenzgründungsratgebern auch etliche empirische Studien über Chancen und Risiken neugegründeter Organisationen hervorgebracht (Brüderl/Preisendörfer/Ziegler 1998: 16) – widmet sich allerdings nur selten bzw. unzureichend der Entstehung von Unternehmen (Mellewigt/Schmidt/Weller 2006: 94; Mellewigt/Witt 2002: 82, mit weiteren Verweisen).

disziplinen mit dem Entrepreneurship generell beschäftigen. So beschreiben Low und MacMillan Entrepreneurship als ein vielseitiges bzw. facettenreiches Phänomen, das die Grenzen mehrerer Disziplinen überschreitet (Low/MacMillan 1988: 140). In diesem Zusammenhang nennen sie Studien über Entrepreneurship von Forschern mit diversen fachlichen Hintergründen.[162] Auch Acs und Audretsch sowie Saßmannshausen betonen die Interdisziplinarität des Entrepreneurship unter Nennung diverser Fachgebiete der Volks- und Betriebswirtschaftslehre und weiterer Disziplinen wie bspw. Geographie, Psychologie, Soziologie, Geschichtswissenschaften, Anthropologie, Ingenieurwissenschaften und Pädagogik (Acs/Audretsch 2005b: 3; Saßmannshausen 2012: 26, 109[163]). Darauf, dass die Gründungsforschung (Entrepreneurship Research)[164] als in Deutschland jüngstes Teilgebiet der Betriebswirtschaftslehre (Müller-Böling/Klandt 1993b: 137) am geeignetsten für die Analyse der Bedeutung des Vorgründungsprozesses für die Evolution von Unternehmen erscheint (Mellewigt/Witt 2002: 82), wurde weiter oben bereits hingewiesen. Durch die infolge der hohen Komplexität des Entrepreneurship notwendige Schwerpunktsetzung im Rahmen der Beantwortung der Forschungsfragen erscheint demnach die Einnahme einer betriebswirtschaftlichen Perspektive und dementsprechend die Adäquanzüberprüfung theoretischer Ansätze mit betriebswirtschaftlichem Schwerpunkt am sinnvollsten.

Der hohe Komplexitätsgrad des Entrepreneurship (Picot/Laub/Schneider 1989: 258; Saßmannshausen 2012: 525) wird zusätzlich verdeutlicht, da unterschiedliche Phänomene bzw. „Facetten" (Fallgatter 2004: 23, 39) analysiert werden können. So lassen sich z.B. im Rahmen des Forschungsobjektes „Gründungserfolg" unterschiedliche Formen unterscheiden, wie Gründungsaktivität, Existenzsicherung sowie qualifizierter Gründungserfolg – der sich wiederum nach mehreren Dimensionen differenzieren lässt

[162] „Hambrick and Crozier from strategy; Reynolds from sociology; Kourilsky from education; Kihlstrom and Laffont, Baumol, and Casson from economics [vgl. hierzu z.B. Hambrick/Crozier 1985; Reynolds 1987; Kourilsky 1980; Kihlstrom/Laffont 1979; Baumol 1982; Casson 1982, Anm. d. Verf.]. Other disciplines that have contributed to the study of entrepreneurship include anthropology (Owens, 1978), marketing (Dickson & Giglierano, 1986), psychology (Brockhaus, 1982), history (Cochran 1965), finance (Huntsman & Hoban, 1980), and political science (Gatewood, Hoy & Spindler, 1984)" (Low/MacMillan 1988: 154f.).

[163] Mit Verweisen auf Herron/Sapienza/Smith-Cook 1991, 1992.

[164] Müller-Böling und Klandt verstehen den englischen Begriff „entrepreneurship research" als Begriffsäquivalent zum im Deutschen verwendeten Begriff „Gründungsforschung" und bezeichnen die jeweils aufgegriffenen Inhalte als „weitestgehend identisch" (Müller-Böling/Klandt 1993b: 137).

(Müller-Böling/Klandt 1990: 159-61). Bspw. verwenden Mellewigt, Schmidt und Weller im Rahmen ihrer empirischen Untersuchung den Begriff des Gründungserfolgs in dem Sinne, „dass die Gründungsvorbereitung zu einer Realisation der Gründung führt“ (Mellewigt/Schmidt/Weller 2006: 94); folglich stellen sie hierbei auf die Gründungsaktivität und nicht auf die Existenzsicherung oder den qualifizierten Gründungserfolg im zuvor genannten Sinne ab. Klandt und Münch zufolge liegen die Forschungsschwerpunkte hinsichtlich Unternehmensgründungen im Bereich der Gründungsaktivität oder des Gründungserfolgs (Klandt/Münch 1990: 174). Brüderl, Preisendörfer und Ziegler betonen zwei grundlegende Problemstellungen in der Gründungsforschung, namentlich Prozesse der Gründung von Betrieben (Gründungsaktivität) sowie Prozesse der Bestandserhaltung und des Erfolgs (Brüderl/Preisendörfer/Ziegler 1998: 32), fassen also die Existenzsicherung und den qualifizierten Gründungserfolg im Sinne von Müller-Böling und Klandt unter eine Problemstellung zusammen. Im Rahmen der vorliegenden Arbeit wird unter Gründungserfolg der qualifizierte Gründungserfolg (vgl. hierzu Müller-Böling/Klandt 1990: 159-61) verstanden, unter Existenzsicherung die Bestandserhaltung bzw. das Überleben der Wirtschaftseinheit, unter Gründungsrealisierung die Gründungsaktivität im Rahmen des (Vor-) Gründungsprozesses und unter Gründungsrealisation die realisierte Gründung – unabhängig davon, ob diese darüber hinaus erfolgreich bzgl. Existenzsicherung oder (qualifiziertem) Gründungserfolg verläuft. Hierbei lassen sich nicht nur – entsprechend Brüderl, Preisendörfer und Ziegler (1998: 32) – Existenzsicherung und Gründungserfolg zu einer Problemstellung zusammenfassen, sondern auch Gründungsaktivität und Gründungsrealisation, da eine erfolgreiche Gründungsaktivität i.d.R. zur Gründungsrealisation führt. Eine Unterscheidung zwischen Gründungsaktivität bzw. Gründungsrealisation und Existenzsicherung bzw. Gründungserfolg dient somit der Komplexitätsreduzierung durch die Eingrenzung auf den entsprechend zu analysierenden Teilbereich des Gründungsphänomens.[165]

[165] Aus Vereinfachungsaspekten wird im Rahmen der folgenden Ausführungen zur Adäquanz theoretischer Ansätze für die beiden genannten Problembereiche lediglich auf die Begriffe „Gründungsaktivität“ und „Gründungserfolg“ zurückgegriffen, wobei „Gründungsrealisation“ und „Existenzsicherung“ nicht ausgeklammert werden sollen, sondern inhaltlich unter „Gründungsaktivität“ bzw. „Gründungserfolg“ subsumiert werden. Diese Auswahl wird dadurch begründet, dass sich Aussagen in der Literatur zur Gründungsforschung zumeist der Gründungsaktivität oder dem

Ausgehend von dem beklagten Theoriedefizit in der Gründungsforschung entwickeln Brüderl, Preisendörfer und Ziegler keine neue Theorie, sondern verfolgen die Fragestellung nach hilfreichen Theorien für die Gründungsforschung, speziell für die Analyse des Gründungserfolges (Brüderl/Preisendörfer/Ziegler 1998: 20f.), und verdeutlichen, dass sowohl die ökonomische Forschungstradition[166] als auch die soziologische Forschungstradition[167] zwar belangvolle theoretische Hinweise für die Gründungsforschung liefern (Brüderl/Preisendörfer/Ziegler 1998: 32).[168] Nichtsdestotrotz erscheinen sie auf empirische Arbeiten nicht unmittelbar übertragbar zu sein (Brüderl/Preisendörfer/Ziegler 1998: 32).[169]

Gründungserfolg zurechnen lassen (Klandt/Münch 1990: 174-78) und diese beiden Begriffe in der deutschsprachigen Gründungsforschung allgemeine Verwendung finden (vgl. hierzu z.B. Müller-Böling/Klandt 1990: 159f.; Brüderl/Preisendörfer/Ziegler 1998: 32).

166 Vgl. hierzu z.B. Say 1966 (Ersterscheinung 1803) zur Koordinationsfunktion des Unternehmers; Knight 1921 zur Ungewissheitsbewältigungsfunktion des Unternehmers; Kirzner 1973, 1979 zur Arbitragefunktion des Unternehmers; Schumpeter 1993b (Ersterscheinung 1911) zur Innovationsfunktion des Unternehmers sowie die drei Überblicksarbeiten von Hébert/Link 1988, 1989; Barreto 1989, zit. n. Brüderl/Preisendörfer/Ziegler 1998: 22-27.

167 Vgl. hierzu die grundlegende Arbeit von Max Weber (1981) (Ersterscheinung 1904/1905) sowie die beiden Überblicksarbeiten Light 1979; Peterson 1981 über kulturelle Ansätze unternehmerischen Handelns und ferner Shapero 1975; Light 1979; Min 1984; Brenner 1987 über die damit konkurrierenden „Disadvantage"-Ansätze sowie McClelland 1961; Klandt 1984a: 139ff. zur psychologisch und sozialpsychologisch geprägten Forschung, zit. n. Brüderl/Preisendörfer/Ziegler 1998: 27-32.

168 Sowohl die ökonomischen Ansätze zur Unternehmertum als auch die soziologische und psychologische Forschungstradition lenken die Aufmerksamkeit auf den/die Unternehmer als involvierte/n Akteur/e, einschließlich deren grundlegende individuelle Qualifikationen sowie soziale Einbettung (Brüderl/Preisendörfer/Ziegler 1998: 26f., 31). Vgl. zum Stellenwert des Unternehmers in der ökonomischen Forschung (-stradition) bspw. auch Cantillon 1931 (Ersterscheinung 1755, vollendet in 1730); Schumpeter 1954; Hirschman 1958: 17; Kirzner 1985: 63f., 118, zit. n. Hébert/Link 1989: 40-48; von Mises 1998: 253-55, 325f., 352f. (deutsche Ersterscheinung 1940 unter dem Titel „Nationalökonomie. Theorie des Handelns und Wirtschaftens", englische erweiterte Ersterscheinung 1949 unter dem Titel „Human Action. A Treatise on Economics"); Kirzner 1997: 63-74 bzw. in der Entrepreneurship-Forschung bspw. auch Shane/Venkataraman 2000: 218-224; Szyperski/Nathusius 1999: 38 (Ersterscheinung 1977); Bygrave 1989: 14; Mitton 1989: 10; Müller-Böling/Klandt 1990: 147, 158; Bygrave/Hofer 1991: 17; Cooper/Gimeno-Gascon/Woo 1994: 375, 386; Bhave 1994: 238; Baum/Frese/Baron/Katz 2007: 2.

169 Als eine Ausnahme kann die Arbeit von Shane angesehen werden. So verdeutlicht Shane, der Entrepreneurship als die Anzahl von Organisationen pro Kopf in der US-Wirtschaft „operationally" definiert (Shane 1996: 748) und den Entrepreneur als Person, die ein neues Unternehmen startet und aktiv führt (Shane 1996: 777), dass Änderungen in der Entrepreneurship-Quote in der US-Wirtschaft in der untersuchten Periode von 1899 bis 1988 einem Muster folgen, das durch ein „Schumpeterian Model of Entrepreneurship" (vgl. hierzu Shane 1996: 748-51, 777f.) erklärt wird (Shane 1996: 747-78). Namentlich werden die Entrepreneurship-Quoten durch technologischen Wandel sowie durch die Entrepreneurship-Quote des Vorjahres positiv und durch die Zinsrate moderat negativ beeinflusst (Shane 1996: 762). In diesem Zusammenhang konstatiert er: „From a research point of view, it appears that Schumpeter was right" (Shane 1996: 773). Dennoch gesteht Shane Limitationen seiner Entrepreneurship-Definition ein (Shane 1996: 776f.), die bei der Inter-

„Das Hauptproblem besteht darin, daß auf der Ebene dieser allgemeinen theoretischen Perspektiven in der Regel nicht differenziert wird zwischen den zwei grundsätzlichen Problemstellungen der Gründungsforschung: Man kann sich entweder mit Prozessen der Gründung von Betrieben beschäftigen oder mit Prozessen der Bestandserhaltung und des Erfolges. Es mag zwar sein, daß ein und derselbe Faktor gleichgerichtet sowohl die Gründungsaktivität als auch die Erfolgschancen beeinflusst, in vielen Fällen wird man jedoch nicht davon ausgehen können“ (Brüderl/Preisendörfer/Ziegler 1998: 32).

Durch dieses Zitat wird die Bedeutung der Differenzierung zwischen Gründungsaktivität und Gründungserfolg (vgl. hierzu z.B. auch Utsch/Rauch/Rothfuß/Frese 1999: 40; Begley/Boyd 1987: 90f.) offensichtlich. Allerdings erscheint es im Rahmen einer Analyse der Gründungsaktivität sinnvoll, von den (vor-) gründungsprozessualen Faktoren auch diejenigen mit einem suggerierten bzw. nachgewiesenen Einfluss auf den Gründungserfolg zu untersuchen (Baum/Locke/Smith 2001: 301), zumal der Gründungserfolg nur im Falle einer vorhergehenden Gründungsaktivität entstehen kann und eine Gründungsrealisation voraussetzt. Folglich fand die Gründungsaktivität ebenfalls im Kontext dieser (vor-) gründungsprozessualen (Erfolgs-) Faktoren statt und hat deren potenzielle Einflüsse „überstanden“. Sofern diesbezüglich keine theoretischen Annahmen oder bereits vorliegende empirische Ergebnisse widersprüchlich erscheinen, kann demnach – und aufgrund einer diesbezüglich fehlenden bzw. noch nicht ausreichend entwickelten Theorie (vgl. hierzu Cooper/Gimeno-Gascon/Woo 1994: 375) – angenommen werden, dass gründungserfolgsrelevante Einflussgrößen im Vorfeld der Gründungsrealisation ebenfalls eine (tendenziell gleichgerichtete) Wirkung auf die Gründungsaktivität ausüben (vgl. hierzu z.B. auch Rauch/Frese 2007: 59). Insgesamt betrachtet, sollten demnach (vor-) gründungsprozessuale Einflussgrößen auf den Gründungserfolg, sofern sie zur Beantwortung der Forschungsfragen beitragen können, auch hinsichtlich ihrer potenziellen Wirkung auf Gründungsrelevanz bzw. Gründungswahrscheinlichkeit erforscht werden. Dadurch wird die zuvor zitierte Aussage von Brüderl, Preisendörfer und Ziegler (1998: 32) über das Problem der Nichtunterscheidung zwischen Einflussfaktoren auf die Gründungsaktivität und Einflussfaktoren

pretation der Ergebnisse zu berücksichtigen sind. Insbesondere ist zu beachten, dass die von Shane verwendeten Entrepreneurship-Quoten einerseits nicht gleichzusetzen sind mit den Unternehmensgründungsquoten, somit nicht die Gründungsaktivität abbilden, und andererseits wird auch nicht der Gründungserfolg untersucht.

auf den Gründungserfolg zumindest für diese, die Gründungsaktivität untersuchende Arbeit relativiert.[170]

Speziell bzgl. der Analyse von Prozessen der Bestandserhaltung und des Erfolges neugegründeter Betriebe veranschaulichen Brüderl, Preisendörfer und Ziegler die ihrer Ansicht nach zur Systematisierung potenzieller Einflussfaktoren geeigneten theoretischen Ansätze (Brüderl/Preisendörfer/Ziegler 1998: 33[171]), namentlich personenorientierter Ansatz, betriebszentrierter Ansatz und umfeldbezogener Ansatz, im Sinne von bereichsbezogenen „Leitlinien-Theorien" (Brüderl/Preisendörfer/Ziegler 1998: 33-41). Daraufhin arbeiten sie die ihrer Ansicht nach für ihre Problemstellung geeigneten spezifischeren Theorien heraus, nämlich die Humankapitaltheorie[172] und die Perspektive sozialer Netzwerke[173] für den Bereich personenorientierter Merkmale, den Transaktionskostenansatz[174] für den betrieblichen Bereich und schließlich den organisationsökologischen Ansatz[175] für den umfeldorientierten Bereich (Brüderl/Preisendörfer/Ziegler 1998: 41-66).[176] Demgegenüber erscheinen ihnen die Theorien der Unternehmensentwicklung[177] für den Bereich der betrieblichen Merkmale ungeeigneter zu sein, da sie normalerweise nicht auf eine Erfolgsfaktorenanalyse abstellen, sondern vielmehr Entscheidungen und Aktivitäten in diversen, auf die Gründungsphase folgenden Phasen

---

170 Gewiss wäre das anders, wenn in der vorliegenden Arbeit nicht die Gründungsaktivität bzw. die Gründungsrealisation, sondern der Gründungserfolg bzw. die Existenzsicherung untersucht würde. Denn bei (vor-) gründungsprozessualen Faktoren, die (noch) einen Einfluss auf Gründungsaktivität bzw. Gründungsrealisation ausüben, ist eine entgegengesetzte oder keine bzw. nicht nachweisbare Wirkung auf die Bestandserhaltung oder den Gründungserfolg viel wahrscheinlicher, da diese beiden „Erfolgsgrößen" der Gründungsrealisation nachgelagert sind und somit durch weitere, zum Gründungszeitpunkt noch nicht relevante Faktoren beeinflusst werden können, die wiederum auf diejenigen Faktoren, die einen Einfluss auf die bereits zurückliegende Gründungsrealisation ausübten, derartig einwirken können, dass bei letzteren kein oder ein entgegengesetzter Einfluss auf Existenzsicherung bzw. Gründungserfolg resultiert.

171 Mit Verweisen auf Szyperski/Nathusius 1977; Hunsdiek/May-Strobl 1986; Schüßler/Voss 1988; Müller-Böling/Klandt 1990, 1993.

172 Vgl. hierzu z.B. Becker 1993a; Mincer 1974; Schultz 1975, 1980.

173 Vgl. hierzu z.B. Granovetter 1985.

174 Vgl. hierzu z.B. Williamson 1975.

175 Vgl. hierzu z.B. Hannan/Freeman 1977, 1989.

176 „Akzeptiert man die Forderung nach einer breiteren theoretischen Fundierung der Gründungsforschung, entsteht die unvermeidliche Anschlußfrage, welche Theorien bzw. welcher Typus von Theorien denn nun hilfreich sein könnte. Da hinsichtlich dessen, was eine Theorie ausmacht und wie eine Theorie aussehen sollte, in den Sozialwissenschaften keineswegs ein Konsens besteht, lassen sich klare, und allgemein anerkannte Kriterien für den Auswahlprozeß von Theorien nicht benennen, so daß hinter den ‚Theorievorschlägen' eines Autors oder einer Autorengruppe letztlich wohl stets eine subjektive Komponente steckt" (Brüderl/Preisendörfer/Ziegler 1998: 21).

177 Vgl. hierzu z.B. Fritsch 1990: 59ff.

der Unternehmensentwicklung untersuchen (Brüderl/Preisendörfer/Ziegler 1998: 43f.). Für den Bereich der Umfeldfaktoren ist auffallend, dass sie Ressourcen-Abhängigkeits-Ansätze[178] als nicht aussichtsreich für ihre Analyse von Erfolgspotenzialen neugegründeter Betriebe einstufen (Brüderl/Preisendörfer/Ziegler 1998: 44f.).

Anders als Brüderl, Preisendörfer und Ziegler (1998) greifen Bamford, Dean und McDougall in ihrer Studie, in der sie einen signifikanten und nachhaltigen Einfluss von anfänglichen Gründungsbedingungen und -entscheidungen auf das Wachstumspotenzial von Startups im Bankensektor belegen (Bamford/Dean/McDougall 2000: 254), neben der „external control perspective"[179] und der „strategic choice perspective"[180] explizit auf die „ressource perspective"[181] zurück, um geeignete Konstrukte für ihre empirische Untersuchung aufzudecken (Bamford/Dean/McDougall 2000: 254-66). Sie schlussfolgern, dass „the results show clear and substantial effects to perfor-

178 Vgl. hierzu z.B. Scott 1992.

179 Die durch Stinchcombe (1965) und einige empirische Arbeiten aus der Populationsökologie (Boeker 1988, 1989; Carroll/Delacroix 1982; Carroll/Hannan 1989) veranschaulichte „external control perspective" über anfängliche Gründungsbedingungen nimmt an, dass die Entwicklung und der Erfolg eines entstehenden Unternehmens durch das Umfeld samt seinen Bedingungen zum Gründungszeitpunkt wesentlich beeinflusst wird, zumal das Umfeld zum Gründungszeitpunkt sowie bereits während des (Vor-) Gründungsprozesses die Quelle für Ressourcen darstellt, die das entstehende Unternehmen für sein Überleben und Wachstum benötigt (Bamford/Dean/McDougall 2000: 254-57, mit Verweisen auf Aldrich 1979; Dess/Beard 1984; McDougall/Covin/Robinson/Herron 1994).

180 Die auf Child (1972) sowie die grundlegende Studie von Sandberg und Hofer (1987) zurückgeführte „strategic choice perspective" hebt die Bedeutung der Unternehmensstrategie auf die Unternehmensleistung hervor, wobei der zum Gründungszeitpunkt eingeschlagenen Strategie ein entscheidender Einfluss beigemessen wird (Bamford/Dean/McDougall 2000: 254-58, mit Verweisen auf Carter/Williams/Reynolds 1997; Shrader/Simon 1997; Weick 1979b; Andrews 1971; Biggadike 1979; McDougall/Covin/Robinson/Herron 1994; Miller/Camp 1985). Dies lässt sich allerdings auch explizit auf den (Vor-) Gründungsprozess übertragen: „When strategy is interpreted as a consistent sequence of activities (Mintzberg 1987), prelaunch activities and early development activities can be analysed under a strategic perspective" (Harms/Kraus/Schwarz 2009: 39).

181 Die „resource perspective" geht davon aus, dass die für eine Unternehmensgründung erforderlichen Ressourcen normalerweise nicht vollständig durch den Unternehmer oder das Unternehmerteam allein aufgebracht werden können und somit auch Ressourcen von externen Quellen akquiriert werden müssen, so dass die Unternehmensgründung i.d.R. in etablierten Märkten um elementare Ressourcen konkurrieren muss (Bamford/Dean/McDougall 2000: 258). Diese Perspektive entspricht dem Ressourcen-Abhängigkeits-Ansatz (Pfeffer/Salancik 1978), der den Erfolg von Organisationen auf die Fähigkeit zurückführt, Ressourcen aus dem Umfeld zu akkumulieren – entsprechend wird der Fähigkeit der Unternehmensgründung, die entscheidenden Ressourcen, sowohl Human- als auch Finanzkapital bzw. tangible sowie intangible Ressourcen, zu akquirieren ein unmittelbarer positiver Einfluss auf Überlebenswahrscheinlichkeit sowie Erfolg der Unternehmensgründung zugesprochen (Bamford/Dean/McDougall 2000: 258f., mit Verweisen auf Birley 1986; Boyd 1990; Eisenhardt/Schoonhoven 1990; Pfeffer/Salancik 1978; Cooper/Gimeno-Gascon/Woo 1994; Porter 1980; Duchesneau/Gartner 1990; Brüderl/Preisendörfer/Ziegler 1992; Chandler 1962: 383; Roure/Keeley 1990).

mance caused by the initial environment, strategy, and resources in our sample of new ventures“ (Bamford/Dean/McDougall 2000: 271).

Mellewigt und Witt skizzieren mehrere theoretische Ansätze und bewerten sie hinsichtlich ihrer Anwendbarkeit im Rahmen einer Analyse des Vorgründungsprozesses (Mellewigt/Witt 2002: 100-02). Während sie die Populationsökologie[182], den Transaktionskostenansatz[183], die Prinzipal-Agent-Theorie[184] sowie der betriebswirtschaftlichen Wachstumstheorie herrührende Lebenszyklus-, Krisen- und Strukturveränderungsmodelle[185] als nur eingeschränkt anwendbar für die Gründungsforschung einstufen, sehen sie, Brüderl, Preisendörfer und Ziegler (1996) folgend, die Humankapitaltheorie und die Perspektive sozialer Netzwerke als „vielversprechende theoretische Zugänge“ an (Mellewigt/Witt 2002: 101f.).

Fallgatter untersucht die Adäquanz einiger in der betriebswirtschaftlichen Forschung verbreiteten theoretischen Ansätze bzw. Paradigmen für die an Shane und Venkataraman (2000: 218) angelehnte Definition der Entrepreneurship-Forschung (Fallgatter 2004: 24), benennt neben dem ressourcenbasierten Ansatz[186] die Prinzipal-Agent-Theorie und den Transaktionskostenansatz als die derzeitig „am breitesten akzeptierten Paradigmen“ (Fallgatter 2004: 37) und grenzt deren Übertragbarkeit auf das Gründungsphänomen auf einzelne Fragestellungen ein (Fallgatter 2004: 37). Während den von Fallgatter herausgearbeiteten Argumentationen, die gegen die geeignete Anwendbarkeit der Prinzipal-Agent-Theorie als auch des Transaktionskostenansatzes im Rahmen der Gründungsforschung sprechen,[187] in der vorliegenden Arbeit gefolgt wird, scheint der ressourcenbasierte Ansatz[188], wie noch aufgezeigt werden wird, hingegen – und entgegen der Argumentation von Fallgatter[189] – fruchtbare Anknüpfungspunkte für die

---

182 Vgl. hierzu z.B. Hannan/Freeman 1977; Carroll 1984.

183 Vgl. hierzu z.B. Schneider 1988; Picot/Laub/Schneider 1989.

184 Vgl. hierzu z.B. Fiet 1995.

185 Vgl. hierzu z.B. Greiner 1972; Albach 1976; Churchill/Lewis 1983; Miller/Friesen 1984.

186 Vgl. hierzu weiter unten.

187 Vgl. hierzu Fallgatter 2004: 38.

188 Vgl. hierzu z.B. Wernerfelt 1984: 171f., unter Bezugnahme auf Penrose 1959; Barney 1991: 99-117; Alvarez/Busenitz 2001: 755-72; Priem/Butler 2001: 22-36; Barney 2001a: 41-54; Barney 2001b: 643-49; Berg 2004: 25-30; Foss/Ishikawa 2007: 749-67; Dollinger 2008: 32-60; Kraaijenbrink/Spender/Groen 2010: 349-67. „The RBV is routinely associated with the seminal work of Edith Penrose (1959)“ (Foss/Ishikawa 2007: 751).

189 Vgl. hierzu Fallgatter 2004: 37f.

Fragestellungen der vorliegenden Arbeit zu liefern.[190] Darüber hinaus stuft Fallgatter die Populationsökologie[191] als für die Gründungsforschung nur bedingt anwendbar ein (Fallgatter 2004: 39[192]), bezeichnet jedoch humankapitaltheoretische Ansätze[193] sowie Netzwerküberlegungen[194] als geeignet für einzelne Bereiche der Gründungsforschung (Fallgatter 2004: 39), bewertet ferner den Konfigurationsansatz[195] als vielversprechend (Fallgatter 2004: 39[196])[197] und verweist abschließend auf die Vielfalt erforderlicher

---

190 Während die frühere strategische Managementliteratur den Stärken und Schwächen von Unternehmen noch gleich viel Augenmerk widmete wie den Chancen und Risiken im Wettbewerbsumfeld (vgl. hierzu z.B. Andrews 1971; Ansoff 1965; Learned/Christensen/Andrews/Guth 1965), entstand mit dem Buch „Competitive Strategy" von Porter (1980) eine Schwerpunktsetzung auf die externen Faktoren, bis schließlich der einflussreiche Artikel „A Resource-Based View of the Firm" von Wernerfelt (1984) Strategie-Wissenschaftler dazu lenkte, erneut Ressourcen als wichtige Vorläufer von Produkten und letztlich Unternehmensleistungen zu fokussieren (Priem/Butler 2001: 23). Neben Wernerfelt (1984), der Ressourcen und Diversifikation hervorhebt, wird zudem Barney (1991), der die ressourcenbasierte Perspektive auf Unternehmensebene beschreibt, als wegweisende Arbeit innerhalb der Strömung der ressourcenbasierten Ansätze betrachtet (Priem/ Butler 2001: 23). Der ressourcenbasierte Ansatz auf Unternehmensebene fokussiert auf ressourcenbasierte Vorteile einzelner Unternehmen und wie wachsende Unternehmen eine „sichere" Ausgangsposition erreichen (Priem/Butler 2001: 23), analysiert in seiner ursprünglichen Form folglich bereits gegründete Unternehmen (Wernerfelt 1984: 171-80; Dollinger 2008: 10). Allerdings verdeutlichen Alvarez und Busenitz im Rahmen ihrer Untersuchung der Rolle unternehmerischer Ressourcen innerhalb des ressourcenbasierten Ansatzes, dass dieser einerseits durch die Einnahme einer Entrepreneurship-Perspektive bereichert wird und der ressourcenbasiere Ansatz andererseits auch im Bereich der Entrepreneurship-Forschung sinnvoll angewendet werden kann und zur Theorieentwicklung beitragen kann (Alvarez/Busenitz 2001: 755-72). Demnach lassen sich Annahmen des ressourcenbasierten Ansatzes auf den Prozess der Entstehung neuer Unternehmen übertragen, da eine ressourcenbasierte Analyse Erkenntnisse generieren kann, welche Ressourcen sich entsprechend tendenziell vorteilhaft auf die Entstehung von Unternehmen auswirken, was bereits im Rahmen der Ressourcenakkumulation während des Gründungsprozesses berücksichtigt werden könnte. Nach Ansicht des Autors der vorliegenden Arbeit lässt sich der Artikel „The entrepreneurship of resource-based theory" von Alvarez und Busenitz (2001) als wegweisende Arbeit im Bereich der Anwendung des ressourcenbasierten Ansatzes im Rahmen des Entrepreneurship einstufen; nicht zuletzt, weil die Autoren zu dem erkenntnisreichen Schluss kommen, dass der ressourcenbasierte Ansatz „can be a very helpful exploration tool for probing and better understanding entrepreneurship related phenomena" (Alvarez und Busenitz 2001: 771). Weitere einschlägige Arbeiten, die verdeutlichen, dass der ressourcenbasierte Ansatz mit dem Entrepreneurship vereinbar ist bzw. zur Erkenntnisgewinnung im Bereich des Entrepreneurship beitragen kann bzw. beiträgt, sind z.B. Conner 1991; Wiklund/Shepherd 2003; Haynie/Shepherd/McMullen 2009.

191 Vgl. hierzu z.B. Brüderl/Schüssler 1990; Woywode 1998: 38-50.

192 Unter Bezugnahme auf Bygrave 1993: 260f.; Van de Ven 1993: 214.

193 Vgl. hierzu z.B. Schultz 1971, 1980; Robinson/Sexton 1994.

194 Vgl. hierzu z.B. Dubini/Aldrich 1991; Krackhardt 1995.

195 Vgl. hierzu z.B. Meyer/Tsui/Hinings 1993; Miller 1987, 1990, 1996; Mugler 1998: 104-10 und zu früheren Konfigurationsansätzen Miller/Friesen 1977; Mintzberg 1979.

196 Mit Verweis auf Low/Abrahamson 1997.

197 „Gerade mit der Bildung von Typologien besteht die Möglichkeit, sich der Komplexität der im Bezugsrahmen angesprochenen drei Felder [Entstehung und Struktur unternehmerischer Handlungsfelder, Entdeckung und Bewertung unternehmerischer Handlungsfelder, Ausschöpfung unternehmerischer Handlungsfelder (vgl. hierzu Fallgatter 2004: 32-34); Anm. d. Verf.] zu nähern

„paradigmatischer Vorentscheidungen für die Bearbeitung der Entrepreneurship-Felder" (Fallgatter 2004: 39).

In ihrer Analyse von Faktoren, die speziell den Gründungsprozess und die Gründungsrealisation beeinflussen, weisen auch Mellewigt, Schmidt und Weller auf einen bisher fehlenden eigenen Ansatz der Gründungsforschung für die Entstehung oder Entwicklung von Unternehmensgründungen hin (Mellewigt/Schmidt/Weller 2006: 94[198]) und greifen bei der Entwicklung ihres Bezugsrahmens bzw. Modells des Vorgründungsprozesses, in Anlehnung an Brüderl, Preisendörfer und Ziegler (1996: 32), auf verschiedene theoretische Ansätze zurück, namentlich den gründerpersonenbezogenen Ansatz, den umfeldbezogenen Ansatz und den unternehmensbezogenen Ansatz, und ergänzen diese um den besonders in der englischsprachigen Literatur als bedeutend herausgestellten ressourcenbasierten Ansatz[199] (Mellewigt/Schmidt/Weller 2006: 94-98). Hierbei verdeutlichen sie, dass bei den drei erstgenannten Ansätzen die Betrachtung jeweils auf Ressourcenaspekte gelenkt werden kann. So lassen sich die im personenorientierten Ansatz zentralen Fähigkeiten und Erfahrungen des/der Gründer/s (Szyperski/Nathusius 1999: 38-47) als persönliche Ressourcen auffassen, die im Gründungsprozess um weitere persönliche Ausstattungsmerkmale ergänzt werden können (Mellewigt/Schmidt/Weller 2006: 95f.[200]); und ferner spielen hierbei die mikrosozia-

---

und im Sinne einer integrativen Entrepreneurship-Theorie den Bogen von marktstrukturellen, personenbezogenen und organisatorischen Charakteristika zu spannen" (Fallgatter 2004: 39, mit Verweis auf Fallgatter 2002).

198 Mit Verweis auf Wippler 1998: 21.

199 Mahoney und Pandian zufolge, berücksichtigt und verbindet der ressourcenbasierten Ansatz drei Hauptforschungsprogramme, nämlich Konzepte der etablierten Strategieforschung (Andrews 1971; Ansoff 1965; Selznick 1957; Ramanujam/Varadarajan 1989), der Industrieökonomik (Caves 1982; Porter 1980) – bindet hierbei Bestandteile sowohl der Harvard- (Bain 1968; Mason 1957) als auch der Chicago-Schule (Demsetz 1982; Stigler 1983) ein – sowie der Organisationsökonomik (Barney/Ouchi 1986), in welcher er als fünfter Zweig, mit der positiven Prinzipal-Agent-Theorie (Eisenhardt 1989), der Theorie der Verfügungsrechte (Alchian 1984; Coase 1960), der Transaktionskostentheorie (Williamson 1985) und der Evolutionsökonomik (Nelson/Winter 1982) verbunden, eingeordnet wird (Mahoney/Pandian 1992: 363-75, mit weiteren Verweisen). Während im Rahmen des Paradigmas der Organisationsökonomik grundsätzlich Entstehung, Funktion, Evolution und Nachhaltigkeit der „Institutionen des Kapitalismus" (vgl. hierzu Williamson 1985) erklärt werden sollen (Mahoney/Pandian 1992: 370), fokussiert der ressourcenbasierte Ansatz die spezifische Institution des „Zins-generierenden" heterogenen Unternehmens einschließlich seiner Entstehung, Funktion, Evolution und Nachhaltigkeit (Mahoney/Pandian 1992: 370f., mit Verweisen auf Barney, 1991; Lippman/Rumelt 1982; Rumelt 1984).

200 Mit Verweis auf Kulicke 1987: 104.

len Umfeldbedingungen eine Rolle (Mellewigt/Schmidt/Weller 2006: 96[201]), die sich als Quelle weiterer Ressourcen „jeglicher Art“ interpretieren lassen, die fähig sein können, persönliche Defizite – z.B. in finanzieller oder informationeller Sicht – zu nivellieren (Mellewigt/Schmidt/Weller 2006: 96).[202] Da nämlich kaum ein Gründer persönlich über alle zur Gründungsrealisation notwendigen Ressourcen verfügt, sind die vorhandenen Ressourcen folglich um externe Ressourcen aus dem Umfeld des Gründers zu ergänzen (Bamford/Dean/McDougall 2000: 258). Bei der Akquirierung fehlender Ressourcen sind insbesondere persönliche Kontakte in sozialen Netzwerken[203] bedeutsam (Aldrich/Zimmer 1986b: 3-20[204]; Dubini/Aldrich 1991: 305-08; Shane/Venkataraman 2000: 223; Alvarez/Busenitz 2001: 768; Berg 2004: 81; Witt 2004: 391-94; Dollinger 2008: 50; Saßmannshausen 2012: 8) und werden mitunter als „sehr wertvolle“ Ressourcen im Kontext der Unternehmensgründung eingestuft (Dollinger 2008: 21; Alvarez/Busenitz 2001: 768; Zacharias 2001: 39), genauso wie „Networking“[205] als erlernbare soziale Kompetenz aufgefasst werden kann (Dubini/Aldrich 1991: 306f.[206]).[207] Dollinger beschreibt die Ressource „Beziehungskapital“ des Gründers bzw. des Gründerteams als Teilmenge des Humankapitals[208], die sich nicht darauf bezieht, was die Mitglieder der Unternehmensgründung wissen, sondern darauf, wen sie kennen und welche Informationen diese Kontakte besitzen (Dollinger 2008: 49f.).

201 Mit Verweis auf Klandt (1984: 50), der den mikrosozialen Umfeldbedingungen die familiäre, berufliche und finanzielle Sphäre zurechnet.

202 Dollinger beschreibt die „unbestreitbare“ Rolle von Individuen im Rahmen des Entrepreneurship wie folgt: „Each person’s psychological, sociological, and demographic characteristics contribute to or detract from his or her abilities to be an entrepreneur“ (Dollinger 2008: 20f.). In diesem Zusammenhang beschreibt er, dass der Gründer einerseits seine angehäuften Humanressourcen (persönliche Erfahrung, Wissen, Bildung, Training) der Unternehmensgründung beisteuert, andererseits bei der Akquirierung weiterer Ressourcen und der Gründungsrealisierung auf die Unterstützung durch Kontakte in sozialen Netzwerken, die wiederum persönliche Ressourcen darstellen, angewiesen ist (Dollinger 2008: 21).

203 „Networks are patterned relationships between individuals, groups, and organizations“ (Dubini/Aldrich 1991: 305). „Netzwerke stellen […] im wirtschaftlichen Kontext, vereinfacht beschrieben, eine Meta-Organisationsform kooperierender Individuen und / oder Organisationen dar, die sich durch ihre Interaktionen Wettbewerbsvorteile zu verschaffen suchen“ (Berg 2004: 81, mit Verweis auf Sydow 1992: 60ff.).

204 Mit einem Review von Forschungsergebnissen.

205 Vgl. hierzu z.B. Dubini/Aldrich 1991: 307f.

206 Mit Verweisen auf Grieco/Hosking 1987; Johannisson 1987.

207 Dubini und Aldrich beschreiben Entrepreneurship „sogar“ als „inhärente Networking-Aktivität“ (Dubini/Aldrich 1991: 306).

208 „Intellectual and human resources include the entrepreneur’s knowledge, training, and experience, and his or her team of employees and managers. It includes the judgment, insight, creativity, vision, and intelligence of the individual members of an organization. It can even include the social skills of the entrepreneur“ (Dollinger 2008: 49, unter Weglassung der Hervorhebung im Original).

Saßmannshausen betont, dass Netzwerkbeziehungen dem Gründer neben Informationsvorsprüngen auch emotionalen Rückhalt oder schnelleren Zugang zu Ressourcen verschaffen können (Saßmannshausen 2012: 8[209]). Da ein Unternehmensgründungsvorhaben i.d.R. in etablierten Märkten bzw. dem Gründungsumfeld um elementare (z.B. finanzielle, physische oder Human-) Ressourcen konkurrieren muss (Bamford/Dean/McDougall 2000: 258; Dollinger 2008: 103), spielen zudem die (makrosozialen) Umfeldbedingungen (z.B. Wirtschaftspolitik, Konjunktur, Innovationen und Inventionen, Soziodemographie, Ökosystem) eine wichtige Rolle bei der unternehmerischen Herausforderung der Akquirierung von Ressourcen für die Unternehmensgründung aus dem Gründungsumfeld (Dollinger 2008: 21-23); das sich als „stock of resources" betrachten lässt (Dollinger 2008: 103). So können den umfeldbezogenen Ansätzen zufolge Umweltfaktoren einen Einfluss auf die Entstehung von Unternehmensgründungen ausüben (Brüderl/Preisendörfer/Ziegler 1998: 38-40; Dollinger 2008: 21, 44; Audretsch/Keilbach 2004b: 951[210]). Bspw. im Rahmen des organisationsökologischen Ansatzes[211,212] lassen sich Gründungsbarrieren infolge des Wettbewerbs um Ressourcen und aufgrund von ungünstigen (z.B. wirtschaftspolitischen, soziokulturellen, geo-

209 Mit Verweisen auf Jarillo 1989; Brüderl/Preisendörfer 1998.

210 Mit Verweis auf Audretsch/Thurik/Verheul/Wennekers 2002.

211 Vgl. hierzu z.B. Scott 1992: 119; Carroll/Hannan 2000.

212 Der organisationsökologische Ansatz entstammt der Populationsökologie, die bekannt ist als Theorie über Geburt-, Überlebens- und Sterbensprozesse von Unternehmen (vgl. z.B. Hannan/Freeman 1977) und demnach auf den ersten Blick von der Gründungsforschung adaptiert werden könnte. Zwar ist die Populationsökologie fähig, abstrakte Modelle der Ausbreitung von Neugründungen und Neueintritten von Unternehmen bereitzustellen, allerdings ist sie in ihrer Aussagekraft beschränkt, da sie diese Phänomene, z.B. im Sinne der Motivation oder Ziele einzelner Entrepreneure, nicht erklären kann (Saßmannshausen 2012: 45; vgl. hierzu sowie zur Bedeutung des sozialen Kontextes für die Unternehmensgründung Aldrich/Zimmer 1986b: 9-11). Vielmehr bezieht sie sich nur auf die Populationsebene, lässt also keine Voraussagen für individuelle Unternehmen zu, ermöglicht, zumindest in ihrer extremen Form, nicht den Willen des Unternehmers, entstammt nicht aus den Sozialwissenschaften, sondern aus der Biologie und konnte zudem scheinbar (noch) nicht empirisch ausreichend bestätigt werden, so dass die Populationsökologie bisher als „vorläufiges" Model ohne nachgewiesenen Vorhersagewert einzustufen ist und sich letztlich nicht ausreichend für die Adaption im Rahmen eines Gründungsprozessmodells eignet (Bygrave/Hofer 1991: 17-19; Bygrave 1993: 259-61). Der auf sozialwissenschaftlichen Theorien basierende jüngere organisationsökologische Ansatz hingegen, könnte sich besser für die Gründungsforschung und die Ableitung von Hypothesen über Umfeldfaktoren eignen, sofern er die biologische Fundierung der Populationsökologie aufgibt (Bygrave 1993: 261) und theoretisch weiterentwickelt wird (Brüderl/Preisendörfer/Ziegler 1992: 231). Nachdem Brüderl, Preisendörfer und Ziegler den organisationsökologischen Ansatz zuerst als „wenig einschlägig" für die empirische Gründungsforschung erachten, betonen sie jedoch, dass er aufgrund der Generierung bedeutsamer Forschungsergebnisse dennoch Impulse für die Gründungsforschung liefert (vgl. hierzu Brüderl/Preisendörfer/Ziegler 1998: 60-65).

graphischen) Rahmenbedingungen[213] darlegen (Mellewigt/Schmidt/Weller 2006: 96). „Rückschlüsse auf Barrieren, die die Gründungsaktivität eines einzelnen Gründers behindern, sind hierbei insofern möglich, als die Verfügbarkeit von Startressourcen, die während der Gründungsvorbereitungen akquiriert werden, nicht zuletzt von der Ausgestaltung dieser Rahmenbedingungen abhängt" (Mellewigt/Schmidt/Weller 2006: 96). Allerdings können makrostrukturelle Rahmenbedingungen nicht nur hinderlich, sondern auch förderlich auf die Ressourcenverfügbarkeit wirken (Mellewigt/Schmidt/Weller 2006: 96; Dollinger 2008: 43f.). „The entrepreneur must understand the macroenvironment, for it establishes the political, economic, technological, sociodemographic, and ecological rules under which the new firm is created and must operate" (Dollinger 2008: 103). Im Rahmen der Umfeldanalyse ist es zudem entscheidend, auch Umfeldveränderungen zu berücksichtigen (Mahoney/Pandian 1992: 371), da sich durch diese die Signifikanz von Ressourcen für das Unternehmen verändern kann (Penrose 1959: 79). Der unternehmensbezogene Ansatz lenkt den Fokus auf das prozessuale bzw. variante Merkmal des (Vor-) Gründungsprozesses (Mellewigt/Schmidt/Weller 2006: 97). Die Anhäufung der für die Gründungsrealisation insgesamt notwendigen Ressourcen erfolgt nämlich sukzessive bzw. phasenweise (Mellewigt/Schmidt/Weller 2006: 97) und stellt somit eine „betriebliche Entwicklung im Zeitablauf" (Brüderl/Preisendörfer/Ziegler 1998: 43) dar. Baum, Frese, Baron und Katz zufolge, setzt eine Analyse der Organisationsentwicklung die Untersuchung des Gründungsprozesses voraus (Baum/Frese/Baron/Katz 2007: 2). In diesem Zusammenhang stufen Mellewigt, Schmidt und Weller insbesondere Theorien zur Unternehmensentwicklung[214], die eine prozessorientierte Untersuchung der Betriebsentwicklung fokussieren, als geeignet für die Analyse des (Vor-) Gründungsprozesses ein (Mellewigt/Schmidt/Weller 2006: 97[215]). Betriebswirtschaftlichen Lebenszyklusmodellen folgend, lässt sich der Gründungsprozess als Teil des Lebenszyklus von Organisationen auffassen (Whetten 1987: 335-39), der wiederum zu spezifizieren versucht wird (Reynolds/Miller 1992: 406). Allerdings merken Mellewigt, Schmidt und Weller an, dass sich die in der Literatur auffindbaren und entwickelten Phasenmodelle normalerweise auf den gesamten

213 Vgl. hierzu z.B. Frank 1997: 402.
214 Vgl. hierzu z.B. Fritsch 1990: 59-64; Mugler 1998: 99f.
215 Mit Verweis auf Brüderl/Preisendörfer/Ziegler 1996: 43.

Unternehmenslebenszyklus beziehen (Mellewigt/Schmidt/Weller 2006: 97[216]), während nur wenige Publikationen[217] den Vorgründungsprozess weiter ausdifferenzieren (Mellewigt/Schmidt/Weller 2006: 97f.); i.d.R. jedoch mit lediglich bis zu zwei Phasen,[218] was aufgrund der hohen Komplexität des Gründungsprozesses als nicht ausreichend eingestuft werden kann und das existierende Forschungsdefizit im Bereich des Gründungsprozesses[219] untermauert.[220,221] Der Ressourcenaspekt spielt allerdings nicht nur während des Gründungsprozesses eine wichtige Rolle, sondern auch nachdem die Gründungsaktivität zur Schaffung einer neuen Organisation geführt hat, zumal diese Organisation schließlich über die akkumulierten Ressourcen verfügt, um diese in Nutzen für ihre Kunden zu transformieren (Dollinger 2008: 23). Jedoch bezweckt sowohl eine bereits neu geschaffene als auch eine zu gründende wirtschaftliche Organisation die Allokation knapper Ressourcen (Dollinger 2008: 10) und weist im Allgemeinen (aktuell oder zukünftig) drei Typen von „capabilities" auf; namentlich neben funktionalen Fähigkeiten (z.B. Forschung und Entwicklung) sowie dynamischen Verbesserungspotenzialen (Lern- und Innovationsfähigkeit) auch unternehmerische Fähigkeiten, mit denen die verfügbaren Ressourcen genutzt und neue Ressourcen strategisch entwickelt werden (Dollinger 2008: 36[222]). Allerdings wird der Wert dieser organisatorischen Fähigkeiten bzw. allgemein von wichtigen strategischen Faktoren, auch wenn sie dem ressourcenbasierten Ansatz zufolge eine Quelle nachhaltiger Wettbewerbsvor-

---

216 Mit Verweis auf Baier/Pleschak 1996: 11f.

217 Vgl. hierzu Klandt/Kirschbaum 1985; Unterkofler 1989; Arnold 1996; Baier/Pleschak 1996; Hofmeister 1996; Institut für Mittelstandsforschung 1997, zit. n. Mellewigt/Schmidt/Weller 2006: 97f.; Bhave 1994: 235f.; Backes-Gellner/Demirer/Moog/Otten 1998: 30; Mugler 1998: 100-03.

218 Eine Ausnahme bildet z.B. das bereits in Kapitel 2.1.2 vorgestellte Modell von Kaiser und Gläser mit sieben Phasen der Unternehmensentwicklung, von denen sich drei dem Gründungsprozess zurechnen lassen (Kaiser/Gläser 1999: 15, zit. n. Mellewigt/Witt 2002: 82).

219 Vgl. hierzu z.B. Samuelsson/Davidsson 2009: 229f.; Saßmannshausen 2012: 89; Mellewigt/Schmidt/Weller 2006: 94; Mellewigt/Witt 2002: 82; Bygrave 1993: 256; Reynolds/Miller 1992: 405f.

220 Diese „bescheidene" Anzahl an identifizierten Vorgründungsprozessphasen dürfte Mellewigt, Schmidt und Weller schließlich zur Entwicklung ihres Phasenmodells des Vorgründungsprozesses (vgl. hierzu Mellewigt/Schmidt/Weller 2006: 97f.) bewegt haben, in dem sie den Anfang des (Vor-) Gründungsprozesses mit dem Gründungsinteresse und sein Ende mit der Erzielung erster Umsatzerlöse verorten (Mellewigt/Schmidt/Weller 2006: 98); im Zuge ihrer empirischen Untersuchung aufgrund der Ergebnisse allerdings die Ideenphase vor der zuvor ersten Phase (Informations- und Orientierungsphase) ansetzen (Mellewigt/Schmidt/Weller 2006: 102) und daraufhin die Annahmen ihres Phasenmodells des Vorgründungsprozesses – zumindest eingeschränkt – empirisch bestätigen können (Mellewigt/Schmidt/Weller 2006: 102-04).

221 Zum in der vorliegenden Arbeit verwendeten Gründungsprozess-Modell, vgl. Kapitel 2.1.2.

222 Mit Verweis auf Collins 1994.

teile[223] darstellen können, als abhängig vom Kontext angesehen (Collins 1994: 143; Dollinger 2008: 37), so dass sich keine „ultimative" Quelle nachhaltiger Wettbewerbsvorteile auffinden lässt (Collins 1994: 143), sondern stets die (dynamisch geprägten) Umfeldfaktoren zu berücksichtigen sind. Ferner sind nach dem ressourcenbasierten Ansatz Unternehmen von einer Ressourcenheterogenität geprägt (Barney 1991: 99-101; Mahoney/Pandian 1992: 363; Peteraf 1993: 179; Wernerfelt 1995: 172; Alvarez/ Busenitz 2001: 756f., 761, 769; Barney 2001b: 649; Berg 2004: 32[224]; Foss/Ishikawa 2007: 755f.; Dollinger 2008: 36), d.h. Unternehmensgründungen haben unterschiedliche Ausgangspunkte, die wiederum ihren Ursprung in den Ressourcen haben, über die der/die Unternehmensgründer zum Gründungszeitpunkt verfügt/verfügen und die darüber hinaus akquiriert, kombiniert und eingesetzt werden können (Dollinger 2008: 36, 41). Entsprechend unterscheiden sich Unternehmensgründer – mit ihren Individuum-spezifischen Ressourcen (Alvarez/Busenitz 2001: 755; Conner/Prahalad 1996: 478) – voneinander (Dollinger 2008: 50);[225] sie verkörpern einzigartige Ressourcen für die Unternehmensgründung, „resources that money cannot buy" (Dollinger 2008: 36), so dass sich postulieren lässt, im Rahmen einer ressourcenorientierten Untersuchung des Gründungsprozesses am (potenziellen) Unternehmensgründer einzusetzen (vgl. hierzu Dollinger 2008: 36), also die Analyse vielmehr auf der Personenebene als auf der Unternehmensebene zu gründen (Acs 2001: 10; Ucbasaran/Westhead/Wright 2008: 170[226]), zumal alle Individuen als potenzielle Entrepreneure angesehen werden können (Acs 2001: 10) und das zu gründende Unternehmen während des Gründungsprozesses bzw. bis zur Generierung erster Umsatzerlöse ohnehin noch nicht als eigenständige Institution mit einer vom Gründer losgelösten Entscheidungskompetenz existiert (Berg 2004: 82-87; Dollinger 2008: 21). Da während des Gründungsprozesses einerseits der angehende Unternehmensgründer das entstehende Unternehmen weitgehend prägt (Baum/Frese/Baron/Katz 2007: 2[227]; Szyperski/Nathusius 1999: 38f.; Barney 1986:

---

223 Vgl. hierzu z.B. Dierickx/Cool 1989: 1504-10; Barney 1991: 99-117; Peteraf 1993: 179-88; Alvarez/Busenitz 2001: 756-70; Dollinger 2008: 37-43.

224 Unter Bezugnahme auf Peteraf 2003.

225 Bspw. hinsichtlich Persönlichkeiten, Eigenschaften, Wissen, Fähigkeiten, Erfahrungen, soziodemographischen Hintergründen, sozialen Netzwerken, Motivationen und Vorstellungen (Dollinger 2008: 36).

226 Mit Verweis auf Westhead/Ucbasaran/Wright/Binks 2004 (bibliographische Daten verbessert).

227 Mit Verweisen auf Schein 1983; van Gelderen/Frese/Thurik 2000.

660[228]; Dollinger 2008: 21, 41, 49; Alvarez/Busenitz 2001: 766; Baumol 1968: 64),[229] und andererseits der potenzielle Unternehmensgründer, im Gegensatz zur sich erst im (potenziellen) Entstehungsprozess befindenden Unternehmensgründung, bereits als Untersuchungseinheit existiert und folglich bereits vor der Gründungsrealisation analysiert werden kann (Müller-Böling/Klandt 1990: 158), tritt im Rahmen einer Analyse des Gründungsprozesses der (potenzielle) Unternehmensgründer – samt seinen verfügbaren und den zur Gründungsrealisation notwendigen Ressourcen (Dubini/Aldrich 1991: 309) – in den Mittelpunkt des Forschungsinteresses (Szyperski/Nathusius 1999: 38[230]; Bygrave 1989: 14; Mitton 1989: 10; Müller-Böling/Klandt 1990: 158; Klandt/Münch 1990: 174; Dubini/Aldrich 1991: 309; Cooper/Gimeno-Gascon/Woo 1994: 375; Dollinger 2008: 25, 41, 50; Ucbasaran/Westhead/Wright 2008: 170[231]; Harms/Kraus/Schwarz 2009: 37; Carree/Thurik 2010: 564). „Our resource-based theory of entrepreneurship makes sense for the study of new venture creation because it focuses on the differences between and among entrepreneurs and includes the founding of their companies“ (Dollinger 2008: 36). Zudem postulieren Priem und Butler bei der Konzeptualisierung komplexer Fragestellungen die Synthese des ressourcenbasierten Ansatzes und des umfeldorientierten Ansatzes, um die „vereinfachenden Annahmen“ beider Ansätze[232] zu nivellieren (Priem/Butler 2001: 29-31, 35f.). Der Autor der vorliegenden Arbeit befürwortet zur Beantwortung der Forschungsfragen ebenfalls eine Verknüpfung von Annahmen des ressourcenbasierten Ansatzes mit Annahmen

228 Mit Verweisen auf Schein 1983; Zucker 1977.

229 Bygrave geht sogar noch einen Schritt weiter, wenn er den Unternehmensgründer mit der Unternehmensgründung gleichsetzt (Bygrave 1989: 20).

230 Mit Verweis auf Liles 1974 und die dort angegebene Literatur.

231 Mit Verweis auf Westhead/Ucbasaran/Wright/Binks 2004 (bibliographische Daten verbessert).

232 Während der umfeldorientierte Ansatz von vereinfachenden Annahmen homogener Ressourcen und Strategien von Unternehmen in einem Sektor und uneingeschränkter Mobilität von Unternehmensressourcen ausgeht, nimmt der ressourcenorientierte Ansatz (nach Barney 1991) zwar einen heterogenen strategischen Ressourcenbestand von Unternehmen und nicht uneingeschränkt mobile Unternehmensressourcen an, jedoch unterstellt er implizit, dass der Wert der Unternehmensressourcen durch Chancen und Risiken im Marktumfeld determiniert wird; also durch dem Ansatz exogene Produkt- und Kundenfaktoren, deren Änderungen nicht berücksichtigt werden, obwohl sie sich auf den Wert der Ressourcen auswirken können (Priem/Butler 2001: 29-31). Barney stellt allerdings klar, dass ein vollständiges Modell strategischer Vorteile gewiss die Integration sowohl von Faktoren des Wettbewerbsumfeldes als auch von Unternehmensressourcen erfordert, er sich in seinem Artikel von 1991 jedoch „lediglich“ auf die Perspektive des Faktormarktes fokussiert, da er in seinem Artikel von 1986 bereits ein Faktormarkt/Produktmarkt-Modell entwickelte, somit der Artikel von 1991 im Kontext des Artikels von 1986 zu interpretieren sei (Barney 2001a: 48f., unter Bezugnahme auf Barney 1986; Barney 1991).

des umfeldorientierten Ansatzes, allerdings im Rahmen eines von den untersuchten (potenziellen) Gründern subjektiv wahrgenommenen Umfeldes – analog zur Verknüpfung der Definition von Wettbewerbsvorteilen mit (inter-) subjektiven Renditeerwartungen des/der Unternehmer/s und der Stakeholder bzw. der restlichen Anspruchsberechtigten eines unternehmerischen Wagnisses (Barney 2001a: 46-48; Barney 1986: 657). Während bereits Weber Entrepreneurship bzw. unternehmerisches Handeln als in den sozialen Kontext eingebettet betrachtete (Low/MacMillan 1988: 149[233]; Brüderl/Preisendörfer/Ziegler 1998: 27-32[234]), schuf schließlich Glade die Voraussetzungen dafür, den Unternehmer als Entscheidungsträger in einem spezifischen sozialen und kulturellen Kontext bzw. in einer „Opportunitätsstruktur", die die Wahrnehmung und die Existenz einer unternehmerischen Gelegenheit sowie das Vorhandensein von Ressourcen voraussetzt (Glade 1967, zit. n. Low/MacMillan 1988: 150), zu modellieren[235] (Low/MacMillan 1988: 149f.); was dafür spricht, Umfeldfaktoren mit potenziellen Einflüssen auf die Gründungsaktivität aus der Perspektive der Wahrnehmung des (potenziellen) Unternehmensgründers als Entscheidungsträger über eine eigene Gründungsrealisation (vgl. hierzu z.B. Berg 2004: 75; Mellewigt/Schmidt/Weller 2006: 110; Acs/Audretsch/Lehmann 2013: 757) zu untersuchen (vgl. hierzu auch Casson 2010: 377; Sternberg/Vorderwülbecke/Brixy 2015: 17).[236]

Den Ausführungen zufolge, existieren einerseits Interdependenzen zwischen personenbezogenen und umfeldbezogenen Faktoren, zwischen umfeldbezogenen und unternehmensbezogenen Faktoren als auch zwischen unternehmensbezogenen und personenbezogenen Faktoren. Entsprechend distanzieren sich Dubini und Aldrich von der innerhalb der Organisations- und Managementliteratur gewöhnlichen „scharfen" Unterscheidung und Abgrenzung der Analyseebenen des Individuums, der Organisation und des Umfeldes voneinander und verweisen im Rahmen des Netzwerkansatzes auf die „threads of continuity linking actions across a field of action that includes individuals,

[233] Unter Bezugnahme auf Weber 1930.
[234] Unter Bezugnahme auf Weber 1981.
[235] Vgl. hierzu z.B. Shapero/Sokol 1982; Vesper 1983; Martin 1984.
[236] So erkennt auch Barney individuelle Beurteilung als zentralen Punkt des ressourcenbasierten Ansatzes an, und McMullen und Shepherd betrachten „judgment" als notwendig im unternehmerischen Kontext (Haynie/Shepherd/McMullen 2009: 340, unter Bezugnahme auf Barney 1991; McMullen/Shepherd 2006).

organizations, and environments as a totality“ (Dubini/Aldrich 1991: 306[237]). So wird von der Entrepreneurship-Forschung eine ganzheitliche Analyse dieser drei Ebenen – deren Interaktionen jede Unternehmensgründung einzigartig werden lassen (Dollinger 2008: 20) – innerhalb integrativer Studien postuliert (Saßmannshausen 2012: 67[238]; vgl. hierzu auch Sarasvathy 2004b: 714). Andererseits wurde im Rahmen der Ausführungen verdeutlicht, dass sich die betriebswirtschaftlichen Dimensionen des personenorientierten, des umfeldorientierten als auch des unternehmensorientierten Ansatzes im Rahmen einer Analyse der Gründungsaktivität aus ressourcenorientierter Perspektive heraus untersuchen lassen.[239] Auch Casson betont, unter Bezugnahme auf Foss (1997), dass der ressourcenbasierte Ansatz mit der „Entrepreneurship-Theorie“[240] vereinbar ist und sich demzufolge innerhalb dieses Bezugssystems synthetisieren lässt (Casson 2005a: 345). In diesem Zusammenhang konstatieren Alvarez und Busenitz, dass sich durch die Einnahme einer ressourcenbasierten Perspektive das Problem bzw. die Herausforderung der mehrfachen Analyseebenen[241] überwinden lässt, indem die verschiedenen Aspekte des Entrepreneurship als „unique resources“ analysiert werden (Alvarez/Busenitz 2001: 771). Demnach ist eine ressourcenorientierte Perspektive als zielführend für eine ganzheitliche Analyse von personen-, unternehmens- und umfeldbezogenen Faktoren im Gründungskontext einzustufen.

Insgesamt verdeutlichen mehrere Untersuchungen den hohen Stellenwert der Ressourcenverfügbarkeit während des Vorgründungsprozesses für die Gründungsrealisierung bzw. zum Gründungszeitpunkt für die Überlebens- und Wachstumsfähigkeit von Unternehmen (Klandt/Kirchhoff-Kestel/Struck 1998, zit. n. Mellewigt/Witt 2002: 82; Bamford/Dean/McDougall 2000: 254-73; Cooper/Gimeno-Gascon/Woo 1994: 371-93;

[237] Mit Verweisen auf Aldrich/Herker 1977; Weick 1979b.

[238] Mit Verweisen auf Davidsson/Wicklund 2001; Brush/Duhaime/Gartner/Stewart/Katz/Hitt/Alvarez/Meyer/Venkataraman 2003; West 2003; Davidsson 2005: 29f.

[239] So stellt auch Dollinger im Rahmen seines ressourcenorientierten Bezugsrahmens unternehmerischer Gelegenheiten auf die drei „betriebswirtschaftlichen Dimensionen des Entrepreneurship“ – d.h. Individuen, Umfeld und Organisationen (vgl. hierzu auch Dubini/Aldrich 1991: 306) – ab (Dollinger 2008: 28) und konstatiert: „These dimensions provide us with a useful organizing framework with which to view the complex forces and interactions that produce entrepreneurial activity“ (Dollinger 2008: 28).

[240] „[S]pecialisation in judgemental decision-making is taken as the defining characteristic of the entrepreneur“ (Casson 2005a: 329), und die „theory of entrepreneurship, therefore, highlights the subjectivity of risk perceptions (Shackle, 1979)“ (Casson 2005a: 330).

[241] Vgl. hierzu z.B. Low/MacMillan 1988: 151f.; Davidsson/Wicklund 2001: 81-95; Baum/Locke/Smith 2001: 292, mit weiteren Verweisen.

Chandler/Hanks 1994: 331-45; Brüderl/Schüssler 1990: 530-46; Brüderl/Preisendörfer/Ziegler 1998: 277; Roure/Keeley 1990: 201-18; Eisenhardt/Schoonhoven 1990: 504-27) und belegen hiermit die „organizational imprinting"-These von Stinchcombe (1965) (Boeker 1988: 33-51; Bamford/Dean/McDougall 2000: 254-56; Mellewigt/Witt 2002: 82; Samuelsson/Davidsson 2009: 230) bzw. die „Pfadabhängigkeit" des Unternehmens von seinen anfänglichen Gegebenheiten während des Gründungsprozesses (Alvarez/Busenitz 2001: 769). Nichtsdestotrotz befindet sich nicht nur die Erforschung von Gründungsfaktoren und der Beziehung zur darauffolgenden Unternehmensleistung weiterhin in einem frühen Stadium (Bamford/Dean/McDougall 2000: 255[242]) mit begrenzten empirischen Indizien (vgl. hierzu Bamford/Dean/McDougall 2000: 255), sondern auch der für den Unternehmenserfolg hochrelevante (Vor-) Gründungsprozess, in dem die zum Gründungszeitpunkt schließlich verfügbaren Ressourcen akkumuliert werden und der somit die Ausgangsbasis des potenziellen Gründungserfolgs im Falle der Gründungsrealisation darstellt, ist weitgehend unerforscht bzw. unzureichend thematisiert (Samuelsson/Davidsson 2009: 229f.; Saßmannshausen 2012: 89; Mellewigt/Schmidt/Weller 2006: 94; Mellewigt/Witt 2002: 82; Bygrave 1993: 256; Reynolds/Miller 1992: 405f.; Pryor/Webb/Ireland/Ketchen 2016: 21f.) – was auch speziell auf die Untersuchung der anfänglichen Ressourcen von Unternehmensgründungen zutrifft (Cooper/Gimeno-Gascon/Woo 1994: 374[243]). Vielmehr beginnen Theorien bzw. die (betriebs-) wirtschaftliche Literatur mit der Prämisse, dass Unternehmen bereits „irgendwie" – als Repräsentant eines Aggregates (Penrose 1980, zit. n. Bhave 1994: 224) – existieren (Samuelsson/Davidsson 2009: 229[244]; Picot/Laub/Schneider 1989: 1; Mellewigt/Witt 2002: 82[245]), oder es wird nur oberflächlich auf den Gründungsprozess eingegangen (Samuelsson/Davidsson 2009: 229f.), obwohl er als „the most precarious and formative part of organizational life" (Bamford/Dean/McDougall 2000: 270) eingestuft wird und seinen Spezifika schwerwiegende bzw. wesentliche Auswirkungen auf die Analyse oder Unterstützung von Unternehmensgründungen zugesprochen werden (Reynolds/Miller 1992: 406). Sowohl Organisations- und Entrepreneurship-Forscher als auch Ökonomen stimmen seit Dekaden darin über-

242 Unter Bezugnahme auf einen Literaturreview durch Cooper/Gimeno-Gascon 1992: 318.
243 Mit Verweisen auf Brüderl/Preisendörfer/Ziegler 1992; Kimberly 1979.
244 Mit Verweisen auf Gartner 1988; Katz/Gartner 1988.
245 Mit Verweis auf Kaiser/Gläser 1999: 14.

ein, dass der Unternehmensgründungsprozess eines umfassenderen Verständnisses bedarf (Bhave 1994: 224). Aufgrund der in empirischen Untersuchungen nachgewiesenen „direkten Beziehung" der Ressourcenverfügbarkeit zur Gründungsrealisierung (Mellewigt/Schmidt/Weller 2006: 96) erscheint im Rahmen einer Analyse der Gründungsaktivität aus betriebswirtschaftlicher Sicht insbesondere eine ressourcenorientierte Analyse des studentischen (Vor-) Gründungsprozesses geeignet zu sein, diesem Forschungsdefizit (im Bereich des Hochschulkontextes) entgegenzuwirken und theoretische Annahmen empirisch zu überprüfen bzw. neue Erkenntnisse über förderliche und hinderliche Faktoren für die (aktuelle bzw. zukünftige) Gründungsaktivität von Studierenden und Akademikern zu generieren.

Ausgehend von der Erkenntnis, dass die Unternehmensgründung prozessual geprägt ist, beschreibt Berg die Unternehmensgründung als strategischen Entwicklungsgang aus Sicht eines evolutorischen Wirtschaftsverständnisses[246] und greift hierbei ebenfalls auf den aus dem strategischen Management hervorgegangenen ressourcenbasierten Ansatz zurück, der als geeignet erscheint, den Kenntnisstand über den hochkomplexen Unternehmensgründungsprozess zu erhöhen (Berg 2004: 1). Veblen postulierte bereits 1898 die Berücksichtigung evolutorischer Ansätze in den Wirtschaftswissenschaften (Veblen 1898: 373-97). Auch Schumpeter – „one of the founding fathers of both evolutionary economics and entrepreneurship research" (Buenstorf 2007: 335) – entwickelte in seiner Theorie der wirtschaftlichen Entwicklung evolutorisch geprägte Ansät-

246 Wie Berg – in Anlehnung an Gould 2002; Laurent/Nightingale 2001; Eldredge 1997 – beschreibt (Berg 2004: 3-7), wird die Evolutionstheorie vor allem der Biologie zugeordnet, zumal Charles Darwin im 19. Jahrhundert die Entwicklung des Lebens als paradigmatisches, evolutionäres System etablierte (Berg 2004: 3-5, mit Verweisen auf Eldredge 1997: 385; Laurent/Nightingale 2001: 5; Gould 2002: 137). Allerdings sind insbesondere die Annahmen von Jean-Baptiste de Lamarck – Lebewesen passten sich an Umweltveränderungen durch Gewohnheitsumstellungen an, was zur Veränderung ihrer Morphologie führe – für die evolutorischen Theorien innerhalb der Wirtschaftswissenschaften bedeutsam (Berg 2004: 5, mit Verweis auf Gould 2002: 170ff.). Ronald Fisher begründete in den zwanziger und dreißiger Jahren des vergangenen Jahrhunderts die neo-darwinistische bzw. synthetische Evolutionstheorie, die die darwinistische Evolutionstheorie mit den Erkenntnissen der Genetik verknüpfte (Berg 2004: 5, mit Verweis auf Eldredge 1997: 387). Im Rahmen der in den siebziger Jahren des 20. Jahrhunderts von Niles Eldredge und Stephen Gould entwickelten Theorie des „unterbrochenen Gleichgewichts" bzw. des Punktualismus wird „die Existenz evolutorischer Vorgänge (Variation, Selektion, Retention) auf mehreren hierarchischen Ebenen" (Berg 2004: 6) postuliert, deren Existenz auf lediglich genetischer Ebene verneint, und zudem wird hier angenommen, dass sich Evolutionsvorgänge nicht kontinuierlich abspielen, sondern einem Wechsel zwischen relativer Stasis und dynamischem Wandel unterliegen (Berg 2004: 6f., mit Verweisen auf Gould 2002: 613ff.; Eldredge 1997: 389f.).

ze über die (dynamische) Unternehmerfunktion und die periodischen Konjunkturschwankungen (Schumpeter 1993b: 88-99, 318-69) und bezieht sich hierbei auch auf Darwin, von dem er sich allerdings abgrenzt, da Letzterer von sich kontinuierlich vollziehenden evolutorischen Vorgängen im Sinne einer einheitlichen Entwicklungslinie ausginge (Schumpeter 1993b: 88f.), die Schumpeter hingegen explizit verneint (Schumpeter 1993b: 323). Schumpeter beschreibt – vielmehr analog des dynamischen Wandels des Punktualismus (Berg 2004: 6) – durch „scharenweises" bzw. massenweises Auftreten neuer Kombinationen (Schumpeter 1993b: 320-22, 334-47) bedingte ruckweise eintretende dynamische Wirkungen auf die Volkswirtschaft, betont jedoch, dass sich die neuen Kombinationen normalerweise nicht aus alten, bereits vorhandenen Strukturen entwickeln – wovon der Punktualismus im Sinne einer Artenveränderung ausgehen würde (Berg 2004: 6) –, sondern vielmehr die alten Unternehmen durch neu entstehende niederkonkurriert und die einstigen volkswirtschaftlichen Zustände derart gestört werden, so dass notwendigerweise ein „Einordnungsprozess" eintritt (Schumpeter 1993b: 322), bei dem die Volkswirtschaft um die Annäherung an einen neuen Gleichgewichtszustand ringt (Schumpeter 1993b: 342, 355), woraufhin es nach dieser Phase des Abschwungs als Reaktion der Volkswirtschaft auf den hervorgehenden Aufschwung (Schumpeter 1993b: 334) zu einem „temporären Zustand relativer Ausgeglichenheit und Entwicklungslosigkeit" (Schumpeter 1993b: 348) – vergleichbar mit der „relativen Stasis" des Punktualismus (Berg 2004: 6) – kommt, bevor der nächste, durch die erneute „Durchsetzung neuer Kombinationen" (Schumpeter 1993b: 100f.) bedingte Aufschwung folgt (Schumpeter 1993b: 334-58). Wie ersichtlich wurde, lässt sich der Punktualismus zumindest teilweise auf den durch Schumpeter beschriebenen Konjunkturzyklus übertragen, jedoch mit den folgenden Abweichungen. Einerseits entwickelt sich im Konjunkturzyklus nach Schumpeter das Neue i.d.R. nicht aus bereits Bestehendem. Andererseits ist er, trotz temporärer Zustände relativer Ausgeglichenheit, insgesamt betrachtet stets von einer gewissen Dynamik geprägt, zumal sich die Volkswirtschaft zwar einem Gleichgewichtszustand weitgehend annähert, dieser jedoch nie ganz erreicht wird (Schumpeter 1993b: 355-57). Allerdings wird deutlich, dass die von Schumpeter entwickelte Theorie offensichtlich evolutorisch geprägt ist. Dennoch hat sich bis heute, bedingt durch unterschiedliche Ideen und Ansätze, in den Wirtschaftswissenschaften keine einheitliche evolutorische Theorie durchgesetzt, wobei auch Gemeinsamkeiten bei den zugrunde gelegten Annahmen existieren, wie Distanzierung von den Annahmen der neoklassischen Gleichgewichtstheorie und „Einnahme einer ungleichgewichtigen Prozessperspektive“ (Berg 2004: 15, angelehnt an Nelson/Winter 1982, 1997: 90), Integration von Neuerungen bzw. Innovationen, Grundsatz des Selektions- und Variationsmechanismus, Heterogenität und individuelle Wahrnehmung der Akteure und das damit einhergehende Unsicherheitsmoment zukünftiger Entwicklungen (Berg 2004: 11-17[247]). Aufgrund von Gemeinsamkeiten zwischen grundlegenden Annahmen der Evolutionsökonomik[248] und des ressourcenbasierten Ansatzes[249] lässt sich auf die Vereinbarkeit beider Forschungsfelder miteinander schließen (Berg 2004: 47-55; vgl. hierzu auch Barney 2001b: 646f.). Darüber hinaus erscheinen diese Grundannahmen einer evolutorischen Theorie grundsätzlich mit den Prämissen der weiteren, oben in diesem Unterkapitel beschriebenen theoretischen Ansätze, denen die vorliegende Arbeit folgt, vereinbar.[250]

Eine Synthese der bisherigen Ausführungen legt den Schluss nahe, dass zwecks Ableitung von Hypothesen zur Beantwortung der Forschungsfragen dieser ressourcenorientierten Arbeit der Rückgriff auf Annahmen insbesondere der Humankapitaltheorie und der Perspektive sozialer Netzwerke, aber auch des organisationsökologischen Ansatzes, sinnvoll erscheint, und hierbei Annahmen der Theorien zur Unternehmensentwicklung den theoretischen Bezugsrahmen vorgeben. So dient das in Kapitel 2.1.2 skizzierte Gründungsprozessmodell als Ausgangsmodell für die vorliegende Arbeit, das im

247 Mit weiteren Verweisen.

248 Vgl. hierzu Nelson/Winter 1982, eingestuft als die einflussreichste Arbeit der Evolutionsökonomik, in der die Implikationen der drei grundlegenden Prozesse Variation, Selektion und Retention untersucht werden (Barney 2001b: 646). Die Populationsökologie, auf die weiter oben in diesem Unterkapitel bereits eingegangen wurde, stellte in den 1980er Jahren die einflussreichste Variante der evolutionären Anschauung dar (Barney 2001b: 647). „In its most extreme version, population ecology theory suggested that firms could not change, that strategic choice was not possible, and that the study of populations of firms was the only legitimate application of evolutionary thinking (Hannan & Freeman, 1977)“ (Barney 2001b: 647). „[S]ince the mid-1980s, population ecology theorizing has become much more sophisticated and distinctions between evolutionary economics and population ecology theories have broken down“ (Barney 2001b: 647).

249 Vgl. hierzu z.B. Berg 2004: 47-55. Bspw. spielt aus Ressourcensicht die Variation eine Rolle bei der Rekombination verfügbarer Ressourcen oder bei der Verwendung und Entwicklung neuer Ressourcen, da diese ebenfalls Evolutionsprozessen ausgesetzt sind (Berg 2004: 49).

250 Vgl. hierzu neben den Ausführungen in diesem Unterkapitel z.B. auch Nelson/Winter 1982; Berg 2004. So verdeutlicht bspw. das folgende Zitat eine „evolutorische Wechselwirkung“ zwischen dem Marktumfeld und der Unternehmung. „Während der Markt sich selektierend auf die Produktpalette der Unternehmung auswirkt, so kann diese durch Variation ihres Ressourceneinsatzes auch gestaltend auf den Markt einwirken“ (Berg 2004: 50).

Verlauf von Kapitel 2 zu einem empirisch überprüfbaren Arbeitsmodell weiterentwickelt werden wird, auf dessen Basis schließlich die in der vorliegenden Arbeit durchzuführende ressourcenorientierte Analyse des studentischen Gründungsprozesses erfolgen wird.[251]

Auf den weiter oben bereits genannten, von Fallgatter für die Entrepreneurship-Forschung als vielversprechend eingestuften (Fallgatter 2004: 39[252]) und ursprünglich für die Analyse von Großunternehmen entwickelten (Korunka/Frank/Lueger/Mugler 2003: 25) Konfigurationsansatz[253] wurde zwar bereits im Gründungs- als auch KMU-Kontext zurückgegriffen (Gartner 1985; Gartner/Mitchell/Vesper 1989; Snuif/Zwart 1994; Mugler 1998: 104-66; Borch/Huse/Senneseth 1999; Frank/Lueger 2002; Korunka/Frank/Lueger/Mugler 2003; Korunka/Keßler 2005), allerdings existiert in den Wirtschaftswissenschaften noch kein Konsens über seine adäquate Anwendbarkeit im Kontext junger bzw. gegründeter Unternehmen (Harms/Kraus/Schwarz 2009: 25): „So far, existing research has neglected to discuss the suitability of this approach in the context of new ventures on a theoretical basis" (Harms/Kraus/Schwarz 2009: 26). Zwar argumentieren Harms, Kraus und Schwarz, dass bei Adaption des Konfigurationsansatzes in der Gründungsforschung grundsätzlich dessen Hauptannahmen (equifinality, fit, reductive mechanisms, configuration changes) eingehalten werden, dennoch

---

251 Hierbei sollen in der vorliegenden Arbeit, analog zum Postulat von Low und MacMillan bzgl. der Untersuchung sowohl des unternehmerischen Erfolgs als auch des unternehmerischen Scheiterns (Low/MacMillan 1988: 141) zwecks Eliminierung der Ergebnisverzerrung durch die Berücksichtigung lediglich der überlebenden Unternehmen (vgl. hierzu z.B. Bamford/Dean/McDougall 2000: 262; Eisenhardt/Shoonhoven 1990: 521; Cooper/Gimeno-Gascon/Woo 1994: 392; Brüderl/Preisendörfer/Ziegler 1998: 17), alle zum Befragungszeitpunkt anwesenden Studierenden befragt und berücksichtigt werden, so dass auch diejenigen, die bisher noch nicht über eine potenzielle eigene Unternehmensgründung nachgedacht haben bzw. kein Interesse an dieser Thematik haben mit in die Analysen einfließen, womit durch Selektionseffekte bedingte Ergebnisverzerrungen vermieden werden (vgl. hierzu z.B. Bamford/Dean/McDougall 2000: 273; Brüderl/Preisendörfer/Ziegler 1998: 17; Aldrich/Zimmer 1986b: 5; siehe auch Kapitel 3). Durch diese Vorgehensweise der Berücksichtigung aller potenziellen Unternehmensgründer (Acs 2001: 10) innerhalb der studentischen Zielgruppe soll folglich ein vollständiges bzw. realistisches Bild über förderliche und hinderliche Faktoren im studentischen Gründungsprozess aufgedeckt werden.

252 Mit Verweis auf Low/Abrahamson 1997.

253 „[T]he configuration approach is based on the idea that firm types can be identified consisting of clusters of similar personal, structural, strategic, and external characteristics (conceptual domains) that must be analysed as a whole (Miller 1996)" (Harms/Kraus/Schwarz 2009: 26). Speziell für die Analyse von Unternehmensgründungen und KMU werden in der Literatur weitgehend übereinstimmend die folgenden Variablengruppen vorgeschlagen (vgl. hierzu z.B. Mugler 1998: 107; Korunka/Frank/Lueger/Mugler 2003: 25): Charakteristika des/der (potenziellen) Unternehmer/s, Ressourcen des/der (potenziellen) Unternehmer/s, Umfeld, Gründungs- bzw. Organisationsaktivitäten (Management).

verbleiben weiterhin einige Zweifel, ob sich der Konfigurationsansatz in diesem Bereich uneingeschränkt adaptieren lässt (Harms/Kraus/Schwarz 2009: 32-42). Da die adäquate Anwendbarkeit des Konfigurationsansatzes speziell im Kontext von jungen bzw. gegründeten Unternehmen noch nicht abschließend geklärt ist und sogar fraglich erscheint (Zahra 2007: 5; Harms/Kraus/Schwarz 2009: 26, 31f.), ist es nach Ansicht des Autors der vorliegenden Arbeit vorzuziehen, die Annahmen des Konfigurationsansatzes nicht ohne wissenschaftliche Bestätigung „relativ unreflektiert“ auf den studentischen (Vor-) Gründungsprozess zu übertragen; nicht zuletzt, weil sich durch die, gegenüber der auf junge bzw. gegründete Unternehmen, weiteren Eingrenzungen auf den (Vor-) Gründungsprozess sowie auf Studierende – lediglich einiger Fachrichtungen – das, vor diesen weiteren Eingrenzungen ohnehin schon als eingeschränkt eingestufte (Harms/Kraus/Schwarz 2009: 32), Potenzial des Generierens von Gruppen, deren Untersuchungseinheiten innerhalb der Gruppen möglichst homogen und zwischen den Gruppen möglichst heterogen sind (Harms/Kraus/Schwarz 2009: 29), nochmals reduziert. Zwar könnte im Rahmen einer Analyse des Gründungsprozesses der Rückgriff auf den Konfigurationsansatz gerade für die postulierte ganzheitliche Analyse von personen-, unternehmens- und umfeldbezogenen Faktoren im Gründungskontext (Saßmannshausen 2012: 67[254]) förderlich sein (vgl. hierzu z.B. Miller 1987, 1990; Dess/ Newport/Rasheed 1993: 784; Korunka/Frank/Lueger/Mugler 2003: 25f.; Fallgatter 2004: 39[255]; Harms/Kraus/Schwarz 2009: 25f.), da diese Funktion der ganzheitlichen Analyse allerdings auch durch den weitgehend akzeptierten (Fallgatter 2004: 37) und zudem zweifellos auf den Gründungsprozess übertragbaren (Alvarez/Busenitz 2001: 755-72; Dollinger 2008: 32-60) ressourcenbasierten Ansatz erfüllt werden kann, ist nach Ansicht des Autors der vorliegenden Arbeit eine ressourcenorientierte Forschungsperspektive einer Schwerpunktsetzung auf Bildung von Typologien oder Taxonomien[256] als die beiden Hauptansätze der Herleitung von Konfigurationen (vgl. hierzu z.B. Meyer/Tsui/Hinings 1993: 1182; Miller 1996: 505) vorzuziehen. Diese Ansicht wird zudem dadurch untermauert, dass im vorgründungsprozessualen Kontext

254 Mit Verweisen auf Davidsson/Wicklund 2001; Brush/Duhaime/Gartner/Stewart/Katz/Hitt/Alvarez/Meyer/Venkataraman 2003; West 2003; Davidsson 2005: 29f.

255 Mit Verweis auf Fallgatter 2002.

256 „[S]ets of different configurations that collectively exhaust a large fraction of the target population of organizations“ (Miller/Friesen 1984: 12).

möglicherweise nur Charakteristika des/r Unternehmensgründer/s als Faktoren beobachtbar sind (Harms/Kraus/Schwarz 2009: 43), wohingegen sich Variablen aus den anderen Gruppen, wie z.B. Ressourcen, Umfeld und Gründungsaktivitäten, zwecks Generierung und/oder Analyse von Konfigurationen tendenziell noch nicht (ausreichend) beobachten bzw. befragen lassen. Dennoch schließt der Fokus auf den ressourcenbasierten Ansatz die Berücksichtigung von, für die vorliegende Arbeit fruchtbare Anregungen des Konfigurationsansatzes, der die traditionelle marktbasierte Auffassung bzw. die Industrieökonomik mit der ressourcenbasierten Sicht – als die beiden Hauptgruppen der diversen Denkschulen des strategischen Managements (vgl. hierzu Mintzberg/Ahlstrand/Lampel 1998) – verbindet (Mugler 2004: 1-4), nicht aus, zumal dieser als geeignet eingestuft wird, verschiedene Forschungsströmungen zu integrieren (Harms/Kraus/Schwarz 2009: 43). So lässt sich der Konfigurationsansatz bspw. mit dem Lebenszyklusansatz (vgl. hierzu z.B. Mugler 1998: 100-03) der strategischen Managementtheorie kombinieren (Mugler 2004: 7).

Die Knowledge Spillover-Theorie des Entrepreneurship,[257] auf die im vorigen Unterkapitel kurz eingegangen wurde, legt den Fokus auf Individuen, die sich neues Wissen über „Spillover" bzw. Übertragungseffekte angeeignet haben, und betrachtet diese potenziellen „high impact entrepreneurs" als kritische wirtschaftliche Akteure im Rahmen der Schaffung von volkswirtschaftlichem Wohlstand (Acs/Audretsch/Lehmann 2013: 758, 761). Im Hochschulkontext, dem Forschungsschwerpunkt der vorliegenden Arbeit, entsteht durch Forschungsaktivitäten kontinuierlich neues Wissen (Acs/Audretsch/Lehmann 2013: 764-70; Mueller 2006: 1506, 2007: 355; Cohen/Levinthal 1989: 569), das jedoch von den Hochschulen selbst, nach potenzieller Transformation in kommerzielles Wissen,[258] das eine unternehmerische Gelegenheit als Voraussetzung für eine potenzielle Vermarktung begründet (Braunerhjelm/Acs/Audretsch/Carlsson 2010: 107), nicht wirtschaftlich verwertet wird, da derartigen Institutionen unmittelbare Geschäftstätigkeiten verwehrt sind (Qian/Acs 2013: 188), so dass sich insbesondere (angehenden) Akademikern – mit entsprechendem (wissenschaftlichen) Wissensstand

257 Vgl. hierzu z.B. Acs/Braunerhjelm/Audretsch/Carlsson 2009; Acs/Audretsch/Lehmann 2013; Acs/Armington 2006; Audretsch 1995; Audretsch/Keilbach/Lehmann 2006; Audretsch/Lehmann 2005.

258 Vgl. hierzu z.B. Arrow 1962b: 155-72; Audretsch/Keilbach 2004a: 422; Mueller 2006: 1501; Henrekson/Stenkula 2010: 617; Acs 2010: 178; Qian/Acs 2013: 187.

sowie ausreichenden unternehmerischen Fähigkeiten bzw. betriebswirtschaftlichen Kenntnissen als zwei unabdingbare Kompetenzbereiche für Wissensspillover-Entrepreneurship (Qian/Acs 2013: 192) – die Möglichkeit bieten kann, die entstandenen Inventionen in Geschäftsideen zu transformieren und im Rahmen von Unternehmensgründungen zu vermarkten (Qian/Acs 2013: 188). Die Transformation von neuem Wissen in wirtschaftliches Wissen bzw. unternehmerische Gelegenheiten stellt allerdings einen beträchtlich unvorhersehbaren und komplexen Prozess dar (Braunerhjelm/ Acs/Audretsch/Carlsson 2010: 107)[259] und erfordert „a set of skills, aptitudes, insights, and circumstances that is neither uniformly nor widely distributed in the population" (Braunerhjelm/Acs/Audretsch/Carlsson 2010: 107). Die Entscheidung für oder gegen die Verfolgung einer Geschäftsidee im Rahmen einer Unternehmensgründung hängt neben erwarteter Rendite der Geschäftsidee, erzielbarem Einkommen durch alternative Beschäftigungsformen, Risikohaltung und weiteren persönlichen Merkmalen des/der potenziellen Gründer/s auch von der unternehmerischen Kultur[260] und weiteren Gründungshemmnissen wie finanziellen und regulatorischen Restriktionen ab (Acs/Armington 2006: 56-60).[261] Im Rahmen der zunehmend auf Wissen basierten komparativen Vorteile in den führenden (europäischen) Volkswirtschaften (Audretsch/Thurik 2000: 18-24) ist auch der politische Fokus entsprechend auf die Förderung der Schaffung und Kommerzialisierung von Wissen gerückt (Audretsch/Lehmann 2005: 1191; Audretsch/Thurik 2000: 19), wie insbesondere durch die Leitziele des EXIST-Programms (Kulicke/Dornbusch/Kripp/Schleinkofer 2012: 1; vgl. hierzu auch Kapitel 2.2) deutlich wird. „In this new entrepreneurship based policy, universities play a key role in providing spillovers by academic research and human capital in the form of well trained and educated students" (Audretsch/Lehmann 2005: 1191). So argumentieren Qian und Acs entsprechend im Rahmen ihrer „absorptive capacity theory of knowledge spillover entrepreneurship", die eine Erweiterung der Knowledge Spillover-Theorie des Entrepreneurship darstellt (Qian/Acs 2013: 186), dass Wissensspillover-Entre-

259 Bspw. erreichen von den Inventionen in US-amerikanischen Universitäten lediglich ein oder zwei Prozent den Markt und erwirtschaften Einkommen (Braunerhjelm/Acs/Audretsch/Carlsson 2010: 107, unter Bezugnahme auf Carlsson/Fridh 2002).

260 „An entrepreneurial culture is defined as a social context where entrepreneurial behavior is encouraged (Johannisson, 1984)" (Acs/Armington 2006: 57).

261 Zu Modellen über die unternehmerische Berufswahl vgl. z.B. Evans/Jovanovic 1989; Blanchflower/Oswald 1998.

preneurship nicht lediglich auf neuem Wissen beruht, sondern auch auf „unternehmerischer Absorptionsfähigkeit“[262] – als einer Ausdehnung der durch Cohen und Levinthal geprägten „Absorptionsfähigkeit“[263] auf Entrepreneure –, die den (angehenden) Unternehmern ermöglicht, neues Wissen zu verstehen, dessen Wert zu erkennen und es durch Unternehmensgründungen zu vermarkten (Qian/Acs 2013: 185).[264] Qian und Acs synthetisieren den Wissenproduktionsfunktionsansatz mit der „knowledge spillover theory of entrepreneurship“ durch die Annahme endogen geschaffenen Wissens als auch endogen gegründeter Unternehmen und beziehen unternehmerische Absorptionsfähigkeit als eine entscheidende Determinante wissensbasierter unternehmerischer Aktivität ein, die den Wissensübertragungsprozess durch (potenzielle) Entrepreneure beeinflusst (Qian/Acs 2013: 186). Durch diese „absorptive capacity theory of knowledge spillover entrepreneurship“ sollen Qian und Acs zufolge Einblicke in die Beziehungen zwischen Humankapital[265], neuem Wissen[266] und Entrepreneurship[267] ermöglicht werden bzw. die Mechanismen des Wissensspillover-Entrepreneurship aufgedeckt werden, das folglich neben Wissensstand sowie neuem Wissen auch von der unternehmerischen Absorptionsfähigkeit abhängt (Qian/Acs 2013: 186, 190f.). Basierend auf ihrer empirischen Untersuchung schlussfolgern sie, dass „entrepreneurs‘ absorptive capacity is critical to new firm formation“ (Qian/Acs 2013: 196) und dass „the absorptive capacity theory of knowledge spillover entrepreneurship is a valid improvement in understanding knowledge-based entrepreneurial activity“ (Qian/Acs

262 „Entrepreneurial absorptive capacity is defined as the ability of an entrepreneur to understand new knowledge, recognize its value, and subsequently commercialize it by creating a firm“ (Qian/Acs 2013: 191, unter Weglassung der Hervorhebung im Original; vgl. hierzu auch entsprechend Acs/Audretsch/Lehmann 2013: 768).

263 Absorptionsfähigkeit bzw. „absorptive capacity“ wird von Cohen und Levinthal definiert als „ability to recognize the value of new information, assimilate it, and apply it to commercial ends“ (Cohen/Levinthal 1990: 128), wobei diese Fähigkeit, externes Wissen zu bewerten und auszuschöpfen, weitgehend von einem zuvor bereits vorhandenen, in Zusammenhang mit dem neuen Wissen bzw. den neuen Informationen stehenden Wissensniveau abhängt, das Grundfertigkeiten, eine gemeinsam benutze Sprache oder Wissen über die aktuellsten wissenschaftlichen oder technologischen Entwicklungen in einem bestimmten Bereich umfasst (Cohen/Levinthal 1990: 128).

264 Die unternehmerische Absorptionsfähigkeit bezieht sich nicht auf die Durchführung von Unternehmensgründungsaktivitäten, sondern auf die Fähigkeit, Unternehmensgründungsaktivitäten durchzuführen (Qian/Acs 2013: 191).

265 „[C]onsistent with Schultz (1961), human capital is knowledge and skills embodied in people“ (Qian/Acs 2013: 190).

266 „Increase of knowledge or knowledge stock“ (Qian/Acs 2013: 191).

267 „Discovery of market opportunities and appropriation of their associated market values via creating new firms“ (Qian/Acs 2013: 191).

2013: 195). Durch die Einbeziehung der unternehmerischen Absorptionsfähigkeit wird nämlich einerseits neues Wissen mit der unternehmerischen Aktivität der Unternehmensgründung verknüpft, und andererseits lassen sich dadurch unternehmerische Tätigkeiten auch von „non-inventors" zwecks Ausschöpfung des Marktwertes neuen, bspw. in Hochschulen entstandenen Wissens berücksichtigen (Qian/Acs 2013: 192); d.h. unternehmerische Absorptionsfähigkeit mit ihren beiden weiter oben genannten, für Wissensspillover-Entrepreneurship unabdingbaren Kompetenzbereichen ist wichtig für unternehmerische Aktivitäten durch Erfinder als auch Nicht-Erfinder (vgl. hierzu Qian/Acs 2013: 192),[268] worin sich besonders die dem Hochschulkontext beigemessene hohe Bedeutung von (technologieorientierten) komplementären Teamgründungen – bspw. durch (angehende) Ingenieure und Betriebswirte – widerspiegelt (vgl. hierzu z.B. Franke/Lüthje 2004: 43).[269] Die durch mehrere theoretische Strömungen aus verschiedenen sozialwissenschaftlichen Disziplinen geformte Knowledge Spillover Theorie des Entrepreneurship (Acs/Audretsch/Lehmann 2013: 761) bzw. „absorptive capacity theory of knowledge spillover entrepreneurship" (Qian/Acs 2013: 185-96) integriert theoretische Ansätze des Entrepreneurship mit vorherrschenden Theorien regionalen und volkswirtschaftlichen Wachstums und des strategischen Managements (Acs/ Audretsch/Lehmann 2013: 757) und fokussiert hierbei explizit unternehmerische Gelegenheiten, so dass die Literatur über Industrie-Spin-offs (Klepper/Sleeper 2005), Berufswahl (Parker 2004), unternehmerische Gelegenheiten und Beurteilung (Casson 2003; Shane/Venkataraman 2000) sowie über den Wissensproduktionsfunktionsansatz (Griliches 1979; Jaffe 1989; Qian/Acs 2013: 186) und die neue Wachstumstheorie (Lucas 1988; Romer 1990; Acs/Armington 2006; Qian/Acs 2013: 187) in einem theoretischen Bezugssystem verbunden wird (Acs 2010: 178f.). Die Annahmen der Knowledge Spillover Theorie des Entrepreneurship bzw. der „absorptive capacity theory of knowledge spillover entrepreneurship" werden auch als konsistent mit der Perspektive der Evolutionsökonomik (Buenstorf 2007; Casson/Wadeson 2007b) eingestuft (Gaglio/Winter 2009: 317), genauso wie sie grundsätzlich mit den Prämissen der weiteren,

---

268 „[A]n entrepreneur's prior knowledge both in technology and in business operation is critical to her/his entrepreneurial absorptive capacity" (Qian/Acs 2013: 193).

269 Entsprechend verdeutlicht bspw. Michelacci in seinem endogenen Wachstumsmodell, dass „innovating requires both researchers, who produce inventions, and entrepreneurs who implement them" (Michelacci 2003: 207).

weiter oben in diesem Unterkapitel beschriebenen Ansätze, denen in der vorliegenden Arbeit gefolgt wird, vereinbar erscheinen.[270] Insgesamt betrachtet, liefert die Knowledge Spillover Theorie des Entrepreneurship bzw. die „absorptive capacity theory of knowledge spillover entrepreneurship“ fruchtbare Anknüpfungspunkte für die vorliegende Arbeit, so dass es zweckdienlich erscheint, in der vorliegenden Arbeit auch Annahmen dieser Denkansätze zu berücksichtigen.

Entsprechend der Vorgehensweise von Brüderl, Preisendörfer und Ziegler (1998: 32) wird auch in der vorliegenden Arbeit keine neue Theorie entwickelt, sondern im Rahmen der Herleitung eines Arbeitsmodells theoretischen Ansätzen gefolgt, die – wie weiter oben in diesem Unterkapitel aufgezeigt wurde – speziell auf die Fragestellung nach der Gründungsaktivität anwendbar bzw. konkret für eine ressourcenorientierte Analyse des studentischen Gründungsprozesses geeignet erscheinen. „Entrepreneurship can carve out a unique intellectual space, but it needs the insights from multiple disciplines to fulfill its potential“ (Low 2001: 23). Entsprechend skizzieren Carlsson et al. in ihrer „Domain of entrepreneurship research“ (Carlsson/Braunerhjelm/McKelvey/ Olofsson/Persson/Ylinenpää 2013: 925) eine Vielzahl an spezifischen Fragestellungen und Beiträgen, weisen allerdings darauf hin, dass sich einige Arbeiten nicht ohne Umstände in ihrer Systematisierung darstellen lassen (Carlsson/Braunerhjelm/McKelvey/ Olofsson/Persson/Ylinenpää 2013: 924), was die Komplexität des Entrepreneurship als Forschungsfeld untermauert. Innerhalb dieser „Domäne der Entrepreneurship-Forschung“ lässt sich die vorliegende Arbeit schwerpunktmäßig der Fragestellung „Venture creation & innovation“ zuordnen, was nicht bedeutet, dass dadurch andere Bereiche unberücksichtigt bleiben. Im folgenden Unterkapitel erfolgt eine Abgrenzung des Forschungsschwerpunktes der vorliegenden Arbeit von der psychologisch geprägten Entrepreneurship-Forschung, die innerhalb der „Domäne der Entrepreneurship-Forschung“ (Carlsson/Braunerhjelm/McKelvey/Olofsson/ Persson/Ylinenpää 2013: 925) insbesondere dem Bereich „Individual characteristics (‚Traits‘)“ zugeordnet werden kann; die mit dieser Abgrenzung einhergehende Eingrenzung des Forschungsschwerpunktes ist notwendig, da die vorliegende Arbeit, wie weiter oben in diesem Unterka-

[270] Vgl. hierzu z.B. Acs/Audretsch/Lehmann 2013: 757-72; Qian/Acs 2013: 185-96; Fritsch/Aamoucke 2013: 865-81; Braunerhjelm/Acs/Audretsch/Carlsson 2010: 107; Acs and Armington 2006: 56-60; Audretsch/Lehmann 2005: 1191-201 sowie die Ausführungen in diesem Unterkapitel.

pitel – unter Bezugnahme u.a. auf Klandt/Münch 1990: 171; Mellewigt/Witt 2002: 82 – begründet, einen betriebswirtschaftlichen Schwerpunkt einnimmt. Abschließend soll hervorgehoben werden, dass die in der Management-Literatur, der sozialpsychologisch geprägten Literatur oder allgemein der Entrepreneurship-Literatur existierenden Modelle bzw. Bezugssysteme[271] zwar teilweise wertvolle Hinweise für die vorliegende Arbeit liefern, sich nach Auffassung des Autors der vorliegenden Arbeit jedoch nicht zweckdienlich oder nicht unmittelbar zur Beantwortung der Forschungsfragen dieser betriebswirtschaftlich orientierten Arbeit aufgreifen lassen, so dass es notwendig erscheint, im Zuge dieses Kapitels ein entsprechendes Arbeitsmodell zu entwickeln, das auf theoretischen Annahmen – teilweise auch dieser Modelle bzw. Bezugssysteme – basiert, die daraufhin empirisch überprüft werden sollen.

2.4 Abgrenzung zur psychologisch geprägten Entrepreneurship-Forschung

Im letzten Unterkapitel wurde bereits auf die Bedeutung des Unternehmers für das Phänomen der Unternehmensgründung eingegangen. Das Phänomen der Unternehmensgründung ereignet sich gerade durch den Entrepreneur bzw. Gründer und die unternehmerischen Aktivitäten dieses wirtschaftlichen Akteurs (Baum/Frese/Baron/Katz 2007: 2), der während und unmittelbar nach dem Gründungsprozess (bis zum Eintritt in die erste Wachstumsphase) einen enormen Einfluss auf das (entstehende) Jungunternehmen ausübt (Baum/Frese/Baron/Katz 2007: 2[272]) und – ggf. zusammen mit seinem Gründungsteam – als kritische Ressource und häufig als die wichtigste und wertvollste Ressource einer Unternehmensgründung betrachtet wird (Dollinger 2008: 50f.). So

[271] Bspw. „St. Galler Management Model“ (Ulrich/Krieg 1972); „Das neue St. Galler Management-Modell“ (Rüegg-Stürm 2003); „MER model of integral management“ (Belak et al. 1993; Kajzer/Duh/Belak 2008; Belak/Belak/Duh 2014); „Entrepreneurial Event“ (Shapero/Sokol 1982); „A Model of New Venture Initiation“ (Martin 1984: 269, zit. n. Gartner 1989b: 30); „A framework for describing new venture creation“ (Gartner 1985); „The contexts of intentionality“ (Bird 1988); „A Model of the Entrepreneurial Process“ (Bygrave 1989: 9, angelehnt an Moore 1986); „Theory of Planned Behavior“ (Ajzen 1991); „Giessen-Amsterdam model“ (Rauch/Frese 2000); „A Multidimensional Model of Venture Growth“ (Baum/Locke/Smith 2001); „An integrated process model of entrepreneurial leadership“ (Antonakis/Autio 2007); „A process model of entrepreneurship“ (Baron 2007b); „A model of entrepreneurs’ personality characteristics and success“ (Rauch/Frese 2007); „Die Schlüsselelemente von Entrepreneurship“ (Fueglistaller/Müller/Volery 2008: 7, angelehnt an Wickham 2004).

[272] Mit Verweisen auf Schein 1983; van Gelderen/Frese/Thurik 2000.

wird der Gründer aufgrund der meisten Forschungsergebnisse als wichtigster Faktor für den Erfolg einer Wirtschaftseinheit eingestuft (Brüderl/Preisendörfer/Ziegler 1992: 228). Zudem wird angenommen, dass die Ereignisse generell im Gründungskontext ohne explizite Zuwendung zur Rolle des Gründers[273] nicht nachvollzogen werden können (Cooper/Gimeno-Gascon/Woo 1994: 375; Gimeno/Folta/Cooper/Woo 1997: 777), und da es sich speziell bei entstehenden Unternehmen um noch nicht existierende Wirtschaftseinheiten handelt, hat die Forschung logischerweise und zutreffend die Merkmale der Individuen fokussiert, die sich im Gründungsprozess befinden bzw. die Unternehmen gründen (Samuelsson/Davidsson 2009: 230). „Therefore, we must consider the characteristics of the entrepreneur in the same way that we consider other resources" (Dollinger 2008: 51f.). Das Postulat der Erforschung von Eigenschaften/ Merkmalen des Unternehmensgründers (vgl. hierzu z.B. Palmer 1971: 32) – als ein Bereich, auf den sich Forschungsfragen bzgl. der Gründungsaktivität bzw. Entstehung von Unternehmen beziehen (Klandt/Münch 1990: 174) – basiert auf der überwiegenden Annahme, dass die Charakteristika des Entrepreneurs bzw. Gründers im Kontext der Unternehmensgründung von Bedeutung sind (Brüderl/Preisendörfer/Ziegler 1992: 228; Baum/Frese/Baron/Katz 2007: 1), und „a number of sociological, psychological, demographic, and economic factors" (Sexton/Bowman 1985: 129[274]) die Gründungsentscheidung beeinflussen (Acs/Audretsch/Lehmann 2013: 757[275]; Dollinger 2008: 51; Sexton/Bowman 1985: 129). „Demographic and psychological characteristics are a powerful influence on the individual's decision to start a business" (Mueller 2007: 355[276]). So wird das gründende Individuum als die adäquate Analyseeinheit im Rahmen der eigenschafts- und verhaltensbezogenen Entrepreneurship-Forschung – wie auch innerhalb der Knowledge Spillover-Theorie des Entrepreneurship oder der „absorptive capacity theory of knowledge spillover entrepreneurship" – angesehen (Qian/ Acs 2013: 191[277]). Nichtsdestotrotz wurde die „Psychologie" des Entrepreneurs nicht gründlich (genug) erforscht (Baum/Frese/Baron/Katz 2007: 1f.), obwohl die Ursprün-

273 Im Zusammenhang mit der Erforschung der Rolle des Entrepreneurs sind neben wirtschaftlichen auch psychologische Faktoren zu berücksichtigen (Palmer 1971: 34).

274 Unter Weglassung der Hervorhebung im Original.

275 Mit Verweis auf Acs/Audretsch 2010b.

276 Mit Verweisen auf Literaturreviews von Parker 2004; Davidsson 2006b (hierbei Zitierfehler bzgl. Davidsson korrigiert).

277 Mit Verweisen auf Casson 1982; Shane/Venkataraman 2000; Audretsch/Lehmann 2005.

ge der psychologisch geprägten Entrepreneurship-Forschung insbesondere auf McClelland mit seinem – höchst einflussreichen (Hornaday/Bunker 1970: 48) – Werk „The Achieving Society" von 1961 (McClelland 1961) zurückgeführt werden (Carlsson/Braunerhjelm/McKelvey/Olofsson/Persson/Ylinenpää 2013: 918; Ciavarella/Buchholtz/Riordan/Gatewood/Stokes 2004: 468; Low/MacMillan 1988: 147) – das als Pionierarbeit eingestuft wird (Begley/Boyd 1987: 80) und grundlegend zur Legitimierung des damals aufkommenden Forschungsgebiets „Entrepreneurship" beitrug (Baum/Frese/Baron/Katz 2007: 4) – und dem eine produktive Strömung persönlichkeitsbasierter Entrepreneurship-Forschung folgte (Low/MacMillan 1988: 147[278]; Stewart/Roth 2001: 145), die die „traits"[279] des Entrepreneurs fokussiert (Carlsson/Braunerhjelm/McKelvey/Olofsson/Persson/Ylinenpää 2013: 918f.[280]).[281] Hierbei werden entweder normativ Persönlichkeits- oder Charaktereigenschaften gefordert, die als förderlich angesehen werden, um ein Entrepreneur zu werden bzw. als Entrepreneur erfolgreich zu sein, oder derartige Eigenschaften werden empirisch untersucht (Saßmannshausen 2012: 72[282]).[283] Die „traditionelle neoklassische ökonomische Analyse" widmete sich – trotz Schumpeters Beiträgen (vgl. hierzu z.B. Schumpeter 1908, 1911, 1939a, 1939b, 1942) – demgegenüber Gleichgewichtsmodellen und „ignorierte die Rolle unternehmerischer Aktivität für die Volkswirtschaft" (Carlsson/Braunerhjelm/

278 Mit Verweisen auf Literaturreviews über diese psychologisch geprägte Literatur von Brockhaus 1982; Gasse 1982; Martin 1984; Sexton/Bowman 1985.

279 „Personality traits" bzw. „personality characteristics are enduring dispositions that show a high degree of stability across time" (Rauch/Frese 2007: 44, angelehnt an Roccas/Sagiv/Schwartz/Knafo 2002). Allerdings existieren auch schnell wechselnde Persönlichkeitsfaktoren, sogenannte „Zustände", sowie langsam wechselnde Charakterzüge (Rauch/Frese 2007: 44, mit Verweis auf Nesselroade 1991).

280 Mit Verweis auf einen Literaturreview von Gartner 1988.

281 „Unter der ‚Traits-Forschung' versteht man die wissenschaftliche Beschäftigung mit – gegebenenfalls typischen oder wünschenswerten – Charakter- und Persönlichkeitseigenschaften von Entrepreneuren bzw. mit der Psychologie der Entrepreneure. Zu den einer Person zuzurechnenden Eigenschaften gehören dabei die persönlichen sozialen und beruflichen Netzwerke, die unternehmerische Rollenvorbilder beinhalten, das Finden einer Gründungsidee erleichtern oder Zugang zu Informationen oder Ressourcen ermöglichen können" (Saßmannshausen 2012: 39, mit weiteren Verweisen).

282 Mit Verweisen auf Roberts/Wainer 1971; Roberts 1991; McGrath/MacMillan 1992; McGrath/MacMillan/Scheinberg 1992; Ray 1993; Müller 1999.

283 „Die meisten Untersuchungen hierzu wurden zunächst in den USA durchgeführt, die deutschsprachige Forschung nimmt sich dem Thema erst seit den späten 90er Jahren verstärkt an" (Saßmannshausen 2012: 72, mit Verweisen auf Davids 1963; Sexton/Bowman 1985; Wärneryd 1988; Hisrich 1990 gegenüber Pleitner 1996; Müller/Dauenhauer/Schöne 1997; Frese 1998; Klandt 1999; Müller 1999).

McKelvey/Olofsson/Persson/Ylinenpää 2013: 918[284]), so dass sich Verhaltensforscher wie der Psychologe McClelland (McClelland 1961) der weiteren Theoretisierung im Rahmen der Entrepreneurship-Forschung annahmen, die folglich von der „behavioral science theory“ geprägt war (Carlsson/Braunerhjelm/McKelvey/Olofsson/Persson/ Ylinenpää 2013: 918).[285] Neben Schumpeter im Jahre 1911 (Erstauflage) bzw. 1934 (4. Aufl.; vgl. hierzu Schumpeter 1993b: 110-39) hob z.B. auch Sombart im Jahre 1902 (Erstauflage) bzw. 1916 (2. Aufl.; vgl. hierzu Sombart 1969: 327f.) – wenn auch etwas heroisierend – Persönlichkeitsmerkmale von Unternehmern hervor.[286] So schreibt Schumpeter beispielsweise über den Unternehmer: „Und ist Bedürfnisbefriedigung in diesem Sinn die ratio des Wirtschaftens, so ist das Verhalten unseres Typus überhaupt irrational oder von einem andersgearteten Rationalismus“ (Schumpeter 1993b: 134). Demzufolge handelt es sich beim Unternehmer nicht um den „homo oeconomicus“[287].[288] Kaum verwunderlich ist deshalb, dass der Persönlichkeitsansatz zu den klassischen Entrepreneurship-Ansätzen zählt (Rauch/Frese 2007: 41).

Allerdings wurden dem Entrepreneur bereits im 18. Jahrhundert von Cantillon sowie im 19. Jahrhundert von Mill Persönlichkeitsmerkmale zugeschrieben, namentlich die Bereitschaft, Risiken[289] zu tragen (Cantillon 1755: 62-75; Mill 1848: 478f., 1871:

284 Eigene Übersetzung aus dem Englischen.

285 „[T]he stream of research on individuals and teams is strongly rooted in behavioral science and focuses on ‘intrapersonal’ processes of individual entrepreneurs. These include social cognition, attribution, attitudes, and the self“ (Carlsson/Braunerhjelm/McKelvey/Olofsson/Persson/ Ylinenpää 2013: 921). Zu einer, auch weiter unten in diesem Unterkapitel aufgezeigten Definition von „Kognitionen“, vgl. Markman 2007: 81.

286 „Die ‚Unternehmenden’ sind es, die sich die Welt erobern; die Schaffenden, die Lebendigen: die Nicht-Beschaulichen, Nicht-Genießenden, Nicht-Weltflüchtigen, Nicht-Weltverneinenden“ (Sombart 1969: 327f.).

287 Der homo oeconomicus beschreibt einen „‘Idealunternehmer‘, der kein anderes Ziel als die Gewinnmaximierung kennt, der vollkommene Voraussicht und die Fähigkeit zu unendlich schneller Reaktion besitzt“ (Wöhe/Döring 2000: 44).

288 Allerdings trifft dies generell auf Personen zu: „Decades of research on human cognition point to the somewhat unsettling conclusion that we are far from totally rational information processors“ (Baron/Ward 2004: 555, mit Verweis auf Kunda 1999).

289 „In classic decision theory, risk is often viewed as a function of the variation in the distribution of possible outcomes, the associated outcome likelihoods, and their subjective values (cf. March & Shapira, 1987)“ (Steward/Roth 2001: 145). Allerdings werden Entscheidungen unter Risiko nicht lediglich auf rationale Kalkulationen zurückgeführt, da anerkannt wird, dass sie zudem durch individuelle Prädispositionen beeinflusst werden (Bromiley/Curley 1992, zit. n. Steward/Roth 2001: 145). Folglich spielt bei der Risikoübernahme bzw. beim Entscheidungsverhalten unter Risiko neben situativen Merkmalen auch die individuelle Risikoneigung eine Rolle (Steward/Roth 2001: 145, mit Verweisen auf Jackson/Hourany/Vidmar 1972; Plax/Rosenfeld 1976; Sitkin/Weingart 1995). „Risk propensity can be defined as a personality trait involving the willingness to pursue

496f.).[290] Während Schumpeter die Risikobereitschaft hingegen nicht als unternehmerbestimmend einstuft (Carland/Hoy/Boulton/Carland 1984: 355[291]),[292] betrachten wiederum Knight (Knight 1921), McClelland (McClelland 1961) sowie weitere Autoren (Palmer 1971; Timmons 1978; Welsh/White 1981; Begley/Boyd 1987; McGrath/MacMillan/Scheinberg 1992: 129-31; Stewart/Roth 2001; Markman/Baron 2003; Baron 2007b; Zhao/Seibert/Lumpkin 2010: 388) die Bereitschaft, Risiken einzugehen als ein den Entrepreneur kennzeichnendes Merkmal (Carland/Hoy/Boulton/Carland 1984: 355; Zhao/Seibert/Lumpkin 2010: 388; Dollinger 2008: 51f.). Timmons bezieht sich wie folgt auf die moderate Risikoübernahme: „This entrepreneurial characteristic is one of the most important, since it has significant implications for the ways decisions are made, and thus for the success or failure of the business“ (Timmons 1978: 9). Und Stewart und Roth bezeichnen die „entrepreneurial risk-taking propensity“ als „Paradebeispiel“ für die umfangreichen Forschungsaktivitäten bezüglich der Rolle der Persönlichkeit bei der unternehmerischen Berufswahl und der unternehmerischen Kognition[293] (Stewart/Roth 2001: 145). So hat die Literatur die Risikoneigung einerseits als mit der Unternehmensgründung verbunden aufgedeckt (vgl. hierzu z.B. Shane 1996: 752[294]); Forschungsergebnisse von McClelland und in weiteren Studien weisen für Entrepreneure eine moderate Risikoneigung aus (McClelland 1961, zit. n. Saßmannshau-

decisions or courses of action involving uncertainty regarding success or failure outcomes (Jackson, 1994)“ (Zhao/Seibert/Lumpkin 2010: 388; vgl. hierzu auch King 1985: 406).

290 Mill verwendet zwar den Begriff „undertaker“, bedauert allerdings „that this word, in this sense, is not familiar to an English ear“ (Mill 1848: 479; Mill 1871: 497) und verweist auf den im Französischen gebräuchlichen Begriff „entrepreneur“ (Mill 1848: 479; Mill 1871: 497).

291 Unter Bezugnahme auf Schumpeter 1934a.

292 Schumpeter zufolge ist die Risikoübernahmefunktion zwar dem Eigentum immanent; da Unternehmer als „Kombinierer“ jedoch nicht notwendigerweise Eigentümer seien, scheide die Risikoübernahme als Abgrenzungskriterium für den Schumpeterschen Unternehmer aus (Carland/Hoy/Boulton/Carland 1984: 355, unter Bezugnahme auf Schumpeter 1934a; vgl. hierzu auch Foss/Ishikawa 2007: 767). Wird demgegenüber – wie in dieser Arbeit – der Unternehmerbegriff nach Casson (vgl. hierzu Casson 1987: 151; Casson 1982: 23) zugrunde gelegt, kann entgegengehalten werden, dass der Unternehmer als „Koordinator“ Vermögenswerte bzw. Ressourcen akquiriert (Casson 1987: 151, zit. n. Schmitz 2004: 54), die, sofern sie nicht in sein Eigentum übergehen, normalerweise mit Verbindlichkeiten verbunden sind (vgl. hierzu auch Foss/Ishikawa 2007: 758; Casson 1997: 78, zit. n. Tokuda 2005: 138). Folglich übernimmt der Cassonsche Unternehmer im Rahmen seiner unternehmerischen Spekulation, d.h. der Akkumulation und Allokation von knappen, seiner Meinung nach unterbewerteten Ressourcen (Casson 1987: 151, zit. n. Schmitz 2004: 10, 54), – zumindest i.d.R. – Risiken. Auch Berg verdeutlicht, dass der Ressourceneinsatz des Unternehmers mit Risiken einhergeht (Berg 2004: 69).

293 „Cognitions are the mental process of knowing, including aspects such as awareness, perception, reasoning, and judgment“ (Markman 2007: 81).

294 Mit Verweisen auf Hull/Bosley/Udell 1980; Van de Ven/Hudson/Schroeder 1984.

sen 2012: 75f.; Sexton/Bowman 1983a[295], zit. n. Begley/Boyd 1987: 82; Sexton/Bowman 1985: 131); eine Metaanalyse belegt für die Risikoneigung einen positiven und signifikanten Effekt auf die Unternehmensgründung sowie auf den Unternehmenserfolg (Rauch/Frese 2005, zit. n. Rauch/Frese 2007: 49f.); mehrere Forscher legen dar, dass individuelle Unterschiede in der Risikobereitschaft die Entscheidung beeinflussen, unternehmerische Gelegenheiten zu verwerten (Shane/Venkataraman 2000: 223[296]); Entrepreneuren wird gegenüber Managern (in Großunternehmen) eine höhere Risikoakzeptanz zugeschrieben (Sexton/Bowman 1986, zit. n. Begley/Boyd 1987: 82; Busenitz/Barney 1997: 24[297]; Stewart/Roth 2001: 150[298]); eine höhere Risikotoleranz wird mit einer höheren Wahrscheinlichkeit in Verbindung gebracht, die berufliche Selbständigkeit zu suchen (Douglas/Shepherd 2003: 28ff., zit. n. Golla/Halter/Fueglistaller/Klandt 2006: 214); eine Metaanalyse identifiziert einen positiven Zusammenhang zwischen der Risikoneigung und der Gründungsintention[299] (Zhao/Seibert/Lumpkin 2010: 395); und es wird argumentiert, dass die unternehmerische Funktion vor allem Risikomessung und Risikoübernahme innerhalb einer Unternehmensorganisation umfasst (Palmer 1971: 38) bzw. dass Unternehmensgründer Risiken übernehmen (Lumpkin/Dess 1996: 137; Utsch/Rauch/Rothfuß/Frese 1999: 32f.; Berg 2004: 65; Zhao/Seibert/Lumpkin 2010: 384[300]; King 1985: 400) und die mit den eingegangenen Risiken verbundenen Konsequenzen akzeptieren (Utsch/Rauch/Rothfuß/Frese 1999: 33). Andererseits wurden bezüglich der Bedeutung der Risikoneigung im unternehmerischen Kontext auch andere bzw. entgegenstehende Forschungsergebnisse erzielt.[301] So hat beispielsweise die häufig zitierte Studie[302] von Brockhaus (Brockhaus

295 Mit einem Literaturreview.

296 Mit Verweisen auf Khilstrom/Laffont 1979; Knight 1921.

297 Mit Verweis auf Bird 1989.

298 Basierend auf einer Metaanalyse.

299 Intention wird „operationally defined as the likelihood one would intend to perform a behavior (Ajzen & Fishbein, 1980)" (Bagozzi 1993: 218). Zhao, Seibert und Lumpkin „define entrepreneurial intention as the expressed behavioral intention to become an entrepreneur (Bird, 1988)" (Zhao/Seibert/Lumpkin 2010: 383f.) und „an entrepreneur as the founder, owner, and manager of a small business" (Zhao/Seibert/Lumpkin 2010: 383, unter Bezugnahme auf Rauch/Frese 2007; Stewart/Roth 2001).

300 Mit Verweis auf Chen/Greene/Crick 1998.

301 Zu zwei konkurrierenden theoretischen Positionen über Unterschiede in der Risikoneigung von Entrepreneuren und Managern, vgl. Stewart/Roth 2001: 145f.

302 Eingestuft als „one of the most frequently cited studies, possibly because it was published in one of the preeminent management journals, and is often used as the primary basis for a conclusion about entrepreneurial risk propensity" (Stewart/Roth 2001: 150).

1980) keine signifikanten[303] Unterschiede zwischen der generellen Risikoneigung von Eigentümerunternehmern und Managern aufgedeckt, wobei Brockhaus neben Limitationen in seiner Studie selbst eingesteht, dass beide Gruppen als moderat risikogeneigt einzustufen sind und weitere Forschungsaktivitäten – mit entsprechenden Ergebnissen – notwendig seien, bevor die Bedeutung der Risikoneigung als weitgehend akzeptiertes unternehmerisches Merkmal schließlich revidiert würde (Brockhaus 1980: 509-19). Jedoch hat z.B. die darauffolgende Studie von Sexton und Bowman nahegelegt, dass sich die beiden Gruppen tatsächlich in der Risikoneigung voneinander unterscheiden (Begley/Boyd 1987: 82[304]), und Stewart und Roth weisen darauf hin, dass „the results for the field as a whole seem to differ greatly from those of Brockhaus" (Stewart/Roth 2001: 150[305]), und stufen Brockhaus Studie als repräsentativ für die Tendenz ein, Schlussfolgerungen aus einer Gruppe von Studien zu ziehen, die nicht repräsentativ für die Literatur sind (Stewart/Roth 2001: 150[306]). Ferner zeigen Stewart und Roth (Stewart/Roth 2004) auf, dass die Ergebnisse der Metaanalyse von Miner und Raju (Miner/Raju 2004), die Entrepreneure sogar als risikoaverser darstellen, neben „entrepreneurial status" auch auf leistungsbasierten Ergebnisgrößen wie „Überleben" oder „Wachstum" basieren, folglich durch die „entrepreneurial performance" und nicht durch den „entrepreneurial status" bedingt sein könnten,[307] wofür auch die Ergebnisse weiterer Metaanalysen (Zhao/Seibert/Lumpkin 2010; Stewart/Roth 2001) sprechen (Zhao/Seibert/Lumpkin 2010: 395[308]). So decken bspw. Zhao, Seibert und Lumpkin einen positiven Zusammenhang zwischen der Risikoneigung und der Gründungsintention auf, während sie keine signifikante Beziehung zwischen der Risikoneigung und der unternehmerischen Leistung nachweisen können,[309] womit sie einen Beitrag dazu leisten, die in der Literatur bestehenden widersprüchlichen Schlussfolgerungen über

---

303 Bei einem Konfidenzintervall i.H.v. fünf Prozent (Brockhaus 1980: 518).

304 Unter Bezugnahme auf Sexton/Bowman 1986; vgl. hierzu auch Sexton/Bowman 1985: 131, mit weiteren Verweisen.

305 Unter Bezugnahme auf Brockhaus 1980.

306 Mit Verweis auf Hunter/Schmidt 1990.

307 Rauch und Frese vermuten – angelehnt an Stewart/Roth 2004 – „that this study is not a good indication for contradicting findings, but rather an example of how wrongly included effect sizes affect meta-analytic outcomes" (Rauch/Frese 2007: 50, unter Bezugnahme auf Miner/Raju 2004).

308 Unter Bezugnahme auf Stewart/Roth 2001, 2004; Miner/Raju 2004.

309 Begley und Boyd wiesen, basierend auf ihrer Analyse von fünf Entrepreneuren weitgehend zugeschriebenen psychologischen Attributen (vgl. hierzu Begley/Boyd 1987: 79-91), bereits im Jahre 1987 darauf hin, dass „psychological features commonly linked to successful venture creation do not generalize to success in ongoing small business management" (Begley/Boyd 1987: 91).

die Risikoneigung im unternehmerischen Kontext miteinander in Einklang zu bringen (Zhao/Seibert/Lumpkin 2010: 395); was die Bedeutung der vom Gründungserfolg losgelösten Analyse der Gründungsaktivität untermauert und dafür spricht, die Risikoneigung weiterhin mit Unternehmensgründern in Verbindung zu bringen. Auch wenn eine andere Ansicht davon ausgeht, dass potenzielle Entrepreneure ihr Gründungsvorhaben aufgrund ihres diesbezüglich normalerweise vorhandenen (Sorenson 2005: 60) oder vermuteten (Berg 2004: 76[310]) Informationsvorsprungs bzw. ihrer Fähigkeit, Risiken zu managen (Low/MacMillan 1988: 147) als nicht so riskant einschätzen wie andere Personen (Low/MacMillan 1988: 147; Sexton/Bowman 1985: 132; Ucbasaran/Westhead/Wright 2008: 159[311]; Sorenson 2005: 60[312]; Shaver/Scott 1991: 26[313]), so ist die Unternehmensgründung dennoch i.d.R. mit einem „signifikanten" Risiko verbunden (Shaver/Scott 1991: 26), zumal „the entrepreneurship setting is extreme in the sense that it is dominated by high uncertainty, time pressure, and resource shortages" (Baum/Frese/Baron/Katz 2007: 3) und „Unsicherheit impliziert […], dass der Unternehmer nicht davon ausgehen kann, dass seine Erwartungen erfüllt werden, der Ressourceneinsatz unterliegt daher einem Risiko" (Berg 2004: 69). So weist Liles darauf hin „that in becoming an entrepreneur an individual risks financial well-being, career opportunities, family relations, and psychic well-being" (Brockhaus 1980: 510[314]). Einige Autoren beschreiben den Entrepreneur allerdings nicht nur als (moderaten) Risikoträger, sondern auch als Risikomanager (Low/MacMillan 1988: 147; Palmer 1971: 38; Zhao/Seibert/Lumpkin 2010: 384[315]); was untermauert, dass die Entscheidung zur Unternehmensgründung offensichtlich mit einem gewissen Risiko behaftet ist, so dass dem Entrepreneur zumindest eine moderate Bereitschaft, Risiken zu tragen zugeschrieben werden kann. Stewart und Roth suggerieren zwar weitere Forschungsaktivitäten über die Risikoneigung von Entrepreneuren, mutmaßen die Risikoneigung allerdings als eine wesentliche Komponente eines robusten Gründungsprozessmodells (Stewart/Roth 2001: 151). Insgesamt betrachtet, erscheint es sinnvoll und zweckmäßig, die Risikoneigung in das in dieser Arbeit zu entwickelnde Arbeitsmodell aufzunehmen.

---

[310] Mit Verweis auf Mullins 1996: 92.
[311] Mit Verweis auf Casson 2003.
[312] Mit Verweis auf Akerlof 1970.
[313] Mit Verweis auf Corman/Perles/Vancini 1988.
[314] Angelehnt an Liles 1974.
[315] Mit Verweis auf Chen/Greene/Crick 1998.

Neben der Risikoneigung werden Entrepreneuren und Unternehmensgründern weitere Merkmale beigemessen; während sie von Wirtschaftswissenschaftlern als Koordinatoren, Risikoträger und Innovatoren eingestuft werden (Barreto 1989; Hébert/Link 1989) und von Soziologen über soziodemographische Merkmale identifiziert oder als „displaced persons" betrachtet werden (Collins/Moore 1964; Light 1979; Min 1984; Brenner 1987: Kap. 2), neigen Psychologen dazu, ihnen Persönlichkeitseigenschaften wie eine hohe Leistungsmotivation bzw. „need for achievement"[316] (McClelland 1961: Kap. 6, 7; Atkinson/Hoselitz 1963) zuzuschreiben (Brüderl/Preisendörfer/Ziegler 1992: 228). So wird die Leistungsmotivation seit der bahnbrechenden Arbeit von McClelland (McClelland 1961) mit unternehmerischem Verhalten in Verbindung gebracht (Begley/Boyd 1987: 80) und seither Persönlichkeitseigenschaften von Unternehmern empirisch erforscht (Ciavarella/Buchholtz/Riordan/Gatewood/Stokes 2004: 468[317]). Mit seiner These, Entrepreneure seien von einer überdurchschnittlich hohen Leistungsmotivation geprägt (McClelland 1961), vermutete McClelland, er habe den Schumpeterschen heroischen Unternehmer und somit den Schlüssel zum Wirtschaftswachstum entdeckt (Bygrave 1989: 13).[318] Allerdings legten mehrere Überprüfungen von McClellands Arbeit (vgl. hierzu z.B. Kilby 1971; Schatz 1971; Brockhaus 1982) beträchtliche Fehler in McClellands Theorie offen (Bygrave 1989: 13). Nichtsdestotrotz betrachten mehrere Autoren die Leistungsmotivation als Charakteristikum von Entrepreneuren (McClelland 1961; McClelland/Winter 1969, zit. n. Fallgatter 2004: 36; Hornaday/Aboud 1971: 142-52; De Carlo/Lyons 1979: 24-29; Carland/Hoy/Boulton/Carland 1984: 357; Utsch/Rauch/Rothfuß/Frese 1999: 33f.; Begley/Boyd 1987: 79) bzw. bringen eine hohe Leistungsmotivation mit der Verwertung unternehmeri-

316 „McClelland argued that need for achievement is culturally acquired and a key psychological characteristic of an entrepreneur. An individual with a high n-Ach is characterized as (a) taking personal responsibility for decisions, (b) setting goals and accomplishing them through his/her effort, and, (c) having a desire for feedback" (Low/MacMillan 1988: 147, angelehnt an McClelland 1967). Zu weiteren Beschreibungen der Leistungsmotivation bzw. „need for achievement" vgl. z.B. McClelland 1987b: 228, zit. n. Utsch/Rauch/Rothfuß/Frese 1999: 34; Modick 1977, zit. n. Utsch/Rauch/Rothfuß/Frese 1999: 37; Edwards 1959, zit. n. Begley/Boyd 1987: 85; Begley/Boyd 1987: 80f.; Carland/Hoy/Boulton/Carland 1984: 357; King 1985: 406; Dollinger 2008: 52; Rauch/Frese 2007: 49; Saßmannshausen 2012: 75; McClelland 1962: 103-05; und zur Originaldefinition der „need for achievement" in „Murray's system of personality" vgl. Murray 1938: 164, zit. n. Shaver/Scott 1991: 31.

317 Mit Verweisen auf Hornaday/Bunker 1970; Hornaday/Aboud 1971; Mescon/Montanari 1981; Sexton/Bowman 1984a; Begley/Boyd 1987; Shaver/Scott 1991.

318 Vgl. hierzu auch Palmer 1971: 35, angelehnt an McClelland 1962.

scher Gelegenheiten (Shane/Venkataraman 2000: 224) oder der Gründungsmotivation (Saßmannshausen 2012: 77[319]) in Verbindung, wohingegen weitere Autoren dem gegenüberstehen und die Leistungsmotivation nicht als Abgrenzungskriterium von Entrepreneuren gegenüber anderen Gruppen wie z.B. Managern anerkennen (Low/MacMillan 1988: 147; Sexton/Bowman 1985: 130f.; Fallgatter 2004: 36[320]; Carsrud/Brännback/Elfving/Brandt 2009: 151), zumal „the theory is as applicable to salespeople, professionals, and managers as it is to entrepreneurs“ (Low/MacMillan 1988: 147). Auch die Forschungsergebnisse über die Leistungsmotivation von Unternehmern sind uneinheitlich (Ciavarella/Buchholtz/Riordan/Gatewood/Stokes 2004: 468[321]; Collings/Hanges/Locke 2004: 113f.; Carsrud/Brännback/Elfving/Brandt 2009: 150f.[322]) bzw. als widersprüchlich einzustufen (Fallgatter 2004: 36; Begley/Boyd 1987: 80). So konnte einerseits kein Zusammenhang zwischen einer hohen Leistungsmotivation und Entrepreneuren (Fallgatter 2004: 36[323]) bzw. der Gründungsentscheidung nachgewiesen werden (Sexton/Bowman 1985: 131), während andererseits die Leistungsmotivation als positiv mit der Unternehmensgründung (Shane 1996: 752[324]; Utsch/Rauch/Rothfuß/Frese 1999: 38) oder der Wahrscheinlichkeit, die berufliche Selbständigkeit zu suchen (Golla/Halter/Fueglistaller/Klandt 2006: 214[325]), verbunden aufgedeckt wird, bzw. für Gründer eine höhere Leistungsmotivation als für andere Gruppen (Begley/Boyd 1987: 81[326]; Saßmannshausen 2012: 75[327]) – wie Manager (vgl. hierzu Utsch/Rauch/Rothfuß/Frese 1999: 38) – oder ein positiver Zusammenhang zwischen der Leistungsmotivation und dem Gründungserfolg (Carsrud/Brännback/Elfving/Brandt 2009: 151[328]) ausgewiesen wird (Saßmannshausen 2012: 75[329]). Ferner wird die Leistungsmotivation lediglich als „weak predictor of prospective entrepreneurs“ aufgedeckt (Begley/Boyd

319 Angelehnt an King 1985.
320 Mit Verweisen auf Shaver/Scott 1991; Sexton/Bowman 1985: 131f.
321 Mit Verweis auf Brockhaus 1982.
322 Mit weiteren Verweisen.
323 Mit Verweisen auf Schrage 1965; Brockhaus 1980.
324 Mit Verweisen auf McClelland 1961, 1965; McClelland/Winter 1969; Komives 1972.
325 Mit Verweis auf Douglas/Shepherd 2003: 28ff.
326 Mit Verweisen auf Hornaday/Aboud 1971; DeCarlo/Lyons 1979.
327 Mit Verweisen auf McClelland 1961; McClelland/Winter 1969; Hornaday/Aboud 1971; Liles 1974; Hornaday 1982; McClelland 1987a; Müller 2000.
328 Unter Bezugnahme auf Carsrud/Olm/Thomas 1989.
329 Mit Verweisen auf McClelland 1961; McClelland/Winter 1969; Hornaday/Aboud 1971; Liles 1974; Hornaday 1982; McClelland 1987a; Müller 2000.

1987: 81[330]). Zwar betonen Rauch und Frese, basierend auf den Ergebnissen zweier Metaanalysen über die Leistungsmotivation von Unternehmereigentümern (Rauch/Frese 2005; Collins/Hanges/Locke 2004), dass „[t]he validity of achievement motivation is surprisingly well established“ (Rauch/Frese 2007: 49) – namentlich weisen Unternehmereigentümer gegenüber anderen Gruppen eine höhere Leistungsmotivation auf (Rauch/Frese 2007: 49[331]), wobei die Unterschiede gegenüber Managern geringer ausfallen als vergleichsweise zu anderen Gruppen wie Ingenieuren oder Wissenschaftlern (Collins/Hanges/Locke 2004: 110-12), und eine höhere Leistungsmotivation von Unternehmern korreliert positiv mit dem Unternehmenserfolg (Rauch/Frese 2007: 49[332]) –, jedoch weisen sie ausdrücklich darauf hin, mit Schlussfolgerungen zögerlich umzugehen und zuvor weitere Studien durchzuführen, die bspw. auch explizit zwischen der Gründungsaktivität und dem Gründungserfolg unterscheiden (Rauch/Frese 2007: 53f., 59f.). Collins, Hanges und Locke betonen, dass die in ihre Metaanalyse integrierten Studien auf überlebende Unternehmen beschränkt sind, so dass „this limitation in the original studies should limit our ability to find a relationship between need for achievement and entrepreneurial activity“ (Collins/Hanges/Locke 2004: 113); zumal die durchschnittliche Korrelation zwischen der Leistungsmotivation und unternehmerischer Leistung signifikant höher ausfällt als die durchschnittliche Korrelation zwischen der Leistungsmotivation und der Berufswahl bzw. unternehmerischen Tätigkeit (Collins/Hanges/Locke 2004: 111). Zudem lässt sich auf Basis dieser korrelativen Studien die Wirkungsrichtung nicht feststellen; denkbar ist nämlich, dass die Sozialisationshypothese[333] greift, also sich die Leistungsmotivation der Unternehmer aufgrund der Anforderungen im Rahmen ihrer unternehmerischen Tätigkeit erhöht, weshalb die Autoren weitere Forschungsaktivitäten bezüglich der Wirkungsrichtung zwischen der Leistungsmotivation und der unternehmerischen Aktivität als erforderlich erachten (Collins/Hanges/Locke 2004: 113f.). Auch Dollinger bekräftigt, dass der kausale Zusammenhang zwischen der Leistungsmotivation und „small business ownership has not been proven“ (Dollinger 2008: 52; vgl. hierzu auch Low/MacMillan 1988: 148), und betont, dass im Rahmen empirischer Überprüfungen der Zusammenhang zwischen

330 Unter Bezugnahme auf Hull/Bosley/Udell 1980.
331 Unter Bezugnahme auf Rauch/Frese 2005; Collins/Hanges/Locke 2004.
332 Unter Bezugnahme auf Rauch/Frese 2005; Collins/Hanges/Locke 2004.
333 Vgl. hierzu sowie zur Selektionshypothese z.B. Saßmannshausen 2012: 77f.

der Leistungsmotivation und Unternehmertum nicht immer aufrecht erhalten werden konnte und die Leistungsmotivation ohnehin ein „schwacher Prädiktor" für die individuelle Gründungstendenz sei (Dollinger 2008: 52). Und Stewart und Roth kommen im Rahmen ihrer Metaanalyse zu dem Ergebnis, dass „[t]he achievement motivation theory position that predicts small or no differences in risk propensity between entrepreneurs and managers was not supported" (Stewart/Roth 2001: 150), sondern die Ergebnisse vielmehr für die konkurrierende theoretische Annahme sprechen, die Entrepreneuren eine höhere Risikoneigung zuschreibt (Stewart/Roth 2001: 150).[334] Da folglich die theoretische Position über die Risikoneigung von Entrepreneuren mit der theoretischen Position über die Leistungsmotivation von Unternehmern konkurriert und die Forschungsergebnisse über die Risikoneigung von Entrepreneuren eindeutiger und weniger widersprüchlich ausfallen als diejenigen über die Leistungsmotivation von Unternehmern, erscheint es zweckdienlich, die Leistungsmotivation nicht unmittelbar in dem in dieser Arbeit zu entwickelnden Arbeitsmodell zu berücksichtigen, sondern der Risikoneigung den Vortritt zu gewähren (vgl. hierzu auch Palmer 1971: 38); zumal „McClelland notes that the test results for groups may be valid, while those for each individual are questionable. On an individual basis, the test is also subject to faking and social desirability responses" (Palmer 1971: 36[335]). Auch Begley und Boyd verweisen auf Schwierigkeiten bei der Messung der Leistungsmotivation bzw. auf die Kontroverse, inwiefern sich diese „tief eingebettete Dimension" über die schriftliche Befragungsform überhaupt wirksam messen lässt (Begley/Boyd 1987: 90).

Von den Persönlichkeitsmerkmalen, die Entrepreneure von anderen Gruppen unterscheiden sollen, wurde im Rahmen der Entrepreneurship-Forschung neben der Risikoneigung und der Leistungsmotivation am häufigsten die Kontrollüberzeugung[336] untersucht bzw. debattiert (Dollinger 2008: 52). So wird Unternehmern bzw. Gründern all-

334 Zu den beiden konkurrierenden theoretischen Positionen, die Entrepreneure entweder als risikogeneigt oder als leistungsmotiviert charakterisieren, vgl. Stewart/Roth 2001: 145f., mit weiteren Verweisen.

335 Angelehnt an McClelland 1962; vgl. hierzu McClelland 1962: 103.

336 Vgl. hierzu z.B. Brockhaus/Horwitz 1986: 27, zit. n. Gatewood/Shaver/Gartner 1995: 375; Sexton/Bowman 1985: 131; Begley/Boyd 1987: 81, mit Verweis auf Seligman 1975; Rauch/Frese 2007: 52, mit Verweis auf Rotter 1966; Dollinger 2008: 52, mit Verweis auf Rotter 1966.

gemein eine interne Kontrollüberzeugung[337] beigemessen (Low/MacMillan 1988: 147; Shane 1996: 777; King 1985: 413; Carland/Hoy/Boulton/Carland 1984: 357; Sexton/ Bowman 1985: 131f.; Dollinger 2008: 52; Saßmannshausen 2012: 76[338]) bzw. Personen mit höher interner Kontrollüberzeugung wird eine höhere Wahrscheinlichkeit zugeschrieben, unternehmerische Gelegenheiten zu verwerten (Shane/Venkataraman 2000: 223f.[339]). Diverse Forscher haben Unternehmer auf dieses psychologische Konstrukt hin untersucht (Gatewood/Shaver/Gartner 1995: 375[340]; Begley/Boyd 1987: 80[341]), jedoch mit uneinheitlichen bzw. widersprüchlichen Ergebnissen (Gatewood/ Shaver/Gartner 1995: 375[342]; Rauch/Frese 2007: 52[343]; Sexton/Bowman 1985: 132[344]; Begley/Boyd 1987: 80; Dollinger 2008: 52[345]). Insgesamt hat sich die interne Kontrollüberzeugung als nicht nützlicher zwecks der Abgrenzung des Unternehmers von Nicht-Unternehmern als die Leistungsmotivation erwiesen (Low/MacMillan 1988: 147[346]), zumal sowohl Entrepreneuren als auch Managern eine hohe interne Kontrollüberzeugung zugeschrieben wird (Brockhaus 1982: 45, zit. n. Low/MacMillan 1988: 147; Rauch/Frese 2007: 52f.; Begley/Boyd 1987: 81; Dollinger 2008: 52, 54). Außerdem deuten „überwältigende Indizien“ darauf hin, dass diese psychologische Variable lediglich einen geringen Einfluss auf die Gründungsentscheidung ausübt (Shane 1996: 777[347]). So weist auch eine Metaanalyse zwar positive und signifikante, jedoch nur geringe Unterschiede zwischen der internen Kontrollüberzeugung von Unternehmern und Nicht-Unternehmern aus (Rauch/Frese 2005, zit. n. Rauch/Frese 2007: 52), wobei

337 „This concept refers to the belief held by individuals that they can largely determine their fate through their own behavior“ (Low/MacMillan 1988: 147). Vgl. zur internen Kontrollüberzeugung bzw. „internal locus of control“ z.B. auch King 1985: 406; Rauch/Frese 2007: 52; Dollinger 2008: 52; Saßmannshausen 2012: 76. Vgl. demgegenüber zur externen Kontrollüberzeugung bzw. „external locus of control“ z.B. Rauch/Frese 2007: 52; Dollinger 2008: 52.

338 Mit Verweisen auf McClelland 1961; Borland 1974; Timmons 1978; Hornaday 1982; Furnham 1986; Bonnet/Furnham 1991.

339 Mit Verweis auf Chen/Greene/Crick 1998.

340 Mit Verweisen auf Ahmed 1985; Begley/Boyd 1987; Brockhaus 1980; Cromie/Johns 1983; Venkatapathy 1984.

341 Mit weiteren Verweisen.

342 Mit Verweis auf Brockhaus/Horwitz 1986.

343 Mit Verweis auf Chell/Haworth/Brearley 1991; Cooper/Gimeno-Gascon 1992.

344 Mit Verweisen auf Brockhaus 1975; Pandey/Tewary 1979, die für Unternehmer gegenüber Managern eine höhere interne Kontrollüberzeugung ausweisen, sowie auf Brockhaus/Nord 1979; Mescon/Montanari 1981; Sexton/Bowman 1984a, 1984b, die keine signifikanten Unterschiede zwischen der internen Kontrollüberzeugung von Unternehmern und Managern aufdecken.

345 Mit Verweis auf Brockhaus 1982.

346 Mit Verweisen auf Brockhaus 1982; Sexton/Bowman 1985; Gasse 1982.

347 Mit Verweisen auf Gatewood/Shaver/Gartner 1995; Shaver/Scott 1991; Low/MacMillan 1988.

Rauch und Frese darauf hinweisen, dass in den in die Metaanalyse aufgenommenen Studien Unternehmer oftmals mit Managern verglichen werden und dass Vergleiche zwischen Unternehmern und anderen Gruppen zu höheren Unterschieden in der Kontrollüberzeugung führen könnten (Rauch/Frese 2007: 52). Entsprechend betont Dollinger, „while locus of control may differentiate people who believe in astrology from those who do not, it may not make a distinction between potential entrepreneurs and potential managers, or just plain business students“ (Dollinger 2008: 54),[348] so dass es angemessen erscheint, die Kontrollüberzeugung nicht unmittelbar in das in dieser Arbeit zu entwickelnde Arbeitsmodell zu integrieren. Da Personen mit einer internen Kontrollüberzeugung allerdings dahingehend als kognitiv aktiver eingestuft werden, dass sie Informationen, die für die Bestimmung eines anzustrebenden Resultates – wie bspw. die Gründungsrealisation – wichtig sind, aktiver beschaffen und nutzen als Personen mit einer externen Kontrollüberzeugung, und sich dadurch zudem die Erfolgswahrscheinlichkeit dieses Resultates erhöht (Sexton/Bowman 1985: 132[349]), erscheint es jedoch zweckdienlich, im zu entwickelnden Arbeitsmodell auf die Anzahl an genutzten gründungsbezogenen Informationsquellen abzustellen.

Entrepreneuren werden in der Entrepreneurship-Literatur noch weitere Eigenschaften zugeschrieben.[350] Beispielsweise werden „tolerance of ambiguity“[351] (Ambiguitätstoleranz) sowie „Type A behavior“[352] (Alpha-Tier-Verhalten; d.h. Unabhängigkeitsstreben und Durchsetzungsverhalten)[353] zusammen mit der Risikoneigung, der Leistungsmotivation und der Kontrollüberzeugung als „Markenzeichen der unternehmerischen Persönlichkeit“ (Begley/Boyd 1987: 79) bezeichnet (Ciavarella/Buchholtz/Riordan/Gatewood/Stokes 2004: 468) und häufig in Studien über unternehmerische Merkmale – unter der Annahme positiver Zusammenhänge mit der Verwertung unternehmeri-

348 Vgl. hierzu auch Begley/Boyd 1987: 81, mit Verweis auf Brockhaus/Nord 1979.

349 Mit Verweisen auf Phares 1968; Seeman 1967; Seeman/Evans 1962.

350 Vgl. hierzu z.B. McClelland 1961, zit. n. Saßmannshausen 2012: 75f.; King 1985, zit. n. Saßmannshausen 2012: 77; Carland/Hoy/Boulton/Carland 1984: 355f., mit weiteren Verweisen; Sexton/Bowman 1985: 129-38, mit weiteren Verweisen; Begley/Boyd 1987: 80, mit weiteren Verweisen; Rauch/Frese 2007: 47-53.

351 Vgl. hierzu z.B. Budner 1962: 29-50; Begley/Boyd 1987: 83; Saßmannshausen 2012: 76; Sexton/Bowman 1985: 131, mit Verweis auf Smock 1955 (von Sexton und Bowman fälschlicherweise als „Smock 1958“ angegeben).

352 Vgl. hierzu z.B. Friedman/Rosenman 1974, zit. n. Begley/Boyd 1987: 84; Saßmannshausen 2012: 76.

353 Vgl. hierzu Saßmannshausen 2012: 76.

scher Gelegenheiten oder überdurchschnittlicher Ausprägungen bei Unternehmensgründern bzw. höherer Ausprägungen bei Unternehmensgründern gegenüber angestellten Managern (Shane/Venkataraman 2000: 224[354]; Scheré 1982, zit. n. Begley/Boyd 1987: 83; Begley/Boyd 1987: 80, 84[355]; Sexton/Bowman 1985: 131[356]; Saßmannshausen 2012: 76[357]; Carland/Hoy/Boulton/Carland 1984: 357; Douglas/Shepherd 2003: 28ff., zit. n. Golla/Halter/Fueglistaller/Klandt 2006: 214) – erforscht (Begley/Boyd 1987: 80[358]), jedoch mit unterschiedlichen bzw. unvereinbaren Ergebnissen (Begley/Boyd 1987: 80; Ciavarella/Buchholtz/Riordan/Gatewood/Stokes 2004: 468[359]), was auf konzeptionelle und methodische Unterschiede zurückgeführt wird (Ciavarella/Buchholtz/Riordan/Gatewood/Stokes 2004: 468[360]).

King entwickelte den Entrepreneurial Potential Questionnaire (EPQ), der fünf Eigenschaften (Leistungsmotivation, interne Kontrollüberzeugung, Risikoneigung, Problemlösungsorientierung, soziale Einflussnahme), von denen also drei mit denen von McClelland verwendeten[361] übereinstimmen und zwei anders formuliert sind (Saßmannshausen 2012: 77), untersucht, die die Gründungsmotivation positiv beeinflussen sollen (King 1985, zit. n. Saßmannshausen 2012: 77). Müller stellt, basierend auf der deutschen Version des EPQ, fest, dass die fünf Eigenschaften bei den 50 getesteten selbständig Erwerbstätigen signifikant höher ausgeprägt sind als bei den 50 getesteten unselbständig Erwerbstätigen, wobei im Rahmen einer multiplen Regressionsanalyse etwa 18,5 Prozent der Varianz des Berufsstatus erklärt werden (Müller 2000, zit. n. Saßmannshausen 2012: 77).[362] „Dennoch sind mit dem Aufzeigen von fünf häufig auftretenden Persönlichkeitseigenschaften noch nicht alle Fragen abschließend geklärt. Denn

354 Mit Verweis auf Begley/Boyd 1987.

355 Mit Verweisen auf Begley/Boyd 1985, 1986; Boyd 1984.

356 Mit Verweisen auf Sexton/Bowman 1983b, 1984a, 1984b; allerdings bzgl. Unterschieden zwischen „entrepreneurship majors and other business students“ (Sexton/Bowman 1985: 131).

357 Mit Verweisen auf McClelland 1961; Hull/Bosley/Udell 1980; Hornaday 1982; Hornaday/Aboud 1971; Kirchler 1995; Winslow/Solomon 1987.

358 Mit Verweisen auf Begley/Boyd 1985; Borland 1974; Boyd 1984; Hornaday/Aboud 1971; Liles 1974; Timmons 1978; Welsh/White 1981.

359 Mit Verweisen auf Gartner 1988; Ginsberg/Buchholtz 1989.

360 Mit Verweisen auf Ginsberg/Buchholtz 1989; Shane/Locke/Collins 2003.

361 Vgl. hierzu Saßmannshausen 2012: 75f.

362 Auch ein Vergleich zwischen an der beruflichen Selbständigkeit Interessierten bzw. Gründungsmotivierten und abhängig Beschäftigten zeigt, dass bei Ersteren alle fünf Eigenschaften im Durchschnitt höher ausgeprägt sind als bei Letzteren, was dafür spräche, dass die fünf Persönlichkeitseigenschaften eher Grund (Selektionshypothese) als Folge (Sozialisationshypothese) unternehmerischen Handelns seien (Müller 2000: 115, zit. n. Saßmannshausen 2012: 78f.).

es kann gezeigt werden, dass die genannten Eigenschaften ganz generell sogenannten Leistungsträgern beigemessen werden können, auch wenn diese in abhängiger Beschäftigung Karriere machen. Untersuchungen, die empirische Unterscheidungen zwischen Gründern bzw. Unternehmern einerseits und zum Beispiel Managern andererseits zu treffen suchen, stellen daher zumeist auf andere psychologische Merkmale ab" (Saßmannshausen 2012: 78). Da in Deutschland Hochschulabsolventen traditionelle Arbeitsstellen im öffentlichen Sektor und in existierenden Großunternehmen, beispielsweise als angestellte Manager, präferieren (Klandt 2006: 131), erscheint es demzufolge für diese Arbeit sinnvoll, im Rahmen der empirischen Untersuchung hinsichtlich der Gründungsaktivität nicht auf den EPQ von King (King 1985) zurückzugreifen, sondern potenziell präzisere Abgrenzungskriterien bzw. zweckmäßigere Variablen aus der Literatur abzuleiten, die sich gewiss auch mit Konstrukten der fünf Eigenschaften des EPQ bzw. der fünf von McClelland verwendeten Eigenschaften, die McClelland zufolge einen positiven Einfluss auf die Entwicklung zum Unternehmer ausüben sollen,[363] überschneiden können.

In der Entrepreneurship-Literatur finden sich neben den in diesem Unterkapitel bereits genannten noch weitere Eigenschaften, die Unternehmern zugeschrieben werden. So nennen z.B. Low und MacMillan unter Bezugnahme auf Sexton und Bowman (Sexton/ Bowman 1985) weitere Persönlichkeitsmerkmale, von denen angenommen wird, dass sie sich als Abgrenzungskriterien zwischen Entrepreneuren und Managern eignen, namentlich hohes Bedürfnis nach Autonomie[364], Dominanz[365] und Unabhängigkeit[366],[367] geringes Unterstützungs-[368] und Konformitätsbedürfnis[369] sowie Belastbarkeit/Ausdauer[370] (Low/MacMillan 1988: 147). Sexton und Bowman beschreiben Entrepreneure zudem beispielsweise als „leicht adaptierend an Veränderungen" (Sexton/Bowman 1985: 129f.), verweisen allerdings darauf, dass von der Literatur[371] kenntlich gemachte Ei-

363 Vgl. hierzu z.B. Saßmannshausen 2012: 75f., mit weiteren Verweisen.
364 Vgl. hierzu Collins/Moore 1964; Hornaday/Bunker 1970.
365 Vgl. hierzu Sexton/Bowman 1983b.
366 Vgl. hierzu DeCarlo/Lyons 1979; Hornaday/Aboud 1971.
367 „[A]utonomy may be described as self-reliance, dominance, and independence" (Sexton/Bowman 1985: 129, unter Weglassung der Hervorhebung im Original).
368 Vgl. hierzu Litzinger 1965; Hornaday/Aboud 1971.
369 Vgl. hierzu Komives 1972; Sexton/Bowman 1983b.
370 Vgl. hierzu Mescon/Montanari 1981.
371 Vgl. hierzu die von Sexton und Bowman angegebenen Quellen (Sexton/Bowman 1985: 132).

genschaften wie moderate Risikoneigung, Ambiguitätstoleranz, interne Kontrollüberzeugung, hohes Bedürfnis nach Autonomie, Dominanz und Unabhängigkeit sowie geringes Bedürfnis nach Konformität und Unterstützung sowohl für Unternehmer als auch für „fast-track manager" notwendig seien (Sexton/Bowman 1985: 131), was natürlich die Abgrenzung zwischen Unternehmern und Managern, zumindest anhand dieser Eigenschaften, verkompliziert. Nichtsdestotrotz betrachten mehrere Autoren das Bedürfnis nach Autonomie/Unabhängigkeit (Douglas/Shepherd 2003: 28ff., zit. n. Golla/Halter/Fueglistaller/Klandt 2006: 214; Lumpkin and Dess 1996, , zit. n. Utsch/Rauch/Rothfuß/Frese 1999: 33; Carland/Hoy/Boulton/Carland 1984: 357; Rauch/Frese 2007: 51f.[372]) und/oder das Bedürfnis nach Macht/Dominanz (Carland/Hoy/Boulton/Carland 1984: 357; Utsch/Rauch/Rothfuß/Frese 1999: 33[373]) als den Unternehmer (potenziell) kennzeichnende Eigenschaften. Die Annahme, dass Entrepreneure gegenüber Managern ein höheres Autonomie- und Machtbedürfnis aufweisen, wird auch durch eine empirische Untersuchung anhand der psychologischen Konstrukte „Higher order need strength" (Wunsch nach Selbstverwirklichung[374]), „Control rejection vs. control aspiration" (Wunsch nach Kontrolle/Herrschaft) und „self-efficacy"[375] (Selbstwirksamkeit)[376] untermauert (Utsch/Rauch/Rothfuß/Frese 1999: 33f., 38).[377] Ferner kommt

---

372 Mit Verweisen auf Brandstätter 1997; Cromie 2000.

373 Mit Verweisen auf Schumpeter 1934b; McClelland 1986, 1987b; McClelland/Burnham 1995 (hierbei Zitierfehler bzgl. Schumpeter korrigiert).

374 Die persönliche Selbstverwirklichung lässt sich nach Maslow (1970: 150) definieren als „the full use of [one's] talents, capacities, potentialities, etc." (Mittelman 1991: 115, zit. n. Gladbach 2015: 250, unter Weglassung der Hervorhebung im Original).

375 Self-efficacy „is defined as 'people's judgments of their capabilities to organize and execute courses of action required to attain designated types of performances' (Bandura 1986, p. 391). Thus, self-efficacy means that one is sure that one can achieve a certain course of action (Gist and Mitchell 1992)" (Utsch/Rauch/Rothfuß/Frese 1999: 34).

376 Die Selbstwirksamkeit wird mit der Berufswahl in Verbindung gebracht und als ausschlaggebend für die Intention zur beruflichen Selbständigkeit eingestuft (Krueger/Reilly/Carsrud 2000: 418, mit Verweisen auf Bandura 1986; Scherer/Adams/Carley/Wiebe 1989). Auch Forschungsergebnissen zufolge, besteht ein positiver Zusammenhang zwischen einer höheren Selbstwirksamkeit und der Wahrscheinlichkeit, unternehmerische Gelegenheiten zu verwerten als auch der Gründungsintention (Chen/Greene/Crick 1998: 310; vgl. hierzu auch Shane/Venkataraman 2000: 223f.). Zudem weisen empirische Untersuchungen für Entrepreneure eine höhere Selbstwirksamkeit aus als für Nicht-Entrepreneure (Chen/Greene/Crick 1998: 310; Rauch/Frese 2007: 53, mit Verweisen auf Markman/Baron/Balkin 2005; Utsch/Rauch/Rothfuß/Frese 1999) bzw. Manager (Utsch/Rauch/Rothfuß/Frese 1999: 38). Da die Selbstwirksamkeit allerdings – als psychologisches Konstrukt – mit der Autonomie zusammenhängt und somit nur einen Teilaspekt der Autonomie beschreibt (Utsch/Rauch/Rothfuß/Frese 1999: 33f.), erscheint es im Rahmen dieser betriebswirtschaftlichen Arbeit zielführend, vielmehr das Autonomiestreben in das zu entwickelnde Modell aufzunehmen und die Selbstwirksamkeit lediglich mittelbar anhand anderer Einflussgrößen, die – entsprechend der „career choice theory" (vgl. hierzu z.B. Holland 1985, 1997; Lent/

eine Studie zu dem Ergebnis, „dass die Unabhängigkeit, die Durchsetzung eigener Ideen sowie die Selbstverwirklichung mit Abstand die wichtigsten Motive für eine Unternehmensgründung sind" (Golla/Halter/Fueglistaller/Klandt 2006: 213, angelehnt an Harabi/Meyer 2000: 30). Auch eine Metaanalyse von Rauch und Frese (Rauch/Frese 2005) deutet auf Unterschiede im Autonomiebedürfnis zwischen Unternehmern und Nicht-Unternehmern hin (Rauch/Frese 2007: 52[378]). Insgesamt betrachtet erscheint die Aufnahme des Autonomie- und Machtbedürfnisses einerseits als auch, in Anlehnung an Golla, Halter, Fueglistaller und Klandt, „Items, die kontextbezogen die zukünftige berufliche Tätigkeit von Hochschulabsolventen adressieren" (Golla/Halter/Fueglistaller/Klandt 2006: 213), wie bspw. der Wunsch nach Selbstverwirklichung und Ideenumsetzung bzw. Zielerreichung,[379] andererseits in das zu entwickelnde Arbeitsmodell zweckdienlich; zumal es sich hierbei um (situations-) spezifische Persönlichkeitseigenschaften (Rauch/Frese 2007: 48-53) bzw. (Gründungs-) Motive (Golla/Halter/Fueglistaller/Klandt 2006: 213) handelt, die mehreren Studien zufolge mehr in Beziehung zur Unternehmensgründung sowie zum Gründungserfolg stehen als breite Charaktereigenschaften[380] (Rauch/Frese 2005, zit. n. Rauch/Frese 2007: 49; Baum/Locke 2004: 596; Leutner/Ahmetoglu/Akhtar/Chamorro-Premuzic 2014: 61).

Neben weiteren, in der Entrepreneurship-Literatur genannten Charakteristika von Unternehmern wie Verantwortungsstreben (Carland/Hoy/Boulton/Carland 1984: 357;

Brown/Hackett 1994; Gottfredson 1999) und der „person-environment fit theory" (vgl. hierzu z.B. Kristof 1996; Judge/Kristof-Brown 2004; Kristof-Brown/Zimmerman/Johnson 2005) – auf die Beurteilung der eigenen Fähigkeiten im Zusammenhang mit einer potenziellen Unternehmensgründung abstellen (Zhao/Seibert/Lumpkin 2010: 384), zu berücksichtigen; zumal Anhaltspunkte für die potenzielle Bedeutung der Selbstwirksamkeit für das Unternehmertum ohnehin erst seit kurzem entstanden sind (Rauch/Frese 2007: 53), und die Selbstwirksamkeit im Bereich des Entrepreneurship als relativ unerforscht eingestuft werden kann, da weiterer Forschungsbedarf geltend gemacht wird (vgl. hierzu z.B. Chen/Greene/Crick 1998: 312; Mauer/Neergaard/Kirketerp Linstad 2009: 239f.). Entsprechend betonen Krueger und Day, dass „[c]onsiderable work remains ahead in developing (and deploying) more refined self-efficacy measures" (Krueger/Day 2010: 339). Bisher mangelt es generell in der psychologischen Literatur an der Erforschung der der Selbstwirksamkeit zugrunde liegenden Determinanten (Mauer/Neergaard/Kirketerp Linstad 2009: 239, 246f.).

377 „Autonomy seems to be a very important factor for becoming an entrepreneur" (Utsch/Rauch/Rothfuß/Frese 1999: 38).

378 Mit Verweis auf Rauch/Frese 2005.

379 Vgl. hierzu auch Chen/Greene/Crick 1998: 303; Zhao/Seibert/Lumpkin 2010: 384; Utsch/Rauch/Rothfuß/Frese 1999: 32-37, mit Verweis auf Frese/Stewart/Hannover 1987.

380 „Broad traits [...] are distal and aggregated constructs, and they may predict aggregated classes of behavior but not specific behaviors (Epstein & O'Brian, 1985)" (Rauch/Frese 2007: 48).

Utsch/Rauch/Rothfuß/Frese 1999: 33), Voraussicht (Utsch/Rauch/Rothfuß/Frese 1999: 32f.[381]), Eigeninitiative[382] (Utsch/Rauch/Rothfuß/Frese 1999: 33f.[383]), Wettbewerbsaggressivität[384] (Utsch/Rauch/Rothfuß/Frese 1999: 33f.[385]) und „Dispositional optimism"[386] (Dollinger 2008: 54[387]),[388] werden Unternehmer mehrfach mit der Innovation (Carland/Hoy/Boulton/Carland 1984: 355[389], 357; Utsch/Rauch/Rothfuß/Frese 1999: 33[390]), dem Innovieren (Palmer 1971: 35; Chen/Greene/Crick 1998: 303; Zhao/Seibert/Lumpkin 2010: 384) bzw. der Innovativität[391] (Utsch/Rauch/Rothfuß/Frese 1999: 32-34[392]; Rauch/Frese 2007: 51[393]) in Verbindung gebracht. Empirischen Untersuchungen zufolge lassen sich Unternehmensgründer durch eine höhere Innovativität charakterisieren als bspw. Manager (Utsch/Rauch/Rothfuß/Frese 1999: 38f.). Auch eine Metaanalyse weist Entrepreneure als innovativer gegenüber anderen Personen aus (Rauch/Frese 2005, zit. n. Rauch/Frese 2007: 51), und „the innovativeness of the individual entrepreneur is directly related to business creation and to business success" (Rauch/Frese 2007: 51). Rauch und Frese verdeutlichen allerdings, dass sich die Innovativität zwar als Persönlichkeitseigenschaft beschreiben lässt, die Durchsetzung von Innovationen[394] jedoch normalerweise nicht alleinig von einem Individuum, sondern im Unternehmenskontext erfolgt, so dass sie auf der Unternehmensebene zu untersuchen wäre (Rauch/Frese 2007: 51[395]).[396] In dieser Arbeit werden jedoch gerade Merkmale einzel-

381 Mit Verweis auf Schumpeter 1934b (hierbei Zitierfehler korrigiert).

382 Vgl. hierzu z.B. Utsch/Rauch/Rothfuß/Frese 1999: 34, mit weiteren Verweisen.

383 Mit Verweis auf Lumpkin/Dess 1996; Frese/Fay/Hilburger/Leng/Tag 1997.

384 Vgl. hierzu z.B. Utsch/Rauch/Rothfuß/Frese 1999: 34.

385 Mit Verweis auf Lumpkin/Dess 1996.

386 Vgl. hierzu z.B. Dollinger 2008: 54.

387 Mit weiteren Verweisen. Allerdings weist Dollinger explizit auf weiteren Forschungsbedarf bzgl. des „dispositional optimism" als eine Entrepreneure kennzeichnende Eigenschaft hin (Dollinger 2008: 54).

388 Ohne hierbei den Anspruch auf Vollständigkeit zu erheben.

389 Mit Verweis auf Schumpeter 1934a.

390 Mit Verweis auf Schumpeter 1934b (hierbei Zitierfehler korrigiert).

391 „Innovativeness assumes a person's willingness and interest to look for novel ways of action" (Rauch/Frese 2007: 51, mit Verweis auf Patchen 1965). Vgl. hierzu z.B. auch Utsch/Rauch/Rothfuß/Frese 1999: 34, mit weiteren Verweisen.

392 Mit Verweis auf Lumpkin/Dess 1996.

393 Mit Verweisen auf Drucker 1993; Schumpeter 1934b (hierbei Zitierfehler bzgl. Schumpeter korrigiert).

394 Aldrich und Martinez betonen, dass „[i]nnovation is not a characteristic of the individual entrepreneurs, but of their actions (Gartner, 1988)" (Aldrich/Martinez 2001: 44).

395 Mit Verweisen auf Klein/Sorra 1996.

ner Individuen bezüglich einer potenziellen Gründungsaktivität untersucht. Es geht hierbei auch nicht speziell um die Frage, ob die potenziell vorhandenen Gründungsideen als neuartig im Sinne der Innovation, auf die die Innovativität abzielt, einzustufen sind, sondern vielmehr darum, welche Faktoren die befragten Studierenden allgemein als förderlich bzw. hinderlich für eine eigene Unternehmensgründung erachten – so wird beispielsweise gefragt, ob sie über eine Gründungsidee verfügen und inwiefern das Fehlen einer Geschäftsidee[397] als Gründungshemmnis wahrgenommen wird –, ohne hierbei potenziell vorhandene Gründungsideen näher zu beleuchten; dafür wäre ein anderes Forschungsdesign notwendig, das speziell auf die Analyse (innovativer) Geschäftsideen ausgerichtet ist. Folglich fokussiert diese Arbeit nicht die Analyse innovativer Geschäftsideen und auch nicht die Erkennung, Entdeckung oder Kreierung (vgl. hierzu z.B. Sarasvathy/Dew/Velamuri/Venkataraman 2010: 77-95) bzw. Identifikation (vgl. hierzu Ucbasaran/Westhead/Wright 2008: 167f.) potenzieller unternehmerischer Gelegenheiten[398] bzw. (innovativer) Geschäftsideen,[399] sondern untersucht potenzielle Einflussgrößen auf die studentische Gründungsaktivität, wie bspw. das Vorhandensein einer Gründungsidee, die insbesondere bei der studentischen Zielgruppe gewiss neuartig im Sinne der Innovation, jedoch auch „nicht"-innovativ im Sinne der Imitation einer bereits auf dem Markt umgesetzten Geschäftsidee sein kann.[400] Folglich erscheint es zweckmäßig, die Innovativität nicht in das in dieser Arbeit zu entwickelnde Arbeitsmodell zu integrieren.

---

396 Bezüglich des Verknüpfens der Innovation mit Entrepreneurship verweist Gartner auf die Schwierigkeit, die innovativen Unternehmen zu ermitteln und „wirklich" innovativ(e) von „nicht so" innovativ(en) (Methoden) zu unterscheiden (Gartner 1988: 23-25).

397 Eine Geschäftsidee verkörpert eine erkannte potenzielle unternehmerische Gelegenheit, im Sinne einer „Theorie zur Erwirtschaftung eines Einkommens aus unternehmerischer Tätigkeit" (Berg 2004: 73).

398 Zur Unterscheidung zwischen einer „unternehmerischen Gelegenheit" („entrepreneurial opportunity") und einer – ebenfalls wirtschaftlich geprägten – „Gelegenheit" („opportunity"), die in diesem Zusammenhang bedeutend erscheint, vgl. Kapitel 2.5.

399 Ohnehin „ist der Prozess, welcher zur Entstehung der Geschäftsidee selbst führt, kein Teil der Unternehmensgründung, sondern lediglich für diesen ursächlich. Dies folgt der Auffassung, dass der kognitive Prozess, welcher dieser Entdeckung zu Grunde liegt, kein wirtschaftlicher, sondern vor allem ein sozialpsychologischer Akt ist" (Berg 2004: 73). Im diesem Sinne folgt für diese betriebswirtschaftlich orientierte Analyse des Gründungsprozesses, dass nicht die Entstehung von Geschäftsideen untersucht wird, sondern bei den potenziellen Gründern lediglich zwischen Vorhandensein und Nichtvorhandensein von Gründungsideen unterschieden wird.

400 So schlussfolgern bspw. Franke und Lüthje, basierend auf ihrer empirischen Analyse von Gründungsplänen von Studierenden (vgl. hierzu Franke/Lüthje 2004: 39-43), dass „[e]in viel zu großer Anteil der prinzipiell Gründungsinteressierten strebt von vornherein eine nicht innovative Gründung an" (Franke/Lüthje 2004: 43).

Insgesamt betrachtet hat die Traits-Forschung trotz langjähriger Forschungsbemühungen keine konsistenten, sondern vielmehr widersprüchliche und nicht eindeutige Ergebnisse hervorgebracht (Fallgatter 2004: 36; Saßmannshausen 2012: 73[401]; Alvarez/Busenitz 2001: 757[402]), was zu mehreren Einwänden gegenüber dem persönlichkeitsbasierten Ansatz geführt hat (Brüderl/Preisendörfer/Ziegler 1992: 228[403]; Aldrich/Zimmer 1986b: 4f.). Zwar stützen zahlreiche normative und deskriptive Studien diverse Sets von unternehmerischen Persönlichkeitseigenschaften (Carland/Hoy/Boulton/Carland 1984: 355, mit Verweis auf Brockhaus 1982),[404] nichtsdestotrotz ist die Adäquanz der Unternehmer charakterisierenden Eigenschaften zu hinterfragen; während die normativ hergeleiteten Eigenschaften auf anekdotenhaften, persönlichen Eindrücken sowie auf Schlussfolgerungen anderer Autoren basieren, stützen sich die empirisch erforschten Eigenschaften auf verschiedenartige Stichproben (Carland/Hoy/Boulton/Carland 1984: 356). Insbesondere die anfängliche Strömung der Traits-Forschung wurde scharf kritisiert (Carlsson/Braunerhjelm/ McKelvey/Olofsson/Persson/Ylinenpää 2013: 921; Samuelsson/Davidsson 2009: 230[405]). Beispielsweise wird der Charakterforschung entgegengehalten, dass Unternehmer sowie ihre Unternehmensgründungen keine homogene Gruppe seien oder dass viele Unternehmensgründer nur ein Unternehmen gründen und daraufhin kein unternehmerisches Verhalten mehr zeigten (Carlsson/Braunerhjelm/McKelvey/Olofsson/Persson/Ylinenpää 2013: 921[406]). So wird, z.B. aufgrund großer Abweichungen zwischen Unternehmern, die Bestrebung, ein psychologisches Standardprofil des Unternehmers zu entwickeln bzw. übergreifende Unternehmer-Eigenschaften aufzudecken, als aussichtslos eingestuft (Low/MacMillan 1988: 148[407]) oder zumindest von mehreren Autoren generell hinterfragt (Fallgatter 2004:

401 Mit Verweisen auf Stevenson 2006; Gartner 1989a; Shaver/Scott 1991; Bhidé 2003: 92; Kumar 2006.

402 Mit Verweis auf einen Literaturreview von Low/MacMillan 1988.

403 Mit Verweis auf Aldrich/Zimmer 1986a: 14f.

404 Genannt werden z.B. Risikoübernahme, Innovation/Innovativität, Initiative, Verantwortungsstreben, Leistungsmotivation, Unabhängigkeitsstreben, Selbstbewusstsein, Autonomie, Machtbedürfnis, interne Kontrollüberzeugung, Kreativität (vgl. hierzu die tabellarische Übersicht von Carland/Hoy/Boulton/Carland 1984: 356). Vgl. auch die Ausführungen weiter oben in diesem Unterkapitel.

405 Mit Verweisen auf Davidsson 2006a; Gartner 1988.

406 Mit Verweisen auf Gartner 1985, 1988; Brockhaus 1980; Brockhaus/Nord 1979; Brockhaus/Horwitz 1986 (fälschlicherweise als „Brockhaus and Horwitz (1985)" angegeben).

407 Unter Bezugnahme auf Gartner 1985; Cooper/Dunkelberg 1987.

36[408]). Zudem erschweren bspw. definitorische und methodische Probleme sowie die Sozialisationshypothese[409] die Interpretation der Ergebnisse (Low/MacMillan 1988: 148). Allerdings kommen auch ausdifferenziertere Untersuchungen zu kaum reliablen Ergebnissen (Saßmannshausen 2012: 74). Entsprechend wird im Rahmen diverser Untersuchungen die allgemeine Gültigkeit der psychologischen Variablen, mit denen Entrepreneure beschrieben werden, bestritten; und sofern das Vorhandensein von unternehmerischen Eigenschaften akzeptiert wird, „their effectiveness remains conjectural" (Begley/Boyd 1987: 90[410]). So betonen auch Brockhaus und Horwitz: „The literature appears to support the argument that there is no generic definition of the entrepreneur, or if there is we do not have the psychological instruments to discover it at this time" (Brockhaus/Horwitz 1986: 42, zit. n. Saßmannshausen 2012: 74f.). Aufgrund des fehlenden theoretischen Konsens über die fundamentalen unternehmerischen Charaktereigenschaften (Rauch/Frese 2007: 46[411]) sowie der geäußerten widersprüchlichen Aussagen über die Beziehung zwischen Persönlichkeitsmerkmalen und dem Entrepreneur (Rauch/Frese 2007: 46),[412] wird der Persönlichkeitsansatz in der Entrepreneurship-Literatur schwer kritisiert (Rauch/Frese 2007: 41, 46).[413] Demgegenüber wird seine tiefgründige Erforschung postuliert (Rauch/Frese 2007: 42-44[414]). So suggerieren z.B. Gartner, Shaver, Gatewood und Katz – nachdem die Traits- bzw. Persönlichkeitsforschung 30 Jahre nach dem Werk von McClelland (McClelland 1961) im Rahmen ihrer Forschungsbemühungen nur ungenügende Erkenntnisse über die Prognose unternehmerischer Aktivitäten bzw. Ergebnisse hervorgebracht hat (Baum/Frese/Baron/Katz 2007: 4) –, die Bedeutung von Entrepreneuren für das „Phänomen Entrepreneurship"

---

408 Mit Verweisen auf Jenks 1965; Kilby 1971; Van de Ven 1993; Hatten 2003 (von Fallgatter als „Hatten (1997)" angegeben, jedoch konnte lediglich „Hatten 2003" ausfindig gemacht werden; zudem wurden der Titel und weitere bibliographische Daten vervollständigt). Vgl. hierzu auch Hatten 2012.

409 Vgl. hierzu z.B. Saßmannshausen 2012: 77f.

410 Mit Verweisen auf Brockhaus 1982; Gasse 1982.

411 Mit Verweisen auf Hornaday/Aboud 1971; Timmons/Smollen/Dingee 1985.

412 Vgl. hierzu z.B. Begley/Boyd 1987; Green/David/Dent/Tyshkovsky 1996; Utsch/Rauch/Rothfuss/Frese 1999 gegenüber Cromie/Johns 1983; Bonnet/Furnham 1991, zit. n. Golla/Halter/Fueglistaller/Klandt 2006: 213. „Bezugnehmend auf diese Erkenntnisse stellten Rauch/Frese fest, dass die gezeigten Korrelationen vorhanden, jedoch statistisch gering ausfallen und sich die Ergebnisse teilweise fundamental widersprechen" (Golla/Halter/Fueglistaller/Klandt 2006: 213, angelehnt an Rauch/Frese 2000).

413 Vgl. hierzu z.B. Gartner 1989a; Aldrich/Wiedenmayer 1993; Brockhaus/Horwitz 1986 (fälschlicherweise als „Brockhaus & Horwitz, 1985" angegeben); Low/McMillan 1988; Cooper/Gimeno-Gascon 1992; Davis-Blake/Pfeffer 1989; Chell/Haworth/Brearley 1991.

414 Mit weiteren Verweisen.

erneut zu bestätigen, allerdings ohne sich auf alte Plattitüden über unternehmerische Persönlichkeiten zu berufen bzw. ohne „calling for a hunt for the mythical 'heffalumb'[415] (Kilby, 1971[416])" (Gartner/Shaver/Gatewood/Katz 1994: 5). Zwar wurde daraufhin im Rahmen der Psychologie die Erforschung der Entrepreneurship bedingenden individuellen Unterschiede verbreitert und vertieft (Baum/Frese/Baron/ Katz 2007: 4), jedoch werden die bisherigen Forschungsergebnisse aufgrund der geringen Anzahl von Studien sowie methodischer Probleme als noch nicht verallgemeinerbar eingestuft und zuvor die Durchführung weiterer Studien mit verbesserter methodischer Qualität und anderen Variablen postuliert, um die „wahren Effekte" im unternehmerischen Prozess aufdecken zu können (Rauch/Frese 2007: 53-61). Aber auch wenn beispielsweise Charaktereigenschaften bzw. Verhaltensweisen über verschiedene Situationen und Gelegenheiten hinweg erprobt werden – zumal ihre Voraussagefähigkeit steigt, sobald die Wechselwirkungen zwischen der Persönlichkeit und dem situativen Kontext berücksichtigt werden (Rauch/Frese 2007: 42[417]) –, lassen sie sich laut Epstein und O'Brien immer noch nicht aufgreifen, um individuelles Handeln vorauszusagen,[418] sondern lediglich eine Reihe von Handlungs- und Verhaltensweisen (Epstein/O'Brien 1985: 532).[419] Dies betrifft insbesondere breite Persönlichkeitseigenschaften, also distale und aggregierte Konstrukte, wie beispielsweise die „Big Five"[420] (Rauch/Frese 2007: 48), bei denen es sich um die Faktoren des Fünf-Faktoren-Modells der Persönlichkeit handelt (Golla/Halter/Fueglistaller/Klandt 2006: 214f.; Judge/Higgins/Thoresen/Barrick

415 Kontextuell vergleichbar mit dem im Deutschen verwendeten Begriff „Eierlegende Wollmilchsau".

416 Bibliographische Daten zu dieser Quellenangabe, die sich auf das herausgegebene Werk beziehen, sind an den entsprechenden Artikel angepasst.

417 Mit Verweis auf Magnusson/Endler 1977.

418 If behavioral acts „cannot even predict themselves well, how can anything else predict them well" (Epstein/O'Brian 1985: 532)?

419 Da Persönlichkeitsmerkmale keiner Unveränderbarkeit unterliegen, sondern eine Disposition sind, wird nicht jede Verhaltensweise durch Charaktereigenschaften determiniert; Personen können sich nämlich auch bewusst nicht im Einklang mit ihrer Stimmung und Neigung verhalten – wie die allgemeinen Erfahrungswerte von Unternehmern zeigen, welche in der Praxis ihre Persönlichkeit zu lenken haben –, weshalb es wenig Sinn ergibt, hohe Wirkungszusammenhänge zwischen einzelnen Charaktereigenschaften und konkreten Entscheidungen einer (unternehmerischen) Person anzunehmen (Rauch/Frese 2007: 44, mit Verweis auf Epstein/O'Brian 1985).

420 Namentlich „Extraversion, Emotionale Stabilität, Offenheit für Erfahrung, Verträglichkeit und Gewissenhaftigkeit" (Golla/Halter/Fueglistaller/Klandt 2006: 215, angelehnt an Schallberger/ Venetz 1999). Vgl. hierzu auch Judge/Higgins/Thoresen/Barrick 1999: 623f.; Ciavarella/Buchholtz/Riordan/Gatewood/Stokes 2004: 468, mit Verweisen auf Judge/Higgins/Thoresen/Barrick 1999; Mount/Barrick 1998; Hogan 1991.

1999: 623[421]), das sich in der Psychologie seit Mitte der 1980er Jahre zur Analyse und Beschreibung der Persönlichkeit bewährt hat (Ciavarella/Buchholtz/Riordan/Gatewood/Stokes 2004: 468; Golla/Halter/Fueglistaller/Klandt 2006: 214f.[422])[423] und als eine der am häufigsten genutzten Persönlichkeitstaxonomien gilt (Rauch/Frese 2007: 48[424]). Allerdings wurden innerhalb der Entrepreneurship-Forschung derartige breite Persönlichkeitssystematiken wie das Fünf-Faktoren-Modell weniger häufig und mit unterschiedlichem Erfolg bzw. widersprüchlichen Indizien geprüft (Rauch/Frese 2007: 48[425]).[426] Eine Metaanalyse (Rauch/Frese 2005) zeigt zwar, dass breite Persönlichkeitsmerkmale in signifikanter Beziehung zu unternehmerischem Erfolg stehen, jedoch erweist sich bei spezifischeren Persönlichkeitseigenschaften[427] ein wesentlich höher ausgeprägter Wirkungszusammenhang; bei der Frage nach der Unternehmensgründung ist der Unterschied zwischen breiten und spezifischen Persönlichkeitseigenschaften sogar noch höher ausgeprägt, wobei für die breiten Eigenschaften kein signifikanter Zusammenhang mit der Gründung aufgedeckt wird, während bei den spezifischen Merkmalen die Korrelation mit der Unternehmensgründung sogar noch höher ausfällt als die Korrelation mit unternehmerischem Erfolg (Rauch/Frese 2005, zit. n. Rauch/Frese 2007: 48). Auch eine Primärerhebung kommt, basierend auf dem „Measure of Entrepreneurial Tendencies and Abilities“[428], zu dem entsprechenden Ergebnis, dass „traits matched to the task of entrepreneurship have incremental validity above and beyond that of the Big Five“ (Leutner/Ahmetoglu/Akhtar/Chamorro-Premuzic 2014: 61). Eine weitere Metaanalyse (Zhao/Seibert/Lumpkin 2010) deckt auf, dass die „Big Five“-Persönlichkeitsdimensionen zusammen „moderate“ 13 Prozent der Varianz der unternehmerischen Intention erklären (Zhao/Seibert/Lumpkin 2010: 395). Breite Eigenschaften

[421] Mit Verweis auf Goldberg 1990.

[422] Mit Verweisen auf Fiske 1949; Norman 1963; Borgatta 1964 (bibliographische Daten verbessert); Hakel 1974 (bibliographische Daten verbessert).

[423] Demgegenüber scheiterten Replikationsversuche anderer Persönlichkeitsmodelle, wie z.B. die „16 Primärfaktoren“ (Golla/Halter/Fueglistaller/Klandt 2006: 214, mit Verweisen auf Cattell 1943, 1946, 1947, 1948).

[424] Mit Verweis auf Costa/McCrae 1988.

[425] Mit Verweisen auf Brandstätter 1997; Wooten/Timmerman/Folger 1999 (bibliographische Daten verbessert); Ciavarella/Buchholtz/Riordan/Gatewood/Stokes 2004.

[426] Zu den fünf breiten Persönlichkeitsdimensionen und deren mutmaßliche Beziehungen zu unternehmerischen Intentionen, vgl. Zhao/Seibert/Lumpkin 2010: 384-88.

[427] Vgl. hierzu Rauch/Frese 2007: 48-53.

[428] Vgl. hierzu Leutner/Ahmetoglu/Akhtar/Chamorro-Premuzic 2014: 59f., mit Verweis auf Ahmetoglu/Leutner/Chamorro-Premuzic 2011.

wie die „Big Five“ mögen zwar Verhaltensklassen beziehungsweise aggregierte Handlungsweisen vorherzusagen im Stande sein – und sich folglich bspw. im Bereich allumfassender Mitarbeiterleistungsbewertungen durch Vorgesetzte eignen (Rauch/Frese 2007: 48[429]) –, allerdings nicht spezifische Verhaltensweisen (Epstein/O'Brien 1985: 532), weshalb sie vielmehr als zweckdienlich innerhalb der Arbeitnehmerforschung erachtet werden und weniger geeignet im Rahmen der Unternehmerforschung (Rauch/Frese 2007: 48). Unternehmensgründungen dürften hingegen vielmehr von spezifischeren Verhaltensweisen angetrieben werden, so dass höhere Zusammenhänge zwischen unternehmerischen Aktivitäten bzw. Aufgaben und proximaleren Konstrukten anzunehmen sind als mit den breiten Eigenschaften (Rauch/Frese 2007: 48[430]). Bisher fehlt es allerdings an einer Analyse derjenigen Aufgaben, die Unternehmer zu beherrschen hätten (Rauch/Frese 2007: 48f.).[431] Zwar hat eine Metaanalyse die spezifischen Charaktereigenschaften Leistungsmotivation, Risikoneigung, Innovativität, Autonomie, Kontrollüberzeugung und Selbstwirksamkeit gegenüber den globalen Eigenschaftsmessgrößen als stärker mit der Unternehmeraktivität und dem Unternehmenserfolg verknüpft aufgedeckt (Rauch/Frese 2005, zit. n. Rauch/Frese 2007: 49), allerdings wird ausdrücklich darauf hingewiesen, dass mit diesen Schlussfolgerungen, bspw. aufgrund einer relativ geringen Anzahl von in die durchgeführten Metaanalysen (vgl. z.B. Collins/Hanges/Locke 2004; Stewart/Roth 2004; Rauch/Frese 2005) integrierbarer Studien sowie kleiner Stichproben und weiterer methodischer Probleme bzw. Herausforderungen, zögerlich umzugehen ist (Rauch/Frese 2007: 53f., 59-61). Zuerst ist es demnach notwendig, weitere – mit verbesserter methodischer Qualität einhergehende – Studien durchzuführen, auf die im Rahmen von darauffolgenden Metaanalysen zurückgegriffen werden kann, um die maßgeblichen Variablen im unternehmerischen Prozess erschließen zu können, damit sich diese daraufhin innerhalb der fortschreitenden Unternehmerforschung sorgfältig aufgreifen, spezifizieren und schließlich generalisieren lassen (Rauch/Frese 2007: 54, 59f.). Demnach erscheint es für diese betriebswirtschaftliche Arbeit zweckdienlich, im Rahmen der Modellentwicklung breite Per-

---

429 Mit Verweis auf Barrick/Mount 1991.

430 Mit Verweis auf Baum/Locke 2004.

431 Alleinig diejenigen Aufgaben, die Unternehmer zu erledigen haben, wurden kürzlich ausgearbeitet (vgl. hierzu z.B. Baum/Frese/Baron/Katz 2007; Baron 2007b; Busenitz/Arthurs 2007; Baron/Frese/Baum 2007; Zhao/Seibert/Lumpkin 2010: 384).

sönlichkeitseigenschaften wie die „Big Five" auszuklammern und vielmehr die in der Unternehmerforschung als vielversprechender eingestuften und aufgedeckten[432] spezifischen Charaktereigenschaften zu fokussieren.[433] Hierbei erscheint es zweckdienlich, sich auf in der Entrepreneurship-Forschung als Unternehmermerkmale allgemein anerkannte und aufgegriffene psychologische Konstrukte zu beschränken – wie bspw. Risikoneigung, Zielorientierung/Ideenverwirklichung (anstelle der Leistungsmotivation[434] und der mit dieser positiv zusammenhängenden bzw. übereinstimmenden internen Kontrollüberzeugung[435]), Autonomie/Unabhängigkeitsstreben und Selbstverwirklichung (vgl. hierzu weiter oben in diesem Unterkapitel sowie Harabi/Meyer 2000: 30, zit. n. Golla/Halter/Fueglistaller/Klandt 2006: 213; Gladbach 2015: 250)[436] –, zumal

---

432 Vgl. hierzu Rauch/Frese 2005, zit. n. Rauch/Frese 2007: 48; Leutner/Ahmetoglu/Akhtar/Chamorro-Premuzic 2014: 61.

433 Ein weiterer Grund, der dafür spricht, die „Big Five" unberücksichtigt zu lassen, liegt darin, dass es sich bei spezifischen Persönlichkeitseigenschaften wie der Risikoneigung um „compound" Konstrukte handelt, die hohe Interkorrelationen mit den „Big Five" aufweisen können (Zhao/Seibert/Lumpkin 2010: 394). So wird der „Big Five"-Persönlichkeitstheorie zufolge, bspw. die Risikoneigung als eine Facette der Extraversion angezeigt (Stewart/Roth 2001: 145, mit Verweis auf Mount/Barrick 1995), und mehrere Anhaltspunkte legen nahe, dass nahezu sämtliche Persönlichkeitsmaße den „Big Five" zugeordnet werden können (Judge/Higgins/Thoresen/Barrick 1999: 623).

434 „[P]erhaps more appropriately labeled goal-orientation" (Carland/Hoy/Boulton/Carland 1984: 357).

435 Vgl. hierzu z.B. Rotter/Mulry 1965, zit. n. Sexton/Bowman 1985: 131; Begley/Boyd 1987: 81, mit Verweisen auf Rotter 1966; Brockhaus 1982. „The tie is logical, since the internality of high achievers persuades them that their actions can affect relevant outcomes" (Begley/Boyd 1987: 81).

436 Da „Innovativeness assumes a person's willingness and interest to look for novel ways of action" (Rauch/Frese 2007: 51, mit Verweis auf Patchen 1965), in dieser Arbeit jedoch die Thematik der Unternehmensgründung allgemein beleuchtet wird, unabhängig davon, ob die potenziell vorhandenen Gründungsideen als neuartig im Sinne der Innovation, auf die die Innovativität abzielt, einzustufen sind, erscheint es adäquat, die Innovativität als potenzielle Einflussgröße auf die Gründungsaktivität, welche nämlich auch auf die Verwirklichung einer „nicht"-innovativen Gründungsidee abzielen kann, auszuklammern. Dies wird insbesondere dadurch untermauert, dass „[i]mitation and the reproduction of organizational forms constitute the norm, rather than the exeption" (Aldrich/Martinez 2010: 389). Zur Beschreibung von „reproducer organizations" und „innovative organizations" als die beiden Pole eines Kontinuums, vgl. Aldrich/Martinez 2010: 389, mit Verweis auf Picot/Laub/Schneider 1989. Ferner weisen Aldrich und Martinez auf methodische und praktische Probleme hin, die es erschweren, innovatives Unternehmertum zu untersuchen; namentlich einerseits die Schwierigkeit, repräsentative und ausreichend umfangreiche Stichproben innovativer Entrepreneure zu generieren sowie andererseits die Problematik, dass die Innovation nicht intentionsbasiert, sondern ergebnisbasiert ermittelt wird, somit eine Zuordnung zu „reproducer" oder „innovator" i.d.R. noch nicht während des Gründungsprozesses erfolgen kann (Aldrich/Martinez 2010: 420). Demnach erscheint eine Analyse der Innovativität vielmehr im Rahmen von Längsschnittanalysen sinnvoll, bei denen untersucht werden könnte, inwiefern sich intendierte innovative Unternehmensgründungen nach dem potenziell durchlaufenen Gründungsprozess als innovativ einstufen lassen, wohingegen sie im Rahmen einer Querschnittsanaly-

der Schwerpunkt dieser Arbeit betriebswirtschaftlich ist und auch noch weitere, nicht eigenschaftsbasierte Einflussgrößen in das zu entwickelnde Arbeitsmodell aufzunehmen sind (Rauch/Frese 2007: 61[437]; Fallgatter 2004: 36), und insgesamt bei der postulierten Modellentwicklung[438] eine gewisse „Sparsamkeit" geboten wird (Gartner/Gatewood 1992: 5), so dass ohnehin nur die, den berücksichtigten theoretischen Perspektiven[439] zufolge, als am wesentlichsten erachteten Variablen aufzugreifen sind (Mugler 1998: 99; Gartner/Gatewood 1992: 5). Hinzu kommt, dass sich – dem ressourcenbasierten Ansatz zufolge – ohnehin gewisse Aspekte des Entrepreneurship nicht analysieren lassen (vgl. hierzu Dollinger 2008: 60). Und dass ein „model that identifies 'everything' as being important offers no insights" (Gartner/Gatewood 1992: 5), untermauert die Bedeutung, die für die Unternehmensgründung kritischen Faktoren zu fokussieren und hierbei die Kriterien „comprehensiveness", „specificity" und „parsimony" untereinander abgestimmt zu berücksichtigen (Gartner/Gatewood 1992: 5[440]). Dass „the trait approach has not been successful at providing the decisive criteria for distinguishing entrepreneurs from others" (Dollinger 2008: 54),[441] lässt sich weniger darauf zurückführen, dass Charaktereigenschaften im Gründungsprozess unbedeutend wären,[442] sondern vielmehr auf die im Rahmen dieser Forschungsströmung ignorierte „Bezugnahme auf andere betriebswirtschaftliche Fragestellungen" (Fallgatter 2004: 36) bzw. vernachlässigte Berücksichtigung weiterer relevanter Einflussgrößen, wie z.B. Umfeldfaktoren (Fallgatter 2004: 36; Baum/Frese/Baron/Katz 2007: 3; Rauch/ Frese 2007: 61[443]; Dollinger 2008: 20; Carlsson/Braunerhjelm/McKelvey/Olofsson/ Persson/Ylinenpää 2013: 921[444]; Palmer 1971: 32-34). Demgegenüber sind im Rahmen der Modellentwicklung auch persönlichkeitseigenschaftsbasierte Einflussgrößen

se des Gründungsprozesses – wie in dieser Arbeit – als problematisch bzw. ungeeignet betrachtet werden kann.

437 Mit Verweis auf Davis-Blake/Pfeffer 1989.

438 Vgl. hierzu z.B. Chandler/Lyon 2001: 101; Gartner/Gatewood 1992: 5.

439 Vgl. hierzu z.B. Low/MacMillan 1988: 156; Gartner/Gatewood 1992: 8f.; Brüderl/Preisendörfer/ Ziegler 1998: 32; Mellewigt/Schmidt/Weller 2006: 94f.

440 Mit Verweis auf Weick 1979b: 35-42.

441 Vgl. hierzu z.B. auch Samuelsson/Davidsson 2009: 230, mit Verweisen auf Davidsson 2006a; Gartner 1988.

442 So deuten Forschungsergebnisse darauf hin, dass Persönlichkeitseigenschaften bei der Gründung als auch dem Erfolg von Unternehmen eine Rolle spielen (vgl. hierzu Zhao/Seibert/Lumpkin 2010: 381; Utsch/Rauch/Rothfuß/Frese 1999: 40; Baum/Locke/Smith 2001: 292-301).

443 Mit Verweisen auf Campbell/McCloy/Oppler/Sager 1993; Kanfer 1992; Davis-Blake/Pfeffer 1989.

444 Unter Bezugnahme auf Heider 1958 und mit Verweis auf Shaver 2003: 331-36.

wie die bereits herausgearbeiteten einzubeziehen (Rauch/Frese 2007: 61; Palmer 1971: 32-34; Utsch/Rauch/Rothfuß/Frese 1999: 40), da sich ohne die Berücksichtigung von Eigenschaften der potenziellen Gründer – als Entscheider über eine eigene Gründung (Acs/Audretsch/Lehmann 2013: 757; Douglas 2009: 4f.; Mellewigt/Schmidt/Weller 2006: 110; Berg 2004: 75; Glade 1967, zit. n. Low/MacMillan 1988: 150; Palmer 1971: 35) – der Gründungsprozess nur unzureichend erforschen lässt und somit nur unzulänglich zu der Entwicklung einer konsistenten Entrepreneurship-Theorie beigetragen werden kann (Rauch/Frese 2007: 61). In diesem Zusammenhang ist auf die subjektive Wahrnehmung[445] und Beurteilung der von der Entrepreneurship-Literatur als ausschlaggebend angenommenen Einflussgrößen der potenziellen Gründer als Gründungsentscheider abzustellen,[446] zumal einerseits, im Einklang mit der „carrer choice theory“[447] sowie der „person-environment fit theory“[448], angenommen werden kann, dass ein Interesse an der Unternehmensgründung von der persönlich wahrgenommenen und antizipierten Kompatibilität zwischen individuellen Eigenschaften und Aufgabenanforderungen des Unternehmertums abhängt (Zhao/Seibert/Lumpkin 2010: 384), und andererseits, der „social cognitive theory“[449] sowie der „goal theory“[450] zufolge, die Zielsetzungen und Wirksamkeitsbewertungen von der Selbsterkenntnis über individuelle Fähigkeiten bzw. Qualifikationen abhängen (Baum/Locke/Smith 2001: 294). Gewiss stellt die Wahrnehmung einen wahrscheinlichkeitstheoretischen Prozess dar (Baron 2004a: A3); da allerdings das Durchlaufen des Gründungsprozesses bis hin zur Gründungsrealisation ebenfalls probabilistisch geprägt ist und von Entscheidungen und Aktivitäten des potenziellen Gründers abhängt, erscheint es angebracht, basierend auf der statistischen Wahrscheinlichkeitsrechnung neben mutmaßlichen Zusammenhängen zwischen den von den potenziellen Gründern bewerteten Einflussgrößen und

---

445 „Perceptions are reality for nascent entrepreneurs who must make business decisions in an uncertain world, based on what they see or what they think they see“ (Douglas 2009: 3).

446 Vgl. hierzu z.B. Glade 1967: 251, zit. n. Low/MacMillan 1988: 150; Douglas 2009: 3-19; Casson 2010: 377; Sternberg/Vorderwülbecke/Brixy 2015: 17; Haynie/Shepherd/McMullen 2009: 340, unter Bezugnahme auf Barney 1991; McMullen/Shepherd 2006.

447 Vgl. hierzu z.B. Holland 1985, 1997; Lent/Brown/Hackett 1994; Gottfredson 1999.

448 Vgl. hierzu z.B. Kristof 1996; Judge/Kristof-Brown 2004; Kristof-Brown/Zimmerman/Johnson 2005.

449 Vgl. hierzu Bandura 1986.

450 Vgl. hierzu Locke/Latham 1990.

deren Gründungsaktivitäten[451] auch mutmaßliche Zusammenhänge zwischen den von den potenziellen Gründern bewerteten Einflussgrößen und deren Gründungsintentionen[452] zu untersuchen.

Bereits Veblen verdeutlichte, dass wirtschaftliche Entwicklung durch den unternehmerischen Akteur von dessen Erkenntnis und Beurteilung der Einsatzmöglichkeiten über zugängliche Ressourcen abhängt (Veblen 1898: 387f.), und Barney würdigt individuelle Beurteilung als zentralen Punkt des ressourcenbasierten Ansatzes (Haynie/Shepherd/McMullen 2009: 340, unter Bezugnahme auf Barney 1991). Auch die intentionsbasierte Strömung innerhalb der psychologisch geprägten (Entrepreneurship-) Literatur[453] stellt auf die subjektive Wahrnehmung der Akteure ab (Krueger/Reilly/Carsrud 2000: 412-14), integriert hierbei allerdings persönliche sowie situative Variablen (Krueger/Reilly/Carsrud 2000: 412-14); so bspw. die „Theory of planned behavior“[454] mit der Wahrnehmung von persönlicher Attraktivität, sozialen Normen und Machbarkeit und das „Entrepreneurial event“[455] mit der Wahrnehmung von persönlicher Erwünschtheit und Machbarkeit sowie der Handlungsneigung (Krueger/Reilly/Carsrud 2000: 412; Hindle/Klyver/Jennings 2009: 39). Hierbei werden den Individuen als Folgeerwartungen bzgl. Entrepreneurship persönlicher Wohlstand und Autonomie zugeschrieben (Krueger/Reilly/Carsrud 2000: 417[456]), und Gründungsintentionen lassen sich z.B. operationalisieren als geschätzte Wahrscheinlichkeit, innerhalb der folgenden fünf Jahre ein eigenes Unternehmen zu gründen (Krueger/Reilly/Carsrud 2000: 421). Zwar zeigen Forschungsergebnisse, dass sich anhand der Theorie des geplanten Verhaltens sowie des Modells des unternehmerischen Events 35 Prozent bzw. 40,8

451 Wie die Gründungsaktivität im Rahmen der vorliegenden Arbeit operationalisiert wird, wird noch gezeigt werden.

452 Da sich Intention operationalisieren lässt „as the likelihood one would intend to perform a behavior (Ajzen & Fishbein, 1980)“ (Bagozzi 1993: 218), kann die Gründungsintention anhand der eingeschätzten Wahrscheinlichkeit einer eigenen Gründung operationalisiert werden (vgl. hierzu z.B. auch Krueger/Reilly/Carsrud 2000: 421). Dieser Operationalisierung folgt die vorliegende Arbeit, in der die „Gründungsintention“ entsprechend als „eingeschätzte Gründungswahrscheinlichkeit“ aufgefasst wird.

453 „Intentions models offer us a significant opportunity to increase our ability to understand and predict entrepreneurial activity“ (Krueger/Reilly/Carsrud 2000: 411f., unter Weglassung der Hervorhebung im Original).

454 Vgl. hierzu Ajzen 1991.

455 Vgl. hierzu Shapero/Sokol 1982.

456 Mit Verweis auf Shapero/Sokol 1982 (bibliographische Daten um den nicht angegebenen Mitautor Sokol verbessert).

Prozent der Varianz der Gründungsintention erklären lassen (Krueger/Reilly/Carsrud 2000: 422-24),[457] allerdings gibt es in der Literatur keine Übereinstimmung darüber, ob Intentionen ideal sind zur Analyse von Verhalten (Krueger/Reilly/Carsrud 2000: 415) oder ob, wie Bagozzi darlegt, das Verständnis von „volition“[458] der Berücksichtigung einer komplexeren Analyse bedarf (Bagozzi 1993: 217-34).[459] So verdeutlicht Bagozzi bspw., dass die Theorie des geplanten Verhaltens (vgl. hierzu Ajzen 1991) nicht die expliziten hinderlichen und förderlichen Einflüsse auf die Zielerreichung berücksichtigt (Bagozzi 1993: 230; Carsrud/Brännback/Elfving/Brandt 2009: 155[460]) und auch nicht spezifiziert, „how these impediments and facilitators are taken into account in decision making with respect to choices among means, which typically takes place after a goal intention is formed“ (Bagozzi 1993: 230). Insgesamt wird nahegelegt „that researchers exercise some caution in applying intentions models“ (Krueger/Reilly/Carsrud 2000: 415). Aufgrund dieser Zurückhaltung und (weiterer) Zweifel[461] bzw. kritischen Betrachtung der psychologisch basierten Intentionsforschung im Rahmen der Anwendung von Intentionsmodellen (vgl. hierzu z.B. auch Krueger/Day 2010: 332-36; Krueger 2009: 52-60) bzw. vorherrschenden Intentionsmodellen (vgl. hierzu z.B. Elfving/Brännback/Carsrud 2009: 27f.; Hindle/Klyver/Jennings 2009: 35f.), erscheint es im Rahmen einer betriebswirtschaftlichen Analyse angebracht, derartige psychologisch geprägte Intentionsmodelle nicht unmittelbar aufzugreifen – sondern der psychologischen Forschung den Vortritt bei der postulierten tiefergehenden Erforschung des komplexen Intentions- und Verhaltensprozesses bzw. der „attitude-behavior relation“ (vgl. hierzu z.B. Bagozzi 1993: 217-34; Ajzen 2001: 47f.; Carsrud/Brännback/Elfving/Brandt 2009: 159) zu lassen – und bei der Modellentwicklung der Komplexität des Entrepreneurship möglichst aus betriebswirtschaftlicher Perspektive

---

457 Jedoch wird bzgl. der Theorie des geplanten Verhaltens für das Konstrukt der sozialen Normen kein signifikanter Einfluss auf die Gründungsintention nachgewiesen (Krueger/Reilly/Carsrud 2000: 422f.).

458 „[D]efined for the moment as ‘the power of … determining: will’ (Webster’s New World Collegiate Dictionary, 1980, p. 1302)“ (Bagozzi 1993: 217, unter Weglassung der Hervorhebung im Original). Bygrave sowie Bygrave und Hofer stufen „human volition“ als bedeutend im unternehmerischen Prozess ein (Bygrave 1993: 258; Bygrave/Hofer 1991: 17).

459 „More complex volitional processes apparently operate to produce a psychological transition from preferences to action“ (Bagozzi 1993: 220).

460 Mit Verweisen auf Bagozzi/Warshaw 1990, 1992.

461 Bspw. wird betont, dass sich Intentionen ändern können, insbesondere bzgl. relativ komplexen und distalen Verhaltens wie z.B. der Unternehmensgründung (Krueger/Day 2010: 334).

gerecht zu werden und folglich weitere Einflussgrößen zu berücksichtigen, allerdings ohne hierbei auf die Anhaltspunkte der intentionsbasierten Entrepreneurship-Forschung gänzlich zu verzichten. Die in den Intentionsmodellen aufgegriffen Wahrnehmungen über Machbarkeit und Attraktivität sowie sich auf Intentionsmodelle beziehende Veröffentlichungen (vgl. hierzu z.B. Elfving/Brännback/Carsrud 2009; Hindle/Klyver/Jennings 2009) liefern nämlich wertvolle Hinweise, im Rahmen einer Analyse der Gründungsaktivität auch motivationale und qualifikationsbasierte Einflussgrößen zweckdienlich aufgreifen zu können (Elfving/Brännback/Carsrud 2009: 28-31; Hindle/Klyver/Jennings 2009: 36; Carsrud/Brännback/Elfving/Brandt 2009: 161), zumal „intentions and their underlying attitudes" als wahrnehmungsbezogen[462] und erlernbar eingestuft werden (Krueger/Reilly/Carsrud 2000: 414), so dass deren Ausprägungen zwischen diversen Individuen und Situationen variieren (Krueger/Reilly/Carsrud 2000: 414). Demgemäß werden in den Wirtschaftswissenschaften Versuche unternommen, bei der Analyse unternehmerischen Verhaltens auch Fähigkeiten bzw. Qualifikationen zu berücksichtigen (Samuelsson/Davidsson 2009: 230), wobei, im Einklang mit dem ressourcenbasierten Ansatz, unternehmerische Kognition[463] und unternehmerische Fähigkeit[464] sowie unternehmerisches Wissen (Alvarez/Busenitz 2001: 755-72; Busenitz/Arthurs 2007: 131-43) bzw. unternehmerische Kompetenz (vgl. hierzu Markman 2007: 67; Locke/Baum 2007: 93) als Ressourcen betrachtet werden (Alvarez/Busenitz 2001: 757[465]; Busenitz/Arthurs 2007: 136[466]), zumal ein „higher level of entrepreneurial ability sums up to a higher level of value, because the ability is costly to acquire and also not evenly distributed among individuals in society (Schultz 1980)"

462 Vgl. hierzu z.B. auch Elfving/Brännback/Carsrud 2009: 30f.

463 Busenitz und Arthurs „define entrepreneurial cognition as an individual-level resource that enables some individuals to recognize previously undiscovered opportunities and to launch a business in the face of opposition and scarce resources in pursuit of those opportunities" (Busenitz/Arthurs 2007: 136, unter Weglassung der Hervorhebung im Original). Zu einer Definition von „Kognitionen", vgl. Michl/Welpe/Spörrle/Picot 2009: 170, mit Verweis auf Neisser 1967. „Thus, entrepreneurial cognition can be seen as the cognitive process through which entrepreneurs acquire, store, transform, and use information" (Michl/Welpe/Spörrle/Picot 2009: 170, mit Verweisen auf Busenitz/Arthurs 2007; Mitchell/Busenitz/Lant/McDougall/Morse/Smith 2004; Sternberg 2004). Zu korrespondierenden Definitionen sowie weiteren Beschreibungen von „Kognitionen" sowie „unternehmerischen Kognitionen", vgl. Mitchell/Busenitz/Lant/McDougall/Morse/Smith 2002: 96f.

464 „Entrepreneurial capabilities can be seen as the ability to identify new opportunities and develop the resource base needed to start a venture firm" (Busenitz/Arthurs 2007: 134). Vgl. hierzu auch Douglas 2009: 6, der den Begriff „entrepreneurial ability" verwendet.

465 Mit Verweis auf Barney 1991.

466 Mit Verweis auf Barney 1991.

(Samuelsson/Davidsson 2009: 230). Dieser Forschungstradition folgend, erscheint es zweckdienlich, in Rahmen einer Analyse des Gründungsprozesses – neben finanzkapitalbasierten (Aldrich/Martinez 2001: 45) – auch auf humankapital-[467] sowie sozialkapitalbasierte[468] Ressourcen abzustellen, die die potenziellen Gründer in eine Unternehmensgründung einbringen können (Samuelsson/Davidsson 2009: 230[469]; Gimeno/Folta/Cooper/Woo 1997: 777; Aldrich/Martinez 2001: 45; Hindle/Klyver/Jennings 2009: 40[470]), da diese Ressourcen Zugang zu weiteren, für die Gründungsrealisation notwendigen Ressourcen verschaffen können (Samuelsson/Davidsson 2009: 230[471]; Aldrich/Zimmer 1986b: 20; Dubini/Aldrich 1991: 306) und sich förderlich oder hinderlich auf die Gründungsintention sowie die Gründungsrealisation auswirken können (Hindle/Klyver/Jennings 2009: 40-46).

Im Rahmen des seit den 1990er Jahren innerhalb der Entrepreneurship-Forschung aufstrebenden kognitionspsychologischen Ansatzes[472] (Busenitz/Arthurs 2007: 132) werden kognitive Einflussfaktoren auf das Erkennen und/oder die Verwertung unternehmerischer Gelegenheiten durch Individuen bzw. interindividuelle Unterschiede von Entrepreneuren beleuchtet (Busenitz/Arthurs 2007: 132-47). Bspw. stellt die Wahr-

---

467 „Becker (1964) introduced the term human capital to encompass one's knowledge and abilities" (Douglas 2009: 6).

468 „The concept of social capital is used to describe the instrumental benefits of social relationships" (Aldrich/Martinez 2001: 47, mit Verweis auf Aldrich 1999: 81-88). Baron führt neben einer entsprechenden Definition des Sozialkapitals noch eine weitere gängige Definition an, die auf die Fähigkeit der Nutzenziehung aus sozialen Beziehungen abstellt, nämlich „the ability of individuals to extract benefits from their social structures, networks, and memberships" (Baron 2007a: 173, mit Verweis auf Nahapiet/Ghoshal 1998).

469 Mit Verweisen auf Davidsson/Honig 2003; Florin/Lubatkin/Schulze 2003; Gimeno/Folta/Cooper/Woo 1997.

470 Unter Bezugnahme auf Schenkel/Hechavarria/Matthews 2009.

471 Mit Verweisen auf Brush/Greene/Hart 2001.

472 Vgl. zum kognitiven Ansatz innerhalb der Entrepreneurship-Forschung z.B. Busenitz/Arthurs 2007; Shaver/Scott 1991: 32-36; Katz 1992; Gatewood/Shaver/Gartner 1995; Palich/Bagby 1995; Busenitz/Barney 1997; Baron 1998, 2004a, 2004b, 2004c, 2007a; Forbes 1999; Krueger 2000, 2005, 2007, 2009; Mitchell/Smith/Seawright/Morse 2000; Simon/Houghton/Aquino 2000; Alvarez/Busenitz 2001; Gaglio/Katz 2001; Mitchell/Busenitz/Lant/McDougall/Morse/Smith 2002; Keh/Foo/Lim 2002; Baron/Ward 2004; Gaglio 2004b; Hindle 2004; Mitchell/Busenitz/Lant/McDougall/Morse/Smith 2004; Sarasvathy 2004a; Ward 2004; Baron/Ensley 2006; De Carolis/Saparito 2006; Brigham/De Castro/Shepherd 2007; Casson/Wadeson 2007b; Corbett/Hmieleski 2007; Mitchell/Busenitz/Bird/Gaglio/McMullen/Morse/Smith 2007; West 2007; Brännback/Carsrud 2009; Carsrud/Brännback/Elfving/Brandt 2009; Douglas 2009; Drnovsek/Cardon/Murnieks 2009; Elfving/Brännback/Carsrud 2009; Frank/Mitterer 2009: 378-85; Gaglio/Winter 2009; Gustafsson 2009; Hindle/Klyver/Jennings 2009; Mauer/Neergaard/Kirketerp Linstad 2009; Michl/Welpe/Spörrle/Picot 2009; Mitchell/Mitchell/Mitchell 2009; Monsen/Urbig 2009; Krueger/Day 2010.

nehmung von Risiken (vgl. hierzu z.B. Busenitz/Barney 1997; Stewart/Roth 2001) einen kognitiven Faktor dar (Baron/Ward 2004: 569). Zudem wird die „opportunity recognition“ aus kognitionspsychologischer Perspektive heraus erforscht (vgl. z.B. Gaglio 2004b; Gaglio/Katz 2001), wobei „alertness schemas“, „counterfactual thinking“ und „knowledge structures“ (Baron 2004a) eine Rolle zu spielen scheinen (Baron/Ward 2004: 569). Ein Fokus des kognitiven Ansatzes liegt auf der Erforschung von Heuristiken – d.h. „Denkrahmen zur Beschreibung und allgemeinen Lösung von Problemen“ (Zacharias 2001: 45) – (vgl. hierzu z.B. auch Bingham/Eisenhardt 2007: 28); hierbei wird Unternehmensgründern bzw. Entrepreneuren[473], z.B. gegenüber Managern[474], eine höhere Empfänglichkeit für die Nutzung von „Bias“ (Voreingenommenheit) und Heuristiken (namentlich übermäßiges Selbstvertrauen bzw. Überschätzung sowie Repräsentativität bzw. die Tendenz zu voreiliger Verallgemeinerung) zugeschrieben, was die Autoren auf die Nützlichkeit von derartigem nicht rationalen Entscheidungsverhalten in einem Umfeld höherer Unsicherheit und Komplexität (Gründungsprozess) zurückführen (Busenitz/Barney 1997: 9-26). Demnach erscheint es fraglich, ob Unternehmensgründer bzw. Entrepreneure generell ein von Heuristiken geprägtes Verhalten aufweisen; vielmehr wird vermutet, dass erfolgreiche Unternehmer über die Fähigkeit verfügen, „to switch back and forth between heuristic and systematic processing as the need arises“ (Baron/Ward 2004: 569). Doch diese Fähigkeit lässt sich z.B. auch bei erfolgreichen Managern vermuten, zumal Forschungsergebnisse zeigen, dass Heuristiken nicht nur im Rahmen der Unternehmensgründung von Bedeutung zu sein scheinen, sondern generell im Kontext der „Erfassung“ und Verwertung unternehmerischer Gelegenheiten (in dynamischen Märkten), also auch in bereits bestehenden (international tätigen und wachstumsorientierten) Unternehmen (Bingham/Eisenhardt 2007: 27-43). Auch wenn der junge kognitive Ansatz innerhalb der Entrepreneurship-Forschung bereits einige Anhaltspunkte hervorgebracht hat, die Anlass zu einer vielversprechenden tiefgreifenden Erforschung der Kognitionen von Entrepreneuren geben (Baron/Ward 2004: 569; Alvarez/Busenitz 2001: 757[475]), ist

---

473 D.h. „those who have founded their own firms and are currently involved in the start-up process“ (Busenitz/Barney 1997: 10).

474 D.h. „individuals with middle to upper level responsibilities with substantial oversight in large organizations“ (Busenitz/Barney 1997: 10).

475 Mit Verweisen auf Busenitz/Barney 1997; Baron 1998; Forbes 1999.

dieses Forschungsfeld jedoch als relativ unerforscht einzustufen (Gaglio 2004b: 547f.; Mitchell/Busenitz/Lant/McDougall/Morse/Smith 2004: 507; Mitchell/Busenitz/Bird/Gaglio/McMullen/Morse/Smith 2007: 6; Brännback/Carsrud 2009: 82; Michl/Welpe/Spörrle/Picot 2009: 171, 181; Krueger/Day 2010: 321), zumal eine Reihe von wichtigen kognitionswissenschaftlichen Fragestellungen noch nicht von der unternehmerischen Kognitionsforschung aufgegriffen wurde (Baron/Ward 2004: 557-59). Einerseits liegen zwar bereits einige Forschungsergebnisse über ausgewählte unternehmerische Kognitionen vor, jedoch werden die aufgedeckten Zusammenhänge als bescheiden bezeichnet (vgl. hierzu z.B. Mitchell/Smith/Seawright/Morse 2000: 983-86) und insgesamt ein unzureichender Forschungsfortschritt bemängelt (Krueger/Day 2010: 321).[476] Andererseits werden Unternehmern zwar komplexe mentale Strukturen zugeschrieben, jedoch fehlt es diesbezüglich an empirischen Untersuchungen (Baron/Ward 2004: 556); vielmehr wird die tiefergreifende Erforschung unternehmerischer Kognitionen in der einschlägigen Literatur angeregt (Baron/Ward 2004: 553-69; Gaglio 2004b: 547f.; Baron 2007a: 171-80; Mitchell/Busenitz/Bird/Gaglio/McMullen/Morse/Smith 2007: 11-15; Krueger 2007: 132-34; Brännback/Carsrud 2009: 93; Gaglio/Winter 2009: 306; Michl/Welpe/Spörrle/Picot 2009: 181-83; Mitchell/Mitchell/Mitchell 2009: 126-32; Krueger/Day 2010: 350) und darauf hingewiesen, dass es sich bei der Erforschung unternehmerischer Kognitionen um ein sehr umfangreiches und komplexes Forschungsfeld handelt, dessen Erschließung erst in den Anfängen steckt (Gaglio 2004b: 547f.; Mitchell/Busenitz/Lant/McDougall/Morse/Smith 2004: 507; Baron 2007a: 178; Mitchell/Busenitz/Bird/Gaglio/McMullen/Morse/Smith 2007: 11; Brännback/Carsrud 2009: 82). Hinzu kommt, dass sich die Kognitionsforschung schwerpunktmäßig – wenn auch nur vereinzelt (vgl. hierzu z.B. Baron/Ensley 2006) – mit dem Erkennen unternehmerischer Gelegenheiten befasst (Baron 2007a: 170f.), jedoch ist im für diese Arbeit relevanten Bereich der Verwertung unternehmerischer Gelegenheiten ein offensichtliches Forschungsdefizit zu verzeichnen (Baron 2007a: 178; Frank/Mitterer 2009: 378f.; Bird/Schjoedt 2009: 330f.[477]). Dies lässt es angebracht erscheinen, innerhalb dieser betriebswirtschaftlichen Arbeit kognitionspsychologische Faktoren auszuklam-

---

476 Krueger und Day weisen darauf hin, dass „the disparate, eclectic streams of research into entrepreneurial thinking are not as well connected as one might prefer or even as one might reasonably expect“ (Krueger/Day 2010: 324).

477 Unter Bezugnahme auf Shook/Priem/McGee 2003: 390.

mern und der psychologisch geprägten Entrepreneurship-Forschung den Vortritt bei deren Erforschung zu lassen; dies betrifft auch andere Bereiche der interdisziplinären Kognitionswissenschaft (vgl. hierzu z.B. Baron/Ward 2004: 559). Demgegenüber liegen in Teilbereichen bereits konsistente Forschungsergebnisse vor; so verdeutlichen z.B. mehrere Studien, dass „access to information or better use of available information play an important role in opportunity recognition“ (Baron/Ward 2004: 557[478]). Nichtsdestotrotz sind bspw. die Kapazitäten des „Arbeitsspeichers“ – „the cognitive system in which our stored knowledge and experience (in a sense, our consciousness) interacts with incoming information from the external world“ (Baron/Ward 2004: 558) – bzw. die Informationsverarbeitungsprozesse von Unternehmern noch unerforscht (Baron/Ward 2004: 558; Krueger 2007: 123f.; Mitchell/Mitchell/Mitchell 2009: 98). Auch auf Literaturreviews basierende Modellierungen (vgl. z.B. Forbes 1999) sowie weitere Beiträge stellen auf die grundlegende Bedeutung von Informationsquellen im Gründungskontext ab (Hindle/Klyver/Jennings 2009: 36f.; Forbes 1999: 428-30; Sarasvathy/Dew/Velamuri/Venkataraman 2010: 87); wobei Forschungsergebnisse andeuten, dass „entrepreneurs do not scan more broadly but rather attend to different information sources“ (Forbes 1999: 429[479]).[480] Sofern der Zugang zu und die Nutzung von Informationen bspw. in von den potenziellen Gründern ungenutzte/genutzte Gründungsinformationsquellen operationalisiert wird – wie bereits in mehreren empirischen, auch betriebswirtschaftlich geprägten, Untersuchungen erfolgt (vgl. hierzu z.B. Cooper/Folta/Woo 1995: 107-19; Korunka/Frank/Lueger/Mugler 2003: 23-38; Mellewigt/Schmidt/Weller 2006: 93-110; Ucbasaran/Westhead/Wright 2008: 153-71) –, erscheint es aus betriebswirtschaftlicher und ressourcenbasierter Perspektive allerdings möglich und zweckdienlich, den Gründungsprozess anhand dieser „Informationssuchintensität“ (Ucbasaran/Westhead/Wright 2008: 161f.) entsprechend auf den mutmaßlichen Einfluss von Informationen hin zu untersuchen, zumal dem ressourcenbasierten

478 Mit weiteren Verweisen.

479 Unter Bezugnahme auf Kaish/Gilad 1991.

480 Forbes argumentiert zudem, dass sich die Bedeutung der „alertness“ nach Kirzner weniger auf den Umfang der Informationssuche, sondern vielmehr auf die Berücksichtigung verschiedener Informationsquellen sowie unterschiedlicher Interpretationen von Informationen bezieht (Forbes 1999: 429, unter Bezugnahme auf Kirzner 1979: 137-39, 151).

Ansatz zufolge Informationen[481] – sowie „tacit knowledge", d.h. „information stored in implicit memory" (Baron/Ward 2004: 565), das also aus verschiedenen Informationen hervorgeht – als grundlegende Ressourcen (Sarasvathy/Dew/Velamuri/Venkataraman 2010: 86) für die potenzielle Erzielung nachhaltiger Wettbewerbsvorteile betrachtet werden (Barney 1991: 99-117; Casson 1999: 51f.; Alvarez/Busenitz 2001: 757-69). Genauso stellen die Knowledge Spillover-Theorie des Entrepreneurship und die „absorptive capacity theory of knowledge spillover entrepreneurship" auf die hohe Bedeutung von Informationen im Gründungsprozess ab, da Wissensspillover einerseits von der Generierung neuen Wissens abhängen (Acs/Audretsch/Lehmann 2013: 768) und andererseits auf dem Austausch von diesbezüglichen Informationen basieren (Sorenson 2005: 59), die oftmals nur nachvollzogen werden können, sofern ein vorausgehender – häufig „tacit" bzw. implizit geprägter – Wissensstand vorliegt (Sarasvathy/Dew/Velamuri/Venkataraman 2010: 87[482]). Dieses Vorwissen trägt zur Absorptionsfähigkeit bei, die notwendig ist, um die neuen Informationen interpretieren, assimilieren und kommerziell verwenden zu können (Cohen/Levinthal 1990: 128; Sarasvathy/Dew/Velamuri/Venkataraman 2010: 87; Qian/Acs 2013: 191). Um den Zugang zu und die Nutzung von für eine Unternehmensgründung relevanten Informationen der potenziellen Gründer zumindest indirekt zu erfassen, erscheint es folglich sinnvoll, entsprechend die Proxy-Variable der Gründungsinformationsquellen im zu entwickelnden Arbeitsmodell zu berücksichtigen.[483]

Genauso wie Informationen aus dem Umfeld herrühren, treten auch kognitive Prozesse bzw. individuelle kognitive Entwicklungen nicht losgelöst auf, sondern sind tiefgreifend in den sozialen Kontext eingebunden (Krueger 2007: 128[484]). Soziale Einflussfaktoren – die sich auch in den Intentionsmodellen wiederfinden (vgl. hierzu Krueger/Reilly/Carsrud 2000: 417) – werden insgesamt als bedeutend bzw. erforderlich für die Erforschung des Gründungsprozesses eingestuft (Aldrich/Zimmer 1986b: 11; Low/MacMillan 1988: 150f.; Alvarez/Busenitz 2001: 768; De Carolis/Saparito 2006: 41);

---

481 Über Bildung und Erfahrung angeeignete Informationen in spezifischen Bereichen lassen sich als Wissen bezeichnen (Bird/Schjoedt 2009: 329).

482 Mit Verweisen auf Shane 2000; Venkataraman 1997.

483 Vgl. hierzu z.B. auch Korunka/Frank/Lueger/Mugler 2003: 30; Mellewigt/Schmidt/Weller 2006: 106; Ucbasaran/Westhead/Wright 2008: 162 sowie Kapitel 2.5.

484 Mit Verweis auf Bronfenbrenner 1986.

zumal es sich bei der Unternehmensgründung grundsätzlich um eine soziale Aktivität bzw. um einen sozialen Prozess handelt (Shaver/Scott 1991: 33; Bögenhold 1989: 279), und der soziale Kontext die Neigung zur beruflichen Selbständigkeit sowie die diesbezügliche Entscheidung beeinflusst (Katz 1992: 29f.; Hindle/Klyver/Jennings 2009: 42f.[485]; Witt 2004: 399[486]). Bereits Weber betrachtete unternehmerisches Handeln als in den sozialen Kontext eingebettet (Low/MacMillan 1988: 149[487]; Brüderl/Preisendörfer/Ziegler 1998: 27-32[488]). Entsprechend verdeutlicht eine überzeugende Forschungstradition in der Sozialpsychologie, dass Wahrnehmungen und Informationsverarbeitung von sozialen Faktoren beeinflusst werden (Aldrich/Zimmer 1986b: 6; Elfving/Brännback/Carsrud 2009: 25; Gaglio/Winter 2009: 318; Hindle/Klyver/Jennings 2009: 38; Palmer 1971: 34). Darüber hinaus werden persönliche soziale Netzwerke den Eigenschaften von Personen zugerechnet (Saßmannshausen 2012: 39), was die weiter oben bereits aufgezeigte Notwendigkeit untermauert, bei einer Untersuchung des Gründungsprozesses neben finanzkapitalbasierten sowohl humankapital- als auch sozialkapitalbasierte Ressourcen zu betrachten, die die potenziellen Gründer in eine Unternehmensgründung einbringen können (Samuelsson/Davidsson 2009: 230[489]; Gimeno/Folta/Cooper/Woo 1997: 777; Aldrich/Martinez 2001: 45; Hindle/Klyver/Jennings 2009: 40[490]). Insgesamt wird postuliert, im Rahmen der Analyse von Entrepreneurship bzw. unternehmerischen Prozessen im Bereich der sozialen Einflussgrößen insbesondere soziale Beziehungen der potenziellen Gründer zu berücksichtigen, über die Informationen – sowie (neues) Wissen (Hayter 2013: 907; Aldrich/Martinez 2001: 45) –, soziale Unterstützung und weitere Ressourcen bezogen werden (Aldrich/Zimmer 1986b: 11; Hayter 2013: 907; Dubini/Aldrich 1991: 305-09; Aldrich/Martinez 2001: 45; Alvarez/Busenitz 2001: 768; Birley 1985: 107-09; Bögenhold 1989: 279; Brüderl/Preisendörfer 1998: 213; Witt 2004: 391-94; Baron 2007a: 173; Douglas 2009: 7; Frank/Mitterer 2009: 386; Gaglio/Winter 2009: 318; Hindle/Klyver/Jennings

485 Mit weiteren Verweisen.

486 Unter Bezugnahme auf Aldrich/Rosen/Woodward 1987.

487 Unter Bezugnahme auf Weber 1930.

488 Unter Bezugnahme auf Weber 1981.

489 Mit Verweisen auf Davidsson/Honig 2003; Florin/Lubatkin/Schulze 2003; Gimeno/Folta/Cooper/Woo 1997.

490 Unter Bezugnahme auf Schenkel/Hechavarria/Matthews 2009.

2009: 42; Michl/Welpe/Spörrle/Picot 2009: 182[491]; Saßmannshausen 2012: 39[492]; Sarasvathy/Dew/Velamuri/Venkataraman 2010: 87). Inwiefern sich der soziale Kontext förderlich oder hinderlich auf unternehmerische Intentionen und Aktivitäten auswirkt (Hindle/Klyver/Jennings 2009: 40-46), hängt von den „Positionen" bzw. Beziehungen der potenziellen Gründer in sozialen Netzwerken – als „number and quality of their social ties to others" (Baron 2007a: 173) – ab (Aldrich/Zimmer 1986b: 4; Dubini/Aldrich 1991: 312; Frank/Mitterer 2009: 386; Sarasvathy/Dew/Velamuri/Venkataraman 2010: 87[493]). Einerseits weisen zahlreiche Forschungsergebnisse auf die hohe Bedeutung von sozialen Netzwerken und Sozialkapital (im weiter oben definierten Sinne) im Gründungsprozess hin (Baron 2007a: 173; Davidsson/Honig 2003, zit. n. Douglas 2009: 7; Honig/Davidsson 2000: B1-B6; Bögenhold 1989: 279[494]; Saßmannshausen 2012: 39[495]); „[s]ocial capital is expected to enhance the entrepreneur's human capital by enhancing the individual's ability to identify opportunities, gain access to resources, and so on" (Douglas 2009: 7[496]). Andererseits erscheint die Relevanz dieser sozialen Faktoren im Gründungsprozess aus verhaltens- und kognitionspsychologischer Perspektive noch relativ unerforscht zu sein (Baron 2007a: 173; Gaglio/Winter 2009: 318), obwohl „understanding the behavioral and cognitive foundations of these variables may be useful in terms of enhancing the breadth and accuracy of current models of the entrepreneurial process" (Baron 2007a: 173). Eine Limitation des Netzwerkansatzes besteht z.B. darin, im Rahmen empirischer Untersuchungen Informationen, die hauptsächlich qualitativer und kumulativer Art sind, anhand quantitativer Maße zu schätzen (Witt 2004: 393[497]). Demnach erscheint es zweckdienlich, im Rahmen des in dieser betriebswirtschaftlich geprägten Arbeit zu entwickelnden Modells soziale Faktoren nicht aus sozialpsychologischer Sicht zu berücksichtigen, sondern der sozialpsychologisch geprägten Entrepreneurship-Forschung den Vortritt bei deren Erforschung zu lassen; vielmehr erscheint es zielführend, soziale Einflussgrößen, bspw. anhand von Gründungsinformationsquellen und weiterer sozialer Unterstützung, aus

---

491 Mit Verweis auf Picot/Reichwald/Wigand 2008.
492 Mit weiteren Verweisen.
493 Mit Verweis auf Burt 1992.
494 Basierend auf eigenen Forschungsergebnissen sowie mit Verweis auf Forschungsergebnisse von Aldrich/Rosen/Woodward 1987.
495 Mit weiteren Verweisen.
496 Mit Verweisen auf Birley 1985; Greene/Brown 1997.
497 Mit Verweis auf Daft/Lengel 1986.

ressourcenbasierter Perspektive zu berücksichtigen, zumal die „relations of a founder under survey are mainly exchange relations for information and services“ (Witt 2004: 392).

Während der „Traits“-Ansatz, wie weiter oben bereits aufgezeigt, als nicht erfolgreich für die Abgrenzung von Unternehmern und Nicht-Unternehmern betrachtet wird (vgl. hierzu z.B. Samuelsson/Davidsson 2009: 230[498]; Dollinger 2008: 54; Fallgatter 2004: 36[499]; Low/MacMillan 1988: 148; Carlsson/Braunerhjelm/McKelvey/Olofsson/Persson/Ylinenpää 2013: 921[500]; Saßmannshausen 2012: 73-75[501]), erscheinen aus ressourcenbasierter Sicht human- und sozialkapitalbasierte Perspektiven bzw. ökonomische und soziologische Ansätze vielversprechender und geeigneter zur Analyse des Gründungsprozesses zu sein (Dollinger 2008: 55; Brüderl/Preisendörfer/Ziegler 1998: 42; Samuelsson/Davidsson 2009: 230[502]). Entsprechend verdeutlicht Dollinger:

„The entrepreneur is the primary human resource for the new venture. Although it is uncertain what, if any, personality traits make the best entrepreneurs,[503] the entrepreneur's life history, experience, and knowledge make each founder a unique resource“ (Dollinger 2008: 60).

Genauso stufen Baum, Frese, Baron und Katz humankapitalbasierte Merkmale wie „knowledge, skills, abilities, and motivation“ als bedeutend für die Erkenntnisgenerierung über Unternehmer und den Gründungsprozess ein (Baum/Frese/Baron/Katz 2007: 3). Und sofern potenzielle Unternehmer über eine vielversprechende Gründungsidee

498 Mit Verweisen auf Davidsson 2006a; Gartner 1988.

499 Mit Verweisen auf Jenks 1965; Kilby 1971; Van de Ven 1993; Hatten 1997.

500 Mit Verweisen auf Gartner 1985, 1988; Brockhaus 1980; Brockhaus/Nord 1979; Brockhaus/Horwitz 1985.

501 Mit weiteren Verweisen.

502 Mit Verweisen auf Davidsson/Honig 2003; Florin/Lubatkin/Schulze 2003; Gimeno/Folta/Cooper/Woo 1997.

503 Zwar scheint innerhalb der Entrepreneurship-Literatur weiterhin keine Einigkeit über die für den Entrepreneur ausschlaggebenden „traits“ zu bestehen (Rauch/Frese 2007: 49-60). Allerdings weisen auf einem „comprehensive multilevel model“ basierende Forschungsergebnisse darauf hin, dass „traits“ von Eigentümerunternehmern junger KMU zumindest einen Einfluss auf den unternehmerischen Erfolg – gemessen an drei unterschiedlichen Wachstumsgrößen – ausüben (Baum/Locke/Smith 2001: 292-301); wobei die Autoren explizit die Erforschung der von ihnen im Kontext des Unternehmenswachstums aufgedeckten Einflussvariablen im Bereich der Gründungsaktivität anregen (Baum/Locke/Smith 2001: 301). Folglich bleibt weiterhin offen, ob – und falls ja, welche – Persönlichkeitseigenschaften einen Einfluss auf die Gründungsaktivität (z.B. Gründungsrealisation oder Gründungswahrscheinlichkeit) ausüben; um diese Fragestellung zu beantworten, sind zuvor weitere psychologisch orientierte Studien notwendig (vgl. hierzu Rauch/Frese 2007: 54, 59f.).

verfügen,[504] „they still require help from others to actually build an organization" (Aldrich/Martinez 2010: 392), was den Fokus auf sozialkapitalbasierte Faktoren lenkt, die im Rahmen der Erforschung des Gründungsprozesses ebenfalls einzubeziehen sind (Aldrich/Zimmer 1986b: 11; Palmer 1971: 34). So betont auch Dollinger, dass die individuellen Unternehmensgründer als wichtigste und einzigartige Ressource der Unternehmensgründung über einzigartige komplexe soziale Beziehungen verfügen (Dollinger 2008: 50). Dass gewisse Aspekte des Gründungsprozesses aufgrund kausaler Mehrdeutigkeiten nicht analysiert werden können, ist laut Dollinger mit dem ressourcenbasierten Ansatz allerdings vereinbar (Dollinger 2008: 60), so dass im Rahmen der Modellentwicklung dieser ressourcenbasierten Arbeit die aufgezeigte Schwerpunktsetzung vertretbar und sogar zweckdienlich erscheint (vgl. hierzu z.B. Gartner/Gatewood 1992: 5; Mugler 1998: 99); zumal, wie im letzten Unterkapitel bereits begründet, das Forschungsziel dieser Arbeit nicht in der Entwicklung einer generellen Entrepreneurship- oder Unternehmensgründungstheorie[505] besteht und auch nicht bestehen kann,

---

504 Zur Frage, inwiefern potenzielle unternehmerische Gelegenheiten erkannt, entdeckt oder kreiert werden, vgl. z.B. Sarasvathy/Dew/Velamuri/Venkataraman 2010: 77-95; Frank/Mitterer 2009: 369-72, mit Verweisen auf, u.a. Shane 2003; Schumpeter 1934b; Kirzner 1973; Bhave 1994; Chandler/DeTienne/Lyon 2003; Shane/Venkataraman 2000. Nach der Strukturationstherie (vgl. hierzu Giddens 1984) erscheinen die Annahme der Erkennung/Entdeckung potenzieller unternehmerischer Gelegenheiten und die Annahme der Kreierung potenzieller unternehmerischer Gelegenheiten miteinander kompatibel zu sein, da sich potenzielle unternehmerische Gelegenheiten im Rahmen eines „Venturing-Prozesses" manifestieren (vgl. hierzu Frank/Mitterer 2009: 399f.). „In diesem Prozess wird eine opportunity sowohl entdeckt als auch geschaffen" (Frank/Mitterer 2009: 400, mit Verweis auf Sarason/Dean/Dillard 2006). Auch weitere Autoren verdeutlichen, dass die verschiedenen Ansichten über die Entstehung von potenziellen unternehmerischen Gelegenheiten miteinander vereinbar sind (Sarasvathy/Dew/Velamuri/Venkataraman 2010: 92-95; Sarasvathy 2004a: 526). Dies lässt es angebracht erscheinen, nicht weiter auf die Fragestellung, ob potenzielle unternehmerische Gelegenheiten erkannt/entdeckt oder kreiert werden, einzugehen; zumal existierende Operationalisierungen des Konstrukts „opportunity" als „wenig überzeugend" und deren Einsatz im Rahmen von quantitativen empirischen Untersuchungen, wie in dieser Arbeit, als „verfrüht" eingestuft werden (Frank/Mitterer 2009: 399, mit Verweis auf Gaglio 2004a), so dass der Forschungsstand bezüglich dieser sozialpsychologischen Fragestellung über den kognitiven Prozess der Entstehung von potenziellen unternehmerischen Gelegenheiten (vgl. hierzu z.B. Berg 2004: 73) ohnehin als unzureichend betrachtet werden kann (vgl. hierzu Frank/Mitterer 2009: 399-401), und diese Arbeit – wie weiter oben bereits dargelegt – ohnehin nicht auf die Erkennung/Entdeckung oder Kreierung potenzieller unternehmerischer Gelegenheiten abstellt, sondern lediglich zwischen Vorhandensein und Nichtvorhandensein von Gründungsideen unterscheidet, ohne hierbei die potenziell vorhandenen Gründungsideen und deren Entstehungsprozesse näher zu untersuchen (vgl. hierzu z.B. auch Berg 2004: 73).

505 Low verdeutlicht, dass – je nach verfolgter Strategie der zukünftigen Forschungsrichtung – nicht zwangsläufig die Notwendigkeit für eine Entrepreneurship-Theorie besteht (Low 2001: 17-21). Und Venkataraman betont, dass eine Ansicht sogar die Möglichkeit der Entwicklung einer Entrepreneurship-Theorie anzweifelt (Venkataraman 1997: 135).

sondern darin, anhand der zu generierenden Forschungsergebnisse zur Erklärung („lediglich") des fokussierten Teilbereiches des komplexen (Gartner 1989b: 27; Berg 2004: 77-84; Palmer 1971: 36), fachübergreifenden und besonders heterogenen Phänomens der Unternehmensgründung (Alvarez/Busenitz 2001: 755-72; Saßmannshausen 2012: 19, 525f.) beizutragen (vgl. hierzu z.B. Carlsson/Braunerhjelm/McKelvey/ Olofsson/Persson/Ylinenpää 2013: 915, 927; Churchill 1989: 7; Bygrave 1989: 23; Klandt/Münch 1990: 171; Gartner/Gatewood 1992: 8). Der hierbei eingenommene betriebswirtschaftliche Fokus kann Venkataraman zufolge ohnehin als der geeignetste zur Beantwortung von derartigen, wie in der vorliegenden Arbeit aufgegriffenen Forschungsfragen im Bereich des Entrepreneurship angesehen werden (Venkataraman 1997: 135).

2.5 Informationsprozess und Gründungspotenzial

Wie im vorigen Unterkapitel bereits aufgezeigt wurde, befasst sich diese Arbeit nicht mit der Erkennung, Entdeckung oder Kreierung[506] (vgl. hierzu z.B. Sarasvathy/Dew/ Velamuri/Venkataraman 2010: 77-95; Frank/Mitterer 2009: 369-72[507] sowie Kapitel 2.4) bzw. der Identifizierung (vgl. hierzu Ucbasaran/Westhead/Wright 2008: 167f.) von unternehmerischen Gelegenheiten bzw. „entrepreneurial opportunities", d.h. „those situations in which new goods, services, raw materials, and organizing methods can be introduced and sold at greater than their cost of production (Casson, 1982)" (Shane/Venkataraman 2000: 220),[508] sondern untersucht vielmehr potenzielle Einfluss-

[506] „Unternehmerische Variations-Selektions-Sequenzen entdecken kennzeichnender Weise mitunter Handlungsmöglichkeiten, die derart innovativ sind, dass sie bislang als objektiv nicht realisierbar galten und/oder auf einem kreativen Akt beruhen, dessen Ergebnisse so zuvor noch nicht existent waren" (Saßmannshausen 2012: 142).

[507] Mit Verweisen auf, u.a. Shane 2003; Schumpeter 1934b; Kirzner 1973; Bhave 1994; Chandler/ DeTienne/Lyon 2003; Shane/Venkataraman 2000.

[508] Während eine „entrepreneurial opportunity" bzw. unternehmerische Gelegenheit folglich einen unternehmerischen Gewinn impliziert, liegt im Falle einer „opportunity" bzw. „Gelegenheit" – im wirtschaftswissenschaftlichen Sinne – lediglich ein (inter-) subjektiv gemutmaßter potenzieller wirtschaftlicher Nutzen vor: „An opportunity is defined as an unexploited project which is perceived by an individual to afford potential benefit" (Casson/Wadeson 2007b: 298). Aufgrund dieser Unterscheidung wird in der vorliegenden Arbeit oftmals der Ausdruck „(unternehmerische) Gelegenheit" verwendet, um auszudrücken, dass sich bei einer „opportunity" nicht zwangsläufig um eine „entrepreneurial opportunity" handelt, wobei die Verfolgung einer „opportunity" im Falle ihrer zukünftigen wirtschaftlichen Verwertung i.d.R. auf die Erwirtschaftung eines unternehmerischen Gewinnes abzielt – wobei gewiss auch nicht-monetäre Ziele denkbar sind (vgl. hierzu z.B. Casson/Wadeson 2007b: 287 sowie Kapitel 2.6 und 2.7.3) –, sich ihr zukünftiger wirtschaftlicher

faktoren einerseits auf die Intentionen[509] von Studierenden, (unternehmerische) Gelegenheiten im Rahmen von Unternehmensgründungen zukünftig wirtschaftlich verwerten zu wollen[510] und andererseits auf getroffene Entscheidungen, bereits aktiv in den (Vor-) Gründungsprozess zwecks der (potenziellen) wirtschaftlichen Verwertung von (unternehmerischen) Gelegenheiten involviert zu sein[511] (vgl. hierzu z.B. Ucbasaran/Westhead/Wright 2008: 158f.).[512] Das Hauptaugenmerk dieser Arbeit ist also auf die Verfolgung von – bereits vorliegenden oder noch nicht vorliegenden (vgl. hierzu z.B. Bhave 1994: 228-30; Hills/Singh/Lumpkin/Baltrusaityte 2004; Frank/Mitterer 2009: 370, 401; Douglas 2009: 4 sowie die folgende Fußnote) – (unternehmerischen) Gelegenheiten („opportunity pursuit"[513]) gerichtet, d.h. auf den der potenziellen wirt-

---

Nutzen bzw. ihre Profitabilität während des Gründungsprozesses allerdings noch nicht feststellen lässt (vgl. hierzu z.B. auch Casson/Wadeson 2007b: 296; Henrekson/Stenkula 2010: 610); zumal bis dato definitionsgemäß noch keine Umsatzerlöse erzielt wurden (vgl. hierzu auch Kapitel 2.1.2).

509 Vgl. hierzu z.B. Ajzen/Fishbein 1980; Bagozzi 1993: 218 sowie Kapitel 2.4.

510 Vgl. hierzu z.B. Bird 1988; Zhao/Seibert/Lumpkin 2010: 383f. sowie Kapitel 2.4.

511 Bspw. repräsentiert die Suche nach, Akkumulation und Verarbeitung von gründungsrelevanten Informationen zwecks der „kalkulierten" Beurteilung über die Realisierbarkeit einer vorliegenden Gründungsidee (Ucbasaran/Westhead/Wright 2008: 159, mit Verweis auf Casson 2003) ein entscheidungsorientiertes Verhalten, das widerspiegelt, dass der potenzielle Gründer bereits in den Vorgründungsprozess involviert ist.

512 Bspw. verdeutlichen Gaglio und Katz, die sich mit der „entrepreneurial alertness" als psychologische Basis der „opportunity identification" auseinandersetzen, dass „the decision to start a firm has been shown to be influenced by other variables that have little or nothing to do with the ability to find market opportunities" (Gaglio/Katz 2001: 106, mit Verweisen auf Carter/Gartner/Reynolds 1996; Cooper/Dunkelberg 1986). Dadurch wird untermauert, dass sich diese beiden verschiedenen Themenbereiche ohnehin nicht zweckdienlich gemeinsam analysieren lassen (vgl. hierzu z.B. auch Berg 2004: 73 sowie Kapitel 2.4).

513 Das Streben nach bzw. die Verfolgung einer (unternehmerischen) Gelegenheit bzw. „opportunity pursuit is defined as the commitment of time and resources into an [already identified or not yet identified; Anm. d. Verf.] opportunity for creating [...] a business" (Ucbasaran/Westhead/Wright 2008: 154). Der Zusatz des Verfassers, sowohl bereits identifizierte als auch noch nicht identifizierte (unternehmerische) Gelegenheiten (vgl. hierzu Ucbasaran/Westhead/Wright 2008: 167f.) einzubeziehen wird dadurch begründet, dass neben „intern stimulierten" (unternehmerischen) Gelegenheiten, die den potenziellen Gründern im Vorfeld der potenziellen Gründungsentscheidungen bzw. -intentionen vorliegen, auch „extern stimulierte" (unternehmerische) Gelegenheiten denkbar – und scheinbar sogar weitverbreitet (vgl. hierzu z.B. Hills/Singh/Lumpkin/Baltrusaityte 2004, zit. n. Frank/Mitterer 2009: 401; Bhave 1994: 230) – sind, bei denen die Gründungsentscheidungen bzw. -intentionen der Identifizierung von (unternehmerischen) Gelegenheiten durch die potenziellen Gründer vorausgehen (Bhave 1994: 228-30; Frank/Mitterer 2009: 370; Douglas 2009: 4). Trotz seiner Bezugnahme auf Bhave (1994), vertauscht Douglas jedoch fälschlicherweise die beiden von Bhave geprägten Begrifflichkeiten „externally stimulated opportunity recognition" und „internally stimulated opportunity recognition" (Bhave 1994: 228-30) miteinander; diese „Verwechslung" könnte dadurch bedingt sein, dass Douglas für den Fall des Vorliegens einer (unternehmerischen) Gelegenheit vor der Herausbildung von Gründungsintentionen bzw. vor der Gründungsentscheidung das für die vorliegende Arbeit fruchtbare Beispiel der Entdeckung einer neuen Technologie durch einen Wissenschaftler ohne vorherige Gründungsintentio-

schaftlichen Verwertung (unternehmerischer) Gelegenheiten („opportunity exploitation“[514]) vorausgehenden (Vor-) Gründungsprozess[515], ohne dass hierbei die potenziell vorliegenden Gründungsideen bzw. (unternehmerischen) Gelegenheiten[516] näher untersucht werden (vgl. hierzu auch Ucbasaran/Westhead/Wright 2008: 170 sowie Kapitel 2.4).[517] Demzufolge werden zwei „Erfolgsgrößen“ analysiert werden, die sich beide

nen aufgreift, der daraufhin von seinem sozialen Umfeld – also *extern* – zur Vermarktung seiner geschützten Technologie angetrieben bzw. „gepusht“ wird und infolgedessen Gründungsintentionen entwickelt und sich der Analyse- und Planungsphase des Gründungsprozesses (vgl. hierzu Kapitel 2.1.2) zuwendet (Douglas 2009: 4, mit Verweisen auf Smilor/Feeser 1991; Shaver/Carter/Gartner/Reynolds 2001). Neben intern stimulierten (unternehmerischen) Gelegenheiten sind auch extern stimulierte (unternehmerische) Gelegenheiten mit der Ansicht, „opportunities are related to unexploited projects in a well-defined set of possible projects“ (Casson/Wadeson 2007b: 298), vereinbar; zumal davon ausgegangen wird, dass (potenzielle) Gründer fähig sind, das von ihnen geplante „sub-field“ einer (potenziellen) Gründung festzulegen (Casson/Wadeson 2007b: 293, 298), in dem folglich im Rahmen der Suche nach (unternehmerischen) Gelegenheiten (Casson/Wadeson 2007b: 293) von der – infolge der durch die Verbreitung von Projektvarietäten bedingten – Vielzahl an möglichen Projekten (Casson/Wadeson 2007b: 288-92) die am geeignetsten erscheinende Alternative zu identifizieren (Casson/Wadeson 2007b: 293) und ggf. weiterzuverfolgen ist (Casson/Wadeson 2007b: 296; Douglas 2009: 4, mit Verweis auf McMullen/Shepherd 2006). Die einstig gewöhnliche „stagnierende“ Ansicht, die einen fixen Bestand an unternehmerischen Gelegenheiten annimmt, der sich infolge der Verwertung von neu entdeckten unternehmerischen Gelegenheiten reduziert (vgl. hierzu Keynes 1936), wird nicht den Implikationen des Lernens und der Unbeständigkeit in der Volkswirtschaft gerecht (Casson/Wadeson 2007b: 286). Durch die volkswirtschaftliche Anpassung an Umfeldveränderungen werden einerseits zwar einstige unternehmerische Gelegenheiten passé, andererseits entstehen neue unternehmerische Gelegenheiten, durch die wiederum weitere unternehmerische Gelegenheiten erwachsen (Casson/Wadeson 2007b: 286).

514 Im Rahmen der „opportunity exploitation“ steht bereits die wirtschaftliche Verwertung einer (unternehmerischen) Gelegenheit im Vordergrund – vergleichbar mit der dritten Phase „Exchange Stage“ in Bhaves Unternehmensgründungsprozessmodell (Bhave 1994: 235f.) –, die erst durch die Erwirtschaftung des ersten Umsatzerlöses ausgelöst werden kann; zumal diese Kennziffer die aktive Teilnahme bzw. eine Tauschbeziehung in der Volkswirtschaft impliziert (Reynolds/Miller 1992: 415; Bhave 1994: 236). Wie in Kapitel 2.1.2 bereits verdeutlicht, endet der Gründungsprozess im Sinne dieser Arbeit allerdings mit der ersten Umsatzerzielung (vgl. hierzu z.B. auch Reynolds/Miller 1992: 407, 411; Bhave 1994: 236; Szyperski/Nathusius 1999: 31; Mellewigt/Witt 2002: 83), so dass in dieser, lediglich den Gründungsprozess fokussierenden Arbeit die wirtschaftliche Verwertung (unternehmerischer) Gelegenheiten nicht analysiert wird.

515 Vgl. hierzu z.B. Ucbasaran/Westhead/Wright 2008: 158 sowie Kapitel 2.1.2.

516 Zur Unterscheidung zwischen einer Idee und einer „opportunity“, vgl. z.B. Ardichvili/Cardozo/Ray 2003; Ucbasaran/Westhead/Wright 2008: 169. Wie in Kapitel 2.4 bereits aufgezeigt, verkörpert eine Geschäftsidee im Rahmen dieser Arbeit eine erkannte potenzielle unternehmerische Gelegenheit, im Sinne einer „Theorie zur Erwirtschaftung eines Einkommens aus unternehmerischer Tätigkeit“ (Berg 2004: 73). Unter einer Gründungsidee wird eine Geschäftsidee verstanden, die – im Falle ihrer Verfolgung – im Rahmen einer Unternehmensgründung zu verwirklichen gesucht wird.

517 So wird ohnehin auf „Defizite in der komplexitätsangemessenen Abbildung des Konstrukts opportunity“ (Frank/Mitterer 2009: 398) in der Entrepreneurship-Forschung hingewiesen, was das in diesem Bereich bestehende Forschungsdefizit verdeutlicht (vgl. hierzu auch Frank/Mitterer 2009: 398-401). Bspw. mangele es in der Entrepreneurship-Forschung an einer Differenzierung zwischen ökonomisch bewerteten und nicht bewerteten Geschäftsideen; fehlt es nämlich an einer ökonomischen Bewertung, so ist kein „Rückschluss auf das ökonomische Potenzial einer Idee“

unter den in der Gründungsforschung gewöhnlich bezeichneten Analysebereich der „Gründungsaktivität" subsumieren lassen,[518] namentlich die zukunftsorientierte „Gründungswahrscheinlichkeit" und die gegenwartsorientierte „Gründungsrelevanz". Während auf die Gründungswahrscheinlichkeit, die in der vorliegenden Arbeit definiert wird als die von den potenziellen Gründern „eingeschätzte Wahrscheinlichkeit der Gründung eines Unternehmens", bereits in Kapitel 2.4 näher eingegangen wurde,[519] folgt an dieser Stelle eine Beschreibung der Gründungsrelevanz, die sich

(Frank/Mitterer 2009: 398) möglich. Allerdings lässt sich der ökonomische Wert einer Geschäftsidee nur anhand von Längsschnittuntersuchungen feststellen (vgl. hierzu Frank/Mitterer 2009: 399), was im Rahmen einer, wie in der vorliegenden Arbeit aufgegriffenen, Querschnittsuntersuchung ohnehin ausscheidet. Zwecks der Erforschung (unternehmerischer) Gelegenheiten, erscheint eine prozessuale Vorgehensweise notwendig (Frank/Mitterer 2009: 400), die den Prozess von der Identifizierung von Geschäftsideen bzw. potenziellen (unternehmerischen) Gelegenheiten (vgl. hierzu Ucbasaran/Westhead/Wright 2008: 167f.) bis zur potenziellen wirtschaftlichen Verwertung von (unternehmerischen) Gelegenheiten untersucht. Hinzu kommt, dass die existierenden Operationalisierungen des Konstrukts der (unternehmerischen) Gelegenheit (vgl. hierzu z.B. Gaglio 2004a) als „wenig überzeugend" und die diesbezügliche Verwendung quantitativer Forschungsmethoden als „verfrüht" eingestuft werden, und – dem aktuellen Forschungsstand entsprechend – zur Erforschung des komplexen Phänomens der (unternehmerischen) Gelegenheit erst einmal der Einsatz qualitativer Forschungsmethoden postuliert wird (Frank/Mitterer 2009: 399). Da im Rahmen der vorliegenden Arbeit allerdings gerade eine quantitative empirische Untersuchung studentischer Gründungsprozesse durchgeführt wird, erscheint es zweckdienlich, lediglich zwischen Vorhandensein und Nicht-Vorhandensein von Gründungsideen zu unterscheiden, ohne die Gründungsideen weiter zu analysieren.

518 Vgl. hierzu z.B. Klandt/Münch 1990: 174-78; Müller-Böling/Klandt 1990: 159f.; Brüderl/Preisendörfer/Ziegler 1998: 32 sowie Kapitel 2.3.

519 So wurde in Kapitel 2.4 bereits aufgezeigt, dass sich die „Gründungsintention" anhand der „eingeschätzten Wahrscheinlichkeit einer eigenen Gründung" operationalisieren lässt (vgl. hierzu Ajzen/Fishbein 1980, zit. n. Bagozzi 1993: 218; Krueger/Reilly/Carsrud 2000: 421). Entsprechend wird in der vorliegenden Arbeit die „Gründungsintention" als „eingeschätzte Gründungswahrscheinlichkeit" aufgefasst. Dies sei insbesondere deshalb erwähnt, weil in der Literatur häufig verwendete Begriffe wie „Gründungsintention" oder „unternehmerische Intention" oftmals nicht definiert bzw. nicht weiter erläutert werden, so dass bzgl. dieser Fälle die Interpretation der „Intention" durch den Autor der vorliegenden Arbeit auf der operationalen Definition im Sinne von Ajzen und Fishbein (1980, zit. n. Bagozzi 1993: 218) basiert. Möglicherweise könnte im Rahmen einer psychologisch orientierten Arbeit anders argumentiert werden und zwischen diversen Definitionen abgewogen werden; für die vorliegende betriebswirtschaftliche Arbeit erscheint ein entsprechender Rückgriff auf die genannte Definition nach Ansicht des Autors allerdings angemessen, insbesondere weil sich im Rahmen der intentionsbasierten Entrepreneurship-Forschung diverse Autoren auf Ajzen und Fishbein (1980, 2005) bzw. auf Ajzen mit seiner Theory of Planned Bahavior (vgl. hierzu z.B. Ajzen 1985, 1987, 1991, 2001, 2002) beziehen (vgl. hierzu z.B. Krueger/Reilly/Carsrud 2000; Tegtmeier 2008; Carsrud/Brännback/Elfving/Brandt 2009; Elfving/Brännback/Carsrud 2009; Hindle/Klyver/Jennings 2009; Krueger 2009). Für die Modellentwicklung und deren empirischer Überprüfung in der vorliegenden Arbeit kann dies allerdings als nicht ausschlaggebend betrachtet werden, zumal das Konstrukt „Intention" in diesem Zusammenhang ohnehin nicht explizit aufgegriffen wird, sondern die eindeutig quantifizierbare Erfolgsgröße der eingeschätzten Gründungswahrscheinlichkeit, die sich grundsätzlich problemlos interpretieren lässt. Da sich allerdings in der eingeschätzten Gründungswahrscheinlichkeit die Gründungsintention widerspiegelt (vgl. hierzu Ajzen/Fishbein 1980, zit. n. Bagozzi 1993: 218; Krueger/Reilly/Carsrud 2000: 421), erscheint es im Rahmen der Modellentwicklung der vorliegenden Arbeit wie-

anhand des in Kapitel 2.1.2 vorgestellten Gründungsprozess-Modells ableiten lässt und deren Operationalisierung derjenigen der „Gründungsambitionstypen“, „foundation ambition types“ bzw. „tipos de ambición fundadora“ des internationalen Forschungsprojektes „Gründung und Entrepreneurship von Studierenden“ (GESt-Studie) entspricht.[520] Die in der vorliegenden Arbeit gewählte Bezeichnung „Gründungsrelevanz“ soll einerseits eine Abgrenzung zu psychologisch geprägten Begriffen wie „Ambition“ signalisieren, und andererseits verkörpert sie nach Ansicht des Autors zutreffend die in der empirischen Untersuchung aufgegriffene Fragestellung „Wie haben Sie sich bisher mit dem Thema Unternehmensgründung auseinandergesetzt?“, die darauf abzielt, wie *relevant* das Thema der Unternehmensgründung für die befragten Studierenden ist.[521] In Abbildung 2 findet sich eine im Rahmen der vorliegenden Arbeit durchgeführte Weiterentwicklung des Gründungsambitionstypen-Modells (vgl. hierzu z.B. Ruda/Martin/Danko 2009: 9) wieder, die in das sogenannte Gründungsrelevanztypen-Modell mündet.

Diese Weiterentwicklung beinhaltet neben der bereits beschriebenen Begriffsänderung von Gründungsambition in Gründungsrelevanz insbesondere noch die folgenden Änderungen. Die einstigen „möglichen Rückschleifen“ wurden in „mögliche Rückschritte“ umbenannt, auf den Entwicklungspfad ausgerichtet und um weitere mögliche Rückschritte ergänzt, die sich auf bis zu vier Kategorien beziehen. Zudem wurde die zeitliche Komponente „Zeit aufgewendet für Entrepreneurship-Themen“ um die informationelle Komponente „Zugang zu Informationen über Entrepreneurship“ ergänzt,[522] einerseits aufgrund von Differenzen zwischen Individuen im Rahmen von

derum möglich, auf Erkenntnisse der intentionsbasierten Entrepreneurship-Forschung zurückzugreifen, die eine entsprechende Definition zugrunde legt.

520 Vgl. hierzu z.B. Ruda/Martin/Danko 2008: 364, 2009: 9f.; Ruda/Martin/Ascúa/Danko 2008: 6, 2009: 5f.; Ruda/Ascúa/Martin/Danko 2015a: 21-23, 2015b: 21-23, 2015c: 21f.

521 Für die Erforschung dieser Fragestellung lässt sich einerseits der Fokus auf den (Vor-) Gründungsprozess postulieren (Krueger/Reilly/Carsrud 2000: 420), und andererseits lassen sich hierfür insbesondere Studierende als zweckdienliche Zielgruppe einstufen, zumal „[s]amples of upper division students reveal vocational preferences at a time when they face important career decisions. Such samples explicitly include subjects with a broad spectrum of intentions and attitudes toward entrepreneurship“ (Krueger/Reilly/Carsrud 2000: 420).

522 Der Zusammenhang zwischen Zeitaufwand und Informationszugang wird insbesondere dadurch verdeutlicht, dass die Informationsakkumulation als „sehr zeitaufwendig“ beschrieben wird (Casson 2005a: 332, mit Verweis auf Lippman/McCall 1979). Demzufolge erscheint es zweckmäßig, trotz des Fokus der vorliegenden Arbeit auf den Zugang zu gründungsrelevanten Informationen (vgl. hierzu Kapitel 2.4 sowie die Ausführungen weiter unten in diesem Unterkapitel), die zeitli-

kognitiven Prozessen[523] als auch hinsichtlich Informationszugängen (Casson 1999: 50f.[524], 2005a: 330, 345; Carlsson/Braunerhjelm/McKelvey/Olofsson/Persson/Ylinen-

Abbildung 2

Gründungsrelevanztypen

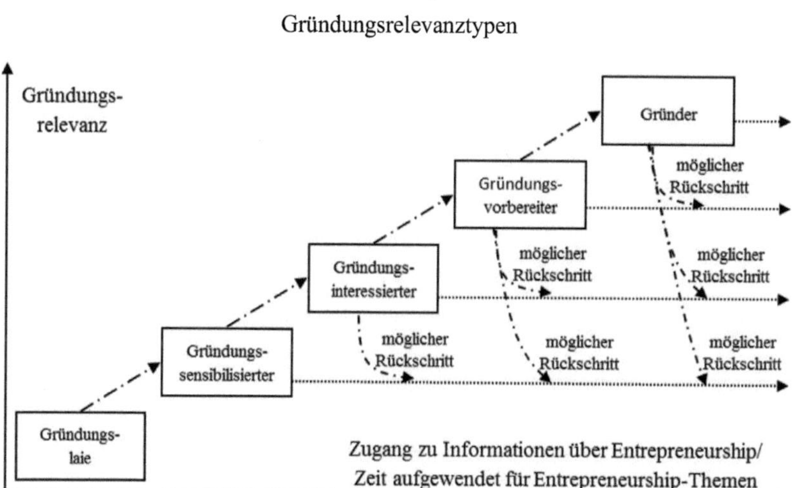

Quelle: Eigene Erstellung und in Anlehnung an Ruda/Martin/Danko 2008: 364, 2009: 9; Ruda/Martin/Ascúa/Danko 2008: 25; Ruda/Ascúa/Martin/Danko 2015b: 24.

pää 2013: 927)[525] und andererseits, um der grundlegenden Bedeutung des Zugangs zu gründungsrelevanten Informationen im Gründungsprozess[526] gerecht zu werden, zumal

che Komponente im Modell nicht gänzlich durch die informationelle Komponente zu ersetzen, sondern lediglich durch diese zu ergänzen; auch wenn in der vorliegenden Arbeit diese zeitliche Komponente nicht unmittelbar untersucht wird.

523 Vgl. hierzu z.B. Busenitz/Barney 1997: 9-26; Alvarez/Busenitz 2001: 759; Baron/Ward 2004: 557-69; Fayolle 2006: 11; Busenitz/Arthurs 2007: 132-47; Shane/Venkataraman 2000: 222-24, mit weiteren Verweisen; Fallgatter 2004: 33, mit Verweis auf Ward/Smith/Vaid 1997 (bibliographische Daten vervollständigt); Samuelsson/Davidsson 2009: 230, mit Verweis auf Schultz 1980, sowie Kapitel 2.4.

524 Mit Verweis auf Hayek 1937.

525 So kann im Sinne der Humankapitaltheorie (zu einer Anwendung humankapitalbasierter Ansätze auf Entrepreneurship, vgl. z.B. Ucbasaran/Westhead/Wright 2008: 153-71) angenommen werden, dass „the cognitive ability of individuals is increased by the accumulation of knowledge stocks such as it allows some individuals to perceive and act more efficiently and effectively […] through new venturing activity than others“ (Hindle/Klyver/Jennings 2009: 41, unter Bezugnahme auf Schenkel/Hechavarria/Matthews 2009 und mit Verweis auf Kirzner 1979), was einen Zusammenhang zwischen kognitiven Prozessen und Informations- und Wissenszugang von Personen beschreibt und somit – aufgrund des Zeitaufwands der Informationsakkumulation (Casson 2005a: 332, mit Verweis auf Lippman/McCall 1979) – wiederum den im Gründungsrelevanztypen-Mo-

ohne den Zugang zu dieser „*key resource for the new venture*“ (Cooper/Folta/Woo 1995: 107) ein Voranschreiten im Gründungsprozess kaum bzw. nicht denkbar erscheint.[527]

Die Gründungsambitionstypen (vgl. hierzu z.B. Ruda/Martin/Danko 2008: 363f., 2009: 9f.; Ruda/Martin/Ascúa/Danko 2008: 25) entstanden im Zuge der Entwicklung einer auf die studentische Zielgruppe fokussierenden Gründungsprozesstypologie, die – gegensätzlich zum „Gründungstrichter“ (Heinrich/Lettmayr 1997: 74f.; Otten 2000: 11; Welter/Bergmann 2002: 34f., zit. n. Uebelacker 2005: 80) bzw. „Gründungsprozess und Gründertypen“ (Welter 2001: 32-34) – nicht signalisiert, dass alle Personen der festgelegten Grundgesamtheit irgendwann zu Gründern werden, was offensichtlich nicht der Fall ist,[528] und – gegensätzlich zum „Reversed Stairs-Modell“ (Uebelacker

dell angenommenen Zusammenhang zwischen kognitiven Prozessen und der zeitlichen Komponente untermauert.

526 Vgl. hierzu z.B. Cohen/Levinthal 1990: 128; Cooper/Folta/Woo 1995: 107-19; Alvarez/Busenitz 2001: 768; Korunka/Frank/Lueger/Mugler 2003: 23-38; Baron/Ward 2004: 557; Busenitz/Arthurs 2007: 142; Casson/Wadeson 2007a: 239; Ucbasaran/Westhead/Wright 2008: 161f.; Hindle/Klyver/Jennings 2009: 36f.; Sarasvathy/Dew/Velamuri/Venkataraman 2010: 87; Qian/Acs 2013: 191; Shane/Venkataraman 2000: 222f., mit weiteren Verweisen; Forbes 1999: 428-30, mit Verweisen auf Kaish/Gilad 1991; Kirzner 1979: 137-39, 151, sowie Kapitel 2.4.

527 An dieser Stelle erscheint der Hinweis sinnvoll, dass Überlegungen angestellt werden könnten, im Modell anstelle der informationellen (als auch zeitlichen) Komponente eine generelle ressourcenbasierte Komponente aufzugreifen, die ein potenzielles Voranschreiten im Gründungsprozess beeinflusst; dies würde jedoch den Fokus weg von einer in diesem Zusammenhang zweckdienlicher erscheinenden spezifischeren informationsbasierten (und zeitbasierten) Betrachtung hin zu einer generelleren und somit wesentlich komplexeren Betrachtung verschieben, die so, zumindest an dieser Stelle, ausgespart werden kann, zumal der Informationszugang im Sinne der vorliegenden Arbeit – als auch der mit diesem einhergehenden Zeitaufwand (Casson 2005a: 332, mit Verweis auf Lippman/McCall 1979) – ohnehin auf die, für die wirtschaftliche Entwicklung entscheidende Beurteilung von vorhandenen bzw. zugänglichen Ressourcen (Veblen 1898: 387f.) und die Verfügbarmachung von weiteren, für eine potenzielle Gründung grundlegenden Ressourcen aus dem sozialen Umfeld abstellt (vgl. hierzu auch weiter unten in diesem Unterkapitel). So verdeutlichen auch theoretische Überlegungen als auch Forschungsergebnisse, dass Informationsquellen aus den sozialen Netzwerken der (potenziellen) Gründer oftmals zur Identifikation von potenziellen unternehmerischen Gelegenheiten und zur Ressourcenakkumulation im Gründungsprozess beitragen (vgl. hierzu z.B. Baron 2007a: 173, mit Verweis auf Ozgen/Baron 2007; Berg 2004: 76, mit Verweis auf Venkataraman/Sarasvathy 2001: 659). Casson weist ferner auf die Sonderstellung der Ressource „Information“ (Stigler 1961: 213; Barney 1991: 101; Cooper/Folta/Woo 1995: 107; Casson 1999: 51; Barney/Wright/Ketchen 2001: 625; Brush/Greene/Hart 2001: 65; Baron 2007a: 172; Low/MacMillan 1988: 155; Sarasvathy/Dew/Velamuri/Venkataraman 2010: 86; Gaglio/Winter 2009: 317) gegenüber anderen Ressourcen im unternehmerischen Kontext hin (vgl. hierzu Casson 1999: 50-52).

528 Bspw. betont Welter trotz der Verwendung des „idealtypischen Gründungstrichters“ im Rahmen ihrer empirischen Untersuchung (Welter 2001: 37), dass „der werdende Gründer […] nicht unbedingt zum tatsächlichen Gründer wird, sondern die Gründung eventuell zurückstellt oder sogar aufgibt“ (Welter 2001: 34); und Uebelacker argumentiert, dass die Verwendung des Gründungs-

2005: 81f.) – auch niemanden von einer potenziellen Unternehmensgründung ausschließt.[529] So kann es nämlich aufgrund der zukünftigen Ungewissheit bspw. sein, dass selbst Personen, die zu einem bestimmten Zeitpunkt kein Gründungsinteresse aufweisen, sich zu einem späteren Zeitpunkt bereits in einer Gründungsvorbereitung befinden; genauso ist es z.B. denkbar, dass ein einstig bestandenes Gründungsinteresse im Zeitverlauf abnimmt bzw. zu einem späteren Zeitpunkt nicht mehr vorliegt.[530] Unter dieser Annahme einer zukünftigen Ungewissheit und im Sinne des Prozesscharakters der Unternehmensgründung lassen sich alle (erwerbsfähigen) Personen bzw. innerhalb der studentischen Zielgruppe alle Studierenden als potenzielle Gründer auffassen (vgl. hierzu z.B. Acs 2001: 10; Shane/Venkataraman 2000: 220; Acs/Audretsch/Lehmann 2013: 768; Qian/Acs 2013: 192; Uebelacker 2005: 78-80; Lilischkis 2001: 13).[531] Dieser Möglichkeit, im Gründungsprozess voranzuschreiten, in einer Phase zu verharren oder aber auch in eine frühere Phase zurückzuschreiten, werden die in der Literatur verbreiteten, auf einem Gründungstrichter aufbauenden Gründungsprozesstypologien (vgl. hierzu z.B. Uebelacker 2005: 80[532]; Welter 2001: 32-34, 37; Görisch 2002b: 18; Brockmann/Greaney 2006: 4) sowie das Reversed Stairs-Modell (vgl. hierzu Uebelacker 2005: 81f.) nicht gerecht; was für die Anwendung von Gründungsprozesstypologien wie die Gründungsambitionstypen bzw. die aus diesen hervorgehenden Gründungsrelevanztypen im Rahmen der in der vorliegenden Arbeit durchge-

trichters nicht die Prozesse in der Realität abbildet, da im Laufe des Gründungsprozesses „von einem Entwicklungsstadium zum nächsten Drop-out-Quoten zu verzeichnen sind“ (Uebelacker 2005: 81).

529 Zwar verdeutlicht das Reversed Stairs-Modell, dass sich eine Teilmenge der erwerbsfähigen Grundgesamtheit zum Gründer entwickeln kann, jedoch wird bei den Übergängen zwischen den diversen Entwicklungsstufen jeweils eine „Drop-out-Menge“ angenommen, die „nicht die nächste Stufe erreichen kann“ (Uebelacker 2005: 82).

530 So betont auch Welter, dass Gründungsprozesse von Diskontinuitäten und rekursiven Verläufen geprägt sein können (Welter 2001: 34).

531 Wichtig erscheint an dieser Stelle der Hinweis, dass diverse Autoren den Begriff der potenziellen Gründer anders definieren (vgl. hierzu z.B. Otten 2000: 8, 16, zit. n. Brockmann/Greaney 2006: 3f.; Welter 2001: 32; Bruns/Görisch 2002: 6, 30; Görisch 2002b: 17f.; Fueglistaller/Volery/Halter/Hartl/Rottmann/Derungs 2003: 9; Fueglistaller/Halter/Blickle/Werner/Balazi 2004: 16f.; Chlosta/Klandt/Johann 2006: 12; Fueglistaller/Halter 2006: 9f.; Golla/Halter/Fueglistaller/Klandt 2006: 224) als die vorliegende Arbeit, welche im Rahmen ihrer Zielsetzung auf Studierende – so wie bspw. auch Uebelacker (vgl. hierzu Uebelacker 2005: 78-80) – alle Studierenden als potenzielle Gründer anerkennt.

532 Unter Bezugnahme auf Heinrich/Lettmayr 1997: 74f.; Otten 2000: 11; Welter/Bergmann 2002: 34f.

führten empirischen Untersuchung spricht.[533] Die in Abbildung 2 kategorisierten Gründungsrelevanztypen werden, in Anlehnung an die Gründungsambitionstypen (vgl. hierzu z.B. Ruda/Martin/Danko 2008: 364, 2009: 9; Ruda/Martin/Ascúa/Danko 2008: 6), wie folgt definiert:

- Der *Gründungslaie* hat sich bisher noch gar nicht mit dem Thema der Unternehmensgründung auseinandergesetzt.
- Der *Gründungssensibilisierte*[534] hat die Gründung noch nicht erwogen.
- Der *Gründungsinteressierte* hat die Gründung bereits erwogen, allerdings bisher noch keine Schritte zu ihrer Vorbereitung unternommen.
- Der *Gründungsvorbereiter*[535] befindet sich bereits in der Gründungsvorbereitung.
- Der *Gründer* hat bereits gegründet.

Während in der vorliegenden Arbeit, wie weiter oben bereits betont, alle Studierende als potenzielle Gründer betrachtet werden – und somit das „Potenzial für unternehmerische Tätigkeiten an deutschen Hochschulen" (Bergmann 2014: 3), auch im Zuge ansteigender Immatrikulationszahlen, als enorm eingestuft wird (vgl. hierzu Bergmann 2014: 3; Uebelacker 2005: 78f.; Kofner/Menges/Schmidt 1999: 14f.) –, wird unter dem Begriff „Gründungspotenzial" nicht lediglich, wie in der Literatur häufig der Fall (vgl. z.B. Welter 2001: 31-34; Fueglistaller/Klandt/Halter 2006: 10; Josten/van Elkan/ Laux/Thomm 2008a: 3), die Summe aller potenziellen Gründer verstanden, sondern auch das volkswirtschaftliche Potenzial von Unternehmensgründungen (vgl. hierzu

533 Zu einer Beschreibung der bereits genannten sowie weiterer Merkmale des Gründungsambitionstypen-Modells, vgl. z.B. Ruda/Martin/Ascúa/Danko 2009a: 6, mit weiteren Verweisen; Ruda/ Martin/Danko 2009: 9f., mit weiteren Verweisen.

534 „Eine Gründungssensibilisiertheit ist dann erreicht, wenn die Adressaten sich für eine erste systematische und nachhaltige (kognitive, affektive und sozial-kommunikative) Auseinandersetzung mit der (bzw. Erschließung für die) Existenzgründungsthematik bereit erklären" (Braukmann 2003: 191).

535 Der Gründungsvorbereiter lässt sich mit dem im Global Entrepreneurship Monitor (GEM) (vgl. hierzu z.B. Sternberg/Vorderwülbecke/Brixy 2015: 7) verwendeten „nascent entrepreneur" (vgl. hierzu z.B. Sternberg/Brixy/Hundt 2007: 41; Sternberg/Vorderwülbecke/Brixy 2015: 26), mit dem im Global University Entrepreneurial Spirit Students' Survey (GUESSS) (vgl. hierzu z.B. Bergmann 2014: 1, 29f.) verwendeten „werdenden Gründer" (vgl. hierzu z.B. Bergmann 2014: 4) als auch mit der folgenden Definition vergleichen. „A nascent entrepreneur is defined as someone who initiates serious activities that are intended to culminate in a viable business start-up" (Acs/ Audretsch 2005b: 5, angelehnt an Reynolds 1994; vgl. hierzu z.B. auch Aldrich/Martinez 2001: 42; Aldrich/Martinez 2010: 388).

Kapitel 2.2). So wurde bspw. bereits aufgezeigt, dass wirtschaftspolitische Programme wie EXIST insbesondere die Förderung von innovativen Unternehmensgründungen durch Studierende und Akademiker fokussieren, die mit der Schaffung von neuen und gesicherten Arbeitsplätzen in Verbindung gebracht werden (Kulicke/Dornbusch/Kripp/Schleinkofer 2012: 1); entsprechend wird die postulierte Unterstützung und Schaffung von Anreizen für akademische Unternehmensgründungen als auch die Beschleunigung der Vermarktung von Inventionen aus dem Hochschulkontext heraus als Möglichkeit der Förderung von Innovationen in der Volkswirtschaft angesehen (Kauffman Foundation 2007: 2f.; Henrekson/Stenkula 2010: 618; Carree/Thurik 2010: 580; Audretsch/Thurik 2000: 19, 31f.). Gerade von der akademischen Zielgruppe werden technologiebasierte bzw. wissensintensive und/oder wachstumsorientierte Gründungen mit überdurchschnittlich positiven volkswirtschaftlichen Effekten (z.B. Technologietransfer, Strukturwandel, Arbeitsplatzgenerierung) erwartet (Uebelacker 2005: 79f.; Schwarz/Grieshuber 2001: 105f.; Koch 2002: 6; Ruda/Martin/Ascúa/Gerstlberger/Danko 2012: 104f.), was neben Forschungsaktivitäten an Hochschulen und der diesbezüglichen Wissensgenerierung und Wissensdiffusion auch auf die dortige akademische Vermittlung von „generalisierten" Kompetenzen zurückgeführt wird, die für potenzielle Gründer förderliche Ressourcen darstellen können, um bspw. die neuesten Forschungserzeugnisse wirtschaftlich erfolgreich zu verwerten (Aldrich/Martinez 2010: 405[536]; Acs/Szerb 2007: 112). Entsprechend betrachten Audretsch und Lehmann das Humankapital von Hochschulabsolventen als einen grundsätzlichen Mechanismus und Hochschulabsolventen als einen der bedeutendsten Kanäle für Wissensspillover aus Hochschulen (Audretsch/Lehmann 2005: 1194[537]). Während die Entrepreneurship-Forschung schwerpunktmäßig (hoch-) technologieorientierte Unternehmensgründungen durch Wissenschaftler untersucht (Bergmann 2014: 3[538]), dominiert jedoch eindeutig die Anzahl an Unternehmensgründungen durch Studierende (Bergmann 2014: 3) und Hochschulabsolventen (vgl. hierzu auch Aldrich/Martinez 2010: 413), und diese durch Studierende – und vermutlich auch durch Hochschulabsolventen[539] – gegründeten Un-

536 Mit Verweisen auf Romanelli 1989; Nelson 1994.

537 Unter Bezugnahme auf Saxenian 1994; Varga 2000.

538 Mit Verweis auf Shane 2004.

539 Bergmann nennt lediglich den Begriff „Studierende" (Bergmann 2014: 3); Uebelacker subsumiert allerdings unter die „Studierenden" neben den gegenwärtig Studierenden auch die Gruppe der

ternehmen sind „insgesamt betrachtet auch nicht von geringerer Qualität als Gründungen von Wissenschaftlern“ (Bergmann 2014: 3[540]); was die Zweckdienlichkeit der Schwerpunktsetzung dieser Arbeit auf Studierende auch aus wirtschaftspolitischer Perspektive untermauert,[541] da mit Erkenntnissen über Merkmale dieser Zielgruppe bzgl. des Gründungsprozesses Rückschlüsse auf eine gezielte Förderung akademischer Gründungsaktivitäten möglich werden (vgl. hierzu z.B. auch Sternberg/Vorderwülbecke/Brixy 2015: 25; Shane 1996: 773).[542] Der langjährige wirtschaftspolitische Fokus der Etablierung einer Kultur der Selbstständigkeit[543] an Hochschulen hat zum Ziel,

---

Hochschulabsolventen (Uebelacker 2005: 78f.). Ähnlich geht auch Lilischkis vor, der unter die „Studierenden“ neben den „Derzeitigen“ (d.h. immatrikulierte Studierende und externe Doktoranden) und den „examinierten Hochschulabgängern“ allerdings auch „Studienabbrecher“ und „endgültig Gescheiterte“ inkludiert (Lilischkis 2001: 13), wobei er sich daraufhin ebenfalls auf die Einteilung in „derzeitige Studierende“ und „Hochschulabgänger“ beschränkt (Lilischkis 2001: 14).

540 Mit Verweis auf Åstebro/Bazzazian/Braguinsky 2012.

541 Der Hauptgrund, dass sich die vorliegenden Arbeit „lediglich“ mit Studierenden in grundlegenden sowie weiterführenden Studiengängen befasst und nicht mit ehemaligen Studierenden, die nicht mehr an einer Hochschule immatrikuliert sind, ist auf die Möglichkeit des Zugangs zu und der Erreichbarkeit dieser Zielgruppe im Rahmen der verwendeten Datenerhebungstechnik der schriftlichen Befragung mittels eines standardisierten Fragebogens während Vorlesungen an Hochschulen zurückzuführen (vgl. hierzu auch Kapitel 3).

542 So kommt Shane in seiner Analyse von Entrepreneurship-Quoten – wobei er den Entrepreneur definiert als „a person who starts a new business that he or she actively manages“ (Shane 1996: 777) – in den USA zwischen 1899 und 1988 zu dem Ergebnis, dass die Veränderungen der Entrepreneurship-Quoten im Zeitverlauf nicht zufällig sind, was im Falle der Identifizierung von Einflussfaktoren auf die Gründungsneigung eine grundsätzliche, auch wirtschaftspolitische Beeinflussbarkeit von Gründungsaktivitäten nahelegt (Shane 1996: 773).

543 Einerseits beeinflusst die Kultur die Einstellung zum Unternehmertum, und andererseits sind kulturelle Schemata bzw. Normen und Einstellungen anhand von politischen Maßnahmen und institutionellen Änderungen, zumindest aus Sicht eines langfristigen Zeithorizontes, grundsätzlich veränderbar (Henrekson/Stenkula 2010: 602, mit Verweisen auf Acs/Szerb 2007; Bowles 1998; Baumol/Litan/Schramm 2007: 203ff.; Smith 2003); „Lachmann (1970) argues *institutions* serve as *points of orientation* enabling millions of individuals to coordinate their expectations based on taken-for-granted rules and norms“ (Chiles/Bluedorn/Gupta 2007: 479). Allerdings gilt es bei Maßnahmen, die auf eine Etablierung einer Kultur der Selbständigkeit abzielen, zu beachten, dass einerseits der Kontext zu berücksichtigen ist, da sich politische, kulturelle und wirtschaftliche Systeme verschiedener Länder voneinander unterscheiden, deren Merkmale sich nicht (einfach) durch staatliche Politiken nachbilden lassen (Henrekson/Stenkula 2010: 601, mit Verweis auf Boettke/Coyne 2009: 144), und andererseits „[c]ulture is a proximate rather than an ultimate cause; focusing on its role in spurring entrepreneurial activity is misleading indeed“ (Henrekson/Stenkula 2010: 602). Zu Möglichkeiten der Entrepreneurship-Politik zwecks Förderung eines positiven Umfelds für (sozial produktive) unternehmerische Aktivitäten, vgl. Henrekson/Stenkula 2010: 601-29. Zudem erscheint noch der Hinweis sinnvoll, dass die vorliegende Arbeit den studentischen Gründungsprozess im Rahmen des Fokus auf ausgewählte Fachrichtungen exemplarisch an einigen Hochschulen in Deutschland untersucht, um die Annahmen des zu entwickelnden Modells erstmalig zu testen und hierbei nicht zwischen politischen und kulturellen Unterschieden differenziert, wie es insbesondere im Rahmen von Ländervergleichen sinnvoll erscheint; zu Ländervergleichen mit Fokus auf Studierende, vgl. z.B. Fueglistaller/Klandt/Halter 2006; Sieger/Fueglistaller/Zellweger 2011; Fueglistaller/Klandt/Halter/Müller 2009; Sieger/Fueglistaller/Zell-

Studierende bzw. Akademiker zu Unternehmensgründungen anzuregen (Bergmann 2014: 3; Uebelacker 2005: 78[544]), damit durch diese neues, im Hochschulkontext entstandenes Wissen kommerzialisiert wird (Koch 2002: 6; Acs/Szerb 2007: 112; Audretsch/Thurik 2000: 19, 31f.), mit einhergehenden positiven Effekten auf Arbeitsplätze und wirtschaftlichen Strukturwandel (Bergmann 2014: 3). Einerseits gründet die akademische Zielgruppe gegenüber Gründern mit niedrigeren Bildungsniveaus häufiger wachstumsintensive (Uebelacker 2005: 79f.[545]) und innovative bzw. technologieorientierte Unternehmen (Schwarz/Grieshuber 2001: 105f.), andererseits erhöht sich mit einem höheren Bildungsniveau die Gründungswahrscheinlichkeit (Uebelacker 2005: 80[546]), und auch innerhalb der Gruppe der Gründungsvorbereiter existiert ein signifikant höherer Ausbildungsgrad als in der erwerbsfähigen Bevölkerung (Welter 2001: 31-41). Zudem kommen Sargeant und Moutray, wenn auch speziell für die USA, zu dem Ergebnis, dass die „number of self-employed who are more educated has increa-

---

weger 2014; Ruda/Martin/Ascúa/Danko 2009b, 2009c, 2011, 2015a, 2015b, 2015c; Ruda/Martin/Danko 2010; Ruda/Martin/Arnold/Danko 2012; Ruda/Martin/Ascúa/Gerstlberger/Danko 2012, 2013; Ruda/Martin/Danko/Kurczewska 2012; Ruda/Ascúa/Arnold/Danko/Grüner 2013; Ruda/Martin/Ascúa/Danko/Fafaliou 2013. Auch wenn die Kultur und Institutionen Entrepreneurship bzw. die Entscheidung für die selbständige Erwerbstätigkeit offensichtlich zu beeinflussen scheinen (vgl. hierzu z.B. Acs/Braunerhjelm/Audretsch/Carlsson 2009: 22; Carree/Thurik 2010: 587; Carlsson/Braunerhjelm/McKelvey/Olofsson/Persson/Ylinenpää 2013: 914; Aldrich/Martinez 2001: 50, mit Verweis auf Dobbin/Dowd 1997; Hofstede/Noorderhaven/Thurik/Uhlaner/Wennekers/Wildeman 2004: 171-97, mit weiteren Verweisen; Mauer/Neergaard/Kirketerp/Linstad 2009: 247, mit Verweis auf Mitchell/Smith/Morse/Seawright/Peredo/McKenzie 2002), wird, vergleichsweise zu wirtschaftlichen Einflussgrößen, auf die höhere Komplexität bzw. Schwierigkeit in der Ermittlung entsprechender Faktoren als auch auf uneinheitliche Forschungsergebnisse hingewiesen (vgl. hierzu z.B. Acs/Braunerhjelm/Audretsch/Carlsson 2009: 22; Carree/Thurik 2010: 587; Elfving/Brännback/Carsrud 2009: 31), so dass es ohnehin angebracht erscheint, die explizite Analyse von derartigen Faktoren im Rahmen der vorliegenden Arbeit auszuklammern und insbesondere Ländervergleichen den Vortritt bei deren Erforschung zu lassen; gewiss könnte intendiert werden, „lediglich“ innerhalb Deutschlands regionale kulturelle Unterschiede zu erforschen, dennoch erscheinen (zuvor) postulierte internationale Vergleichsanalysen (Elfving/Brännback/Carsrud 2009: 31) hierfür geeigneter zu sein, da kulturelle Unterschiede zwischen Ländern als höher ausgeprägt angenommen werden können als regionale Unterschiede innerhalb eines Landes wie z.B. innerhalb Deutschlands (vgl. hierzu z.B. Hofstede/Noorderhaven/Thurik/Uhlaner/Wennekers/Wildeman 2004: 165f., 171-75, mit weiteren Verweisen) – und „significant differences across cultures remain“ (Hofstede/Noorderhaven/Thurik/Uhlaner/Wennekers/Wildeman 2004: 164, mit Verweisen auf Hofstede 2001; Huntington 1996) –, was grundsätzlich zu einer höheren Wahrscheinlichkeit führt, signifikante Unterschiede aufzudecken (vgl. hierzu z.B. Utsch/Rauch/Rothfuß/Frese 1999: 39), wie auch Forschungsergebnisse vermuten lassen, die die Bedeutung der Variable „country“ für die Erklärung der differierenden unternehmerischen Aktivitäten betonen und gewisse institutionelle und/oder kulturelle Faktoren dafür als ursächlich betrachten (Hofstede/Noorderhaven/Thurik/Uhlaner/Wennekers/Wildeman 2004: 181).

544 Mit Verweisen auf BMBF 1998; Frick/Lageman/von Rosenbladt/Voelzkow/Welter 1998.

545 Mit Verweis auf Dietrich 1999: 89ff.

546 Mit Verweis auf Kofner/Menges/Schmidt 1999: 14 (bibliographische Daten angepasst).

sed more than educational attainment in the population overall" (Sargeant/Moutray 2010: 30), was, zumindest aus internationaler Perspektive, auf eine ansteigende Relevanz der Unternehmensgründung für Personen mit höherem Bildungsniveau[547] hindeutet. Zwar ist dem GEM zufolge in Deutschland die „Total Early-stage Entrepreneurial Activity" (TEA) (vgl. hierzu z.B. Sternberg/Vorderwülbecke/Brixy 2015: 26) i.H.v. 5,3 Prozent geringer als in den meisten innovationsbasierten Ländern (Sternberg/Vorderwülbecke/Brixy 2015: 6), allerdings liegt sie in Deutschland bei der Gruppe der Hochschulabsolventen mit 7,8 Prozent deutlich über der TEA-Quote Deutschlands (Sternberg/Vorderwülbecke/Brixy 2015: 6, 13); so dass ein höherer Ausbildungsgrad – „als Indikator für Humankapital" (Welter 2001: 41) – auf eine höhere Wahrscheinlichkeit des Vorliegens von notwendigen Gründungsfähigkeiten zurückgeführt wird (Sternberg/Vorderwülbecke/Brixy 2015: 13), wobei im Rahmen der Gründungsentscheidung die persönliche Einschätzung der eigenen Qualifikationen – und weiteren gründungsbezogenen Rahmenbedingungen (Sternberg/Vorderwülbecke/Brixy 2015: 6) – durch den potenziellen Gründer entscheidend ist[548] und nicht deren „korrekte" Bewertung (Sternberg/Vorderwülbecke/Brixy 2015: 17).[549] Hinzu kommt, dass die TEA-Quote in Deutschland im internationalen Vergleich zwar relativ häufig auf notgetriebenen Gründungen bzw. einer Gründungsmotivation aufgrund mangelnder Erwerbsalternativen basiert (Sternberg/Vorderwülbecke/Brixy 2015: 25), jedoch dominieren innerhalb der akademischen Gruppe chancengetriebene Gründungen bzw. auf Gründungsideen oder dem Selbstverwirklichungsmotiv basierende Gründungsmotivation gegenüber der durch den Mangel an Erwerbsalternativen bedingten Gründungsmotivation (Sternberg/Vorderwülbecke/ Brixy 2015: 6); ein aus volkswirtschaftlicher Sicht als positiv einzustufendes Ergebnis, zumal chancengetriebenen Unternehmensgründungen höhere Wachstumseffekte und eine höhere Überlebenswahrscheinlichkeit zugeschrieben werden als notgetriebenen Unternehmensgründungen (Sternberg/Vorderwülbecke/Brixy 2015: 25). Ausgehend von diversen Studienergebnissen schlussfolgert

547 Operationalisiert durch „mindestens einen Bachelor-Abschluss" (Sargeant/Moutray 2010: 30).

548 Vgl. hierzu z.B. auch Casson 2010: 377 sowie Kapitel 2.3 und Kapitel 2.4.

549 Inwiefern die Annahmen des Gründers „akkurat" sind, spiegelt sich gewiss erst in den Folgen unternehmerischen Handelns wider (Casson 2010: 377f.) – eine sich vielmehr auf die Analyse des (qualifizierten) Gründungserfolges oder der Existenzsicherung (vgl. hierzu Kapitel 2.3) beziehende Fragestellung. Dennoch erweisen sich selbstbewertete Fähigkeiten als hoch korrelierend mit objektiveren Fähigkeitsmaßen (Gist 1987, zit. n. Ucbasaran/Westhead/Wright 2008: 157, 163).

Uebelacker entsprechend, dass Studierende eine geeignete Zielgruppe für Unternehmensgründungen darstellen, da sie überdurchschnittlich häufig gründen und ihre Gründungen überdurchschnittlich positive Effekte auf die Volkswirtschaft ausüben (Uebelacker 2005: 80). „Sicherlich ist ein hoher Bildungsgrad keine Garantie für eine erfolgreiche Gründung, jedoch lässt der höchste Bildungsabschluss auf mögliche Potentiale der Gründung schließen" (Sternberg/Vorderwülbecke/Brixy 2015: 13); diese „möglichen Potenziale" beziehen sich offenkundig auf das Gründungspotenzial im oben genannten Sinne der volkswirtschaftlichen Leistungsfähigkeit von Unternehmensgründungen.

Studienergebnissen zufolge unterscheiden sich die Anteile der Gründungsaktivitäten (sowohl bzgl. Gründungsintentionen als auch bzgl. Gründungsvorbereitung und Gründungsrealisation) von Studierenden unterschiedlicher Fachrichtungen (Bergmann 2014: 5f., 12f.; Josten/van Elkan/Laux/Thomm 2008a: 13f.; Uebelacker 2005: 79; Görisch 2002b: 28-30). So zeigen diverse Studien für Studierende der Betriebswirtschaftslehre, des Ingenieurwesens und der Informatik zumeist die höchsten bzw. überdurchschnittliche Gründungswahrscheinlichkeiten bzw. Gründungsaktivitäten auf (Otten 2000: 12, zit. n. Görisch 2002b: 29; Schwarz/Grieshuber 2001: 105; Görisch 2002b: 28-30; Josten/van Elkan/Laux/Thomm 2008a: 13f.; Bergmann 2014: 5f., 12f.). Empirische Befunde des Inmit und des IfM untermauern die Bedeutung dieser Fachrichtungen, indem sie illustrieren, dass von Unternehmern mit Hochschulabschluss 84 Prozent den Ingenieurwissenschaften oder Naturwissenschaften und ein Zehntel den Wirtschaftswissenschaften zuzuordnen sind (Inmit/IfM 1998: 11, zit. n. Koch 2002: 11). Während Studierenden und Akademikern der Ingenieurwissenschaften sowie Informatik ein hohes Potenzial für technologieorientierte Unternehmensgründungen zugeschrieben wird (Bergmann 2014: 6; Josten/van Elkan/Laux/Thomm 2008a: 72, 76; Lilischkis 2001: 24; Kofner/Menges/Schmidt 1999: 14f.), repräsentieren Studierende und Absolventen der Betriebswirtschaftslehre weniger Träger von Produkt- und Prozessinnovationen (Braukmann 2002: 62, zit. n. Braukmann 2003: 199) bzw. von „mittelinduzierten" Innovationen, sondern vielmehr von „zweckinduzierten" Innovationen,[550] allerdings wird Betriebswirten auch eine hohe Bedeutung im Rahmen von technologieorientierten komplementären Teamgründungen, die i.d.R. als die erfolgreichsten Unternehmensgründungen angesehen werden (vgl. hierzu z.B. Franke/Lüthje 2004: 43; Drnovsek/Cardon/Murnieks 2009: 193[551]; Schjoedt/Kraus 2009: 516f.[552]; Mellewigt/Witt 2002: 97), beigemessen, bei denen sie insbesondere die kaufmännischen Aufgabenbereiche übernehmen (Franke/Lüthje 2004: 43). Die hohe Relevanz derartiger komplementärer akademischer Teams im Rahmen von technologiebasierten bzw. wissensintensiven Unternehmensgründungen (Brush/Greene/Hart 2001: 70) aus Hochschulen spiegelt sich auch in den beiden Dimensionen der unternehmerischen Absorptionsfähigkeit im Sinne der „absorptive capacity theory of knowledge spillover entrepreneurship" (vgl. hierzu Qian/Acs 2013: 185-96 sowie Kapitel 2.3) wider. So variiert dieser Theorie zufolge die zwecks der Kommerzialisierung von neuem Wissen anhand von Unternehmensgründungen ausschlaggebende unternehmerische Absorptionsfähigkeit unter den potenziellen Gründern (Qian/Acs 2013: 192); einerseits sind „wissenschaftliche" Kenntnisse notwendig, um neue – selbst und/oder durch andere entwickelte (vgl. hierzu auch Acs/Audretsch/Lehmann 2013: 769; Qian/Acs 2013: 192) – Inventionen nachvollziehen und deren potenzielle Marktwerte erkennen zu können,[553] und andererseits sind „wirtschaftliche" Kenntnisse zur Gründung und Führung eines Unternehmens erforderlich (Acs/Audretsch/Lehmann 2013: 768; Qian/Acs 2013:

550 Zu „mittelinduzierten" und „zweckinduzierten" Innovationen, vgl. Hauschildt 2004: 11, zit. n. Fallgatter 2007: 21.

551 Mit weiteren Verweisen.

552 Mit weiteren Verweisen.

553 Hingegen umfasst die „entrepreneurial alertness" nach Kirzner auch Einblicke in den Wert einer Ressource bzw. Erfindung, während der „knowledge expert" den marktwirtschaftlichen Wert des Wissens nicht vollständig erkennt oder nicht begreift, wie das Wissen vermarktet werden kann; es sei denn er verfügt auch über die hierzu notwendige unternehmerische „alertness" bzw. „Flinkheit" (Alvarez/Busenitz 2001: 760, unter Bezugnahme auf Kirzner 1979). Unabhängig von diesem Unterschied, dass das Erkennen des potenziellen Marktwerts im Kirznerschen Sinne der „alert" Person und nicht dem Wissensexperten – zumindest nicht demjenigen Wissensexperten, der nicht auch über diese „alertness" verfügt – zugeordnet wird, während sie nach der „absorptive capacity theory of knowledge spillover entrepreneurship" bei den „wissenschaftlichen" und nicht bei den „wirtschaftlichen" Kenntnissen angesiedelt ist, besteht Übereinkunft in der generellen Bedeutung, im unternehmerischen Prozess bzw. im Rahmen der Innovationstätigkeit, Wissen auf seinen potenziellen Marktwert zu überprüfen und in kommerzielles bzw. wirtschaftlich nutzbares Wissen zu transformieren (vgl. hierzu Arrow 1962b: 155-72; Audretsch/Keilbach 2004a: 422; Mueller 2006: 1501; Acs 2010: 178; Henrekson/Stenkula 2010: 617; Qian/Acs 2013: 187 sowie Kapitel 2.2) sowie darin, dass sich die entsprechenden Akteure mit ihren unterschiedlichen Kenntnissen bzw. Kenntnisbereichen in diesem Zusammenhang ergänzen können (vgl. hierzu z.B. auch Schumpeter 1993b: 129).

192).[554] Demzufolge erscheinen komplementäre Teamgründungen prädestinierter dafür zu sein, diese beiden Kompetenzbereiche der unternehmerischen Absorptionsfähigkeit abzudecken, als Einzelgründungen oder nicht komplementären Teamgründungen mit Defiziten innerhalb eines Kompetenzbereichs. Bspw. benötigen die Entwickler einer Erfindung (z.B. Ingenieure oder Informatiker) zwecks deren Kommerzialisierung normalerweise mehr betriebswirtschaftliche Kenntnisse bzw. Gründungspartner mit betriebswirtschaftlichen Kenntnissen[555] (insb. Betriebswirte), während an einer Vermarktung neuen Wissens interessierte „Nicht-Erfinder" zwecks der Identifikation und des Verstehens von neuem Wissen und der Einschätzung dessen potenziellen Marktwerts i.d.R. mehr (auf das neue Wissen bezogene) wissenschaftliche Kenntnisse wie technische Kompetenzen benötigen oder einen Gründungspartner mit entsprechenden Kenntnissen (Acs/Audretsch/Lehmann 2013: 769; Qian/Acs 2013: 192). Insgesamt betrachtet, stellen Studierende der Fachrichtungen Betriebswirtschaftslehre, Ingenieurwissenschaften und Informatik somit geeignete Zielgruppen für die vorliegende Arbeit dar.

Allerdings fallen die Gründungswahrscheinlichkeiten bzw. Gründungsabsichten von Studierenden in Deutschland im internationalen Vergleich auffallend geringer aus als die Durchschnittswerte der anderen im Rahmen des GUESSS untersuchten Länder (Bergmann 2014: 14[556]), was sich möglicherweise auf die im Rahmen des GEM für Deutschland aufgezeigten komparativen Defizite im Bereich der gründungsbezogenen Ausbildung an Hochschulen und Schulen sowie der mangelnden Gründungskultur zurückführen lässt (Sternberg/Vorderwülbecke/ Brixy 2015: 6).[557] Trotz wirtschaftspolitischer Maßnahmen im Bereich der Gründungsförderung, inklusive der Gründungsausbildung – die praxisrelevantes Wissen vermittelt, unternehmerisches Denken fördert und wesentlich zur Schaffung einer Gründungskultur beitragen kann (Sternberg/

554 Vgl. hierzu z.B. auch Alvarez/Busenitz 2001: 763; Henrekson/Stenkula 2010: 617.

555 Vgl. hierzu z.B. auch Brush/Greene/Hart 2001: 70, mit Verweis auf Roberts 1991.

556 Mit Verweis auf Sieger/Fueglistaller/Zellweger 2014.

557 Auf die mangelnde unternehmerische Kultur als „fundamentales Problem in Europa" als auch existierende Defizite der europäischen Bildungssysteme auf allen Bildungsstufen in der Vermittlung unternehmerischer Kompetenzen und entsprechenden Handlungsbedarf bzgl. der Förderung – inklusive einer bedarfsgerechten Ausbildung – von Entrepreneurship auch im Hochschulbereich weißt die Europäische Kommission bereits im vergangenen Jahrtausend hin (European Commission 1999: 7-9).

Vorderwülbecke/Brixy 2015: 23-25) –, an Hochschulen in Deutschland (vgl. hierzu z.B. Bergmann 2014: 3, 21-26; Uebelacker 2005: 83-99, 101-74; Koch 2002: 6),[558] konnten diese beiden Standortnachteile in Deutschland[559] scheinbar nicht ausreichend reduziert werden (vgl. hierzu Sternberg/Vorderwülbecke/Brixy 2015: 25). So sind Studienergebnissen zufolge die Gründungsabsichten der Studierenden in Deutschland für das Jahr 2013 im Vergleich zu den früheren Untersuchungen des GUESSS (in den Jahren 2006, 2008 und 2011) nämlich rückläufig (Bergmann 2014: 1, 10f.) bzw. „so gering wie noch nie in den vergangenen Jahren" (Bergmann 2014: 11), wohingegen die meisten Studierenden – häufiger als in den vergangenen Jahren – eine angestellte Erwerbstätigkeit präferieren (Bergmann 2014: 9-11, 27). Demgegenüber haben sich bei den Studierenden in Deutschland die Anteile der Gründungsvorbereiter und der Gründer gegenüber den vorangegangenen Jahren allerdings erhöht (Bergmann 2014: 27). Dadurch wird die Zweckmäßigkeit der Unterscheidung zwischen Gründungsrelevanz und Gründungswahrscheinlichkeit im Rahmen einer Analyse des studentischen Gründungsprozesses verdeutlicht; möglicherweise wirken sich die gründungsrelevanten situativen Einflussfaktoren unterschiedlich auf diese beiden Erfolgsgrößen aus, was es im Rahmen des empirischen Teils dieser Arbeit zu untersuchen gilt. Während die rückläufige Gründungswahrscheinlichkeit der Studierenden bspw. auf die „gute" konjunkturelle Lage in Deutschland bzw. die in den letzten Jahren gesunkene Arbeitslosenquote in Deutschland (Bergmann 2014: 11[560]) zurückgeführt wird, wird ein Grund für den gestiegenen Anteil an Gründern unter den Studierenden darin gesehen, dass eine selbstständige Erwerbstätigkeit vermehrt genutzt werde, um den Lebensunterhalt während des eigenen Studiums zu finanzieren, auch weil der überwiegende Anteil dieser selbstständigen Tätigkeiten von den Studierenden nicht als Haupterwerbstätigkeit nach dem Studium geplant wird oder sogar aufgegeben werden soll (Bergmann 2014: 4f.); es sich hierbei folglich weniger um chancengetriebene Unternehmensgründungen handeln dürfte. Für die Gründungsförderpolitik wird eine expli-

558 Zur Entwicklung, zum Stand und zu Herausforderungen der Entrepreneurship Education in den USA, vgl. z.B. Kuraktko 2005: 577-91. „Die Vereinigten Staaten von Amerika sind die Wiege der akademischen Entrepreneurship Education und haben aktuelle Entwicklungen entscheidend geprägt" (Uebelacker 2005: 83), nichstdestotrotz „numerous epistemological, theoretical, pedagogical and practical challenges remain" (Fayolle 2006: 1).

559 Die Gründungsausbildung spielt eine entscheidende Rolle bei der Entwicklung einer Gründungskultur (Fayolle 2006: 6).

560 Mit Verweis auf Sternberg/Vorderwülbecke/Brixy 2014.

zite Schwerpunktsetzung auf die weiter oben genannten komparativen Standortnachteile Deutschlands postuliert (Sternberg/Vorderwülbecke/Brixy 2015: 6); um hierbei die Gründungsausbildung an Hochschulen, durch die Studierende für die Gründung sensibilisiert, ggf. zu dieser motiviert und – mittels der Vermittlung gründungsspezifischer Grundkenntnisse sowie der Schulung unternehmerischer Schlüsselqualifikationen (Breuer 2006: 84) – auf diese vorbereitet werden (Bergmann 2014: 28; Uebelacker 2005: 101), bedarfsgerecht und zielgruppenspezifisch ausgestalten (vgl. hierzu z.B. Braukmann 2003: 189-92; Koch 2002: 11-13; Uebelacker 2005: 78; Ucbasaran/Westhead/Wright 2008: 171) bzw. verbessern zu können (vgl. hierzu Uebelacker 2005: 88) und – mittels der hochschulischen Gründungsförderung allgemein – eine positivere und nachhaltige Gründungskultur an Hochschulen zu schaffen (vgl. hierzu z.B. Braukmann 2003: 201; Bergmann 2014: 3) sowie akademische Unternehmensgründungen sowohl quantitativ als auch qualitativ – und somit das Gründungspotenzial – zu erhöhen (Braukmann 2003: 201; Henrekson/Johansson 2010: 241; Acs 2001: 17),[561] sind Kenntnisse über förderliche und hinderliche Faktoren im Rahmen des Gründungsprozesses der primären Zielgruppe der hochschulischen Gründungsausbildung, also der Studierenden (Uebelacker 2005: 78-80), erforderlich (vgl. hierzu auch Bergmann 2014: 3; Ucbasaran/Westhead/Wright 2008: 171). In diesem Zusammenhang setzt die vorliegende Arbeit nicht am Ziel der Analyse der Gründungsausbildung an; vielmehr untersucht sie – der postulierten Subjektorientierung, „u.a. im Sinne eines Anknüpfens an die für eine Berufswahl ‚unternehmerische Selbständigkeit' relevanten Werte, Wünsche oder Sorgen der potenziellen Gründerinnen und Gründer" (Braukmann 2003: 193), folgend – aus ressourcenbasierter Perspektive potenzielle Einflussfaktoren auf Gründungsrelevanz und Gründungswahrscheinlichkeit von Studierenden, um ausgehend von diesbezüglichen Ergebnissen Erkenntnisse ableiten zu können, welche förderlichen und hinderlichen gründungsprozessualen Faktoren grundsätzlich bei der Ausgestaltung einer bedarfsorientierten und zielgruppenspezifischen akademischen Gründungsförderung zu berücksichtigen sind. Hierbei wird eine – zumindest partielle – Lehr- und Lernbarkeit von gründungsrelevanten Handlungskompetenzen innerhalb

561 Henrekson und Johansson verdeutlichen, dass die beiden Postulate der Erhöhung der Gründungsquoten allgemein und der Erhöhung von wachstumsstarken Unternehmen bzgl. der Schaffung von Arbeitsplätzen einander ergänzen (Henrekson/Johansson 2010: 241, mit weiteren Verweisen).

der akademischen Ausbildung (Breuer 2006: 88f.) zugrunde gelegt,[562] die als weitgehend akzeptiert (vgl. hierzu z.B. Gibb 1993: 12; Katz 1991: 87; Koch 2002: 7-14; Kuratko 2005: 580[563]; Uebelacker 2005: 89-95[564]; Fayolle 2006: 3f.[565]) eingestuft wird,[566] was auch mehrere empirische Studien untermauern (Volery/Müller 2006: 2f.[567]; Gorman/Hanlon/King 1997: 71[568]).

Auf die zentrale Bedeutung der Ressource „Information" (Stigler 1961: 213; Barney 1991: 101; Cooper/Folta/Woo 1995: 107; Casson 1999: 51; Barney/Wright/Ketchen 2001: 625; Brush/Greene/Hart 2001: 65; Baron 2007a: 172; Low/MacMillan 1988: 155; Sarasvathy/Dew/Velamuri/Venkataraman 2010: 86; Gaglio/Winter 2009: 317) als auch der sozialen Netzwerke bzw. Kontakte[569] im Gründungsprozess – über die wiederum u.a. Informationen akkumuliert werden (vgl. hierzu z.B. Dubini/Aldrich 1991: 305-09; Birley 1985: 107-09; Aldrich/Zimmer 1986b: 11; Aldrich/Martinez 2001: 45; Alvarez/Busenitz 2001: 768; Witt 2004: 392; Arenius/De Clercq 2005: 262[570]; Sorenson 2005: 58f.; Baron 2007a: 173[571]; Hindle/Klyver/Jennings 2009: 42) – wurde bereits im vorigen Unterkapitel ausführlich eingegangen (vgl. hierzu z.B. auch Casson 2005a: 333-35; Brüderl/Preisendörfer/Ziegler 1998: 26f.; Busenitz 1996: 35[572]). Gemäß der in Kapitel 2.4 dargestellten Abgrenzung der vorliegenden Arbeit von kognitionspsychologischen Fragestellungen wie Informationsverarbeitungsprozessen bei Individuen (vgl. hierzu z.B. Mitchell/Mitchell/Mitchell 2009: 113[573]), bspw. im Sinne

562 „An '*entrepreneurial perspective*' can be developed in individuals" (Kuratko 2005: 578).

563 Mit weiteren Verweisen.

564 Mit weiteren Verweisen.

565 Mit weiteren Verweisen.

566 Beispielweise wird ausgeführt, „dass eine frühzeitige Auseinandersetzung mit der Thematik während des Hochschulstudiums förderlich wirkt und einige grundsätzliche Fähigkeiten und Fertigkeiten erlernbar sind" (Uebelacker 2005: 89).

567 Mit Verweisen auf Kolvereid/Moen 1997; Tkachev/Kolvereid 1999; Noel 2001; Varela/Jimenez 2001; Fayolle 2005.

568 Basierend auf einem Literaturreview (vgl. hierzu Gorman/Hanlon/King 1997: 56-72, mit weiteren Verweisen).

569 Bspw. Familienmitglieder und Freunde oder Kontaktpersonen an Institutionen wie Hochschulen oder Behörden (Witt 2004: 392).

570 Mit Verweis auf Davidsson/Honig 2003.

571 Mit Verweis auf Ozgen/Baron 2007.

572 Mit Verweisen auf Hambrick/Crozier 1985; Smith/Gannon/Grimm/Mitchell 1988.

573 Mit Verweis auf Newell/Simon 1972: 5; Neisser 1967.

der Informationsverarbeitungstheorie[574], bezieht sich der Begriff „Informationsprozess“ im Sinne der vorliegenden Arbeit nicht auf kognitionswissenschaftliche Informationsverarbeitungsprozesse, sondern vielmehr auf den Zugang zu bzw. die Ansammlung von gründungsrelevanten Informationen – als kritische unternehmerische Aktivität während des Gründungsprozesses (Cooper/Folta/Woo 1995: 108; Alvarez/ Busenitz 2001: 768; Baron 2007a: 172), die einen Lernprozess zwecks adäquaten bzw. adäquateren Entscheidens ermöglicht (Cooper/Folta/Woo 1995: 108[575]) – via Informationsquellen aus dem, insbesondere sozialen Umfeld der potenziellen Gründer (Baron 2007a: 173[576]; Alvarez/Busenitz 2001: 768) während deren Gründungsprozessen (vgl. hierzu z.B. auch European Commission 1999: 15; Mellewigt/Schmidt/Weller 2006: 99f.),[577] wobei nicht die angehäuften Informationen (und auch nicht deren Entstehung[578]), sondern der Zugang zu bzw. die Nutzung von Informationsquellen fokussiert

574 „Information processing theory attempts to explain how information is acquired, stored, and retrieved from the memory of individuals (Neisser, 1967)“ (Mitchell/Mitchell/Mitchell 2009: 99).

575 Unter Bezugnahme auf Stinchcombe 1990: 7.

576 Mit Verweis auf Ozgen/Baron 2007.

577 Der Zugang zu bzw. die Nutzung von Gründungsinformationsquellen während des Gründungsprozesses lässt sich mit den von Bird und Schjoedt, speziell im Zusammenhang mit der Entdeckung (unternehmerischer) Gelegenheiten, beschriebenen ausgewählten „Informationskanälen“ vergleichen – „[a]n information channel is a relatively low-cost source of new specific information capable of directing the entrepreneur‘s attention toward opportunity discovery based on what and whom they know already“ (Bird/Schjoedt 2009: 349) –; insbesondere bei Substitution des Begriffs „discovery“ durch „pursuit“ in diesem Zitat wird durch diese Analogiebildung auf die Verfolgung (unternehmerischer) Gelegenheiten die Bedeutung der Gründungsinformationsquellen im Rahmen der vorliegenden Arbeit verdeutlicht. Nochmals zur Klarstellung; die in der vorliegenden Arbeit untersuchten Gründungsinformationsquellen sind potenziellen Gründern relativ leicht zugänglich und – abgesehen vom variablen zeitlichen Aufwand – oftmals mit relativ niedrigen oder keinen Kosten verbunden, wie z.B. Berufsinformationszentren der Bundesagentur für Arbeit, gründungsspezifische Hochschuleinrichtungen und Literatur (vgl. hierzu z.B. auch Baron 2007a: 173; European Commission 1999: 15; Bird/Schjoedt 2009: 349). Inwiefern die potenziellen Gründer, basierend auf ihren in „consideration sets“ angehäuften bzw. vielversprechenden Informationskanälen bzw. -quellen, nach „Signalen“ bzw. Informationen suchen, die relevant sind für ihre Zukunftsaussichten und -erwartungen bzgl. einer potenziellen Unternehmensgründung (vgl. hierzu Bird/Schjoedt 2009: 349) bzw. diese prognostizierbar werden lassen (vgl. hierzu Stinchcombe 1990: 7), wird in der vorliegenden Arbeit hingegen nicht untersucht. Allerdings erscheint der Hinweis sinnvoll, dass die Absorptionsfähigkeit (vgl. hierzu insb. Cohen/Levinthal 1990: 128 sowie Kapitel 2.3 und Kapitel 2.4) von neuen Informationen oftmals von – häufig implizitem – Vorwissen abhängt (Sarasvathy/Dew/Velamuri/Venkataraman 2010: 87, mit Verweisen auf Shane 2000; Venkataraman 1997; Cohen/Levinthal 1990); was die hohe Komplexität von Informationsverarbeitungsprozessen widerspiegelt, die, wie bereits im vorigen Unterkapitel betont, zumindest im Rahmen der Zielgruppe der Unternehmer als unerforscht eingestuft werden (Baron/ Ward 2004: 558; Krueger 2007: 123f.; Mitchell/Mitchell/Mitchell 2009: 98).

578 Bspw. im Sinne der von Drucker beschriebenen Innovationskategorie des neuen Wissens (Drucker 1993: 107-29); so entstehen im Rahmen von Erfindungen bzw. durch Forschungs- und Entwicklungsaktivitäten neue Informationen (Shane/Venkataraman 2000: 220; Cohen/Levinthal

werden;[579] zumal „access to information sources is extremely important, leading some researchers to suggest that the prime determinant of entrepreneurship is whether the entrepreneur has an advantageous network position from which informational advantages accrue (Burt, 1992)“ (Sarasvathy/Dew/Velamuri/Venkataraman 2010: 87).[580] Die Europäische Kommission betrachtet Kenntnisse von und den Zugang zu gründungsbezogenen Informationsquellen wie Beratungsdiensten als *notwendig* für Unternehmensgründer (European Commission 1999: 15) und sieht sie als „invaluable support in the creation of businesses and in helping them at critical stages of their development“ (European Commission 1999: 15). Forschungsergebnissen zufolge, tragen Informationsquellen aus den sozialen Netzwerken der (potenziellen) Gründer oftmals zur Identifikation von (unternehmerischen) Gelegenheiten und zur Ressourcenakkumulation bei (Baron 2007a: 173[581]) und werden – wie bereits deutlich wurde – von einer Vielzahl an Autoren als bedeutend im Gründungskontext angesehen.[582] Wie im weiter oben dargestellten Gründungsrelevanztypen-Modell aufgezeigt, wird angenommen, dass individuelle Informationszugänge differieren (vgl. hierzu z.B. Carlsson/Braunerhjelm/McKelvey/Olofsson/Persson/Ylinenpää 2013: 927; Casson 1999: 50f.[583], 2005a: 330, 345) und im Gründungsprozess überdurchschnittlich weit vorangeschrittene Personen bzw. Studierende normalerweise überdurchschnittlich viele Zugänge zu Informationen über Entrepreneurship wahrgenommen haben (Mellewigt/Schmidt/Weller 2006: 99f.[584], 106-09; Arenius/De Clercq 2005: 262; Berg 2004: 77-

1989: 569). Casson zufolge erklärt die „Entrepreneurship-Theorie“ ohnehin nicht die Entstehung von „Informationsausstattungen“ bzw. „endowments of information“ (Casson 2010: 375).

579 Wie in Kapitel 2.4 aufgezeigt, erscheint, Forschungsergebnissen als auch theoretischen Argumentationen zufolge, im Gründungskontext die Berücksichtigung von verschiedenen Informationsquellen bedeutender zu sein als der Umfang der Informationssuche (Forbes 1999: 429, unter Bezugnahme auf Kaish/Gilad 1991; Kirzner 1979: 137-39, 151), was die Zweckmäßigkeit des Fokus auf den Zugang zu Gründungsinformationsquellen in der vorliegenden Arbeit untermauert.

580 Im Rahmen von sozialen Netzwerkaktivitäten unterscheidet Granovetter „strong ties“ und „weak ties“, wobei er die Bedeutung von Letzteren hervorhebt (Granovetter 1973: 1360-78; vgl. hierzu bzgl. Entrepreneurship entsprechend z.B. auch Witt 2004: 396; Aldrich/Zimmer 1986b: 19f.; Alvarez/Busenitz 2001: 768; Busenitz/Arthurs 2007: 142).

581 Mit Verweis auf Ozgen/Baron 2007.

582 Vgl. hierzu z.B. auch Hindle/Klyver/Jennings 2009: 36f.; Forbes 1999: 428-30; Casson 2005a: 333, 2010: 375f.; Sarasvathy/Dew/Velamuri/Venkataraman 2010: 87; Busenitz 1996: 35f., mit Verweis auf Kaish/Gilad 1991, sowie Kapitel 2.4.

583 Mit Verweis auf Hayek 1937.

584 Mit Verweis auf Institut für Mittelstandsforschung 1997: VI.

79; Alvarez/Busenitz 2001: 768; Busenitz/Arthurs 2007: 142);[585] wobei, um es nochmals zu betonen, in der vorliegenden Arbeit nicht die über die aus der Literatur abgeleiteten Gründungsinformationsquellen erhaltenen Informationen untersucht werden, sondern die Anzahl dieser Informationsquellen, auf die die Studierenden während ihren Gründungsprozessen zurückgreifen.[586] „Multiple sources of information are often useful as a means of cross-checking the key information used in a decision“ (Casson 2010: 376). Der Zugang zu gründungsrelevanten Informationen während des Gründungsprozesses – als „Informationsprozess“ im Sinne der vorliegenden Arbeit – wird folglich anhand der Anzahl der genutzten Gründungsinformationsquellen operationalisiert (vgl. hierzu z.B. auch Cooper/Folta/Woo 1995: 107-19; Korunka/Frank/Lueger/Mugler 2003: 23-38; Mellewigt/Schmidt/Weller 2006: 93-110; Ucbasaran/Westhead/Wright 2008: 153-71 sowie Kapitel 2.4).[587]

Dieser Zugang zu gründungsrelevanten Informationen mittels mehrerer Informationsquellen bzw. die Erschließung von gründungsbezogenen Informationsquellen wird von den potenziellen Gründern während derer Gründungsprozesse insbesondere aufgrund der Komplexität von Gründungsentscheidungen (Arenius/De Clercq 2005: 262; Alvarez/Busenitz 2001: 758; Cooper/Folta/Woo 1995: 108) und der mit der Gründungsentscheidung verbundenen „immensen Tragweite“ (vgl. hierzu Braukmann 2003: 194,

---

585 Vgl. hierzu z.B. auch Aldrich/Zimmer 1986b: 19; Forbes 1999: 428-30, mit weiteren Verweisen; Casson 2005a: 333-46, 2010: 376.

586 Die „Anzahl genutzter Informationsquellen“ als Indikator für die „Informationsnutzung“, „Breite des genutzten Informationsangebots“ bzw. „Informationssuche“ wird auch in anderen empirischen Untersuchungen des Gründungsprozesses aufgegriffen (Korunka/Frank/Lueger/Mugler 2003: 30; Mellewigt/Schmidt/Weller 2006: 106; Ucbasaran/Westhead/Wright 2008: 162).

587 Dass sich in diesem Zusammenhang des Informationsprozesses der potenziellen Gründer während deren Gründungsprozessen ausdrücklich auf Gründungsinformationsquellen und nicht auf (gründungsrelevante) Kontakte aus sozialen Netzwerken bezogen wird, liegt auch darin begründet, dass sich unter *Informationsquellen* auch Quellen wie *Literatur*, die in einschlägigen Studien über unternehmerische Informationssuche als Informationsquelle aufgegriffen wird (vgl. hierzu z.B. Cooper/Folta/Woo 1995: 107; Ucbasaran/Westhead/Wright 2008: 153, 161f.), subsumieren lassen, hingegen offensichtlich nicht unter *soziale Kontakte* (vgl. hierzu z.B. Baron 2007a: 173). Allerdings werden soziale Einflussfaktoren auf die Unternehmensgründung, die gewiss nicht nur im Rahmen des Informationsprozesses, sondern auch bei der Akkumulation von weiteren, im Gründungsprozess notwendigen oder nützlichen Ressourcen (vgl. hierzu Kapitel 2.6) bedeutend sind (vgl. hierzu z.B. Birley 1985: 107-09; Dubini/Aldrich 1991: 305-09; Aldrich/Martinez 2001: 45; Witt 2004: 392-94; Baron 2007a: 173, sowie Kapitel 2.4), durch die Analyse von einigen Gründungsinformationsquellen als auch von einigen weiteren in der vorliegenden Arbeit untersuchten Einflussfaktoren auf den studentischen Gründungsprozess wie z.B. Zugang zu Fremdkapital (vgl. hierzu Kapitel 2.6 und Kapitel 2.7) zumindest indirekt berücksichtigt (vgl. hierzu z.B. Baron 2007a: 173). Zu einer weiteren, in Kapitel 2.4 bereits aufgegriffenen Limitation der Netzwerkforschung, vgl. Witt 2004: 393, mit Verweis auf Daft/Lengel 1986.

200[588]) nicht nur zur Kompensation fehlender Information (Mellewigt/Schmidt/Weller 2006: 109; Berg 2004: 79; Bird/Schjoedt 2009: 335), sondern auch zwecks Überprüfung der bereits vorliegenden Informationen und den damit zusammenhängenden Annahmen[589] – auch über Zugangsmöglichkeiten zu benötigten Ressourcen (Douglas 2009: 4) – sowie der darauf basierenden Entscheidung für oder gegen ein Voranschreiten im Gründungsprozess (vgl. hierzu z.B. Casson 2010: 376; Frank/Mitterer 2009: 385[590]; Douglas 2009: 4; Ucbasaran/Westhead/Wright 2008: 159[591]; Casson/Wadeson 2007b: 296; Berg 2004: 77; Cooper/Folta/Woo 1995: 108; Birley 1985: 116) nachgefragt (Arenius/De Clercq 2005: 262; Mellewigt/Schmidt/Weller 2006: 109; Berg 2004: 77; Ucbasaran/Westhead/Wright 2008: 159[592]; Alvarez/Busenitz 2001: 768; Busenitz 1996: 35f.[593]; Cooper/Folta/Woo 1995: 108; Birley 1985: 107-09; Douglas 2009: 4; Frank/Mitterer 2009: 385); zumal einerseits nur einige Personen imstande sind, einschlägige Informationen ohne die Zuhilfenahme von auf entsprechende Informationen spezialisierte Informationsquellen zu aggregieren (Arenius/De Clercq 2005: 262), und es andererseits – auch aufgrund des potenziell und gewöhnlich hohen Zeitaufwands der Informationsakkumulation (Casson 2005a: 332[594]) – ohnehin zweckdienlich erscheint, auf derartige wissensbasierte Unterstützung zurückzugreifen (Arenius/De Clercq 2005: 262[595]). Auch wenn im Rahmen der Entscheidungen für oder gegen ein Voranschreiten im Gründungsprozess die individuelle Beurteilung des eigenen gründungsrelevanten Informationsniveaus bzw. der eigenen gründungsrelevanten Kompetenzen – bzw. der verfügbaren und zugänglichen Ressourcen insgesamt (Brush/Greene/Hart 2001: 70[596]; Veblen 1898: 387f.) – entscheidend ist (Berg 2004: 76[597]; Haynie/Shepherd/McMullen 2009: 340[598]; Krueger/Reilly/Carsrud 2000: 414; Hindle/

588 Mit Verweis auf Braukmann 2002: 91.

589 Durch den Zugang zu neuen Informationen über Interaktionen mit der Welt, Beobachtungen des Umfeldes und/oder Kommunikation mit Personen mit unterschiedlichem Wissensstand können sich individuelle Annahmen ändern (Monsen/Urbig 2009: 273, mit Verweisen auf Minniti/Bygrave 2001; Parker 2006).

590 Mit Verweis auf Ravasi/Turati 2005.

591 Mit Verweis auf Casson 2003.

592 Mit Verweis auf Casson 2003.

593 Mit Verweis auf Kaish/Gilad 1991.

594 Mit Verweis auf Lippman/McCall 1979.

595 Mit Verweis auf Davidsson/Honig 2003.

596 Mit Verweisen auf Glade 1967; Penrose 1959; Pfeffer/Salancik 1978.

597 Mit Verweis auf Mullins 1996: 92.

598 Unter Bezugnahme auf Barney 1991; McMullen/Shepherd 2006.

Klyver/Jennings 2009: 39[599]; Elfving/Brännback/Carsrud 2009: 31; Casson 2010: 377; Sternberg/Vorderwülbecke/Brixy 2015: 17 sowie Kapitel 2.3 und Kapitel 2.4), wird hierbei angenommen, dass (potenziellen) Gründern ihre spezifischen gründungsrelevanten Kenntnisse – bzw. ihre Stärken und Schwächen (Markman 2009: 83) – bewusst seien[600] und sie mutmaßen, welche sozialen Kontakte bzw. Informationsquellen ihnen Zugang zu weiteren, potenziell wertvollen Informationen bzw. weiteren, für die Unternehmensgründung grundlegenden Ressourcen[601] verschaffen könnten (Berg 2004: 76[602]).[603] Demnach sind Gründungsinformationsquellen offensichtlich als bedeutend im Gründungsprozess einzustufen, zumal sie Zugang zu wesentlichen Informationen (als auch Ressourcen allgemein) ermöglichen (vgl. hierzu z.B. auch Alvarez/Busenitz 2001: 768; Baron 2007a: 173[604]; Busenitz/Arthurs 2007: 142; Birley 1985: 107-09 sowie Kapitel 2.4), die wiederum – basierend auf dem persönlichen Human- und Sozialkapital[605] – entscheidend für Gründungsintention und Gründungsaktivität sein können (Hindle/Klyver/Jennings 2009: 40; Alvarez/Busenitz 2001: 768; Brüderl/Preisendörfer/Ziegler 1998: 26f.; Venkataraman 1997: 123),[606] d.h. für die Ausprägungen der individuellen Gründungswahrscheinlichkeit und Gründungsrelevanz, welche in der vorliegenden Arbeit als „Erfolgsgrößen" des fokussierten studentischen Gründungsprozesses untersucht werden. Hierbei erscheint – zumindest aus betriebswirtschaftlicher Sicht – der ressourcenbasierte Ansatz als „the most appropriate to understand new ven-

599 Mit weiteren Verweisen.

600 Vgl. hierzu z.B. auch Befunde von Gist, die eine hohe positive Korrelation zwischen wahrgenommenen und tatsächlichen Fähigkeiten ausweisen (Gist 1987, zit. n. Ucbasaran/Westhead/Wright 2008: 157, 163).

601 Vgl. hierzu z.B. Baron 2007a: 172f.; Brush/Greene/Hart 2001: 67f., mit weiteren Verweisen, sowie Kapitel 2.6.

602 Mit Verweis auf Venkataraman/Sarasvathy 2001: 659.

603 Vgl. hierzu z.B. auch Stinchcombe 1990: 16f.

604 Mit Verweis auf Ozgen/Baron 2007.

605 Vgl. hierzu Hindle/Klyver/Jennings 2009: 40-43. Die Autoren betrachten in ihrem „Informed Intention Model" (vgl. hierzu Hindle/Klyver/Jennings 2009: 45) Wissen, Information und „advice" als in das Human- und Sozialkapitel einer Person eingebettet (Hindle/Klyver/Jennings 2009: 36).

606 Auch weitere Autoren beschreiben im Sinne der Informationssuchperspektive die Bedeutung der Akkumulation von externen Informationen für die Identifikation als auch Verfolgung potenzieller unternehmerischer Gelegenheiten (Ucbasaran/Westhead/Wright 2008: 155) bzw. für die Identifizierung von Inventionen (Alvarez/Busenitz 2001: 759). „From the search perspective, discoveries are generally modeled to be the result of an extensive search targeted in the direction where the discovery is to be made" (Alvarez/Busenitz 2001: 759f., mit Verweis auf Caplan 1999). Vgl. hierzu auch Stigler 1961: 213-25 (auf dessen Beitrag sich vermutlich der weitere Verweis von Alvarez und Busenitz bezieht, bei dem jedoch keine bibliographischen Daten im Literaturverzeichnis aufgeführt sind).

ture creation because it best describes how entrepreneurs themselves build their businesses from the resources and capabilities they currently possess or can realistically acquire" (Dollinger 2008: 10).

Abschließend erscheint der Hinweis sinnvoll, dass Lernen bzw. Lernprozesse – sowie der damit einhergehende Wissenszuwachs (Kogut/Zander 1997: 307, zit. n. Berg 2004: 41) – offensichtlich eine zentrale Rolle im Gründungsprozess darstellt/darstellen (vgl. hierzu z.B. Alvarez/Busenitz 2001: 758-62[607], 766-69; Frank/Mitterer 2009: 386[608]; Busenitz/Arthurs 2007: 137; Berg 2004: 40f., 75; Venkataraman 1997: 122[609]; Cooper/Folta/Woo 1995: 108; Cohen/Levinthal 1989: 593),[610] zumal sich die (potenziellen) Gründer im Rahmen des Zugriffs auf neue Informationen um weitere Interpretationsmöglichkeiten, neues Verständnis und zusätzliche Erkenntnisse bemühen (Busenitz/Arthurs 2007: 137; Alvarez/Busenitz 2001: 758[611]; Chiles/Bluedorn/Gupta 2007: 474[612]; Venkataraman 1997: 122[613]; Cooper/Folta/Woo 1995: 108); gewiss handelt es sich beim Lernen – auch im Sinne der hier gefolgten Humankapitaltheorie – um kognitive Prozesse (vgl. hierzu z.B. Hindle/Klyver/Jennings 2009: 41[614]; Mitchell/Mitchell/Mitchell 2009: 98-130; Bird/Schjoedt 2009: 349; Frank/Mitterer 2009: 385), die in der vorliegenden Arbeit nicht näher untersucht werden (vgl. hierzu Kapitel 2.4 sowie weiter oben in diesem Unterkapitel), allerdings spiegelt sich im von den (potenziellen) Gründern, auch aufgrund der Komplexität des Gründungsprozesses und von Gründungsentscheidungen (Alvarez/Busenitz 2001: 757-69; Arenius/De Clercq 2005: 262; Cooper/Folta/Woo 1995: 108), normalerweise fortwährend angestrebten Zugang zu gründungsrelevanten Informationen während des Gründungsprozesses (Arenius/De

607 Unter Bezugnahme auf Hayek 1945.

608 Mit Verweis auf Minniti/Bygrave 2001.

609 Mit Verweis auf Kirzner 1985. Vgl. hierzu auch Nelson/Winter 1982 (auf deren Beitrag sich vermutlich der weitere Verweis von Venkataraman bezieht, bei dem jedoch keine bibliographischen Daten im Literaturverzeichnis aufgeführt sind).

610 Venkataraman betont, dass „nützliches Wissen" sowohl die Suche nach potenziellen unternehmerischen Gelegenheiten als auch die Entscheidung über die Verfolgung bzw. Verwertung einer potenziellen unternehmerischen Gelegenheit nachhaltig beeinflusst und sich ferner auf den relativen Gründungserfolg auswirkt (Venkataraman 1997: 123).

611 Mit Verweis auf Daft/Weick 1984.

612 Unter Bezugnahme auf Lachmann 1976: 131.

613 Mit Verweis auf Arrow 1974.

614 Unter Bezugnahme auf Schenkel/Hechavarria/Matthews 2009 und mit Verweis auf Kirzner 1979.

Clercq 2005: 262; Mellewigt/Schmidt/Weller 2006: 99f.[615], 106-09; Berg 2004: 77-79; Ucbasaran/Westhead/Wright 2008: 159[616]; Alvarez/Busenitz 2001: 768; Busenitz/Arthurs 2007: 142; Casson/Wadeson 2007b: 299; European Commission 1999: 15; Cooper/Folta/Woo 1995: 108; Markman 2007: 72) – bzw. im Informationsprozess im Sinne der vorliegenden Arbeit – und möglicherweise auch in der Sonderstellung der Ressource Information (vgl. hierzu Casson 1999: 50-52) die Annahme wider, dass im Gründungsprozess genutzte Informationen teilweise „chaotisch" (Alvarez/Busenitz 2001: 768) bzw. von einer „Kompliziertheit" (Markman 2007: 72) geprägt sein können.[617] Insbesondere in Kontexten wie dem von unsicheren und mehrdeutigen Informationen als auch geringer Struktur sowie hoher Autonomie – und somit von sogenannten „weak situations"[618] (Rauch/Frese 2007: 58[619]) – geprägten Gründungsprozess (Rauch/Frese 2007: 58), erscheint es zweckdienlich, auch potenzielle moderierende Effekte bspw. von Informationen zu untersuchen (vgl. hierzu Rauch/Frese 2007: 58[620]), um die „Erfolgsgrößen" des Modells ggf. besser erklären zu können (Rauch/Frese 2007: 58). Entsprechend lassen sich hierbei insbesondere aufgrund des wiederholten Informationszugangs der (potenziellen) Gründer (Casson/Wadeson 2007b: 299) und der aus damit einhergehenden neuen Informationen i.d.R. resultierenden mehrfachen Überprüfung einer Gründungsabsicht und/oder mehrfachen Überarbeitung bzw. Konkretisierung einer Gründungskonzeption (Berg 2004: 77-81; Chiles/Bluedorn/Gupta 2007: 474[621])[622] sowie infolge der damit potenziell einhergehenden Änderungen bspw. hinsichtlich „perceptions of choice objects", normativen Annahmen oder der Situation (vgl. hierzu Bagozzi 1993: 219[623]; Monsen/Urbig 2009: 273) als auch generell angesichts des Unsicherheits- und Ambiguitätsaspekts von Informationen (vgl. hierzu

---

615 Mit Verweis auf Institut für Mittelstandsforschung 1997: VI.

616 Mit Verweis auf Casson 2003.

617 „Identifying and selecting the optimal resources and best strategy to overcome barriers to entry into a certain technology space or market requires entrepreneurs to disentangle and analyze highly complex contingencies" (Markman 2007: 72).

618 „Weak situations [...] provide greater possibilities for individual interpretation and action" (Rauch/Frese 2007: 58).

619 Unter Bezugnahme auf Mischel 1968.

620 Unter Bezugnahme auf Hattrup/Jackson 1996 (bibliographische Daten verbessert).

621 Unter Bezugnahme auf Lachmann 1976: 131.

622 Vgl. hierzu z.B. auch Casson 2010: 376; Mellewigt/Schmidt/Weller 2006: 109; Casson/Wadeson 2007b: 296; Ucbasaran/Westhead/Wright 2008: 159, mit Verweis auf Casson 2003.

623 Unter Bezugnahme auf Belk 1985.

z.B. Rauch/Frese 2007: 58[624]; Alvarez/Busenitz 2001: 758[625]) moderierende Effekte des Informationszugangs auf die Beziehungen zwischen einigen Einflussgrößen wie z.B. einer vorliegenden Gründungsidee und der Gründungsaktivität bzw. der Gründungswahrscheinlichkeit sowie der Gründungsrelevanz vermuten (vgl. hierzu z.B. Rauch/Frese 2007: 57-59; Bagozzi 1993: 219; Arentz/Sautet/Storr 2013: 463; Casson/Wadeson 2007b: 293, 299; Cohen/Levinthal 1989: 593),[626] die in der statistischen Analyse anhand von Interaktionstermen bzw. multiplikativen Termen überprüft werden können (Harms/Kraus/Schwarz 2009: 27[627]; Rauch/Frese 2007: 58f.[628]).[629] Die von den (potenziellen) Gründern akkumulierten Informationen werden als tief eingebettetes und sozial komplexes Wissen über Kombinierungsmöglichkeiten von (raren) Ressourcen (Casson 1982: 23, zit. n. Tokuda 2005: 138) im Gründungsprozess betrachtet (Alvarez/Busenitz 2001: 769),[630] das wiederum im Sinne der Heterogenitätsannahme des ressourcenbasierten Ansatzes (vgl. hierzu z.B. Barney 1991: 99-101; Mahoney/Pandian 1992: 363; Peteraf 1993: 179; Wernerfelt 1995: 172; Alvarez/Busenitz

---

624 Unter Bezugnahme auf Mischel 1968; Hattrup/Jackson 1996 (bibliographische Daten verbessert).

625 Mit Verweis auf Busenitz/Barney 1997.

626 Denkbar sind bspw. auch Mediatoreffekte, die im Gründungskontext allerdings insbesondere im Rahmen der Erforschung von Einflüssen distaler Persönlichkeitseigenschaften – die in der vorliegenden Arbeit nicht untersucht werden (vgl. hierzu Kapitel 2.4) – auf Gründungsaktivität und Gründungserfolg vermutet werden, welche durch spezifische Persönlichkeitseigenschaften „vermittelt" werden könnten (vgl. hierzu Rauch/Frese 2007: 47, 57, mit Verweisen auf Barrick/Mitchell/Steward 2003; Epstein/O'Brian 1985; Johnson 2003; Kanfer 1992), wobei derartige Mediatoreffekte im Entrepreneurship als relativ unerforscht eingestuft werden (Rauch/Frese 2007: 57); während – in der Entrepreneurship-Forschung ebenfalls weitgehend unerforschte (Rauch/Frese 2007: 58f.) – Moderatoreffekte im Gründungsprozess vielmehr von informationsbasierten Konstrukten wie Wissen, Fertigkeiten und Fähigkeiten angenommen werden und hierbei mehr im Bereich spezifischer als distaler Persönlichkeitsmerkmale (vgl. hierzu Rauch/Frese 2007: 47, 57-59). Demnach erscheint es gemäß der Schwerpunktsetzung der vorliegenden betriebswirtschaftlichen Arbeit zweckdienlich, lediglich potenzielle Moderatoreffekte des Informationszugangs auf die Beziehungen zwischen einigen ausgewählten ressourcenbasierten Faktoren und der Gründungsrelevanz sowie der Gründungswahrscheinlichkeit exemplarisch zu untersuchen, zumal dadurch ggf. wertvolle Hinweise für die zukünftige Erforschung des komplexen Gründungsprozesses (vgl. hierzu z.B. Alvarez/Busenitz 2001: 758; Arenius/De Clercq 2005: 262; Cooper/Folta/Woo 1995: 108) abgeleitet werden können.

627 Mit Verweis auf McDougall/Robinson 1990.

628 Mit Verweisen auf Bandura 1986; Magnusson/Endler 1977.

629 Eine verbreitete Methode zur Überprüfung derartiger Moderatoreffekte stellt die moderierte Regressionsanalyse dar (Harms/Kraus/Schwarz 2009: 27), auf die in der vorliegenden Arbeit zwecks der Überprüfung von einigen angenommenen Moderatoreffekten entsprechend zurückgegriffen wird.

630 Hierbei lassen sich die heterogenen Vorstellungen der Akteure über potenzielle Werte und Kombinierungsmöglichkeiten von Ressourcen ebenfalls als Ressourcen auffassen (Alvarez/Busenitz 2001: 756).

2001: 756f., 761, 769; Barney 2001b: 649; Berg 2004: 32[631]; Foss/Ishikawa 2007: 755f.; Dollinger 2008: 36 sowie Kapitel 2.3) verschiedenartige unternehmerische Entscheidungen der diversen Akteure – die alle über unterschiedliche Informationen und unterschiedliches Wissen verfügen (Venkataraman 1997: 121f.[632]; Alvarez/Busenitz 2001: 756[633]; Chiles/Gupta/Bluedorn 2008: 250[634]) – bedingt (Alvarez/Busenitz 2001: 769) und somit zu individuell geprägten Gründungsprozessen führt (vgl. hierzu Berg 2004: 75[635]), die sich nach ressourcenbasierten Einflussgrößen untersuchen und miteinander vergleichen lassen, wodurch die allgemein im studentischen Gründungsprozess entscheidenden förderlichen und hinderlichen Faktoren aufgedeckt werden können (vgl. hierzu z.B. auch Wernerfelt 1984: 172).

2.6 Ressourcen als Untersuchungsgegenstand

Basierend auf dem, aus den während des Gründungsprozesses akkumulierten gründungsrelevanten Informationen[636] resultierenden aktualisierten bzw. erweiterten Wissensstand[637] und aufgebauten sozialen Beziehungsgeflecht bzw. Netzwerken[638] ergibt sich dem ressourcenbasierten Ansatz[639] zufolge die möglicherweise größte (Brush/Greene/Hart 2001: 71) bzw. wesentliche (Dollinger 2008: 10) unternehmerische Herausforderung im Gründungsprozess, namentlich die Akkumulation von ausgewählten benötigten Ressourcen aus dem Umfeld (Brush/Greene/Hart 2001: 71; Dollinger 2008: 21) als auch die Koordination bzw. der Einsatz der verfügbaren Ressourcen zwecks

631 Unter Bezugnahme auf Peteraf 2003.

632 Unter Bezugnahme auf Hayek 1945.

633 Mit Verweisen auf Schumpeter 1934a; Kirzner 1979; Shane/Venkataraman 2000.

634 Unter Bezugnahme auf Penrose 1959 (bibliographische Daten verbessert); Lachmann 1956 und mit weiteren Verweisen.

635 Mit Verweis auf Zacharias 2001: 47.

636 Vgl. hierzu z.B. Cooper/Folta/Woo 1995: 108; Alvarez/Busenitz 2001: 768; Baron 2007a: 172 sowie Kapitel 2.5.

637 Vgl. hierzu z.B. Cooper/Folta/Woo 1995: 108, unter Bezugnahme auf Stinchcombe 1990: 7; Kogut/Zander 1997: 307, zit. n. Berg 2004: 41 sowie Kapitel 2.5.

638 Vgl. hierzu z.B. Aldrich/Zimmer 1986b: 11; Low/MacMillan 1988: 155; Bögenhold 1989: 279; Shaver/Scott 1991: 33; European Commission 1999: 15; Baron 2007a: 173, mit Verweis auf Ozgen/Baron 2007; Aldrich/Martinez 2010: 392 sowie Kapitel 2.4 und Kapitel 2.5.

639 Vgl. hierzu z.B. Wernerfelt 1984: 171f., unter Bezugnahme auf Penrose 1959; Barney 1991: 99-117; Alvarez/Busenitz 2001: 755-72; Priem/Butler 2001: 22-36; Barney 2001a: 41-54; Barney 2001b: 643-49; Berg 2004: 25-30; Foss/Ishikawa 2007: 749-67; Dollinger 2008: 32-60; Kraaijenbrink/Spender/Groen 2010: 349-67 sowie Kapitel 2.3.

der Errichtung der geplanten Unternehmensgründung (Dollinger 2008: 10[640], 21; Alvarez/Busenitz 2001: 771) durch Personen, die das Angebot an Entrepreneuren verkörpern, zumal sie aus dem einen oder anderen Grund – bzw. mit unterschiedlichen Ambitionen (Brüderl/Preisendörfer/Ziegler 1998: 26) – die eigene Steuerung von Ressourcen bevorzugen, anstelle durch Dritte selbst gesteuert bzw. beherrscht zu werden (Casson 2005a: 344). „In start-up firms, the resources available are a function of founders' abilities to gather resources and develop strategies to use them, as well as the overall availability of resources from the environment“ (Chandler/Hanks 1994: 334[641]). Die in diesem Zitat genannten, für die Ressourcenverfügbarkeit während des Gründungsprozesses entscheidenden Merkmale spiegeln ebenfalls die Aspekte der von Mellewigt, Schmidt und Weller im Rahmen ihres entwickelten Bezugsrahmens des Vorgründungsprozesses, in Anlehnung an Brüderl, Preisendörfer und Ziegler (1996: 32) aufgegriffenen theoretischen Ansätze wider, die die Autoren entsprechend mit dem ressourcenbasierten Ansatz verknüpfen (Mellewigt/Schmidt/Weller 2006: 94-98).[642] Wird die Betrachtung dieser drei theoretischen Ansätze nämlich jeweils auf Ressourcenaspekte gelenkt, lassen sich entsprechend die im personenorientierten Ansatz, nach dem die Gründerperson entscheidend die Gründungsrealisierung beeinflusst (Szyperski/Nathusius 1999: 38[643]), zentralen Fähigkeiten und Erfahrungen der (potenziellen) Gründer (Szyperski/Nathusius 1999: 38-47) als persönliche Ressourcen auffassen, die während des Gründungsprozesses um weitere persönliche Ausstattungsmerkmale ergänzt werden können, wobei gewöhnlich bestehende Ressourcendefizite (Venkataraman 1997: 125; Bamford/Dean/ McDougall 2000: 258[644]; Brush/Greene/Hart 2001: 71; Weihe 2001: 245; Markman 2007: 79) über Quellen aus dem mikrosozialen Umfeld (vgl. hierzu Klandt 1984a: 50, zit. n. Mellewigt/Schmidt/Weller 2006: 96) zu nivelliert gesucht werden (Mellewigt/Schmidt/Weller 2006: 95f.[645], 99[646]; Szyperski/Nathusius 1999: 39; Dollinger 2008: 21; Venkataraman 1997: 125; Bamford/Dean/McDougall 2000: 258; Alvarez/Busenitz 2001: 768; Brush/Greene/Hart 2001: 71; Birley 1985:

640 Mit Verweis auf Barney 2001a.
641 Mit Verweis auf Grant 1991.
642 Vgl. hierzu Kapitel 2.3.
643 Mit Verweis auf Liles 1974: 1ff.
644 Mit Verweis auf Bhave 1994.
645 Mit Verweis auf Kulicke 1987: 104.
646 Mit Verweisen auf Timmons 1999: 322f.; Frank 1997: 405.

107-09; Markman 2007: 79; Sternberg/Vorderwülbecke/Brixy 2015: 24), was die Bedeutung auf soziale Netzwerke bei der Akkumulation von fehlenden Ressourcen lenkt (Aldrich/Zimmer 1986b: 3-20[647]; Dubini/Aldrich 1991: 305-08; Shane/Venkataraman 2000: 223; Alvarez/Busenitz 2001: 768; Berg 2004: 81; Witt 2004: 391-94; Blumberg 2006: 189[648]; Dollinger 2008: 50; Saßmannshausen 2012: 8); insgesamt betrachtet im Sinne des durch Chandler und Hanks aufgegriffenen Aspekts „abilities to gather resources" (Chandler/Hanks 1994: 334). Während das im Rahmen des personenorientierten Ansatzes ebenfalls betrachtete mikrosoziale Umfeld für den Unternehmensgründer die zentrale Ressourcenquelle darstellt, betrachtet der umfeldorientierte Ansatz makrostrukturelle Umwelteinflüsse – wie politische, rechtliche, soziale, geographische und kulturelle Rahmenbedingungen (Vgl. hierzu z.B. Frank 1997: 402) –, die den Ressourcenwettbewerb beeinflussen und somit auf die Ressourcenverfügbarkeit positiv oder negativ einwirken und folglich auch auf die Gründungsrealisierung (Dollinger 2008: 21-23, 43f.; Mellewigt/Schmidt/Weller 2006: 96; Audretsch/Keilbach 2004b: 951[649]; Bamford/Dean/McDougall 2000: 258[650]; Brüderl/Preisendörfer/Ziegler 1998: 38-40); insgesamt betrachtet im Sinne des durch Chandler und Hanks aufgegriffenen Aspekts „overall availability of resources from the environment" (Chandler/Hanks 1994: 334). Der unternehmensbezogene Ansatz berücksichtigt den dynamischen Charakter des Gründungsprozesses (Mellewigt/Schmidt/Weller 2006: 95-97[651]), genauso wie die Akkumulation der für die Gründungsrealisation notwendigen Ressourcen schrittweise erfolgt (Mellewigt/Schmidt/Weller 2006: 97), wobei insbesondere Theorien zur Unternehmensentwicklung[652] als geeignet für die Untersuchung des Gründungsprozesses betrachtet werden (Mellewigt/Schmidt/Weller 2006: 97[653]). Im Rahmen der von einer zu gründenden wirtschaftlichen Organisation bezweckten Allokation knapper Ressourcen (Dollinger 2008: 10) wird die Bedeutung von drei Typen von „capabilities" herausgestellt, namentlich funktionale Fähigkeiten (z.B. Forschung und Entwicklung), dynamische Verbesserungspotenziale (Lern- und Innovationsfähig-

---

647 Mit einem Review von Forschungsergebnissen.
648 Mit Verweis auf Lamont/Molnár 2002.
649 Mit Verweis auf Audretsch/Thurik/Verheul/Wennekers 2002.
650 Mit Verweis auf Pfeffer/Salancik 1978.
651 Mit Verweisen auf Olbert/Schweizer/Sturm 1998: 14; Ripsas 1997: 58.
652 Vgl. hierzu z.B. Fritsch 1990: 59-64; Mugler 1998: 99f.
653 Mit Verweis auf Brüderl/Preisendörfer/Ziegler 1996: 43.

keit) sowie unternehmerische Fähigkeiten, mit denen die verfügbaren Ressourcen genutzt und neue Ressourcen strategisch entwickelt werden (Dollinger 2008: 36[654]); insgesamt betrachtet im Sinne des durch Chandler und Hanks aufgegriffenen Aspekts „develop strategies to use [the gathered resources; Anm. d. Verf.]“ (Chandler/Hanks 1994: 334). Zur Ausübung der Koordinationsfunktion benötigen Unternehmensgründer insbesondere personale, finanzielle und soziale Ressourcen, die sich auf den Gründungserfolg auswirken (Brüderl/Preisendörfer/Ziegler 1998: 26). Ob allerdings überhaupt nach potenziellen unternehmerischen Gelegenheiten gesucht wird (vgl. hierzu z.B. auch Utsch/Rauch/Rothfuß/Frese 1999: 38) bzw. inwiefern potenzielle unternehmerische Gelegenheiten verfolgt werden (vgl. hierzu z.B. auch Utsch/Rauch/Rothfuß/Frese 1999: 40), wird durch diverse Faktoren wie die individuelle soziale und berufliche Einbettung, das Informationsniveau und das verfügbare Humankapital bedingt (Brüderl/Preisendörfer/Ziegler 1998: 26f.[655]; Shane/Venkataraman 2000: 221f.[656]; Alvarez/Busenitz 2001: 759f.; Brush/Greene/Hart 2001: 72; Ucbasaran/Westhead/Wright 2008: 169f.) bzw. durch die Ausprägung unternehmerischer Intentionen (Douglas 2009: 4), wobei eine vorhandene Gründungsidee bzw. eine auszuarbeitende Gründungskonzeption im Laufe des Gründungsprozesses gewiss immer mehr an Bedeutung gewinnt (vgl. hierzu z.B. Berg 2004: 73-79[657]; King 1985: 401; Picot/Laub/Schneider 1989: 108; Brüderl/Preisendörfer/Ziegler 1998: 27; Shane/Venkataraman 2000: 220; Alvarez/Busenitz 2001: 759; Gerdsmeier/Keidel/Kuss 2003: 112; Fallgatter 2004: 34; Elfving/Brännback/Carsrud 2009: 30), bspw. kann die Vorstellung eines realisierbaren Gründungskonzeptes bei einer potenziellen Ressourcenquelle für die Akquirierung bzw. Gewinnung von Ressourcen entscheidend sein (Brush/Greene/Hart 2001: 75). Die Entscheidungen für oder gegen ein Voranschreiten im Gründungsprozess hängen demnach entscheidend ab von den bereits verfügbaren Ressourcen, z.B. „education, experience, reputation, knowledge […], network contacts“ (Brush/Greene/Hart 2001: 70), als auch der Einschätzung, inwiefern die weiteren, für die Gründungsrealisation

[654] Mit Verweis auf Collins 1994.

[655] Unter Bezugnahme auf Schultz 1975, 1980.

[656] Mit Verweisen auf Kaish/Gilad 1987; Ward/Smith/Vaid 1997.

[657] Unter Bezugnahme auf Popper 1974: 285f. und mit Verweisen auf Venkataraman/Sarasvathy 2001: 652ff.; Penrose 1980: 5; Finke-Schürmann 2001: 108.

notwendig erscheinenden Ressourcen (Brush/Greene/Hart 2001: 70[658]) während des Gründungsprozesses verfügbar gemacht werden können (Berg 2004: 74-78; Brush/ Greene/Hart 2001: 71), bspw. die Beschaffung von finanziellen Ressourcen über soziale Ressourcen (Brush/Greene/Hart 2001: 71[659]; Alvarez/Busenitz 2001: 768); im Rahmen der Ressourcenakkumulation sind folglich einerseits die für die Unternehmensgründung notwendigen Ressourcen festzulegen und andererseits mögliche Quellen für diese Ressourcen ausfindig zu machen und aufzugreifen (Brush/Greene/Hart 2001: 74). Hierbei lassen sich aufgrund von potenziellen unüberwindbaren Hindernissen nicht immer alle für die Unternehmensgründung als erforderlich erachteten Ressourcen beschaffen (Berg 2004: 83), was zwangsläufig zur Entscheidung gegen das Voranschreiten im Gründungsprozess führt und die weiter oben geschilderte, möglicherweise größte unternehmerische Herausforderung im Gründungsprozess – die Akkumulation von benötigten Ressourcen aus dem Umfeld (Brush/Greene/Hart 2001: 71; Dollinger 2008: 21) – untermauert. Dass die im Rahmen des Gründungsprozesses zwecks der Errichtung eines Unternehmens (sowohl bzgl. Unternehmensstruktur als auch bzgl. Unternehmenstätigkeit) akkumulierten und eingesetzten Ressourcen bzw. die Organisationsstruktur und die Ressourcenausstattung zum Gründungszeitpunkt nachhaltig Unternehmensexistenz und Unternehmenserfolg beeinflussen – wie die These des „organizational imprinting" (Stinchcombe 1965), auch als „Theory of Founding Conditions" (Kieser/Woywode 1999) bekannt, annimmt (Mellewigt/Witt 2002: 82) –, wird durch mehrere empirische Untersuchungen, teilweise auch bzgl. der in der vorliegenden Arbeit fokussierten Gründungsrealisation (Mellewigt/Schmidt/Weller 2006: 96), belegt (Klandt/Kirchhoff-Kestel/Struck 1998, zit. n. Mellewigt/Witt 2002: 82; Bamford/ Dean/McDougall 2000: 254-73; Cooper/Gimeno-Gascon/Woo 1994: 371-93; Chandler/Hanks 1994: 331-45; Brüderl/Schüssler 1990: 530-46; Brüderl/Preisendörfer/Ziegler 1998: 277; Roure/Keeley 1990: 201-18; Eisenhardt/Schoonhoven 1990: 504-27). Auch wenn demzufolge die „Pfadabhängigkeit" des Unternehmens von seinen anfänglichen Gegebenheiten während des Gründungsprozesses (Alvarez/Busenitz 2001: 769) bedeutend für den Verlauf des Gründungsprozesses erscheint, wird dieser dennoch – auch speziell bzgl. der Untersuchung der anfänglichen Ressourcenverfügbarkeit von

[658] Mit Verweisen auf Glade 1967; Penrose 1959; Pfeffer/Salancik 1978.
[659] Mit Verweisen auf Bird 1989; Dees/Starr 1992.

Unternehmensgründungen (Cooper/Gimeno-Gascon/Woo 1994: 374[660]) – als weitgehend unerforscht betrachtet (Samuelsson/Davidsson 2009: 229f.; Saßmannshausen 2012: 89; Mellewigt/Schmidt/Weller 2006: 94; Mellewigt/Witt 2002: 82; Bygrave 1993: 256; Reynolds/Miller 1992: 405f.). Wie bereits bspw. in Kapitel 2.3 verdeutlicht, soll im Rahmen der vorliegenden betriebswirtschaftlichen Arbeit diesem Forschungsdefizit entgegengewirkt werden, indem Unternehmensgründungsprozesse von Studierenden aus ressourcenbasierter Perspektive anhand eines hierfür zu entwickelnden Modells empirisch untersucht werden, zwecks der Erkenntnisgenerierung über förderliche und hinderliche Einflussfaktoren auf Gründungsrelevanz (vgl. hierzu Kapitel 2.5) und Gründungswahrscheinlichkeit (vgl. hierzu Kapitel 2.4 und Kapitel 2.5) bei der studentischen Zielgruppe. Ebenfalls wurde bereits aufgezeigt (vgl. hierzu z.B. Kapitel 2.3 und Kapitel 2.5), dass der ressourcenbasierte Ansatz für dieses Forschungsziel äußerst hilfreich (Alvarez/Busenitz 2001: 771) bzw. als am geeignetsten angesehen wird (Dollinger 2008: 10, 36), von einer Ressourcenheterogenität von Unternehmen (Barney 1991: 99-101; Mahoney/Pandian 1992: 363; Peteraf 1993: 179; Wernerfelt 1995: 172; Alvarez/Busenitz 2001: 756f., 761, 769; Barney 2001b: 649; Berg 2004: 32[661]; Foss/Ishikawa 2007: 755f.; Dollinger 2008: 36) als auch von potenziellen Gründern (Alvarez/Busenitz 2001: 755; Conner/Prahalad 1996: 478; Dollinger 2008: 50) – bspw. hinsichtlich Persönlichkeiten, Eigenschaften, Wissen, Fähigkeiten, Erfahrungen, soziodemographischen Hintergründen, sozialen Netzwerken, Motivationen und Vorstellungen (Dollinger 2008: 36) – ausgeht[662] und hierbei die einzelnen Wirtschaftseinheiten bzw. Wirtschaftssubjekte einschließlich ihrer individuellen Ausstattungen an Ressourcen untersucht, die alles umfassen, was wertvoll ist, eine Stärke oder Schwäche verkörpern kann (Wernerfelt 1984: 172), in die Wertschöpfung einfließt bzw. zu (strategischen) Wettbewerbsvorteilen oder Wettbewerbsnachteilen führen kann (Dollinger 1999: 26; Knoll 2000: 35, zit. n. Mellewigt/Schmidt/Weller 2006:

660 Mit Verweisen auf Brüderl/Preisendörfer/Ziegler 1992; Kimberly 1979.

661 Unter Bezugnahme auf Peteraf 2003.

662 „Indeed, heterogeneity is a common attribute of both resource-based and entrepreneurship theory—although resource-based logic has tended to focus on heterogeneity of resources while entrepreneurship theory has tended to focus on heterogeneity in beliefs about the value of resources. However, when it is recognized that beliefs about the value of resources are themselves resources, apparent conflicts between the two theories are resolved“ (Alvarez/Busenitz 2001: 756).

96; Fallgatter 2007: 20; Barney 1991: 101[663]). Der ressourcenbezogene Ansatz liefert demnach, basierend auf der Analyse des Ressourcenbestandes, für die strategische Unternehmensplanung einen Denkrahmen zur Aufdeckung potenzieller Entwicklungen und Probleme des Unternehmens (Berg 2004: 44-46). Auch wenn in der vorliegenden Arbeit nicht explizit Ressourcen identifiziert und fokussiert werden, von denen potenzielle Einflüsse auf zukünftiges Wachstum, Gewinn oder strategische Wettbewerbsvorteile bzw. Wettbewerbsnachteile der Unternehmensgründung ausgehen können (Wernerfelt 1984: 172), sondern vielmehr diejenigen Ressourcen, die die Gründungsrealisation oder Gründungswahrscheinlichkeit potenziell – im Sinne von der unternehmerischen Verwertung „*ex ante* mechanisms" (Tokuda 2005: 145) – beeinflussen, lässt sich dieser aus dem strategischen Management herrührende (Wernerfelt 1984: 171-80, 1995: 171-73; Barney 1991: 99-117, 2001a: 41-54; Mahoney/Pandian 1992: 363-75; Peteraf 1993: 179-90; Barney/Wright/Ketchen 2001: 625-37) Denkrahmen auch generell in der Entrepreneurship-Forschung bzw. speziell im Rahmen einer Untersuchung des Unternehmensgründungsprozesses entsprechend aufgreifen (vgl. hierzu z.B. Alvarez/Busenitz 2001: 755-72; Brush/Greene/Hart 2001: 74; Berg 2004: insb. 63-90; Tokuda 2005: 125-45; Chandler/Hanks 1994: 331-45),[664] auch um die vor der Gründungsrealisation (Tokuda 2005: 145) verfügbaren Ressourcenpositionen bzgl. ihrer potenziellen förderlichen oder hinderlichen Einflüsse auf die Gründungsaktivität aufzudecken. In dieser Arbeit erfolgt also keine Analyse (nachhaltiger) strategischer Wettbewerbsvorteile – wie bereits in Kapitel 2.4 und Kapitel 2.5 verdeutlicht, werden auch nicht die möglicherweise vorhandenen Gründungskonzeptionen bzw. Gründungsideen der (potenziellen) Gründer näher untersucht, sondern es wird lediglich berücksichtigt, ob Gründungsideen vorhanden sind oder nicht –, vielmehr werden die Annahmen des ressourcenbasierten Ansatzes, so wie bspw. durch Alvarez und Busenitz (2001: 755-72) erfolgt, dergestalt auf den studentischen Gründungsprozess trans-

---

663 Mit Verweisen auf Learned/Christensen/Andrews/Guth 1965 (bibliographische Daten verbessert); Porter 1981.

664 So gelangen Alvarez und Busenitz zu der Schlussfolgerung, dass die theoretischen Annahmen des ressourcenbasierten Ansatzes nützlich aufgegriffen werden können, um Fragestellungen der Entrepreneurship-Forschung zu erforschen und besser nachvollziehen zu können (Alvarez/Busenitz 2001: 771). Unter Rückgriff auf die ressourcenbasierte Perspektive verdeutlichen die Autoren, inwiefern „entrepreneurship generally involves the founder's unique awareness of opportunities, the ability to acquire the resources needed to exploit the opportunity, and the organizational ability to recombine homogeneous inputs into heterogeneous outputs" (Alvarez/Busenitz 2001: 771).

feriert, dass die potenziellen Gründer, analog der Ressourcenheterogenität von Unternehmen, über unterschiedliche Ressourcen – die sich, wie noch deutlich werden wird, i.d.R. den Bereichen Wissen, Kapital und Anreize (vgl. hierzu Lilischkis 2001: 22-35) zuordnen lassen – verfügen (Alvarez/Busenitz 2001: 755; Conner/Prahalad 1996: 478; Dollinger 2008: 50; Tokuda 2005: 144), die die Gründungsrealisation bzw. die Gründungswahrscheinlichkeit dieser Akteure beeinflussen. So treten im Rahmen einer Analyse des Gründungsprozesses die potenziellen Gründer – einschließlich ihrer verfügbaren und zur Gründungsrealisation notwendigen Ressourcen (Dubini/Aldrich 1991: 309) – in den Mittelpunkt des Forschungsinteresses (Szyperski/Nathusius 1999: 38[665]; Bygrave 1989: 14; Mitton 1989: 10; Müller-Böling/Klandt 1990: 158; Klandt/Münch 1990: 174; Dubini/Aldrich 1991: 309; Cooper/Gimeno-Gascon/Woo 1994: 375; Markman 2007: 83; Dollinger 2008: 25, 41, 50; Ucbasaran/Westhead/Wright 2008: 170[666]; Harms/Kraus/Schwarz 2009: 37; Samuelsson/Davidsson 2009: 230; Carree/Thurik 2010: 564); „the entrepreneur may be defined as set of resources" (Boutillier 2008b: 140). Entsprechend wird der Unternehmensgründer – mit seinen spezifischen Eigenschaften, einzigartigen Entwicklungen und komplexen sozialen Netzwerken – häufig als wichtigste und wertvollste Ressource einer Unternehmensgründung betrachtet (Dollinger 2008: 50); zumal dieser Akteur, alleine oder gemeinsam mit einem oder mehreren Gründungspartnern, normalerweise einen wesentlichen Anteil des fachspezifischen und betriebswirtschaftlichen Wissens bzw. der materiellen und immateriellen Vermögenswerte – auch aufgrund normalerweise begrenzter Finanzmittel (Sternberg/Vorderwülbecke/Brixy 2015: 24; Bamford/Dean/McDougall 2000: 258[667]; Low/MacMillan 1988: 142[668]) und unvollständiger anfänglicher Ressourcenausstattungen (Venkataraman 1997: 125; Bamford/Dean/McDougall 2000: 258[669]; Brush/Greene/Hart 2001: 71; Weihe 2001: 245; Markman 2007: 79) grundsätzlich mithilfe sozialer Beziehungen (Alvarez/Busenitz 2001: 768; Brush/Greene/Hart 2001: 71; Birley 1985: 107-09; Aldrich/Zimmer 1986b: 11; Venkataraman 1997: 125; Bamford/

665 Mit Verweis auf Liles 1974 und die dort angegebene Literatur.
666 Mit Verweis auf Westhead/Ucbasaran/Wright/Binks 2004 (bibliographische Daten verbessert).
667 Mit Verweis auf Bhave 1994.
668 Unter Bezugnahme auf Vesper 1983.
669 Mit Verweis auf Bhave 1994.

Dean/McDougall 2000: 258; Witt 2004: 394; Sorenson 2005: 60[670]; Markman 2007: 79; Dollinger 2008: 59; Ucbasaran/Westhead/Wright 2008: 156[671]; Sternberg/Vorderwülbecke/Brixy 2015: 24) – in die Unternehmensgründung einbringt und diese weitgehend prägt (Alvarez/Busenitz 2001: 766). Unternehmensgründungen weisen normalerweise eine relativ geringe Kapitalausstattung im Sinne von „tangiblen" Ressourcen (vgl. hierzu z.B. Penrose 2009: 21f.) auf (Berg 2004: 68f.[672]), wodurch vermehrt die im Gründungsprozess vorhandenen „intangiblen" Ressourcen[673], die sich im Gründungskontext insbesondere in Fähigkeiten[674] – „Geschick und Kenntnisse in der Allokation, Koordination und Führung" (Berg 2004: 69) bzw. unternehmerische Qualifikation – und Fertigkeiten – „jenes Wissen [...], welches für die Erstellung der geplanten Produkte oder Leistungen notwendig ist" (Berg 2004: 69) bzw. fachspezifisches Know-how – des (potenziellen) Gründers widerspiegeln (Berg 2004: 69),[675] betrachtet werden (Berg 2004: 69).[676] Alvarez und Busenitz betrachten „tacit generalized knowledge of how to organize specialized knowledge" (Alvarez/Busenitz 2001: 760) als entscheidende immaterielle Ressource von Unternehmern zur Vermarktung von eigenen Spezialkenntnissen oder zur gemeinsamen Vermarktung von Spezialkenntnissen bzw. Erfindungen eines „Wissensexperten" – der „Unternehmer kann auch Erfinder sein und umgekehrt, aber grundsätzlich nur zufälligerweise" (Schumpeter 1993b: 129) – im Rahmen von Unternehmensgründungen (Alvarez/Busenitz 2001: 763);[677] also entsprechend der beiden, in Kapitel 2.5 bereits beschriebenen Dimensionen der unternehmerischen Absorptionsfähigkeit im Sinne der „absorptive capacity theory of knowledge spillover entrepreneurship" (Acs/Audretsch/Lehmann 2013: 768f.; Qian/Acs 2013: 192). Venkataraman weist allerdings darauf hin, dass eine derartige Qualifikation, spezifisches Wissen mit einer wirtschaftlichen Gelegenheit zu verknüpfen –

---

670 Mit Verweisen auf Fried/Hisrich 1994; Sorenson/Stuart 2001.

671 Mit Verweisen auf Shane 2003; Arenius/DeClercq 2005.

672 Mit Verweis auf Matthes 2001: 325.

673 Vgl. hierzu z.B. auch Penrose 2009: 22.

674 Vgl. hierzu auch die Definition von „capabilities" durch Barney 2001b: 647.

675 Zu einer ausführlichen Darstellung von im Rahmen der Unternehmensgründung erforderlichen „competencies" von Unternehmern, vgl. Markman 2007: 67-87.

676 So weist auch Barney auf das infolge des ressourcenbasierten Ansatzes gestiegene Interesse hin, Unternehmensressourcen wie „Wissen, Lernen, Kultur, Teamwork und Humankapital" (Barney 2001a: 45) zu erforschen und benennt hierbei explizit nur intangible Ressourcen; zumal dem ressourcenbasierten Ansatz zufolge derartige Ressourcen als die wahrscheinlichsten Quellen für nachhaltige Wettbewerbsvorteile angesehen werden (Barney 2001a: 45).

677 Vgl. hierzu auch Henrekson/Stenkula 2010: 617.

bzw. Wissen in wirtschaftliches Wissen zu transformieren (Henrekson/Stenkula 2010: 617) –, „requires a set of skills, aptitudes, insight, and circumstances that is not either uniformly or widely distributed“ (Venkataraman 1997: 124).[678] Zu den Ressourcen, die die potenziellen Gründer in eine Unternehmensgründung einbringen, werden demnach neben anderen Ressourcen[679] auch unternehmerische Fähigkeiten (Samuelsson/ Davidsson 2009: 230; Busenitz/Arthurs 2007: 134-36) bzw. unternehmerisches Wissen, als „the ability to take conceptual, abstract information of where and how to obtain undervalued resources, explicit and tacit, and how to deploy and exploit these resources“ (Alvarez/Busenitz 2001: 762), bzw. dynamische Fähigkeiten (Busenitz/Arthurs 2007: 134-36), als kreatives und lernbasiertes Charakteristikum, mit denen verfügbare Ressourcen zur Entwicklung von Wettbewerbsvorteilen genutzt werden[680] (Barney 2001b: 647; Berg 2004: 38-42), gerechnet (Barney 1991: 101[681]; Alvarez/Busenitz 2001: 756-72; Tokuda 2005: 126, 138; Busenitz/Arthurs 2007: 136-43; Samuelsson/Davidsson 2009: 230), die als „Metaressource“ betrachtet werden können (Berg 2004: 41).[682] Barney betont beispielsweise, dass „resources are the tangible and intangible assets a firm uses to choose and implement its strategies“ (Barney 2001a: 54). „Es ist wichtig festzuhalten, dass Ressourcen nicht mit dem deutschen Begriff ‚Rohstoffe‘ gleichgesetzt werden dürfen, sie können eher als ‚Leistungsquellen‘ verstanden werden, die ein Beitragspotenzial zur Erlangung eines angestrebten Erfolges aufweisen“ (Berg 2004: 32), in diesem Sinne wären die für die vorliegende Arbeit relevanten

---

678 Vgl. hierzu auch Braunerhjelm/Acs/Audretsch/Carlsson 2010: 107.

679 Der einschlägigen Literatur lassen sich eine Vielzahl weiterer Beispiele von „Ressourcen“ entnehmen, vgl. z.B. Penrose 2009: 21-23; Stigler 1961: 213; Chandler 1962: 383; Wernerfelt 1984: 172; Birley 1985: 107-09; Low/MacMillan 1988: 155; Bögenhold 1989: 273; Barney 1991: 101, mit Verweis auf Daft 1983; Cooper/Folta/Woo 1995: 107; Bamford/Dean/McDougall 2000: 258f.; Alvarez/Busenitz 2001: 756-72; Barney 2001a: 45; Barney/Wright/Ketchen 2001: 625; Brush/Greene/Hart 2001: 74; Mellewigt/Witt 2002: 93, 100; Tokuda 2005: 126; Baron 2007a: 172; Dollinger 2008: 60; Gaglio/Winter 2009: 309f., 317; Sarasvathy/Dew/Velamuri/Venkataraman 2010: 86f.; Berg 2004: 30-42, mit weiteren Verweisen; Boutillier 2008b: 140f., mit Verweis auf Boutillier 2008a: 80; Ucbasaran/Westhead/Wright 2008: 153-55, mit Verweis auf Becker 1993b; Samuelsson/Davidsson 2009: 230, mit Verweisen auf Davidsson/Honig 2003; Florin/Lubatkin/Schulze 2003; Gimeno/Folta/Cooper/Woo 1997; Acs 2010: 176-79, mit Verweisen auf Zucker/Darby/Brewer 1998 (bibliographische Daten verbessert); Davidsson/Honig 2003.

680 Dynamische Fähigkeiten überschneiden sich mit dem Schumpeterschen Unternehmer im Sinne der Durchsetzung neuer Kombinationen (Schumpeter 1993b: 110-13). Vgl. hierzu auch Berg 2004: 41f., mit Verweis auf Schumpeter 1997: 111.

681 Mit Verweis auf Daft 1983.

682 Vgl. hierzu z.B. auch Lilischkis 2001: 23, mit Verweisen auf Mitchell 1941: 1; De Gregori 1987: 1242 (bibliographische Daten verbessert).

Ressourcen „Leistungsquellen“ mit Beitragspotenzial zur Gründungsrealisation. Speziell im Rahmen des Gründungsprozesses, insbesondere ab der Analyse- und Planungsphase (vgl. hierzu Kapitel 2.1.2), in deren Verlauf eine verfügbare Gründungsidee immer mehr an Bedeutung gewinnt – die Ressourcenheterogenität existiert allerdings bereits vor der potenziellen Entwicklung einer Gründungsidee und führt zu unterschiedlichen Ausgangsbedingungen und Möglichkeiten der Akteure (Berg 2004: 68) –, sind die von den potenziellen Gründern für eine Gründungsrealisation als notwendig erachteten Ressourcen zu ermitteln und zu bewerten (Dollinger 2008: 60; Berg 2004: 68), die verfügbaren Ressourcen zu überprüfen bzw. einzuschätzen (vgl. hierzu auch Veblen 1898: 387f.) und die fehlenden Ressourcen insbesondere über soziale Netzwerke zu beziehen (Alvarez/Busenitz 2001: 768-71; Brush/Greene/Hart 2001: 71; Aldrich/Zimmer 1986b: 11; Baron 2007a: 172f.[683]; Dollinger 2008: 21; Cooper/Folta/Woo 1995: 108; Witt 2004: 394; Ucbasaran/Westhead/Wright 2008: 156[684]; Kraaijenbrink/Spender/Groen 2010: 364); wobei die Einschätzungen bzgl. der verfügbaren und notwendigen Ressourcen „involve subjectivism, knowledge creation, and entrepreneurial judgment“ (Kraaijenbrink/Spender/Groen 2010: 364[685]). Die den potenziellen unternehmerischen Gelegenheiten von den potenziellen Gründern im Rahmen ihrer unternehmerischen Beurteilungen zugeschriebenen Unternehmerprofite (vgl. hierzu z.B. Shane/Venkataraman 2000: 220f.[686]) basieren auf differierenden Vorstellungen der wirtschaftlichen Akteure über die Werte der zu ihrer Verwirklichung einzusetzenden Ressourcen (Berg 2004: 69[687]; Shane/Venkataraman 2000: 220f.[688]; Alvarez/Busenitz 2001: 756[689]). Inwiefern ein potenzieller Gründer eine wirtschaftliche Gelegenheit (weiter-) verfolgt, hängt neben seinem antizipierten Unternehmerprofit (Shane/Venkataraman 2000: 220-23) bzw. seiner Gewinnerwartung (Palmer 1971: 34) gewiss auch von weiteren Faktoren ab (Shane/Venkataraman 2000: 222-24; Palmer 1971: 34), wie bspw. seinen Opportunitätskosten anderer Erwerbsalternativen (Berg 2004: 69; Shane/

683 Mit Verweis auf Ozgen/Baron 2007.
684 Mit Verweisen auf Shane 2003; Arenius/DeClercq 2005.
685 Mit weiteren Verweisen.
686 Mit Verweis auf Casson 1982; Schumpeter 1942 (bibliographische Daten verbessert); Kirzner 1973.
687 Mit Verweisen auf Schumpeter 1975: 147; Kirzner 1973: 37.
688 Mit Verweis auf Casson 1982; Schumpeter 1942 (bibliographische Daten verbessert); Kirzner 1973.
689 Mit Verweisen auf Schumpeter 1934a; Kirzner 1979; Shane/Venkataraman 2000.

Venkataraman 2000: 217, 222f.[690]; Markman 2007: 79f.[691]), seinen (auch nichtmonetären) Anreizen bzw. Motiven[692] (Schumpeter 1996: 157, zit. n. Berg 2004: 69; Venkataraman 1997: 124; Markman 2007: 69, 80[693]; Casson/Wadeson 2007b: 287; Douglas 2009: 13f.; Henrekson/Stenkula 2010: 619[694]; Drucker 1993: 34; Palmer 1971: 34; Schumpeter 1993b: 131-39), seiner Risikoneigung[695] (Berg 2004: 65-69; Shane/Venkataraman 2000: 223[696]; Khilstrom/Laffont 1979: 719), seinen finanziellen Mitteln (Shane/Venkataraman 2000: 223[697]; Low/MacMillan 1988: 142[698]; Bamford/Dean/McDougall 2000: 258[699]; Sternberg/Vorderwülbecke/Brixy 2015: 24), seinen Fähigkeiten (Venkataraman 1997: 124; Barney 2001b: 647; Tokuda 2005: 138; Busenitz/Arthurs 2007: 134; Samuelsson/Davidsson 2009: 230; Markman 2007: 67), seinem Zugang zu für die Realisierung der Gründungsidee nützlichen Informationen[700] (Shane/Venkataraman 2000: 223[701]), seinen sozialen Kontakten zu Ressourcenanbietern[702] (Shane/Venkataraman 2000: 223[703]; Samuelsson/Davidsson 2009: 230) und seinen Kosten der Beschaffung der für die Gründungsrealisation notwendigen Ressourcen (Shane/Venkataraman 2000: 223; Acs/Audretsch/Lehmann 2013: 767). Sowohl für die Festlegung der für eine Unternehmensgründung notwendigen Ressourcen (vgl. hierzu auch Barney 1991: 101) als auch für die Ermittlung der bereits vorhandenen Ressourcen erscheint eine Gruppierung von Ressourcen zweckdienlich (Brush/Greene/Hart 2001: 74; Barney 1991: 101). So verdeutlicht bereits Wernerfelt, dass sich Ressourcentypen identifizieren lassen, die sich grundsätzlich positiv oder negativ auf die Zielerreichung eines Unternehmens auswirken (Wernerfelt 1984: 172-80). Auch Priem und Butler erachten die Identifizierung von Ressourcen als hilfreich, die „particularly

690 Mit Verweisen auf Amit/Muller/Cockburn 1995 (bibliographische Daten verbessert); Reynolds 1987.
691 Mit Verweisen auf Amit/Schoenmaker 1993; Douglas/Shepherd 2000 (bibliographische Daten verbessert).
692 Vgl. hierzu auch Kapitel 2.4.
693 Mit Verweis auf Douglas/Shepherd 2000 (bibliographische Daten verbessert).
694 Mit Verweis auf Baumol/Litan/Schramm 2007: 234.
695 Vgl. hierzu auch Kapitel 2.4.
696 Mit Verweis auf Knight 1921.
697 Mit Verweis auf Evans/Leighton 1989.
698 Mit Verweis auf Vesper 1983.
699 Mit Verweis auf Bhave 1994.
700 Vgl. hierzu auch Kapitel 2.5.
701 Mit Verweis auf Cooper/Woo/Dunkelberg 1989.
702 Vgl. hierzu auch Kapitel 2.4 und Kapitel 2.5.
703 Mit Verweis auf einen Review von Forschungsergebnissen (Aldrich/Zimmer 1986b).

effective for certain actors in certain contexts“ (Priem/Butler 2001a: 33) sein dürften. Auch wenn an dieser Stelle die in der einschlägigen Literatur beschriebenen Ressourcen aufgeführt und zu Gruppen synthetisiert werden könnten, die bzgl. akademischer Gründungsprozesse als bedeutend anzusehen sind, erscheint es zweckdienlicher, auf eine entsprechende durch Lilischkis (2001) bereits aus Forschungsergebnissen generierte Ressourceneinteilung zurückzugreifen, die ebenfalls wie die vorliegende Arbeit Unternehmensgründungen aus Hochschulen fokussiert; so kategorisiert Lilischkis aufgrund von Forschungsergebnissen seiner Dissertation über die Förderung von Unternehmensgründungen aus Hochschulen im Sinne eines am „Unternehmens-Input“ orientierten Ansatzes Ressourcen in Wissen, Kapital und Anreize (Lilischkis 2001: 23).

Im Folgenden werden exemplarisch andere Ressourcengruppierungen durch weitere Autoren genannt und der Kategorisierung von Lilischkis, die sich – um es nochmals zu betonen – wie die vorliegende Arbeit auf Unternehmensgründungen aus Hochschulen bezieht und folglich zweckdienlich erscheint, zugeordnet, bevor schließlich auf die drei Ressourcenkategorien von Lilischkis näher eingegangen wird. Brüderl, Preisendörfer und Ziegler nennen die drei Bereiche personale, finanzielle und soziale Ressourcen, von denen sie annehmen, dass diese zur Ausübung der Koordinationsfunktion des Entrepreneurs (vgl. hierzu insb. Say 1803: 32f., zit. n. Schmitz 2004: 47f.; Casson 1987: 151, zit. n. Schmitz 2004: 54; Say 1803/1972: 51-58; Say 1966: 70-78; Schumpeter 1993b: 110-13) notwendig sind (Brüderl/Preisendörfer/Ziegler 1998: 26). Diese drei Ressourcenbereiche lassen sich den Kategorien von Lilischkis – demgemäß, wie dieser sie definiert (vgl. hierzu Lilischkis 2001: 22-35) – wie folgt zuordnen: finanzielle Ressourcen dem „Kapital“;[704] personale Ressourcen dem „Wissen“,[705] dem „Kapital“[706] sowie den „Anreizen“;[707] und soziale Ressourcen dem „Wissen“,[708] dem „Kapi-

704 Vgl. hierzu z.B. Cooper/Gimeno-Gascon/Woo 1994: 379; Brush/Greene/Hart 2001: 68; Boutillier 2008b: 140-42; Sternberg/Vorderwülbecke/Brixy 2015: 24.

705 Vgl. hierzu z.B. Markman 2007: 71-83, mit weiteren Verweisen; Cooper/Gimeno-Gascon/Woo 1994: 378; Bamford/Dean/McDougall 2000: 258f., mit Verweis auf Pfeffer/Salancik 1978; Mellewigt/Witt 2002: 96; Baum/Frese/Baron/Katz 2007: 3; Boutillier 2008a: 80, zit. n. Boutillier 2008b: 141; Boutillier 2008b: 140-42; Ucbasaran/Westhead/Wright 2008: 153; Douglas 2009: 6-8, mit Verweisen auf Becker 1964; McMullen/Shepherd 2006.

706 Vgl. hierzu z.B. Venkataraman 1997: 125; Bamford/Dean/McDougall 2000: 258f., mit weiteren Verweisen; Shane/Venkataraman 2000: 223, mit Verweis auf Evans/Leighton 1989; Mellewigt/Witt 2002: 93, 96; Markman 2007: 77-83, mit Verweis auf Feinberg/Price 2004; Boutillier 2008b: 140f.

tal“[709] als auch den „Anreizen“.[710] Folglich werden die von Brüderl, Preisendörfer und Ziegler (1998: 26) genannten Ressourcenbereiche auch durch die Kategorien von Lilischkis berücksichtigt (Lilischkis 2001: 22-35). Boutillier nennt mit „finanziellen Ressourcen“, „Wissen“ und „sozialen Beziehungen“ drei Komponenten des „Ressourcenpotenzials“ von Unternehmern (Boutillier 2008b: 140f.[711]), die sich den Kategorien von Lilischkis – wiederum demgemäß, wie dieser sie definiert (vgl. hierzu Lilischkis 2001: 22-35) – wie folgt zuordnen lassen: finanzielle Ressourcen dem „Kapital“; soziale Beziehungen dem „Wissen“, dem „Kapital“ sowie den „Anreizen“; und Wissen eindeutig dem „Wissen“. Bögenhold gruppiert Ressourcen im Gründungsprozess in „Geld“, „Wissen“ und „Sozialkontakte“ (Bögenhold 1989: 273), die sich offensichtlich eindeutig den Komponenten von Boutillier (2008b: 140f.) zuordnen lassen, so dass an dieser Stelle eine Zuordnung zu den Kategorien von Lilischkis (2001: 22-35) ausbleiben kann. Auffallend ist, dass die Ressourcenkategorisierung von Lilischkis (2001: 22-35) weiter gefasst erscheint als die anderen genannten Gruppierungen (Brüderl/Preisendörfer/Ziegler 1998: 26; Boutillier 2008b: 140f.; Bögenhold 1989: 273), die bspw. im Bereich des Kapitals nicht das „Sachkapital“ berücksichtigen, sondern lediglich auf finanzielle Ressourcen wie z.B. „Geld“ abstellen, während Lilischkis „Humankapital“ der Kategorie „Wissen“ und „soziales Kapital“ der Kategorie „Anreize“ zuordnet (Lilischkis 2001: 28f.). Barney leitet aus Aufzählungen von Unternehmensmerkmalen[712], die potenziell zur Strategieentwicklung und -umsetzung befähigen, Res-

707 Vgl. hierzu z.B. Baum/Frese/Baron/Katz 2007: 3; Palmer 1971: 34; King 1985: 413; Drucker 1993: 34; Krueger/Reilly/Carsrud 2000: 417-19, mit Verweis auf Shapero/Sokol 1982 (bibliographische Daten verbessert); Locke/Baum 2007: 93, mit Verweisen auf Steers/Porter 1991; Locke 2000; Gartner/Bird/Starr 1992; Carsrud/Brännback/Elfving/Brandt 2009: 148f.; Douglas 2009: 7f., mit Verweis auf McMullen/Shepherd 2006.

708 Vgl. hierzu z.B. Markman 2007: 72-79, mit weiteren Verweisen; Palmer 1971: 34; Aldrich/Zimmer 1986b: 6, 11; Bamford/Dean/McDougall 2000: 258f., mit weiteren Verweisen; Alvarez/Busenitz 2001: 768; Baron 2007a: 173, mit Verweis auf Ozgen/Baron 2007; Boutillier 2008a: 80, zit. n. Boutillier 2008b: 141; Boutillier 2008b: 142.

709 Vgl. hierzu z.B. Aldrich/Zimmer 1986b: 11; Venkataraman 1997: 125; Bamford/Dean/McDougall 2000: 258f., mit weiteren Verweisen; Alvarez/Busenitz 2001: 768; Sorenson 2005: 60; Markman 2007: 77-84, unter Bezugnahme auf Baker 2000; Baron 2007a: 173, mit Verweis auf Ozgen/Baron 2007; Boutillier 2008b: 140f.; Dollinger 2008: 59.

710 Vgl. hierzu z.B. Palmer 1971: 34; Aldrich/Zimmer 1986b: 11; Markman 2007: 77, unter Bezugnahme auf Baker 2000; Baron 2007a: 173; Boutillier 2008b: 141; Dollinger 2008: 59; Carsrud/Brännback/Elfving/Brandt 2009: 148f., mit Verweis auf Huuskonen 1989.

711 Unter Bezugnahme auf Boutillier 2008a: 80.

712 Vgl. hierzu Hitt/Ireland 1986; Thompson/Strickland 1980 (bibliographische Daten verbessert), zit. n. Barney 1991: 101.

sourcenkategorien her, namentlich „physical capital“[713], „human capital“[714] und „organizational capital“[715] (Barney 1991: 101), die sich den Kategorien von Lilischkis – wiederum demgemäß, wie dieser sie definiert (vgl. hierzu Lilischkis 2001: 22-35) – wie folgt zuordnen lassen: „physical capital“ dem „Kapital“; „human capital“ insb. dem „Wissen“, aber auch – wie weiter oben bereits aufgezeigt wurde – dem „Kapital“ sowie den „Anreizen“, da es nach Barney auch „Beziehungen“ umfasst (Barney 1991: 101); und „organizational capital“ insb. dem „Wissen“, aber entsprechend auch dem „Kapital“ sowie den „Anreizen“, zumal es Barney zufolge ebenfalls „Beziehungen“ (innerhalb des Unternehmens sowie zwischen dem Unternehmen und seinem Umfeld) beinhaltet (Barney 1991: 101). Brush, Greene und Hart „sortieren“ Ressourcen in verschiedene „bins“, namentlich „human (individual skills, knowledge), social (external relationships, networks), financial (personal wealth), physical, technological, and organizational (internal structures, processes, and relationships)“ (Brush/Greene/Hart 2001: 74), die sich den Kategorien von Lilischkis – wiederum demgemäß, wie dieser sie definiert (vgl. hierzu Lilischkis 2001: 22-35) – wie folgt zuordnen lassen: „human“ dem „Wissen“; „social“ – wie weiter oben bereits aufgezeigt wurde – dem „Wissen“, dem „Kapital“ als auch den „Anreizen“; „financial“ dem „Kapital“; „physical“ dem „Kapital“; „technological“ dem „Wissen“[716] sowie dem „Kapital“;[717] und „organizational“ insb. dem „Wissen“, aber entsprechend auch dem „Kapital“ als auch den „Anreizen“, zumal es den Autorinnen zufolge ebenfalls „Beziehungen“ umfasst (Brush/Greene/Hart 2001: 74). Die Ressourcengruppe „organizational“ nach Brush, Greene und Hart, die (zumindest weitgehend) den „organizational capital resources“ im Sinne von Barney[718] entspricht (Brush/Greene/Hart 2001: 74), berücksichtigt explizit „relationships“, so dass die Autorinnen nach Ansicht des Autors der vorliegenden Arbeit die Gruppe „social“, die „external relationships“ und „networks“ beinhaltet (Brush/

713 Vgl. hierzu Williamson 1975, zit. n. Barney 1991: 101.
714 Vgl. hierzu Becker 1964, zit. n. Barney 1991: 101.
715 Vgl. hierzu Tomer 1987, zit. n. Barney 1991: 101.
716 Vgl. hierzu z.B. Lilischkis 2001: 24-27.
717 Vgl. hierzu z.B. Barney 1991: 101.
718 „Organizational capital resources include a firm’s formal reporting structure, its formal and informal planning, controlling, and coordinating systems, as well as informal relations among groups within a firm and between a firm and those in its environment“ (Barney 1991: 101).

Greene/Hart 2001: 74), hätten aussparen können;[719] entsprechend Barney, der „Beziehungen" im Rahmen seiner „organizational capital resources" berücksichtigt (Barney 1991: 101), und – so wie auch Lilischkis (2001: 22-35) – keine, lediglich sozialkapitalbasierte Einflussfaktoren berücksichtigende Kategorie kreiert (Barney 1991: 101). Wie insgesamt verdeutlicht wurde, erscheint die Aufnahme einer expliziten sozialkapitalbasierten Ressourcengruppe – wie „soziale Ressourcen" (Brüderl/Preisendörfer/Ziegler 1998: 26; Brush/Greene/Hart 2001: 74), „soziale Beziehungen" (Boutillier 2008b: 140f.[720]) bzw. „Sozialkontakte" (Bögenhold 1989: 273) – einerseits nicht erforderlich zu sein, da sich die über soziale Netzwerke bezogenen Ressourcen normalerweise den drei Ressourcenkategorien von Lilischkis zuordnen lassen (vgl. hierzu Lilischkis 2001: 22-35 sowie die Ausführungen weiter oben in diesem Unterkapitel). Andererseits existieren auch Ressourcenquellen wie das Internet und Literatur (Cooper/Folta/Woo 1995: 107; European Commission 1999: 15; Ucbasaran/Westhead/Wright 2008: 153, 161f.), die zwar von Individuen bereitgestellte Informationen liefern, sich allerdings nicht ohne Weiteres den sozialen Kontakten zuordnen lassen (vgl. hierzu z.B. Baron 2007a: 173 sowie Kapitel 2.5), so dass im Rahmen der vorliegenden Arbeit unter Gründungsinformationsquellen nicht lediglich Quellen aus den sozialen Netzwerken der (potenziellen) Gründer verstanden werden (vgl. hierzu Kapitel 2.5); hinzu kommt, dass der expliziten Erforschung sozialer Einflussgrößen bzw. der Netzwerkforschung Limitationen zugerechnet werden (vgl. hierzu z.B. Witt 2004: 393[721] sowie Kapitel 2.4), weshalb es zweckdienlich erscheint, diese in dem in der vorliegen-

[719] Dass die Autorinnen in ihrer Ressourcengruppe „social" explizit „external relationships" berücksichtigen, erweckt den Anschein, (unternehmens-) interne Beziehungen wären den Autorinnen zufolge im Rahmen sozialer Ressourcen nicht (sonderlich) relevant, was allerdings durch die zusätzliche Berücksichtigung von „networks" innerhalb dieser Gruppe (Brush/Greene/Hart 2001: 74) in gewisser Hinsicht relativiert werden könnte; daneben in ihrem „organizational resources bin" jedoch generell „relationships", ohne eine „etwaige" Differenzierung nach internen und/oder externen Beziehungen vorzunehmen – so wie bspw. durch Barney in seiner Definition von „organizational capital resources" erfolgt (Barney 1991: 101) –, zu integrieren, trägt möglicherweise erst zu der geschilderten, vom Autor der vorliegenden Arbeit aufgefassten „Redundanz" sozialer Beziehungen in der Ressourcengruppierung von Brush, Greene und Hart (2001: 74) bei. Damit soll nicht ausgedrückt werden, dass soziale Beziehungen unbedeutend im Rahmen einer ressourcenbasierten Analyse des Gründungsprozesses wären; wie bereits verdeutlicht wurde, ist das Gegenteil der Fall. Jedoch erscheint innerhalb einer unternehmensorientierten bzw. gründungsspezifischen Ressourcenkategorisierung die explizite Aufnahme einer eigenen sozialkapitalbasierten Gruppe nicht notwendig zu sein, wie durch die vorigen und folgenden Ausführungen ersichtlich wird (vgl. hierzu auch Barney 1991: 101; Lilischkis 2001: 22-35).

[720] Unter Bezugnahme auf Boutillier 2008a: 80.

[721] Mit Verweis auf Daft/Lengel 1986.

den Arbeit zu entwickelnden Arbeitsmodell – wie noch deutlich werden wird – lediglich mittelbar oder exemplarisch zu berücksichtigen (vgl. hierzu auch Kapitel 2.5), sie jedoch nicht vordergründig zu untersuchen. Demgegenüber ist auffallend, dass von den weiter oben dargestellten Ressourcengruppierungen lediglich diejenige von Lilischkis explizit Anreize – trotz deren Bedeutung generell in der Entrepreneurship- als auch speziell in der Gründungsforschung[722] – beinhaltet, die gewiss auch gründungshemmend sein können (vgl. hierzu Lilischkis 2001: 22-24, 31-35; Schumpeter 1993b: 126-39); so konstatiert auch Barney, dass „[s]ome of these firm attributes may prevent a firm from conceiving of and implementing valuable strategies“ (Barney 1991: 102[723]). Insgesamt betrachtet, lässt sich die Ressourcenkategorisierung von Lilischkis als eine geeignete Möglichkeit betrachten, um die in der vorliegenden Arbeit als im studentischen Gründungsprozess bedeutend identifizierten Ressourcen (vgl. hierzu Wernerfelt 1984: 172-80; Priem/Butler 2001a: 33) entsprechend gruppieren zu können (vgl. hierzu Brush/Greene/Hart 2001: 74; Barney 1991: 101), insbesondere weil sie die von anderen Autoren aufgezeigten Ressourcenbereiche grundsätzlich zu berücksichtigen fähig ist und zudem aus Forschungsergebnissen abgeleitet wurde, die sich speziell – wie die vorliegende Arbeit – auf Unternehmensgründungen aus Hochschulen beziehen (Lilischkis 2001: 23). Dies bedeutet allerdings nicht, dass die Ressourcenkategorisierung von Lilischkis den Rahmen für die Erforschung der identifizierten Ressourcen darstellt, vielmehr dient sie an dieser Stelle einem Überblick über im Gründungsprozess verfügbare und zu akkumulierende Ressourcen im Sinne von Brush, Greene und Hart (2001: 74) und analog zu Barney (1991: 101).

Aus Vollständigkeitsaspekten erfolgt noch ein Überblick über die Ressourcenkategorien von Lilischkis (vgl. hierzu Lilischkis 2001: 22-35), da bisher lediglich darauf verwiesen wurde, wobei auch weitere Literaturquellen hinzugezogen werden. Wie Mellewigt, Schmidt und Weller akzentuieren, stellt ein Unternehmen „ein Bündel von Ressourcen dar, wobei die anfängliche Ressourcenausstattung eines Unternehmens Ergeb-

722 Vgl. hierzu z.B. Schumpeter 1996: 157, zit. n. Berg 2004: 69; Schumpeter 1993b: 131-39; Palmer 1971: 34; Drucker 1993: 34; Venkataraman 1997: 124; Casson/Wadeson 2007b: 287; Markman 2007: 69, 80, mit Verweis auf Douglas/Shepherd 2000 (bibliographische Daten verbessert); Douglas 2009: 13f.; Henrekson/Stenkula 2010: 619, mit Verweis auf Baumol/Litan/Schramm 2007: 234, sowie Kapitel 2.4 und Kapitel 2.7.

723 Mit Verweis auf Barney 1986.

nis des Vorgründungsprozesses ist“ (Mellewigt/SchmidtWeller 2006: 96). Im Rahmen der Unternehmensgründung wird Ressourcen wie bspw. betriebswirtschaftlichen bzw. unternehmerischen Qualifikationen und technologischem bzw. produkt- und fachspezifischem Know-how als auch Branchen- und Gründungserfahrungen der potenziellen Gründer, Eigen- und Fremdkapital, Geschäftsausstattung und persönlichen materiellen und immateriellen Anreizen bzw. Motiven eine hohe Bedeutung beigemessen (vgl. hierzu z.B. Lilischkis 2001: 23-34[724]; Schumpeter 1993b: 131-39; Palmer 1971: 34; Drucker 1993: 34; Low/MacMillan 1988: 142[725]; Bögenhold 1989: 268-77; Venkataraman 1997: 124; Bamford/Dean/McDougall 2000: 258[726]; Shane/Venkataraman 2000: 223[727]; Alvarez/Busenitz 2001: 760-66; Barney 2001b: 647; Berg 2004: 38-42, 69; Tokuda 2005: 138; Mellewigt/Schmidt/Weller 2006: 96f.[728]; Busenitz/Arthurs 2007: 134-36; Casson/Wadeson 2007b: 287; Markman 2007: 67-86; Douglas 2009: 13f.; Samuelsson/Davidsson 2009: 230; Henrekson/Stenkula 2010: 617-19[729]; Acs/Audretsch/Lehmann 2013: 768f.; Qian/Acs 2013: 192; Sternberg/Vorderwülbecke/Brixy 2015: 24). Diese Ressourcen lassen sich den Ressourcenkategorien „Wissen“[730], „Kapital“ und „Anreize“ zuordnen, die Lilischkis infolge seiner Forschungsergebnisse generiert und deren Verfügbarkeit er als ausschlaggebend für Unternehmensgründungen aus Hochschulen aufdeckt (Lilischkis 2001: 22f., 34f.). Wissen als wertvolle und heterogen verteilte Ressource (Stigler 1961: 213; Chandler 1962: 383; Barney 1991: 101; Grant/Baden-Fuller 1995: 18; Conner/Prahalad 1996: 478; Aldrich/Martinez 2001: 47; Lilischkis 2001: 23[731]; Acs/Audretsch/Lehmann 2013: 758)[732] in akademischen Grün-

724 Mit weiteren Verweisen.

725 Mit Verweis auf Vesper 1983.

726 Mit Verweis auf Bhave 1994.

727 Mit Verweis auf Evans/Leighton 1989.

728 Mit weiteren Verweisen.

729 Mit Verweis auf Baumol/Litan/Schramm 2007: 234.

730 „Da Wissen ohne die Fähigkeit zur Anwendung unbrauchbar ist, schließt ‚Wissen’ im folgenden immer auch ‚Können’ ein“ (Lilischkis 2001: 23). Wissen umfasst in der vorliegenden Arbeit entsprechend der „Kompetenzen“ nach Markman (2007: 67-83) auch „skills“ und „abilities“; genauso wird der Definition von Grant und Baden-Fuller gefolgt, nach der Wissen neben „know-how“ und „skills“ auch Informationen und Technologie einschließt (Grant/Baden-Fuller 1995: 18).

731 Mit Verweis auf Mitchell 1941: 1.

732 Acs zufolge begründet das Human- und Sozialkapital des Gründers – das sich seinen „human skills“ und somit seinem, mit Letzteren inhärent verknüpften Wissen zuordnen lässt (Markman 2007: 75-77; vgl. hierzu z.B. auch Qian/Acs 2013: 190, mit Verweis auf Schultz 1961) – grundlegend die potenziellen anfänglichen Wettbewerbsvorteile seiner Unternehmensgründung (Acs 2010: 179, mit Verweis auf Davidsson/Honig 2003; vgl. hierzu z.B. auch Alvarez/Busenitz 2001: 766; Berg 2004: 40f.).

dungsprozessen,[733] das sich im Gründungskontext bspw. in technologisches und betriebswirtschaftliches Wissen unterteilen lässt (Lilischkis 2001: 24)[734] und die Menge technologischer Opportunitäten erweitert und unternehmerische Aktivitäten signifikant positiv beeinflusst (Acs/Braunerhjelm/Audretsch/Carlsson 2009: 23-28; Ucbasaran/ Westhead/Wright 2008: 158-69), kommt innerhalb einer wissensbasierten Volkswirtschaft offensichtlich eine „überragende Bedeutung" zu (Lilischkis 2001: 23[735]), insbesondere im Rahmen technologiebasierter (und gewiss auch wissensbasierter) Unternehmensgründungen[736] aus Hochschulen; zumal neu entwickelte Technologien bzw. Erfindungen aus neuem technologischen bzw. fachspezifischen Wissen[737] hervorgehen, das wiederum (auch) an Hochschulen generiert[738] und gelehrt wird, und deren Vermarktung im Rahmen von Unternehmensgründungen[739] betriebswirtschaftliche bzw. unternehmerische Qualifikationen erfordert (Lilischkis 2001: 23-27[740]).[741] Betriebswirtschaftliche Qualifikationen sind bspw. bei der Entwicklung eines Geschäftskonzeptes maßgeblich, das potenzielle Investoren von der antizipierten Rentabilität des Gründungsprojektes überzeugen soll (Lilischkis 2001: 27[742]; Mellewigt/Schmidt/Weller 2006: 100[743]), damit diese die für die Unternehmensgründung (noch) erforderlichen

---

733 Vgl. hierzu z.B. auch Haynie, Shepherd und McMullen, die betonen, dass „the knowledge resources of the entrepreneur are often the most central and defining resource of entrepreneurial firms" (Haynie/Shepherd/McMullen 2009: 341, mit weiteren Verweisen).

734 Vgl. hierzu z.B. auch Alvarez und Busenitz, die betonen, dass häufig der Gründer oder das Gründerteam „possesses much of the technical and managerial knowledge that make-up the tangible and intangible assets of the firm" (Alvarez/Busenitz 2001: 766). Insgesamt betrachtet, erscheint nach Ansicht des Autors für die vorliegende Arbeit eine Unterteilung in die weiter gefassten Bereiche „unternehmerische Qualifikationen" – die auch betriebswirtschaftliches Wissen berücksichtigen sollen – und „fachspezifisches Know-how" – das auch technologisches Wissen berücksichtigen soll – zweckdienlich (vgl. hierzu neben Alvarez/Busenitz 2001: 766 z.B. auch Berg 2004: 69 sowie die Ausführungen weiter oben in diesem Unterkapitel).

735 Mit Verweis auf Foray/Lundvall 1996.

736 Vgl. hierzu z.B. auch Mellewigt/Witt 2002: 93.

737 Zu einer Unterteilung von „economically useful scientific-technological knowledge" in „nonrival, partially excludable knowledge elements" und „rival, excludable elements of knowledge" durch Romer (1990), vgl. Acs/Braunerhjelm/Audretsch/Carlsson 2009: 17f.; Romer 1990: S71-S78.

738 Vgl. hierzu z.B. auch Audretsch/Keilbach 2004b: 952; Mueller 2006: 1506; Acs/Audretsch 2010a: 283.

739 Vgl. hierzu z.B. auch Audretsch/Keilbach 2004b: 952, mit Verweisen auf Jaffe 1989; Audretsch/ Feldman 1996; Acs/Audretsch/Feldman 1994.

740 Mit Verweisen auf Cooper/Gimeno-Gascon/Woo 1995: 371; Cole/Sokol 1999: 31f.

741 Vgl. hierzu z.B. auch Forschungsergebnisse von Mellewigt, Schmidt und Weller (2006: 107f.).

742 Mit Verweis auf Cole/Sokol 1999: 31f.

743 Mit Verweis auf Ripsas 1997: 122.

Finanzmittel verfügbar machen,[744] die insgesamt neben der Wahrscheinlichkeit der Gründungsrealisation auch die Möglichkeiten der Existenzsicherung und des Gründungserfolges erhöhen (Low/MacMillan 1988: 142[745]; Brüderl/Preisendörfer/Ziegler 1992: 230; Bamford/Dean/McDougall 2000: 258[746]; Shane/Venkataraman 2000: 223[747]; Mellewigt/Witt 2002: 93; Acs/Audretsch 2010a: 293; Sternberg/Vorderwülbecke/Brixy 2015: 24).[748] Kapital, das Lilischkis in Geldkapital und Sachkapital unterteilt (Lilischkis 2001: 28-30),[749] dient als Vermögen und unterstützt eine effiziente Ressourcenallokation, um unternehmerische Tätigkeiten zu verwirklichen (Lilischkis 2001: 28[750]),[751] ist folglich genauso wie Wissen unerlässlich für eine Unternehmensgründung (Aldrich/Martinez 2001: 47; Mellewigt/Witt 2002: 100). Geldkapital, das sich in Eigenkapital, Fremdkapital und Subventionen aufgliedern lässt, wird für die Finanzierung von Investitionen verwendet, wohingegen Sachkapital Bestandskapital wie Gebäude, Maschinen und Werkzeuge[752] sowie Verbrauchskapital, d.h. dem Herstellungsprozess dienende Produktionsfaktoren,[753] verkörpert (Lilischkis 2001: 29f.). Für eine Gründungsrealisation benötigen die potenziellen Gründer neben Wissen und Ka-

744 Bei einer derartigen Außenfinanzierung durch Finanzinvestoren sind Kreditkapital (Fremdkapital) oder Beteiligungskapital (Eigenkapital) die gängigen Finanzierungsformen (vgl. hierzu z.B. Lilischkis 2001: 29). Zu einer Übersicht über Finanzierungsquellen von Unternehmensgründungen, namentlich Innen- und Außenfinanzierung, Eigen- und Fremdfinanzierung sowie Finanzierung durch öffentliche Fördermittel als auch durch „Venture-Capital" bzw. „Business Angels", vgl. z.B. Ruda 2002: 31-41; zu einem ausführlichen Überblick über Eigenkapitalfinanzierung durch „venture capital" – d.h. „independently managed, dedicated pools of capital that focus on equity or equity-linked investments in privately held, high-growth companies" (Gompers/Lerner 2010: 183) – bzw. über „angel financing", d.h. Finanzierung über individuelle Investoren (Gompers/Lerner 2010: 183f.), vgl. Gompers/Lerner 2010: 183-211. Für die vorliegende Arbeit reicht allerdings eine Unterscheidung zwischen Eigen- und Fremdkapital grundsätzlich aus; sinnvoll erscheint noch der Hinweis auf Subventionen – d.h. „Finanztransfers, für die der Empfänger keine marktwirtschaftliche Gegenleistung erbringt" (Lilischkis 2001: 30) –, denen im Rahmen von Unternehmensgründungen ebenfalls Bedeutung zukommt (vgl. hierzu z.B. Lilischkis 2001: 29f., mit Verweis auf eine Übersicht von Klemmer/Friedrich/Lagemann et al. 1996).

745 Mit Verweisen auf Timmons 1982; Vesper 1983.

746 Mit Verweisen auf Pfeffer/Salancik 1978; Birley 1986; Boyd 1990; Eisenhardt/Schoonhoven 1990; Bhave 1994.

747 Mit Verweis auf Evans/Leighton 1989.

748 Zur, der vorliegenden Arbeit zugrunde gelegten Unterscheidung zwischen Gründungsrealisierung, Gründungsrealisation, Existenzsicherung und Gründungserfolg, vgl. Kapitel 2.3.

749 Wie weiter oben in diesem Unterkapitel bereits erörtert, ordnet Lilischkis die weiteren gängigen Formen „Humankapital" und „Sozialkapital" dem „Wissen" bzw. den „Anreizen" zu (Lilischkis 2001: 28f.); wobei er sich im Rahmen des Sozialkapitals auf „soziale Anerkennung" fokussiert (vgl. hierzu Lilischkis 2001: 28f., 31-34).

750 Mit weiteren Verweisen.

751 Vgl. hierzu z.B. auch Barney 1991: 101, mit Verweis auf Daft 1983.

752 Vgl. hierzu z.B. auch Chandler 1962: 383.

753 Vgl. hierzu z.B. auch Mellewigt/Witt 2002: 100.

pital auch Anreize (Aldrich/Zimmer 1986b: 3; Venkataraman 1997: 124[754]; Locke/ Baum 2007: 93[755]; Douglas 2009: 7f.[756]),[757] die Lilischkis zufolge aufgrund des vergleichsweise zur abhängigen Beschäftigungsform höheren Risikos von Unternehmensgründungen – bzw. infolge der mit der Gründungsentscheidung verbundenen „immensen Tragweite" (vgl. hierzu Braukmann 2003: 194, 200[758]) – besonders hoch ausgeprägt sein müssen (Lilischkis 2001: 31); so betonen auch Locke und Baum, dass „[a] person may have sufficient technical skill and money to start a business, but without motivation nothing happens" (Locke/Baum 2007: 93). Der grundlegende unternehmerische Anreiz ist Nutzen, der in eine individuelle und in eine soziale Komponente unterteilt werden kann (Lilischkis 2001: 31[759]) und von den potenziellen Gründern gegenüber ihren anderen beruflichen Erwerbsmöglichkeiten als höher wahrgenommen[760] ausfallen müsste, damit eine Gründung zu verwirklichen versucht wird (Lilischkis 2001: 31; Markman 2007: 80[761]; Shane/Venkataraman 2000: 222f.[762]);[763] der individuelle Nutzen beinhaltet insbesondere Einkommen,[764] während der soziale

754 Mit weiteren Verweisen.

755 Mit Verweis auf Gartner/Bird/Starr 1992.

756 Mit Verweis auf McMullen/Shepherd 2006.

757 Zur Bedeutung der Motive im Rahmen unternehmerischen Handelns, vgl. auch Schumpeter (1993b: 131-39), der verdeutlicht, dass neben positiven auch negative Anreize wirken (Schumpeter 1993b: 135).

758 Mit Verweis auf Braukmann 2002: 91.

759 Unter Bezugnahme auf Margolis 1982.

760 Vgl. hierzu z.B. Glade 1967: 251, zit. n. Low/MacMillan 1988: 150; Veblen 1898: 387f.; Krueger/Reilly/Carsrud 2000: 412-14; Douglas 2009: 3-19; Hindle/Klyver/Jennings 2009: 39; Casson 2010: 377; Sternberg/Vorderwülbecke/Brixy 2015: 17; Carsrud/Brännback/Elfving/Brandt 2009: 148f., mit Verweis auf Huuskonen 1989; Haynie/Shepherd/McMullen 2009: 340, unter Bezugnahme auf Barney 1991; McMullen/Shepherd 2006, sowie Kapitel 2.3 und Kapitel 2.4.

761 Mit Verweis auf Douglas/Shepherd 2000 (bibliographische Daten verbessert).

762 Mit Verweisen auf Kirzner 1973; Schumpeter 1942 (bibliographische Daten verbessert); Amit/ Muller/Cockburn 1995 (bibliographische Daten verbessert); Reynolds 1987.

763 Vgl. hierzu z.B. auch Acs/Audretsch 2010a: 290-95, mit weiteren Verweisen; mit spezieller Bezugnahme auf neu generiertes Wissen bzw. neue Ideen und die hierbei gewöhnlich unterschiedlichen individuellen Bewertungen des voraussichtlichen kommerziellen Wertes dieses Wissens bzw. dieser Ideen im Rahmen einer potenziellen Vermarktung (Acs/Audretsch 2010a: 290f.) sowie den sogenannten „knowledge filter" (vgl. hierzu z.B. auch Acs/Plummer 2005: 439-53; Mueller 2006: 1499-506; Carlsson/Acs/Audretsch/Braunerhjelm 2009: 1193-226; Acs/Audretsch/Lehmann 2013: 761, 765f.), d.h. „a subset of institutions that hinder the commercialization of knowledge. The knowledge filter is the gap between new knowledge [...] and what Arrow (1962) referred to as economic knowledge" (Acs/Audretsch 2010a: 291, unter Bezugnahme auf Arrow 1962a).

764 Neben der materiellen Komponente des Einkommens umfasst der individuelle Nutzen auch eine immaterielle Komponente der „Selbstverwirklichung", die Arbeitszufriedenheit und Selbstanerkennung inkludiert (Lilischkis 2001: 31), von Lilischkis allerdings aus seiner nicht „individualpsychologisch" geprägten Untersuchung ausgeklammert wird (Lilischkis 2001: 31, 33).

Nutzen „Anerkennung durch andere“[765] umfasst (Lilischkis 2001: 31-34[766]),[767] die ebenfalls wie die monetäre Komponente einen Einfluss auf die Gründungswahrscheinlichkeit bzw. unternehmerische Tätigkeiten ausübt (Lilischkis 2001: 33[768]; Drucker 1993: 34; Casson/Wadeson 2007b: 287; Henrekson/Stenkula 2010: 619[769]; Bögenhold 1989: 268f.; Venkataraman 1997: 133[770]; Schumpeter 1993b: 126f., 138[771]).[772] Abschließend lässt sich zusammenfassen, dass die Gründungsrealisation von den Möglichkeiten der potenziellen Gründer abhängt, die grundsätzlich bestehenden Defizite in der Ressourcenverfügbarkeit (Low/MacMillan 1988: 142[773]; Venkataraman 1997: 125; Weihe 2001: 245; Markman 2007: 79; Sternberg/Vorderwülbecke/Brixy 2015: 24), denen normalerweise nicht vollständig anhand von eigenen Entwicklungen entgegengewirkt werden kann (Bamford/Dean/McDougall 1999: 258[774]), während ihrer Vorgründungsprozesse durch die Akkumulation weiterer Ressourcen aus ihrem Um-

765 Lilischkis definiert soziale Anerkennung „als vom Gründer wahrgenommene Wertschätzung für sein Handeln oder seine Person“ (Lilischkis 2001: 33) „durch die soziale Umwelt“ (Reinhold 1997: 16, zit. n. Lilischkis 2001: 33).

766 Unter Bezugnahme auf Margolis 1982.

767 Wie in Kapitel 2.7 noch deutlich werden wird, lassen sich die Anreize der potenziellen Gründer auch in intrinsische und extrinsische Motive (Golla/Halter/Fueglistaller/Klandt 2006: 213, mit Verweis auf Harabi/Meyer 2000: 31; Carsrud/Brännback/Elfving/Brandt 2009: 146-49, mit weiteren Verweisen) unterteilen bzw. in eine Gründungsmotivation aus einer „Ökonomie der Not“ und in eine Gründungsmotivation aus einer „Ökonomie der Selbstverwirklichung“ (Bögenhold 1989: 268-77; Gerdsmeier/Keidel/Kuss 2003: 109). Dies ist insbesondere relevant, zumal intrinsische Gründungsmotive wie Unabhängigkeit und Selbstverwirklichung als wichtiger gegenüber extrinsischen Gründungsmotiven wie Ansehen, Anerkennung und höherem Einkommen aufgedeckt wurden (Golla/Halter/Fueglistaller/Klandt 2006: 213, mit Verweis auf Harabi/Meyer 2000: 31), so dass in das im Rahmen der vorliegenden Arbeit zu entwickelnde Arbeitsmodell neben extrinsischen auch intrinsische Gründungsmotive aufgenommen werden (vgl. hierzu Kapitel 2.7); an dieser Stelle wird allerdings lediglich Bezug auf die von Lilischkis aufgegriffenen Komponenten genommen.

768 Unter Bezugnahme auf Smith 1770: 262; Schumpeter 1952: 127 und mit Verweisen auf Greenwald/Pratkanis 1984; Breckler/Greenwald 1986; Festinger 1954; Frey/Dauenheimer/Parge/Haisch 1993.

769 Mit Verweis auf Baumol/Litan/Schramm 2007: 234.

770 Unter Bezugnahme auf Schumpeter 1976.

771 So nennt Schumpeter im Rahmen der Beschreibung der Motivation für unternehmerisches Handeln bspw. „Weg zu sozialer Geltung“ und „sozial Steigenwollen“ (Schumpeter 1993b: 138) und beschreibt an anderer Stelle einen Gegendruck des sozialen Umfelds bzgl. neuen wirtschaftlichen Vorhaben (Schumpeter 1993b: 126f.), der „unter Umständen und auf manche Individuen als Anreiz wirkt“ (Schumpeter 1993b: 127).

772 Vgl. hierzu z.B. auch Shane/Venkataraman 2000: 220-24, mit weiteren Verweisen, sowie Palmer, der konstatiert: „Perhaps the entrepreneur does seek profits, but that he has other motivational drives influencing his behavior patterns must be recognized“ (Palmer 1971: 34).

773 Mit Verweis auf Vesper 1983.

774 Mit Verweis auf Bhave 1994.

feld zu nivellieren (Mellewigt/Schmidt/Weller 2006: 99[775]; Szyperski/Nathusius 1999: 39; Birley 1985: 107-09; Alvarez/Busenitz 2001: 768). Diese Ressourcenergänzung wird als maßgebliche unternehmerische Herausforderung im Gründungsprozess angesehen (Brush/Greene/Hart 2001: 71; Dollinger 2008: 21), zu deren Bewältigung – wie in Kapitel 2.4 und Kapitel 2.5 bereits verdeutlicht wurde – dem Zugang zu gründungsrelevanten Informationen über Informationsquellen, insbesondere im Rahmen von persönlichen sozialen Netzwerken der potenziellen Gründer, eine hohe Bedeutung beigemessen wird. Entsprechend kann der Zugang zu einschlägigen gründungsrelevanten Informationen die Verfügbarkeit von Ressourcen in den Bereichen Wissen, Kapital und/oder Anreizen (vgl. hierzu Lilischkis 2001: 22-35) beeinflussen; z.B. sofern diese Informationen unternehmerische bzw. fachspezifische Kompetenzen der potenziellen Gründer erhöhen,[776] zu Kontakten mit Investoren oder Vermietern führen[777] und/oder sich unterstützend bzw. ermutigend auf die potenziellen Gründer und somit entsprechend auf deren materielle/immaterielle Anreize auswirken,[778] bspw. indem sie bisherige persönliche Erfolgsaussichten der potenziellen Unternehmensgründungen erhöhen.[779]

2.7 Arbeitsmodell

„We don't start a business as a reflex, do we? […] Yet, we think about it first; we process the cues from the environment around us and set about constructing the perceived opportunity into a viable business proposition" (Krueger/Reilly/Carsrud 2000: 411[780]).

Unabhängig davon, ob von potenziellen Gründern zu realisieren versuchte Unternehmensgründungen auf intern oder extern stimulierten potenziellen unternehmerischen

775 Mit Verweisen auf Timmons 1999: 322f.; Frank 1997: 405.

776 Vgl. hierzu z.B. Busenitz/Arthurs 2007: 137; Cooper/Folta/Woo 1995: 108; Venkataraman 1997: 122, mit Verweis auf Arrow 1974; Alvarez/Busenitz 2001: 758, mit Verweis auf Daft/Weick 1984; Chiles/Bluedorn/Gupta 2007: 474, unter Bezugnahme auf Lachmann 1976: 131, sowie Kapitel 2.4 und Kapitel 2.5.

777 Vgl. hierzu z.B. Sternberg/Vorderwülbecke/Brixy 2015: 24; Baron 2007a: 173; Alvarez/Busenitz 2001: 768; Bamford/Dean/McDougall 2000: 258; Weihe 2001: 240f.; Brush/Greene/Hart 2001: 71, mit Verweisen auf Bird 1989; Dees/Starr 1992.

778 Vgl. hierzu z.B. Baron 2007a: 173; Douglas 2009: 4, 13f.; Berg 2004: 77-81; Alvarez/Busenitz 2001: 768; Weihe 2001: 240.

779 Vgl. hierzu z.B. Casson/Wadeson 2007b: 296; Birley 1985: 116; Ucbasaran/Westhead/Wright 2008: 159, mit Verweisen auf Casson 2003; Monsen/Urbig 2009: 273, mit Verweisen auf Minniti/Bygrave 2001; Parker 2006, sowie Kapitel 2.5.

780 Unter Weglassung der Hervorhebung im Original.

Gelegenheit im Sinne von Bhave (1994: 228-30)[781] basieren,[782] und unabhängig davon, inwiefern sich die potenziellen Gründer im Laufe der Gründungsprozesse für oder gegen die (Weiter-) Verfolgung ihrer potenziellen Unternehmensgründungen entscheiden (vgl. hierzu z.B. Casson/Wadeson 2007b: 296; Douglas 2009: 4 sowie Kapitel 2.5), so verdeutlicht obenstehendes Zitat, dass im Rahmen der komplexen Gründungsentscheidung (Arenius/De Clercq 2005: 262), mit „immenser Tragweite" für den Gründer (Braukmann 2003: 194), die von diesem wirtschaftlichen Akteur wahrgenommenen und interpretierten Indizien bzw. Informationen aus dem Umfeld eine entscheidende Rolle spielen (vgl. hierzu z.B. auch Casson 2010: 376f.; Carsrud/Brännback/Elfving/Brandt 2009: 148f.[783]; Douglas 2009: 3-19; Haynie/Shepherd/McMullen 2009: 340[784]; Low/MacMillan 1988: 149f.[785]; Veblen 1898: 387f. sowie Kapitel 2.3, Kapitel 2.4 und Kapitel 2.5). An dieser Stelle erscheint der Hinweis wichtig, dass zudem auch personenbezogene Merkmale – wie bspw. die eingeschätzten gründungsrelevanten Kompetenzen (Berg 2004: 76[786]) – die Gründungsentscheidung bzw. ein Voranschreiten im Gründungsprozess beeinflussen (vgl. hierzu z.B. Brush/Greene/Hart 2001: 65[787]; Elfving/Brännback/Carsrud 2009: 28-31; Hindle/Klyver/Jennings 2009: 35-47; Carsrud/Brännback/Elfving/Brandt 2009: 161; Samuelsson/Davidsson 2009: 230 sowie Kapitel 2.4).[788] Die Entscheidungen für oder gegen ein Voranschreiten im Gründungsprozess – im Sinne der Verfolgung einer bereits vorhandenen oder noch nicht vorhandenen potenziellen unternehmerischen Gelegenheit (vgl. hierzu Kapitel 2.5) – spiegeln sich einerseits für eine aktuelle Betrachtung in der Gründungsrelevanz

---

781 Vgl. hierzu z.B. auch Frank/Mitterer 2009: 370; Douglas 2009: 4 sowie Kapitel 2.5.

782 Auch Krueger, Reilly und Carsrud betonen explizit die Möglichkeit entsprechender Gründungsintentionen bzw. Gründungsentscheidungen, die der Suche nach potenziellen unternehmerischen Gelegenheiten vorausgehen, und erkennen zudem deren praktische Bedeutung zweifelsfrei an, namentlich „many entrepreneurs decide to start a business long before they scan for opportunities" (Krueger/Reilly/Carsrud 2000: 412, unter Weglassung der Hervorhebung im Original).

783 Mit Verweis auf Huuskonen 1989.

784 Unter Bezugnahme auf Barney 1991; McMullen/Shepherd 2006.

785 Unter Bezugnahme auf Glade 1967.

786 Mit Verweis auf Mullins 1996: 92.

787 Mit weiteren Verweisen.

788 Krueger, Reilly und Carsrud legen im Rahmen der Erforschung von „Gründungsintentionen" – operational definierbar als „eingeschätzte Gründungswahrscheinlichkeit" (vgl. hierzu Ajzen/Fishbein 1980, zit. n. Bagozzi 1993: 218) und von den Autoren operationalisiert durch die „eingeschätzte Wahrscheinlichkeit der Gründung eines eigenen Unternehmens in den nächsten fünf Jahren" (vgl. hierzu Krueger/Reilly/Carsrud 2000: 421) – die gleichzeitige Berücksichtigung von personenbezogenen und situationsbezogenen Merkmalen nahe, um diese Erfolgsgröße besser erklären zu können (Krueger/Reilly/Carsrud 2000: 412).

(vgl. hierzu Kapitel 2.5) und andererseits für eine zukünftige Betrachtung in der Gründungswahrscheinlichkeit (vgl. hierzu Kapitel 2.4 und Kapitel 2.5) wider, welche in der vorliegenden Arbeit aus ressourcenbasierter Perspektive (vgl. hierzu Kapitel 2.3 und Kapitel 2.6)[789] entsprechend hinsichtlich potenziellen – förderlichen und hinderlichen[790] – Einflussfaktoren untersucht werden. Da es bisher an einer zwischen diesen beiden Erfolgsgrößen differenzierenden Erforschung zu mangeln scheint (vgl. hierzu analog z.B. Rauch/Frese 2007: 59[791]; Baum/Locke/Smith 2001: 301[792]; Cooper/Gimeno-Gascon/Woo 1994: 375[793]) und der Gründungsprozess ohnehin als weitgehend unerforscht betrachtet werden kann (vgl. hierzu z.B. Pryor/Webb/Ireland/Ketchen 2016: 21f.; Gladbach 2015: 58[794]; Saßmannshausen 2012: 89; Samuelsson/Davidsson 2009: 229f.; Mellewigt/Schmidt/Weller 2006: 94; Mellewigt/Witt 2002: 82; Bygrave 1993: 256; Reynolds/Miller 1992: 405f. sowie Kapitel 2.3), lässt sich im Rahmen der auf dem Ausgangsmodell (vgl. hierzu Kapitel 2.3) basierenden, in diesem Unterkapitel erfolgenden Modellentwicklung – wie sie zwecks der Erforschung des Phänomens der Unternehmensgründung postuliert bzw. als „vollkommen geeignet“ (Chiles/Bluedorn/Gupta 2007: 485[795]) eingestuft wird (Low/MacMillan 1988: 154; Bygrave 1989: 23; Gartner/Gatewood 1992: 5; Chandler/Lyon 2001: 101, 107) – analog zu diversen Autoren (Rauch/Frese 2007: 59; Cooper/Gimeno-Gascon/Woo 1994: 375) supponieren, dass die aus dem Literaturreview abgeleiteten mutmaßlichen Einflussfaktoren auf die

789 Wie bereits in Kapitel 2.3 erläutert wurde, konstatieren Alvarez und Busenitz, dass sich durch die Einnahme einer ressourcenbasierten Perspektive das Problem bzw. die Herausforderung der mehrfachen Analyseebenen (vgl. hierzu z.B. Low/MacMillan 1988: 151f.; Davidsson/Wicklund 2001: 81-95; Baum/Locke/Smith 2001: 292, mit weiteren Verweisen) überwinden lässt, indem die verschiedenen Aspekte des Entrepreneurship als „unique resources“ analysiert werden (Alvarez/Busenitz 2001: 771), so dass sich eine ressourcenorientierte Perspektive als zweckdienlich für eine ganzheitliche Analyse von personen-, unternehmens- und umfeldbezogenen Faktoren (vgl. hierzu z.B. Dubini/Aldrich 1991: 306; Dollinger 2008: 28) – wie sie postuliert wird (vgl. hierzu z.B. Sarasvathy 2004b: 714; Saßmannshausen 2012: 67, mit weiteren Verweisen) – im Gründungskontext einstufen lässt (vgl. hierzu Kapitel 2.3).

790 Vgl. hierzu z.B. auch Klandt und Münch, die im Bereich der Gründungsaktivität entsprechend die Erforschung von auf die Entstehung von Unternehmen unterstützenden oder hemmenden Faktoren postulieren (Klandt/Münch 1990: 174).

791 Explizit bzgl. der beiden Erfolgsgrößen der Unternehmensgründung und des Gründungserfolges.

792 Die Autoren postulieren im Rahmen ihrer Analyse von Einflussgrößen auf das Unternehmenswachstum explizit die Erforschung von Einflussgrößen im Zusammenhang mit der Unternehmensgründung (Baum/Locke/Smith 2001: 301).

793 Explizit bzgl. der beiden Erfolgsgrößen der Existenzsicherung und des Unternehmenswachstums.

794 Gladbach betont, „dass sich die Entrepreneurship-Forschung erst seit ca. 2006 explizit mit der Nascent Entrepreneurship-Phase beschäftigt“ (Gladbach 2015: 58, angelehnt an van Gelderen/Patel/Fiet 2007: 3).

795 Mit Verweis auf Van de Ven/Engleman 2004: 355.

Gründungsrelevanz und die Gründungswahrscheinlichkeit der Studierenden jeweils eine kommensurable Wirkung ausüben (vgl. hierzu z.B. Rauch/Frese 2007: 59[796]; Cooper/Gimeno-Gascon/Woo 1994: 375[797]; Ucbasaran/Westhead/Wright 2008: 169[798]) bzw. „will contribute in a similar manner" (Cooper/Gimeno-Gascon/Woo 1994: 375),[799] es sei denn, vorliegende Erkenntnisse sprächen explizit dagegen; durch diese Vorgehensweise lässt sich auch überprüfen, inwiefern die diversen Einflussfaktoren diese beiden Erfolgsgrößen möglicherweise unterschiedlich beeinflussen (vgl. hierzu auch Kapitel 2.5). Zudem wird die Erfolgsgröße „Gründungsrelevanz" im empirischen Teil der vorliegenden Arbeit aufgrund der Abgrenzungsschwierigkeit zwischen der „Analyse- und Planungsphase" und der „Errichtungsphase" (vgl. hierzu z.B. Mugler 1998: 101f.; Danko/Ruda/Martin/Ascúa/Gerstlberger 2013: 321-24[800] sowie Kapitel 2.1.2) in zwei Varianten analysiert; einerseits mit einer Kategorisierung, in welcher – der „Analyse- und Planungsphase" zugeordnete – „Gründungsvorbereiter" und – der „Errichtungsphase" zugeordnete – „Gründer" in einer Kategorie zusammengefasst werden, und andererseits mit einer Kategorisierung, in welcher „Gründungsvorbereiter" und „Gründer" jeweils eine eigene Kategorie bilden (vgl. hierzu Kapitel 2.5). In diesem Zusammenhang wird entsprechend hinsichtlich der aus dem Literaturreview abgeleiteten mutmaßlichen Einflussfaktoren von einer kommensurablen Wirkung auf diese beiden Varianten der Gründungsrelevanz der Studierenden ausgegangen. Auch wenn King konstatiert, dass „[p]icking an entrepreneur is an art made difficult by the large number of variables involved" (King 1985: 414[801]), so lässt sich mithilfe von Modellen als „Reduktionen auf Wesentliches" (Mugler 1998: 99) zumindest der fokussierte Teilbereich zweckdienlich erforschen (vgl. hierzu z.B. Churchill 1989: 7; Gartner/Gatewood 1992: 8; Carlsson/Braunerhjelm/McKelvey/Olofsson/Persson/Ylinen-

---

796 Mit weiteren Verweisen; und bzgl. der beiden Erfolgsgrößen der Unternehmensgründung und des Gründungserfolges.

797 Bzgl. der beiden Erfolgsgrößen der Existenzsicherung und des Unternehmenswachstums.

798 Bzgl. der beiden Erfolgsgrößen der Identifizierung potenzieller unternehmerischer Gelegenheiten und der Verfolgung potenzieller unternehmerischer Gelegenheiten.

799 Diese Annahme jeweiliger kommensurabler Wirkungen von Einflussgrößen analog auf die Gründungsrelevanz und die Gründungswahrscheinlichkeit lässt sich entsprechend dadurch begründen, dass „the existing theory is not developed fully enough to predict a priori how particular initial resources might differentially impact these separate [...] outcomes" (Cooper/Gimeno-Gascon/Woo 1994: 375). Vgl. hierzu auch Kapitel 2.3.

800 Mit weiteren Verweisen.

801 Mit Verweis auf Vasarhelyi 1977.

pää 2013: 915; Shane 1996: 751f. sowie Kapitel 2.3)[802] – ganz im Sinne des Postulats von Alvarez und Busenitz, sich innerhalb der Entrepreneurship-Forschung wichtigen Forschungsfragen zuzuwenden, die zur Erklärung und Prognose[803] bisher unerforschter Phänomene beitragen (Alvarez/Busenitz 2001: 771).[804] Die Schwerpunktsetzung der vorliegenden Arbeit liegt im Rahmen einer ressourcenbasierten Erforschung des studentischen Gründungsprozesses auf dem Zugang zu gründungsrelevanten Informationen, der Risikohaltung, Gründungsmotiven, Gründungshemmnissen, Gründungssupport, dem Vorliegen oder Nichtvorliegen einer Gründungsidee, einem privaten Umfeld mit oder ohne selbständig erwerbstätigen Personen, potenziellen Moderatoreffekten des Gründungsinformationszugangs und weiteren, insb. demographischen Merkmalen, d.h. auf einschlägigen Aspekten aus Bereichen, denen sich die Entrepreneurship-Forschung grundsätzlich annimmt und die sich als bedeutende Einflussbereiche im Gründungsprozess herauskristallisiert haben.[805] Im Verlauf dieses Unterkapitels werden die aus dem Literaturreview abgeleiteten mutmaßlichen Einflussgrößen auf Gründungsrelevanz und Gründungswahrscheinlichkeit der Studierenden aus den genannten Bereichen innerhalb des entsprechenden Abschnitts aufgezeigt und dabei in das Arbeitsmodell integriert.

2.7.1 Informationszugang

„The information owned by the entrepreneur is deeply embedded, socially complex know-how of how to recombine resources and this know-how combined with entrepreneurial decision-making is a source of firm heterogeneity“ (Alvarez/Busenitz 2001: 769).

---

802 So verdeutlichen Gartner und Gatewood, dass „organization formation can be modeled from a number of different perspectives, and each model can describe significant aspects of the phenomenon“ (Gartner/Gatewood 1992: 8).

803 Hierbei gilt es zu beachten: „The goal of forecasting is not to predict the future but to tell you what you need to know to take meaningful action in the present“ (Saffo 2007: 122).

804 Wie bereits in Kapitel 2.3 verdeutlicht, liegt das Ziel im Rahmen einer modellbasierten Erforschung darin, einerseits alle für die Fragestellung ausschlaggebenden ermittelbaren Einflussgrößen einzubeziehen und andererseits hierbei eine gewisse „Sparsamkeit“ anzustreben; zumal insbesondere durch die Schwerpunktsetzung auf einige wichtige Einflussgrößen Erkenntnisse generiert werden können (vgl. hierzu Gartner/Gatewood 1992: 5; Shane 1996: 751f.; Mugler 1998: 99 sowie Kapitel 2.3). Zu „unvermeidlichen vereinfachenden Annahmen“ im Rahmen des Theorisierens, vgl. Solow 1956: 65.

805 Vgl. hierzu insb. Kapitel 2.3, Kapitel 2.4, Kapitel 2.5 und Kapitel 2.6.

Dieses Eingangszitat untermauert, gemeinsam mit den bisherigen unternehmensgründungsspezifischen Ausführungen der vorliegenden Arbeit über Aspekte des ressourcenbasierten Ansatzes,[806] nochmals die für die (potenziellen) Gründer fundamentale Bedeutung des Zugangs zu gründungsrelevanten Informationen – als „wertvolle Ressource“ (Stigler 1961: 213) für die potenzielle Erzielung nachhaltiger Wettbewerbsvorteile (Barney 1991: 99-117; Casson 1999: 51f.; Alvarez/Busenitz 2001: 757-69) – zwecks Treffens von Entscheidungen (Cooper/Folta/Woo 1995: 108[807]; Alvarez/Busenitz 2001: 769; Douglas 2009: 4; Ucbasaran/Westhead/Wright 2008: 159[808]; Frank/Mitterer 2009: 385[809]; Casson 2010: 376) im Rahmen der unternehmerischen Herausforderung der Akkumulation und Koordination von für die Gründungsrealisation notwendigen Ressourcen (Brush/Greene/Hart 2001: 71; Dollinger 2008: 10[810], 21) während deren, infolge des unterschiedlichen Informations- und Wissenszugangs der diversen Akteure (Venkataraman 1997: 121f.[811]; Casson 1999: 50f.[812], 2005a: 330, 345; Alvarez/Busenitz 2001: 756[813]; Chiles/Gupta/Bluedorn 2008: 250[814]; Carlsson/Braunerhjelm/McKelvey/Olofsson/Persson/Ylinenpää 2013: 927), individuell geprägten Gründungsprozesse (vgl. hierzu Berg 2004: 75[815]), wie sie bereits in Kapitel 2.5 geschildert wurde. Außerdem verdeutlichen Kapitel 2.4 und Kapitel 2.5 die offensichtliche Bedeutung von Gründungsinformationsquellen im Gründungsprozess (vgl. hierzu z.B. Busenitz 1996: 35f.[816]; European Commission 1999: 15; Forbes 1999: 428-30; Casson 2005a: 333, 2010: 375f.; Baron 2007a: 173[817]; Hindle/Klyver/Jennings 2009: 36f.; Sarasvathy/Dew/Velamuri/ Venkataraman 2010: 87), über die der Zugang zu wesentlichen Informationen sowie Ressourcen ermöglicht wird (vgl. hierzu z.B. Alvarez/Busenitz 2001: 768; Baron 2007a: 173[818]; Busenitz/Arthurs 2007: 142; Birley 1985:

806 Vgl. hierzu insb. Kapitel 2.3, Kapitel 2.5 und Kapitel 2.6.
807 Unter Bezugnahme auf Kirzner 1973; Stinchcombe 1990: 7.
808 Mit Verweis auf Casson 2003.
809 Mit Verweis auf Ravasi/Turati 2005.
810 Mit Verweis auf Barney 2001a.
811 Unter Bezugnahme auf Hayek 1945.
812 Mit Verweis auf Hayek 1937.
813 Mit Verweisen auf Schumpeter 1934a; Kirzner 1979; Shane/Venkataraman 2000.
814 Unter Bezugnahme auf Penrose 1959 (bibliographische Daten verbessert); Lachmann 1956 und mit weiteren Verweisen.
815 Mit Verweis auf Zacharias 2001: 47.
816 Mit Verweis auf Kaish/Gilad 1991.
817 Mit Verweis auf Ozgen/Baron 2007.
818 Mit Verweis auf Ozgen/Baron 2007.

107-09), die wiederum entscheidend für Gründungsintention und Gründungsaktivität sein können (vgl. hierzu z.B. Hindle/Klyver/Jennings 2009: 40; Ucbasaran/Westhead/ Wright 2008: 155; Alvarez/Busenitz 2001: 768; Brüderl/Preisendörfer/Ziegler 1998: 26f.; Venkataraman 1997: 123) und demnach für die individuellen Ausprägungen der beiden, in der vorliegenden Arbeit untersuchten Erfolgsgrößen der Gründungswahrscheinlichkeit und der Gründungsrelevanz. Wie bereits in Kapitel 2.5 begründet, werden in der vorliegenden Arbeit nicht die angehäuften gründungsrelevanten Informationen – und auch nicht deren Entstehung (vgl. hierzu z.B. Casson 2010: 375; Shane/ Venkataraman 2000: 220; Cohen/Levinthal 1989: 569) – untersucht, sondern der „extrem wichtige" (Sarasvathy/Dew/Velamuri/Venkataraman 2010: 87) Zugang bzw. die Nutzung von Gründungsinformationsquellen; zumal Forschungsergebnissen sowie theoretischen Argumentationen zufolge im Gründungskontext die Berücksichtigung von verschiedenen Informationsquellen bedeutender erscheint als der Umfang der Informationssuche (vgl. hierzu Forbes 1999: 429[819] sowie Kapitel 2.4). Die Zweckmäßigkeit der entsprechenden Schwerpunktsetzung in der vorliegenden Arbeit auf die von den (potenziellen) Gründern genutzten Gründungsinformationsquellen wird durch diverse Studien untermauert, die ebenfalls die Anzahl der genutzten gründungsrelevanten Informationsquellen als Einflussgröße im Kontext der Unternehmensgründung untersuchen und deren Ergebnisse die fundamentale Bedeutung des Zugangs zu Gründungsinformationsquellen im Gründungsprozess verdeutlichen (vgl. hierzu z.B. Ucbasaran/Westhead/Wright 2008: 153-71; Mellewigt/Schmidt/Weller 2006: 93-110; Korunka/Frank/Lueger/Mugler 2003: 23-38 sowie Kapitel 2.4 und Kapitel 2.5). Hierbei lassen sich als Gründungsinformationsquellen insbesondere Bank, Berufsinformationszentrum, Business Angels-Netzwerk, Freunde, Handwerkskammer, Industrie- und Handelskammer, Literatur, Rechtsanwalt, Steuerberater, Unternehmernetzwerk, Verwandte und Wirtschaftsförderung (vgl. hierzu z.B. Cooper/Folta/Woo 1995: 107-19; Birley 1985: 107-16), aber gewiss auch Hochschule, Internet, Notar, Unternehmensberater und Verbände zweckdienlich aufgreifen (vgl. hierzu z.B. Josten/van Elkan/Laux/ Thomm 2008a: 61; Ucbasaran/Westhead/Wright 2008: 153-70; Baron 2007a: 173; Mellewigt/Witt 2002: 88[820]; European Commission 1999: 15 sowie Kapitel 2.5), so

819 Unter Bezugnahme auf Kaish/Gilad 1991; Kirzner 1979: 137-39, 151.
820 Mit Verweis auf Brüderl/Preisendörfer/Ziegler 1996.

dass sich entsprechend wie in zwei anderen empirischen Untersuchungen ebenfalls 17 Gründungsinformationsquellen ergeben (vgl. hierzu Korunka/Frank/Lueger/Mugler 2003: 23-38; Mellewigt/Schmidt/Weller 2006: 93-110).[821] Demzufolge lässt sich das erste Hypothesenpaar (*H1a*[822] und *H1b*) der vorliegenden Arbeit ableiten, das einen Einfluss der Anzahl an genutzten Gründungsinformationsquellen[823] auf die Gründungsrelevanz bzw. auf die Gründungswahrscheinlichkeit der Studierenden annimmt (vgl. hierzu z.B. auch Mellewigt/Schmidt/Weller 2006: 99f.[824], 106-09; Arenius/De Clercq 2005: 262; Berg 2004: 77-79; Alvarez/Busenitz 2001: 768; Busenitz/Arthurs 2007: 142 sowie Kapitel 2.5).

Basierend auf den Ausführungen in diesem Abschnitt wird das folgende Hypothesenpaar abgeleitet:

H1a: *Die Anzahl der genutzten Gründungsinformationsquellen beeinflusst die Gründungsrelevanz der Studierenden.*

H1b: *Die Anzahl der genutzten Gründungsinformationsquellen beeinflusst die Gründungswahrscheinlichkeit der Studierenden.*

2.7.2 Risikohaltung

Einerseits ist für unternehmerische Aktivitäten allgemein und für die Unternehmensgründung speziell offensichtlich die Übernahme von – „erheblichen“ (Hisrich 2006: 3) bzw. „signifikanten“ (Shaver/Scott 1991: 26) – Risiken charakteristisch (vgl. z.B. Palmer 1971: 38; King 1985: 400; Lumpkin/Dess 1996: 137; Utsch/Rauch/Rothfuß/Frese 1999: 32f.; Berg 2004: 65; Zhao/Seibert/Lumpkin 2010: 384[825]), andererseits sind Un-

821 Hierbei erscheint es zweckdienlich, im Rahmen der empirischen Untersuchung zudem eine offene Fragenkategorie zu verwenden, um ggf. weitere von den potenziellen Gründern genutzte Gründungsinformationsquellen berücksichtigen zu können.

822 *H1a* steht für „Hypothese 1a“. In dieser Form wird auch bei den weiteren, in der vorliegenden Arbeit abgeleiteten Hypothesen durchgängig diejenige Stelle gekennzeichnet, die explizit den in der gebildeten Hypothese angenommenen Wirkungszusammenhang untermauert. Die Hypothesen werden hierbei jeweils am Ende des entsprechenden Abschnittes ausformuliert aufgelistet.

823 Insbesondere – aber nicht ausschließlich – bzgl. der folgenden Gründungsinformationsquellen: Bank, Berufsinformationszentrum, Business Angels-Netzwerk, Freunde, Handwerkskammer, Hochschule, Industrie- und Handelskammer, Internet, Literatur, Notar, Rechtsanwalt, Steuerberater, Unternehmensberater, Unternehmernetzwerk, Verbände, Verwandte, Wirtschaftsförderung.

824 Mit Verweis auf Institut für Mittelstandsforschung 1997: VI.

825 Mit Verweis auf Chen/Greene/Crick 1998.

ternehmensgründung und die berufliche Selbstständigkeit gewöhnlich mit höheren Risiken verbunden als abhängige Beschäftigungsverhältnisse (Douglas/Shepherd 2003[826]). So wurde dem Entrepreneur bereits im 18. Jahrhundert von Cantillon sowie dem „undertaker“[827] im 19. Jahrhundert von Mill die Bereitschaft, Risiken zu tragen zugeschrieben (Cantillon 1755: 62-75; Mill 1848: 478f., 1871: 496f.). Wie bereits in Kapitel 2.4 verdeutlicht wurde, spielt bei der Risikoübernahme bzw. beim Entscheidungsverhalten unter Risiko neben situativen Merkmalen auch die individuelle „Risikohaltung“, d.h. die Risikoneigung[828] eine Rolle (Steward/Roth 2001: 145[829]). Auch wenn abweichende Ansichten existieren (vgl. hierzu z.B. Carland/Hoy/Boulton/Carland 1984: 355[830]; Stewart/Roth 2001: 145f.[831]), stimmt neben Knight (1921) und McClelland (1961) eine Vielzahl an Autoren[832] darin überein, dass die Bereitschaft, Risiken einzugehen als ein den Entrepreneur kennzeichnendes Merkmal ist (Carland/Hoy/Boulton/Carland 1984: 355; Zhao/Seibert/Lumpkin 2010: 388; Dollinger 2008: 51f.) bzw. eine der wichtigsten unternehmerischen Eigenschaften (Timmons 1978: 9). Entsprechend belegen diverse Forschungsergebnisse für Entrepreneure eine zumindest moderate Risikoneigung (McClelland 1961, zit. n. Saßmannshausen 2012: 75f.; Sexton/Bowman 1983a[833], zit. n. Begley/Boyd 1987: 82; Sexton/Bowman 1985: 131) und gegenüber Managern (in Großunternehmen) eine höhere Risikoakzeptanz (Sexton/Bowman 1986, zit. n. Begley/Boyd 1987: 82; Busenitz/Barney 1997: 24[834]; Stewart/Roth 2001: 150[835]). Die Literatur hat die Risikoneigung auch konkret mit der Unternehmensgründung verbunden aufgedeckt (vgl. hierzu z.B. Shane 1996: 752[836]); bspw. belegen mehrere Forschungsergebnisse, dass individuelle Unterschiede in der Risiko-

826 Mit Verweisen auf Rees/Shah 1986: 95ff.; Duchesneau/Gartner 1990: 297ff.; Knight 1921.

827 Mill verwendet zwar den Begriff „undertaker“, verweist allerdings auf den im Französischen gebräuchlichen Begriff „entrepreneur“ (Mill 1848: 479; Mill 1871: 497).

828 „Risk propensity can be defined as a personality trait involving the willingness to pursue decisions or courses of action involving uncertainty regarding success or failure outcomes (Jackson, 1994)“ (Zhao/Seibert/Lumpkin 2010: 388). Vgl. hierzu z.B. auch King 1985: 406.

829 Mit Verweisen auf Jackson/Hourany/Vidmar 1972; Plax/Rosenfeld 1976; Sitkin/Weingart 1995.

830 Unter Bezugnahme auf Schumpeter 1934a.

831 Bzgl. zwei konkurrierenden theoretischen Positionen über Unterschiede in der Risikoneigung von Entrepreneuren und Managern.

832 Bspw. Palmer 1971; Timmons 1978; Welsh/White 1981; Sexton/Bowman 1985: 134; Begley/Boyd 1987; McGrath/MacMillan/Scheinberg 1992: 129-31; Kußmaul 1999: 391; Stewart/Roth 2001; Markman/Baron 2003; Baron 2007b; Zhao/Seibert/Lumpkin 2010: 388.

833 Mit einem Literaturreview.

834 Mit Verweis auf Bird 1989.

835 Basierend auf einer Metaanalyse.

836 Mit Verweisen auf Hull/Bosley/Udell 1980; Van de Ven/Hudson/Schroeder 1984.

bereitschaft die Entscheidung, unternehmerische Gelegenheiten zu verwerten (Shane/Venkataraman 2000: 223[837]) bzw. die Gründungsentscheidung beeinflussen (vgl. z.B. Masters/Meier 1988: 31ff.; Stewart 1996, zit. n. Franke/Lüthje 2000: 7; Szyperski/Nathusius 1999: 19; Buschmann 2006: 35) und dass eine höhere Risikotoleranz zu einer höheren Wahrscheinlichkeit führt, die berufliche Selbständigkeit anzustreben (Douglas/Shepherd 2003: 28ff., zit. n. Golla/Halter/Fueglistaller/Klandt 2006: 214; Franke/Lüthje 2000: 12; Josten/van Elkan/Laux/Thomm 2008a: 21). Entsprechend bestätigt eine Metaanalyse für die Risikoneigung einen positiven und signifikanten Einfluss auf die Unternehmensgründung (Rauch/Frese 2005, zit. n. Rauch/Frese 2007: 49f.), während eine weitere Metaanalyse einen positiven Zusammenhang zwischen der Risikoneigung und der Gründungsintention[838] aufdeckt (Zhao/Seibert/Lumpkin 2010: 395).

Wie in Kapitel 2.4 bereits aufgezeigt, wurden im Rahmen der Erforschung der Risikohaltung im unternehmerischen Kontext auch andere bzw. entgegenstehende Forschungsergebnisse erzielt. Bspw. hat die häufig zitierte Studie[839] von Brockhaus (1980) keine signifikanten[840] Unterschiede zwischen der generellen Risikoneigung von Eigentümerunternehmern und Managern aufgedeckt.[841] Stewart und Roth verdeutlichen allerdings, dass die Studie von Brockhaus repräsentativ für die Tendenz ist, Schlussfolgerungen aus einer Gruppe von Studien zu ziehen, die nicht repräsentativ für die Literatur sind (Stewart/Roth 2001: 150[842]). Bzgl. einer Metaanalyse von Miner und Raju (2004), die Entrepreneure sogar als risikoaverser darstellen, verdeutlichen Stewart und Roth (2004), dass diese Resultate neben „entrepreneurial status" auch auf leistungsbasierten Ergebnisgrößen basieren und folglich vielmehr durch die „entrepreneurial performance" und weniger durch den „entrepreneurial status" bedingt sein

837 Mit Verweisen auf Khilstrom/Laffont 1979; Knight 1921.

838 Zhao, Seibert und Lumpkin „define entrepreneurial intention as the expressed behavioral intention to become an entrepreneur (Bird, 1988)" (Zhao/Seibert/Lumpkin 2010: 383f.) und „an entrepreneur as the founder, owner, and manager of a small business" (Zhao/Seibert/Lumpkin 2010: 383, unter Bezugnahme auf Rauch/Frese 2007; Stewart/Roth 2001).

839 Eingestuft als „one of the most frequently cited studies, possibly because it was published in one of the preeminent management journals, and is often used as the primary basis for a conclusion about entrepreneurial risk propensity" (Stewart/Roth 2001: 150).

840 Bei einem Konfidenzintervall i.H.v. fünf Prozent (Brockhaus 1980: 518).

841 Allerdings gesteht Brockhaus neben Limitationen in seiner Studie selbst ein, dass beide Gruppen als moderat risikogeneigt einzustufen sind und weitere Forschungsaktivitäten – mit entsprechenden Ergebnissen – notwendig seien, bevor die Bedeutung der Risikoneigung als weitgehend akzeptiertes unternehmerisches Merkmal schließlich revidiert würde (Brockhaus 1980: 509-19).

842 Unter Bezugnahme auf Brockhaus 1980 und mit Verweis auf Hunter/Schmidt 1990.

könnten,[843] wofür auch die Ergebnisse weiterer Metaanalysen (Zhao/Seibert/Lumpkin 2010; Stewart/Roth 2001) sprechen (Zhao/Seibert/Lumpkin 2010: 395[844]). Bspw. ermitteln Zhao, Seibert und Lumpkin einen positiven Zusammenhang zwischen der Risikoneigung und der Gründungsintention, hingegen können sie keine signifikante Beziehung zwischen der Risikoneigung und der unternehmerischen Leistung ausfindig machen, was neben einem Beitrag zur Konsensfindung über die in der Literatur existierenden widersprüchlichen Schlussfolgerungen über die Risikoneigung im unternehmerischen Kontext (Zhao/Seibert/Lumpkin 2010: 395) einerseits die in Kapitel 2.3 illustrierte Bedeutung einer vom Gründungserfolg losgelösten Analyse der Gründungsaktivität untermauert und andererseits die Zweckdienlichkeit, weiterhin einen Zusammenhang zwischen Risikohaltung und Unternehmensgründung anzunehmen (vgl. hierzu auch Kapitel 2.4).[845] So betrachten Stewart und Roth die Risikoneigung als eine grundlegende Komponente eines robusten Gründungsprozessmodells und suggerieren weitere Forschungsaktivitäten über die Risikoneigung von Unternehmern (Stewart/Roth 2001: 151). Demzufolge erscheint es offensichtlich zweckmäßig, die Risikohaltung in das Arbeitsmodell der vorliegenden Arbeit zu integrieren. Ausgehend von in diesem Abschnitt als auch in Kapitel 2.4 aufgezeigten Forschungsergebnissen über die Risikoneigung im Gründungskontext, insbesondere derjenigen der Metaanalysen von Rauch und Frese (2005) und Zhao, Seibert und Lumpkin (2010), lässt sich das zweite Hypothesenpaar (*H2a* und *H2b*) der vorliegenden Arbeit ableiten, das einen Einfluss der Risikoneigung auf die Gründungsrelevanz bzw. auf die Gründungswahrscheinlichkeit der Studierenden vermutet (vgl. hierzu z.B. Rauch/Frese 2005, zit. n.

843 Rauch und Frese vermuten – angelehnt an Stewart/Roth 2004 – „that this study is not a good indication for contradicting findings, but rather an example of how wrongly included effect sizes affect meta-analytic outcomes“ (Rauch/Frese 2007: 50, unter Bezugnahme auf Miner/Raju 2004).

844 Unter Bezugnahme auf Stewart/Roth 2001, 2004; Miner/Raju 2004.

845 Auch wenn eine andere Ansicht davon ausgeht, dass potenzielle Entrepreneure ihr Gründungsvorhaben aufgrund ihres diesbezüglich normalerweise vorhandenen (Sorenson 2005: 60) oder vermuteten (Berg 2004: 76, mit Verweis auf Mullins 1996: 92) Informationsvorsprungs bzw. ihrer Fähigkeit, Risiken zu managen (Low/MacMillan 1988: 147) als nicht so riskant einschätzen wie andere Personen (vgl. hierzu z.B. Sexton/Bowman 1985: 132; Low/MacMillan 1988: 147; Shaver/Scott 1991: 26, mit Verweis auf Corman/Perles/Vancini 1988; Sorenson 2005: 60, mit Verweis auf Akerlof 1970; Ucbasaran/Westhead/Wright 2008: 159, mit Verweis auf Casson 2003), so ist die Unternehmensgründung dennoch i.d.R. mit einem „signifikanten“ (Shaver/Scott 1991: 26) bzw. zumindest mit einem gewissen Risiko verbunden (vgl. hierzu z.B. Baum/Frese/Baron/Katz 2007: 3; Berg 2004: 69; Brockhaus 1980: 510, unter Bezugnahme auf Liles 1974), so dass Unternehmensgründern eine gewisse Bereitschaft, Risiken zu tragen zugeschrieben werden kann (vgl. hierzu auch Kapitel 2.4).

Rauch/Frese 2007: 49f.; Zhao/Seibert/Lumpkin 2010: 395; Masters/Meier 1988: 31ff.; Stewart 1996, zit. n. Franke/Lüthje 2000: 7; Douglas/Shepherd 2003: 28ff., zit. n. Golla/Halter/Fueglistaller/Klandt 2006: 214; Szyperski/Nathusius 1999: 19; Shane 1996: 752[846]; Franke/Lüthje 2000: 12; Shane/Venkataraman 2000: 223[847]; Buschmann 2006: 35; Josten/van Elkan/Laux/Thomm 2008a: 21 sowie Kapitel 2.4).

Basierend auf den Ausführungen in diesem Abschnitt wird das folgende Hypothesenpaar abgeleitet:

H2a: *Die Risikohaltung beeinflusst die Gründungsrelevanz der Studierenden.*

H2b: *Die Risikohaltung beeinflusst die Gründungswahrscheinlichkeit der Studierenden.*

2.7.3 Motive

„Gartner, Bird, and Starr (1992) characterized entrepreneurial motivation[848] as the forces within individuals that drive nascent entrepreneurs to and through the process of venture emergence and growth“ (Locke/Baum 2007: 93).

In Kapitel 2.6 wurde bereits verdeutlicht, dass die potenziellen Gründer für eine Gründungsrealisation auch Anreize bzw. Motive benötigen (vgl. hierzu z.B. Aldrich/Zimmer 1986b: 3; Venkataraman 1997: 124[849]; Locke/Baum 2007: 93[850]; Douglas 2009: 7f.[851]) und deren Motive einen Einfluss auf Gründungswahrscheinlichkeit und unternehmerische Aktivitäten ausüben (vgl. hierzu z.B. Schumpeter 1993b: 26f., 131-39; Palmer 1971: 34; Drucker 1993: 34; Bögenhold 1989: 268f.; Venkataraman 1997: 133[852]; Shane/Venkataraman 2000: 220-24; Lilischkis 2001: 33[853]; Gerdsmeier/Keidel/Kuss 2003: 112; Casson/Wadeson 2007b: 287; Dollinger 2008: 59; Elfving/Bränn-

846 Mit Verweisen auf Hull/Bosley/Udell 1980; Van de Ven/Hudson/Schroeder 1984.

847 Mit Verweisen auf Khilstrom/Laffont 1979; Knight 1921.

848 „Motivation energizes, directs, and sustains action. It is based on the individual's needs, values, desires, goals, and intentions, as well as incentives and rewards that affect those internal mechanisms (Steers & Porter, 1991)“ (Locke/Baum 2007: 93).

849 Mit weiteren Verweisen.

850 Mit Verweis auf Gartner/Bird/Starr 1992.

851 Mit Verweis auf McMullen/Shepherd 2006.

852 Unter Bezugnahme auf Schumpeter 1976.

853 Unter Bezugnahme auf Smith 1770: 262; Schumpeter 1952: 127 und mit Verweisen auf Greenwald/Pratkanis 1984; Breckler/Greenwald 1986; Festinger 1954; Frey/Dauenheimer/Parge/Haisch 1993.

back/Carsrud 2009: 30; Henrekson/Stenkula 2010: 619[854]). Lilischkis benennt im Rahmen seiner Untersuchung über Unternehmensgründungen aus Hochschulen den grundlegenden unternehmerischen Anreiz „Nutzen“, den er in eine individuelle und in eine soziale Komponente unterteilt (Lilischkis 2001: 31[855]), wobei der soziale Nutzen „Anerkennung durch andere“ umfasst, und der individuelle Nutzen neben „Einkommen“ auch die „Selbstverwirklichung“ beinhaltet (Lilischkis 2001: 31-34[856]; vgl. hierzu auch Kapitel 2.6). Letztere klammert Lilischkis allerdings aus seiner nicht „individualpsychologisch“ geprägten Untersuchung aus (Lilischkis 2001: 31, 33). Demgegenüber nimmt der Autor der vorliegenden Arbeit in Kapitel 2.4 eine Abgrenzung der vorliegenden betriebswirtschaftlichen Arbeit zur psychologisch geprägten Entrepreneurship-Forschung vor, aus der unter anderem die Erkenntnis resultiert, dass es für die vorliegende betriebswirtschaftliche Arbeit zweckdienlich erscheint, im Rahmen der Modellentwicklung breite Persönlichkeitseigenschaften wie die „Big Five“[857] des Fünf-Faktoren-Modells der Persönlichkeit (vgl. hierzu z.B. Golla/Halter/Fueglistaller/Klandt 2006: 214f.; Judge/Higgins/Thoresen/Barrick 1999: 623[858] sowie Kapitel 2.4) auszuklammern – zumal diese innerhalb der Entrepreneurship-Forschung weniger häufig und mit unterschiedlichem Erfolg bzw. widersprüchlichen Indizien geprüft wurden (Rauch/Frese 2007: 48[859])[860] – und vielmehr die im Rahmen der Erforschung der Unternehmensgründung vergleichsweise als offensichtlich ausschlaggebender aufgedeckten spezifischeren Persönlichkeitseigenschaften[861] (Rauch/Frese 2005, zit. n. Rauch/ Frese 2007: 48; Leutner/Ahmetoglu/Akhtar/Chamorro-Premuzic 2014: 61) zu fokussieren[862] (vgl. hierzu Kapitel 2.4).[863] In diesem Zusammenhang wird in Kapitel 2.4 Li-

854 Mit Verweis auf Baumol/Litan/Schramm 2007: 234.

855 Unter Bezugnahme auf Margolis 1982.

856 Unter Bezugnahme auf Margolis 1982.

857 Namentlich „Extraversion, Emotionale Stabilität, Offenheit für Erfahrung, Verträglichkeit und Gewissenhaftigkeit“ (Golla/Halter/Fueglistaller/Klandt 2006: 215, angelehnt an Schallberger/Venetz 1999). Vgl. hierzu auch Judge/Higgins/Thoresen/Barrick 1999: 623f.; Ciavarella/Buchholtz/ Riordan/Gatewood/Stokes 2004: 468, mit Verweisen auf Judge/Higgins/Thoresen/Barrick 1999; Mount/Barrick 1998; Hogan 1991.

858 Mit Verweis auf Goldberg 1990.

859 Mit Verweisen auf Brandstätter 1997; Wooten/Timmerman/Folger 1999 (bibliographische Daten verbessert); Ciavarella/Buchholtz/Riordan/Gatewood/Stokes 2004.

860 Zu den fünf breiten Persönlichkeitsdimensionen und deren mutmaßliche Beziehungen zu unternehmerischen Intentionen, vgl. Zhao/Seibert/Lumpkin 2010: 384-88.

861 Vgl. hierzu Rauch/Frese 2007: 48-53.

862 Ein weiterer Grund, der dafür spricht, die „Big Five“ unberücksichtigt zu lassen, liegt darin, dass es sich bei spezifischen Persönlichkeitseigenschaften wie der Risikoneigung um „compound“

teratur über die in der Entrepreneurship-Forschung als „Unternehmermerkmale“ allgemein anerkannten und aufgegriffenen psychologischen Konstrukte recherchiert und geschlussfolgert, dass im Rahmen der Schwerpunktsetzung der vorliegenden Arbeit neben der bereits im letzten Abschnitt aufgegriffenen Risikoneigung (vgl. hierzu Kapitel 2.4 und Kapitel 2.7.2) die Zielorientierung bzw. Ideenverwirklichung – anstelle der Leistungsmotivation[864] und der mit dieser positiv zusammenhängenden bzw. übereinstimmenden internen Kontrollüberzeugung[865] –, die Autonomie bzw. das Unabhängigkeitsstreben sowie die Selbstverwirklichung[866] geeignet erscheinen, in das Arbeitsmodell der vorliegenden Arbeit integriert zu werden (vgl. hierzu z.B. Harabi/Meyer 2000: 30, zit. n. Golla/Halter/Fueglistaller/Klandt 2006: 213; Gladbach 2015: 250 sowie Kapitel 2.4). Bevor jedoch die mutmaßlichen, den Motiven zugeordneten Einflussvariablen auf die beiden Erfolgsgrößen der vorliegenden Arbeit aufgezeigt werden, erfolgt an dieser Stelle noch ein Überblick über eine in der Literatur übliche Einteilung der Anreize von (potenziellen) Gründern in intrinsische und extrinsische Motive[867] (vgl. hierzu z.B. Golla/Halter/Fueglistaller/Klandt 2006: 213[868]; Carsrud/Brännback/Elfving/Brandt 2009: 146-49[869]).[870] Die Bedeutung der Berücksichtigung nicht nur extrin-

---

Konstrukte handelt, die hohe Interkorrelationen mit den „Big Five“ aufweisen können (Zhao/Seibert/Lumpkin 2010: 394). So wird der „Big Five“-Persönlichkeitstheorie zufolge, bspw. die Risikoneigung als eine Facette der Extraversion angezeigt (Stewart/Roth 2001: 145, mit Verweis auf Mount/Barrick 1995), und mehrere Anhaltspunkte legen nahe, dass nahezu sämtliche Persönlichkeitsmaße den „Big Five“ zugeordnet werden können (Judge/Higgins/Thoresen/Barrick 1999: 623).

863 Da Unternehmensgründungen also vielmehr von spezifischeren Verhaltensweisen angetrieben werden dürften, lassen sich höhere Zusammenhänge zwischen unternehmerischen Aktivitäten bzw. Aufgaben und proximaleren Konstrukten annehmen als mit den breiten Eigenschaften (Rauch/Frese 2007: 48, mit Verweis auf Baum/Locke 2004).

864 „[P]erhaps more appropriately labeled goal-orientation“ (Carland/Hoy/Boulton/Carland 1984: 357).

865 Vgl. hierzu z.B. Rotter/Mulry 1965, zit. n. Sexton/Bowman 1985: 131; Begley/Boyd 1987: 81, mit Verweisen auf Rotter 1966; Brockhaus 1982. „The tie is logical, since the internality of high achievers persuades them that their actions can affect relevant outcomes“ (Begley/Boyd 1987: 81).

866 Die persönliche Selbstverwirklichung lässt sich nach Maslow (1970: 150) definieren als „the full use of [one's] talents, capacities, potentialities, etc.“ (Mittelman 1991: 115, zit. n. Gladbach 2015: 250, unter Weglassung der Hervorhebung im Original).

867 „Intrinsic motivation refers to a personal interest in the task [...] and extrinsic motivation refers to an external reward that follows certain behavior (Perwin, 2003; Nuttin, 1984)“ (Carsrud/Brännback/Elfving/Brandt 2009: 147).

868 Mit Verweis auf Harabi/Meyer 2000: 31.

869 Mit weiteren Verweisen.

870 Zudem wird an dieser Stelle auf die durch Bögenhold geprägte Differenzierung zwischen einer Gründungsmotivation aus einer „Ökonomie der Not“ und einer Gründungsmotivation aus einer

sischer Gründungsmotive (z.B. Ansehen), sondern auch der intrinsischen Motive (z.B. Selbstverwirklichung) spiegelt sich auch darin wider, dass intrinsische Gründungsmotive wie Unabhängigkeit, Ideenverwirklichung und Selbstverwirklichung als wichtiger gegenüber extrinsischen Gründungsmotiven wie Ansehen und höherem Einkommen aufgedeckt wurden (Golla/Halter/Fueglistaller/Klandt 2006: 213[871]); wobei zu betonen ist, dass die (potenziellen) Gründer gleichzeitig intrinsisch als auch extrinsisch motiviert sein können (Carsrud/Brännback/Elfving/Brandt 2009: 147[872]). Insgesamt wird dadurch deutlich, dass neben „ökonomischen“ auch „psychologische“ Gründungsmotive im Gründungsprozess ausschlaggebend sein können (vgl. hierzu z.B. Carsrud/ Brännback/Elfving/Brandt 2009: 146-48; Utsch/Rauch/Rothfuß/Frese 1999: 31-40; Golla/Halter/Fueglistaller/Klandt 2006: 213[873]; Acs/Audretsch 2010a: 293[874]), was die Bedeutung einerseits der in Kapitel 2.4 durchgeführten Abgrenzung der vorliegenden betriebswirtschaftlichen Arbeit zu psychologisch geprägten Fragestellungen untermauert und andererseits der Berücksichtigung sowohl ökonomischer als auch psychologischer Einflussfaktoren im Rahmen des Arbeitsmodells der vorliegenden Arbeit; wie bspw. bereits durch Palmer verdeutlicht: „Therefore, to understand adequately the role of the entrepreneur, economic and psychological factors must be considered“ (Palmer 1971: 34).

Grundsätzlich wird der Karriereweg als Gehaltsempfänger in Wirtschaftsunternehmen oder im öffentlichen Dienst von Studierenden und Akademikern in Deutschland weiterhin bevorzugt angestrebt (Gerdsmeier/Keidel/Kuss 2003: 108; Klandt 2006: 131; Golla/Halter/Fueglistaller/Klandt 2006: 209, 219f.; Bergmann 2014: 9-11), was die betonten negativen „Einschätzungen zur Gründungsbereitschaft der Studierenden in Deutschland“ (Hinz 2000: 51) untermauert. So wird die Alternative der beruflichen Selbständigkeit auch als Karriereweg zweiter Wahl charakterisiert (Gerdsmeier/Keidel/Kuss 2003: 108[875]) und scheinbar häufig erst erwogen, wenn die Arbeitslosigkeit droht oder Angestelltenverhältnisse als nicht zufrieden stellend eingestuft werden

„Ökonomie der Selbstverwirklichung“ verwiesen (Bögenhold 1989: 268-77). Vgl. hierzu z.B. auch Gerdsmeier/Keidel/Kuss 2003: 109.

871 Mit Verweis auf Harabi/Meyer 2000: 30f.

872 Mit Verweisen auf Nuttin 1984; Elfving 2008.

873 Mit Verweis auf Harabi/Meyer 2000: 30f.

874 Mit Verweis auf Hvide 2009.

875 Mit Verweis auf auf Lang-von Wins 1997: 47ff.

(Szyperski/Nathusius 1999: 46; Welter 2001: 39f.; Gerdsmeier/Keidel/Kuss 2003: 108f.; Piorkowsky 2004: 217). Entsprechend weist Deutschland im internationalen Vergleich einen relativ hohen Anteil an Unternehmensgründungen aus der Not heraus auf (Sternberg/Vorderwülbecke/Brixy 2015: 25); dieses Notgründungsmotiv scheint auch explizit im Rahmen von akademischen Gründungsvorhaben relevant zu sein (Gladbach 2015: 239). Daraus lässt sich das dritte Hypothesenpaar (*H3a* und *H3b*) der vorliegenden Arbeit ableiten, das einen Einfluss des Motivs „Ausweg aus der Arbeitslosigkeit" bzw. des Notgründungsmotivs auf die Gründungsrelevanz bzw. auf die Gründungswahrscheinlichkeit der Studierenden annimmt (vgl. hierzu z.B. auch Bögenhold 1989: 268; Audretsch/Fritsch 1996: 143f.; Shane 1996: 755f.[876]; Josten/van Elkan/Laux/Thomm 2008a: 20; Carsrud/Brännback/Elfving/Brandt 2009: 149[877]; Krueger/Day 2010: 331[878]; Gladbach 2015: 239; Sternberg/Vorderwülbecke/Brixy 2015: 25) und sich als Gründungsmotivation aus einer „Ökonomie der Not" bezeichnen lässt (Bögenhold 1989: 277; Gerdsmeier/Keidel/Kuss 2003: 109). Zwar stellen diese „Push-Faktoren" de facto „notgedrungene" Anlässe dar, eine selbständige Erwerbstätigkeit als Alternative zu erwägen, jedoch wird den sogenannten „Pull-Faktoren" wie Streben nach Verwirklichung von persönlichen Interessen, Werten und Arbeitsvorstellungen eine höhere Bedeutung für die Gründungsrealisierung beigemessen (Gerdsmeier/Keidel/Kuss 2003: 109). Hierbei werden die intrinsischen Motive „Autonomie" (*H4a* und *H4b*) (Schumpeter 1993b: 138; King 1985: 400; Corman/Perles/Vancini 1988: 41; Bögenhold 1989: 268f.; Utsch/Rauch/Rothfuß/Frese 1999: 33-38[879]; Krueger/Reilly/Carsrud 2000: 417[880]; Douglas/Shepherd 2003: 28ff., zit. n. Golla/Halter/Fueglistaller/Klandt 2006: 214; Josten/van Elkan/Laux/Thomm 2008a: 20; Carsrud/Brännback/Elfving/Brandt 2009: 147-50[881]; Douglas 2009: 13f.[882]; Acs/Audretsch 2010a: 293[883]; Sternberg/Vorderwülbecke/Brixy 2015: 15), „Selbstverwirklichung" (*H5a* und *H5b*) (Palmer 1971: 34; Bögenhold 1989: 268f.; Utsch/Rauch/Rothfuß/Frese

876 Mit weiteren Verweisen.
877 Mit Verweisen auf Elfving 2008.
878 Mit weiteren Verweisen.
879 Mit weiteren Verweisen.
880 Mit Verweis auf Shapero/Sokol 1982 (bibliographische Daten verbessert).
881 Mit weiteren Verweisen.
882 Mit weiteren Verweisen.
883 Mit Verweis auf Hvide 2009.

1999: 33-36[884]; Josten/van Elkan/Laux/Thomm 2008a: 20; Carsrud/Brännback/Elfving/Brandt 2009: 146f.[885]; Sternberg/Vorderwülbecke/Brixy 2015: 6) und die Verwirklichung eigener Ziele bzw. „Ideenverwirklichung“ (*H6a* und *H6b*) (King 1985: 413; Corman/Perles/Vancini 1988: 42; Utsch/Rauch/Rothfuß/Frese 1999: 34-37[886]; Krueger/Reilly/Carsrud 2000: 419; Josten/van Elkan/Laux/Thomm 2008a: 20; Carsrud/Brännback/Elfving/Brandt 2009: 147-50[887]; Zhao/Seibert/Lumpkin 2010: 384[888]; Sternberg/Vorderwülbecke/Brixy 2015: 6) als ausschlaggebend für die Gründungsrelevanz bzw. die Gründungswahrscheinlichkeit der Studierenden angenommen (vgl. hierzu z.B. auch Golla/Halter/Fueglistaller/Klandt 2006: 213-29[889]; Szyperski/Nathusius 1999: 46[890]; Sexton/Bowman 1985: 134; Kußmaul 1999: 390[891]; Franke/Lüthje 2000: 7[892]; Schlug/Brüning/Klandt 2002: 243; Douglas/Shepherd 2003[893]; Gerdsmeier/Keidel/Kuss 2003: 109-14; Bradley/Roberts 2004: 46; Piorkowsky 2004: 217; Cooper 2005: 25[894]; Buschmann 2006: 34; Chlosta/Klandt/Johann 2006: 16). Daneben wird auch den Motiven „Macht“ (*H7a* und *H7b*) (Schumpeter 1993b: 138; Drucker 1993: 34; Sexton/Bowman 1985: 130-35; Corman/Perles/Vancini 1988: 41; Utsch/Rauch/Rothfuß/Frese 1999: 33[895]; Carsrud/Brännback/Elfving/Brandt 2009: 143-47; Henrekson/Stenkula 2010: 619[896]) und „flexiblen Arbeitszeiten“[897] (*H8a* und *H8b*) (Gerdsmeier/Keidel/Kuss 2003: 109[898]; Josten/van Elkan/Laux/Thomm 2008a: 20; Acs/Audretsch 2010a: 293[899]) ein Einfluss auf die Gründungsrelevanz bzw. die Gründungswahrscheinlichkeit der Studierenden zugeschrieben. Neben den intrinsischen Motiven

[884] Mit Verweis auf Hackman/Lawler 1971.
[885] Mit Verweisen auf Perwin 2003; Nuttin 1984.
[886] Mit Verweis auf Frese/Stewart/Hannover 1987.
[887] Mit Verweisen auf Elfving 2008.
[888] Mit Verweis auf Chen/Greene/Crick 1998.
[889] Mit Verweis auf Harabi/Meyer 2000: 30f.
[890] Mit weiterem Verweis.
[891] Mit weiterem Verweis.
[892] Mit Verweisen auf Masters/Meier 1988: 31ff.; Stewart 1996.
[893] Mit Verweisen auf Bird 1989; Katz 1994.
[894] Mit Verweis auf Collins/Moore 1964.
[895] Mit weiteren Verweisen.
[896] Mit Verweis auf Baumol/Litan/Schramm 2007: 234.
[897] Flexible Arbeitszeiten als Gründungsmotiv wird insbesondere karriereorientierten Müttern zugeschrieben, da mit einer beruflichen Selbständigkeit eine höhere Selbstbestimmung hinsichtlich der Arbeitszeitgestaltung einhergeht und sich somit berufliche Karriere und Familienarbeit eher in Einklang bringen lassen (Gerdsmeier/Keidel/Kuss 2003: 109, mit weiteren Verweisen).
[898] Mit weiteren Verweisen.
[899] Mit Verweis auf Hvide 2009.

beeinflussen auch die extrinsischen Motive, namentlich Ansehen und Einkommen, die Unternehmensgründung (vgl. hierzu z.B. Lilischkis 2001: 33[900]; Drucker 1993: 34; Casson/Wadeson 2007b: 287; Henrekson/Stenkula 2010: 619[901]; Bögenhold 1989: 268f.; Venkataraman 1997: 133[902]; Schumpeter 1993b: 126f., 138[903] sowie Kapitel 2.6), wenn auch mit scheinbar geringer Intensität als die intrinsischen Motive (Golla/Halter/Fueglistaller/Klandt 2006: 213[904]). Dennoch lässt sich ein Einfluss des Motivs „Ansehen" (*H9a* und *H9b*) auf die Gründungsrelevanz bzw. die Gründungswahrscheinlichkeit der Studierenden vermuten (Schumpeter 1993b: 138; Drucker 1993: 34; King 1985: 400; Bögenhold 1989: 268f.; Brüderl/Preisendörfer/Ziegler 1998: 31f.; Lilischkis 2001: 33[905]; Casson/Wadeson 2007b: 287; Carsrud/Brännback/Elfving/Brandt 2009: 143-47; Douglas 2009: 14; Henrekson/Stenkula 2010: 619[906]), was auch auf die monetären Anreize zutrifft, bei denen allerdings eine Differenzierung sinnvoll erscheint; so nennen bspw. Sternberg, Vorderwülbecke und Brixy explizit die Erhöhung des bisherigen Einkommens als auch die Sicherung des bisherigen Einkommens als Gründungsmotive (Sternberg/Vorderwülbecke/Brixy 2015: 15). Diversen Autoren zufolge lässt sich ein Einfluss der entsprechenden Motive „Einkommen" (*H10a* und *H10b*) (Schumpeter 1993b: 138; Palmer 1971: 34; Drucker 1993: 34; King 1985: 400, 413; Venkataraman 1997: 133[907]; Casson/Wadeson 2007b: 287; Carsrud/Brännback/Elfving/Brandt 2009: 143-47; Douglas 2009: 13; Acs/Audretsch/Lehmann 2013: 767; Sternberg/Vorderwülbecke/Brixy 2015: 15) und „hohes Einkommen" (*H11a* und *H11b*) (Drucker 1993: 34; Venkataraman 1997: 133[908]; Krueger/Reilly/Carsrud 2000:

---

900 Unter Bezugnahme auf Smith 1770: 262; Schumpeter 1952: 127 und mit Verweisen auf Greenwald/Pratkanis 1984; Breckler/Greenwald 1986; Festinger 1954; Frey/Dauenheimer/Parge/Haisch 1993.

901 Mit Verweis auf Baumol/Litan/Schramm 2007: 234.

902 Unter Bezugnahme auf Schumpeter 1976.

903 So nennt Schumpeter im Rahmen der Beschreibung der Motivation für unternehmerisches Handeln bspw. „Weg zu sozialer Geltung" und „sozial Steigenwollen" (Schumpeter 1993b: 138) und beschreibt an anderer Stelle einen Gegendruck des sozialen Umfelds bzgl. neuen wirtschaftlichen Vorhaben (Schumpeter 1993b: 126f.), der „unter Umständen und auf manche Individuen als Anreiz wirkt" (Schumpeter 1993b: 127).

904 Mit Verweis auf Harabi/Meyer 2000: 30f.

905 Unter Bezugnahme auf Smith 1770: 262; Schumpeter 1952: 127 und mit Verweisen auf Greenwald/Pratkanis 1984; Breckler/Greenwald 1986; Festinger 1954; Frey/Dauenheimer/Parge/Haisch 1993.

906 Mit Verweis auf Baumol/Litan/Schramm 2007: 234.

907 Unter Bezugnahme auf Schumpeter 1976.

908 Unter Bezugnahme auf Schumpeter 1976.

417[909]; Josten/van Elkan/Laux/Thomm 2008a: 20; Carsrud/Brännback/Elfving/Brandt 2009: 146f.[910]; Douglas 2009: 13; Henrekson/Stenkula 2010: 619[911]; Sternberg/Vorderwülbecke/Brixy 2015: 15) auf die Gründungsrelevanz bzw. die Gründungswahrscheinlichkeit der Studierenden annehmen. Die intrinsischen und extrinsischen Motive lassen sich zu einer Gründungsmotivation aus einer „Ökonomie der Selbstverwirklichung" zusammenfassen (Bögenhold 1989: 277; Gerdsmeier/Keidel/Kuss 2003: 109).

Wie verdeutlicht wurde, bestätigen empirische Forschungsergebnisse die hohe Relevanz sowohl der "Push-Faktoren" als auch der "Pull-Faktoren" für die Gründungsrelevanz und die Gründungswahrscheinlichkeit. Allerdings steigert i.d.R. erst ein Ineinandergreifen von Push-Faktoren als negative Rahmenbedingungen bzgl. einer abhängigen Erwerbstätigkeit und Pull-Faktoren als positive Handlungsintentionen bzgl. einer beruflichen Selbständigkeit die Wahrscheinlichkeit, dass Studierende und Akademiker im Rahmen ihres beruflichen Werdegangs neben dem traditionellen Berufsbild des Angestelltenverhältnisses auch die Alternative der Unternehmensgründung erwägen[912] bzw. sich mit der Gründung konkret auseinandersetzen (Gerdsmeier/Keidel/Kuss 2003: 109), was diese bereits relevanter werden lässt und möglicherweise die Gründungswahrscheinlichkeit erhöht.

Basierend auf den Ausführungen in diesem Abschnitt werden die folgenden Hypothesenpaare abgeleitet:

H3a: Das Motiv „Ausweg aus der Arbeitslosigkeit" beeinflusst die Gründungsrelevanz der Studierenden.

909 Mit Verweis auf Shapero/Sokol 1982 (bibliographische Daten verbessert).
910 Mit Verweisen auf Elfving 2008.
911 Mit Verweis auf Baumol/Litan/Schramm 2007: 234.
912 So können all diese Faktoren einen Berufsidentitätsentwicklungsprozess bewirken, im Sinne einer Loslösung von traditionellen Berufswegen bzw. einer (Um-) Orientierung hin zur beruflichen Selbständigkeit (Gerdsmeier/Keidel/Kuss 2003: 112, mit Verweis auf Kupferberg 1997). Diese (Ent-) Bindungsschritte vollziehen sich parallel und reziprok innerhalb des Vorgründungsprozesses und sind normalerweise auch nicht mit dem Eintritt in die Gründungsphase oder sogar in die Frühentwicklungsphase vollständig abgeschlossen (Gerdsmeier/Keidel/Kuss 2003: 112). Dies spiegelt die Komplexität des Gründungsprozesses inklusive der hierbei für die Gründungsrealisation entscheidenden auftretenden Einflussfaktoren und Wirkungszusammenhänge wider, zumal „sich Berufswahlentscheidungen, insbesondere wenn sie durch familiäre und berufliche Sozialisationsprozesse entstanden und verfestigt wurden, nicht ‚mal eben' so verändern lassen" (Braukmann 2003: 194).

H3b: Das Motiv „Ausweg aus der Arbeitslosigkeit" beeinflusst die Gründungswahrscheinlichkeit der Studierenden.

H4a: Das Motiv „Autonomie" beeinflusst die Gründungsrelevanz der Studierenden.

H4b: Das Motiv „Autonomie" beeinflusst die Gründungswahrscheinlichkeit der Studierenden.

H5a: Das Motiv „Selbstverwirklichung" beeinflusst die Gründungsrelevanz der Studierenden.

H5b: Das Motiv „Selbstverwirklichung" beeinflusst die Gründungswahrscheinlichkeit der Studierenden.

H6a: Das Motiv „Ideenverwirklichung" beeinflusst die Gründungsrelevanz der Studierenden.

H6b: Das Motiv „Ideenverwirklichung" beeinflusst die Gründungswahrscheinlichkeit der Studierenden.

H7a: Das Motiv „Macht" beeinflusst die Gründungsrelevanz der Studierenden.

H7b: Das Motiv „Macht" beeinflusst die Gründungswahrscheinlichkeit der Studierenden.

H8a: Das Motiv „flexible Arbeitszeiten" beeinflusst die Gründungsrelevanz der Studierenden.

H8b: Das Motiv „flexible Arbeitszeiten" beeinflusst die Gründungswahrscheinlichkeit der Studierenden.

H9a: Das Motiv „Ansehen" beeinflusst die Gründungsrelevanz der Studierenden.

H9b: Das Motiv „Ansehen" beeinflusst die Gründungswahrscheinlichkeit der Studierenden.

H10a: Das Motiv „Einkommen" beeinflusst die Gründungsrelevanz der Studierenden.

H10b: Das Motiv „Einkommen" beeinflusst die Gründungswahrscheinlichkeit der Studierenden.

H11a: Das Motiv „hohes Einkommen" beeinflusst die Gründungsrelevanz der Studierenden.

H11b: Das Motiv „hohes Einkommen" beeinflusst die Gründungswahrscheinlichkeit der Studierenden.

2.7.4 Hemmnisse

Die sich mit den von (potenziellen) Gründern wahrgenommenen[913] Gründungshemmnissen[914] – wie sie sich für diese als „Realität" äußern (Douglas 2009: 3) – befassende Entrepreneurship-Literatur vermutet grundsätzlich „einen Zusammenhang zwischen der Wahrnehmung von Problemen und dem Misserfolg oder Abbruch von Gründungsvorhaben" (Gladbach 2015: 56). Gründungsaktivitäten werden hierbei neben persönlichen Merkmalen der Individuen auch durch soziale und kulturelle Normen sowie wirtschaftliche und politische Rahmenbedingungen auch in negative Richtung beeinflusst (Grichnik 2006: 239f.[915]; Welter 2001: 38; Szyperski/Nathusius 1999: 6f.). Diese „Einflüsse von vorhandenen oder vom Gründer auch nur vermuteten Barrieren in der Gründungsphase treffen eine sehr breit gefächerte Problematik" (Szyperski/Nathusius 1999: 6). Zu derartigen Hemmnissen für die Ausübung unternehmerischer Handlungsfelder zählen erwartete bzw. erlebte Gründungsbarrieren, insbesondere fehlendes Fremdkapital, hohes finanzielles Risiko, fehlendes Eigenkapital, schlechte Wirtschaftskonjunktur, fehlende Kundenkontakte, Nachfragemangel, Angst vor dem Scheitern, bürokratische Hürden und Verzögerungen, Mangel an unternehmerischen Qualifikationen, fachspezifische Wissensdefizite und fehlende geeignete Gründungspartner (vgl. z.B. Gladbach 2015: 56-60[916]; Henrekson/Stenkula 2010: 606-27[917]; Zhao/Seibert/Lumpkin 2010: 399; Samuelsson/Davidsson 2009: 230[918]; Golla/Halter/Fueglistaller/Klandt 2006: 216[919]; Klandt 2006: 131[920]; Grichnik 2006: 239[921]; Schlug/Brün-

913 Bereits in Kapitel 2.3 wurde verdeutlicht, dass Umfeldfaktoren mit potenziellen Einflüssen auf die Gründungsaktivität zielführend aus der Perspektive der Wahrnehmung der (potenziellen) Gründer als Entscheidungsträger über eine eigene Gründungsrealisation (vgl. hierzu z.B. Palmer 1971: 35; Berg 2004: 75; Mellewigt/Schmidt/Weller 2006: 110; Douglas 2009: 4f.; Acs/Audretsch/Lehmann 2013: 757) zu untersuchen sind (vgl. hierzu z.B. Glade 1967, zit. n. Low/MacMillan 1988: 150; Veblen 1898: 387f.; Brüderl/Preisendörfer/Ziegler 1998: 40; Krueger/Reilly/Carsrud 2000: 412-14; Douglas 2009: 3-19; Casson 2010: 377; Sternberg/Vorderwülbecke/Brixy 2015: 17; Haynie/Shepherd/McMullen 2009: 340, unter Bezugnahme auf Barney 1991; McMullen/Shepherd 2006, sowie Kapitel 2.3 und Kapitel 2.4).

914 „Gründungshemmnisse sollen hier verstanden werden als erschwerende Umstände bei der Vorbereitung und Realisierung eines neuen Unternehmens" (Lilischkis 2001: 19). Vgl. hierzu auch Mellewigt/Schmidt/Weller 2006: 94, mit weiterem Verweis.

915 Mit Verweis auf Reynolds/Bygrave/Autio/Hay 2002.

916 Mit weiteren Verweisen.

917 Mit weiteren Verweisen.

918 Mit weiteren Verweisen.

919 Mit weiteren Verweisen.

920 Mit weiterem Verweis.

ing/Klandt 2002: 243f.; Szyperski/Nathusius 1999: 46), allerdings auch fehlende verfügbare Zeit, mangelnde Unterstützung von Familie und Freunden, fehlender Mut sowie fehlende geeignete Geschäftsideen (vgl. hierzu z.B. Gladbach 2015: 243f.; Golla/Halter/Fueglistaller/Klandt 2006: 231f.; Gifford 2005: 40[922]; Gerdsmeier/Keidel/Kuss 2003: 111f.; Lilischkis 2001: 31-34; Szyperski/Nathusius 1999: 41; Bird 1988: 442-51[923]).

In Laufe der vorliegenden Arbeit wurde bereits aufgezeigt, dass Unternehmensgründungen neben „intern stimulierten" offensichtlich – und scheinbar häufig (vgl. hierzu z.B. Hills/Singh/Lumpkin/Baltrusaityte 2004, zit. n. Frank/Mitterer 2009: 401; Bhave 1994: 230) – auch von „extern stimulierten" potenziellen unternehmerischen Gelegenheiten ausgehen können (vgl. hierzu z.B. Bhave 1994: 228-30; Frank/Mitterer 2009: 370, 401; Douglas 2009: 4[924] sowie Kapitel 2.5);[925] genauso wurde verdeutlicht, dass im Verlauf des Gründungsprozesses eine verfügbare Gründungsidee immer mehr an Bedeutung gewinnt (vgl. hierzu z.B. Berg 2004: 73-79[926]; King 1985: 401; Picot/Laub/Schneider 1989: 108; Brüderl/Preisendörfer/Ziegler 1998: 27; Shane/Venkataraman 2000: 220; Alvarez/Busenitz 2001: 759; Gerdsmeier/Keidel/Kuss 2003: 112; Fallgatter 2004: 34; Elfving/Brännback/Carsrud 2009: 30 sowie Kapitel 2.6), zumal unternehmerische Tätigkeiten bzw. die Realisierung einer Unternehmensgründung schließlich auf einer Gründungsidee basiert (Gifford 2005: 40[927]). Verfügen die potenziellen Gründer entweder über keine oder über keine marktfähige Geschäftsidee, liegt offensichtlich ein Gründungshemmnis vor, da der Gründungsentschluss vom Vertrauen der potenzi-

921 Mit weiterem Verweis.

922 Mit Verweis auf van Praag/van Ophem 1995.

923 Mit weiteren Verweisen.

924 Mit weiteren Verweisen.

925 Neben intern stimulierten wirtschaftlichen Gelegenheiten sind auch extern stimulierte wirtschaftliche Gelegenheiten mit der Ansicht, „opportunities are related to unexploited projects in a well-defined set of possible projects" (Casson/Wadeson 2007b: 298), vereinbar; zumal davon ausgegangen wird, dass (potenzielle) Gründer fähig sind, das von ihnen geplante „sub-field" einer (potenziellen) Gründung festzulegen (Casson/Wadeson 2007b: 293, 298), in dem folglich im Rahmen der Suche nach unternehmerischen Gelegenheiten (Casson/Wadeson 2007b: 293) von der – infolge der durch die Verbreitung von Projektvarietäten bedingten – Vielzahl an möglichen Projekten (Casson/Wadeson 2007b: 288-92) die am geeignetsten erscheinende Alternative zu identifizieren (Casson/Wadeson 2007b: 293) und ggf. weiterzuverfolgen ist (Casson/Wadeson 2007b: 296; Douglas 2009: 4, mit Verweis auf McMullen/Shepherd 2006). Vgl. hierzu auch Kapitel 2.5.

926 Unter Bezugnahme auf Popper 1974: 285f. und mit Verweisen auf Venkataraman/Sarasvathy 2001: 652ff.; Penrose 1980: 5; Finke-Schürmann 2001: 108.

927 Mit Verweis auf van Praag/van Ophem 1995.

ellen Gründer in die Marktfähigkeit ihrer Gründungsideen abhängt (Gerdsmeier/Keidel/Kuss 2003: 111). Entsprechend lässt sich vermuten, dass das Hemmnis „fehlende ‚richtige‘ Geschäftsidee“ (*H12a* und *H12b*) die Gründungsrelevanz bzw. die Gründungswahrscheinlichkeit der Studierenden beeinflusst (Aldrich/Zimmer 1986b: 3; Bögenhold 1989: 273; Brüderl/Preisendörfer/Ziegler 1998: 37[928]; Gerdsmeier/Keidel/Kuss 2003: 111f.; Golla/Halter/Fueglistaller/Klandt 2006: 231f.; Josten/van Elkan/Laux/Thomm 2008a: 24).

Das Existieren unternehmerischer Qualifikationen ist einerseits für die Generierung einer Selbstwirksamkeitserwartung, die für den Gründungsentschluss als bedeutend angesehen wird, besonders unterstützend (Gerdsmeier/Keidel/Kuss 2003: 111[929]), andererseits wird dadurch der Gründungsvorgang sicherlich erleichtert (Szyperski/Nathusius 1999: 40; Cooper 2005: 28), so dass unternehmerischen Qualifikationen im Gründungsprozess eine hohe Bedeutung zukommt (vgl. hierzu z.B. Samuelsson/Davidsson 2009: 230; Busenitz/Arthurs 2007: 134-36; Markman 2007: 67-87; Berg 2004: 38-42, 69; Alvarez/Busenitz 2001: 762; Barney 2001b: 647; Venkataraman 1997: 124 sowie Kapitel 2.6). Allerdings schätzen Personen in Deutschland gegenüber denen in anderen europäischen Ländern ihre Gründungsfähigkeiten niedriger ein, und diese vergleichsweise negativere Einschätzung eigener unternehmerischer Qualifikationen in Deutschland wird als eine wesentliche Gründungbarriere betrachtet (Grichnik 2006: 239f.[930]), auch speziell von der studentischen Zielgruppe (Brockmann/Greaney 2006: 9). Folglich lässt sich dem Hemmnis „fehlende unternehmerische Qualifikation“ (*H13a* und *H13b*) ein Einfluss auf die Gründungsrelevanz bzw. die Gründungswahrscheinlichkeit der Studierenden zuschreiben (vgl. hierzu z.B. Drucker 1985: 119; Bögenhold 1989: 273; Alvarez/Busenitz 2001: 763; Gerdsmeier/Keidel/Kuss 2003: 111f.; Berg 2004: 80; Casson 2005a: 338; Ucbasaran/Westhead/Wright 2008: 153-71[931]; Samuelsson/Davidsson 2009: 230[932]; Gladbach 2015: 243f.; Sternberg/Vorderwülbecke/Brixy 2015: 16).

[928] Mit weiteren Verweisen.
[929] Mit Verweisen auf Bandura 1977, 1995.
[930] Mit weiterem Verweis.
[931] Mit Verweis auf Penrose 1959.
[932] Mit weiteren Verweisen.

Auch vorhandene Fachkenntnisse sind für die Entstehung der für den Gründungsentschluss maßgeblichen Selbstwirksamkeitserwartung sehr bedeutend (Gerdsmeier/Keidel/Kuss 2003: 111[933]). In Kapitel 2.6 wurde das fachspezifische Know-how bereits von den unternehmerischen Qualifikationen abgegrenzt (vgl. hierzu z.B. Alvarez/Busenitz 2001: 766; Berg 2004: 69; Markman 2007: 67-87 sowie Kapitel 2.6) und seine Bedeutung im Gründungsprozess ebenfalls veranschaulicht (vgl. hierzu z.B. Alvarez/Busenitz 2001: 763-66; Lilischkis 2001: 23-27[934]; Henrekson/Stenkula 2010: 617; Acs/Audretsch/Lehmann 2013: 768f.; Qian/Acs 2013: 192 sowie Kapitel 2.6). Fachspezifische Wissensdefizite – falls wahrgenommen – stellen eine wesentliche Barriere im Gründungsprozess dar (Golla/Halter/Fueglistaller/Klandt 2006: 216[935]; Ucbasaran/Westhead/Wright 2008: 153-71[936]; Gladbach 2015: 243f.). Entsprechend lässt sich vermuten, dass das Hemmnis „Know-how-Defizit" (*H14a* und *H14b*) die Gründungsrelevanz bzw. die Gründungswahrscheinlichkeit der Studierenden beeinflusst (vgl. hierzu z.B. Low/MacMillan 1988: 142[937]; Cooper/Gimeno-Gascon/Woo 1994: 378f.; Alvarez/Busenitz 2001: 763; Gerdsmeier/Keidel/Kuss 2003: 111f.; Mellewigt/Witt 2002: 94[938]; Golla/Halter/Fueglistaller/Klandt 2006: 216[939], 31f.; Josten/van Elkan/Laux/Thomm 2008a: 24; Ucbasaran/Westhead/Wright 2008: 153-71[940]; Qian/Acs 2013: 192f.; Gladbach 2015: 243f.).

Auf die Bedeutung von, insbesondere komplementären Teamgründungen wurde bereits in Kapitel 2.5 eingegangen. So erscheinen komplementäre Teamgründungen geeigneter dafür zu sein, die beiden Kompetenzbereiche der unternehmerischen Absorptionsfähigkeit abzudecken, als Einzelgründungen oder nicht komplementäre Teamgründungen mit Defiziten innerhalb eines Kompetenzbereichs (vgl. hierzu z.B. Acs/Audretsch/Lehmann 2013: 768f.; Qian/Acs 2013: 192; Henrekson/Stenkula 2010: 617; Alvarez/Busenitz 2001: 763 sowie Kapitel 2.5). Vor allem technologieorientierte

933 Mit Verweisen auf Bandura 1977, 1995.
934 Mit Verweis auf Foray/Lundvall 1996; Cooper/Gimeno-Gascon/Woo 1995: 371; Cole/Sokol 1999: 31f.
935 Mit weiteren Verweisen.
936 Mit Verweis auf Penrose 1959.
937 Unter Bezugnahme auf Vesper 1983.
938 Mit weiteren Verweisen.
939 Mit weiteren Verweisen.
940 Mit Verweis auf Penrose 1959.

Gründungen erfordern oftmals eine Verbesserung der Humankapitalbasis durch Teamgründungen, da der Inventor bzw. Forscher zwar Spezialist im Technologiebereich ist, jedoch nur ausnahmsweise ebenfalls über die nötigen unternehmerischen Qualifikationen verfügt (Mellewigt/Witt 2002: 93; Lilischkis 2001: 28). „Durch Kooperationsgründungen können Einseitigkeit in der Person eines Gründers bei ergänzenden Eigenschaften anderer Mitgründerpersonen ausgeglichen werden“ (Szyperski/Nathusius 1999: 39). Neben dieser Qualifikationsergänzung bringt der Gründungspartner während des Gründungprozesses zudem weitere Ressourcen – wie Finanz- und Sachkapital, Kontakte und Reputation – in die Unternehmensgründung ein und erleichtert so die Akkumulation weiterer benötigter Ressourcen und trägt oftmals entscheidend zur Gründungsrealisation bei (Mellewigt/Witt 2002: 93-96). Jedoch kann der Suchprozess nach geeigneten Gründungspartnern zu einer schwierigen Aufgabe werden, die insbesondere aufgrund von Mitgründerrekrutierungsproblemen bzw. Zielvorstellungsdifferenzen nicht selten erfolglos bleibt (Mellewigt/Schmidt/Weller 2006: 109[941]; Szyperski/Nathusius 1999: 39; Kailer 2007: 12f.), was zu dem Hemmnis „fehlende ‚richtige‘ Gründungspartner“ (*H15a* und *H15b*) führt, von dem ein Einfluss auf die Gründungsrelevanz bzw. die Gründungswahrscheinlichkeit der Studierenden erwartet werden kann (vgl. hierzu z.B. Cooper/Gimeno-Gascon/Woo 1994: 378[942]; Berg 2004: 80f.; Golla/Halter/Fueglistaller/Klandt 2006: 216[943], 31f.; Dollinger 2008: 58; Aldrich/Martinez 2010: 392; Gladbach 2015: 234f.).

Auch auf die für eine Unternehmensgründung erforderlichen Finanzmittel wurde bereits eingegangen und verdeutlicht, dass die Verfügbarkeit von Eigen- und Fremdkapital die Wahrscheinlichkeit der Gründungsrealisation erhöht (vgl. hierzu z.B. Low/MacMillan 1988: 142[944]; Brüderl/Preisendörfer/Ziegler 1992: 230; Bamford/Dean/McDougall 2000: 258[945]; Shane/Venkataraman 2000: 223[946]; Mellewigt/Witt 2002: 93; Acs/Audretsch 2010a: 293; Sternberg/Vorderwülbecke/Brixy 2015: 24 sowie Kapitel 2.6). Aufgrund der normalerweise begrenzten Finanzmittel (Sternberg/Vorderwülb-

[941] Mit weiterem Verweis.
[942] Mit weiteren Verweisen.
[943] Mit weiteren Verweisen.
[944] Mit Verweisen auf Timmons 1982; Vesper 1983.
[945] Mit Verweisen auf Pfeffer/Salancik 1978; Birley 1986; Boyd 1990; Eisenhardt/Schoonhoven 1990; Bhave 1994.
[946] Mit Verweis auf Evans/Leighton 1989.

ecke/Brixy 2015: 24; Bamford/Dean/McDougall 2000: 258[947]; Low/MacMillan 1988: 142[948]) und insgesamt bestehenden Ressourcendefizite der potenziellen Gründer (Venkataraman 1997: 125; Bamford/Dean/McDougall 2000: 258[949]; Brush/Greene/Hart 2001: 71; Weihe 2001: 245; Markman 2007: 79) sehen sich diese normalerweise veranlasst, zusätzliche Finanzmittel über Dritte zu akkumulieren (Mellewigt/Schmidt/Weller 2006: 99[950]; Szyperski/Nathusius 1999: 39; Birley 1985: 107-09; Alvarez/Busenitz 2001: 768), wobei insbesondere Eigenkapital- sowie Fremdkapitalfinanzierung in Frage kommen (vgl. hierzu z.B. Lilischkis 2001: 29f.; Ruda 2002: 31-41; Mellewigt/Witt 2002: 97f.[951]; Gompers/Lerner 2010: 183-211 sowie Kapitel 2.6). Die (potenziellen) Gründer bevorzugen hierbei Bankkredite, Darlehen aus dem Familien- oder Bekanntenkreis sowie öffentliche Fördermittel (Mellewigt/Witt 2002: 97f.), während sie bei der Finanzierung durch Beteiligungskapitel normalerweise zurückhaltend sind, was auf damit einhergehende Einschränkungen ihrer unternehmerischen Unabhängigkeit im Rahmen von Mitspracherechten der Eigenkapitalgeber zurückgeführt wird (Mellewigt/Witt 2002: 97f.[952]). Dass die Akquise von Beteiligungs- oder Kreditkapital insbesondere für Unternehmensgründungen, auch im Falle von vorhandenen Sicherheiten (Buschmann 2006: 35), eine besondere Herausforderung für die potenziellen Gründer darstellt (Klandt 2006: 135), die oftmals nicht ausreichend bewältigt werden kann (Gifford 2005: 40[953]), spiegelt sich darin wider, dass das Fehlen von Eigenkapital und/oder Fremdkapital normalerweise als eine der höchsten oder als die höchste Gründungsschwierigkeit betrachtet wird (vgl. hierzu z.B. Gifford 2005: 39[954]; Acs/Audretsch 2005a: 67[955]; Golla/Halter/Fueglistaller/Klandt 2006: 216[956]; Klandt/Brüning 2002: 19; Mellewigt/Witt 2002: 99; Schlug/Brüning/Klandt 2002: 243; Brüderl/Preisendörfer/Ziegler 1998: 37[957]). Von den Hemmnissen „fehlendes Eigenkapital" (*H16a* und *H16b*) und „fehlendes Fremdkapital" (*H17a* und *H17b*) wird folglich ein Einfluss

947 Mit Verweis auf Bhave 1994.
948 Unter Bezugnahme auf Vesper 1983.
949 Mit Verweis auf Bhave 1994.
950 Mit Verweisen auf Timmons 1999: 322f.; Frank 1997: 405.
951 Mit weiteren Verweisen.
952 Mit weiteren Verweisen.
953 Mit Verweis auf van Praag/van Ophem 1995.
954 Mit Verweis auf Evans/Jovanovic 1989.
955 Mit weiterem Verweis.
956 Mit weiteren Verweisen.
957 Mit weiterem Verweis.

auf die Gründungsrelevanz bzw. die Gründungswahrscheinlichkeit der Studierenden vermutet (vgl. hierzu z.B. Aldrich/Zimmer 1986b: 20[958]; Low/MacMillan 1988: 142[959]; Bögenhold 1989: 273; Cooper/Gimeno-Gascon/Woo 1994: 379; Shane 1996: 754[960]; Venkataraman 1997: 132f.; Brüderl/Preisendörfer/Ziegler 1998: 37[961]; Shane/ Venkataraman 2000: 223; Aldrich/Martinez 2001: 46; Mellewigt/Witt 2002: 97-99[962]; Casson 2005a: 338; Storey 2005: 476-84[963]; Golla/Halter/Fueglistaller/Klandt 2006: 216[964], 31f.; Josten/van Elkan/Laux/Thomm 2008a: 24; Henrekson/Stenkula 2010: 606[965]; Gladbach 2015: 56-59[966]; Sternberg/Vorderwülbecke/Brixy 2015: 24).

Im Gründungsprozess scheint ferner die Ressource „Zeit" eine Bedeutung einzunehmen; verfügbare Zeit gewährt Handlungsfreiräume, die als individuelle Gründungserfolgsdeterminante gelten (Szyperski/Nathusius 1999: 39-41). Ein zu stark eingeschränktes Zeitbudget ermöglicht dem potenziellen Gründer nicht, sich intensiv genug auf sein Gründungsvorhaben zu konzentrieren, was zwangsläufig in eine erfolglose Gründungsrealisation mündet und folglich eine Gründungsbarriere darstellt (Mellewigt/Schmidt/Weller 2006: 108). Auch weiteren Literaturquellen zufolge lässt sich ein Einfluss des Hemmnisses „fehlende Zeit" (*H18a* und *H18b*) auf die Gründungsrelevanz bzw. die Gründungswahrscheinlichkeit der Studierenden annehmen (vgl. hierzu z.B. Venkataraman 1997: 132f.; Shane/Venkataraman 2000: 222f.; van Gelderen/Thurik/Patel: 2011: 72; Gladbach 2015: 243f.).

Die Unterstützung des Gründungsvorhabens durch das private Umfeld – insbesondere Familienangehörige, Lebenspartner und Freundeskreis – ist ebenfalls bedeutend für die Realisierung eines Gründungsvorhabens (Mellewigt/Schmidt/Weller 2006: 100[967]; Weihe 2001: 240; Baier/Pleschak 1996: 24; Lilischkis 2001: 31-34). Dies ist einerseits darauf zurückzuführen, dass der Gründungsprozess von Krisensituationen wie Zweifel

958 Mit weiteren Verweisen.
959 Unter Bezugnahme auf Vesper 1983.
960 Mit weiteren Verweisen.
961 Mit weiteren Verweisen.
962 Mit weiteren Verweisen.
963 Mit weiteren Verweisen.
964 Mit weiteren Verweisen.
965 Mit weiteren Verweisen.
966 Unter Bezugnahme auf Bahß/Lehnert/Reents 2003: 5; van Gelderen/Patel/Fiet 2007: 11.
967 Mit weiteren Verweisen.

an der Vermarktbarkeit der Geschäftsidee begleitet wird, deren Bewältigung – z.B. durch Zuspruch und Bestärkung – oftmals nur mit Unterstützung des privaten Umfeldes zu realisieren ist (Weihe 2001: 240[968]; Gerdsmeier/Keidel/Kuss 2003: 111, 114). Andererseits erhöht eine (zusätzliche) Ressourcenversorgung – bspw. in Form von Eigenkapitalbeteiligung, (zinsfreiem oder vergünstigtem) Kreditkapital, Infrastrukturen, transferkostenrelevanten Netzwerkbeziehungen, Beratungsleistungen sowie tätigen Beteiligungen – durch das mikrosoziale Netzwerk offensichtlich die Wahrscheinlichkeit der Gründungsrealisation (Weihe 2001: 240f.). Allerdings sind hierbei neben dem potenziellen Gründer respektive Gründungsplaner zum einen oftmals auch insbesondere seine Familienangehörigen einer (erheblichen) Mehrbelastung ausgesetzt, zum anderen stößt die mit der Planung eines Gründungsvorhabens meistens verbundene Isolation des Gründungsvorbereiters häufig auf Unverständnis und Kritik von Seiten des Freundeskreises und kann hierbei seine Handlungsfreiräume und somit die Gründungsrealisation einschränken (Szyperski/Nathusius 1999: 41, 44). Eine während des Gründungsprozesses fehlende Unterstützung durch Familie und Freunde stellt demzufolge eine Gründungsbarriere dar (Weihe 2001: 240). Daraus ergibt sich das Hemmnis „mangelnder Support von Familie und Freunden“ (*H19a* und *H19b*), von dem ein Einfluss auf die Gründungsrelevanz bzw. die Gründungswahrscheinlichkeit der Studierenden vermutet wird (vgl. hierzu z.B. Sexton/Bowman 1985: 137; Aldrich/Zimmer 1986b: 6; Krueger/Reilly/Carsrud 2000: 417; Gerdsmeier/Keidel/Kuss 2003: 111; Dollinger 2008: 59; Douglas 2009: 7[969]; Gaglio/Winter 2009: 317[970]; Harms/Kraus/Schwarz 2009: 39[971]; Gladbach 2015: 56[972]).

Das Vorhandensein von Mut wurde von einigen Psychoanalytikern als ausschlaggebender Faktor im Entwicklungsprozess der Gründungsintention aufgedeckt (Bird 1988: 442). Demzufolge kann angenommen werden, dass das Hemmnis „fehlender Mut“ (*H20a* und *H20b*) die Gründungsrelevanz bzw. die Gründungswahrscheinlichkeit der Studierenden beeinflusst (Golla/Halter/Fueglistaller/Klandt 2006: 231f.). „Failure as an entrepreneur can be […] devastating to the individual entrepreneur in

---

968 Mit weiterem Verweis.
969 Mit Verweis auf Davidsson/Honig 2003.
970 Unter Bezugnahme auf Tang 2008.
971 Mit weiteren Verweisen.
972 Unter Bezugnahme auf Bahß/Lehnert/Reents 2003: 6.

terms of its financial and psychological impacts“ (Zhao/Seibert/Lumpkin 2010: 399). So birgt die Gründung ein beachtliches eigenes finanzielles Risiko. Einer Studie zufolge nennen die Befragten das mit der beruflichen Selbständigkeit verbundene finanzielle Risiko am häufigsten als Hinderungsgrund für die Gründungsentscheidung, wobei insgesamt 60 Prozent das finanzielle Risiko als bedeutendes Gründungshemmnis einstufen (Mellewigt/Schmidt/Weller 2006: 108). Nach einer internationalen Untersuchung weist jedes befragte Land das Kriterium „zu hohes Risiko“ als eine der beiden höchsten Gründungsbarrieren aus (Schlug/Brüning/Klandt 2002: 243). Daraus lässt sich ein Einfluss des Hemmnisses „eigenes finanzielles Risko“ (*H21a* und *H21b*) auf die Gründungsrelevanz bzw. die Gründungswahrscheinlichkeit der Studierenden annehmen (vgl. hierzu z.B. Golla/Halter/Fueglistaller/Klandt 2006: 231f.; Josten/van Elkan/Laux/Thomm 2008a: 24; Acs/Braunerhjelm/Audretsch/Carlsson 2009: 22[973]; Zhao/Seibert/Lumpkin 2010: 399; Gladbach 2015: 58[974]). Wie bereits von Zhao, Seibert und Lumpkin (2010: 399) verdeutlicht, birgt die Unternehmensgründung im Falle des Scheiterns neben materiellen auch immaterielle Verluste (Lilischkis 2001: 31), namentlich Reputationsverluste bzw. sozialer Abstieg; hierbei spielt die Angst aufgrund des unternehmerischen Scheiterns im sozialen Umfeld als „Versager“ abgestempelt zu werden eine große Rolle (Klandt 2006: 131[975]). Studienergebnissen zufolge bekräftigen weit über die Hälfte der in Deutschland Befragten, dass Angst vor dem Scheitern für sie ein Gründungshindernis darstellt, womit Deutschland im weltweiten Vergleich auf dem zweiten Platz rangiert (Grichnik 2006: 216[976]). Folglich wird ein Einfluss des Hemmnisses „Angst vor dem Scheitern“ (*H22a* und *H22b*) auf die Gründungsrelevanz bzw. die Gründungswahrscheinlichkeit der Studierenden vermutet (vgl. hierzu z.B. Bögenhold 1989: 273; Shane 1996: 756[977]; Michl/Welpe/Spörrle/Picot 2009: 172[978]; Henrekson/Stenkula 2010: 626f.[979]; Zhao/Seibert/Lumpkin 2010: 399; Gladbach 2015: 56[980]; Sternberg/Vorderwülbecke/Brixy 2015: 16).

973 Mit Verweis auf Parker 2004.
974 Unter Bezugnahme auf Reents/Bahß/Billich 2004: 9.
975 Mit weiterem Verweis.
976 Mit weiteren Verweisen.
977 Mit weiteren Verweisen.
978 Mit weiteren Verweisen.
979 Mit weiteren Verweisen.
980 Unter Bezugnahme auf Bahß/Lehnert/Reents 2003: 6.

Für Gründungen ist die konjunkturelle Lage[981] deshalb sehr bedeutsam, weil sie – je nach ihrem Zustand – die Chancen des Fortbestehens einer (neuen) Wirtschaftseinheit positiv oder negativ beeinflusst (Klandt/Brüning 2002: 32). Während eine Gründung bei positiv verlaufender Konjunkturentwicklung und damit bei wachsenden Märkten der Konkurrenz nicht zwangsläufig Marktanteile zur eigenen Existenzsicherung abgreifen muss, ist dies bei sich verschlechternder Konjunkturentwicklung und damit bei schrumpfenden Märkten in jedem Fall notwendig (Klandt/Brüning 2002: 32). Wenn die gesamte Nachfrage das Angebotspotenzial (nennenswert) überschreitet, wird die konjunkturelle Lage als „Boom“ bezeichnet, im entgegengesetzten Fall als „Rezession“ (Klandt/Brüning 2002: 32). Aufgrund der Schwankungsbreite der Konjunkturlage wird sie von den potenziellen studentischen Gründern möglicherweise sehr unterschiedlich als Gründungshemmnis wahrgenommen. Nichtsdestotrotz wird die konjunkturelle Entwicklung bspw. laut dem International Survey on Collegiate Entrepreneurship von Studierenden in Deutschland im internationalen Vergleich als relativ hohe Gründungshürde betrachtet (Fueglistaller/Klandt/Halter 2006: 22f.). Daraus ergibt sich das Hemmnis „konjunkturelle Lage“ (*H23a* und *H23b*), das die Gründungsrelevanz bzw. die Gründungswahrscheinlichkeit der Studierenden vermutlich beeinflusst (vgl. hierzu z.B. Shane 1996: 755[982]; Brüderl/Preisendörfer/Ziegler 1998: 40; Golla/Halter/Fueglistaller/Klandt 2006: 231f.; Josten/van Elkan/Laux/Thomm 2008a: 24; Gladbach 2015: 56-58[983]).

Die im Rahmen von Unternehmensgründungen anzubietenden Produkte bzw. Dienstleistungen vermarkten sich nicht von selbst. Zum erfolgreichen Markteintritt ist Networking[984], das zur Ressourcenakkumulation beiträgt (Aldrich/Zimmer 1986b: 3-20[985]; Dubini/Aldrich 1991: 305-08; Shane/Venkataraman 2000: 223; Alvarez/Busenitz 2001: 768; Berg 2004: 81; Witt 2004: 391-94; Dollinger 2008: 50; Saßmannshausen 2012: 8), erforderlich (Bird 1988: 450[986]; Alvarez/Busenitz 2001: 768; Zacharias 2001: 39; Dollinger 2008: 21). Hierbei werden Kundenkontakte als eine der wichtigs-

981 „Unter Konjunkturzyklen werden Schwankungen der Gesamtnachfrage um den Wachstumspfad des Produktionspotentials bzw. des Angebotspotentials verstanden“ (Klandt/Brüning 2002: 32).
982 Mit weiteren Verweisen.
983 Unter Bezugnahme auf Bahß/Lehnert/Reents 2003: 5; Reents/Bahß/Billich 2004: 9.
984 Vgl. hierzu z.B. Dubini/Aldrich 1991: 307f. sowie Kapitel 2.3.
985 Mit einem Review von Forschungsergebnissen.
986 Mit Verweis auf Aldrich/Rosen/Woodward 1987.

ten Ressourcen angesehen (Mellewigt/Schmidt/Weller 2006: 108). Allerdings bestehen – insbesondere für technologieorientierte Gründer – oftmals Schwierigkeiten in der Kundenakquisition; diese fehlenden Kontakte sind unter anderem ein Grund, warum innovationsorientierte akademische Gründungsvorhaben durchschnittlich erst 10 Jahre nach Ende des Studiums verwirklicht werden (Görisch 2002a: 20[987]). Daraus ergibt sich das Hemmnis „fehlende Kundenkontakte" (*H24a* und *H24b*), von dem ein Einfluss auf die Gründungsrelevanz bzw. die Gründungswahrscheinlichkeit der Studierenden angenommen wird (vgl. hierzu z.B. Aldrich/Zimmer 1986b: 20[988]; Bögenhold 1989: 274; Bhave 1994: 234; Shane 1996: 755[989]; Golla/Halter/Fueglistaller/Klandt 2006: 216[990], 31f.; Markman 2007: 82f.; Dollinger 2008: 58; van Gelderen/Thurik/Patel: 2011: 72; Gladbach 2015: 56-60[991]). Unmittelbar mit der Gründungshürde fehlender Kundenkontakte ist auch die Besorgnis um ausreichendes Umsatzpotenzial und das davon abhängende Gewinnpotenzial verknüpft; prognostizieren die potenziellen Gründer nämlich eine mangelnde Nachfrage (Klandt 2006: 131[992]), so werden auch Umsatz- und Gewinnerwirtschaftungsaussichten gering ausfallen, weshalb die Hemmnisse „geringer Umsatz" (*H25a* und *H25b*) und „geringer Gewinn" (*H26a* und *H26b*) die Gründungsrelevanz bzw. die Gründungswahrscheinlichkeit der Studierenden mutmaßlich beeinflussen (vgl. hierzu z.B. Bhave 1994: 234; Markman 2007: 82f.; Gladbach 2015: 56-60[993]).

Auch wettbewerbsrechtliche Rahmenbedingungen können den Handlungsfreiraum (potenzieller) Gründer nicht unerheblich einschränken, was beispielsweise in Nebentätigkeitsverordnungen und Wettbewerbsverboten zum Ausdruck kommt (Szyperski/Nathusius 1999: 42). Wirtschaftspolitische Zutrittshemmnisse für Gründungen sind äußerst länderspezifisch, gerade in Deutschland jedoch am stärksten reglementiert (Schlug/Brüning/Klandt 2002: 244). Nach Expertenmeinungen werden Zugangsbeschränkungen zwar nicht als wirkliche Gründungshemmnisse angesehen (Schlug/Brü-

987 Mit weiterem Verweis.
988 Mit weiteren Verweisen.
989 Mit weiteren Verweisen.
990 Mit weiteren Verweisen.
991 Unter Bezugnahme auf Bahß/Lehnert/Reents 2003: 5; Gelderen/Patel/Fiet 2007: 13.
992 Mit weiterem Verweis.
993 Unter Bezugnahme auf Bahß/Lehnert/Reents 2003: 5; Reents/Bahß/Billich 2004: 9; van Gelderen/Patel/Fiet 2007: 13.

ning/Klandt 2002: 244), allerdings ist es wichtig, dies aus Sicht der potenziellen Gründer zu bewerten, da ja gerade diese ihre Gründungsentscheidungen treffen. So werden als bedeutende Hürden für innovative Gründungen in Deutschland unter anderem rechtliche Einschränkungen, eine restriktive Staatspolitik und eine zu lang benötigte Dauer, um staatliche Genehmigung für neue Produkte zu erlangen, genannt (Acs/Audretsch 2005a: 67[994]). Einer anderen Studie zufolge, klagen die sich im Gründungsprozess befindenden Befragten „über die Angebote an Informationen und Beratung, die Möglichkeiten öffentlicher Förderung und bankmäßiger Finanzierung sowie über andere administrative Hemmnisse" (Piorkowsky 2004: 220). Daraus ergeben sich die beiden Gründungshemmnisse „wirtschaftspolitisches Umfeld" (*H27a* und *H27b*) (vgl. hierzu z.B. Shane 1996: 755; Venkataraman 1997: 135; Brüderl/Preisendörfer/Ziegler 1998: 40; Chen/Greene/Crick 1998: 314; Acs 2001: 17; Aldrich/Martinez 2001: 50; Golla/Halter/Fueglistaller/Klandt 2006: 216[995], 31f.; Acs/Braunerhjelm/Audretsch/Carlsson 2009: 22[996]; Henrekson/Stenkula 2010: 606[997]; Carlsson/Braunerhjelm/McKelvey/Olofsson/Persson/Ylinenpää 2013: 914) und „aufwendiger Behördenweg" (*H28a* und *H28b*) (vgl. hierzu z.B. Acs/Braunerhjelm/Audretsch/Carlsson 2009: 22[998]; Golla/Halter/Fueglistaller/ Klandt 2006: 231f.; Josten/van Elkan/Laux/Thomm 2008a: 24; Henrekson/Stenkula 2010: 606[999]; van Gelderen/Thurik/Patel: 2011: 72; Gladbach 2015: 56-59[1000]), die vermutlich die Gründungsrelevanz bzw. die Gründungswahrscheinlichkeit der Studierenden beeinflussen.

Basierend auf den Ausführungen in diesem Abschnitt werden die folgenden Hypothesenpaare abgeleitet:

H12a: Das Hemmnis „fehlende ‚richtige' Geschäftsidee" beeinflusst die Gründungsrelevanz der Studierenden.

H12b: Das Hemmnis „fehlende ‚richtige' Geschäftsidee" beeinflusst die Gründungswahrscheinlichkeit der Studierenden.

---

994 Mit weiterem Verweis.
995 Mit weiteren Verweisen.
996 Mit Verweis auf Parker 2004.
997 Mit weiteren Verweisen.
998 Mit Verweis auf Parker 2004.
999 Mit weiteren Verweisen.
1000 Unter Bezugnahme auf Bahß/Lehnert/Reents 2003: 6; van Gelderen/Patel/Fiet 2007: 11.

H13a: Das Hemmnis „fehlende unternehmerische Qualifikation" beeinflusst die Gründungsrelevanz der Studierenden.

H13b: Das Hemmnis „fehlende unternehmerische Qualifikation" beeinflusst die Gründungswahrscheinlichkeit der Studierenden.

H14a: Das Hemmnis „Know-how-Defizit" beeinflusst die Gründungsrelevanz der Studierenden.

H14b: Das Hemmnis „Know-how-Defizit" beeinflusst die Gründungswahrscheinlichkeit der Studierenden.

H15a: Das Hemmnis „fehlende ‚richtige' Gründungspartner" beeinflusst die Gründungsrelevanz der Studierenden.

H15b: Das Hemmnis „fehlende ‚richtige' Gründungspartner" beeinflusst die Gründungswahrscheinlichkeit der Studierenden.

H16a: Das Hemmnis „fehlendes Eigenkapital" beeinflusst die Gründungsrelevanz der Studierenden.

H16b: Das Hemmnis „fehlendes Eigenkapital" beeinflusst die Gründungswahrscheinlichkeit der Studierenden.

H17a: Das Hemmnis „fehlendes Fremdkapital" beeinflusst die Gründungsrelevanz der Studierenden.

H17b: Das Hemmnis „fehlendes Fremdkapital" beeinflusst die Gründungswahrscheinlichkeit der Studierenden.

H18a: Das Hemmnis „fehlende Zeit" beeinflusst die Gründungsrelevanz der Studierenden.

H18b: Das Hemmnis „fehlende Zeit" beeinflusst die Gründungswahrscheinlichkeit der Studierenden.

H19a: Das Hemmnis „mangelnder Support von Familie und Freunden" beeinflusst die Gründungsrelevanz der Studierenden.

H19b: Das Hemmnis „mangelnder Support von Familie und Freunden" beeinflusst die Gründungswahrscheinlichkeit der Studierenden.

H20a: Das Hemmnis „fehlender Mut" beeinflusst die Gründungsrelevanz der Studierenden.

H20b: Das Hemmnis „fehlender Mut" beeinflusst die Gründungswahrscheinlichkeit der Studierenden.

H21a: Das Hemmnis „eigenes finanzielles Risiko" beeinflusst die Gründungsrelevanz der Studierenden.

H21b: Das Hemmnis „eigenes finanzielles Risiko" beeinflusst die Gründungswahrscheinlichkeit der Studierenden.

H22a: Das Hemmnis „Angst vor dem Scheitern" beeinflusst die Gründungsrelevanz der Studierenden.

H22b: Das Hemmnis „Angst vor dem Scheitern" beeinflusst die Gründungswahrscheinlichkeit der Studierenden.

H23a: Das Hemmnis „konjunkturelle Lage" beeinflusst die Gründungsrelevanz der Studierenden.

H23b: Das Hemmnis „konjunkturelle Lage" beeinflusst die Gründungswahrscheinlichkeit der Studierenden.

H24a: Das Hemmnis „fehlende Kundenkontakte" beeinflusst die Gründungsrelevanz der Studierenden.

H24b: Das Hemmnis „fehlende Kundenkontakte" beeinflusst die Gründungswahrscheinlichkeit der Studierenden.

H25a: Das Hemmnis „geringer Umsatz" beeinflusst die Gründungsrelevanz der Studierenden.

H25b: Das Hemmnis „geringer Umsatz" beeinflusst die Gründungswahrscheinlichkeit der Studierenden.

H26a: Das Hemmnis „geringer Gewinn" beeinflusst die Gründungsrelevanz der Studierenden.

H26b: Das Hemmnis „geringer Gewinn" beeinflusst die Gründungswahrscheinlichkeit der Studierenden.

H27a: Das Hemmnis „wirtschaftspolitisches Umfeld" beeinflusst die Gründungsrelevanz der Studierenden.

H27b: Das Hemmnis „wirtschaftspolitisches Umfeld" beeinflusst die Gründungswahrscheinlichkeit der Studierenden.

H28a: Das Hemmnis „aufwendiger Behördenweg" beeinflusst die Gründungsrelevanz der Studierenden.

H28b: Das Hemmnis „aufwendiger Behördenweg" beeinflusst die Gründungswahrscheinlichkeit der Studierenden.

2.7.5 Support

Im Bereich der Gründungsaktivität bzw. dem Entstehen von Unternehmen widmet sich die Gründungsforschung auch der Fragestellung, wie Unternehmensgründungen gefördert werden können (Klandt/Münch 1990: 174). In diesem Zusammenhang wurde in Kapitel 2.5 bereits auf die hochschulische Gründungsförderung[1001] und hierbei insbesondere auf die Gründungsausbildung (vgl. hierzu z.B. Kuraktko 2005: 577-91; Uebelacker 2005: 83-99, 101-74; Koch 2002: 6; Greene/Rice 2007; Bergmann 2014: 3, 21-26; Sternberg/Vorderwülbecke/Brixy 2015: 23-25) eingegangen, durch die Studierende für die Gründung sensibilisiert, ggf. zu dieser motiviert und – mittels der Vermittlung gründungsspezifischer Grundkenntnisse sowie der Schulung unternehmerischer Schlüsselqualifikationen (Breuer 2006: 84) – auf diese vorbereitet werden sollen (Bergmann 2014: 28; Uebelacker 2005: 101). Hierbei wurde betont, dass zwecks der postulierten bedarfsgerechten und zielgruppenspezifischen Ausgestaltung der Gründungsausbildung (vgl. hierzu z.B. Braukmann 2003: 189-92; Koch 2002: 11-13; Uebelacker 2005: 78, 88; Ucbasaran/Westhead/Wright 2008: 171) und zwecks der postulierten Schaffung einer positiveren und nachhaltigen Gründungskultur an Hochschulen mittels der hochschulischen Gründungsförderung allgemein (vgl. hierzu z.B. Braukmann 2003: 201; Bergmann 2014: 3), tiefergehende Kenntnisse über förderliche und hinderliche Faktoren im studentischen Gründungsprozess erforderlich sind (vgl. hierzu z.B. Uebelacker 2005: 78-80; Ucbasaran/Westhead/Wright 2008: 171; Bergmann 2014: 3). Zudem wurde bereits aufgezeigt, dass die vorliegende Arbeit in diesem Zusammenhang nicht an einer tiefgreifenden Analyse der Gründungsausbildung bzw. Gründungsförderung an Hochschulen ansetzt, sondern der postulierten Subjektorientierung – „u.a. im Sinne eines Anknüpfens an die für eine Berufswahl ‚unternehmerische Selbständigkeit' relevanten Werte, Wünsche oder Sorgen der potenziellen [...] Gründer" (Braukmann 2003: 193) – folgt und hierbei aus ressourcenbasierter Perspektive die mutmaßlich ausschlaggebenden Einflussfaktoren auf Gründungsrelevanz und

[1001] „Gründungsförderung wird hier verstanden als die Gesamtheit der Maßnahmen, die Erschwernisse bei Vorbereitung und Realisierung einer Gründung [...] mindern oder nicht entstehen lassen. [...] Gründungsförderung umfasst alle Maßnahmen, die Gründungsfähigkeit und -bereitschaft erhöhen, betriebswirtschaftliche Anforderungen erleichtern sowie volkswirtschaftliche, politische und kulturelle Rahmenbedingungen verbessern" (Lilischkis 2001: 21).

Gründungswahrscheinlichkeit von Studierenden untersucht, um anhand diesbezüglicher Ergebnisse aufzuzeigen, welche förderlichen und hinderlichen gründungsprozessualen Faktoren im Rahmen der Ausgestaltung einer bedarfsorientierten und zielgruppenspezifischen akademischen Gründungsförderung grundsätzlich zu berücksichtigen sind (vgl. hierzu Kapitel 2.5). Infolge des Forschungsfokus der vorliegenden Arbeit auf den studentischen Gründungsprozess erscheint im Bereich der Gründungsförderung eine Untersuchung von hochschulischen Gründungsunterstützungsmaßnahmen aus Sicht der Studierenden zweckdienlich. In diesem Abschnitt wird dies einerseits begründet, und andererseits werden aus der einschlägigen Literatur die hochschulischen Gründungsunterstützungsmaßnahmen abgeleitet, die ausschlaggebend für Gründungsaktivitäten bzw. für Gründungsrelevanz und Gründungswahrscheinlichkeit von Studierenden zu sein scheinen. So konstatieren auch Krueger, Reilly und Carsrud, dass „*entrepreneurial training molds intentions in subsequent venture creation*" (Krueger/Reilly/Carsrud 2000: 412).

Einer im Vorfeld der Einwerbung des EXIST-Programmes (vgl. hierzu z.B. Kulicke/ Dornbusch/Kripp/Schleinkofer 2012 sowie Kapitel 2.2) durchgeführten Untersuchung zufolge, würden annähernd 86 Prozent der befragten Studierenden während der Studienzeit Existenzgründungsveranstaltungen besuchen (Braukmann 2003: 193). In diesem Zusammenhang „dominierte anscheinend auch die Vorstellung, an den Hochschulen wären genügend Studierende vorhanden, die sich unmittelbar gründen können und wollen" (Braukmann 2003: 193; vgl. hierzu auch Bergmann/Cesinger/Ostertag 2011: 21). Mit dem konkreten Wortlaut dieser Frage[1002] gehen allerdings vielmehr Informationen über die potenzielle Bereitschaft der Studierenden zur Gründungssensibilisierung (vgl. hierzu Kapitel 2.5) als über den Wunsch bzw. ein konkretes Interesse der Studierenden hinsichtlich Gründungsveranstaltungen einher. Dies wird vor allem ersichtlich, wenn man diese als hoch einzustufende Bereitschaftsquote mit der tatsächlich realisierten Teilnahmequote an Existenzgründungsveranstaltungen laut der EXIST-Studierendenbefragung vergleicht. Während von den „potenziellen Grün-

[1002] „Würden Sie während des Studiums 'Existenzgründungsveranstaltungen' besuchen?" (Braukmann 2003: 193).

dern“[1003] circa 45 Prozent bereits Gründungsveranstaltungen besucht haben, waren dies bei den Gründungsinteressierten nur etwa 14 Prozent und bei den übrigen Befragten lediglich annähernd ein Zehntel (Görisch 2002b: 17). Auch nach dem ISCE 2006 haben von den Studierenden im internationalen Durchschnitt ca. 29 Prozent und in Deutschland etwa 23 Prozent bisher an Entrepreneurship-Veranstaltungen teilgenommen.[1004] Anstelle mehr Wert auf die konkreten Ausgestaltungs- und Variationsmöglichkeiten von derartigen Gründungsveranstaltungen sowie anderen Unterstützungsformen zu legen, „herrschte die Auffassung vor, das Objekt, das ‚Gründungsunternehmen' sei der Engpass der bisherigen Förderung von Unternehmensgründungen aus Hochschulen, dem z.B. durch eine Finanzierungsberatung oder durch einen verbilligten Kredit begegnet werden könnte“ (Braukmann 2003: 193). Wie bereits verdeutlicht wurde, ist es jedoch zweckdienlicher, im Sinne einer Subjektorientierung an den für die berufliche Selbständigkeit relevanten Werten, Präferenzen oder Problemstellungen der potenziellen Gründer anzusetzen (Braukmann 2003: 193), um anhand daraus folgender Erkenntnisse die adäquate Variationsbreite an Gründungsunterstützungsformen am studentischen Bedarf orientiert auszugestalten. Die weit gefasste und allgemein verbreitete Frage nach der Teilnahme an Gründungsveranstaltungen und ggfs. weiteren Unterstützungsangeboten (vgl. z.B. Bergmann/Cesinger/Ostertag 2011: 21-23) verdeutlicht nicht den konkreten Bedarf der Studierenden an hochschulischer Gründungsunterstützung. Erkenntnisse hierüber lassen sich nur durch die Frage nach dem – über Gründungsveranstaltungen hinausgehenden – von den Studierenden präferierten Angebot an hochschulischen Gründungsunterstützungsmaßnahmen ermitteln.

Als Gründungssupport scheinen neben Entrepreneurship-Lehrveranstaltungen zudem Networking mit Unternehmern, Businessplan-Workshops, Gründungsberatungsstellen, Mentoring- und Coaching-Programme relativ verbreitet an deutschen Hochschulen zu sein, wobei bspw. auch Networking mit potenziellen Investoren und finanzielle Unterstützung durch die Hochschule vorkommen (Bergmann/Cesinger/Ostertag 2011: 21-23). Wie bereits erwähnt, liegt das Ziel der vorliegenden Arbeit allerdings nicht darin,

[1003] Nach der EXIST-Befragung sind potenzielle Gründer Studierende, die sich zumindest regelmäßig mit Gründung und Selbständigkeit auseinandersetzen oder während des Studiums bereits Selbständig sind (Görisch 2002b: 17).

[1004] Eigene Berechnung, in Anlehnung an Fueglistaller/Klandt/Halter 2006: 26.

die Zweckdienlichkeit derartiger Gründungsunterstützungsmaßnahmen im Rahmen der Förderung von akademischen Unternehmensgründungen zu untersuchen. Vielmehr soll im Rahmen des Gründungssupports festgestellt werden, ob und inwiefern sich die Präferenzen der Studierenden bzgl. hochschulischen Gründungsunterstützungsmaßnahmen auf deren Gründungsaktivitäten bzw. auf die Gründungsrelevanz und die Gründungswahrscheinlichkeit auswirken. Im Folgenden wird auf die entsprechenden Stellen der wenigen vorliegenden Studien eingegangen, die sich der Fragestellung nach den studentischen Präferenzen bzgl. des hochschulischen Gründungssupports zuwenden.[1005] Laut dem International Survey on Collegiate Entrepreneurship (ISCE) präferieren die Studierenden bzgl. der Unternehmensgründung am meisten ein Angebot an Coaching bzw. Beratung hinsichtlich der Gründung, gefolgt von Vorlesungen zur Gründungsthematik, Businessplan-Seminaren, einer Anlaufstelle für allgemeine gründungsrelevante Fragen, Unternehmensgründungs-Planspielen, einer hochschulischen Anstoßfinanzierung, Kontaktbörsen mit Gründern und schließlich Inkubatoren[1006] (als Dienstleistungszentren für die Gründungs- und Frühentwicklungsphase) (Fueglistaller/Klandt/Halter 2006: 27). Während die Studierenden in der Schweiz mit dieser nationenübergreifenden Rangfolge des gewünschten Unterstützungsangebotes in Einklang stehen (Fuglistaller/Halter 2006: 30), präferieren die Studierenden in Deutschland und Österreich eine Anlaufstelle für allgemeine Gründungsfragen jeweils bereits an zweiter Stelle und messen einheitlich Kontaktbörsen mit Unternehmern eine stärkere Bedeutung bei als einer hochschulischen Anstoßfinanzierung (Chlosta/Klandt/ Johann 2006: 18; Kailer 2007: 21). Die in Deutschland meistgenannten Unterstützungspräferenzen eines Coaching- bzw. Beratungsangebotes hinsichtlich der Gründung, einer Anlaufstelle für allgemeine gründungsrelevante Fragen sowie Vorlesungen zur Gründungsthematik weisen darauf hin, dass sich die Studierenden tendenziell noch in einer relativ unkonkreten Phase, wie der Ideengenerierungsphase, innerhalb des Vorgründungsprozesses befinden. Dies spiegelt sich bspw. in der geringen Nachfrage-

[1005] Bedauerlicherweise nehmen die entsprechenden aktuelleren, mittlerweile unter dem GUESSS-Projekt fungierenden, Untersuchungen (zumindest in ihren Länderberichten für Deutschland) keinen Bezug mehr zu dieser Fragestellung auf (vgl. Bergmann/Cesinger/Ostertag 2011; Bergmann 2014); trotz ihrer Bedeutung im studentischen Gründungsprozess (Braukmann 2003: 187-202).

[1006] „An incubator may be a formally organized facility offering laboratory and office space, support services, technical and business consulting services, and contact with other entrepreneurs (Smilor & Gill, 1986), or may simply be the organization where the entrepreneur worked prior to launching a venture" (Low/MacMillan 1988: 150). Vgl. z.B. auch Thore/Ronstadt 2005: 120.

priorität nach einer Anstoßfinanzierung wider, welche normalerweise erst bei konkreter ausgestalteten Geschäftskonzepten höhere Bedeutung gewinnt (Chlosta/Klandt/Johann 2006: 18). Nach der Inmit-Befragung ziehen die Studierenden als Vorbereitungsangebote bezüglich einer selbständigen Tätigkeit allerdings die finanzielle Förderung der Unterstützung bei der Businessplan-Erstellung vor (Josten/van Elkan/Laux/Thomm 2008b: 85), was darauf zurückführbar sein könnte, dass sie die offensichtlich hohe Bedeutung des Businessplan-Instrumentariums im Gründungsprozess (vgl. hierzu z.B. Brännback/Carsrud 2009: 83; Mellewigt/Schmidt/Weller 2006: 100[1007]; Berg 2004: 78f.[1008]; Mellewigt/Witt 2002: 88f.[1009]; Lilischkis 2001: 27[1010]; Zacharias 2001: 46 sowie Kapitel 2.6) entweder nicht kennen oder schlechthin unterschätzen.[1011] Relativ unbedeutender gegenüber den beiden genannten Unterstützungsleistungen erscheint ihnen die Hilfestellung hinsichtlich der Ideengenerierung, welche etwa ein Drittel der Studierenden erwünscht (Josten/van Elkan/Laux/Thomm 2008b: 85). Von diesen Studierenden müssten sich die meisten erst in der Sensibilisierungsphase oder im Übergang zur Ideengenerierungsphase innerhalb des Vorgründungsprozesses befinden (vgl. hierzu Kapitel 2.1.2). Differenziert man, wie wiederum im Rahmen des ISCE erfolgt, die Präferenzen hinsichtlich gründungsrelevanten Unterstützungsangeboten nach „Gründungsneigungsausprägungen" – d.h. „nach der Einstellung gegenüber dem Selbständigwerden bzw. dem Ausmaß ihrer Gründungsvorbereitung" (Kailer 2007: 21) – (Kailer 2007: 21f.), so lässt sich entsprechend annehmen, dass einerseits Zusammenhänge zwischen den studentischen Präferenzen bzgl. des – „auf die individuelle Situation zugeschnittenen" (Kailer 2007: 21) – Supports „Businessplan-Seminar" (*H29a* und *H29b*) (vgl. hierzu auch Krueger/Reilly/Carsrud 2000: 412; Josten/van Elkan/Laux/Thomm 2008a: 27; Mellewigt/Witt 2002: 88f.) sowie „Coaching und Beratung" (*H30a* und *H30b*) (vgl. hierzu auch Josten/van Elkan/Laux/Thomm 2008a: 27; Mauer/Neergaard/Kirketerp Linstad 2009: 252[1012]; Gustafsson 2009: 300[1013]; Cooper/Folta/

1007 Mit Verweis auf Ripsas 1997: 122.

1008 Mit weiteren Verweisen.

1009 Mit weiteren Verweisen.

1010 Mit Verweis auf Cole/Sokol 1999: 31f.

1011 Ein studienfachgruppenspezifischer Vergleich zeigt auf, dass es gerade die als am sensibilisiertesten hinsichtlich dem Instrumentarium des Businessplans einzustufenden Studierenden der Rechts- und Wirtschaftswissenschaften sind, die am häufigsten auf Beratungsangebote bezüglich der Businessplanerstellung zurückgreifen würden (Josten/van Elkan/Laux/Thomm 2008b: 86).

1012 Mit weiterem Verweis.

Woo 1995: 119; Gladbach 2015: 259) und der Gründungsrelevanz bzw. der Gründungswahrscheinlichkeit der Studierenden existieren (Kailer 2007: 21f.). Andererseits lassen sich auch Zusammenhänge zwischen den studentischen Präferenzen bzgl. des Supports „Planspiel“ (*H31a* und *H31b*), (vgl. hierzu auch Mauer/Neergaard/Kirketerp Linstad 2009: 252[1014]; Gustafsson 2009: 300) „Kontaktbörse mit Unternehmern“ (*H32a* und *H32b*) (vgl. hierzu auch Josten/van Elkan/Laux/Thomm 2008a: 27; Mauer/ Neergaard/Kirketerp Linstad 2009: 252[1015]; Hindle/Klyver/Jennings 2009: 46f.[1016]; Saßmannshausen 2012: 8f.[1017]; Gladbach 2015: 259), „Anstoßfinanzierung“ (*H33a* und *H33b*) (vgl. hierzu auch Josten/van Elkan/Laux/Thomm 2008a: 27) sowie „Inkubator“ (*H34a* und *H34b*) (vgl. hierzu auch Thore/Ronstadt 2005: 117-20; Low/MacMillan 1988: 150) und der Gründungsrelevanz bzw. der Gründungswahrscheinlichkeit der Studierenden vermuten; zumal auch diese Unterstützungsangebote grundsätzlich von Studierenden mit höheren Gründungsneigungsausprägungen, namentlich von „Gründungsplanern“ und „aktiven Unternehmern“ intensiver bzw. häufiger präferiert werden (Kailer 2007: 21). Demgegenüber werden die relativ allgemeinen Gründungsunterstützungsmaßnahmen wie allgemeine Gründungsseminare bzw. Vorlesungen und Anlaufstelle für allgemeine Gründungfragen vermehrt von den Studierenden „mit (noch) eher geringerem Gründungsinteresse“ (Kailer 2007: 22) präferiert (Kailer 2007: 21f.), was offensichtlich dafür spricht, auch zwischen den studentischen Präferenzen bzgl. des entsprechenden Supports „Lehrveranstaltung“ (*H35a* und *H35b*) (vgl. hierzu auch Josten/van Elkan/Laux/Thomm 2008a: 27; Bergmann 2014: 28; Krueger 2007: 123-30[1018]; Aldrich/Martinez 2010: 405[1019]; Sternberg/Vorderwülbecke/Brixy 2015: 23) sowie „spezifische Anlaufstellen“ (*H36a* und *H36b*) (vgl. hierzu auch Josten/van Elkan/Laux/Thomm 2008a: 27; Dubini/Aldrich 1991: 308; Henrekson/Stenkula 2010: 629[1020]) und der Gründungsrelevanz bzw. der Gründungswahrscheinlichkeit der Studierenden Zusammenhänge zu erwarten (vgl. hierzu Kailer 2007: 21f.). So könnten die von den Studierenden geäußerten Präferenzen bzgl. dieser beiden hochschulischen Un-

1013 Mit weiterem Verweis.
1014 Mit weiterem Verweis.
1015 Mit weiteren Verweisen.
1016 Mit weiteren Verweisen.
1017 Mit weiteren Verweisen.
1018 Mit weiteren Verweisen.
1019 Mit weiteren Verweisen.
1020 Mit weiteren Verweisen.

terstützungsmaßnahmen vergleichsweise zum anderen Support die beiden Erfolgsgrößen möglicherweise in entgegengesetzter Richtung beeinflussen; weitere derartige Vermutungen erscheinen allerdings infolge des Mangels an entsprechenden Forschungsergebnissen an dieser Stelle nicht möglich. Da ferner eine empirische Untersuchung einen strukturellen Zusammenhang zwischen Unterstützungsmaßnahmen durch Professoren und Gründungsrealisierungen nachweist und die „Schlüsselrolle" der Hochschullehrer in Bezug auf studentische Gründungen aufzeigt (Isfan/Moog/Backes-Gellner 2005: 339), lässt sich zudem ein Zusammenhang zwischen den studentischen Präferenzen bzgl. des Supports „Treffen und Diskussionen mit Professoren" (*H37a* und *H37b*) und der Gründungsrelevanz bzw. der Gründungswahrscheinlichkeit der Studierenden vermuten.

Basierend auf den Ausführungen in diesem Abschnitt werden die folgenden Hypothesenpaare abgeleitet:

H29a: Der Support „Businessplan-Seminar" beeinflusst die Gründungsrelevanz der Studierenden.

H29b: Der Support „Businessplan-Seminar" beeinflusst die Gründungswahrscheinlichkeit der Studierenden.

H30a: Der Support „Coaching und Beratung" beeinflusst die Gründungsrelevanz der Studierenden.

H30b: Der Support „Coaching und Beratung" beeinflusst die Gründungswahrscheinlichkeit der Studierenden.

H31a: Der Support „Planspiel" beeinflusst die Gründungsrelevanz der Studierenden.

H31b: Der Support „Planspiel" beeinflusst die Gründungswahrscheinlichkeit der Studierenden.

H32a: Der Support „Kontaktbörse mit Unternehmern" beeinflusst die Gründungsrelevanz der Studierenden.

H32b: Der Support „Kontaktbörse mit Unternehmern" beeinflusst die Gründungswahrscheinlichkeit der Studierenden.

H33a: Der Support „Anstoßfinanzierung" beeinflusst die Gründungsrelevanz der Studierenden.

H33b: Der Support „Anstoßfinanzierung“ beeinflusst die Gründungswahrscheinlichkeit der Studierenden.

H34a: Der Support „Inkubator“ beeinflusst die Gründungsrelevanz der Studierenden.

H34b: Der Support „Inkubator“ beeinflusst die Gründungswahrscheinlichkeit der Studierenden.

H35a: Der Support „Lehrveranstaltung“ beeinflusst die Gründungsrelevanz der Studierenden.

H35b: Der Support „Lehrveranstaltung“ beeinflusst die Gründungswahrscheinlichkeit der Studierenden.

H36a: Der Support „spezifische Anlaufstelle“ beeinflusst die Gründungsrelevanz der Studierenden.

H36b: Der Support „spezifische Anlaufstelle“ beeinflusst die Gründungswahrscheinlichkeit der Studierenden.

H37a: Der Support „Treffen und Diskussionen mit Professoren“ beeinflusst die Gründungsrelevanz der Studierenden.

H37b: Der Support „Treffen und Diskussionen mit Professoren“ beeinflusst die Gründungswahrscheinlichkeit der Studierenden.

2.7.6 Gründungsidee

„Although the popular press discusses creating new firms as an 'opportunity,' it is a wholly different matter than what the theory of entrepreneurial alertness considers an opportunity. In fact, the decision to start a firm has been shown to be influenced by other variables that have little or nothing to do with the ability to find market opportunities“ (Gaglio/Katz 2001: 106[1021]).

In Kapitel 2.4 wurde bereits verdeutlicht und begründet, dass in der vorliegenden Arbeit im Zusammenhang mit potenziellen unternehmerischen Gelegenheiten[1022] nicht der Analyse von Geschäftsideen[1023] – im Sinne einer „betriebswirtschaftlichen Bewertung der Tragfähigkeit von Unternehmungskonzepten“ (Fallgatter 2004: 34) – und

1021 Mit Verweisen auf Carter/Gartner/Reynolds 1996; Cooper/Dunkelberg 1986.

1022 Zur Unterscheidung zwischen einer „unternehmerischen Gelegenheit“ („entrepreneurial opportunity“) und einer – ebenfalls wirtschaftlich geprägten – „Gelegenheit“ („opportunity“), vgl. Kapitel 2.5.

1023 Eine Geschäftsidee verkörpert eine erkannte potenzielle unternehmerische Gelegenheit, im Sinne einer „Theorie zur Erwirtschaftung eines Einkommens aus unternehmerischer Tätigkeit“ (Berg 2004: 73).

auch nicht der insbesondere kognitionspsychologischen Fragestellung der Erkennung, Entdeckung oder Kreierung (vgl. hierzu z.B. Sarasvathy/Dew/Velamuri/Venkataraman 2010: 77-95) bzw. Identifikation (vgl. hierzu Ucbasaran/Westhead/Wright 2008: 167f.) von potenziellen unternehmerischen Gelegenheiten bzw. Geschäftsideen nachgegangen wird,[1024] sondern der Fragestellung, inwiefern das Vorhandensein oder das Nichtvorhandensein von Gründungsideen einen Einfluss auf die Gründungsrelevanz und die Gründungswahrscheinlichkeit der potenziellen Gründer ausübt (vgl. hierzu Kapitel 2.4). Diese Fragestellung erscheint insbesondere deshalb relevant im Rahmen einer Analyse des studentischen Gründungsprozesses zu sein, weil – um es zwecks der Nachvollziehbarkeit der Ausführungen auch an dieser Stelle zu wiederholen (vgl. hierzu Kapitel 2.5) – neben „intern stimulierten" potenziellen unternehmerischen Gelegenheiten, die den potenziellen Gründern im Vorfeld der potenziellen Gründungsentscheidungen bzw. -intentionen vorliegen, auch „extern stimulierte" potenzielle unternehmerische Gelegenheiten denkbar – und scheinbar sogar weitverbreitet (vgl. hierzu z.B. Hills/Singh/Lumpkin/Baltrusaityte 2004, zit. n. Frank/Mitterer 2009: 401; Bhave 1994: 230) – sind, bei denen die Gründungsentscheidungen bzw. -intentionen der Identifizierung von potenziellen unternehmerischen Gelegenheiten durch die potenziellen Gründer vorausgehen (Bhave 1994: 228-30; Frank/Mitterer 2009: 370; Douglas 2009: 4; Alvarez/Busenitz 2001: 759f.[1025]; Krueger/Reilly/Carsrud 2000: 426). Bzgl. des ersten Falles beschreibt Douglas das für die vorliegende Arbeit fruchtbare Beispiel der Entdeckung einer neuen Technologie durch einen Wissenschaftler ohne vorherige Gründungsintentionen, der daraufhin von seinem sozialen Umfeld zur Vermarktung seiner geschützten Technologie „gepusht" wird und infolgedessen Gründungsintentionen entwickelt und sich der Analyse- und Planungsphase des Gründungsprozesses (vgl. hierzu Kapitel 2.1.2) zuwendet (Douglas 2009: 4[1026]). Neben intern stimulierten sind allerdings auch extern stimulierte potenzielle unternehmerische Gelegenheiten mit der Ansicht, „opportunities are related to unexploited projects in a well-defined set of

[1024] Ohnehin „ist der Prozess, welcher zur Entstehung der Geschäftsidee selbst führt, kein Teil der Unternehmensgründung, sondern lediglich für diesen ursächlich. Dies folgt der Auffassung, dass der kognitive Prozess, welcher dieser Entdeckung zu Grunde liegt, kein wirtschaftlicher, sondern vor allem ein sozialpsychologischer Akt ist" (Berg 2004: 73).

[1025] Mit Verweisen auf Stigler 1961; Caplan 1999.

[1026] Unter Bezugnahme auf Bhave 1994 und mit Verweisen auf Smilor/Feeser 1991; Shaver/Carter/Gartner/Reynolds 2001.

possible projects“ (Casson/Wadeson 2007b: 298), vereinbar; zumal davon ausgegangen wird, dass (potenzielle) Gründer fähig sind, das von ihnen geplante „sub-field“ einer (potenziellen) Gründung festzulegen (Casson/Wadeson 2007b: 293, 298), in dem folglich im Rahmen der Suche nach unternehmerischen Gelegenheiten (Casson/Wadeson 2007b: 293) von der – infolge der durch die Verbreitung von Projektvarietäten bedingten – Vielzahl an möglichen Projekten (Casson/Wadeson 2007b: 288-92) die am geeignetsten erscheinende Alternative zu identifizieren (Casson/Wadeson 2007b: 293) und ggf. weiterzuverfolgen ist (Casson/Wadeson 2007b: 296; Douglas 2009: 4[1027]). Die einstig gewöhnliche „stagnierende“ Ansicht, die einen fixen Bestand an unternehmerischen Gelegenheiten annimmt, der sich infolge der Verwertung von neu entdeckten unternehmerischen Gelegenheiten reduziert (vgl. hierzu Keynes 1936), wird nicht den Implikationen des Lernens und der Unbeständigkeit in der Volkswirtschaft gerecht (Casson/Wadeson 2007b: 286). Durch die volkswirtschaftliche Anpassung an Umfeldveränderungen werden einerseits zwar einstige unternehmerische Gelegenheiten passé, andererseits entstehen neue unternehmerische Gelegenheiten, durch die wiederum weitere unternehmerische Gelegenheiten erwachsen (Casson/Wadeson 2007b: 286). Dies impliziert, dass ein aktuell „fehlendes Bewusstsein“ über eine Geschäftsidee relativ schnell in das Vorhandensein einer Gründungsidee „transformiert“ werden kann, bspw. im Rahmen einer Teamgründung durch einen gründungsinteressierten Studierenden der Ingenieurwissenschaften mit einer Erfindung, aber mit fehlenden unternehmerischen Qualifikationen und einen gründungsinteressierten Studierenden der Betriebswirtschaftslehre ohne vorheriger Geschäftsidee, aber mit zumindest fundamentalen betriebswirtschaftlichen Kenntnissen. Entsprechend verdeutlicht die von Gladbach im Rahmen seiner explorativ-empirischen Untersuchung über den Abbruch akademischer Gründungsvorhaben entwickelte Typologie, dass intendierte Unternehmensgründungen häufig nicht von einer eigenen Gründungsidee ausgehen, sondern im Rahmen von Teamgründungen Zugang zu Geschäftsideen entsteht (Gladbach 2015: 236-41). Aber auch unabhängig von Teamgründungen lassen sich natürlich Gründungsideen identifizieren, sei es durch eine längere Auseinandersetzung mit der Gründungsthematik, durch die sich normalerweise die Erfolgschancen der Ideengenerierungsphase erhöhen, oder durch bspw. an der Hochschule forschende Studierende,

[1027] Mit Verweis auf McMullen/Shepherd 2006.

die aus unerwartet generierten Inventionen unmittelbar eine Gründungsidee entwickeln (Mellewigt/Schmidt/Weller 2006: 102[1028]); dies scheint insbesondere für Studierende technischer bzw. naturwissenschaftlicher Fachrichtungen relevant, die vermehrt Gründungsideen generieren (Mellewigt/Schmidt/Weller 2006: 102, 110). Während also ein konkretes Gründungsinteresse – und scheinbar bspw. im Sinne der „effectuation" auch darüber hinausgehende Schritte hin zur Gründungsrealisation (vgl. hierzu z.B. Harms/Kraus/Schwarz 2009: 38[1029]) – auch ohne das Vorhandensein einer Gründungsidee grundsätzlich möglich ist, wird die Gründungsidee im Laufe des Gründungsprozesses gewiss immer bedeutender (vgl. hierzu z.B. Berg 2004: 73-79[1030]; King 1985: 401; Picot/Laub/Schneider 1989: 108; Brüderl/Preisendörfer/Ziegler 1998: 27; Shane/Venkataraman 2000: 220; Alvarez/Busenitz 2001: 759; Fallgatter 2004: 34; Elfving/Brännback/Carsrud 2009: 30 sowie Kapitel 2.6), zumal eine vorliegende erfolgsversprechende Gründungsidee zu den „Schlüsselfaktoren" für ein Voranschreiten bis hin zum Gründungsentschluss gezählt wird (Gerdsmeier/Keidel/Kuss 2003: 112), und unternehmerische Tätigkeiten bzw. die Realisierung einer Unternehmensgründung schließlich auf einer Gründungsidee basiert (Gifford 2005: 40[1031]). Demzufolge lässt sich ein Einfluss des Vorliegens einer Gründungsidee (*H38a* und *H38b*) auf die Gründungsrelevanz bzw. auf die Gründungswahrscheinlichkeit der Studierenden annehmen (vgl. hierzu z.B. auch Aldrich/Zimmer 1986b: 3; Bird 1988: 451; Utsch/Rauch/Rothfuß/Frese 1999: 40; Brush/Greene/Hart 2001: 75; Markman 2007: 83; Henrekson/Stenkula 2010: 617).

Basierend auf den Ausführungen in diesem Abschnitt wird das folgende Hypothesenpaar abgeleitet:

H38a: Das Vorliegen einer Gründungsidee beeinflusst die Gründungsrelevanz der Studierenden.

H38b: Das Vorliegen einer Gründungsidee beeinflusst die Gründungswahrscheinlichkeit der Studierenden.

[1028] Mit weiterem Verweis.

[1029] Mit Verweis auf Sarasvathy 2001.

[1030] Unter Bezugnahme auf Popper 1974: 285f. und mit Verweisen auf Venkataraman/Sarasvathy 2001: 652ff.; Penrose 1980: 5; Finke-Schürmann 2001: 108.

[1031] Mit Verweis auf van Praag/van Ophem 1995.

2.7.7 Selbständigen-Umfeld

Bezugnehmend auf das in der einschlägigen Literatur grundsätzlich als für Unternehmensgründungsaktivitäten bedeutend herausgestellte familiäre bzw. allgemein private Umfeld mit selbständig Erwerbstätigen (Hindle/Klyver/Jennings 2009: 43[1032]; Douglas 2009: 6f.[1033]; Krueger 2007: 128[1034]) wird einleitend auf ein bekanntes Ergebnis zurückgegriffen, namentlich „entrepreneurial fathers are more likely to produce entrepreneurial sons“ (Roberts/Wainer 1971: 108, zit. n. Saßmannshausen 2012: 72). So betonen Cooper, Gimeno-Gascon und Woo, dass mehrere Studien einen positiven Zusammenhang zwischen einem Unternehmerhintergrund der Eltern und der eigenen unternehmerischen Tätigkeit von Personen illustrieren, was sie darauf zurückführen, dass die Akteure ihre Eltern als Vorbilder und Entrepreneurship als durchführbaren Karriereweg betrachten und zudem wertvolle Kenntnisse über unternehmerische Tätigkeiten erlangen würden (Cooper/Gimeno-Gascon/Woo 1994: 377[1035]). Entsprechend verdeutlichen Brüderl, Preisendörfer und Ziegler (1992: 229f.[1036]), wiederum neben der Betonung der Vorbildfunktion selbstständig tätiger Eltern, dass diese Personen „often have access to their parents' workplaces from childhood on, acquiring entrepreneurial qualifications as a byproduct of everyday interactions“ (Brüderl/Preisendörfer/Ziegler 1992: 229). Neben den Eltern können allerdings auch weitere selbstständig erwerbstätige Personen aus dem familiären und privaten Umfeld – wie z.B. Verwandte, Lebenspartner und Freunde (Krueger/Reilly/Carsrud 2000: 417) – als Vorbilder der potenziellen Gründer fungieren und bspw. mit emotionalem Rückhalt und weiteren Ressourcen Gründungsaktivitäten unterstützen und somit die Gründungswahrscheinlichkeit der potenziellen Gründer erhöhen (vgl. hierzu z.B. Harms/Kraus/Schwarz 2009: 39[1037]; Douglas 2009: 7[1038]; Dollinger 2008: 58f.[1039]; Krueger/Reilly/Carsrud 2000: 417-26; King 1985: 410f., 414). Dies wird auch durch Hindle, Klyver und Jennings untermauert, die unter Bezugnahme auf diverse For-

[1032] Mit weiteren Verweisen.
[1033] Mit weiteren Verweisen.
[1034] Mit weiteren Verweisen.
[1035] Mit weiterem Verweis.
[1036] Mit weiteren Verweisen.
[1037] Mit weiteren Verweisen.
[1038] Mit Verweis auf Davidsson/Honig 2003.
[1039] Mit weiteren Verweisen.

schungsergebnisse konstatieren: „People who have close family members in business [...] or personally know someone who has started a business [...] seem to have a better chance of becoming entrepreneurs“ (Hindle/Klyver/Jennings 2009: 43[1040]). Demzufolge lässt sich offensichtlich annehmen, dass ein privates Umfeld der (potenziellen) Gründer mit selbstständig erwerbstätigen Personen, d.h. ein „Selbständigen-Umfeld“ (*H39a* und *H39b*), die Gründungsrelevanz bzw. die Gründungswahrscheinlichkeit der Studierenden beeinflusst (vgl. hierzu z.B. auch Golla/Halter/Fueglistaller/Klandt 2006: 216[1041]; Krueger 2007: 128f.[1042]; Josten/van Elkan/Laux/Thomm 2008a: 19[1043]; Ucbasaran/Westhead/Wright 2008: 163[1044]; Douglas 2009: 6f.[1045]; Mauer/Neergaard/Kirketerp Linstad 2009: 238-48[1046]; Michl/Welpe/Spörrle/Picot 2009: 182[1047]; Link/Welsh 2013: 2[1048]).

Basierend auf den Ausführungen in diesem Abschnitt wird das folgende Hypothesenpaar abgeleitet:

H39a: Ein „Selbständigen-Umfeld“ beeinflusst die Gründungsrelevanz der Studierenden.

H39b: Ein „Selbständigen-Umfeld“ beeinflusst die Gründungswahrscheinlichkeit der Studierenden.

2.7.8 Moderatoreffekte des Informationszugangs

In Kapitel 2.5 wurde aufgezeigt, dass sich die (potenziellen) Gründer im Rahmen ihres normalerweise kontinuierlich angestrebten Zugangs zu weiteren gründungsrelevanten Informationen während ihren Gründungsprozessen (Arenius/De Clercq 2005: 262; Mellewigt/Schmidt/Weller 2006: 99f.[1049], 106-09; Berg 2004: 77-79; Ucbasaran/West-

[1040] Mit weiteren Verweisen.
[1041] Mit weiteren Verweisen.
[1042] Mit weiteren Verweisen.
[1043] Mit weiteren Verweisen.
[1044] Mit weiteren Verweisen.
[1045] Mit weiteren Verweisen.
[1046] Mit weiteren Verweisen.
[1047] Mit weiteren Verweisen.
[1048] Mit weiteren Verweisen.
[1049] Mit Verweis auf Institut für Mittelstandsforschung 1997: VI.

head/Wright 2008: 159[1050]; Alvarez/Busenitz 2001: 768; Busenitz/Arthurs 2007: 142; Casson/Wadeson 2007b: 299; European Commission 1999: 15; Cooper/Folta/Woo 1995: 108; Markman 2007: 72) auch um weitere Interpretationsmöglichkeiten, neues Verständnis und zusätzliche Erkenntnisse bemühen (Busenitz/Arthurs 2007: 137; Alvarez/Busenitz 2001: 758[1051]; Chiles/Bluedorn/Gupta 2007: 474[1052]; Venkataraman 1997: 122[1053]; Cooper/Folta/Woo 1995: 108). „Identifying and selecting the optimal resources and best strategy to overcome barriers to entry into a certain technology space or market requires entrepreneurs to disentangle and analyze highly complex contingencies" (Markman 2007: 72). Insbesondere in Kontexten wie dem von unsicheren und mehrdeutigen Informationen als auch geringer Struktur und hoher Autonomie, also von „weak situations"[1054] (Rauch/Frese 2007: 58[1055]), geprägten Gründungsprozess (Rauch/Frese 2007: 58), können insbesondere von Informationen – als eine der vier von Hattrup und Jackson (1996) identifizierten situativen Kategorien, die maßgeblich dafür sind, wie Personen in Unternehmen ihre individuellen Unterschiede zum Ausdruck bringen – moderierende Effekte ausgehen (vgl. hierzu Rauch/Frese 2007: 58[1056]); werden diese berücksichtigt, kann dies ggf. zur Erklärung der Erfolgsgrößen des Modells beitragen (Rauch/Frese 2007: 58). Denkbar sind bspw. auch Mediatoreffekte, die im Gründungskontext allerdings insbesondere im Rahmen der Erforschung von Einflüssen distaler Persönlichkeitseigenschaften – die in der vorliegenden Arbeit allerdings nicht untersucht werden (vgl. hierzu Kapitel 2.4) – auf Gründungsaktivität und Gründungserfolg vermutet werden, welche durch spezifische Persönlichkeitseigenschaften vermittelt werden könnten (vgl. hierzu Rauch/Frese 2007: 47, 57[1057]), wobei derartige Mediatoreffekte im Entrepreneurship als relativ unerforscht eingestuft werden (Rauch/Frese 2007: 57); während – in der Gründungsforschung ebenfalls relativ unerforschte – Moderatoreffekte im Gründungsprozess vielmehr von informations-

[1050] Mit Verweis auf Casson 2003.

[1051] Mit Verweis auf Daft/Weick 1984.

[1052] Unter Bezugnahme auf Lachmann 1976: 131.

[1053] Mit Verweis auf Arrow 1974.

[1054] „Weak situations [...] provide greater possibilities for individual interpretation and action" (Rauch/Frese 2007: 58).

[1055] Unter Bezugnahme auf Mischel 1968.

[1056] Unter Bezugnahme auf Hattrup/Jackson 1996 (bibliographische Daten verbessert).

[1057] Mit Verweisen auf Barrick/Mitchell/Steward 2003; Epstein/O'Brian 1985; Johnson 2003; Kanfer 1992.

basierten Konstrukten wie Wissen, Fertigkeiten und Fähigkeiten angenommen werden (vgl. hierzu Rauch/Frese 2007: 47, 57-59 sowie Kapitel 2.5). Entsprechend lassen sich insbesondere aufgrund des wiederholten Informationszugangs der (potenziellen) Gründer (Casson/Wadeson 2007b: 299; Cooper/Folta/Woo 1995: 108[1058]) und der aus damit einhergehenden weiteren gründungsrelevanten Informationen grundsätzlich resultierenden mehrfachen Überprüfung einer Gründungsabsicht und/oder mehrfachen Überarbeitung bzw. Konkretisierung einer Gründungskonzeption (Berg 2004: 77-81; Chiles/Bluedorn/Gupta 2007: 474[1059])[1060] sowie infolge der damit potenziell einhergehenden Änderungen bspw. bzgl. „perceptions of choice objects“, normativer Annahmen oder der Situation (vgl. hierzu Bagozzi 1993: 219[1061]; Monsen/Urbig 2009: 273) als auch generell angesichts des Unsicherheits- und Ambiguitätsaspekts von Informationen im Gründungskontext (vgl. hierzu z.B. Rauch/Frese 2007: 58[1062]; Alvarez/Busenitz 2001: 758[1063]) moderierende Effekte des Gründungsinformationszugangs auf die Beziehungen zwischen einigen Einflussgrößen und der Gründungsrelevanz bzw. der Gründungswahrscheinlichkeit vermuten (vgl. hierzu z.B. Rauch/Frese 2007: 57-59; Bagozzi 1993: 219; Cooper/Folta/Woo 1995: 108-19; Cohen/Levinthal 1989: 593; Arentz/Sautet/Storr 2013: 463; Casson/Wadeson 2007b: 293-99). Daraus lässt sich die Hypothese ableiten, dass der Gründungsinformationszugang, operationalisiert durch die Anzahl der genutzten Gründungsinformationsquellen (vgl. hierzu Kapitel 2.5), die Beziehungen zwischen einigen Einflussgrößen und der Gründungsrelevanz bzw. der Gründungswahrscheinlichkeit der Studierenden moderiert (*H40a* und *H40b*). Derartige Moderatoreffekte können in der statistischen Analyse anhand von Interaktionstermen bzw. multiplikativen Termen überprüft werden (Harms/Kraus/Schwarz 2009: 27[1064]; Rauch/Frese 2007: 58f.[1065]), was im Rahmen von erweiterten Regressionsmodellvarianten erfolgen wird. Während die Zweckmäßigkeit der Untersuchung von durch den Informationszugang ausgehenden moderierenden Effekten im Gründungsprozess

---

[1058] Unter Bezugnahme auf Kirzner 1973; Stinchcombe 1990: 7.

[1059] Unter Bezugnahme auf Lachmann 1976: 131.

[1060] Vgl. hierzu z.B. auch Casson 2010: 376; Mellewigt/Schmidt/Weller 2006: 109; Casson/Wadeson 2007b: 296; Ucbasaran/Westhead/Wright 2008: 159, mit Verweis auf Casson 2003.

[1061] Unter Bezugnahme auf Belk 1985.

[1062] Unter Bezugnahme auf Mischel 1968; Hattrup/Jackson 1996 (bibliographische Daten verbessert).

[1063] Mit Verweis auf Busenitz/Barney 1997.

[1064] Mit Verweis auf McDougall/Robinson 1990.

[1065] Mit Verweisen auf Bandura 1986; Magnusson/Endler 1977.

durch die aufgeführte Literatur untermauert wird – und somit nach Ansicht des Autors der vorliegenden Arbeit bereits hypothetisiert werden kann –, liegen hingegen nur vereinzelt Quellen vor, die Hinweise darüber liefern, welche Einflussgrößen aus dem Arbeitsmodell vermutlich vorzugsweise von derartigen Moderatoreffekten durch den Gründungsinformationszugang betroffen sein könnten. Unabhängig von diesem relativ geringen Forschungsstand ergibt sich allerdings infolge forschungsökonomischer Aspekte ohnehin nur die Möglichkeit einer exemplarischen Untersuchung einiger ausgewählter Interaktionsterme. Die aus dieser, auch durch die Schwerpunktsetzung der vorliegenden betriebswirtschaftlichen Arbeit bedingten, exemplarischen Analyse potenzieller moderierender Effekte des Informationszugangs auf die Beziehungen zwischen einigen ausgewählten ressourcenbasierten Faktoren und der Gründungsrelevanz sowie der Gründungswahrscheinlichkeit der Studierenden resultierenden Ergebnisse können allerdings wertvoll sein für die zukünftige Erforschung des komplexen Gründungsprozesses, insbesondere aus einer informationsprozessbasierten Perspektive (Cooper/Folta/Woo 1995: 108-19; Alvarez/Busenitz 2001: 758-68). Die Erforschung des Informationsprozesses im Kontext etablierter Organisationen illustriert, dass die Anzahl der genutzten Informationsquellen in Beziehung steht mit den Merkmalen des Entscheidungsträgers und dem betrachteten Problembereich (Cooper/Folta/Woo 1995: 108[1066]), was im Rahmen der vorliegenden Arbeit entsprechend auf ressourcenbasierte Merkmale (potenzieller) Gründer und den Gründungsprozess bezogen wird (vgl. hierzu Cooper/Folta/Woo 1995: 108-19). Während sich Argumentationen über Informationsprozesse in der Management-Literatur auf das „satisficing concept" von March und Simon (1958) zurückführen lassen (Gaglio/Katz 2001: 101[1067]), wird im Rahmen von Informationsprozessen im Gründungskontext vielmehr die Bedeutung einer „objective accuracy" herausgestellt (Gaglio/Katz 2001: 101f.), die den in Kapitel 2.5 beschriebenen, von den potenziellen Gründern während ihren Gründungsprozessen kontinuierlich angestrebten Zugang zu gründungsrelevanten Informationen widerspiegelt. Ebenfalls wird in Kapitel 2.5 verdeutlicht, dass hierbei aufgrund der Komplexität von Gründungsentscheidungen der Zugang zu einer Vielzahl oder zumindest zu diversen Informationsquellen notwendig erscheint (vgl. hierzu z.B. auch Arenius/De Clercq

[1066] Mit weiteren Verweisen.
[1067] Unter Bezugnahme auf March/Simon 1958; Weick 1979a, 1995 ; Isenberg 1986.

2005: 262; Casson 2010: 376); einerseits zur Kompensation fehlender Information (Mellewigt/Schmidt/Weller 2006: 109; Berg 2004: 79; Bird/Schjoedt 2009: 335), andererseits zwecks der Überprüfung der bereits vorliegenden Informationen und den damit zusammenhängenden Annahmen[1068] – auch über Zugangsmöglichkeiten zu benötigten Ressourcen (Douglas 2009: 4) – sowie der darauf basierenden Entscheidung für oder gegen ein Voranschreiten im Gründungsprozess (vgl. hierzu z.B. Casson 2010: 376; Frank/Mitterer 2009: 385[1069]; Douglas 2009: 4; Ucbasaran/Westhead/Wright 2008: 159[1070]; Casson/Wadeson 2007b: 296; Berg 2004: 77; Cooper/Folta/Woo 1995: 108; Birley 1985: 116). Daraus wird ersichtlich, dass der Zugang zu lediglich einer oder auch mehreren weiteren Gründungsinformationsquellen im Verlauf des Gründungsprozesses zu Informationen führen kann, die die zuvor existierenden gründungsprozessualen Wirkungszusammenhänge bzw. die vorherige Entscheidung für oder gegen ein Voranschreiten im Gründungsprozess in gleicher oder in entgegengesetzter Wirkungsrichtung signifikant beeinflussen (vgl. hierzu z.B. auch Casson/Wadeson 2007b: 285-99). Dies soll im Folgenden anhand von fünf Beispielen veranschaulicht werden, deren entsprechende Variablen – namentlich Risikohaltung, mangelnder Support von Familien und Freunden, fehlendes Eigenkapital, Gründungsidee sowie Selbständigen-Umfeld – gleichzeitig, jeweils gemeinsam mit der Anzahl an genutzten Gründungsinformationsquellen, die Interaktionsterme bilden, die im empirischen Teil der vorliegenden Arbeit im Rahmen von erweiterten Regressionsmodellvarianten aufgegriffenen werden, um die aufgestellte Hypothese über existierende Moderatoreffekte des Gründungsinformationszugangs auf die Beziehungen zwischen diversen Einflussgrößen und der Gründungsrelevanz bzw. der Gründungswahrscheinlichkeit der Studierenden zumindest exemplarisch zu testen. Bzgl. der Risikohaltung lässt sich bspw. ein risikoscheuer Studierender der Informatik anführen, der grundsätzlich ein Gründungsinteresse hat und auch über eine Gründungsidee verfügt, allerdings, gemäß den vermuteten Zusammenhängen mit der Gründungsaktivität (vgl. hierzu Kapitel 2.7), zunächst von einer Gründungsvorbereitung absieht; infolge von Informationen via eines Unter-

1068 Durch den Zugang zu neuen Informationen über Interaktionen mit der Welt, Beobachtungen des Umfeldes und/oder Kommunikation mit Personen mit unterschiedlichem Wissensstand können sich individuelle Annahmen ändern (Monsen/Urbig 2009: 273, mit Verweisen auf Minniti/Bygrave 2001; Parker 2006).

1069 Mit Verweis auf Ravasi/Turati 2005.

1070 Mit Verweis auf Casson 2003.

nehmernetzwerkes allerdings seinen Kompetenzen bzgl. der unternehmerischen Tätigkeit gegenüber optimistischer gestimmt wird (vgl. hierzu z.B. Gifford 2005: 41[1071]) und daraufhin durch weitere Informationen via eines Steuerberaters perspektivenbedingt eine andere Einschätzung gewinnt (vgl. hierzu z.B. Rauch/Frese 2007: 50[1072]), was ihn schließlich zur Gründungsrealisierung ermutigt. Bzgl. des Gründungshemmnisses eines mangelnden Supports von Familie und Freunden lässt sich bspw. ein Studierender der Betriebswirtschaftslehre anführen, der zwar über keine eigene Gründungsidee verfügt, dem allerdings ein Angebot von einem Freund vorliegt, mit diesem gemeinsam dessen Gründungsidee im Rahmen einer Teamgründung zu verwirklichen und darüber hinaus von seiner Familie und weiteren Freunden emotionale Unterstützung und Zuspruch für die Unternehmensgründung erfährt und, gemäß den vermuteten Zusammenhängen mit der Gründungsaktivität (vgl. hierzu Kapitel 2.7), mit der Gründungsvorbereitung beginnt; infolge von Informationen via des Internets bzgl. der Erfolgsaussichten über derartige Gründungsvorhaben allerdings skeptisch wird, diese Informationen mit weiteren Informationen via eines Unternehmensberaters abgleicht, was seine „Befürchtungen" bekräftigt, so dass er schließlich von der Gründungsrealisation absieht und hierbei vermutlich die sogenannte „weakness of strong ties" infolge seiner weiteren Informationssuch- bzw. Netzwerkaktivitäten kompensieren konnte (vgl. hierzu z.B. Aldrich/Zimmer 1986b: 19; Granovetter 1973: 1360-78; Cooper/Folta/Woo 1995: 108-19). Bzgl. des Gründungshemmnisses des fehlenden Eigenkapitals lässt sich bspw. ein sich in Gründungsvorbereitung befindender Studierender der Ingenieurwissenschaften mit ausgearbeitetem Gründungskonzept anführen, dem es jedoch an den zur Gründungsrealisation notwendigen finanziellen Eigenmitteln mangelt und dessen zeitaufwendige Versuche, über Venture Capital-Gesellschaften die erforderliche Beteiligungsfinanzierung zu erreichen, erfolglos bleiben und der, gemäß den vermuteten Zusammenhängen mit der Gründungsaktivität (vgl. hierzu Kapitel 2.7), zunächst von der Weiterverfolgung seines Gründungsvorhabens absieht; infolge von Informationen via der Literatur bzgl. der Beteiligungsfinanzierung durch Business Angels wiederum hinsichtlich der Möglichkeit der Akquirierung der fehlenden Finanzmittel ermutigt wird und daraufhin durch weitere Informationen via eines Business

[1071] Mit Verweis auf Hayek 1945; Fiet 1996.
[1072] Mit Verweis auf Chell/Haworth/Brearley 1991.

Angels-Netzwerks einen Eigenkapitalgeber ausfindig macht, den er anhand seines Gründungskonzeptes zur Beteiligung mit den noch notwendigen Finanzmitteln überzeugen kann, was ihm schließlich die Gründungsrealisation ermöglicht (vgl. hierzu z.B. Gompers/Lerner 2010: 183-211). Bzgl. der Gründungsidee lässt sich bspw. ein gründungsinteressierter Studierender der Informatik anführen, der über eine „zündende" Gründungsidee verfügt, jedoch vermutet, dass sich diese aus juristischen Gründen nicht umsetzten lässt und, gemäß den vermuteten Zusammenhängen mit der Gründungsaktivität (vgl. hierzu Kapitel 2.7), zunächst von einer Gründungsvorbereitung absieht; infolge von Informationen via seiner Hochschule seine ursprünglichen rechtlichen Bedenken allerdings etwas relativiert werden und daraufhin durch weitere Informationen via eines Rechtsanwalts seine Zweifel gänzlich ausgeräumt werden, was ihn schließlich zur Gründungsvorbereitung veranlasst (vgl. hierzu z.B. Ucbasaran/Westhead/Wright 2008: 159[1073]). Bzgl. des Selbständigen-Umfelds lässt sich bspw. ein Studierender der Betriebswirtschaftslehre anführen, dessen Eltern ein Familienunternehmen führen, der sich allerdings vielmehr für eine eigene Gründung interessiert, auch über eine Gründungsidee verfügt und, gemäß den vermuteten Zusammenhängen mit der Gründungsaktivität (vgl. hierzu Kapitel 2.7), mit der Gründungsvorbereitung beginnt; infolge von ihm bis dahin unbekannten Informationen via Freunden bzgl. des Unternehmens seiner Eltern und diesbezüglichen Krisenzeiten, die diese zu überstehen gehabt hätten, die sich daraufhin durch Informationen via seiner Eltern bestätigen, werden seine bisherigen Annahmen über die berufliche Selbständigkeit allgemein verändert (vgl. hierzu z.B. Bagozzi 1993: 219[1074]; Monsen/Urbig 2009: 273), so dass er schließlich von der Gründungsrealisation absieht. In diesem abschließenden Beispiel wurde vermutlich die „weakness of strong ties" nicht durch die sogenannte „strenght of weak ties" kompensiert (vgl. hierzu z.B. Aldrich/Zimmer 1986b: 18f.; Granovetter 1973: 1360-78), was die betonte Bedeutung „externer Berater" im Gründungsprozess untermauert, die „may be helpful in urging and assisting entrepreneurs who enter unfamiliar fields to engage in more extensive information search" (Cooper/Folta/Woo 1995: 119), gewiss vorzugsweise über „weak ties", zumal „persons with whom we are tightly linked lead to the introduction of extraneous socio-emotional content into infor-

[1073] Mit Verweis auf Casson 2003.
[1074] Unter Bezugnahme auf Belk 1985.

mation exchanges, clouding their meaning" (Aldrich/Zimmer 1986b: 19). Wie durch die Ausführungen – auch in Kapitel 2.5 über den Informationsprozess im Sinne der vorliegenden Arbeit – ersichtlich wurde, folgt die vorliegende Arbeit im Rahmen des studentischen Gründungsprozesses Annahmen des sequenziellen Screening-Ansatzes (vgl. hierzu Casson/Wadeson 2007b: 285-99).

Basierend auf den Ausführungen in diesem Abschnitt wird das folgende Hypothesenpaar abgeleitet:

H40a: Die Anzahl der genutzten Gründungsinformationsquellen moderiert Beziehungen zwischen diversen Einflussgrößen und der Gründungsrelevanz der Studierenden.

H40b: Die Anzahl der genutzten Gründungsinformationsquellen moderiert Beziehungen zwischen diversen Einflussgrößen und der Gründungswahrscheinlichkeit der Studierenden.

2.7.9 Sonstiges

In diesem Abschnitt werden weitere Aspekte bzw. Merkmale aufgegriffen, die sich im Rahmen des Literaturreviews als mutmaßliche Einflussfaktoren innerhalb von studentischen Gründungsprozessen herauskristallisiert haben bzw. denen explizit im Hochschulkontext eine Bedeutung beigemessen wird; namentlich Alter, Geschlecht, Fachrichtung, Zeitverlauf, Semesteranzahl, grundlegendes/weiterführendes Studium, Präsenz-/Fernstudium sowie (Fach-) Hochschule/Universität. Hierbei werden allerdings, einerseits aufgrund der Schwerpunktsetzung der vorliegenden Arbeit und andererseits infolge des teilweise als nicht ausreichend eingeschätzten Forschungsstandes, nicht in jedem Bereich Hypothesen aufgestellt; was allerdings nicht ausschließen soll, die entsprechenden Merkmale als weitere Kontrollvariablen in erweiterten Modellvarianten zu berücksichtigen, zumal sich dadurch im Rahmen von Regressionsanalysen deren potenzielle Effekte auf die jeweilige Zielgröße aufdecken bzw. herausrechnen lassen (Stangl 2012: o. S.; vgl. hierzu z.B. auch Utsch/Rauch/Rothfuß/Frese 1999: 35f.; Acs/Braunerhjelm/Audretsch/Carlsson 2009: 23 sowie Kapitel 4.3).

In Kapitel 2.6 wurde bereits verdeutlicht, dass die Verfolgung potenzieller unternehmerischer Gelegenheiten auch von den Fähigkeiten der Akteure abhängt (Venkataraman 1997: 124; Barney 2001b: 647; Tokuda 2005: 138; Busenitz/Arthurs 2007: 134; Samuelsson/Davidsson 2009: 230; Markman 2007: 67). Im Sinne der Humankapitaltheorie[1075] lässt sich argumentieren, dass die zwischen den potenziellen Gründern differierenden Fähigkeiten neben dem spezifischen Humankapital – zu dem bspw. auch selbständig tätige Verwandte gezählt werden – auch durch generelles Humankapital wie Alter, Geschlecht und Ausbildungsdauer bedingt sind (Douglas 2009: 6[1076]). So betrachtet bspw. Mueller neben psychologischen auch demographische Merkmale als wichtige Einflussfaktoren auf die Gründungsentscheidung (Mueller 2007: 355[1077]).

Bzgl. des Alters illustriert Shane, dass den meisten Studien zufolge selbständig Erwerbstätige signifikant älter sind als die Vergleichsgruppe der abhängig Beschäftigten bzw. Gehaltsempfänger (Shane 1996: 752f.[1078]). Allerdings kommen demgegenüber andere Studien zu dem Ergebnis, dass in der Altersgruppe zwischen 30 und 44 Jahren unternehmerische Tätigkeiten am wahrscheinlichsten sind (Acs/Braunerhjelm/Audretsch/Carlsson 2009: 23). Laut dem GEM sind die Gründungsaktivitäten (im Sinne der TEA) in Deutschland bei den 25- bis 34-Jährigen überdurchschnittlich hoch (Sternberg/Vorderwülbecke/Brixy 2015: 6). Welter deckte hingegen „die Altersgruppe von 18 bis 29 Jahren als die gründungsaktivste“ (Welter 2001: 39) auf. Insgesamt scheint sich die Ansicht durchgesetzt zu haben, dass die „propensity toward self-employment increases with age to a point, and then decreases, with the age turning point varying across studies” (Link/Welsh 2013: 3[1079]). Den Ausführungen von Dollinger über den soziologischen Ansatz von Shapero und Sokol (1982) zufolge, könnte sich dies auf die „negative Verschiebung“ zurückführen lassen, die dem Faktor „Impetus“ zugeordnet wird, welcher gemeinsam mit situativen Merkmalen für die Gründungsentscheidung als entscheidend betrachtet wird (vgl. hierzu Dollinger 2008: 55-60[1080]); oder kurz: „Middle age […] may also provide the impetus for new venture creation“

[1075] Vgl. hierzu z.B. Becker 1993a; Mincer 1974; Schultz 1975, 1980 sowie Kapitel 2.3.
[1076] Mit weiteren Verweisen.
[1077] Mit weiteren Verweisen.
[1078] Mit weiteren Verweisen.
[1079] Mit weiteren Verweisen.
[1080] Unter Bezugnahme auf Shapero/Sokol 1982.

(Dollinger 2008: 57). Bzgl. Studierender in Deutschland ermittelt die Inmit-Befragung bei älteren Studierenden sowohl höhere Gründungsneigungen als auch höhere Gründungsaktivitäten als bei jüngeren Studierenden (Josten/van Elkan/Laux/Thomm 2008b: 33), was sich auf das vergleichsweise zur gesamten erwerbsfähigen Bevölkerung geringere Durchschnittsalter der Studierenden zurückführen lassen könnte. Entsprechend deckt der ISCE ein höheres Durchschnittsalter bei studentischen Gründern gegenüber dem allgemeinen Durchschnittalter der Studierenden auf (Fueglistaller/Klandt/Halter 2006: 29). Insgesamt betrachtet, lässt sich den Ausführungen zufolge ein Einfluss des Alters (*H41a* und *H41b*) auf die Gründungsrelevanz bzw. die Gründungswahrscheinlichkeit der Studierenden vermuten (vgl. hierzu z.B. auch Görisch 2002a: 19f.[1081], 26; Fueglistaller/Halter 2006: 13; Josten/van Elkan/Laux/Thomm 2008a: 18).

Das Geschlecht wird als weiteres bedeutendes Merkmal im Gründungskontext betrachtet, sowohl bzgl. Gründungsintentionen als auch bzgl. weiterer Aspekte im Gründungsprozess (Hindle/Klyver/Jennings 2009: 36). Arenius und Clercq stellen bspw. im Rahmen ihrer Untersuchung fest, dass „males are more likely than females to be opportunity-minded" (Arenius/De Clercq 2005: 261). Diverse Forschungsergebnisse verdeutlichen, dass Männer gegenüber Frauen sowohl höhere Gründungswahrscheinlichkeiten aufweisen als auch häufiger selbständig erwerbstätig sind (Link/Welsh 2013: 2f.[1082]). Diese Geschlechterkluft scheint grundsätzlich und in hohem Ausmaß zu existieren (Hindle/Klyver/Jennings 2009: 44[1083]). So sind Frauen, etwa 45 Prozent aller Erwerbstätigen, mit etwa einem Viertel deutlich am Gründungsgeschehen unterrepräsentiert und auch bei den beruflich Selbständigen mit rund 29 Prozent unterproportional vertreten (Klandt 2006: 125; Piorkowsky 2004: 208; Buschmann 2006: 34). Auch der Länderbericht Deutschland des GEM kommt zu dem Ergebnis, dass die entsprechenden geschlechterspezifischen Unterschiede in der TEA statistisch signifikant auf dem fünf Prozent-Niveau sind (Sternberg/Vorderwülbecke/Brixy 2015: 6, 12). Auch speziell bei Studierenden sind Gründungsneigungen und Gründungsaktivitäten bei den Männern deutlich höher ausgeprägt als bei den Frauen (Josten/van Elkan/Laux/Thomm 2008b: 26f., 169; Görisch 2002a: 25). Demnach wird angenommen, dass das

1081 Mit weiterem Verweis.
1082 Mit weiteren Verweisen.
1083 Mit weiterem Verweis.

Geschlecht (*H42a* und *H42b*) die Gründungsrelevanz bzw. die Gründungswahrscheinlichkeit der Studierenden beeinflusst (vgl. hierzu z.B. auch Welter 2001: 39; Arenius/De Clercq 2005: 261f.[1084]; Golla/Halter/Fueglistaller/Klandt 2006: 212[1085]; Acs 2010: 173[1086]).

Bzgl. der Fachrichtung der Studierenden wurde in Kapitel 2.5 bereits aufgezeigt, dass diversen Studien zufolge, Studierende der Betriebswirtschaftslehre, des Ingenieurwesens und der Informatik zumeist die höchsten bzw. überdurchschnittliche Gründungswahrscheinlichkeiten bzw. Gründungsaktivitäten aufweisen (Otten 2000: 12, zit. n. Görisch 2002b: 29; Schwarz/Grieshuber 2001: 105; Görisch 2002b: 28-30; Josten/van Elkan/Laux/Thomm 2008a: 13f.; Bergmann 2014: 5f., 12f.) und zudem die Schwerpunktsetzung der vorliegenden Arbeit auf diese drei Fachrichtungen begründet. So wird Studierenden und Akademikern der Ingenieurwissenschaften sowie Informatik ein hohes Potenzial für technologieorientierte Unternehmensgründungen zugeschrieben (Bergmann 2014: 6; Josten/van Elkan/Laux/Thomm 2008a: 72, 76; Lilischkis 2001: 24; Kofner/Menges/Schmidt 1999: 14f.), während Studierende und Absolventen der Betriebswirtschaftslehre zwar weniger Träger von Produkt- und Prozessinnovationen repräsentieren (Braukmann 2002: 62, zit. n. Braukmann 2003: 199), allerdings vielmehr von „zweckinduzierten" Innovationen,[1087] und zudem wird ihnen eine hohe Bedeutung im Rahmen von technologieorientierten komplementären Teamgründungen – die i.d.R. als die erfolgreichsten Unternehmensgründungen angesehen werden (vgl. hierzu z.B. Franke/Lüthje 2004: 43; Drnovsek/Cardon/Murnieks 2009: 193[1088]; Schjoedt/Kraus 2009: 516f.[1089]; Mellewigt/Witt 2002: 97) – beigemessen, bei denen sie insbesondere die kaufmännischen Aufgabenbereiche übernehmen (Franke/Lüthje 2004: 43).[1090] Auch empirische Befunde des Inmit und des IfM untermauern die Bedeutung dieser Fachrichtungen, indem sie illustrieren, dass von Unternehmern mit Hochschulabschluss 84 Prozent den Ingenieurwissenschaften oder Naturwissenschaf-

1084 Mit weiterem Verweis.
1085 Mit weiteren Verweisen.
1086 Mit weiterem Verweis.
1087 Zu „mittelinduzierten" und „zweckinduzierten" Innovationen, vgl. Hauschildt 2004: 11, zit. n. Fallgatter 2007: 21.
1088 Mit weiteren Verweisen.
1089 Mit weiteren Verweisen.
1090 Vgl. hierzu auch Kapitel 2.5.

ten und ein Zehntel den Wirtschaftswissenschaften zuzuordnen sind (Inmit/IfM 1998: 11, zit. n. Koch 2002: 11); allerdings lässt sich dadurch auch vermuten, dass Studierende der Informatik und der Ingenieurwissenschaften eine höhere Gründungsrelevanz und Gründungswahrscheinlichkeit aufweisen als Studierende der Betriebswirtschaftslehre. So konstatiert bereits King, dass allgemein von befragten Unternehmern – von denen über die Hälfte in grundlegenden Studiengängen und 22 Prozent in weiterführenden Studiengängen studiert haben – annähernd die Hälfte in ingenieurwissenschaftlichen oder verwandten technischen grundlegenden Studiengängen studiert oder diese abgeschlossen haben, während dies bzgl. betriebswirtschaftlicher Studiengänge nur auf einen relativ geringen Anteil zutrifft (King 1985: 411). Bzgl. dieser beiden technisch orientierten Fachrichtungen lässt sich aufgrund von Forschungsergebnissen von Link und Welsh – „those with a computer science, science or other field of specialization were more likely to form a new business than were engineers, *ceteris paribus*“ (Link/Welsh 2013: 6) – vermuten, dass die Gründungsrelevanz bzw. die Gründungswahrscheinlichkeit bei Studierenden der Informatik gegenüber denen der Ingenieurwissenschaften höher ausgeprägt ist (vgl. hierzu z.B. auch Görisch 2002a: 22[1091]). Da die Forschungsergebnisse im Rahmen der Fragestellung nach Unterschieden bzgl. Gründungsaktivitäten von Studierenden dieser drei Fachrichtungen jedoch uneinheitlich bzw. widersprüchlich ausfallen (vgl. hierzu z.B. Otten 2000: 12, zit. n. Görisch 2002b: 29; Schwarz/Grieshuber 2001: 105-07; Görisch 2002a: 22[1092], 26; Fueglistaller/Volery/Halter/Hartl/Rottmann/Derungs 2003: 10; Fueglistaller/Halter 2006: 12; Fueglistaller/Klandt/Halter 2006: 11; Golla/Halter/Fueglistaller/Klandt 2006: 221-23; Kailer 2007: 10; Josten/van Elkan/Laux/Thomm 2008b: 28; Bergmann 2014: 5f., 12f.), erscheint es nach Ansicht des Autors zweckdienlich, in der vorliegenden Arbeit, anstelle des Versuchs der Synthese dieser widersprüchlichen Ergebnisse und einer potenziellen Hypothesenableitung, potenzielle fachrichtungsbedingte Einflüsse auf die Gründungsrelevanz und die Gründungswahrscheinlichkeit der Studierenden anhand der Kontrollvariable „Fachrichtung“ in erweiterten Modellvarianten zu erfassen bzw. zu berücksichtigen.

[1091] Mit weiterem Verweis.
[1092] Mit weiterem Verweis.

Während bei Untersuchungen, die sich über eine relativ kurze Zeitspanne erstrecken, von einer sogenannten „ahistorischen Generalität" ausgegangen werden kann (Driescher 1999: 9[1093]), erscheint dies in der vorliegenden Arbeit möglicherweise nicht angemessen zu sein. Dass Befragungen berücksichtigt werden, die sich über einen Zeitraum von 14 Semestern (zwischen dem Wintersemester 2006/2007 und dem Sommersemester 2013) erstrecken, ist hierbei als weniger problematisch zu betrachten (vgl. hierzu Driescher 1999: 9[1094]); vielmehr lassen sich durch u.a. wirtschaftspolitische Entwicklungen infolge signifikanter Einflüsse während des entsprechenden Zeitraums, insb. durch die Wirtschafts- und Finanzkrise (vgl. hierzu z.B. Sargeant/Moutray 2010: 57f.), und damit einhergehenden Änderungen der Rahmenbedingungen,[1095] u.a. für das Entrepreneurship,[1096] auch Veränderungen im Bereich der beruflichen „Präferenzen" von Studierenden vermuten (vgl. hierzu z.B. Danko/Ruda/Martin/Ascúa/Gerstlberger 2013: 317-19[1097]; Krugman 2009: 39). So verweist bspw. der GEM-Länderbericht für Deutschland auf Studienergebnisse, die belegen, „dass die Wirtschafts- und Finanzkrise 2008/2009 in Deutschland zwar nicht auf nationaler Ebene, aber in vielen Regionen und bei vielen Personengruppen zu einem Anstieg der Gründungsaktivitäten geführt hat" (Sternberg/Vorderwülbecke/Brixy 2015: 10[1098]). Demnach erscheint es zweckdienlich, potenzielle Einflüsse derartiger Entwicklungen im betrachteten Zeitraum auf den studentischen Gründungsprozess anhand einer entsprechenden, den Zeitverlauf erfassenden Kontrollvariable zu berücksichtigen. Folglich wird im Rahmen der empirischen Analyse der vorliegenden Arbeit die Kontrollvariable „Jahr/Semester" in erweiterten Modellvarianten aufgegriffen, um potenzielle Einflüsse der zeitlichen Entwicklung auf die Gründungsrelevanz und die Gründungswahrscheinlichkeit der Studierenden aufdecken bzw. herausrechnen zu können.

[1093] Mit Verweis auf Klandt 1984a: 43.

[1094] Mit Verweis auf Klandt 1984a: 43.

[1095] „Independent research institutes forecasted the worst downturn since the Second World War and estimated that unemployment rates would rise substantially (Schäfer 2009)" (Danko/Ruda/Martin/Ascúa/Gerstlberger 2013: 318), während die Arbeitslosenquote in Deutschland unmittelbar vor der Krise ihren geringsten Stand gegenüber den vorausgehenden 14 Jahren erreichte (Danko/Ruda/Martin/Ascúa/Gerstlberger 2013: 318, mit Verweis auf Schäfer 2009).

[1096] Bspw. verringerte Venture Capital-Investitionen und reduzierte finanzielle Gründungsunterstützung (Danko/Ruda/Martin/Ascúa/Gerstlberger 2013: 318).

[1097] Mit weiteren Verweisen.

[1098] Mit Verweis auf Hundt/Sternberg 2014.

Bzgl. der Semesteranzahl ist darauf hinzuweisen, dass eine überdurchschnittlich hohe Anzahl an Fach- bzw. Hochschulsemestern nicht zwangsläufig einen fortgeschrittenen Studienstatus bedeutet – allerdings lässt sich gewiss ein Zusammenhang zwischen der Semesteranzahl von Studierenden und dem Studienfortschritt (vgl. hierzu z.B. Krueger/Reilly/Carsrud 2000: 420) als auch dem generellen Humankapital vermuten (Douglas 2009: 6[1099]) –, der wiederum zu einer intensiven „Auseinandersetzung mit der beruflichen Zukunft" (Schwarz/Grieshuber 2001: 110) führt (vgl. hierzu z.B. auch Krueger/Reilly/Carsrud 2000: 412-20); allein daraus lassen sich jedoch nicht die Präferenzen für eine bestimmte berufliche Karriereoption ableiten. Die Prämisse von Hindle, Klyver und Jennings, dass Personen mit höherem Bildungsniveau wahrscheinlicher über Gründungsintentionen verfügen als Personen mit niedrigerem Bildungsniveau (Hindle/Klyver/Jennings 2009: 42), kann vielmehr auf den Studienfortschritt als auf die hier behandelte Semesteranzahl bezogen werden; demzufolge lässt sich dieser Aspekt zielführender unter dem weiter unten in diesem Abschnitt behandelten Bereich „grundlegendes/weiterführendes Studium" aufgreifen, der gegenüber einer potenziellen Variable „Studienfortschritt" vorzuziehen ist, zumal er im Rahmen einer Befragung von Studierenden grundsätzlich als ein eindeutiges Abgrenzungskriterium zwischen einem vorhandenen und einem normalerweise nicht vorhandenen Hochschulabschluss dient.[1100] Douglas zufolge, werden allerdings explizit die „years of education" zum generellen Humankapital als eine Facette der individuellen Fähigkeiten gezählt (Douglas 2009: 6[1101]), so dass sich entsprechend auch die Semesteranzahl auf unternehmerische Intentionen, Fähigkeiten und Aktivitäten der Studierenden auswirken müsste (Douglas 2009: 6; vgl. hierzu z.B. auch Brush/Greene/Hart 2001: 74). Dass die Semesteranzahl als ein potenzieller Einflussfaktor auf die Gründungsentscheidung betrachtet werden kann, verdeutlicht zudem Dollinger, allerdings aus einer anderen Perspektive, im Rahmen seiner Ausführungen über den soziologischen Ansatz von Sha-

[1099] Mit weiteren Verweisen.

[1100] Natürlich existieren auch Fälle, in denen Studierende, die bereits über einen Hochschulabschluss verfügen, in einem weiteren grundständigen Studiengang immatrikuliert sind. Unabhängig davon, ob es sich hierbei um Ausnahmefälle handelt, legt zumindest die Kategorie des weiterführenden Studiums das Vorhandensein eines Hochschulabschlusses und somit ein höheres formales Bildungsniveau offen.

[1101] Mit weiteren Verweisen.

pero und Sokol (1982) (vgl. hierzu Dollinger 2008: 55-60[1102]), indem er betont, dass „being between things (not finishing a complete degree) or having negative displacement (being a high school dropout) are significant factors for many entrepreneurs" (Dollinger 2008: 55). Demzufolge kann eine überdurchschnittlich hohe Semesteranzahl den studentischen Gründungsprozess einerseits infolge eines fortgeschrittenen Studienstatus beeinflussen, andererseits ist dies auch möglich, wenn sie unterdurchschnittlich mit dem Studienfortschritt korreliert. Die Forschungsergebnisse bzgl. des Einflusses der Semesteranzahl auf studentische Gründungsprozesse sind allerdings uneinheitlich. Während bspw. eine Studie aufzeigt, dass mit höherer Semesteranzahl die berufliche Selbständigkeit gegenüber der angestellten Tätigkeit weniger häufig angestrebt wird (Whitlock/Masters 1996: 9f.), kommt die EXIST-Studierendenbefragung zu einem entgegengesetzten Ergebnis (Görisch 2002a: 26). Eine weitere Studie deckt eine höhere Gründungsaktivität bei Studierenden mit höherer Semesteranzahl auf, wobei diese Unterschiede nicht signifikant ausfallen (Fueglistaller/Halter/Blickle/Werner/Balazi 2004: 21). Auch nach der Inmit-Befragung weisen die Gründungsaktiven eine höhere Semesteranzahl auf, die gründungsentschlossenen Studierenden hingegen eine geringere Semesteranzahl (Josten/van Elkan/Laux/Thomm 2008b: 32). Weitere Studien haben positive Zusammenhänge zwischen der Semesteranzahl und der studentischen Gründungsneigung bzw. Gründungsaktivität festgestellt (vgl. hierzu z.B. Otten 2000: 15, zit. n. Brockmann/Greaney 2006: 6; Kailer 2007: 7, 12). Insgesamt betrachtet, erscheint es dem Autor der vorliegenden Arbeit zweckdienlich, die Semesteranzahl als Kontrollvariable in erweiterten Modellvarianten aufzugreifen, um potenzielle Einflüsse der Semesteranzahl auf die Gründungsrelevanz bzw. auf die Gründungswahrscheinlichkeit der Studierenden aufdecken bzw. berücksichtigen zu können.

Bzgl. der Unterscheidung zwischen grundständigem und weiterführendem Studium lässt sich, infolge der Ausführungen über den Studienfortschritt im Zusammenhang mit der Semesteranzahl bereits mutmaßen, dass Studierende in weiterführenden Studiengängen gegenüber Studierenden in grundständigen Studiengängen aufgrund ihres grundsätzlich höheren Bildungsniveaus wahrscheinlicher über Gründungsintentionen

[1102] Unter Bezugnahme auf Shapero/Sokol 1982.

verfügen (Hindle/Klyver/Jennings 2009: 42). „Many researchers have shown that education is positively associated with the tendency to be an entrepreneur, 'possibly because the entrepreneur may find a higher rate of return on his or her educational investment when self-employed that could be obtained as an employee' (Aronson, 1991, p. 7)" (Shane 1996: 753[1103]). Natürlich ist hierbei zu beachten, dass generelles Humankapital sowohl bei der beruflichen Selbständigkeit als auch bei der angestellten Erwerbstätigkeit bedeutend ist (Cooper/Gimeno-Gascon/Woo 1994: 389). Nichtsdestotrotz decken diverse Studien einen positiven Zusammenhang zwischen dem Bildungsniveau und der unternehmerischen Tätigkeit auf (vgl. hierzu z.B. King 1985: 411; Shane 1996: 753[1104]; Link/Welsh 2013: 3[1105]). Der GEM-Länderbericht für Deutschland untermauert diesen Zusammenhang konkret bzgl. Hochschulabsolventen, die eine deutlich überdurchschnittliche TEA i.H.v. 7,8 Prozent aufweisen (Sternberg/Vorderwülbecke/Brixy 2015: 6). Arenius und De Clercq verdeutlichen die signifikante Bedeutung des Bildungsniveaus im Gründungskontext bzgl. Abschlüsse aus weiterführenden Studiengängen gegenüber Abschlüssen aus grundlegenden Studiengängen zwar explizit im Rahmen der Wahrnehmung potenzieller unternehmerischer Gelegenheiten (Arenius/De Clercq 2005: 249-61), deuten allerdings unter Bezugnahme auf Bandura (1978) an, dass infolge des durch den höheren Bildungsabschluss gesteigerten Selbstbewusstseins auch positive Effekte auf die Verfolgung von potenziellen unternehmerischen Gelegenheiten einhergehen müssten (Arenius/De Clercq 2005: 261). Weitere Autorinnen betonen zudem, dass von höheren Bildungsabschlüssen positive Effekte auf die Möglichkeiten bei der Akkumulation von, für die Unternehmensgründung notwendigen Ressourcen ausgehen können (Brush/Greene/Hart 2001: 74). Auch wenn die einschlägige Literatur demnach grundsätzlich einen positiven Zusammenhang zwischen dem Bildungsniveau und Gründungsabsichten sowie Gründungsaktivitäten illustriert, mangelt es jedoch an Untersuchungen, die diesbezüglich explizit Studierende im grundlegenden Studium mit Studierenden im weiterführenden Studium vergleichen. Demnach erscheint es nach Ansicht des Autors der vorliegenden Arbeit nicht angemessen, den grundsätzlich bestätigten Zusammenhang zwischen einem allgemein

[1103] Mit weiteren Verweisen.
[1104] Mit weiteren Verweisen.
[1105] Mit weiteren Verweisen.

„höheren Bildungsniveau" – das nicht zwangsläufig einen Hochschulabschluss impliziert – und der Gründungswahrscheinlichkeit bzw. der unternehmerischen Tätigkeit unmittelbar im Rahmen der beiden hier betrachteten speziellen Bildungsniveaus – Studierender im grundständigen Studium und Studierender im weiterführenden Studium – zu „hypothetisieren" und sodann empirisch zu überprüfen; allerdings erscheint es zweckdienlich, die Kontrollvariable „weiterführendes Studium" in erweiterten Modellvarianten aufzugreifen, um entsprechende potenzielle Einflüsse auf die Gründungsrelevanz und die Gründungswahrscheinlichkeit der Studierenden aufdecken bzw. herausrechnen zu können.

Bzgl. der Studienform, d.h. Präsenz- oder Fernstudium, scheint die Forschung potenzielle Unterschiede zwischen Studierenden im Präsenzstudium und Studierenden im Fernstudium bzgl. deren Gründungsaktivitäten grundsätzlich auszuklammern (vgl. hierzu z.B. insb. die in diesem Abschnitt bereits zitierten Studien mit Fokus auf die studentische Zielgruppe). Allerdings deutet bspw. Douglas einen, in diesem Zusammenhang mutmaßlich wichtigen Aspekt an: „Some people were born to entrepreneurial parents and learned entrepreneurial attitudes, abilities, and behaviors during their childhood. Others learned to be more entrepreneurial at school or university" (Douglas 2009: 6). Demnach entstehen Gründungsintentionen und unternehmerische Fähigkeiten gewiss auch unabhängig von bzw. außerhalb der Hochschule, genauso wie Gründungsaktivitäten normalerweise außerhalb der Hochschule stattfinden dürften; wenn allerdings, wie die Ausführungen von Douglas verdeutlichen, unternehmerische Intentionen und Fähigkeiten auch *an* der Hochschule gelernt[1106] werden können,[1107] lässt sich vermuten, dass dieser genannte *hochschulbedingte* Einfluss – insbesondere weil dieser offensichtlich auch soziale Beziehungen (vgl. hierzu z.B. Kapitel 2.3 und Kapi-

[1106] Zur Gründungsausbildung, vgl. z.B. Braukmann 2003: 201; Uebelacker 2005: 101; Breuer 2006: 84; Fayolle 2006: 6; Bergmann 2014: 3, 28; Sternberg/Vorderwülbecke/Brixy 2015: 23-25 sowie Kapitel 2.5.

[1107] Hierbei wird eine – zumindest partielle – Lehr- und Lernbarkeit von gründungsrelevanten Handlungskompetenzen innerhalb der akademischen Ausbildung (Breuer 2006: 88f.) zugrunde gelegt (Kuratko 2005: 578), die als weitgehend akzeptiert (vgl. hierzu z.B. Gibb 1993: 12; Katz 1991: 87; Koch 2002: 7-14; Kuratko 2005: 580, mit weiteren Verweisen; Uebelacker 2005: 89-95, mit weiteren Verweisen; Fayolle 2006: 3f., mit weiteren Verweisen) eingestuft wird (Uebelacker 2005: 89), was auch mehrere empirische Studien untermauern (Gorman/Hanlon/King 1997: 71, mit weiteren Verweisen; Volery/Müller 2006: 2f., mit Verweisen auf Kolvereid/Moen 1997; Tkachev/Kolvereid 1999; Noel 2001; Varela/Jimenez 2001; Fayolle 2005). Vgl. hierzu auch Kapitel 2.5.

tel 2.4) umfasst (Brush/Greene/Hart 2001: 74), die sich auf das spezifische Humankapital der potenziellen Gründer auswirken (Douglas 2009: 6[1108]) – bei Studierenden im Präsenzstudium höher ausgeprägt sein könnte als bei Studierenden im Fernstudium, die ihre Hochschule grundsätzlich seltener besuchen dürften und in diesem Fall somit auch ihren an der Hochschule existierenden sozialen Netzwerken seltener ausgesetzt sein dürften. Folglich lässt sich zwar ein Einfluss der Studienform auf den studentischen Gründungsprozess annehmen, da dem Autor der vorliegenden Arbeit allerdings keine diesbezüglichen Forschungsergebnisse vorliegen, wird keine Hypothese formuliert, sondern die Kontrollvariable „Fernstudium“ in erweiterten Modellvarianten aufgegriffen, um zumindest entsprechende potenzielle Einflüsse der Studienform auf die Gründungsrelevanz und die Gründungswahrscheinlichkeit der Studierenden aufdecken bzw. berücksichtigen zu können.

Bzgl. der Hochschulart deuten Forschungsergebnisse an, dass Studierende an (Fach-) Hochschulen höhere Gründungsneigungen aufweisen als Studierende an Universitäten (Josten/van Elkan/Laux/Thomm 2008a: 15), wobei die Autoren anmerken, dass dies auch durch die zwischen den beiden Geschlechtern „divergierende Gründungsneigung“ bedingt sein könnte (Josten/van Elkan/Laux/Thomm 2008a: 16). Bergmann kommt, allerdings speziell bzgl. Studierender der Wirtschaftswissenschaften, zu einem entsprechenden Ergebnis, dass die Gründungsneigung von Studierenden an Universitäten „etwas schwächer“ ausgeprägt ist als an (Fach-) Hochschulen, was der Autor einerseits auf die praxisnähere Ausbildung an (Fach-) Hochschulen sowie auf die dort oftmals höheren Berufserfahrungen der Studierenden gegenüber denen an Universitäten zurückführt und andererseits auf die vergleichsweise tendenziell höheren Verdienstaussichten der Studierenden an Universitäten im Rahmen angestellter Beschäftigungsverhältnisse, die sich wiederum möglicherweise auf die studentischen Gründungsaktivitäten auswirken (Bergmann 2014: 16). Demgegenüber erkennt Bergmann bei Studierenden der Ingenieurwissenschaften und der Informatik „kein klares Muster“ bzgl. potenzieller gründungsneigungsspezifischer Unterschiede zwischen Studierenden an Universitäten und Studierenden an (Fach-) Hochschulen (Bergmann 2014: 19). Insgesamt betrachtet, erscheint dem Autor der vorliegenden Arbeit auch die Frage nach

[1108] Mit weiteren Verweisen.

einem potenziellen Einfluss der Hochschulart, d.h. (Fach-) Hochschule oder Universität, auf den studentischen Gründungsprozess noch unzureichend erforscht zu sein, um bereits anhand von potenziellen Hypothesen getestet zu werden; allerdings wird die Kontrollvariable „Universität“ in erweiterten Modellvarianten aufgegriffen, um potenzielle Einflüsse der Hochschulart auf die Gründungsrelevanz und die Gründungswahrscheinlichkeit der Studierenden aufdecken bzw. herausrechnen zu können.

Basierend auf den Ausführungen in diesem Abschnitt werden die folgenden Hypothesenpaare abgeleitet:

H41a: Das Alter beeinflusst die Gründungsrelevanz der Studierenden.
H41b: Das Alter beeinflusst die Gründungswahrscheinlichkeit der Studierenden.
H42a: Das Geschlecht beeinflusst die Gründungsrelevanz der Studierenden.
H42b: Das Geschlecht beeinflusst die Gründungswahrscheinlichkeit der Studierenden.

3 Forschungsdesign

„As entrepreneurship emerges as a recognized area of inquiry, the quality and usefulness of the theory that is developed will be tied to the ability of researchers to identify patterns of causality. Early efforts in entrepreneurship research were understandably exploratory case studies or cross sectional statistical studies of the 'census-taking' type. However, if such exploratory studies are successful, they should be followed by more systematic studies that subject a priori hypotheses to formal testing and work toward the development of theory" (Low/MacMillan 1988: 153f.).

Die im letzten Kapitel aus der theoretischen und forschungsbasierten Entrepreneurship-Literatur hergeleiteten Hypothesen bzgl. der für eine ressourcenbasierte betriebswirtschaftliche[1109] Analyse des studentischen Gründungsprozesses als ausschlaggebend herausgearbeiteten Bereiche und deren Integration in das entwickelte Arbeitsmodell entspricht dem im Eingangszitat genannten Postulat, genauso wie der Forderung nach einer modellgestützten Erforschung des Unternehmensgründungsphänomens (Low/MacMillan 1988: 154; Bygrave 1989: 23; Gartner/Gatewood 1992: 5; Chandler/ Lyon 2001: 101, 107; Chiles/Bluedorn/Gupta 2007: 485[1110]);[1111] wobei das Forschungsziel der vorliegenden Arbeit – „bei einer realistischen Einschätzung des Forschungsfeldes" (Brüderl/Preisendörfer/Ziegler 1998: 20) – nicht in der Entwicklung einer generellen Entrepreneurship- oder Unternehmensgründungstheorie liegt,[1112] sondern darin, im Rahmen des eingenommenen Forschungsfokus, nach der im letzten Kapitel erfolgten Modellentwicklung fortan die in Hypothesen ausgedrückten Modellannahmen empirisch zu überprüfen und anhand der daraus hervorgehenden Forschungsergebnisse zur Erklärung („lediglich") des entsprechenden Teilbereichs des komple-

---

[1109] Venkataraman sieht die Betriebswirtschaftslehre als am geeignetsten für die Untersuchung seiner innerhalb der Entrepreneurship-Forschung aufgeworfenen Fragestellungen (Venkataraman 1997: 135).

[1110] Mit Verweis auf Van de Ven/Engleman 2004: 355.

[1111] Wie bereits in Kapitel 2.3 verdeutlicht, liegt das Ziel im Rahmen einer modellbasierten Erforschung darin, einerseits alle für die Fragestellung ausschlaggebenden ermittelbaren Einflussgrößen einzubeziehen und andererseits hierbei eine gewisse „Sparsamkeit" anzustreben; zumal insbesondere durch die Schwerpunktsetzung auf einige wichtige Einflussgrößen Erkenntnisse generiert werden können (vgl. hierzu Gartner/Gatewood 1992: 5; Shane 1996: 751f.; Mugler 1998: 99 sowie Kapitel 2.3).

[1112] Low verdeutlicht, dass – je nach verfolgter Strategie der zukünftigen Forschungsrichtung – nicht zwangsläufig die Notwendigkeit für eine Entrepreneurship-Theorie besteht (Low 2001: 17-21). Venkataraman weist zudem darauf hin, dass es einer Ansicht zufolge sogar unmöglich sei, eine Entrepreneurship-Theorie zu entwickeln (Venkataraman 1997: 135).

xen[1113] (Gartner 1989b: 27; Berg 2004: 77-84; Palmer 1971: 36), fachübergreifenden und besonders heterogenen Phänomens der Unternehmensgründung (Alvarez/Busenitz 2001: 755-72; Saßmannshausen 2012: 19, 525f.), mit seiner Vielzahl an möglichen Problemstellungen (Brüderl/Preisendörfer/Ziegler 1998: 20f.; Fallgatter 2004: 32), beizutragen (vgl. hierzu z.B. Carlsson/Braunerhjelm/McKelvey/Olofsson/Persson/ Ylinenpää 2013: 915; Alvarez/Busenitz 2001: 771; Mugler 1998: 99; Shane 1996: 751f.; Gartner/Gatewood 1992: 5-8; Churchill 1989: 7 sowie Kapitel 2.3). Gewiss sind im Rahmen des Theorisierens „vereinfachende Annahmen" unvermeidlich (Solow 1956: 65), genauso lassen sich im Rahmen des Forschungsprozesses einerseits normalerweise nicht sämtliche, von anderen Autoren als bedeutend deklarierte Variablen beobachten bzw. erfassen (vgl. hierzu z.B. Brüderl/Preisendörfer 2000: 51f.), und andererseits führt eine eigene theoriegestützte Variablenselektion – auch im Sinne der postulierten „Reduktionen auf Wesentliches" (Mugler 1998: 99) – zu „more insight than a compilation of all available variables" (Brüderl/Preisendörfer/Ziegler 1992: 228). So wurden im Rahmen der Herleitung des Arbeitsmodells Variablen betrachtet, auf die betriebswirtschaftliche Forschungsarbeiten im Zusammenhang mit der Erklärung, warum Personen zu Unternehmern werden bzw. Unternehmen gründen (wollen), zurückgegriffen haben; woraufhin eine Eingrenzung auf diejenigen Variablen erfolgte, die mit den theoretischen Perspektiven dieser Arbeit vereinbar sind und die im Rahmen der angewendeten Forschungsmethodik als abfragbar erachtet werden (vgl. hierzu Shane 1996: 751). Eine derartigere Vorgehensweise erscheint ohnehin notwendig, zumal „we do not yet have a theory of entrepreneurship which identifies all predictor and control variables" (Shane 1996: 752), und ist Dollinger zufolge auch mit dem ressourcenbasierten Ansatz vereinbar (vgl. hierzu Dollinger 2008: 60).

Im Folgenden wird das methodische Forschungsdesign der vorliegenden Arbeit aufgezeigt, wobei u.a. auf den von Müller-Böling und Klandt (1990) entwickelten Gesamtbezugsrahmen für die empirische Gründungsforschung eingegangen wird, durch den u.a. Wissen strukturiert, der Forschungsprozess koordiniert und einzelne Forschungsergebnisse vergleichbar gemacht werden sollen, indem diese bspw. besser aufeinander

---

[1113] „*Komplexität* wird verstanden als der im Zeitablauf variierende Grad an Vielschichtigkeit, Vernetzung und Folgelastigkeit eines Handlungsraumes" (Zacharias 2001: 42).

bezogen werden können (Müller-Böling/Klandt 1990: 144f.). Dieser Bezugsrahmen basiert auf diversen Forschungsobjekten, differenziert verschiedene Forschungsperspektiven und führt mehrere Forschungsansätze bzgl. des Gründungsphänomens auf (Müller-Böling/Klandt 1990: 145). Zudem werden zwei interessierende Fragestellungen mit unterschiedlichen Wirkungsrichtungen aufgezeigt, nämlich nach den Einflussfaktoren des Um- oder „Infeldes" auf die Unternehmensgründung sowie nach den Wirkungen der Unternehmensgründung auf die Um- oder „Insysteme", wobei Müller-Böling und Klandt die zweite Fragestellung als weniger der Gründungsforschung, sondern vielmehr dem Interessenfeld anderer Forschungsgebiete (z.B. Arbeitsplatzschaffung oder volkswirtschaftliche Wettbewerbsfähigkeit) zugehörig erachten und befürworten, sie aus dem Ansatz einer betriebswirtschaftlichen Gründungsforschung in gewisser Hinsicht auszuklammern (Müller-Böling/Klandt 1990: 146). Im Rahmen der von Müller-Böling und Klandt aufgezeigten Forschungsperspektiven bezieht sich das Referenzsystem der vorliegenden Arbeit primär auf die individuelle personenorientierte Ebene, explizit auf die Gründerperson, wobei auch einige Einflüsse aus den anderen Analyseebenen (z.B. einzelwirtschaftlich und gesellschaftlich) berücksichtigt werden (Müller-Böling/Klandt 1990: 147f.), jedoch stets aus der Perspektive der befragten potenziellen Gründer. Dies erscheint gerechtfertigt, da gerade die potenziellen Gründer die Entscheidung über ihre Gründungsaktivität zu treffen haben (Acs/Audretsch/Lehmann 2013: 757; Douglas 2009: 4f.; Mellewigt/Schmidt/Weller 2006: 110; Berg 2004: 75; Glade 1967, zit. n. Low/MacMillan 1988: 150; Palmer 1971: 35) und somit deren Interpretationen und Bewertungen der Einflüsse anderer Ebenen diese Entscheidung mit beeinflussen (vgl. hierzu z.B. Casson 2010: 376f.; Carsrud/Brännback/Elfving/Brandt 2009: 148f.[1114]; Douglas 2009: 3-19; Haynie/Shepherd/McMullen 2009: 340[1115]; Low/MacMillan 1988: 149f.[1116]; Veblen 1898: 387f. sowie Kapitel 2.3, Kapitel 2.4 und Kapitel 2.5). Die individuelle personenorientierte Ebene wird in der Gründungsforschung als besonders relevant hervorgeheben, zumal sich das zu gründende Unternehmen während des Gründungsprozesses erst in der Entstehung befindet bzw. noch nicht existiert, und ferner repräsentiert und beeinflusst der Gründer bzw.

[1114] Mit Verweis auf Huuskonen 1989.
[1115] Unter Bezugnahme auf Barney 1991; McMullen/Shepherd 2006.
[1116] Unter Bezugnahme auf Glade 1967.

das Gründerteam entscheidend das zu gründende bzw. gegründete Unternehmen (Müller-Böling/Klandt 1990: 147). Bezugnehmend auf die Forschungsobjekte des von Müller-Böling und Klandt entwickelten Bezugsrahmens liegt der Schwerpunkt dieser Arbeit auf der Gründerperson sowie auf dem Gründungserfolg im Sinne des Stattfindens einer Gründungsaktivität bzw. der (aktuellen oder zukünftigen) Gründungsrealisation, wobei wiederum einige Merkmale der Forschungsobjekte Umsystem (z.B. Konjunkturlage und Gründungsinstrumente) sowie Unternehmung (z.B. Information und Geschäftszweck) (Müller-Böling/Klandt 1990: 149-61) aus der Perspektive des befragten potenziellen Gründers mit in die Analyse einfließen.[1117] „Die auf die Gründerperson bezogene Betrachtung, hat in der Gründungsforschung deswegen einen deutlichen Stellenwert, weil bei einer frühzeitig ansetzenden Untersuchung der Unternehmungsgenese das System Unternehmung weder in differenzierter Planung noch in konkreter Ausformung existiert, die (potentielle) Gründerperson aber als Erfahrungsobjekt schon in diesem Stadium untersucht werden kann“ (Müller-Böling/Klandt 1990: 158). Im Hinblick auf die im Bezugsrahmen von Müller-Böling und Klandt aufgeführten Forschungsansätze (Müller-Böling/Klandt 1990: 161-66) ist diese Arbeit wie folgt einzuordnen. Brüderl, Preisendörfer und Ziegler weisen im Zusammenhang mit dem relativ frühen Stadium der Gründungsforschung und dem gewöhnlich beklagten „Theoriedefizit“ (Brüderl/Preisendörfer/Ziegler 1998: 18[1118]) darauf hin, dass sowohl in der deutschen als auch in der internationalen Gründungsforschung im Rahmen der statistischen Analyseverfahren ein relativ bescheidenes Niveau herrscht: „Es dominieren schlichte Grundauszählungen der jeweiligen Erhebungen und elementare bivariate Analysen“ (Brüderl/Preisendörfer/Ziegler 1998: 17), wodurch Aussagen über vermutete Kausalzusammenhänge kritisch zu hinterfragen sind. Um diesem Defizit entgegenzuwirken, wird vielmehr die Verwendung multivariater statistischer Analysemethoden wie in der Ökonometrie gefordert (Brüderl/Preisendörfer/Ziegler 1998: 17f.). Während Bygrave im Jahre 1989 in seinem Beitrag der Anwendung von Regressionsanalysen in der Entrepreneurship-Forschung aufgrund ihres frühen Entwicklungs-

---

[1117] „Die Gründerperson ist aufgrund der Zeugung und Metamorphose einer Gründungsunternehmung, die mit in die Betrachtung gehört, weder eindeutig dem Umsystem der Gründungsunternehmung noch dem Insystem dieses Objektes zuzuordnen und daher im Bezugsrahmen speziell herausgestellt“ (Müller-Böling/Klandt 1990: 158).

[1118] Mit Verweisen auf Eckart/v. Einem/Stahl 1987; Mugler/Plaschka 1987; Picot/Laub/Schneider 1989; Fritsch 1990.

stadiums in einer „Vortheoriephase“ und zu geringer Stichprobengrößen noch offensichtlich skeptisch gegenübersteht und entsprechend des damaligen Forschungsstandes insgesamt bezweifelt, dass diejenigen Einflussgrößen des Gründungsprozesses aufgegriffen werden, die beständig genug bzw. reproduzierbar sind, um mithilfe von Regressionsmodellen losgelöst analysiert werden zu können (Bygrave 1989: 11, 21-23[1119]), hat die Entrepreneurship-Forschung seither einige allgemein anerkannten Forschungsergebnisse hervorgebracht, aus denen sich Modelle entwickeln lassen (vgl. hierzu z.B. Mellewigt/Schmidt/Weller 2006), die zur Entwicklung zumindest partieller Theorien beitragen, so dass sich mittlerweile auch die von Bygrave gebotene Vorsicht bzgl. der Anwendung einer „meticulous research“ (vgl. hierzu Bygrave 1989: 22f.) bzw. entsprechender Forschungsmethoden relativiert haben müsste; vielmehr werden die vertiefte Elaboration bzw. multivariate Forschungsmethoden in der Gründungsforschung schon seit längerem konkret angeregt bzw. gefordert (vgl. hierzu z.B. Klandt/Münch 1990: 175-78; Brüderl/Preisendörfer/Ziegler 1998: 17f.) und auch angewendet (vgl. hierzu z.B. Mellewigt/Witt 2002: 103f.; Chandler/Lyon 2001: 101-12; Brüderl/Preisendörfer/Ziegler 1998; Klandt/Kirchhoff-Kestel/Struck 1998; Schefczyk 1999; Tegtmeier 2008; Shane 1996). Hierbei ist allerdings, je nach Forschungskontext, die Adäquanz der statistischen Analyseverfahren zu beachten. Im Rahmen einer Analyse *speziell* des Innovations- bzw. Erfolgspotenzials von Unternehmensgründungen mögen zwar die „besonderen Ausnahmen“ im Sinne innovativer, wachstumsstarker Unternehmungen, die neue Kombinationen durchsetzen (Schumpeter 1993b: 100f.), interessant erscheinen und sich somit auf statistischen Durchschnittswerten basierende Analyseverfahren wie die Regression weniger eignen, da in diesem Zusammenhang gerade von den besonderen Ausnahmefällen lehrreiche Erkenntnisse zu erwarten sind (Saßmannshausen 2012: 104f.[1120]; Bygrave/Hofer 1991: 18; Bygrave 1993: 259). Ferner handelt es sich Bygrave zufolge beim Akt der kreativen Zerstörung bzw. der Durchsetzung neuer Kombinationen um einen „schlagartigen Sprung“ bzw. eine Diskontinuität, während derartige quantitative Modelle wie die Regression auf der Nutzung stetiger Funktionen basieren (Bygrave 1993: 256[1121]). Einerseits lassen sich allerdings im

[1119] Unter Bezugnahme auf Thom 1968.
[1120] Unter Bezugnahme auf Walterscheid 2001: 14; Luhmann 2008: 157f.; Cruikshank 2005: 348f.; Roberts/Stevenson/Sahlmann/Marshall/Hamermesh 2006; Gartner 1995: 75.
[1121] Unter Bezugnahme auf Thom 1968.

Rahmen dieser großflächigen Untersuchung des studentischen (Vor-) Gründungsprozesses derartige besondere bzw. erfolgreiche Ausnahmen im Vorfeld bzw. zum Zeitpunkt der Gründungsrealisation ohnehin (noch) nicht antizipieren, so dass es zwecks der Erforschung der für die Gründungsrelevanz und Gründungswahrscheinlichkeit entscheidenden Faktoren hingegen sinnvoll erscheint, von allgemeingültigen Merkmalen von Gründungsprozessen auszugehen und nach „gesetzartigen" Regelmäßigkeiten zu suchen (Walterscheid 2001: 14, zit. n. Saßmannshausen 2012: 104). Da also Einflussgrößen aufgedeckt werden sollen, die – unabhängig vom Innovations- und Erfolgspotenzial der (potenziellen) Unternehmensgündungen – *generell* ursächlich für die Gründungsrealisation sind, erscheint es folglich sinnvoll, auf der Bildung von Durchschnittswerten basierende statistische Verfahren wie Regressionsanalysen zu nutzen; an dieser Stelle wird wiederum die zuvor in Kapitel 2.3, im Zusammenhang mit den theoretischen Perspektiven aufgezeigte Bedeutung der Unterscheidung zwischen Gründungserfolg und Gründungsrealisation in der Gründungsforschung auch hinsichtlich der Forschungsmethoden deutlich. Andererseits kann der „durchschnittliche" und bis zur Gründungsrealisation fortschreitende Gründungsprozess auch relativ kontinuierlich im Sinne einer fortlaufenden Akkumulation und Koordination von Informationen und weiteren Ressourcen und mit „fließenden" Übergängen zwischen seinen einzelnen Phasen[1122] verlaufen, insbesondere wenn er definitionsgemäß mit der Erwirtschaftung erster Umsatzerlöse endet (Reynolds/Miller 1992: 405, 415; Mellewigt/Witt 2002: 83), das gegründete Unternehmen somit grundsätzlich frühestens an der Schwelle zur Frühentwicklungsphase einen „schlagartigen" bzw. wesentlichen Einfluss auf seine Umwelt bzw. die Volkswirtschaft ausüben kann; also erst zum Zeitpunkt, in dem der Gründungsprozess bereits als beendet angesehen wird.[1123] Demzu-

[1122] Durch die Phaseneinteilung sollen ohnehin nur idealtypische Abgrenzungskriterien angedeutet werden (Szyperski/Nathusius 1999: 33), die der Komplexitätsreduktion und Überschaubarkeit des Gründungsprozesses dienen (Zacharias 2001: 38f.).

[1123] Auch wenn nicht eindeutig voneinander abgegrenzt, bezieht Bygrave das Merkmal der Diskontinuität entsprechend explizit und vielmehr auf das „entrepreneurial event", offensichtlich im Sinne der bereits realisierten Gründung bzw. eines, das Unternehmen ins Leben rufenden Gründungsaktes (Bygrave 1993: 258), als auf den unternehmerischen Prozess allgemein (Bygrave 1993: 256f.), was im, mit Hofer gemeinsamen Artikel noch umgekehrt war (Bygrave/Hofer 1991: 17). Während Bygrave und Hofer als wichtiges Merkmal des „entrepreneurial process" hervorheben, dass „[i]t involves a *discontinuity*" (Bygrave/Hofer 1991: 17), führt Bygrave hingegen als wichtiges Merkmal für das „entrepreneurial event" auf, dass „[i]t is a *discontinuity*" (Bygrave 1993: 257). Dass allerdings auch Bygrave und Hofer die Diskontinuität vielmehr auf eine der Gründung nachfolge erscheint das Merkmal der Diskontinuität vielmehr relevant für innovative, wachstumsstarke (junge) Unternehmen im Zuge der Durchsetzung neuer Kombinationen, als für sich noch im Gründungsprozess befindende, (potenziell) entstehende Unternehmen oder – zumindest i.d.R. – (lediglich) ihren ersten Umsatz erwirtschaftende Unternehmensgründungen. Somit kann im Rahmen der in dieser Arbeit untersuchten Gründungsprozesse nicht analog bzw. zwangsläufig von Regressionsanalysen „erschwerende“ Diskontinuitäten ausgegangen werden, die Bygrave ohnehin explizit auf den „Akt kreativer Zerstörung“ im Schumpeterschen Sinne zurückführt (Bygrave 1993: 256), also auf die oben beschriebenen „besonderen Ausnahmen“. Für derartige Verallgemeinerungen auf die „durchschnittliche Gründung“ ist der Gründungsprozess noch zu unerforscht (vgl. hierzu z.B. Samuelsson/Davidsson 2009: 229f.; Mellewigt/

folgenden Phase bzw. einen entsprechenden Zeitpunkt beziehen, in dem der Gründungsprozess bereits abgeschlossen ist, und weniger auf den unternehmerischen Prozess allgemein, wird durch ihre folgende Beschreibung ersichtlich, bei der sie bereits auf unmittelbare Einflüsse auf die Wettbewerbsstruktur hinweisen. „The act of becoming an entrepreneur involves changing the external environment from one state (that without the venture) to another (that with the venture). It also represents a basic discontinuity in the competitive structure of the industry involved. Sometimes it even involves the creation of the industry itself“ (Bygrave/Hofer 1991: 17). Um einen entsprechenden Einfluss im Sinne einer Diskontinuität auf den Wettbewerb ausüben zu können, muss ein gegründetes Unternehmen jedoch eine gewisse Entwicklungsstufe erreicht haben, sich grundsätzlich also mindestens in der auf die Gründungsphase folgende Frühentwicklungsphase befinden. Dass Bygrave und Hofer mit dieser Annahme offensichtlich übereinstimmen müssten, wird zudem durch einen älteren Beitrag von Bygrave untermauert, in dem er in sein „Model of the Entrepreneurial Process“ auch die auf die „Implementierungsphase“ folgende „Wachstumsphase“ einbezieht und zudem unter Bezugnahme auf Gartner (1988) wie folgt explizit auf die Schwierigkeit differierender Entrepreneurship-Definitionen hinweist (Bygrave 1989: 8f.). „However, those who hold the view that entrepreneurship deals only with the starting of new ventures might quarrel with the inclusion of the growth phase“ (Bygrave 1989: 8). Nichtsdestotrotz definieren Bygrave und Hofer, dass der „Entrepreneurial Process involves all the functions, activities, and actions associated with the perceiving of opportunities and the creation of organizations to pursue them“ (Bygrave/Hofer 1991: 14), inkludieren demzufolge nur die Gründung zwecks Verfolgung der potenziellen unternehmerischen Gelegenheit und lassen somit die Verwertung der potenziellen unternehmerischen Gelegenheit offensichtlich unberücksichtigt; denn ansonsten wäre ein expliziter Zusatz wie z.B. „and the exploitation of those opportunities“ erforderlich. Umso verwunderlicher ist es, dass Bygrave und Hofer den Abschnitt, in dem sie „Entrepreneurial Event“, „Entrepreneurial Process“ und „Entrepreneur“ definieren (Bygrave/Hofer 1991: 13f.), mit dem Zitat „Good science has to begin with good definitions“ (Bygrave/Hofer 1991: 13) beginnen. Aus diesen drei weit gefassten (Bygrave/Hofer 1991: 14; Bygrave 1993: 257) Definitionen, auf die auch Bygrave zurückgreift (Bygrave 1993: 257), geht zudem kein direkter bzw. kein notwendiger Bezug zur Innovation bzw. Durchsetzung neuer Kombinationen im Sinne von Schumpeter (1993b: 100f.) hervor, obwohl sich Bygrave explizit auf Schumpeter bezieht und hierbei den „Akt kreativer Zerstörung“ beschreibt als „a sudden leap; it is a discontinuity“ (Bygrave 1993: 256). Während die Definitionen folglich Gründungen von Organisationen (zwecks Verfolgung von wirtschaftlichen Gelegenheiten) allgemein berücksichtigen, beschränkt sich das Merkmal der Diskontinuität hingegen auf innovative Unternehmungen bzw. besondere Ausnahmefälle. Je nach Forschungsziel (und Forschungsobjekt) relativiert sich dadurch die oben beschriebene Kritik an der Anwendung von Regressionsanalysen in der Entrepreneurship-Forschung.

Schmidt/Weller 2006: 94; Bygrave 1993: 256; Reynolds/Miller 1992: 405; Picot/Laub/Schneider 1989: 1; Mellewigt/Witt 2002: 82[1124]; Saßmannshausen 2012: 89; Gladbach 2015: 58[1125]; Pryor/Webb/Ireland/Ketchen 2016: 21-36, sowie Kapitel 2.3), womit es gerechtfertigt erscheint, während des „durchschnittlichen“ Gründungsprozesses von einer relativen Kontinuität der von den potenziellen Gründern durchgeführten Handlungsschritte auszugehen und bei seiner Erforschung auf Regressionsanalysen zurückzugreifen.[1126] Ferner können durch den Einsatz von multivariaten Verfahren bzw. Regressionsanalysen Erkenntnisse durch die in der Gründungsforschung bisher i.d.R. angewendeten bzw. weiterhin üblichen explorativen Untersuchungen (Müller-Böling/Klandt 1993b: 164; Driescher 1999: 5; Mellewigt/Witt 2002: 103; Gladbach 2015: 120), Häufigkeitsauszählungen und bivariaten Analysen (Brüderl/Preisendörfer/Ziegler 1998: 17; Mellewigt/Witt 2002: 104) erweitert werden. Diese Forderung, im Rahmen der Entrepreneurship-Forschung von der bloßen Exploration zur Beschreibung, Erklärung und Prädiktion überzugehen, wird weiterhin in jüngerer Zeit gestellt (Carlsson/Braunerhjelm/McKelvey/Olofsson/Persson/Ylinenpää 2013: 927). Nach aktuellem Forschungsstand erscheint es folglich zweckdienlich, neben der Ableitung von Tendenzaussagen aus der Literatur, ausgehend von einer auf einem Literaturreview basierenden Modellentwicklung zu Kausalaussagen über Wirkungszusammenhänge innerhalb des Gründungsprozesses zu gelangen und diese mithilfe der induktiven Statistik zu überprüfen, also einen erkennenden, theoretisch ausgerichteten Forschungsansatz aufzugreifen (Müller-Böling/Klandt 1990: 162; Mellewigt/Witt 2002: 105). Derartige wissenschaftliche Aussagen basieren demnach auf vorhandenem Wissen bzw. werden aus existierenden Theorien bzw. theoretischen Ansätzen abgeleitet und entstehen aus Auffassungen von der Realität oder der Realitätsveränderung (Müller-Böling/Klandt 1990: 164). „Empirie als die methodengestützte Vorgehensweise bei der Konfrontation mit der Realität stellt eine Reihe von Forschungsstrategien, Forschungsformen und Forschungstechniken zur Wissensgewinnung zur Verfügung“ (Müller-Böling/Klandt

[1124] Mit Verweis auf Kaiser/Gläser 1999: 14.

[1125] Gladbach betont, „dass sich die Entrepreneurship-Forschung erst seit ca. 2006 explizit mit der Nascent Entrepreneurship-Phase beschäftigt“ (Gladbach 2015: 58, angelehnt an van Gelderen/Patel/Fiet 2007: 3).

[1126] Trotz der einstig hervorgebrachten Skepsis bzgl. der Anwendung der Regressionsanalyse in der Entrepreneurship-Forschung, zählt insbesondere die multiple Regressionsanalyse generell zu den flexibelsten und am häufigsten angewandten statistischen Analyseverfahren (Fahrmeir/Künstler/Pigeot/Tutz 2004: 513; Backhaus/Erichson/Plinke/Weiber 2000: 2).

1990: 164). In Bezug auf die von Müller-Böling und Klandt aufgeführten empirischen Forschungsmethoden (Müller-Böling/Klandt 1990: 164-66) wird in dieser Arbeit im Bereich der Forschungsstrategien insbesondere auf die auf Erkenntnissen des Kritischen Rationalismus basierende Falsifikationsstrategie[1127] zurückgegriffen, indem die Modellannahmen im Rahmen von Hypothesentests überprüft werden, als Forschungsform wird eine vergleichende Feldstudie, namentlich eine exemplarisch auf vier Hochschulen und drei Fachrichtungen fokussierte Querschnittsuntersuchung[1128] von Studierenden, durchgeführt (Driescher 1999: 31), und als Forschungstechnik der Datensammlung wird auf eine primärdatenorientierte schriftliche Befragung[1129] (Müller-Böling/Klandt 1990: 164-66) mit persönlichem Charakter[1130] zurückgegriffen (Klandt/Brüning 2002: 26-28). Zwar werden in der Gründungsforschung vermehrt Längsschnittuntersuchungen gefordert (vgl. hierzu z.B. Low/MacMillan 1988: 153; Bygrave 1989: 21), die mit höherem Forschungsaufwand einhergehen und nur in Ausnahmefällen realisierbar sind (Low/MacMillan 1988: 157),[1131] allerdings erscheint die Verwendung von dynamischen Denkansätzen und Analysemodellen speziell im Rahmen von Analysen des Gründungserfolges bzw. bereits existierender Unternehmen bedeutend (Low/MacMillan 1988: 153) und relevanter als bei Untersuchungen der Gründungsaktivität, da sich der Gründungserfolg erst mit einem Zeitverzug von mehreren Jahren gegenüber der Gründungsaktivität sinnvoll messen lässt und ferner auch durch die auf den Gründungsprozess folgende Frühentwicklungsphase beeinflusst wird (Klandt/Münch 1990: 175f.; vgl. hierzu z.B. auch Rauch/Frese 2007: 59). Die Datensammlung anhand einer schriftlichen Befragung mit persönlichem Charakter wurde insgesamt im Rahmen der GESt-Studie (vgl. hierzu auch Kapitel 2.5), an welcher der

1127 Albach versteht unter Falsifikationsstrategie statistische Untersuchungen mit Signifikanztests (Albach 1971: 140, zit. n. Wimmer 1996: 67); sie gelangt „über die Widerlegung von Hypothesen durch Konfrontation mit der Realität zu Erkenntnisgewinn“ (Wimmer 1996: 67).

1128 Auch wenn explizit bezogen auf die Intentionsforschung, „cross-sectional models are widely used [...] without losing validity or robustness (Ajzen 1987)“ (Krueger/Reilly/Carsrud 2000: 425). Zu einer „Abgrenzung“ der vorliegenden betriebswirtschaftlichen Arbeit zur Intentionsforschung, vgl. Kapitel 2.4 und Kapitel 2.5.

1129 In der Betriebswirtschaftslehre allgemein sowie in der Gründungsforschung speziell dominiert als Forschungsmethode die Befragung (Mellewigt/Witt 2002: 103).

1130 Im Sinne der Anwesenheit des Interviewers bei der Befragungsdurchführung (Schnell/Hill/Esser 2005: 358).

1131 Bygrave weist darauf hin, dass „longitudinal field research is excruciatingly time consuming [and costly; Anm. d. Verf.], so it does not fit the time constraints imposed on most researchers, especially doctoral students“ (Bygrave 1989: 21).

Autor der vorliegenden Arbeit mitwirkt, basierend auf einem entwickelten standardisierten Fragebogen[1132] durchgeführt; während die GESt-Studie international ausgerichtet ist und insbesondere Ländervergleiche durchführt, fokussiert die vorliegende Arbeit auf eine regressionsbasierte Überprüfung des vom Autor in dieser Arbeit entwickelten Modells und greift hierbei auf die mit dem standardisierten Fragebogen in Deutschland erhobenen Daten zurück, wobei allerdings, entsprechend der Schwerpunktsetzung der vorliegenden Arbeit, nur ein Teilbereich der Fragestellungen des Fragebogens aufgegriffen wird (vgl. hierzu Kapitel 4.1).[1133] In Deutschland wurden Studierende insbesondere an der Hochschule Kaiserslautern (HS KL) und der Technischen Hochschule Mittelhessen (THM), vereinzelt aber auch an der Hochschule Ludwigshafen am Rhein (HS LU) und am Internationalen Hochschulinstitut Zittau (IHI), mittlerweile eine Zentrale Wissenschaftliche Einrichtung der Technischen Universität Dresden, befragt; wobei die vorliegende Arbeit auf die Analyse des an diesen Hochschulen von Studierenden mit den Fachrichtungen Betriebswirtschaftslehre, Ingenieurwissenschaften und Informatik erhobenen Datenmaterials aus dem Zeitraum zwischen dem Wintersemester 2006/2007 und dem Sommersemester 2013 eingegrenzt ist. Gewiss erlauben die hierbei generierten Stichproben keine Verallgemeinerungen auf alle Studierende der drei fokussierten Fachrichtungen in Deutschland, allerdings können sie als geeignet zwecks einer ersten exemplarischen empirischen Überprüfung des in der vorliegenden Arbeit entwickelten Modells eingestuft werden. Bevor allerdings der Frage nach der Repräsentativität der an den vier Hochschulen generierten Stichproben für deren jeweilige Grundgesamtheit – im Sinne der in den entsprechenden Studiengängen immatrikulierten Studierenden (vgl. hierzu z.B. Golla/Halter/Fueglistaller/Klandt 2006: 211) – nachzugehen ist, wird noch auf die angewendete Befragung als Forschungstechnik der Datensammlung näher eingegangen, die in der Betriebswirtschaftslehre allgemein sowie in der Gründungsforschung speziell dominiert (Mellewigt/Witt 2002: 103).

[1132] Zu den darin enthaltenen Fragen und deren Antwortkategorien, vgl. z.B. Danko/Ruda/Martin/Ascúa/Gerstlberger 2013: 327-30; Ruda/Danko/Martin/Gerstlberger 2015a: 45f., 2015b: 42f., 2015c: 45f.

[1133] Die Fragen und deren Antwortkategorien können den in Kapitel 4.1 illustrierten deskriptiven Ergebnissen entnommen werden (vgl. hierzu z.B. auch Danko/Ruda/Martin/Ascúa/Gerstlberger 2013: 327-30; Ruda/Danko/Martin/Gerstlberger 2015a: 45f., 2015b: 42f., 2015c: 45f.).

Hierbei erscheint zur Erreichung des Untersuchungszieles vom „Standardinstrument empirischer Sozialforschung bei der Ermittlung von Fakten, Wissen, Meinungen, Einstellungen oder Bewertungen im sozialwissenschaftlichen Anwendungsbereich" (Schnell/Hill/Esser 2005: 321[1134]) die schriftliche[1135] oder internetgestützte[1136] Befragung geeigneter als die mündliche oder telefonische[1137] Befragung, weil die beiden erstgenannten Erhebungsmethoden zur Erreichung der gleichen Befragungsanzahl mit geringerem Zeitaufwand als auch finanziellem Aufwand einhergehen. Da die postalische Befragung bspw. gegenüber der internetgestützten mit höheren Kosten verbunden ist und ohnehin nicht die hierfür erforderlichen Kontaktdaten der Studierenden vorliegen, verbleiben an dieser Stelle lediglich die schriftliche Befragung mit persönlichem Charakter und die internetgestützte Befragung als Erhebungsalternativen. Bei letzterer Erhebungsmethode ist zwar der Befragungszeitpunkt frei wählbar, allerdings gehen derartige Vorgehensweisen üblicherweise mit einer niedrigen Rücklaufquote einher (Müller-Böling/Klandt 1993a: 42f.; Schnell/Hill/Esser 1995: 333f., 336f., zit. n. Driescher 1999: 38). Außerdem entstehen dabei aufgrund von Selektionseffekten der Erhebenden sowie Selbstselektionseffekten der Studierenden[1138] Restriktionen hinsichtlich der Generalisierbarkeit (Golla/Halter/Fueglistaller/Klandt 2006: 210). Zudem werden persönliche Daten wie Namen respektive E-Mail-Adressen der zu befragenden Studierenden dem Befragungsdurchführer aus Datenschutzgesichtspunkten häufig nicht ausgehändigt, weshalb die Erhebungsmethode der internetgestützten Befragung oftmals ohnehin ausscheidet. Demgegenüber führt die schriftliche Befragung mit persönlichem Charakter grundsätzlich zu vergleichsweise höheren Rücklaufquoten, insbesondere

[1134] Mit weiteren Verweisen.

[1135] Schriftliche Befragungen sind einerseits Befragungen, bei denen mehrere Befragte gleichzeitig Fragebögen in Interviewer-Anwesenheit ausfüllen und andererseits postalische Befragungen, bei denen an die Befragten auszufüllende Fragebögen postalisch versendet werden, damit diese die ausgefüllten Fragebögen zurücksenden (Schnell/Hill/Esser 2005: 358).

[1136] Damit internetgestützte Befragungen verallgemeinerbar sein können, müssen vollständige Listen der Studierenden mit entsprechenden Daten vorliegen (Schnell/Hill/Esser 2005: 378). Es ist davon auszugehen, dass sich hierbei die Kontaktaufnahme mit den Studierenden über E-Mail-Adressen vollzieht, sofern diese dem Befragungsdurchführer zugänglich sind; dies kann natürlich mit Restriktionen verbunden sein (Golla/Halter/Fueglistaller/Klandt 2006: 210f.).

[1137] Diese Befragungsform scheidet ohnehin aus, zumal dem Befragungsdurchführer die Telefonnummern der Studierenden nicht vorliegen.

[1138] So wird davon ausgegangen, dass sich gründungsinteressierte Studierende vermehrt an der Befragung beteiligen als gründungsuninteressierte Studierende, wodurch im Rahmen von internetgestützten Befragungen eine vergleichsweise höhere Ergebnisverzerrung erwartet wird (Brockmann/Greaney 2006: 5).

weil im Rahmen der durchgeführten Befragungen der Studierenden während Lehrveranstaltungen diverser Studiengänge der drei genannten Fachrichtungen alle zum Befragungszeitpunkt anwesenden Studierenden um das vollständige Ausfüllen des Fragebogens gebeten werden; es sei denn, dies sei bereits in einer anderen Lehrveranstaltung erfolgt. Zudem werden die Befragungen, die nach vorheriger Absprache mit den jeweiligen Dozenten der Lehrveranstaltungen ermöglicht werden, den Studierenden zuvor nicht angekündigt, so dass zudem aufgrund des „Überraschungseffekts“ der Befragung ergebnisverzerrende Selbstselektionseffekte der Studierenden reduziert werden, da diese nicht explizit aufgrund der Befragung von der Lehrveranstaltung fernbleiben. Diese Vorgehensweise entspricht zudem dem Postulat der expliziten Analyse auch gründungsindifferenter oder nicht am Thema interessierter Studierender bzw. auch von Studierenden ohne Gründungsintentionen (Schwarz/Grieshuber 2001: 117; Krueger/Reilly/Carsrud 2000: 420[1139]). Diese Forderung lässt sich auf das Postulat von Low und MacMillan bzgl. der Untersuchung sowohl des unternehmerischen Erfolgs als auch des unternehmerischen Scheiterns (Low/MacMillan 1988: 141) zwecks Eliminierung der Ergebnisverzerrung durch die Berücksichtigung lediglich der überlebenden Unternehmen (vgl. hierzu z.B. Bamford/Dean/McDougall 2000: 262; Eisenhardt/Shoonhoven 1990: 521; Klandt/Münch 1990: 176; Cooper/Gimeno-Gascon/Woo 1994: 392; Brüderl/Preisendörfer/Ziegler 1998: 17; Krueger/Reilly/Carsrud 2000: 420) zurückführen. Wenn demnach analog grundsätzlich alle zum Befragungszeitpunkt anwesenden Studierenden befragt und berücksichtigt werden – also auch diejenigen, die bisher noch nicht über eine potenzielle eigene Unternehmensgründung nachgedacht haben bzw. kein Interesse an dieser Thematik haben, mit in die Analysen einfließen –, werden die durch die entsprechenden Selektionseffekte bedingten Ergebnisverzerrungen (vgl. hierzu z.B. Bamford/Dean/McDougall 2000: 273; Brüderl/Preisendörfer/Ziegler 1998: 17; Aldrich/Zimmer 1986b: 5) vermieden. Durch diese Vorgehensweise kann folglich die volle Bandbreite des studentischen Gründungspotenzials[1140] erfasst und untersucht werden; so ergibt sich – bspw. vergleichsweise zur internetgestützten Befragung – ein vollständigeres bzw. realistischeres Abbild der im studentischen

[1139] Mit Verweis auf MacMillan/Katz 1992.

[1140] Acs zufolge sind alle Personen potenzielle Entrepreneure (Acs 2001: 10). Vgl. hierzu auch Kapitel 2.5.

Gründungsprozess existierenden Einflussfaktoren (vgl. hierzu Klandt/Münch 1990: 176).[1141] Insgesamt betrachtet, stellt im Rahmen der vorliegenden Untersuchung somit die Erhebungsmethode der schriftlichen Befragung mit persönlichem Charakter offensichtlich die zielführendste Befragungsalternative dar.

Bezugnehmend auf die Frage nach der Repräsentativität der an den vier Hochschulen generierten Stichproben für deren jeweilige Grundgesamtheit – im Sinne der in den entsprechenden Studiengängen immatrikulierten Studierenden (vgl. hierzu z.B. Golla/Halter/Fueglistaller/Klandt 2006: 211) – kann vorweggenommen werden, dass die an der HS KL generierten Stichproben durchaus Rückschlüsse auf deren entsprechende Grundgesamtheit zulassen, und die an der THM generierten Stichproben, die nur Studierende der Fachrichtungen Betriebswirtschaftslehre und Ingenieurwissenschaften enthalten, ermöglichen zumindest teilweise durchaus Rückschlüsse auf die in den befragten Studiengängen immatrikulierten Studierenden als entsprechende Grundgesamtheit (vgl. hierzu z.B. Golla/Halter/Fueglistaller/Klandt 2006: 211). Demgegenüber liegen dem Autor der vorliegenden Arbeit keine Immatrikulationsdaten der HS LU und des IHI vor, so dass die Frage nach der potenziellen Repräsentativität der an diesen beiden Hochschulen generierten Stichproben im Rahmen der vorliegenden Arbeit nicht beantwortet werden kann, allerdings aufgrund deren vergleichsweise zu den anderen Hochschulen relativ geringer Anzahl nach Ansicht des Autors ohnehin nicht gestellt zu werden braucht. Die Eingrenzung der Befragungsdurchführungen auf vier deutsche Hochschulen mag zwar restriktiv wirken, ist aber infolge zeitlicher und finanzieller Engpässe als auch weiterer äußerer Umstände unausweichlich; nichtsdestotrotz geht die Untersuchung der vorliegenden Arbeit, die auf einer fachrichtungs- und

[1141] „Auch bezüglich der Analyse der Gründungsaktivität sollte bedacht werden, daß es nicht reicht, nur tatsächliche Gründungsfälle heranzuziehen, wenn es gilt die Einflußfaktoren für die Entstehung von Gründungsunternehmen zu ermitteln. Hier sollten immer auch die Fälle Berücksichtigung finden, die nicht zu einer Gründung geführt haben" (Klandt/Münch 1990: 176, unter Weglassung der Hervorhebung im Original), wobei eine potenzielle zukünftige Gründung auch dieser Fälle i.d.R. nicht ausgeschlossen werden kann, es sich also stets um potenzielle Gründer handelt (Acs 2001: 10). Bei einer – abgesehen von der Begegnung während der Befragungsdurchführung – als anonym einzustufenden schriftlichen Befragung von Studierenden, wie sie im Rahmen der vorliegenden Arbeit aufgegriffen wird, lässt sich aufgrund der in diesem Zusammenhang lediglich durchführbaren Querschnittsuntersuchungen allerdings nicht feststellen, inwiefern bei den zum Befragungszeitpunkt (noch) nicht an einer eigenen Gründung interessierten Studierenden daraufhin bzw. zukünftig Gründungsinteresse aufkommt, eine Gründung vorbereitet oder gar durchgeführt wird. Zur Beantwortung dieser Fragestellung sind andere Forschungsdesigns notwendig.

regionsübergreifenden Gesamtstichprobe von annähernd 5000 Studierenden basiert, mit erheblichem Mehrwert für die Gründungsforschung im Bereich des weitgehend unerforschten studentischen Vorgründungsprozesses einher (vgl. hierzu Golla/Halter/ Fueglistaller/Klandt 2006: 211). Die gesamte Stichprobe, auf die in der vorliegenden Arbeit zurückgegriffen wird, umfasst 4951 Studierende, 77,5 Prozent davon sind oder waren an der HS KL immatrikuliert, 18,2 Prozent an der THM, 3,4 Prozent an der HS LU und 1,0 Prozent am IHI (vgl. Tabelle 1); ferner besteht sie zu 56,3 Prozent aus Studierenden mit der Fachrichtung Betriebswirtschaftslehre, 28,6 Prozent aus Studierenden mit ingenieurwissenschaftlicher Fachrichtung und 15,1 Prozent aus Studierenden mit der Fachrichtung Informatik (vgl. Tabelle 2).

Tabelle 1

Stichprobenverteilung nach Hochschulen

	Häufigkeit	**Prozent[a]**
Hochschule Kaiserslautern	3.836	77,5
Technische Hochschule Mittelhessen	899	18,2
Hochschule Ludwigshafen am Rhein	167	3,4
Internationales Hochschulinstitut Zittau	49	1,0
Gesamt	**4.951**	**100**

[a] Basierend auf gerundeten Werten.

Quelle: Eigene Erstellung.

Tabelle 2

Stichprobenverteilung nach Fachrichtungen

	Häufigkeit	**Prozent[a]**
Betriebswirtschaftslehre	2.787	56,3
Ingenieurwissenschaften	1417	28,6
Informatik	747	15,1
Gesamt	**4.951**	**100**

[a] Basierend auf gerundeten Werten.

Quelle: Eigene Erstellung.

80,2 Prozent der Befragten sind grundständigen Präsenzstudiengängen zuzurechnen, 1,7 Prozent grundständigen Fernstudiengängen, 2,7 Prozent weiterführenden Präsenzstudiengängen und 15,5 Prozent weiterführenden Fernstudiengängen (vgl. Tabelle 3).

Tabelle 3

Stichprobenverteilung nach grundständigem/weiterführendem Studium und Präsenz-/Fernstudium

	Häufigkeit	Prozent[a]
Grundständiges Präsenzstudium	3.969	80,2
Grundständiges Fernstudium	82	1,7
Weiterführendes Präsenzstudium	133	2,7
Weiterführendes Fernstudium	767	15,5
Gesamt	**4.951**	**100**

[a] Basierend auf gerundeten Werten.

Quelle: Eigene Erstellung.

Eine Übersicht der Verteilung der Stichprobe nach Studiengängen, Hochschule, Fachrichtung, grundständigem/weiterführendem Studium, Präsenz-/Fernstudium findet sich in Tabelle 4; auf deren Beschreibung allerdings an dieser Stelle verzichtet wird.

Tabelle 4

Stichprobenverteilung nach Studiengängen

Studiengang	Hochschule	Fachrichtung	Weiterführender Studiengang	Fernstudiengang	Häufigkeit	Prozent[a]
Mittelstandsökonomie (BA/Diplom)	HS KL	BWL	Nein	Nein	687	13,9
Finanzdienstleistungen (BA/Diplom)	HS KL	BWL	Nein	Nein	378	7,6
Wirtschaftsinformatik (BSc/Diplom)	HS KL	BWL	Nein	Nein	326	6,6
Technische Betriebswirtschaft (BSc/Diplom)	HS KL	BWL	Nein	Nein	242	4,9
Fernstudiengang Vertriebsingenieur (MBA/Diplom)	HS KL	BWL	Ja	Ja	105	2,1
Fernstudiengang Bankmanagement (Diplom)	HS KL	BWL	Nein	Ja	76	1,5
Fernstudiengang Marketing-Management (MBA)	HS KL	BWL	Ja	Ja	55	1,1
International Finance & Entrepreneurship (MA)	HS KL	BWL	Ja	Nein	35	0,7
Information Management (MSc)	HS KL	BWL	Ja	Nein	30	0,6
Master of Pension Management	HS KL	BWL	Ja	Nein	7	0,1
Fernstudiengang Betriebswirtschaft (BA)	HS KL	BWL	Nein	Ja	6	0,1
Applied Life Sciences (BPM) (BSc)	HS KL	ING	Nein	Nein	211	4,3
Technische Logistik (BEng/Diplom)	HS KL	ING	Nein	Nein	195	3,9
Wirtschaftsingenieurwesen (BEng/Diplom)	HS KL	ING	Nein	Nein	157	3,2
Produkt- und Prozess-Engineering (BEng/Diplom)	HS KL	ING	Nein	Nein	138	2,8
Mikrosystem- und Nanotechnologie/Mikrosystemtechnik (BEng/Diplom)	HS KL	ING	Nein	Nein	127	2,6

Studiengang	Hoch-schule	Fach-richtung	Weiterführender Studiengang	Fern-studiengang	Häufigkeit	Prozent[a]
Bauingenieurwesen (BEng/Diplom)	HS KL	ING	Nein	Nein	106	2,1
Elektrotechnik (BEng/Diplom)	HS KL	ING	Nein	Nein	65	1,3
Maschinenbau (BEng/Diplom)	HS KL	ING	Nein	Nein	62	1,3
Mechatronik (BEng/Diplom)	HS KL	ING	Nein	Nein	20	0,4
Ingenieurinformatik (BEng/Diplom)	HS KL	ING	Nein	Nein	18	0,4
Informationstechnik (BEng)	HS KL	ING	Nein	Nein	17	0,3
Micro Systems and Nano Technologies/Mikrosystem-technik (MEng)	HS KL	ING	Ja	Nein	16	0,3
Applied Life Sciences BPM (MSc)	HS KL	ING	Ja	Nein	5	0,1
Logistik und Produktions-management (MSc)	HS KL	ING	Ja	Nein	5	0,1
Medieninformatik/Digitale Medien (BSc/Diplom)	HS KL	INF	Nein	Nein	432	8,7
Angewandte Informatik (BSc/Diplom)	HS KL	INF	Nein	Nein	251	5,1
Medizintechnische Informatik (BSc)	HS KL	INF	Nein	Nein	40	0,8
Informatik (MSc)	HS KL	INF	Ja	Nein	24	0,5
Fernstudiengang Wirtschafts-ingenieurwesen (MBA/Diplom)	THM	BWL	Ja	Ja	332	6,7
Fernstudiengang Logistik (MSc/Diplom)	THM	BWL	Ja	Ja	159	3,2
Fernstudiengang Facility Management (MSc/Diplom)	THM	BWL	Ja	Ja	116	2,3
Dual BW-Mittelstands-management (BA)	THM	BWL	Nein	Nein	13	0,3
Dual BW-Logistik-management (BA)	THM	BWL	Nein	Nein	4	0,1
Wirtschaftsingenieurwesen (BSc/Diplom)	THM	ING	Nein	Nein	228	4,6
Dual Ingenieurwesen-Maschinenbau (BEng)	THM	ING	Nein	Nein	23	0,5
Facility Management (BSc)	THM	ING	Nein	Nein	14	0,3
Dual Wirtschaftsingenieur-wesen-Elektrotechnik (BEng)	THM	ING	Nein	Nein	10	0,2
Internationales Personal-management und Organisation (BA)	HS LU	BWL	Nein	Nein	59	1,2
Logistik (BA)	HS LU	BWL	Nein	Nein	41	0,8
Finanzdienstleistungen und Corporate Finance (BA)	HS LU	BWL	Nein	Nein	29	0,6
Betriebswirtschaftliche Steuerlehre und Wirtschafts-prüfung (BA)	HS LU	BWL	Nein	Nein	27	0,5
International Human Resource Management (MA)	HS LU	BWL	Ja	Nein	11	0,2
Wirtschaftsingenieurwesen (Diplom)	IHI	BWL	Nein	Nein	31	0,6
Betriebswirtschaftslehre (Diplom)	IHI	BWL	Nein	Nein	18	0,4
Gesamt					**4.951**	**100**

[a] Basierend auf gerundeten Werten.

Quelle: Eigene Erstellung.

In Tabelle 5 findet sich eine Übersicht über die Verteilung der Stichprobe auf die 14 Semester, über die sich der Befragungszeitraum erstreckt, aus der sich z.B. entnehmen lässt, dass vergleichsweise die höchste Anzahl an Studierenden im Wintersemester 2008/2009 befragt wurde und die geringste Anzahl im Sommersemester 2013. Ferner ist eine Übersicht über die Verteilung der Stichprobe nach Studiengängen und Befragungszeitraum im Anhang aufgeführt (vgl. Tabelle A-1 im Anhang 1), auf deren Beschreibung allerdings an dieser Stelle verzichtet wird.

Tabelle 5

Stichprobenverteilung nach Befragungszeitraum

	Häufigkeit	**Prozent**[a]
Wintersemester 2006/2007	564	11,4
Sommersemester 2007	78	1,6
Wintersemester 2007/2008	296	6,0
Sommersemester 2008	476	9,6
Wintersemester 2008/2009	722	14,6
Sommersemester 2009	561	11,3
Wintersemester 2009/2010	694	14,0
Sommersemester 2010	658	13,3
Wintersemester 2010/2011	435	8,8
Sommersemester 2011	117	2,4
Wintersemester 2011/2012	123	2,5
Sommersemester 2012	140	2,8
Wintersemester 2012/2013	57	1,2
Sommersemester 2013	30	0,6
Gesamt	**4.951**	**100**

[a] Basierend auf gerundeten Werten.

Quelle: Eigene Erstellung.

Die Stichprobe umfasst mindestens 29,4 Prozent weibliche Studierende und mindestens 67,7 Prozent männliche Studierende, während sich 2,8 Prozent aufgrund fehlender Angaben nicht den Geschlechtern zuordnen lassen (vgl. Tabelle 6). Mindestens 4,4 Prozent der Studierenden der Stichprobe sind zum jeweiligen Befragungszeitpunkt jünger als 20 Jahre, mindestens 62,2 Prozent zwischen 20 und 25 Jahre alt, mindestens 17,4 Prozent zwischen 26 und 29 Jahre alt und mindestens 13,2 Prozent sind älter als 29 Jahre, während sich 2,8 Prozent aufgrund fehlender Angaben nicht den Altersgruppen zuordnen lassen (vgl. Tabelle 7). 40,4 Prozent der Studierenden der Stichprobe studiert zum Befragungszeitpunkt zwischen einem und drei Studiensemestern, 28,1

Prozent zwischen vier und sechs Studiensemestern und 13,3 Prozent über sechs Studiensemester, jeweils in einem grundständigen Studiengang, während 18,2 Prozent in einem weiterführenden Studiengang immatrikuliert sind (vgl. Tabelle 8).

Tabelle 6

Stichprobenverteilung nach Geschlecht

	Häufigkeit	Prozent[a]
Weiblich	1.456	29,4
Männlich	3.354	67,7
Keine Angabe	141	2,8
Gesamt	**4.951**	**100**

[a] Basierend auf gerundeten Werten.

Quelle: Eigene Erstellung.

Tabelle 7

Stichprobenverteilung nach Altersgruppe

	Häufigkeit	Prozent[a]
< 20 Jahre	217	4,4
20-25 Jahre	3.078	62,2
26-29 Jahre	862	17,4
> 29 Jahre	653	13,2
Keine Angabe	141	2,8
Gesamt	**4.951**	**100**

[a] Basierend auf gerundeten Werten.

Quelle: Eigene Erstellung.

Tabelle 8

Stichprobenverteilung nach Studiensemestergruppe/Weiterführendes Studium

	Häufigkeit	Prozent[a]
1-3 Studiensemester	2.001	40,4
4-6 Studiensemester	1.393	28,1
> 6 Studiensemester	657	13,3
Weiterführendes Studium	900	18,2
Gesamt	**4.951**	**100**

[a] Basierend auf gerundeten Werten.

Quelle: Eigene Erstellung.

Wie bereits geschildert, liegen dem Autor der vorliegenden Arbeit keine Immatrikulationszahlen von der HS LU und dem IHI vor, so dass sich die folgenden Vergleiche zwischen den in der Stichprobe enthaltenen Studierenden und der entsprechenden

Grundgesamtheit auf die HS KL und die THM beschränken; bei der THM ist, im Gegensatz zur HS KL, zudem teilweise ein geschlechterspezifischer Vergleich zwischen erfassten und immatrikulierten Studierenden möglich. Die Stichprobenanalyse der HS KL ist in Tabelle 9 aufgeführt.

Ein Vergleich der zweiten und dritten Spalte der Tabelle 9 verdeutlicht eine an der HS KL grundsätzlich relativ gute Übereinstimmung zwischen den Anteilen der Befragten in den jeweiligen Studiengängen an den insgesamt während des Befragungszeitraums an der HS KL befragten Studierenden und den Anteilen der in den jeweiligen Studiengängen durchschnittlich während den befragten Semestern Immatrikulierten an den insgesamt während den befragten Semestern in den befragten Studiengängen durchschnittlich Immatrikulierten; was auf eine der Grundgesamtheit relativ gut entsprechenden Stichprobenstruktur bzgl. der HS KL hindeutet. Die vierte Spalte in Tabelle 9 verdeutlicht zudem, dass bzgl. der befragten Semester die durchschnittlichen Anteile der innerhalb der einzelnen Studiengänge befragten Studierenden an den innerhalb dieser Studiengänge jeweils Immatrikulierten zwischen 1,5 Prozent und 87,5 Prozent schwanken, wobei von den 29 befragten Studiengängen lediglich fünf nicht die „10-Prozent-Hürde“ erreichen und sieben Anteile von über 30 Prozent. Golla, Halter, Fueglistaller und Klandt zufolge, sind hierbei „durchaus Rückschlüsse auf die Grundgesamtheit“ (Golla/Halter/Fueglistaller/Klandt 2006: 211) möglich, wobei der in ihrer onlinebasierten Befragung erzielte Höchstwert bei 29 Prozent liegt (Golla/Halter/Fueglistaller/Klandt 2006: 211). Der Frauenanteil bei den Befragten innerhalb der jeweiligen Studiengänge an der HS KL schwankt zwischen null und 87,5 Prozent; allerdings konnten keine geschlechterspezifischen Immatrikulationsdaten zur Verfügung gestellt werden, so dass keine diesbezüglichen Vergleiche mit den immatrikulierten Studentinnen möglich sind.

Die Stichprobenanalyse der THM findet sich in Tabelle 10.

Ein entsprechender Vergleich der zweiten und dritten Spalte der Tabelle 10 verdeutlicht eine an der THM zumindest noch akzeptable „Übereinstimmungstendenz“ zwischen den Anteilen der Befragten in den jeweiligen Studiengängen an den insgesamt während des Befragungszeitraums an der THM befragten Studierenden und den An-

Tabelle 9

Stichprobenanalyse HS KL (gesamter Befragungszeitraum)

	Anteil Immatrikulierter im Studiengang an Immatrikulierten aller im Zeitraum befragten Studiengänge der HS KL[a]	Anteil Befragter im Studiengang an Befragten aller im Zeitraum befragten Studiengänge der HS KL[b]	Durchschnittlicher Anteil Befragte an Immatrikulierten im Studiengang pro Semester[c]	Durchschnittlicher Anteil Frauen an Immatrikulierten im Studiengang pro Semester[d]	Durchschnittlicher Anteil Frauen an Befragten im Studiengang pro Semester	Durchschnittlicher Anteil befragte Frauen an immatrikulierten Frauen im Studiengang pro Semester[d]
Mittelstandsökonomie (BA/Diplom)	7,6%	17,9%	17,3%	keine Information	44,4%	keine Information
Finanzdienstleistungen (BA/Diplom)	5,5%	9,9%	21,6%	keine Information	45,8%	keine Information
Wirtschaftsinformatik (BSc/Diplom)	6,1%	8,5%	16,7%	keine Information	21,5%	keine Information
Technische Betriebswirtschaft (BSc/Diplom)	4,3%	6,3%	17,9%	keine Information	16,2%	keine Information
Fernstudiengang Vertriebsingenieur (MBA/Diplom)	1,1%	2,7%	19,8%	keine Information	13,1%	keine Information
Fernstudiengang Bankmanagement (Diplom)	2,4%	2,0%	10,5%	keine Information	21,0%	keine Information
Fernstudiengang Marketing-Management (MBA)	0,5%	1,4%	46,2%	keine Information	34,7%	keine Information
International Finance & Entrepreneurship (MA)	0,3%	0,9%	31,4%	keine Information	39,7%	keine Information
Information Management (MSc)	0,4%	0,8%	24,5%	keine Information	2,9%	keine Information
Master of Pension Management	0,1%	0,2%	87,5%	keine Information	28,6%	keine Information
Fernstudiengang Betriebswirtschaft (BA)	4,3%	0,2%	1,5%	keine Information	87,5%	keine Information
Applied Life Sciences (BPM) (BSc)	4,3%	5,5%	17,0%	keine Information	73,8%	keine Information
Technische Logistik (BEng/Diplom)	6,3%	5,1%	16,7%	keine Information	35,3%	keine Information
Wirtschaftsingenieurwesen (BEng/Diplom)	8,6%	4,1%	12,8%	keine Information	22,8%	keine Information
Produkt- und Prozess-Engineering (BEng/Diplom)	5,8%	3,6%	13,0%	keine Information	54,7%	keine Information
Mikrosystem- und Nanotechnologie/Mikrosystemtechnik (BEng/Diplom)	2,4%	3,3%	18,7%	keine Information	23,9%	keine Information
Bauingenieurwesen (BEng/Diplom)	6,5%	2,8%	35,6%	keine Information	25,5%	keine Information
Elektrotechnik (BEng/Diplom)	3,8%	1,7%	18,2%	keine Information	5,9%	keine Information
Maschinenbau (BEng/Diplom)	9,8%	1,6%	4,8%	keine Information	2,2%	keine Information
Mechatronik (BEng/Diplom)	2,2%	0,5%	6,7%	keine Information	3,7%	keine Information
Ingenieurinformatik (BEng/Diplom)	1,5%	0,5%	8,0%	keine Information	3,3%	keine Information
Informationstechnik (BEng)	1,5%	0,4%	8,0%	keine Information	20,6%	keine Information
Micro Systems and Nano Technologies/Mikrosystemtechnik (MEng)	0,3%	0,4%	55,0%	keine Information	7,1%	keine Information
Applied Life Sciences BPM (MSc)	0,2%	0,1%	62,5%	keine Information	80,0%	keine Information
Logistik und Produktionsmanagement (MSc)	0,5%	0,1%	23,8%	keine Information	0,0%	keine Information
Medieninformatik/Digitale Medien (BSc/Diplom)	7,7%	11,3%	20,8%	keine Information	22,5%	keine Information
Angewandte Informatik (BSc/Diplom)	4,5%	6,5%	19,9%	keine Information	5,2%	keine Information
Medizintechnische Informatik (BSc)	0,8%	1,0%	27,0%	keine Information	52,5%	keine Information
Informatik (MSc)	0,4%	0,6%	32,7%	keine Information	6,4%	keine Information
Gesamt	**100%**	**100%**				

[a] Basierend auf den gerundeten Mittelwerten der Immatrikulierten von denjenigen Semestern, in denen in den jeweiligen Studiengängen Befragungen durchgeführt werden konnten.

[b] Basierend auf gerundeten Werten.

[c] Berücksichtigt sind die Anteile nur derjenigen Semester, in denen im jeweiligen Studiengang Befragungen durchgeführt werden konnten.

[d] Nach Geschlecht unterteilte Immatrikulationsdaten konnten nicht verfügbar gemacht werden.

Quelle: Eigene Erstellung.

Tabelle 10

Stichprobenanalyse THM (gesamter Befragungszeitraum)

	Anteil Immatrikulierter im Studiengang an Immatrikulierten aller im Zeitraum befragten Studiengänge der THM[a]	Anteil Befragter im Studiengang an Befragten aller im Zeitraum befragten Studiengänge der THM[b]	Durchschnittlicher Anteil Befragte an Immatrikulierten im Studiengang pro Semester[c]	Durchschnittlicher Anteil Frauen an Immatrikulierten im Studiengang pro Semester[c]	Durchschnittlicher Anteil Frauen an Befragten im Studiengang pro Semester	Durchschnittlicher Anteil befragte Frauen an immatrikulierten Frauen im Studiengang pro Semester[c]
Fernstudiengang Wirtschaftsingenieurwesen (MBA/Diplom)	10,5%	36,9%	12,6%	13,1%	15,8%	15,1%
Fernstudiengang Logistik (MSc/Diplom)	4,8%	17,7%	17,8%	21,0%	32,6%	25,0%
Fernstudiengang Facility Management (MSc/Diplom)	4,4%	12,9%	12,9%	19,0%	20,3%	16,4%
Dual BW-Mittelstandsmanagement (BA) + Dual BW-Logistikmanagement (BA)[d]	16,5%	1,9%	1,7%	keine Information	23,3%	keine Information
Wirtschaftsingenieurwesen (BSc/Diplom)	43,3%	25,4%	5,1%	16,1%	16,0%	5,3%
Dual Ingenieurwesen-Maschinenbau (BEng)	9,4%	2,6%	4,3%	keine Information	21,7%	keine Information
Facility Management (BSc)	4,5%	1,6%	7,9%	34,8%	61,5%	6,0%
Dual Wirtschaftsingenieurwesen-Elektrotechnik (BEng)[e]	6,8%	1,1%	2,4%	keine Information	33,3%	keine Information
Gesamt	**100%**	**100%**				

[a] Basierend auf den gerundeten Mittelwerten der Immatrikulierten von denjenigen Semestern, in denen in den jeweiligen Studiengängen Befragungen durchgeführt werden konnten.

[b] Basierend auf gerundeten Werten.

[c] Berücksichtigt sind die Anteile nur derjenigen Semester, in denen im jeweiligen Studiengang Befragungen durchgeführt werden konnten.

[d] Immatrikulationszahlen dieser beiden Studiengänge konnten nur gemeinsam zur Verfügung gestellt werden.

[e] Inklusive Immatrikulationszahlen des nicht befragten Dual-Studiengangs Wirtschaftsingenieurwesen-Maschinenbau.

Quelle: Eigene Erstellung.

teilen der in den jeweiligen Studiengängen durchschnittlich während der befragten Semester Immatrikulierten an den insgesamt während der befragten Semester in den befragten Studiengängen durchschnittlich Immatrikulierten. Die vierte Spalte in Tabelle 10 illustriert, dass bzgl. der befragten Semester die durchschnittlichen Anteile der innerhalb der einzelnen Studiengänge befragten Studierenden an den innerhalb dieser Studiengänge jeweils Immatrikulierten zwischen 1,7 Prozent und 17,8 Prozent schwanken, wobei von den acht befragten Studiengängen immerhin noch drei die „10-Prozent-Hürde“ erreichen. Golla, Halter, Fueglistaller und Klandt folgend, wären hier zumindest bzgl. dieser drei Studiengänge „durchaus Rückschlüsse auf die Grundgesamtheit“ (Golla/Halter/Fueglistaller/Klandt 2006: 211) möglich. Der Frauenanteil bei den Befragten innerhalb der jeweiligen Studiengänge an der THM schwankt zwischen 15,8 und 61,5 Prozent; bzgl. der fünf Studiengänge, für die geschlechterspezifische Immatrikulationsdaten zur Verfügung gestellt werden konnten, liegt hinsichtlich des

Frauenanteils bei drei eine weitgehende Übereinstimmung zwischen den Befragten und den Immatrikulierten vor, während bei zwei Studiengängen die Frauenanteile bei den Befragten im Vergleich zu denjenigen der Immatrikulierten überrepräsentiert sind.

Insgesamt betrachtet, lässt sich die realisierte Gesamtstichprobe grundsätzlich als geeignet dafür einstufen, die Annahmen des in der vorliegenden Arbeit entwickelten Modells erstmalig empirisch zu überprüfen; zumal die fragebogentechnischen Anforderungen der Selbsterklärungsfähigkeit, Begriffseindeutigkeit und -verständlichkeit (Friedrichs 1990: 245) sowie der Akzeptanz von Länge und Aufbau durch die Befragten (Richter 1970: 78, zit. n. Lendner 2004: 107f.) aufgrund der problemlosen Befragungsdurchführungen als eingehalten angesehen werden können. „Da nicht alle Fragebögen vollständig ausgefüllt wurden, sind einige fehlende Fälle zu verzeichnen, so dass nicht alle der folgenden Auswertungen auf der exakt identischen Fallzahl beruhen“ (Mellewigt/Schmidt/Weller 2006: 101); dies wird allerdings an den entsprechenden Stellen erkenntlich gemacht. Die auf die Befragungen folgende Dateneingabe aus den durchnummerierten Fragebögen basiert auf einer vom Autor der vorliegenden Arbeit mithilfe der Software „Microsoft Access“ entwickelten Datenbank, die die Struktur des Fragebogens aufweist, so dass bei der Dateneingabe eine relativ geringe Fehleranfälligkeit erwartet werden konnte; allerdings wurden die hierbei bereits zweckdienlich kodierten, in Tabellenform vorliegenden Daten nochmals anhand der Software „Microsoft Excel“ mit der Filterfunktion überprüft, um so die Dateneingabe generell zu überprüfen und speziell fehlende Werte ausfindig zu machen und unter Rückgriff auf den betroffenen Fragebogen zu ergänzen. Schließlich wurde das Tabellenblatt in die Statistiksoftware „IBM SPSS Statistics 23“ transformiert, mit der neben Datenaufbereitungen auch die Datenauswertungen erfolgten, auf die im folgenden Kapitel eingegangen wird.

4 Empirische Ergebnisse

Während das vorangehende Kapitel bereits die Struktur der realisierten Stichprobe aufzeigt, folgt im ersten Unterkapitel dieses Kapitels eine deskriptive Übersicht über die in der vorliegenden Arbeit fokussierten gründungsrelevanten Merkmale der Stichprobe auf aggregierter Ebene. Diese Eingrenzung erscheint aufgrund der Zielsetzung der vorliegenden Arbeit, die Annahmen des entwickelten Modells anhand einer forschungsökonomisch realisierbaren Stichprobe erstmalig empirisch zu überprüfen, angemessen. Im zweiten Unterkapitel werden, vor der im dritten Unterkapitel erfolgenden regressionsbasierten Überprüfung der herausgearbeiteten mutmaßlichen Einflussfaktoren auf die Gründungsrelevanz, mit ihren zwei Varianten, und die Gründungswahrscheinlichkeit der Studierenden als Regressanden anhand diverser Modellvarianten und Methoden, Faktorenanalysen im Rahmen der Gründungsmotive, der Gründungshemmnisse und des Gründungssupports durchgeführt, um die in diesen drei Bereichen relativ hohe Anzahl an herausgearbeiteten potenziellen Einflussvariablen auf Gründungsrelevanz bzw. Gründungswahrscheinlichkeit auf eine überschaubare geringere Anzahl von untereinander unabhängigen Einflussgrößen zu verringern (vgl. hierzu z.B. Bühl 2012: 589 sowie Anhang 2). Schließlich befasst sich das vierte Unterkapitel, basierend auf den Regressionsergebnissen aus dem dritten Unterkapitel, konkret mit der Fragestellung, inwiefern die in Kapitel 2.7 aus der Literatur abgeleiteten Hypothesen zu akzeptieren oder zu verwerfen sind.

4.1 Deskriptive Ergebnisse

Tabelle 11 enthält deskriptive Statistiken über die in der vorliegenden Arbeit fokussierten – bzgl. des studentischen Gründungsprozesses als mutmaßlich bedeutend herausgearbeiteten – Merkmale der befragten Studierenden. Im Folgenden werden – auch nicht in Tabelle 11 illustrierte – Ergebnisse bzgl. dieser Variablen beschrieben, allerdings stets basierend auf den erfassten Fallzahlen und ungeachtet möglicher Rundungsdifferenzen.

Tabelle 11

Deskriptive Statistik studentischer Unternehmensgründungsmerkmale

Variablen	M^a	s^b	n^c
Gründungsrelevanz – Variante 1: Auseinandersetzung mit Unternehmensgründung (1: noch gar nicht; 2: noch nicht überlegt; 3: überlegt, aber vielleicht erst später; 4: in Vorbereitung/bereits gegründet)	1,92	1,067	4749
Gründungsrelevanz – Variante 2: Auseinandersetzung mit Unternehmensgründung (1: noch gar nicht; 2: noch nicht überlegt; 3: überlegt, aber vielleicht erst später; 4: in Vorbereitung; 5: bereits gegründet)	1,97	1,168	4749
Gründungswahrscheinlichkeit (in Prozent)	35,5	26,150	3624
Genutzte Gründungsinformationsquellen (Anzahl)	1,63	2,125	4437
Genutzte Gründungsinformationsquellen (1: nein; 2: ja)			
Nirgends (1 = 52,4%; 2 = 47,6%)	1,48	0,499	4437
Internet (1 = 68,9%; 2 = 31,1%)	1,31	0,463	4437
Freunde (1 = 74,1%; 2 = 25,9%)	1,26	0,438	4437
Verwandte (1 = 80,1%; 2 = 19,9%)	1,20	0,399	4437
Hochschule (1 = 82,3%; 2 = 17,7%)	1,18	0,382	4437
Literatur (1 = 85,4%; 2 = 14,6%)	1,15	0,353	4437
Industrie- und Handelskammer (1 = 89,6%; 2 = 10,4%)	1,10	0,305	4437
Bank (1 = 92,3%; 2 = 7,7%)	1,08	0,266	4437
Steuerberater (1 = 92,4%; 2 = 7,6%)	1,08	0,266	4437
Berufsinformationszentrum (1 = 95,4%; 2 = 4,6%)	1,05	0,209	4437
Unternehmensberater (1 = 96,1%; 2 = 3,9%)	1,04	0,194	4437
Verbände (1 = 96,5%; 2 = 3,5%)	1,04	0,185	4437
Wirtschaftsförderung (1 = 96,5%; 2 = 3,5%)	1,04	0,185	4437
Unternehmernetzwerk (1 = 96,8%; 2 = 3,2%)	1,03	0,175	4437
Handwerkskammer (1 = 97,0%; 2 = 3,0%)	1,03	0,169	4437
Rechtsanwalt (1 = 97,3%; 2 = 2,7%)	1,03	0,163	4437
Sonstige (1 = 97,6%; 2 = 2,4%)	1,02	0,153	4437
Business Angels-Netzwerk (1 = 99,1%; 2 = 0,9%)	1,01	0,095	4437
Notar (1 = 99,1%; 2 = 0,9%)	1,01	0,093	4437
Risikohaltung (1: sehr risikoscheu; 2: risikoscheu; 3: risikobereit; 4: sehr risikobereit)	2,58	0,630	4752
Gründungsmotive: Wichtigkeit bzgl. beruflicher Selbständigkeit (1: sehr unwichtig; 2: unwichtig; 3: wichtig; 4: sehr wichtig)			
Eigene Ideen umsetzen	3,46	0,620	4864
Selbstverwirklichung	3,46	0,640	4837
Einkommen	3,43	0,577	4873
Hohes Einkommen	3,14	0,699	4832
Ausweg Arbeitslosigkeit	3,13	0,846	4720
Sein eigener Chef sein	3,02	0,799	4853
Flexible Arbeitszeiten	3,00	0,802	4849
Sonstige	2,84	1,120	255
Ansehen	2,78	0,774	4829
Macht haben	2,34	0,811	4838

Variablen	M[a]	s[b]	n[c]
Gründungshemmnisse: Schwierigkeiten bzgl. beruflicher Selbständigkeit (1: keine/kleinste; 2: kleine/weniger; 3: etwas mehr/mehr; 4: große/größte)			
Fehlendes Eigenkapital	3,35	0,876	4551
Eigenes finanzielles Risiko	3,20	0,899	4519
Fehlendes Fremdkapital	3,08	0,914	4508
Fehlende Kundenkontakte	3,00	0,931	4522
Angst vor dem Scheitern	2,92	1,038	4497
Fehlende ‚richtige' Business-Idee	2,92	1,068	4536
Aufwendiger Behördenweg	2,91	1,024	4545
Geringer Umsatz	2,91	0,848	4502
Geringer Gewinn	2,90	0,873	4465
Fehlende ‚richtige' Gründungspartner	2,88	0,973	4542
Konjunkturelle Lage	2,87	0,909	4446
Wirtschaftspolitisches Umfeld	2,68	0,930	4434
Fehlender Mut	2,65	1,082	4532
Fehlende unternehmerische Qualifikation	2,64	0,975	4487
Know-how-Defizit	2,64	0,946	4483
Fehlende Zeit	2,46	1,039	4527
Support von Familie und Freunden	1,96	0,960	4449
Gründungssupport: Gewünschte hochschulische Unterstützung (1: sehr unwichtig; 2: unwichtig; 3: wichtig; 4: sehr wichtig)			
Coaching und Beratung	3,31	0,651	4796
Lehrveranstaltung	3,25	0,667	4807
Kontaktbörse mit Unternehmern	3,24	0,722	4807
Businessplan-Seminar	3,02	0,736	4731
Spezifische Anlaufstelle	3,02	0,703	4717
Treffen und Diskussion mit Professoren	2,99	0,703	4786
Anstoßfinanzierung	2,98	0,783	4734
Planspiel	2,92	0,768	4776
Inkubator	2,68	0,722	3984
Sonstige	2,41	1,010	194
Gründungsidee (1: nein; 2: ja) (1 = 72,5%; 2 = 27,5%)	1,27	0,446	4578
Selbständigen-Umfeld: Beruflich selbständige Person(en) im privaten Umfeld (1: nein; 2: ja)			
Nein (1 = 47,8%; 2 = 52,2%)	1,52	0,500	4786
Mutter (1 = 90,4%; 2 = 9,6%)	1,10	0,294	4786
Vater (1 = 79,4%; 2 = 20,6%)	1,21	0,404	4786
Sonstige Person(en) (1 = 74,5%; 2 = 25,5%)	1,26	0,436	4786
Alter (1: < 20 Jahre; 2: 20-25 Jahre; 3: 26-29 Jahre; 4: > 29 Jahre)	2,41	0,777	4810
Geschlecht (1: weiblich; 2: männlich) (1 = 30,3%; 2 = 69,7%)	1,70	0,459	4810

[a] M = Mittelwert.
[b] s = Standardabweichung.
[c] n = Fälle.

Quelle: Eigene Erstellung.

Über die Hälfte (52,4%) der analysierten Studierenden sind als Gründungslaien zu bezeichnen, 27,5 Prozent als Gründungsinteressierte, 11,5 Prozent als Gründungssensibilisierte und die restlichen 8,7 Prozent verteilen sich auf Gründungsvorbereiter und Gründer; eine Differenzierung zwischen den beiden Letztgenannten im Sinne der zweiten Variante der Gründungsrelevanz, die Gründungsvorbereiter und Gründer getrennt voneinander kategorisiert, führt bei den Gründern zu einem Anteil von 4,4 Prozent, während sich 4,3 Prozent der betrachteten Studierenden in einer Gründungsvorbereitung befinden.[1142] Die von den Studierenden eingeschätzte Gründungswahrscheinlichkeit liegt durchschnittlich bei 35,5 Prozent; eine exemplarische Gruppierung führt dazu, dass 49,6 Prozent eine Gründungswahrscheinlichkeit zwischen 10 und 49 Prozent angeben, 32,0 Prozent eine Gründungswahrscheinlichkeit zwischen 50 und 89 Prozent, 13,9 Prozent eine Gründungswahrscheinlichkeit bis zu neun Prozent und 4,6 Prozent eine Gründungswahrscheinlichkeit von 90 und mehr Prozent. Die untersuchten Studierenden haben durchschnittlich auf ca. 1,6 Gründungsinformationsquellen zurückgegriffen. Allerdings haben 47,6 Prozent bisher keinen Gründungsinformationszugang genutzt; während demzufolge 52,4 Prozent der Studierenden auf Informationsquellen zurückgegriffen haben, zumeist über das Internet, gefolgt von Freunden, Verwandten, Hochschule, Literatur, aber auch die Industrie- und Handelskammer wurde von über 10 Prozent der Studierenden im Zusammenhang mit der Gründungsthematik als Informationslieferant aufgesucht. Während zudem Bank und Steuerberater von jeweils über sieben Prozent der Studierenden als Gründungsinformationsquellen aufgesucht wurden, folgen Berufsinformationszentrum, Unternehmensberater, Verbände als auch Wirtschaftsförderung, Unternehmernetzwerk, Handwerkskammer, Rechtsanwalt und daraufhin sonstige Informationsquellen, die immerhin noch von 2,4 Prozent der Studierenden genannt werden. Allerdings lässt eine Analyse der sonstigen Informationsquellen – hinsichtlich der Einträge der Studierenden in das in diesem Zusammenhang im Fragebogen enthaltene Textfeld – erkennen, dass es sich lediglich um vereinzelte Nennungen von jeweils unter 10 Studierenden handelt, was natürlich nicht bedeuten muss, dass diese Informationsquellen im Gründungsprozess unbedeutend

[1142] Der GUESSS-Länderbericht für Deutschland kommt zu einem ähnlichen Ergebnis, mit 5,5 Prozent „werdenden Gründern“ und 4,6 Prozent bereits selbständig Erwerbstätigen unter den befragten Studierenden (Bergmann 2014: 4, 27).

wären; vielmehr können sie die Gründungsentscheidungen der entsprechenden potenziellen Gründer möglicherweise entscheidend beeinflussen. Dies gilt auch für die Gründungsinformationsquellen Business Angels-Netzwerk und Notar, auf die jeweils 0,9 Prozent der Studierenden – und somit die geringsten Anteile – zurückgegriffen haben. Bzgl. der Risikohaltung schätzen sich 53,3 Prozent der Studierenden als risikobereit ein, 39,0 Prozent als risikoscheu, 4,2 Prozent als sehr risikobereit und 3,4 Prozent als sehr risikoscheu. Das bei den Studierenden am höchsten ausgeprägte Gründungsmotiv ist neben der Ideenverwirklichung auch die Selbstverwirklichung, gefolgt von Einkommen, hohem Einkommen, Ausweg aus der Arbeitslosigkeit, Autonomie, flexiblen Arbeitszeiten, sonstigen Motiven – auch wie bei den Informationsquellen mit lediglich vereinzelten Nennungen von jeweils unter 10 Studierenden –, Ansehen und schließlich Macht. Fehlendes Eigenkapital stellt das höchste Gründungshemmnis bei den Studierenden dar, gefolgt von eigenem finanziellen Risiko, fehlendem Fremdkapital, Angst vor dem Scheitern sowie fehlender ‚richtigen' Geschäftsidee, aufwendigem Behördenweg sowie geringem Umsatz, geringem Gewinn, fehlendem ‚richtigen' Gründungspartner, konjunktureller Lage, wirtschaftspolitischem Umfeld, fehlendem Mut, fehlender unternehmerischer Qualifikation sowie Know-how-Defizit und fehlender Zeit, während mangelnder Support von Familie und Freunden augenscheinlich als geringstes Gründungshemmnis angesehen wird. Bzgl. des Gründungssupports präferieren die Studierenden Coaching und Beratung, gefolgt von Lehrveranstaltung, Kontaktbörse mit Unternehmern, Businessplan-Seminar sowie spezifische Anlaufstelle, Treffen und Diskussionen mit Professoren, Anstoßfinanzierung, Planspiel und Inkubator, während sonstiger Gründungssupport – auch wie bei den Informationsquellen und bei den Gründungsmotiven lediglich mit vereinzelten Nennungen von jeweils unter 10 Studierenden – am seltensten präferiert wird. Von den befragten Studierenden verfügen 27,5 Prozent über eine Gründungsidee. Während 52,2 Prozent angeben, dass in ihrem privaten Umfeld keine Personen beruflich selbständig sind, haben 9,6 Prozent eine selbständig erwerbstätige Mutter, 20,6 Prozent einen beruflich selbständigen Vater, und bei 25,5 Prozent der Studierenden ist mindestens eine weitere Person aus ihrem privaten Umfeld beruflich erwerbstätig. 64,0 Prozent der Studierenden sind zwischen 20 und 25 Jahre alt, 17,9 Prozent zwischen 26 und 29 Jahre alt, 13,6 Prozent sind mindestens 30 Jahre alt und 4,5 Prozent sind jünger als 20 Jahre. Der Frauenanteil der Studierenden beträgt 30,3 Prozent.

4.2 Faktorenanalysen

Im Folgenden werden Faktorenanalysen (vgl. hierzu Anhang 2) im Rahmen der Gründungsmotive, der Gründungshemmnisse und des Gründungssupports durchgeführt, weil gerade für diese drei Fragestellungen eine Vielzahl an potenziellen Erklärungsvariablen für die Ausprägung der Gründungsrelevanz bzw. der Gründungswahrscheinlichkeit herausgearbeitet wurde. Da über diese Bereiche in der Literatur keine eindeutigen Spezifikationen von zugrunde liegenden Strukturen existieren, werden Hauptkomponentenanalysen durchgeführt, um potenzielle Faktorstrukturen zu erforschen (Gerstlberger/Knudsen/Stampe 2014: 136). Eine getrennte Durchführung von Faktorenanalysen innerhalb dieser drei unterschiedlichen Einflussbereiche ist aufgrund der ansonsten einhergehenden Interpretationsschwierigkeiten der Faktorenbündel vorzuziehen. Der Erfolg der Faktorenanalyse hängt nämlich davon ab, ob und in wie fern sich die generierten Faktoren inhaltlich sinnvoll interpretieren lassen (Brosius 2011: 791).

4.2.1 Faktorenanalyse im Bereich Gründungsmotive

Um das Problem fehlender Werte, d.h. nicht alle Fragebögen sind vollständig ausgefüllt, handzuhaben, wird auf den listenweisen Fallausschluss zurückgegriffen, was bedeutet, dass diejenigen Fragebögen aus der gründungsmotivorientierten Faktorenanalyse ausgeschlossen werden, bei denen ein Item der Fragebatterie zu den Gründungsmotiven nicht beantwortet wurde (Backhaus/Erichson/Plinke/Weiber 2000: 316). Diese Auswahl hat gegenüber den anderen Optionen nicht nur den Vorteil, dass eine Ungleichgewichtung der Variablen wie beim paarweisen Fallausschluss vermieden wird und keine ebenfalls ergebnisverzerrende Durchschnittswertbildung bei den fehlenden Werten wie im Rahmen der Mittelwert-Ersetzung erfolgt (Backhaus/Erichson/Plinke/Weiber 2000: 316), sondern ist aufgrund der hohen Anzahl von insgesamt 4.951 Fragebögen vorzuziehen. Da die Berücksichtigung des Items „Sonstige“, das sich bei der Befragung der Gründungsmotive näher spezifizieren ließ, aber relativ selten beantwortet wurde, die Fallzahl auf lediglich 229 senkte, wird es von der Faktorenanalyse ausgeschlossen.

Nach dem Kaiser-Kriterium würden zwei Faktoren ausgewählt werden, die zusammen annähernd 46 Prozent der Gesamtvarianz erklären. Da ein dritter Faktor mit einem Eigenwert von 0,995 allerdings annähernd den Grenzwert von eins erreicht und ferner nach dem Scree-Test drei Faktoren aufzugreifen wären (Backhaus/Erichson/Plinke/Weiber 2000: 288-90; Brosius 2011: 800; Bühl 2012: 607), erscheint die Festlegung von drei zu extrahierenden Faktoren sinnvoll, die zusammen 57 Prozent der Gesamtvarianz erklären. Da die Faktorladungen der Variablen *Flexible Arbeitszeiten* mit 0,307 und 0,356 jedoch auf die ersten beiden Faktoren streuen (Bühl 2012: 605) und ferner als nicht sonderlich relevant eingestuft werden können (Bühl 2012: 610), sollte dieses Item eliminiert werden. So weist die um die Variable *Flexible Arbeitszeiten* bereinigte Faktorenanalyse erneut zwei Faktoren mit Eigenwerten über eins aus, die fast 50 Prozent der Gesamtstreuung erklären. Da wiederum ein weiterer Faktor mit einem Eigenwert von 0,993 annähernd den Grenzwert des Kaiser-Kriteriums erreicht und der Scree-Test erneut für eine Faktorenzahl von drei spricht, soll auch der dritte Faktor berücksichtig werden, so dass zusammen über 62 Prozent der Gesamtvarianz erklärt werden. Den Faktorladungen der rotierten Faktorladungsmatrix (vgl. Tabelle 12) zufolge (vgl. hierzu Brosius 2011: 801-05) umfasst der erste Faktor die Variablen *Hohes Einkommen*, *Einkommen*, *Ansehen* und *Macht haben* (Cronbachs Alpha-Koeffizient = 0,687) und lässt sich folglich als „Materielles Macht- und Prestigestreben" bezeichnen. Dem zweiten Faktor werden entsprechend die Variablen *Eigene Ideen umsetzen*, *Selbstverwirklichung* und *Sein eigener Chef sein* (Cronbachs Alpha-Koeffizient = 0,621) zugeordnet, so dass er sich als „Ideen- und Selbstverwirklichung" interpretieren lässt. Der dritte Faktor repräsentiert die Variable *Ausweg Arbeitslosigkeit* und wird „Ökonomische Notwendigkeit" genannt. Die Cronbachs Alpha-Werte eignen sich für die Durchführung einer Faktorenanalyse (George/Mallery 2012: 251; Gerstlberger/Knudsen/Stampe 2014: 136; Saßmannshausen 2012: 88), wobei keine Konvention über ihre Mindesthöhe, um als ausreichend reliabel zu gelten, existiert (Janssen/Laatz 2003: 525). Die drei gründungsmotivorientierten Faktoren basieren auf 4.501 Fällen und gehen aus diesen genannten acht Variablen hervor, die sich nach dem offensichtlich zu empfehlenden Kaiser-Meyer-Olkin-Kriterium (Stewart 1981: 57f.; Dziuban/Shirkey 1974: 360f., zit. n. Backhaus/Erichson/Plinke/Weiber 2000: 269) sowohl im Gesamten als auch im Einzelnen im Rahmen der Anti-Image-Korrelationsmatrix (Kaiser 1974: 31-36, zit. n. Brosius 2011: 794-96; Backhaus/Erichson/Plinke/Weiber 2000: 269f.) und ferner auch dem Bartlett-Test zufolge (Dziuban/Shirkey 1974: 358-61, zit. n. Backhaus/Erichson/Plinke/Weiber 2000: 267f.; Brosius 2011: 793) für eine Faktorenanalyse eignen.

Tabelle 12

Rotierte Faktorladungsmatrix im Bereich Gründungsmotive

Rotierte Komponentenmatrix[a]

	Komponente		
	1	2	3
Hohes Einkommen	,823	-,010	,106
Einkommen	,713	-,040	,394
Ansehen	,651	,245	-,062
Macht haben	,649	,232	-,320
Eigene Ideen umsetzen	-,025	,837	,020
Selbstverwirklichung	,117	,749	,099
Sein eigener Chef sein	,241	,644	-,254
Ausweg Arbeitslosigkeit	,053	,012	,861

Extraktionsmethode: Hauptkomponentenanalyse.
Rotationsmethode: Varimax mit Kaiser-Normalisierung.
a. Die Rotation ist in 5 Iterationen konvergiert.

Quelle: Eigene Erstellung.

4.2.2 Faktorenanalyse im Bereich Gründungshemmnisse

Auch bei der Faktorenanalyse im Bereich der Gründungshemmnisse wird der Problematik fehlender Fälle mit dem listenweisen Fallausschluss begegnet (Backhaus/Erichson/Plinke/Weiber 2000: 316). Dem Kaiser-Kriterium zufolge werden fünf Faktoren ausgewählt, da sie Eigenwerte über eins aufweisen. Zusammen erklären sie 57 Prozent der Gesamtvarianz. Da die Variable *Fehlende Kundenkontakte* allerdings mit zwei Faktorladungen i.H.v. 0,397 und 0,354 auf den ersten und den vierten Faktor streut (Bühl 2012: 605) und zudem als nicht sonderlich relevant zu betrachten sind (Backhaus/Erichson/Plinke/Weiber 2000: 292; Bühl 2012: 610), wird dieses Item aus der Faktorenanalyse ausgeschlossen. Die um die Variable *Fehlende Kundenkontakte* reduzierte Faktorenanalyse ergibt ebenfalls fünf Faktoren mit Eigenwerten über eins, die zusammen fast 59 Prozent der Gesamtstreuung erklären. Den Faktorladungen der rotierten Faktorladungsmatrix (vgl. Tabelle 13) zufolge (vgl. hierzu Brosius 2011: 801-05) beinhaltet der erste Faktor die Variablen *Fehlende unternehmerische Qualifikation, Know-how-Defizit, Fehlende ‚richtige' Business-Idee* und *Fehlende ‚richtige' Gründungspartner* (Cronbachs Alpha-Koeffizient = 0,641) und wird als „Qualifikation/Idee/Partner" bezeichnet. Dem zweiten Faktor werden die Variablen *Geringer Umsatz, Geringer Gewinn* und *Eigenes finanzielles Risiko* (Cronbachs Alpha-Koeffizient = 0,745) zugeordnet, woraus sich seine Bezeichnung „Erwirtschaftungsrisiko" ergibt. Der dritte Faktor umfasst die Variablen *Wirtschaftspolitisches Umfeld, Konjunkturelle Lage, Aufwendiger Behördenweg* und *Support von Familie und Freunden* (Cronbachs Alpha-Koeffizient = 0,586) und lässt sich als „Volkswirtschaftlicher Rahmen/F&F"[1143] kennzeichnen. Der vierte Faktor setzt sich aus den Variablen *Fehlender Mut, Fehlende Zeit* und *Angst vor dem Scheitern* (Cronbachs Alpha-Koeffizient = 0,600) zusammen und trägt die Kennzeichnung „Ängstlichkeit". Der fünfte Faktor inkludiert die Variablen *Fehlendes Eigenkapital* und *Fehlendes Fremdkapital* (Cronbachs Alpha-Koeffizient = 0,725) und wird „Kapital" genannt. Die Cronbachs Alpha-Werte eignen sich für die Durchführung einer Faktorenanalyse (George/Mallery 2012: 251; Gerstlberger/Knudsen/Stampe 2014: 136; Saßmannshausen 2012: 88). Die fünf gründungshemmenden Faktoren basieren auf 3.678 Fällen und gehen aus den aufgeführten 16 Variablen hervor, die sich wiederum nach dem Kaiser-Meyer-Olkin-Kriterium sowohl im Gesamten als auch im Einzelnen im Rahmen der Anti-Image-Korrelationsmatrix (Kaiser 1974: 31-36; zit. n. Brosius 2011: 794-96; Backhaus/Erichson/Plinke/Weiber 2000: 269f.) und ferner auch dem Bartlett-Test zufolge (Dziuban/Shirkey 1974: 358-61, zit. n. Backhaus/Erichson/Plinke/Weiber 2000: 267f.; Brosius 2011: 793) für eine Faktorenanalyse eignen.

Mit Ausnahme der Faktoren „Qualifikation/Idee/Partner" und „Volkswirtschaftlicher Rahmen/F&F" erklären sich alle anderen Faktoren bereits durch ihre eindeutigen Be-

[1143] „F&F" steht für „Family & Friends".

Tabelle 13

Rotierte Faktorladungsmatrix im Bereich Gründungshemmnisse

Rotierte Komponentenmatrix[a]

	Komponente				
	1	2	3	4	5
Fehlende unternehmerische Qualifikation	,695	,045	,104	,226	,084
Know-how-Defizit	,688	,110	,130	,179	,095
Fehlende "richtige" Business-Idee	,665	,174	,027	,058	-,003
Fehlende "richtige" Gründungspartner	,552	,078	,188	,013	,255
Geringer Umsatz	,168	,871	,155	,062	,096
Geringer Gewinn	,155	,870	,148	,045	,096
Eigenes finanzielles Risiko	,125	,497	,062	,380	,313
Wirtschaftspolitisches Umfeld	,127	,108	,814	,032	,095
Konjunkturelle Lage	,141	,179	,753	,080	,118
Aufwendiger Behördenweg	-,050	,031	,483	,311	,268
Support von Familie und Freunden	,272	,067	,423	,155	-,076
Fehlender Mut	,282	,061	-,008	,778	,027
Fehlende Zeit	,096	-,027	,168	,668	,066
Angst vor dem Scheitern	,103	,325	,224	,607	,069
Fehlendes Eigenkapital	,129	,161	,071	,096	,841
Fehlendes Fremdkapital	,148	,099	,144	,054	,830

Extraktionsmethode: Hauptkomponentenanalyse.
Rotationsmethode: Varimax mit Kaiser-Normalisierung.[a]
a. Die Rotation ist in 6 Iterationen konvergiert.

Quelle: Eigene Erstellung.

zeichnungen, die sich problemlos mithilfe der ihnen anhand der Faktorladungen zugewiesenen Variablen ableiten und entsprechend interpretieren lassen, da die entsprechenden Variablen stets inhaltlich miteinander vereinbar sind. Deshalb werden im Folgenden nur die beiden genannten Faktoren näher beschrieben. Der Faktor „Qualifikation/Idee/Partner“ kann so interpretiert werden, dass fehlende unternehmerische Qualifikation und Know-how-Defizit – zusammengefasst zu Qualifikation – auch das Auffinden bzw. Definieren einer adäquaten Geschäftsidee erschweren. Sofern in diesem Zusammenhang ein geeigneter Gründungspartner nicht akquiriert werden kann, lässt sich der Mangel an (unternehmerischen und/oder technischen bzw. fachspezifischen) Qualifikationen und/oder einer Geschäftsidee auch nicht durch diesen kompensieren. Der Faktor „Volkswirtschaftlicher Rahmen/F&F" umfasst zum einen die als volkswirtschaftliche Rahmenbedingungen beschreibbaren Variablen *Wirtschaftspolitisches Umfeld*, *Konjunkturelle Lage* und *Aufwendiger Behördenweg* und zum anderen den (mangelnden) Support von Familie und Freunden (F&F), der jedoch aufgrund seiner vergleichsweise niedrigeren, aber dennoch relevanten Ladungshöhe (Bühl 2012: 610) für den Faktor weniger entscheidend ist als die anderen drei Items. Die vom volkswirtschaftlichen Rahmen subsumierten Variablen beziehen sich offensichtlich auf unternehmensexterne Einflüsse bzw. Hemmnisse. Dies kann aus folgendem Grund größtenteils auch vom Support von Familie und Freunden angenommen werden. Die unternehmensbezogenen Unterstützungsmöglichkeiten können zwar auch von dieser Gruppe geleistet werden, müssten jedoch i.d.R. bereits in die Bewertung der anderen Variablen wie beispielsweise *fehlende ‚richtige' Business-Idee* oder *fehlendes Fremdkapital* einfließen, so dass bei dem Item *Support von Familie und Freunden* auch von relativ unternehmensunabhängiger Unterstützung wie generellem Zuspruch und emotionaler Unterstützung ausgegangen werden kann. Demzufolge kann der Faktor „Volkswirtschaftlicher Rahmen/F&F" insgesamt unternehmensexternen Einflüssen bzw. Gründungshemmnissen zugeschrieben werden.

4.2.3 Faktorenanalyse im Bereich Gründungsupport

Um fehlende Werte handzuhaben, wird auch im Bereich des Gründungssupports wie zuvor der listenweise Fallausschluss gewählt (Backhaus/Erichson/Plinke/Weiber 2000: 316). Die Berücksichtigung des Items „Sonstige", das sich auch bei der Befragung der Gründungsunterstützung näher spezifizieren ließ und wiederum relativ selten beantwortet wurde, reduzierte die Fallzahl auf nur 168, so dass es ebenfalls von der gründungssupportorientierten Faktorenanalyse ausgeschlossen wird. Nach dem Kaiser-Kriterium würden zwei Faktoren ausgewählt werden, die zusammen fast 47 Prozent der Gesamtvarianz erklären. Allerdings kann auch problemlos ein dritter Faktor mit einem Eigenwert von 0,970, der ohnehin relativ nahe am Grenzwert liegt, extrahiert werden (Backhaus/Erichson/Plinke/Weiber 2000: 288-90), so dass diese drei Faktoren zusammen annähernd 58 Prozent der Gesamtstreuung erklären. Aufgrund der schwer interpretierbaren Mehrfachladung der Variablen *Coaching und Beratung* i.H.v. 0,429 und 0,492 auf die Faktoren eins und drei (Bühl 2012: 605), die zwar als relevant eingestuft werden können (Bühl 2012: 610), jedoch nicht als hohe Ladungen zu bezeichnen sind (Backhaus/Erichson/Plinke/Weiber 2000: 292) und folglich nicht zwingend bei der Interpretation der Faktoren berücksichtigt werden müssen (Backhaus/Erichson/Plinke/Weiber 2000: 292), ist es vorzuziehen, diese Variable zu eliminieren. So weist die um das Item *Coaching und Beratung* bereinigte Faktorenanalyse wiederum zwei Faktoren mit Eigenwerten über eins aus, die leicht über 48 Prozent der Gesamtvarianz erklären. Allerdings wird der dritte Faktor, der mit einem Eigenwert von 0,957 annähernd den Grenzwert des Kaiser-Kriteriums erreicht, ebenfalls berücksichtigt (Backhaus/Erichson/Plinke/Weiber 2000: 288-90), so dass die drei Faktoren zusammen über 60 Prozent der Gesamtvarianz erklären. Den Faktorladungen der rotierten Faktorladungsmatrix (vgl. Tabelle 14) zufolge (vgl. hierzu Brosius 2011: 801-05) beinhaltet der erste Faktor die Variablen *Spezifische Anlaufstelle*, *Anstoßfinanzierung* und *Inkubator* (Cronbachs Alpha-Koeffizient = 0,631) und wird demzufolge als „Individueller Support" bezeichnet. Dem zweiten Faktor werden die Variablen *Planspiel*, *Businessplan-Seminar* und *Lehrveranstaltung* (Cronbachs Alpha-Koeffizient = 0,601) zugeordnet, woraus sich die Bezeichnung „Grundlagenvermittlung" ergibt. Der dritte Faktor inkludiert die Variablen *Treffen und Diskussion mit Professoren* und *Kontaktbörse mit Unternehmern* (Cronbachs Alpha-Koeffizient = 0,521) und lässt sich folglich als „Networking-Support" interpretieren. Die Cronbachs Alpha-Werte eignen sich für die Durchführung einer Faktorenanalyse (George/Mallery 2012: 251; Gerstlberger/Knudsen/Stampe 2014: 136; Saßmannshausen 2012: 88). Die drei gründungsunterstützungsorientierten Faktoren basieren auf 3.793 Fällen und gehen aus den aufgeführten acht Variablen hervor, die sich nach dem Kaiser-Meyer-Olkin-Kriterium sowohl im Gesamten als auch im Einzelnen im Rahmen der Anti-Image-Korrelationsmatrix (Kaiser 1974: 31-36, zit. n. Brosius 2011: 794-96; Backhaus/Erichson/Plinke/Weiber 2000: 269f.) und ferner auch dem Bartlett-Test zufolge (Dziuban/Shirkey 1974: 358-61, zit. n. Backhaus/Erichson/Plinke/Weiber 2000: 267f.; Brosius 2011: 793) ebenfalls für eine Faktorenanalyse eignen.

Tabelle 14

Rotierte Faktorladungsmatrix im Bereich Gründungssupport

Rotierte Komponentenmatrix[a]

	Komponente		
	1	2	3
Spezifische Anlaufstelle	,790	,106	,151
Anstoßfinanzierung	,774	,042	,048
Inkubator	,647	,238	,161
Planspiel	,119	,842	,013
Businessplan-Seminar	,245	,748	,134
Lehrveranstaltung	,017	,545	,298
Treffen und Diskussion mit Professoren	,109	,150	,817
Kontaktbörse mit Unternehmern	,180	,130	,752

Extraktionsmethode: Hauptkomponentenanalyse.
Rotationsmethode: Varimax mit Kaiser-Normalisierung.[a]
a. Die Rotation ist in 5 Iterationen konvergiert.

Quelle: Eigene Erstellung.

4.3 Regressionsanalysen

Im Folgenden wird das im theoretischen Teil der vorliegenden Arbeit entwickelte Modell mittels Regressionsanalysen (vgl. hierzu Anhang 3) getestet. Entsprechend werden Regressionsanalysen durchgeführt, die auf den Daten der Stichprobe der vorliegenden Arbeit basieren. Als Regressoren werden grundsätzlich die Variablen aufgegriffen, die die Gründungsrelevanz bzw. Gründungswahrscheinlichkeit mutmaßlich beeinflussen, wobei in den Bereichen der Gründungsmotive, der Gründungshemmnisse und des Gründungssupports an die Stelle der einzelnen Variablen die im vorigen Unterkapitel generierten Faktoren treten (vgl. hierzu z.B. Ucbasaran/Westhead/Wright 2008: 161). Da in der vorliegenden Arbeit als „Erfolgsgrößen" die Gründungsrelevanz mit ihren zwei Varianten und die Gründungswahrscheinlichkeit aufgegriffen werden, resultieren entsprechend drei Modelle, die in den folgenden Abschnitten analysiert werden. Die erste Variante der Gründungsrelevanz (Gründungsvorbereiter und Gründer gemeinsam) stellt in Modell 1 den Regressanden dar, die zweite Variante der Gründungsrelevanz (Gründungsvorbereiter und Gründer getrennt) repräsentiert in Modell 2 die erklärte Variable; die Zweckdienlichkeit der Analyse dieser beiden Varianten wurde bereits mit der häufigen Abgrenzungsschwierigkeit zwischen der „Analyse- und Planungsphase“ und der „Errichtungsphase“ innerhalb des Gründungsprozesses (vgl. hierzu z.B. Mugler 1998: 101f.; Danko/Ruda/Martin/Ascúa/Gerstlberger 2013: 321-24[1144] sowie Kapitel 2.1.2 und Kapitel 2.7), denen diese beiden Gründungsrelevanztypen zugeordnet sind, begründet. In Modell 3 fungiert schließlich die Gründungswahrscheinlichkeit als Regressand.

Bei den Regressionsanalysen im Rahmen dieser drei genannten Modelle wird in einem ersten Schritt das Ausgangsmodell getestet, das die Einflussgrößen Gründungsinformationsquellenanzahl, Risikohaltung sowie die Faktoren in den Bereichen Gründungsmotive und Gründungshemmnisse inkludiert. Bei der ersten Modellerweiterung werden zusätzlich die Faktoren im Bereich der Gründungsunterstützung integriert. Während diese Support-Faktoren im dritten Schritt wieder unberücksichtigt bleiben und die binären Variablen Gründungsidee und Selbständigen-Umfeld aufgegriffen werden, enthält das vierte Modell alle der genannten Regressoren. In einem fünften Modell wird zudem anhand von Interaktionstermen getestet, ob die Gründungsinformationsquellenanzahl potenzielle Moderatoreffekte auf die Beziehungen zwischen einigen erklärenden Variablen und dem Regressanden ausübt (Hair/Black/Babin/Anderson 2006, zit. n. Gerstlberger/Knudsen/Stampe 2014: 135; Backhaus/Erichson/Plinke/Weiber 2000: 37). Durch diese sukzessive Vorgehensweise sollen einerseits potenziell ineffiziente Schätzer der Regressionskoeffizienten aufgrund des Aufgreifens einer relativ hohen Anzahl an Variablen (vgl. hierzu Backhaus/Erichson/Plinke/Weiber 2000: 37[1145]) sichtbar gemacht werden, indem die Ergebnisse des Ausgangsmodells mit denen des zweiten, dritten und vierten Modells gegenübergestellt werden, um so die Reliabilität der Schätzer des Ausgangsmodells zu überprüfen (Stock/Watson 2006: 236f.; Audretsch/Keilbach 2004a: 426). Andererseits können so dennoch alle Modellvariablen getestet werden.

Um die Robustheit der Modelle zu testen, werden nach der Einschlussmethode jeweils auch die schrittweise, Vorwärts- sowie Rückwärtsmethode gerechnet (Gerstlberger/

[1144] Mit weiteren Verweisen.
[1145] Mit weiteren Verweisen.

Knudsen/Stampe 2014: 139; Brosius 2011: 584-86), wobei im Rahmen der um Interaktionsterme erweiterten Modelle nur die Einschlussmethode aufgegriffen wird.

Bei allen Modellen erfolgen die Regressionsanalysen einerseits ohne Kontrollvariablen (Modelle 1.1, 2.1 und 3.1) und andererseits mit Kontrollvariablen (Modelle 1.2, 2.2 und 3.2). Während die Kontrollvariablen Alter und Geschlecht im Rahmen der tabellarischen Darstellungen der Modelle 1.2, 2.2 und 3.2 integriert sind, werden auch die weiteren Kontrollvariablen –namentlich Ingenieurwissenschaften sowie Informatik, Jahr/Semester (d.h. Zeitverlauf), Semestergruppe, Weiterführendes Studium, Fernstudium, Universität (vgl. hierzu Kapitel 2.7.9) – nacheinander getestet und deren potenzielle Einflüsse zumindest im Text beschrieben.

Da die Korrelationskoeffizienten zwischen den erklärenden Variablen bzw. Faktoren im Modell (vgl. Tabelle A-2 und Tabelle A-3 im Anhang 4), ausschließlich einiger Kontrollvariablen untereinander, keine Werte erreichen – tendenziell bereits Koeffizienten über |±0,4| (Brosius 2011: 523; vgl. hierzu auch Acs/Braunerhjelm/Audretsch/Carlsson 2009: 26) bzw. mittlere Korrelationen mit Koeffizienten über |±0,5| (Bühl 2012: 420) –, die einen Verdacht auf Multikollinearität hervorrufen (Brosius 2011: 582), können diese Regressoren gleichzeitig in den Regressionsmodellen aufgegriffen werden (Gerstlberger/Knudsen/Stampe 2014: 137; Cooper/Gimeno-Gascon/Woo 1994: 383), zumal im Rahmen der Prüfung der Kollinearitätsmaße bei allen gerechneten Regressionen die Toleranzwerte nicht unter 0,1 und die Werte des Variance Inflation Factors nicht über 10 liegen sowie keine Konditionsindizes von über 30 erreicht werden (Brosius 2011: 583f.). Im Rahmen der Kontrollvariablen, bei denen ohnehin nicht zu viele Einflüsse gleichzeitig getestet werden sollen, um nicht die externe Validität einzuschränken (Stangl 2012: o. S.), erfolgt dementsprechend – mit Ausnahme von Ingenieurwissenschaften und Informatik, die nicht zu hoch miteinander korrelieren und folglich zusammen integriert werden können, um so potenzielle Einflüsse aller drei Fachrichtungen zu testen – eine getrennte Überprüfung, wobei Alter und Geschlecht im Modell verbleiben, sofern sie keine Korrelationen mit anderen Kontrollvariablen aufweisen, die über dem genannten Grenzwert liegen.

Um zu testen, ob die in die Regression einbezogenen Variablen einer Normalverteilung folgen, wurde einerseits der Kolmogorov-Smirnov-Test durchgeführt, dessen Ergebnisse allerdings die Nullhypothesen zurückweisen. Da jedoch trotz geringer Irrtumswahrscheinlichkeit eine annähernde Normalverteilung der Werte in der Grundgesamtheit, die für viele statistische Prozeduren als ausreichend gilt, möglich ist (Brosius 2011: 873), wurden die Regressionsvariablen andererseits mithilfe von Histogrammen und Normalverteilungsdiagrammen untersucht sowie die Werte der Schiefe und Kurtosis überprüft. Bereits aufgrund der ausgeprägten Rechtsschiefe bzgl. der Informationsquellenanzahl wurden bei dieser Variable vier Kategorien (0; 1-2; 3-5; 6-17) mit jeweils ausreichender Anzahl an Fällen (Ucbasaran/Westhead/Wright 2008: 160) gebildet, um diesem Effekt entgegenzuwirken (Cooper/Folta/Woo 1995: 112), so dass sich dadurch die Häufigkeitsverteilungen der standardisierten Residuen an die Normalverteilung anzupassen scheinen, zumindest weichen sie nicht gravierend von ihr ab (Janssen/Laatz 2003: 403). Geringfügige Abweichungen sind nichts Ungewöhnliches und zu tolerieren, da eine perfekte Normalverteilung ohnehin als großer Zufall gilt, der in der Forschungspraxis nur selten vorkommt (Brosius 2011: 576f.). Vor allem bei den Regressionen im Rahmen von Modell 1 und Modell 2 deuten die häufiger auftretenden Residuen knapp unterhalb des Mittelwertes auf die Unvollständigkeit der Modelle hin (Brosius 2011: 577), während bei den Regressionen im Rahmen von Modell 3 keine nennenswerten Ausreißer zu erkennen sind, und die Häufigkeitsverteilungen der Residuen durch die Normalverteilung relativ gut beschrieben werden (Fahrmeir/Künstler/Pigeot/Tutz 2004: 491). Im Rahmen derartig komplexer Fragestellungen wie der hier vorliegenden lassen sich jedoch ohnehin nur in Ausnahmefällen alle relevanten erklärenden Variablen berücksichtigen (Backhaus/Erichson/Plinke/Weiber 2000: 37; Brosius 2011: 571). Allerdings erlauben die normalerweise relativ robusten statistischen Prüfverfahren sogar auch stärkere Abweichungen von der Annahme der Normalverteilung, und zudem existieren bislang keine eindeutigen Kriterien für die Anwendungsvoraussetzungen (Janssen/Laatz 2003: 217). Nichtsdestotrotz gilt die Regressionsanalyse als relativ unempfindlich gegenüber geringeren Verletzungen ihrer Anwendungsvoraussetzungen (Backhaus/Erichson/Plinke/Weiber 2000: 44).

Was die Linearitätsannahme der hier angewandten Regressionen angeht, existieren den partiellen Streudiagrammen bzw. den partiellen Korrelationskoeffizienten zufolge keine Hinweise auf das Nichtvorliegen von linearen Zusammenhängen im Rahmen der Regressionsmodelle (Janssen/Laatz 2003: 404).

Obwohl den Regressionen keine Zeitreihendaten zugrunde liegen, die Daten aber nicht zufällig, sondern normalerweise nach Jahren/Semestern, Studiengängen und/oder Semesteranzahl angeordnet sind, wurden sie nach Autokorrelation der Residuen getestet (Brosius 2011: 577f.). Da die Durbin-Watson-Koeffizienten aller Regressionen zwischen 1,916 und 1,992 liegen und sich somit dem Wert 2 stark annähern, liegen keine Hinweise auf Autokorrelation der Residuen vor (Brosius 2011: 579; Bühl 2012: 446).

Im Folgenden werden Regressionsanalysen für Modell 1 und in einem zweiten Abschnitt für Modell 2 durchgeführt, bevor die Ergebnisse dieser beiden Modelle mit einer unterschiedlich operationalisierten Gründungsrelevanz als Regressand gegenübergestellt werden. Daraufhin folgen Regressionsanalysen im Rahmen von Modell 3, um den Einfluss der erklärenden Variablen auf die Gründungswahrscheinlichkeit als Regressanden zu testen. Abschließend folgt ein Zwischenfazit.

4.3.1 Modell 1 – Gründungsvorbereiter und Gründer gemeinsam

Wie zuvor beschrieben und begründet, werden in diesem Abschnitt bei den Regressionen die im Rahmen der erklärten Variablen operationalisierten Relevanztypen Gründungsvorbereiter und Gründer zusammengefasst analysiert. Um die Interpretation der Modelle zu erleichtern, wird empfohlen, die Anzahl der Regressoren möglichst gering zu halten (Janssen/Laatz 2003: 414). Insbesondere in den Wirtschafts- und Sozialwissenschaften aufgrund der dort vorherrschenden Interdependenzen zwischen fast allen Größen lassen sich ohnehin nicht alle relevanten Variablen erfassen, so dass es vielmehr darum geht, die wichtigsten Einflussgrößen einzubeziehen (Brosius 2011: 571). Demnach wird im Rahmen der ersten Regressionsanalyse das sogenannte Ausgangsmodell getestet. Allerdings werden daraufhin schrittweise andere Modelle mit weiteren herausgearbeiteten Variablen bzw. Faktoren gerechnet, so dass einerseits auch deren potenzielle Einflüsse auf die endogene Variable aufgedeckt werden können. Andererseits ermöglichen es derartige Modellerweiterungen, potenziell ineffiziente Schätzer der Regressionskoeffizienten (vgl. hierzu Backhaus/Erichson/Plinke/Weiber 2000: 37[1146]) aufzudecken bzw. die Zuverlässigkeit der Schätzer des Ausgangsmodells zu überprüfen (Stock/Watson 2006: 236f.; Audretsch/Keilbach 2004a: 426). Dieser Vorgehensweise entsprechend werden die Modelle zuerst nach der Einschlussmethode gerechnet, damit potenzielle Einflüsse aller betrachteten Regressoren veranschaulicht werden. Um die Robustheit der Modelle zu testen, werden daraufhin auch die schrittweise, Vorwärts- sowie Rückwärtsmethode verwendet (Gerstlberger/Knudsen/Stampe 2014: 139; Brosius 2011: 584-86), was allerdings nicht im Rahmen der um Interaktionsterme erweiterten Modelle erfolgt. Während die Regressionsmodelle im ersten Unterabschnitt ohne Kontrollvariablen getestet werden, erfolgt im zweiten Unterabschnitt eine entsprechende Durchführung mit den Kontrollvariablen Alter und Geschlecht, um deren potenzielle Effekte auf die erklärte Variable aufzudecken bzw. herauszurechnen (Stangl 2012: o. S.), wobei anschließend noch weitere Kontrollvariablen nacheinander analysiert werden. Abschließend werden in einem dritten Unterabschnitt die Ergebnisse des nachfolgenden Modells 1.2(4) in das entwickelte Arbeitsmodell eingearbeitet. Darüber hinaus werden die Ergebnisse der untersuchten potenziellen Moderatoreffekte separat gekennzeichnet im Arbeitsmodell aufgeführt, allerdings exklusive der „Haupteffekte" der Regressoren, da aufgrund der integrierten Interaktionsterme bei den entsprechenden Regressoren keine sogenannten „Haupteffekte als identische Effekte" (Baltes-Götz 2009: 23) existieren, und sich ferner die sogenannten „Haupteffekte als mittlere bedingte Effekte" (Baltes-Götz 2009: 23) nicht sinnvoll interpretieren lassen, da die Regressoren nicht den Wert Null annehmen (Baltes-Götz 2009: 22f.).

4.3.1.1 Regressionsanalysen ohne Kontrollvariablen

Wie oben beschrieben, werden in diesem Unterabschnitt die Regressionsmodelle ohne Kontrollvariablen zunächst nach der Einschlussmethode beschrieben, woraufhin diese Ergebnisse denen von schrittweiser, Vorwärts- sowie Rückwärtsmethode gegenübergestellt werden.

[1146] Mit weiteren Verweisen.

Einschlussmethode

Tabelle 15 illustriert die Ergebnisse von Modell 1.1, d.h. fünf Regressionen auf die Gründungsrelevanz ohne Kontrollvariablen nach der Einschlussmethode, die im Folgenden nacheinander beschrieben werden.

- **Ausgangsmodell**

Die Ergebnisse der Regression ohne Kontrollvariablen nach der Einschlussmethode im Rahmen des Ausgangsmodells sind in Modell 1.1(1), d.h. in Spalte (1) der Tabelle 15, dargestellt. Demnach umfasst das Ausgangsmodell, neben der endogenen Variable Gründungsrelevanz, als exogene Variablen die Anzahl der Gründungsinformationsquellen, die Risikohaltung sowie die drei herausgearbeiteten Gründungs-motivationalen und die fünf Gründungs-hemmenden Faktoren.

Durch die Variablen bzw. Faktoren des Ausgangsmodells, das nach dem listenweisen Fallausschluss auf 3.133 Fällen basiert, werden zusammen 37,2 Prozent der Varianz der Gründungsrelevanz erklärt,[1147] und dem F-Test zufolge ist der in der Regressionsbeziehung angenommene Wirkungszusammenhang höchst signifikant ($p = 0{,}000$), was besagt, dass mit einer Irrtumswahrscheinlichkeit von kleiner/gleich 0,1 Prozent mindestens einer der Regressionskoeffizienten ungleich Null ist (Backhaus/Erichson/Plinke/Weiber 2000: 24-28). Zwar handelt es sich hierbei nicht unbedingt um einen hohen Wert des adjustierten Bestimmtheitsmaßes, jedoch bedeutet dies weder, dass Omitted Variable Bias vorliegt, noch weist dies auf eine unzweckmäßige Zusammensetzung der Regressoren hin (Stock/Watson 2006: 237-39). Insbesondere in den Wirtschafts- und Sozialwissenschaften lassen sich aufgrund der dort vorherrschenden Interdependenzen zwischen fast allen Größen ohnehin nicht alle relevanten Variablen erfassen. Vielmehr geht es darum, die wichtigsten Einflussgrößen einzubeziehen (Brosius 2011: 571). Allerdings wird das Ausgangsmodell nach der folgenden Beschreibung der entdeckten Effekte seiner Regressoren auf die erklärte Variable um weitere Einflussgrößen erweitert. Derartige Modellerweiterungen haben den oben bereits beschriebenen Vorteil, dass die im Ausgangsmodell geschätzten Regressionskoeffizienten einerseits

[1147] Bamford, Dean und McDougall bezeichnen die im Rahmen ihrer empirischen Untersuchung erzielten Werte i.H.v. (knapp) über 40 Prozent als „quite large“ (2000: 271).

Tabelle 15

Regression – Modell 1.1 – Einschlussverfahren ohne Kontrollvariablen

Modell 1.1 – Regressand: Gründungsrelevanz (4 Kategorien; Vorbereiter und Gründer gemeinsam); Einschlussmethode

Regressor	(1)	(2)	(3)	(4)	(5)
Informationsquellen	,589*** (,016)	,576*** (,018)	,467*** (,017)	,458*** (,019)	,643*** (,092)
Risikohaltung	,140*** (,025)	,161*** (,028)	,084*** (,024)	,099*** (,027)	,080 (,057)
Materielles Macht- und Prestigestreben	-,014 (,015)	-,004 (,017)	-,013 (,015)	,001 (,016)	,001 (,016)
Ideen- und Selbstverwirklichung	,087*** (,016)	,070*** (,018)	,053*** (,015)	,044* (,017)	,043* (,017)
Ökonomische Notwendigkeit	-,051*** (,015)	-,049** (,017)	-,040** (,015)	-,035* (,017)	-,035* (,017)
Qualifikation/Idee/Partner	-,104*** (,015)	-,105*** (,017)	-,048*** (,015)	-,051** (,017)	-,052** (,017)
Erwirtschaftungsrisiko	-,013 (,015)	-,011 (,017)	-,001 (,015)	,002 (,016)	,000 (,016)
Volkswirtschaftlicher Rahmen/F&F	,023 (,015)	,026 (,017)	,015 (,014)	,021 (,016)	,044 (,036)
Ängstlichkeit	-,007 (,016)	,003 (,017)	-,022 (,015)	-,014 (,017)	-,015 (,017)
Kapital	-,030* (,015)	-,033 (,017)	-,035** (,014)	-,037* (,016)	-,013 (,036)
Individueller Support		,036* (,018)		,019 (,017)	,018 (,017)
Grundlagenvermittlung		,052** (,017)		,045** (,017)	,044** (,017)
Networking-Support		-,031 (,017)		-,039* (,017)	-,041* (,017)
Gründungsidee			,661*** (,036)	,644*** (,040)	,853*** (,099)
Selbständigen-Umfeld			,123*** (,029)	,107*** (,033)	,220** (,073)
Risikohaltung * Informationsquellen					,010 (,026)
Volkswirtschaftlicher Rahmen/F&F * Informationsquellen					-,011 (,016)
Kapital * Informationsquellen					-,011 (,016)
Gründungsidee * Informationsquellen					-,092* (,040)
Selbständigen-Umfeld * Informationsquellen					-,060 (,034)

Modell 1.1 – Regressand: Gründungsrelevanz (4 Kategorien; Vorbereiter und Gründer gemeinsam); Einschlussmethode					
Schnittpunkt	,506*** (,071)	,480*** (,079)	-,164* (,081)	-,129 (,091)	-,505** (,197)
Gesamtstatistiken					
SER	,844	,852	,790	,803	,802
$\bar{R}^2$	,372	,367	,437	,425	,426
p	,000	,000	,000	,000	,000
n	3133	2589	3022	2503	2503

Anmerkung: Dargestellt ist die Einschlussmethode. Standardfehler sind in Klammern unter den Koeffizienten dargestellt. Der individuelle Koeffizient ist im Rahmen eines zweiseitigen Tests statistisch signifikant bei einem *5% Niveau, **1% oder ***0,1% Signifikanzniveau. *SER* = Standardfehler; $\bar{R}^2$ = Adjustiertes Bestimmtheitsmaß; *p* = Signifikanzwert; *n* = Fälle.

Quelle: Eigene Erstellung.

auf ihre Zuverlässigkeit hin getestet werden können (Stock/Watson 2006: 236f.), und andererseits lassen sich so potenzielle Einflüsse weiterer herausgearbeiteter Größen auf den Regressanden analysieren.

Da durch den F-Test ein Zusammenhang in der Regressionsfunktion nachgewiesen wurde, ist es sinnvoll, im Folgenden die Regressionskoeffizienten der einzelnen erklärenden Variablen anhand des t-Tests auf deren potenziellen signifikanten Einfluss auf den Regressanden zu untersuchen (Backhaus/Erichson/Plinke/Weiber 2000: 29-31). Sofern die Studierenden auf mehr Gründungsinformationsquellen zurückgegriffen haben, ist für sie das Thema Gründung höchst signifikant relevanter. Auch eine höhere Risikohaltung wirkt höchst signifikant positiv auf die Gründungsrelevanz. Bei den Gründungsmotiven kann für den Faktor Materielles Macht- und Prestigestreben kein signifikanter Einfluss auf die Gründungsrelevanz nachgewiesen werden, während sich diese durch Ideen- und Selbstverwirklichung erhöht und durch Ökonomische Notwendigkeit senkt, jeweils mit höchst signifikantem Effekt. Der aus den Gründungsmotiven Hohes Einkommen, Einkommen, Ansehen und Macht bestehende Faktor übt den Ergebnissen zufolge also keinen signifikanten Einfluss auf die Gründungsrelevanz der Studierenden aus. Nicht signifikante Regressoren bedeuten allerdings nicht, dass sie zwangsläufig keinen Einfluss auf den Regressanden ausüben, denkbar sind z.B. verdeckte Wirkungen aufgrund von Störeinflüssen oder geringe Variation der Einflussgröße in der Stichprobe (Backhaus/Erichson/Plinke/Weiber 2000: 38). Demgegenüber erhöht die Motivation zur Umsetzung eigener Ideen, zur Selbstverwirklichung und das

Autonomiestreben höchst signifikant die Relevanz der Gründung, und das Gründungsmotiv des Auswegs aus der Arbeitslosigkeit senkt sie hingegen mit höchst signifikantem Ausmaß. Im Rahmen der studentischen Zielgruppe kommt dem Notgründungsmotiv folglich eine die Gründungsrelevanz hemmende Bedeutung zu. Das könnte dadurch bedingt sein, dass Studierende, die eine drohende Arbeitslosigkeit als überdurchschnittlich problematisch bewerten, auch eine größere Herausforderung in einer selbständigen Erwerbstätigkeit sehen, vor allem, wenn sie nicht chancengetrieben, sondern lediglich notgetrieben ist. Jedenfalls weisen die Ergebnisse darauf hin, dass unter den Studierenden tendenziell keine Gründungen und Gründungsvorbereitungen aus ökonomischer Not heraus existieren. Bei den Gründungshemmnissen wird die Gründungsrelevanz durch den Faktor Qualifikation/Idee/Partner höchst signifikant und durch Kapital signifikant reduziert, während bei den Faktoren Erwirtschaftungsrisiko, Volkswirtschaftlicher Rahmen/F&F und Ängstlichkeit kein signifikanter Einfluss nachgewiesen werden kann. Antizipieren die befragten Studierenden also höhere Defizite bei ihren unternehmerischen Qualifikationen und ihrem Know-how, höhere Schwierigkeiten beim Vorhandensein geeigneter Gründungsideen und Gründungspartner, die fehlende Qualifikationen und Gründungsideen potenziell kompensieren können, ist für sie die Gründung höchst signifikant weniger relevant. Die verstärkten Annahmen geringen Umsatzes, geringen Gewinns und des eigenen finanziellen Risikos im Rahmen einer Gründung wirken nicht signifikant auf die studentische Gründungsrelevanz. Das gleiche gilt auch, wenn die Studierenden höhere Gründungsbarrieren bei wirtschaftspolitischem Umfeld, Konjunkturlage, aufwendigem Behördenweg sowie Support von Familie und Freunden interpretieren. Auch höhere Schwierigkeiten bei fehlendem Mut, fehlender Zeit und Angst vor dem Scheitern haben keinen signifikanten Einfluss auf die Gründungsrelevanz. Demgegenüber senken stärkere Gründungshemmnisse bezüglich mangelnden Eigen- und Fremdkapitals signifikant die Gründungsrelevanz.

- **Erweiterung um Support-Faktoren**

Die Ergebnisse der Regression ohne Kontrollvariablen nach der Einschlussmethode im Rahmen von Modell 1.1(2) sind in Spalte (2) der Tabelle 15 dargestellt. Demzufolge umfasst dieses Modell neben den Variablen des Ausgangsmodells die drei herausgearbeiteten Gründungssupport-Faktoren.

Durch Integration der Support-Faktoren in Modell 1.1(2), das nach dem listenweisen Fallausschluss auf 2.589 Fällen basiert, sinkt das korrigierte Bestimmtheitsmaß geringfügig um 0,5 Prozentpunkte auf 36,7 Prozent. Und nach dem F-Test (p = 0,000) ist auch der in dieser Regressionsbeziehung angenommene Wirkungszusammenhang höchst signifikant (Backhaus/Erichson/Plinke/Weiber 2000: 24-28). Die Faktoren Individueller Support und Grundlagenvermittlung erhöhen die Gründungsrelevanz signifikant bzw. sehr signifikant, während für Networking-Support kein signifikanter Einfluss auf die endogene Variable aufgezeigt werden kann. Wenn die Studierenden Planspielen, Businessplan-Seminaren und Lehrveranstaltungen eine höhere Bedeutung für die Gründung beimessen, ist die Gründung für sie signifikant relevanter. Bei der Bewertung von gründungsspezifischen Anlaufstellen, Anstoßfinanzierung und Inkubatoren zeigt sich ein sehr signifikanter positiver Einfluss auf die Gründungsrelevanz. Und für Treffen und Diskussionen mit Professoren sowie Kontaktbörsen mit Unternehmern liegt kein signifikanter Effekt auf die studentische Gründungsrelevanz vor. Bei den anderen Variablen bzw. Faktoren zeigen sich gegenüber dem Ausgangsmodell nur geringfügige Abweichungen der Regressionskoeffizienten und keine Unterschiede bei den Wirkungsrichtungen signifikanter Regressoren. Was das Signifikanzniveau betrifft, sinkt der Faktor Ökonomische Notwendigkeit um eine Stufe, so dass dieses Notgründungsmotiv die Gründungsrelevanz jetzt sehr signifikant reduziert, und für den Faktor Kapital kann in Modell 1.1(2), vergleichsweise zum Ausgangsmodell mit einem signifikanten negativem Effekt, kein signifikanter Einfluss mehr auf den Regressanden nachgewiesen werden. Diese Abweichungen gegenüber dem Ausgangsmodell sind jedoch relativ gering, was insgesamt für zuverlässige Schätzer spricht (Stock/Watson 2006: 236f.).

- **Erweiterung um binäre Variablen**

Die Ergebnisse der Regression ohne Kontrollvariablen nach der Einschlussmethode im Rahmen von Modell 1.1(3) sind in Spalte (3) der Tabelle 15 dargestellt. Dieses Modell beinhaltet neben den Variablen des Ausgangsmodells die zwei binären Variablen Gründungsidee und Selbständigen-Umfeld.

Durch die Einflussgrößen in Modell 1.1(3), das nach dem listenweisen Fallausschluss auf 3.022 Fällen basiert, werden zusammen 43,7 Prozent der Varianz der Gründungsrelevanz erklärt, so dass die Aufnahme der beiden binären Variablen das adjustierte Bestimmtheitsmaß im Vergleich zum Ausgangsmodell deutlich um 6,5 Prozentpunkte erhöht. Dem F-Test zufolge (p = 0,000) ist mindestens einer der Regressionskoeffizienten ungleich Null (Backhaus/Erichson/Plinke/Weiber 2000: 24-28). Beide binären Variablen haben einen höchst signifikanten positiven Einfluss auf den Regressanden. Das Vorhandensein von Gründungsideen bei den Studierenden steigert somit höchst signifikant ihre Gründungsrelevanz. Genauso ist für Studierende mit mindestens einer unternehmerisch selbständigen Person im privaten Umfeld die Gründung höchst signifikant relevanter. Bei den anderen Einflussgrößen liegen vergleichsweise zum Ausgangsmodell keine Unterschiede bei den Wirkungsrichtungen der Regressionskoeffizienten vor, und auch ihre Änderungen sind relativ gering. Was die Signifikanzniveaus der Regressoren betrifft, existieren lediglich zwei Verschiebungen gegenüber dem Ausgangsmodell. So sinkt das Signifikanzniveau des Faktors Ökonomische Notwendigkeit um eine Stufe, während es bei dem Faktor Kapital um eine Stufe steigt. In Modell 1.1(3) reduziert Ökonomische Notwendigkeit folglich sehr signifikant die Gründungsrelevanz, und Kapital hat nun ebenfalls einen sehr signifikanten negativen Effekt auf die erklärte Variable. Auch in diesem Modell erweisen sich die Ergebnisse für die Variablen des Ausgangsmodells als relativ robust (Stock/Watson 2006: 236f.), und durch die Aufnahme der binären Variablen wird ein deutlich höherer Anteil der Varianz des Gesamtmodells erklärt.

- **Erweiterung um Support-Faktoren und binäre Variablen**

Die Ergebnisse der Regression ohne Kontrollvariablen nach der Einschlussmethode im Rahmen von Modell 1.1(4) sind in Spalte (4) der Tabelle 15 aufgeführt. Dieses Modell umfasst neben den Variablen des Ausgangsmodells die drei herausgearbeiteten Gründungssupport-Faktoren sowie die beiden binären Einflussgrößen Gründungsidee und Selbständigen-Umfeld.

Durch Aufnahme der Support-Faktoren sowie der Variablen Gründungsidee und Selbständigen-Umfeld in Modell 1.1(4), das nach dem listenweisen Fallausschluss auf 2.503 Fällen basiert, erhöht sich das korrigierte Bestimmtheitsmaß gegenüber dem Ausgangsmodell um 5,3 Prozentpunkte auf 42,5 Prozent, vergleichsweise zu Modell 1.1(2) wird es um 5,8 Prozentpunkte erhöht, und gegenüber Modell 1.1(3) sinkt das korrigierte Bestimmtheitsmaß um 1,2 Prozentpunkte. Nach dem F-Test ($p = 0{,}000$) ist auch der in dieser Regressionsbeziehung angenommene Wirkungszusammenhang höchst signifikant (Backhaus/Erichson/Plinke/Weiber 2000: 24-28). In Modell 1.1(4) kann bei den Support-Faktoren vergleichsweise zu Modell 1.1(2) für Individuellen Support kein signifikanter Einfluss mehr nachgewiesen werden, demgegenüber erhöht Grundlagenvermittlung wiederum sehr signifikant die Gründungsrelevanz, und Networking-Support hat nun einen signifikanten negativen Effekt auf den Regressanden. Die letztgenannte Wirkungsrichtung könnte dadurch bedingt sein, dass Treffen und Diskussionen mit Professoren sowie Kontaktbörsen mit Unternehmern ein Voranschreiten der Studierenden im Gründungsprozess bremsen, indem sie vielmehr existierende Herausforderungen einer Gründung offenlegen als lediglich zur Gründung zu ermutigen. Ferner üben in Modell 1.1(4), wie bereits in Modell 1.1(3), die Gründungsidee sowie das Selbständigen-Umfeld eine höchst signifikante positive Wirkung auf die Gründungsrelevanz aus. In Modell 1.1(4) liegen bei den anderen Einflussgrößen vergleichsweise zum Ausgangsmodell keine Unterschiede bei den Wirkungsrichtungen der signifikanten Regressionskoeffizienten vor, und auch ihre Änderungen sind relativ gering. Die im Ausgangsmodell nicht signifikanten Regressionskoeffizienten sind auch in Modell 1.1(4) weiterhin nicht signifikant. Allerdings ändern sich in Modell 1.1(4) vergleichsweise zum Ausgangsmodell bei drei Regressoren die Signifikanzniveaus. So erhöht der Faktor Ideen- und Selbstverwirklichung nun nur noch signifikant die Gründungsrelevanz, Ökonomische Notwendigkeit senkt sie nur noch signifikant, und Qualifikation/Idee/Partner übt jetzt einen sehr signifikanten negativen Einfluss auf den Regressanden aus. Insgesamt betrachtet können auch in diesem Modell die Schätzer der Regressionskoeffizienten der Einflussgrößen des Ausgangsmodells sowie der binären Variablen gegenüber Modell 1.1(3) als relativ reliabel eingestuft werden (Stock/Watson 2006: 236f.), was allerdings auch teilweise für die Schätzer bei den Support-Faktoren vergleichsweise zu Modell 1.1(2) zutrifft, wobei hier für den Faktor Individueller Support keine signifikante Wirkung auf die Gründungsrelevanz angenommen werden kann. Aufgrund der schwankenden Ergebnisse bei den Gründungsunterstützungs-Faktoren Individueller Support und Networking-Support lässt sich schlussfolgern, dass sie vergleichsweise zu den binären Variablen Gründungsidee und Selbständigen-Umfeld eine geringere Bedeutung für die Gründungsrelevanz der Studierenden verkörpern. Allerdings spricht nichts dagegen, die Support-Faktoren auch im Folgenden entsprechend zu berücksichtigen.

- **Analyse potenzieller Moderatoreffekte der Informationsquellenanzahl**

Die Ergebnisse der Regression ohne Kontrollvariablen nach der Einschlussmethode im Rahmen von Modell 1.1(5) sind in Spalte (5) der Tabelle 15 illustriert. Dieses Modell beinhaltet neben den Variablen von Modell 1.1(4) fünf Interaktionsterme (vgl. hierzu Kapitel 2.7.8), jeweils zwischen der Gründungsinformationsquellenanzahl und einer weiteren Einflussgröße, namentlich Risikohaltung, Volkswirtschaftlicher Rahmen/ F&F[1148], Kapital[1149], Gründungsidee und Selbständigen-Umfeld. So wird analysiert, ob die Informationsquellenanzahl gegebenenfalls moderierende Effekte auf die Beziehungen zwischen den genannten Regressoren und der Gründungsrelevanz ausübt (Hair/Black/Babin/Anderson 2006, zit. n. Gerstlberger/Knudsen/Stampe 2014: 135; Backhaus/Erichson/Plinke/Weiber 2000: 37).

Durch das Einbeziehen der Interaktionsterme in Modell 1.1(5), das nach dem listenweisen Fallausschluss auf 2.503 Fällen basiert, erhöht sich das korrigierte Bestimmtheitsmaß gegenüber Modell 1.1(4) lediglich um 0,1 Prozentpunkte auf 42,6 Prozent. Nach dem F-Test (p = 0,000) ist auch der in dieser Regressionsbeziehung angenommene Wirkungszusammenhang höchst signifikant (Backhaus/Erichson/Plinke/Weiber 2000: 24-28). Den Ergebnissen zufolge werden keine signifikanten Mode-

[1148] Ursprünglich wurde ein Interaktionsterm zwischen der Informationsquellenanzahl und dem Hemmnis „mangelnder Support von Familie und Freunden" herausgearbeitet (vgl. Kapitel 2.7.8); da dieses Hemmnis allerdings insbesondere auf den mittlerweile aufgegriffenen Faktor „Volkswirtschaftlicher Rahmen/F&F" lädt, bildet alternativ dieser den multiplikativen Term mit der Informationsquellenanzahl.

[1149] Ursprünglich wurde ein Interaktionsterm zwischen der Informationsquellenanzahl und dem Hemmnis „fehlendes Eigenkapital" herausgearbeitet (vgl. Kapitel 2.7.8); da dieses Hemmnis allerdings insbesondere auf den mittlerweile aufgegriffenen Faktor „Kapital" lädt, bildet alternativ dieser den multiplikativen Term mit der Informationsquellenanzahl.

ratoreffekte der Informationsquellenanzahl auf den Einfluss von Risikohaltung, Volkswirtschaftlicher Rahmen/F&F, Kapital sowie Selbständigen-Umfeld auf die Gründungsrelevanz nachgewiesen. Allerdings existiert ein signifikanter negativer Interaktionseffekt der Informationsquellenanzahl auf die Beziehung zwischen Gründungsidee und der endogenen Variable. Das könnte darin begründet liegen, dass eine höhere Anzahl an Gründungsinformationsquellen den – in den anderen Modellen positiven – Einfluss des Vorhandenseins einer Gründungsidee auf die Gründungsrelevanz verringert, indem durch mehrere Quellen oftmals auch mehr Zweifel am Erfolgspotenzial bzw. der Realisierbarkeit einer Gründungsidee aufkommen,[1150] was scheinbar tendenziell dazu führt, dass das Gründungsvorhaben (zumindest erst einmal) nicht weiter verfolgt wird.[1151] In Modell 1.1(5) existieren aufgrund der Interaktionsterme keine sogenannten „Haupteffekte als identische Effekte" (Baltes-Götz 2009: 23) der Einflussgrößen Informationsquellen, Risikohaltung, Volkswirtschaftlicher Rahmen/ F&F, Kapital, Gründungsidee und Selbständigen-Umfeld. Aber auch die sogenannten „Haupteffekte als mittlere bedingte Effekte" (Baltes-Götz 2009: 23) lassen sich bei

[1150] Denkbar ist hierbei, dass nach möglicher Einschätzung der Gründungsidee als nicht wirtschaftlich bzw. nicht realisierbar durch (die) erste Informationsquelle/n ein verstärkter Rückgriff auf weitere Informationsquellen durch den potenziellen Gründer erfolgt, diese jedoch tendenziell ebenfalls dazu anregen, das Gründungsvorhaben nicht weiter zu verfolgen (vgl. hierzu z.B. auch Ucbasaran/Westhead/Wright 2008: 159). Ferner deuten die Ergebnisse möglicherweise auch darauf hin, dass potenzielle Gründer, die von (der) ersten Informationsquelle/n eine Befürwortung zur Umsetzung ihres Gründungsvorhabens erhalten, tendenziell nicht auf weitere Informationsquellen zurückgreifen (vgl. hierzu z.B. auch Douglas 2009: 8-13; Baron 2007a: 176, mit weiteren Verweisen; Ucbasaran/Westhead/Wright 2008: 159, mit Verweis auf Busenitz/Barney 1997; Michl/Welpe/Spörrle/Picot 2009: 172, mit weiteren Verweisen).

[1151] Durch die angenommene Tendenz des Rückgriffs auf weitere Informationsquellen durch den potenziellen Gründer im Falle der Einschätzung der Gründungsidee als „nicht erfolgsversprechend" durch (die) erste Informationsquelle/n wird zwar die Weiterverfolgung des Gründungsvorhabens gehemmt oder verhindert, sofern weitere aufgegriffene Informationsquellen zu gleichen oder ähnlichen Einschätzungen führen, allerdings wird der potenzielle Gründer dadurch möglicherweise von der Realisation einer „nicht erfolgreichen" Gründung abgehalten (vgl. hierzu z.B. auch Ucbasaran/Westhead/Wright 2008: 159). Dass es aus Erfolgssicht offensichtlich unvorteilhaft ist, sich auf einen Informationskorridor zu beschränken und die Aufnahme und Auswertung zusätzlicher Informationen zu vernachlässigen, folgern bereits Picot, Laub und Schneider aufgrund ihrer Ergebnisse, nach denen die Geschäftsideen bei der Gruppe der „weniger erfolgreichen Gründer" zu deutlich höherem Anteil (44,4%) auf einer einseitigen Informationssuche basieren als bei der Gruppe der „sehr erfolgreichen Gründer" (18,8%) (Picot/Laub/Schneider 1989: 111). Dies legt den Schluss nahe, die Berücksichtigung mehrerer Informationsquellen im Gründungsprozess generell als vorteilhaft einzustufen, zumal dadurch das Potenzial des Erfolges als auch das Risiko des Scheiterns des Gründungsvorhabens aus mehreren Perspektiven heraus eingeschätzt werden kann, so dass der potenzielle Gründer fundierter für oder gegen die Weiterverfolgung seines Gründungsvorhabens entscheiden kann. Entsprechend betonen auch Gaglio und Katz, dass „alert individuals will seek objective accuracy" (Gaglio/Katz 2001: 102, unter Weglassung der Hervorhebung im Original).

diesen Regressoren nicht sinnvoll interpretieren, zumal die Regressoren nicht den Wert Null annehmen (Baltes-Götz 2009: 22f.). Deshalb muss sich die weitere Interpretation von Modell 1.1(5) auf die übrigen Einflussgrößen beschränken. So kann für die Faktoren Materielles Macht- und Prestigestreben, Erwirtschaftungsrisiko, Ängstlichkeit und Individueller Support wie bereits in Modell 1.1(4) kein signifikanter Einfluss auf den Regressanden nachgewiesen werden. Genauso bleiben in Modell 1.1(5) bei den Faktoren Ideen- und Selbstverwirklichung, Ökonomische Notwendigkeit, Qualifikation/Idee/Partner, Grundlagenvermittlung und Networking-Support die Wirkungsrichtungen als auch die Signifikanzniveaus von Modell 1.1(4) erhalten.

Da in Modell 1.1(5) nur für den Interaktionsterm zwischen Informationsquellenanzahl und Gründungsidee ein signifikanter Einfluss nachgewiesen wird, erscheint es sinnvoll, diesen Moderatoreffekt der Informationsquellen auf die Beziehung zwischen Gründungsidee und Gründungsrelevanz einzeln, also ohne weitere Interaktionsterme, zu betrachten. So weist das entsprechende Regressionsmodell ebenfalls ein adjustiertes Bestimmtheitsmaß von 42,6 Prozent und einen sehr signifikanten negativen Interaktionseffekt aus, wodurch der Moderatoreffekt der Gründungsinformationsquellenanzahl auf die Beziehung zwischen Gründungsidee und Gründungsrelevanz erhärtet wird. Was die anderen Regressoren betrifft, können wie in Modell 1.1(4) für Materielles Macht- und Prestigestreben, Erwirtschaftungsrisiko, Volkswirtschaftlicher Rahmen/ F&F, Ängstlichkeit und Individuellen Support keine signifikanten Wirkungen nachgewiesen werden. Aber auch bei Risikohaltung, Ideen- und Selbstverwirklichung, Ökonomische Notwendigkeit, Qualifikation/Idee/Partner, Kapital, Grundlagenvermittlung, Networking-Support und Selbständigen-Umfeld zeigen sich sowohl die gleichen Wirkungsrichtungen als auch die gleichen Signifikanzniveaus wie in Modell 1.1(4), so dass sich auch bei Integration des Interaktionsterms die Schätzer der nicht von den Interaktionen betroffenen Regressoren als zuverlässig erweisen (Stock/Watson 2006: 236f.).

Schrittweise, Vorwärts- und Rückwärtsmethode

Die Ergebnisse der Modelle 1.1a, 1.1b, 1.1c und 1.1d, d.h. der Regressionen auf die Gründungsrelevanz ohne Kontrollvariablen nach der schrittweisen Methode, inklusive

Hinweise auf Gemeinsamkeiten und Unterschiede der Ergebnisse nach der Vorwärts- sowie der Rückwärtsmethode, sind in den Tabellen A-4, A-5, A-6 und A-7 im Anhang 5 aufgeführt.

4.3.1.2 Regressionsanalysen mit Kontrollvariablen

In diesem Unterabschnitt werden die Regressionsmodelle mit den Kontrollvariablen Alter und Geschlecht zunächst nach der Einschlussmethode beschrieben, woraufhin diese Ergebnisse denen von schrittweiser, Vorwärts- sowie Rückwärtsmethode gegenübergestellt werden. In diesem Zusammenhang erfolgen auch Vergleiche mit den entsprechenden Ergebnissen ohne Kontrollvariablen aus dem vorhergehenden Unterabschnitt. Anhand der Berücksichtigung der Kontrollvariablen Alter und Geschlecht werden deren potenzielle Effekte auf die endogene Variable aufgedeckt bzw. herausgerechnet (Stangl 2012: o. S.). Außerdem werden im Rahmen der diversen Methoden jeweils abschließend noch weitere Kontrollvariablen nacheinander berücksichtigt.

Einschlussmethode

Tabelle 16 veranschaulicht die Ergebnisse von Modell 1.2, d.h. fünf Regressionen auf die Gründungsrelevanz mit Kontrollvariablen nach der Einschlussmethode, die fortan nacheinander beschrieben und dabei den entsprechenden Ergebnissen von Modell 1.1 gegenübergestellt werden.

- **Ausgangsmodell**

Die Ergebnisse der Regression mit Kontrollvariablen nach der Einschlussmethode im Rahmen des Ausgangsmodells sind in Modell 1.2(1), d.h. in Spalte (1) der Tabelle 16, dargestellt. Demnach umfasst das Ausgangsmodell dieses Unterabschnitts, neben der endogenen Variable Gründungsrelevanz, als exogene Variablen die Anzahl der Gründungsinformationsquellen, die Risikohaltung, die drei herausgearbeiteten Gründungsmotivationalen und die fünf Gründungs-hemmenden Faktoren sowie die beiden Kontrollvariablen Alter und Geschlecht.

Durch die Variablen bzw. Faktoren dieses Ausgangsmodells, das nach dem listenweisen Fallausschluss auf 3.102 Fällen basiert, werden zusammen 37,9 Prozent der Vari-

Tabelle 16

Regression – Modell 1.2 – Einschlussverfahren mit Kontrollvariablen

Modell 1.2 – Regressand: Gründungsrelevanz (4 Kategorien; Vorbereiter und Gründer gemeinsam); Einschlussmethode					
Regressor	**(1)**	**(2)**	**(3)**	**(4)**	**(5)**
Informationsquellen	,577*** (,016)	,566*** (,018)	,464*** (,017)	,455*** (,019)	,644*** (,093)
Risikohaltung	,131*** (,026)	,153*** (,029)	,079*** (,025)	,093*** (,028)	,068 (,057)
Materielles Macht- und Prestigestreben	-,006 (,015)	-,007 (,017)	-,009 (,015)	,006 (,017)	,006 (,017)
Ideen- und Selbstverwirklichung	,082*** (,016)	,065*** (,018)	,052*** (,015)	,042* (,017)	,041* (,017)
Ökonomische Notwendigkeit	-,036* (,016)	-,034 (,018)	-,032* (,015)	-,026 (,017)	-,025 (,017)
Qualifikation/Idee/Partner	-,105*** (,015)	-,103*** (,017)	-,050*** (,015)	-,051** (,017)	-,053** (,017)
Erwirtschaftungsrisiko	-,011 (,015)	-,010 (,017)	-,001 (,015)	,002 (,016)	-,001 (,016)
Volkswirtschaftlicher Rahmen/F&F	,021 (,015)	,020 (,017)	,013 (,014)	,017 (,016)	,048 (,036)
Ängstlichkeit	-,006 (,016)	,004 (,017)	-,020 (,015)	-,012 (,017)	-,014 (,017)
Kapital	-,028 (,015)	-,031 (,017)	-,033* (,014)	-,035* (,016)	-,016 (,036)
Individueller Support		,036* (,018)		,019 (,017)	,018 (,017)
Grundlagenvermittlung		,041* (,018)		,041* (,017)	,040* (,017)
Networking-Support		-,027 (,017)		-,036* (,017)	-,038* (,017)
Gründungsidee			,640*** (,037)	,625*** (,041)	,843*** (,099)
Selbständigen-Umfeld			,125*** (,030)	,108*** (,033)	,227** (,074)
Risikohaltung * Informationsquellen					,013 (,027)
Volkswirtschaftlicher Rahmen/F&F * Informationsquellen					-,015 (,016)
Kapital * Informationsquellen					-,009 (,016)
Gründungsidee * Informationsquellen					-,096* (,040)
Selbständigen-Umfeld * Informationsquellen					-,063 (,034)

Modell 1.2 – Regressand: Gründungsrelevanz (4 Kategorien; Vorbereiter und Gründer gemeinsam); Einschlussmethode					
Alter (kategorisiert)	,091*** (,020)	,099*** (,023)	,047* (,019)	,051* (,022)	,051* (,022)
Geschlecht (männlich)	,113*** (,035)	,097* (,039)	,092** (,033)	,090* (,038)	,090* (,038)
Schnittpunkt	,135 (,095)	,114 (,107)	-,391*** (,101)	-,363*** (,114)	-,743*** (,208)
Gesamtstatistiken					
SER	,839	,848	,789	,802	,800
$\bar{R}^2$	,379	,373	,438	,427	,428
p	,000	,000	,000	,000	,000
n	3102	2568	2992	2482	2482

Anmerkung: Dargestellt ist die Einschlussmethode. Standardfehler sind in Klammern unter den Koeffizienten dargestellt. Der individuelle Koeffizient ist im Rahmen eines zweiseitigen Tests statistisch signifikant bei einem *5% Niveau, **1% oder ***0,1% Signifikanzniveau. *SER* = Standardfehler; $\bar{R}^2$ = Adjustiertes Bestimmtheitsmaß; *p* = Signifikanzwert; *n* = Fälle.

Quelle: Eigene Erstellung.

anz der Gründungsrelevanz erklärt, also 0,7 Prozentpunkte mehr als in Modell 1.1(1). Somit führt die Aufnahme der beiden Kontrollvariablen zu einer Verbesserung des Gesamtmodells. Dem F-Test (*p* = 0,000) zufolge ist der in der Regressionsbeziehung angenommene Wirkungszusammenhang höchst signifikant (Backhaus/Erichson/Plinke/Weiber 2000: 24-28), so dass fortan die Regressionskoeffizienten der erklärenden Variablen anhand des t-Tests hinsichtlich potenziellen signifikanten Wirkungen auf den Regressanden analysiert werden (Backhaus/Erichson/Plinke/Weiber 2000: 29-31). So steigern sowohl eine größere Anzahl an Gründungsinformationsquellen als auch eine höhere Risikohaltung höchst signifikant die Gründungsrelevanz der Studierenden. Bei den Gründungsmotiven wird für den Faktor Materielles Macht- und Prestigestreben kein signifikanter Effekt auf die endogene Variable nachgewiesen, während Ideen- und Selbstverwirklichung einen höchst signifikanten positiven und Ökonomische Notwendigkeit einen signifikanten negativen Einfluss auf die Gründungsrelevanz ausüben. Bei den Gründungshemmnissen wird die Gründungsrelevanz durch den Faktor Qualifikation/Idee/Partner höchst signifikant reduziert, während bei den Faktoren Erwirtschaftungsrisiko, Volkswirtschaftlicher Rahmen/F&F, Ängstlichkeit und Kapital kein signifikanter Einfluss nachgewiesen wird. Bei den aufgenommenen Kontrollvariablen haben ein höheres Alter als auch ein männliches Geschlecht höchst signifikante positive Effekte auf die Gründungsrelevanz.

Die Aufnahme der beiden Kontrollvariablen in die Regressionsbeziehung ändert nicht die Wirkungsrichtungen der Regressoren, führt allerdings bei den zwei folgenden Faktoren zu relevanten Änderungen gegenüber Modell 1.1(1). Bei dem Faktor Ökonomische Notwendigkeit liegt eine Verschiebung im Signifikanzniveau vor, so dass er die Gründungsrelevanz nicht mehr höchst signifikant, sondern signifikant reduziert. Ferner wird in Modell 1.2(1) für den Faktor Kapital kein signifikanter Effekt mehr auf den Regressanden nachgewiesen. Abgesehen von diesen beiden Abweichungen von Modell 1.1(1) erweisen sich die Schätzer der anderen Regressionskoeffizienten nach Aufnahme der Kontrollvariablen als reliabel.

- **Erweiterung um Support-Faktoren**

Die Ergebnisse der Regression mit Kontrollvariablen nach der Einschlussmethode im Rahmen von Modell 1.2(2) sind in Spalte (2) der Tabelle 16 dargestellt. Dieses Modell umfasst neben den Variablen des Ausgangsmodells mit Kontrollvariablen die drei herausgearbeiteten Gründungssupport-Faktoren.

Durch Integration der Support-Faktoren in Modell 1.2(2), das nach dem listenweisen Fallausschluss auf 2.568 Fällen basiert, sinkt das korrigierte Bestimmtheitsmaß gegenüber Modell 1.2(1) geringfügig um 0,6 Prozentpunkte auf 37,3 Prozent. Vergleichsweise zu Modell 1.1(2) steigt es dagegen um 0,6 Prozentpunkte, so dass die Aufnahme der beiden Kontrollvariablen wieder zu einer Verbesserung des Gesamtmodells führt. Nach dem F-Test (p = 0,000) ist auch der in dieser Regressionsbeziehung angenommene Wirkungszusammenhang höchst signifikant (Backhaus/Erichson/Plinke/Weiber 2000: 24-28). Die Faktoren Individueller Support und Grundlagenvermittlung erhöhen signifikant die Gründungsrelevanz, während für Networking-Support kein signifikanter Einfluss auf den Regressanden nachgewiesen wird. Was die Einflussgrößen des Ausgangsmodells betrifft, existieren bei den signifikanten Regressoren gegenüber Modell 1.2(1) keine Veränderungen bei den Wirkungsrichtungen. Allerdings wird für den in Modell 1.2(1) noch signifikanten Faktor Ökonomische Notwendigkeit in Modell 1.2(2) keine signifikante Wirkung mehr nachgewiesen. Zudem verschiebt sich gegenüber Modell 1.2(1) bei der Kontrollvariablen Geschlecht das Signifikanzniveau, so dass nun für männliche Studierende die Gründung nur noch signifikant relevanter ist als für Studentinnen. Abgesehen von diesen beiden Ausnahmen sind allerdings die übrigen Schätzer der Regressionskoeffizienten bei Aufnahme der Support-Faktoren in die Regressionsbeziehung reliabel (Stock/Watson 2006: 236f.).

Durch die Berücksichtigung der Kontrollvariablen Alter und Geschlecht ändern sich gegenüber Modell 1.1(2) die Wirkungsrichtungen der anderen Regressoren nicht. Jedoch gibt es bei den folgenden beiden Faktoren relevante Änderungen gegenüber Modell 1.1(2). So wird in Modell 1.2(2) für Ökonomische Notwendigkeit kein signifikanter Einfluss mehr auf den Regressanden nachgewiesen, und bei Grundlagenvermittlung verschiebt sich das Signifikanzniveau, so dass dieser Gründungssupport-Faktor hier die Gründungsrelevanz nur noch signifikant erhöht. Abgesehen von diesen beiden Abweichungen von Modell 1.1(2) sind die Schätzer der anderen Regressionskoeffizienten nach Aufnahme der beiden Kontrollvariablen zuverlässig.

- **Erweiterung um binäre Variablen**

Die Ergebnisse der Regression mit Kontrollvariablen nach der Einschlussmethode im Rahmen von Modell 1.2(3) sind in Spalte (3) der Tabelle 16 dargestellt. Dieses Modell umfasst neben den Variablen des Ausgangsmodells mit Kontrollvariablen die zwei binären Variablen Gründungsidee und Selbständigen-Umfeld.

Durch die Aufnahme der beiden binären erklärenden Variablen in Modell 1.2(3), das nach dem listenweisen Fallausschluss auf 2.992 Fällen basiert, steigt das adjustierte Bestimmtheitsmaß gegenüber Modell 1.2(1) um 5,9 Prozentpunkte auf 43,8 Prozent, was erneut ihre hohe Bedeutung für das Gesamtmodell verdeutlicht. Vergleichsweise zu Modell 1.1(3) steigt es dagegen geringfügig um 0,1 Prozentpunkte, so dass die Aufnahme der beiden Kontrollvariablen hier nur zu einer geringen Verbesserung des Gesamtmodells führt. Dem F-Test ($p = 0{,}000$) zufolge ist auch der in dieser Regressionsbeziehung angenommene Wirkungszusammenhang höchst signifikant (Backhaus/Erichson/Plinke/Weiber 2000: 24-28). Beide Variablen Gründungsidee und Selbständigen-Umfeld steigern höchst signifikant die Gründungsrelevanz. Was die Einflussgrößen des Ausgangsmodells betrifft, existieren gegenüber Modell 1.2(1) keine Veränderungen bei den Wirkungsrichtungen. Jedoch hat der Faktor Kapital in Modell

1.2(3) einen signifikanten negativen Effekt auf die Gründungsrelevanz, während er in Modell 1.2(1) nicht signifikant ist. Ferner verschieben sich gegenüber Modell 1.2(1) bei den Kontrollvariablen die Signifikanzniveaus, so dass die Gründung für ältere Studierende nur noch signifikant relevanter ist und für männliche Studierende sehr signifikant relevanter als für Studentinnen. Die restlichen Schätzer der Regressionskoeffizienten sind jedoch bei Integration der Variablen Gründungsidee und Selbständigen-Umfeld zuverlässig (Stock/Watson 2006: 236f.).

Durch die Integration der Kontrollvariablen Alter und Geschlecht ändern sich gegenüber Modell 1.1(3) die Wirkungsrichtungen der anderen Regressoren nicht. Allerdings existieren bei den folgenden zwei Faktoren vergleichsweise zu Modell 1.1(3) Verschiebungen im Signifikanzniveau. So reduzieren in Modell 1.2(3) Ökonomische Notwendigkeit sowie Kapital die Gründungsrelevanz nur noch signifikant. Ansonsten sind die Schätzer der anderen Regressionskoeffizienten nach Aufnahme der beiden Kontrollvariablen robust.

- **Erweiterung um Support-Faktoren und binäre Variablen**

Die Ergebnisse der Regression mit Kontrollvariablen nach der Einschlussmethode im Rahmen von Modell 1.2(4) sind in Spalte (4) der Tabelle 16 dargestellt. Dieses Modell enthält neben den Variablen des Ausgangsmodells mit Kontrollvariablen die drei herausgearbeiteten Gründungssupport-Faktoren sowie die beiden binären Variablen Gründungsidee und Selbständigen-Umfeld.

Durch Aufnahme der Support-Faktoren sowie der zwei binären Variablen in Modell 1.2(4), das nach dem listenweisen Fallausschluss auf 2.482 Fällen basiert, steigt das adjustierte Bestimmtheitsmaß gegenüber Modell 1.2(1) um 4,8 Prozentpunkte auf 42,7 Prozent. Vergleichsweise zu Modell 1.1(4) steigt es um 0,2 Prozentpunkte, so dass die Integration der beiden Kontrollvariablen erneut zu einer Verbesserung des Gesamtmodells führt. Nach dem F-Test (p = 0,000) ist auch der in dieser Regressionsbeziehung angenommene Wirkungszusammenhang höchst signifikant (Backhaus/Erichson/Plinke/Weiber 2000: 24-28). Bei den Support-Faktoren wird für den in Modell 1.2(2) noch signifikant positiv wirkenden Faktor Individueller Support in Modell 1.2(4) kein signifikanter Effekt nachgewiesen, Grundlagenvermittlung erhöht weiterhin signifikant die Gründungsrelevanz, und der in Modell 1.2(2) nicht signifikante Networking-Support reduziert sie jetzt signifikant. Beide binären Variablen Gründungsidee und Selbständigen-Umfeld erhöhen wie bereits in Modell 1.2(3) höchst signifikant den Regressanden. Bezugnehmend auf die Einflussgrößen des Ausgangsmodells sind in Modell 1.2(4) die Wirkungsrichtungen der signifikanten Regressoren identisch mit denen in Modell 1.2(1). Allerdings wirkt der Motiv-Faktor Ideen- und Selbstverwirklichung in Modell 1.2(4) nur noch signifikant positiv auf die Gründungsrelevanz, während für Ökonomische Notwendigkeit kein signifikanter Einfluss mehr aufgedeckt wird. Auch der Hemmnis-Faktor Qualifikation/Idee/Partner sinkt gegenüber Modell 1.2(1) im Signifikanzniveau, so dass er jetzt die Gründungsrelevanz sehr signifikant reduziert. Ferner übt der in Modell 1.2(1) nicht signifikante Faktor Kapital in Modell 1.2(4) einen signifikanten negativen Effekt auf den Regressanden aus. Bei beiden Kontrollvariablen sinken gegenüber Modell 1.2(1) die Signifikanzniveaus, so dass das Alter nun einen signifikanten positiven Einfluss auf den Regressanden hat, und die Gründung für männliche Studierende jetzt signifikant relevanter ist als für Studentinnen. Durch die Integration der Support-Faktoren sowie der binären Variablen ändern sich zwar die Schätzer einiger Regressoren des Ausgangsmodells, allerdings überwiegen zuverlässige Regressionskoeffizienten, bei denen keine relevanten Abweichungen gegenüber Modell 1.2(1) vorliegen. Dennoch scheint – wie schon weiter oben angenommen – die Aufnahme einer höheren Anzahl an erklärenden Variablen mehr oder weniger starke Auswirkungen auf die Effizienz der Schätzer der Regressionskoeffizienten zu haben. Daraus lässt sich folgern, dass die hier angewandte Vorgehensweise, bei der ein kompakteres Ausgangsmodell schrittweise um weitere Variablen erweitert wird, vorteilhaft ist, da so einerseits durch die Erweiterungen bedingte Veränderungen zwischen den Modellen aufgezeigt und andererseits eine höhere Anzahl an herausgearbeiteten Einflussgrößen getestet werden können.

Durch die Berücksichtigung der Kontrollvariablen Alter und Geschlecht ändern sich vergleichsweise zu Modell 1.1(4) die Wirkungsrichtungen der anderen Regressoren nicht. Jedoch gibt es bei den zwei folgenden Faktoren relevante Änderungen gegenüber Modell 1.1(4). Demnach wird in Modell 1.2(4) für Ökonomische Notwendigkeit kein signifikanter Einfluss mehr auf den Regressanden nachgewiesen, und bei Grundlagenvermittlung sinkt das Signifikanzniveau, so dass dieser Faktor die Gründungsrelevanz nur noch signifikant erhöht. Abgesehen von diesen beiden Abweichungen von Modell 1.1(4) sind die Schätzer der anderen Regressionskoeffizienten nach Aufnahme der beiden Kontrollvariablen allerdings reliabel.

- **Analyse potenzieller Moderatoreffekte der Informationsquellenanzahl**

Die Ergebnisse der Regression mit Kontrollvariablen nach der Einschlussmethode im Rahmen von Modell 1.2(5) sind in Spalte (5) der Tabelle 16 aufgeführt. Dieses Modell umfasst neben den Variablen von Modell 1.2(4) fünf Interaktionsterme, jeweils zwischen der Gründungsinformationsquellenanzahl und einer weiteren Einflussgröße, namentlich Risikohaltung, Volkswirtschaftlicher Rahmen/F&F, Kapital, Gründungsidee und Selbständigen-Umfeld. So wird untersucht, ob die Informationsquellenanzahl gegebenenfalls Moderatoreffekte auf die Beziehungen zwischen den genannten Regressoren und der Gründungsrelevanz ausübt (Hair/Black/Babin/Anderson 2006, zit. n. Gerstlberger/Knudsen/Stampe 2014: 135; Backhaus/Erichson/Plinke/Weiber 2000: 37).

Durch das Einbeziehen der Interaktionsterme in Modell 1.2(5), das nach dem listenweisen Fallausschluss auf 2.482 Fällen basiert, erhöht sich das adjustierte Bestimmtheitsmaß gegenüber Modell 1.2(4) um 0,1 Prozentpunkte und vergleichsweise zu Modell 1.1(5) um 0,2 Prozentpunkte auf 42,8 Prozent. Nach dem F-Test ($p = 0{,}000$) ist auch der in dieser Regressionsbeziehung angenommene Wirkungszusammenhang höchst signifikant (Backhaus/Erichson/Plinke/Weiber 2000: 24-28). Laut den Ergebnissen werden keine signifikanten Moderatoreffekte der Informationsquellenanzahl auf den Einfluss von Risikohaltung, Volkswirtschaftlicher Rahmen/F&F, Kapital sowie Selbständigen-Umfeld auf die Gründungsrelevanz nachgewiesen. Jedoch liegt wie bereits in Modell 1.1(5) ein signifikanter negativer Interaktionseffekt der Informationsquellenanzahl auf die Beziehung zwischen Gründungsidee und dem Regressanden vor. Auch in Modell 1.2(5) existieren aufgrund der Interaktionsterme keine sogenannten „Haupteffekte als identische Effekte“ (Baltes-Götz 2009: 23) der Einflussgrößen Informationsquellen, Risikohaltung, Volkswirtschaftlicher Rahmen/F&F, Kapital, Gründungsidee und Selbständigen-Umfeld. Aber auch die sogenannten „Haupteffekte als mittlere bedingte Effekte“ (Baltes-Götz 2009: 23) lassen sich bei diesen Regressoren nicht sinnvoll interpretieren, zumal die Regressoren nicht den Wert Null annehmen (Baltes-Götz 2009: 22f.). Demzufolge beschränkt sich der Vergleich zwischen Modell 1.2(5) und Modell 1.1(5) auf die restlichen Einflussgrößen. Relevante Änderungen durch die Aufnahme der zwei Kontrollvariablen existieren bei den beiden folgenden Faktoren. Ökonomische Notwendigkeit übt in Modell 1.2(5) keinen signifikanten Einfluss mehr auf die Gründungsrelevanz aus und Grundlagenvermittlung nur noch einen signifikant positiven. Sowohl Alter als auch ein männliches Geschlecht erhöhen die Gründungsrelevanz signifikant.

Da wie bereits in Modell 1.1(5) auch in Modell 1.2(5) nur für den Interaktionsterm zwischen Informationsquellenanzahl und Gründungsidee ein signifikanter Einfluss nachgewiesen wird, erscheint es erneut sinnvoll, diesen Moderatoreffekt der Informationsquellen auf die Beziehung zwischen Gründungsidee und Gründungsrelevanz einzeln, also ohne weitere Interaktionsterme, zu analysieren. Das entsprechende Regressionsmodell weist ebenfalls ein adjustiertes Bestimmtheitsmaß von 42,8 Prozent aus und wie bei dem Modell ohne Kontrollvariablen einen sehr signifikanten negativen Interaktionseffekt, wodurch der Moderatoreffekt der Gründungsinformationsquellenanzahl auf die Beziehung zwischen Gründungsidee und Gründungsrelevanz erhärtet wird. Was die anderen Regressoren betrifft, können einerseits wie in Modell 1.2(4) für Materielles Macht- und Prestigestreben, Ökonomische Notwendigkeit, Erwirtschaftungsrisiko, Volkswirtschaftlicher Rahmen/F&F, Ängstlichkeit und Individuellen Support keine signifikanten Wirkungen nachgewiesen werden. Andererseits liegen bei Risikohaltung, Ideen- und Selbstverwirklichung, Qualifikation/Idee/Partner, Kapital, Grundlagenvermittlung, Networking-Support und Selbständigen-Umfeld sowie bei den Kontrollvariablen Alter und Geschlecht sowohl gleiche Wirkungsrichtungen als auch identische Signifikanzniveaus wie in Modell 1.2(4) vor, so dass sich auch bei Integration des Interaktionsterms die Schätzer der nicht von der Interaktion betroffenen Regressoren als reliabel erweisen (Stock/Watson 2006: 236f.).

- **Analyse weiterer Kontrollvariablen**

Während die Kontrollvariablen Alter und Geschlecht bereits getestet wurden, folgt nun die Berücksichtigung der weiteren Kontrollvariablen Ingenieurwissenschaften sowie Informatik, Jahr/Semester (Zeitverlauf), Semestergruppe, Weiterführendes Studium, Fernstudium und Universität. Da nicht zu viele Einflüsse gleichzeitig getestet werden sollen, um nicht die externe Validität einzuschränken (Stangl 2012: o. S.), folgen getrennte Überprüfungen; jedoch mit Ausnahme von Ingenieurwissenschaften und Informatik, die nicht zu hoch miteinander korrelieren und folglich zusammen integriert werden können, um so potenzielle Einflüsse aller drei untersuchten Fachrichtungen zu testen. Allerdings verbleiben die Kontrollvariablen Alter und Geschlecht in den Modellen, sofern sie keine Korrelationen mit anderen Kontrollvariablen aufweisen, die über dem weiter oben genannten und zugrunde gelegten Grenzwert liegen. Dies ist der Fall zwischen Alter und Semestergruppe, Weiterführendes Studium sowie Fernstudium (vgl. hierzu auch Tabelle A-2 und Tabelle A-3 im Anhang 4).

Die Regression mit den Variablen aus Modell 1.2(4) sowie mit den weiteren Kontrollvariablen Ingenieurwissenschaften und Informatik nach der Einschlussmethode basiert nach dem listenweisen Fallausschluss auf 2.482 Fällen und weist ein adjustiertes Bestimmtheitsmaß von 42,8 Prozent auf. Vergleichsweise zu Modell 1.2(4) steigt es um 0,1 Prozentpunkte. Nach dem F-Test ($p = 0,000$) ist auch der in dieser Regressionsbeziehung angenommene Wirkungszusammenhang höchst signifikant (Backhaus/Erichson/Plinke/Weiber 2000: 24-28). Während für Informatik kein signifikanter Einfluss aufgezeigt wird, haben die Ingenieurwissenschaften einen signifikanten negativen Effekt auf den Regressanden. Im Vergleich zu den Studierenden der Betriebswirtschaftslehre – die hier als Vergleichsbasis gegenüber den anderen beiden Fachrichtungen fungieren (Brosius 2011: 582) – ist für Studierende der Ingenieurwissenschaften folglich die Gründung signifikant weniger relevant (vgl. hierzu auch Kaden 2007: 84). Zwar wird Ingenieuren eine erhöhte Innovationstätigkeit zugeschrieben (Fritsch 2004: 49, zit. n. Kaden 2007: 81), die nicht nur im Rahmen von Gründungen, sondern auch innerhalb bestehenden Unternehmen erfolgen kann, jedoch wird für den für Betriebswirte relevanten Sektor der Finanzdienstleistungen eine signifikant positive Selbständigen-Quote nachgewiesen (Taylor 1996: 260, zit. n. Kaden 2007: 26f.). Das vorliegende Ergebnis, dass die Gründung für Studierende der Betriebswirtschaftslehre signifikant relevanter ist als für Studierende der Ingenieurwissenschaften, ist vermutlich weitgehend durch die in Deutschland bestehende Akademikerknappheit an Ingenieuren (ZEW et al. 2000: 35; ZEW et al. 1999: 104, zit. n. Lilischkis 2001: 96) bedingt, die aufgrund des hohen Wettbewerbs bestehender Unternehmen um die Personalrekrutierung innerhalb dieser Zielgruppe zu relativ hohen Verdienstmöglichkeiten für Ingenieure auf dem Arbeitsmarkt führt und gleichzeitig die Gründung neuer Unternehmen einschränkt (ZEW 2000: 35; Staudt/Kottmann 1999, zit. n. Lilischkis 2001: 96). Im Falle der Gründung durch Ingenieure steigen demnach ihre Opportunitätskosten, da sie auf ein relativ gesichertes hohes bzw. oftmals höheres Einkommen sowie weitere Vorteile im Rahmen von abhängigen Beschäftigungsverhältnissen[1152] verzichten, wodurch der negative Effekt auf die Selbständigen-Quote bedingt sein kann (Johansson 2000: 126, zit. n. Kaden 2007: 67; Henrekson/Stenkula 2010: 615f.). Demgegenüber existieren zwischen Studierenden der Informatik und denen der Betriebswirtschaftslehre keine signifikanten Unterschiede hinsichtlich der Gründungsrelevanz. Vergleichsweise zu den Variablen in Modell 1.2(4) sind die Wirkungsrichtungen und Signifikanzniveaus identisch, ausgenommen der Kontrollvariable Alter, für die keine signifikante Wirkung nachgewiesen wird. Folglich erweisen sich die Schätzer der Regressionskoeffizienten bei Integration der Kontrollvariablen Ingenieurwissenschaften und Informatik grundsätzlich als reliabel (Stock/Watson 2006: 236f.).

Die Regression mit den Variablen aus Modell 1.2(4) sowie der weiteren Kontrollvariable Jahr/Semester (Zeitverlauf) nach der Einschlussmethode basiert nach dem listenweisen Fallausschluss auf 2.482 Fällen und weist wie in Modell 1.2(4) ein adjustiertes Bestimmtheitsmaß von 42,7 Prozent auf. Nach dem F-Test (p = 0,000) ist auch der in dieser Regressionsbeziehung angenommene Wirkungszusammenhang höchst signifikant (Backhaus/Erichson/Plinke/Weiber 2000: 24-28). Für Jahr/Semester wird kein signifikanter Einfluss aufgezeigt, d.h. es liegen keine signifikanten Unterschiede der Gründungsrelevanz im Zeitverlauf vor. Was die anderen Einflussgrößen betrifft, existieren gegenüber den Regressoren in Modell 1.2(4) keine Abweichungen bei den Wirkungsrichtungen und den Signifikanzniveaus. Demnach sind die Schätzer der Regres-

[1152] Vgl. hierzu Henrekson/Stenkula 2010: 615f.

sionskoeffizienten bei Aufnahme der Kontrollvariablen Jahr/Semester zuverlässig (Stock/Watson 2006: 236f.).

Die Regression mit den Variablen aus Modell 1.2(4) sowie der weiteren Kontrollvariable Semestergruppe – aber aufgrund der Höhe der Korrelation exklusive der Kontrollvariable Alter – nach der Einschlussmethode basiert nach dem listenweisen Fallausschluss auf 2.490 Fällen und weist wie in Modell 1.2(4) ein adjustiertes Bestimmtheitsmaß in Höhe von 42,7 Prozent auf. Nach dem F-Test (p = 0,000) ist auch der in dieser Regressionsbeziehung angenommene Wirkungszusammenhang höchst signifikant (Backhaus/Erichson/Plinke/Weiber 2000: 24-28). Für Semestergruppe wird kein signifikanter Einfluss aufgezeigt, d.h. es existieren zwischen den Semestergruppen keine signifikanten Unterschiede bei der Gründungsrelevanz. Was die anderen Einflussgrößen betrifft, existieren gegenüber den Regressoren in Modell 1.2(4) keine Abweichungen bei den Wirkungsrichtungen und lediglich eine Verschiebung bei den Signifikanzniveaus. Demzufolge ist nun für männliche Studierende die Gründung sehr signifikant relevanter als für Studentinnen. Bis auf diese Ausnahme sind die Schätzer der übrigen Regressionskoeffizienten bei Berücksichtigung der Kontrollvariablen Semestergruppe reliabel (Stock/Watson 2006: 236f.).

Die Regression mit den Variablen aus Modell 1.2(4) sowie der weiteren Kontrollvariable Weiterführendes Studium – aber aufgrund der Höhe der Korrelation exklusive der Kontrollvariable Alter – nach der Einschlussmethode basiert nach dem listenweisen Fallausschluss auf 2.490 Fällen und weist wie in Modell 1.2(4) ein adjustiertes Bestimmtheitsmaß von 42,7 Prozent auf. Nach dem F-Test (p = 0,000) ist auch der in dieser Regressionsbeziehung angenommene Wirkungszusammenhang höchst signifikant (Backhaus/Erichson/Plinke/Weiber 2000: 24-28). Für Weiterführendes Studium wird ein signifikanter positiver Einfluss aufgezeigt, d.h. für Studierende in weiterführenden Studiengängen ist die Gründung signifikant relevanter als für Studierende in grundständigen Studiengängen. Während dies aufgrund der diesbezüglichen Ausführungen in Kapitel 2.7.9 bereits vermutet werden konnte, könnte für dieses Ergebnis zudem die normalerweise höhere Berufserfahrung von Studierenden im weiterführenden Studium ursächlich sein, zumal bisherige Berufserfahrung mit einer höheren Gründungsaktivität in Zusammenhang gebracht wird (Bhidé 2000, zit. n. Harms/

Kraus/Schwarz 2009: 36; Lin/Picot/Compton 2000: 118, zit. n. Kaden 2007: 17; Lin/ Picot/Yates 1999: 12). Was die anderen Einflussgrößen betrifft, existieren gegenüber den Regressoren in Modell 1.2(4) keine Abweichungen bei den Wirkungsrichtungen und den Signifikanzniveaus. Demnach sind die Schätzer der Regressionskoeffizienten bei Aufnahme der Kontrollvariablen Weiterführendes Studium zuverlässig (Stock/ Watson 2006: 236f.).

Die Regression mit den Variablen aus Modell 1.2(4) sowie der weiteren Kontrollvariable Fernstudium – aber aufgrund der Höhe der Korrelation exklusive der Kontrollvariable Alter – nach der Einschlussmethode basiert nach dem listenweisen Fallausschluss auf 2.490 Fällen und weist gegenüber Modell 1.2(4) ein um 0,1 Prozentpunkte geringeres adjustiertes Bestimmtheitsmaß von 42,6 Prozent auf. Nach dem F-Test (p = 0,000) ist auch der in dieser Regressionsbeziehung angenommene Wirkungszusammenhang höchst signifikant (Backhaus/Erichson/Plinke/Weiber 2000: 24-28). Für Fernstudium wird kein signifikanter Einfluss aufgezeigt, d.h. es existieren zwischen Studierenden aus Präsenzstudiengängen und Fernstudiengängen keine signifikanten Unterschiede bei der Gründungsrelevanz. Was die anderen Einflussgrößen betrifft, existieren gegenüber den Regressoren in Modell 1.2(4) keine Abweichungen bei den Wirkungsrichtungen und lediglich zwei Verschiebungen bei den Signifikanzniveaus. So erhöht der Faktor Ideen- und Selbstverwirklichung jetzt sehr signifikant den Regressanden, und für männliche Studierende ist die Gründung sehr signifikant relevanter als für Studentinnen. Bis auf diese beiden Ausnahmen sind die Schätzer der übrigen Regressionskoeffizienten bei Integration der Kontrollvariablen Fernstudium reliabel (Stock/Watson 2006: 236f.).

Die Regression mit den Variablen aus Modell 1.2(4) sowie der weiteren Kontrollvariable Universität nach der Einschlussmethode basiert nach dem listenweisen Fallausschluss auf 2.482 Fällen und weist gegenüber Modell 1.2(4) ein um 0,1 Prozentpunkte höheres korrigiertes Bestimmtheitsmaß von 42,8 Prozent auf. Nach dem F-Test (p = 0,000) ist auch der in dieser Regressionsbeziehung angenommene Wirkungszusammenhang höchst signifikant (Backhaus/Erichson/Plinke/Weiber 2000: 24-28). Für Universität wird ein sehr signifikanter Einfluss aufgezeigt, d.h. für Studierende an der Universität ist die Gründung sehr signifikant relevanter als für Studierende an nicht universitären Hochschulen. Dieses Ergebnis ist allerdings nicht allzu überraschend, da an der Universität nur Studierende aus der Fachrichtung Betriebswirtschaftslehre befragt wurden, für die weiter oben zumindest gegenüber den Studierenden der Ingenieurwissenschaften eine höhere Gründungsrelevanz aufgezeigt wurde. Jedoch ist mit der Interpretation dieser Ergebnisse aufgrund der vergleichsweise sehr geringen Anzahl an Fällen, die von einer universitären Hochschuleinrichtung herrühren, vorsichtig umzugehen, so dass nach Ansicht des Autors der vorliegenden Arbeit diesbezüglich weitere Forschungsaktivitäten erforderlich sind. Was die anderen Einflussgrößen betrifft, existieren gegenüber den Regressoren in Modell 1.2(4) weder Abweichungen bei den Wirkungsrichtungen noch bei den Signifikanzniveaus. Demnach sind die Schätzer der Regressionskoeffizienten bei Berücksichtigung der Kontrollvariablen Universität reliabel (Stock/Watson 2006: 236f.).

Schrittweise, Vorwärts- und Rückwärtsmethode

Die Ergebnisse der Modelle 1.2a, 1.2b, 1.2c und 1.2d, d.h. der Regressionen auf die Gründungsrelevanz mit den Kontrollvariablen Alter und Geschlecht – sowie die Ergebnisse im Rahmen der weiteren Kontrollvariablen – nach der schrittweisen Methode, inklusive Hinweise auf Gemeinsamkeiten und Unterschiede der Ergebnisse nach der Vorwärts- sowie der Rückwärtsmethode, sind im Anhang 6 aufgeführt.

4.3.1.3 Arbeitsmodell nach Ergebnissen von Modell 1

In Abbildung 3 sind in das in der vorliegenden Arbeit herausgearbeitete Arbeitsmodell im Rahmen der durchgezogenen Linien die Ergebnisse nach Modell 1.2(4) aufgezeigt; hierbei sind entsprechend die Signifikanzniveaus und im Falle signifikanter Effekte die Wirkungsrichtungen der Regressoren aufgeführt. Zudem finden sich im Rahmen der gestrichelten Linien die Ergebnissen von Modell 1.2(5) bzgl. der Interaktionseffekte wieder, wobei die Ergebnisse bzgl. der anderen Variablen unberücksichtigt bleiben, zumal sich die durchgezogenen Linien auf die Ergebnisse des Modells 1.2(4) beziehen. Auch im Zusammenhang der Interaktionseffekte sind entsprechend die jeweiligen Signifikanzniveaus wiedergegeben und im Falle des signifikanten Einflusses zudem die Wirkungsrichtung. Dass im Rahmen der durchgezogenen Linien die Ergebnisse

Abbildung 3

Arbeitsmodell nach Ergebnissen von Modell 1

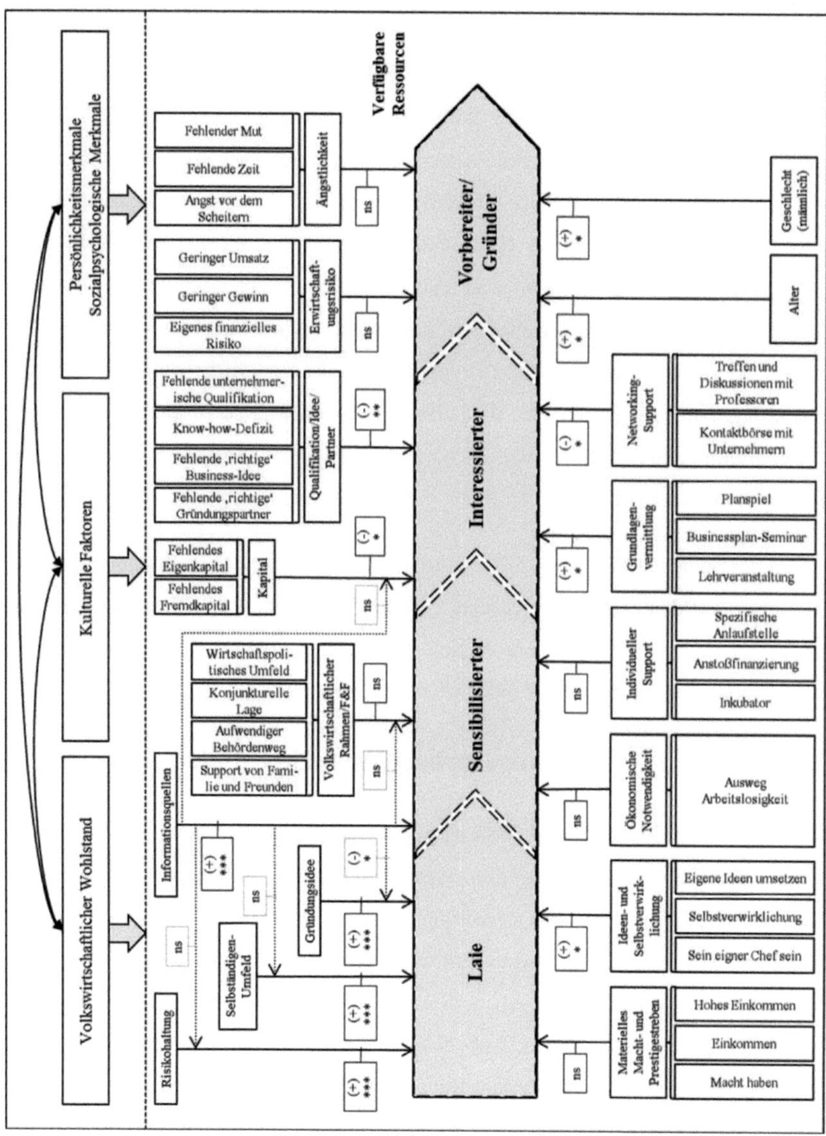

des Modells 1.2(4) und nicht diejenigen des Modells 1.2(5) aufgezeigt werden, liegt darin begründet, dass im Rahmen von Modell 1.2(5) aufgrund der integrierten Interaktionsterme bei den entsprechenden Einflussgrößen ohnehin keine „Haupteffekte als identische Effekte“ (Baltes-Götz 2009: 23) existieren, und sich zudem die „Haupteffekte als mittlere bedingte Effekte“ (Baltes-Götz 2009: 23) nicht sinnvoll interpretieren lassen (vgl. hierzu Baltes-Götz 2009: 22f.). Abbildung 3 veranschaulicht somit neben den in Modell 1.2(5) separat überprüften Moderatoreffekten die Ergebnisse des Modells 1.2(4), das exklusive der Interaktionsterme und einiger Kontrollvariablen ansonsten alle Bereiche des in der vorliegenden Arbeit entwickelten Arbeitsmodells berücksichtigt, wobei im Falle von Gründungsmotiven, Gründungshemmnissen und Gründungssupport anstelle der einzelnen herausgearbeiteten Variablen jeweils auf die durch Faktorenanalysen generierten Komponenten zurückgegriffen wurde (vgl. hierzu z.B. Ucbasaran/Westhead/Wright 2008: 161); im Rahmen dieser Vorgehensweise waren allerdings einige wenige Variablen auszuschließen, weshalb sie sich ebenfalls nicht in Abbildung 3 wiederfinden.

Da die entsprechenden Ergebnisse bereits im vorhergehenden Unterabschnitt, mit Verweisen auf den ersten Unterabschnitt, erläutert wurden, wird an dieser Stelle auf eine wiederholende Beschreibung verzichtet, so dass Abbildung 3 vielmehr einen illustrierenden und zusammenfassenden Charakter beinhaltet.

4.3.2 Modell 2 – Gründungsvorbereiter und Gründer getrennt

In diesem Abschnitt werden bei den Regressionsanalysen die im Rahmen der erklärten Variablen operationalisierten Relevanztypen Gründungsvorbereiter und Gründer getrennt analysiert. Genauso wie im vorigen Abschnitt werden im Folgenden entsprechend das Ausgangsmodell sowie schrittweise die entsprechend erweiterten Modelle getestet, so dass erneut potenziell ineffiziente Schätzer der Regressionskoeffizienten (vgl. hierzu Backhaus/Erichson/Plinke/Weiber 2000: 37, mit weiteren Nachweisen) aufgedeckt werden können bzw. die Zuverlässigkeit der Schätzer des Ausgangsmodells überprüft wird (Stock/Watson 2006: 236f.; Audretsch/Keilbach 2004a: 426). Wie schon zuvor, wird zuerst die Einschlussmethode verwendet, um potenzielle Einflüsse aller getesteten Regressoren aufzuzeigen. Daraufhin wird die Robustheit der Modelle getestet, indem auch die schrittweise, Vorwärts- sowie Rückwärtsmethode berücksichtigt werden (Gerstlberger/Knudsen/Stampe 2014: 139; Brosius 2011: 584-86), allerdings nicht bei den um Interaktionsterme erweiterten Modelle. Die Regressionsmodelle werden wiederum im ersten Unterabschnitt ohne Kontrollvariablen getestet, im zweiten Unterabschnitt mit den Kontrollvariablen Alter und Geschlecht, um deren potenzielle Effekte auf den Regressanden aufzudecken bzw. herauszurechnen (Stangl 2012: o. S.), wobei daraufhin noch weitere Kontrollvariablen nacheinander untersucht werden. Im dritten Unterabschnitt sind die Ergebnisse des nachfolgenden Modells 2.2(4) in das herausgearbeitete Arbeitsmodell integriert. Zudem werden die Ergebnisse der untersuchten potenziellen Moderatoreffekte separat gekennzeichnet im Arbeitsmodell aufgeführt, allerdings erneut exklusive der „Haupteffekte" (Baltes-Götz 2009: 23) der Regressoren, wie weiter oben begründet.

4.3.2.1 Regressionsanalysen ohne Kontrollvariablen

In diesem Unterabschnitt werden die Regressionsmodelle ohne Kontrollvariablen nach der Einschlussmethode aufgezeigt, bevor sie mit den Ergebnissen der schrittweisen, Vorwärts- sowie Rückwärtsmethode verglichen werden.

Einschlussmethode

Tabelle 17 enthält die Ergebnisse von Modell 2.1 mit fünf Regressionen auf die Gründungsrelevanz ohne Kontrollvariablen nach der Einschlussmethode, die fortan beschrieben werden.

- **Ausgangsmodell**

Die Ergebnisse der Regression ohne Kontrollvariablen nach der Einschlussmethode im Rahmen des Ausgangsmodells sind in Modell 2.1(1), d.h. in Spalte (1) der Tabelle 17, dargestellt. Dieses Ausgangsmodell beinhaltet neben der zweiten Variante der erklärten Variable Gründungsrelevanz, bei der die Typen Gründungsvorbereiter und Gründer separat analysiert werden, wiederum die erklärenden Variablen Gründungsinformationsquellenanzahl, Risikohaltung sowie die herausgearbeiteten drei Gründungsmotiv- und fünf Gründungshemmnis-Faktoren.

Tabelle 17

Regression – Modell 2.1 – Einschlussverfahren ohne Kontrollvariablen

Modell 2.1 – Regressand: Gründungsrelevanz (5 Kategorien; Vorbereiter und Gründer getrennt); Einschlussmethode

Regressor	(1)	(2)	(3)	(4)	(5)
Informationsquellen	,638*** (,018)	,624*** (,020)	,502*** (,018)	,491*** (,020)	,557*** (,100)
Risikohaltung	,155*** (,028)	,182*** (,031)	,095*** (,027)	,111*** (,030)	,049 (,062)
Materielles Macht- und Prestigestreben	-,016 (,017)	-,004 (,019)	-,012 (,016)	,004 (,018)	,004 (,018)
Ideen- und Selbstverwirklichung	,085*** (,017)	,068*** (,020)	,051** (,016)	,043* (,019)	,043* (,019)
Ökonomische Notwendigkeit	-,055*** (,017)	-,053** (,019)	-,043** (,016)	-,037* (,018)	-,038* (,018)
Qualifikation/Idee/Partner	-,118*** (,017)	-,118*** (,019)	-,056*** (,016)	-,057** (,018)	-,059*** (,018)
Erwirtschaftungsrisiko	-,009 (,017)	-,004 (,019)	,004 (,016)	,009 (,018)	,008 (,018)
Volkswirtschaftlicher Rahmen/F&F	,030 (,017)	,032 (,019)	,020 (,016)	,027 (,018)	,054 (,039)
Ängstlichkeit	-,014 (,017)	-,002 (,019)	-,029 (,016)	-,021 (,018)	-,022 (,018)
Kapital	-,048** (,017)	-,051** (,019)	-,053*** (,016)	-,054** (,018)	,005 (,039)
Individueller Support		,044* (,019)		,020 (,018)	,021 (,018)
Grundlagenvermittlung		,046* (,019)		,040* (,018)	,040* (,018)
Networking-Support		-,038* (,019)		-,048** (,018)	-,049** (,018)
Gründungsidee			,705*** (,039)	,697*** (,044)	,822*** (,107)
Selbständigen-Umfeld			,129*** (,032)	,114*** (,036)	,214** (,080)
Risikohaltung * Informationsquellen					,033 (,029)
Volkswirtschaftlicher Rahmen/F&F * Informationsquellen					-,014 (,017)
Kapital * Informationsquellen					-,029 (,017)
Gründungsidee * Informationsquellen					-,055 (,043)
Selbständigen-Umfeld * Informationsquellen					-,053 (,037)

Modell 2.1 – Regressand: Gründungsrelevanz (5 Kategorien; Vorbereiter und Gründer getrennt); Einschlussmethode					
Schnittpunkt	,418*** (,078)	,381*** (,087)	-,285*** (,088)	-,265** (,099)	-,407 (,214)
Gesamtstatistiken					
SER	,927	,939	,857	,871	,871
$\bar{R}^2$	,366	,360	,431	,420	,421
p	,000	,000	,000	,000	,000
n	3133	2589	3022	2503	2503

Anmerkung: Dargestellt ist die Einschlussmethode. Standardfehler sind in Klammern unter den Koeffizienten dargestellt. Der individuelle Koeffizient ist im Rahmen eines zweiseitigen Tests statistisch signifikant bei einem *5% Niveau, **1% oder ***0,1% Signifikanzniveau. *SER* = Standardfehler; $\bar{R}^2$ = Adjustiertes Bestimmtheitsmaß; *p* = Signifikanzwert; *n* = Fälle.

Quelle: Eigene Erstellung.

Durch die Regressionsbeziehung im Rahmen dieses Ausgangsmodells, das nach dem listenweisen Fallausschluss auf 3.133 Fällen basiert, werden insgesamt 36,6 Prozent der Varianz der Gründungsrelevanz erklärt,[1153] und dem F-Test zufolge ist der in der Regressionsbeziehung angenommene Wirkungszusammenhang höchst signifikant (p = 0,000), so dass mit einer Irrtumswahrscheinlichkeit von kleiner/gleich 0,1 Prozent mindestens einer der Regressionskoeffizienten von Null abweicht (Backhaus/Erichson/Plinke/Weiber 2000: 24-28). Aufgrund dieses Zusammenhangs ist es sinnvoll, die Regressionskoeffizienten der einzelnen Einflussgrößen anhand des t-Tests auf deren potenziellen signifikanten Einfluss auf die endogene Variable zu untersuchen (Backhaus/Erichson/Plinke/Weiber 2000: 29-31). Der Zugang zu einer höheren Anzahl von Gründungsinformationsquellen erhöht die Gründungsrelevanz erneut höchst signifikant. Auch eine höhere Risikohaltung der Studierenden steigert höchst signifikant die erklärte Variable. Bei den Gründungsmotiven wird für den Faktor Materielles Macht- und Prestigestreben keine signifikante Wirkung auf die Gründungsrelevanz nachgewiesen, während Ideen- und Selbstverwirklichung einen höchst signifikant positiven und Ökonomische Notwendigkeit einen höchst signifikant negativen Einfluss auf den Regressanden ausüben. Bei den Gründungshemmnissen wird die Gründungsrelevanz durch den Faktor Qualifikation/Idee/Partner höchst signifikant und durch Kapital sehr signifikant reduziert, während bei den Faktoren Erwirtschaftungsrisiko, Volkswirtschaftlicher Rahmen/F&F und Ängstlichkeit kein signifikanter Einfluss nachgewiesen

[1153] Bamford, Dean und McDougall bezeichnen die im Rahmen ihrer empirischen Untersuchung erzielten Werte i.H.v. (knapp) über 40 Prozent als „quite large" (2000: 271).

wird. Abgesehen davon, dass dieses Ausgangsmodell gegenüber Modell 1.1(1) ein um 0,6 Prozentpunkte geringeres adjustiertes Bestimmtheitsmaß und für den Faktor Kapital ein höheres Signifikanzniveau ausweist, stimmen die Ergebnisse der beiden Ausgangsmodelle hinsichtlich Wirkungsrichtungen und Signifikanzniveaus der Regressoren miteinander überein. Demzufolge hat die getrennte Berücksichtigung der Relevanztypen Gründungsvorbereiter und Gründer scheinbar nur einen geringfügigen Einfluss auf die Ergebnisse, zumindest erweisen sich die Schätzer der Regressionskoeffizienten als reliabel (Stock/Watson 2006: 236f.).

- **Erweiterung um Support-Faktoren**

Die Ergebnisse der Regression ohne Kontrollvariablen nach der Einschlussmethode im Rahmen von Modell 2.1(2) sind in Spalte (2) der Tabelle 17 dargestellt. So umfasst dieses Modell neben den Variablen des Ausgangsmodells die drei herausgearbeiteten Gründungssupport-Faktoren.

Durch Aufnahme der Support-Faktoren in Modell 2.1(2), das nach dem listenweisen Fallausschluss auf 2.589 Fällen basiert, sinkt das korrigierte Bestimmtheitsmaß gegenüber Modell 2.1(1) geringfügig um 0,6 Prozentpunkte auf 36,0 Prozent. Und nach dem F-Test (p = 0,000) ist auch der in dieser Regressionsbeziehung angenommene Wirkungszusammenhang höchst signifikant (Backhaus/Erichson/Plinke/Weiber 2000: 24-28). Die Support-Faktoren Individueller Support und Grundlagenvermittlung erhöhen die Gründungsrelevanz jeweils signifikant, während sie durch Networking-Support signifikant reduziert wird. Bei den anderen Variablen zeigen sich gegenüber dem Ausgangsmodell keine Unterschiede bei den Wirkungsrichtungen, und es existiert nur eine Verschiebung bei den Signifikanzniveaus. So reduziert der Faktor Ökonomische Notwendigkeit in Modell 2.1(2) die Gründungsrelevanz nur noch sehr signifikant. Insgesamt betrachtet sind die Schätzer der Regressionskoeffizienten gegenüber denen des Ausgangsmodells zuverlässig (Stock/Watson 2006: 236f.).

- **Erweiterung um binäre Variablen**

Die Ergebnisse der Regression ohne Kontrollvariablen nach der Einschlussmethode im Rahmen von Modell 2.1(3) sind in Spalte (3) der Tabelle 17 dargestellt. Dieses Modell umfasst neben den Variablen des Ausgangsmodells die zwei binären Variablen Gründungsidee und Selbständigen-Umfeld.

Durch die Einflussgrößen in Modell 2.1(3), das nach dem listenweisen Fallausschluss auf 3.022 Fällen basiert, werden zusammen 43,1 Prozent der Varianz der Gründungsrelevanz erklärt. Demnach erhöht sich durch die Aufnahme der beiden binären Variablen das adjustierte Bestimmtheitsmaß gegenüber Modell 2.1(1) deutlich um 6,5 Prozentpunkte. Dem F-Test zufolge ($p = 0{,}000$) ist mindestens einer der Regressionskoeffizienten ungleich Null (Backhaus/Erichson/Plinke/Weiber 2000: 24-28). Das Vorhandensein von Gründungsideen steigert erneut höchst signifikant die Gründungsrelevanz. Ferner ist auch für Studierende mit mindestens einer unternehmerisch selbständigen Person im privaten Umfeld die Gründung höchst signifikant relevanter. Bei den anderen signifikanten Einflussgrößen liegen vergleichsweise zum Ausgangsmodell keine Unterschiede bei den Wirkungsrichtungen vor. Während für die im Ausgangsmodell nicht signifikanten Regressoren auch in Modell 2.1(3) keine signifikanten Effekte nachgewiesen werden, ändern sich bei den folgenden drei Einflussgrößen die Signifikanzniveaus. Demzufolge wird der Regressand durch Ideen- und Selbstverwirklichung nun sehr signifikant erhöht, durch Ökonomische Notwendigkeit sehr signifikant gesenkt und durch Kapital höchst signifikant reduziert. Dennoch erscheinen auch in Modell 2.1(3) die Schätzer der Regressionskoeffizienten relativ robust gegenüber denen des Ausgangsmodells (Stock/Watson 2006: 236f.), und aus der zusätzlichen Berücksichtigung der binären Variablen resultiert ein deutlich höheres korrigiertes Bestimmtheitsmaß.

- **Erweiterung um Support-Faktoren und binäre Variablen**

Die Ergebnisse der Regression ohne Kontrollvariablen nach der Einschlussmethode im Rahmen von Modell 2.1(4) sind in Spalte (4) der Tabelle 17 aufgeführt. Dieses Modell beinhaltet neben den Variablen des Ausgangsmodells die drei herausgearbeiteten Gründungssupport-Faktoren sowie die beiden binären Einflussgrößen Gründungsidee und Selbständigen-Umfeld.

Durch Aufnahme der Support-Faktoren sowie der Variablen Gründungsidee und Selbständigen-Umfeld in Modell 2.1(4), das nach dem listenweisen Fallausschluss auf 2.503 Fällen basiert, erhöht sich das korrigierte Bestimmtheitsmaß gegenüber dem Ausgangsmodell um 5,4 Prozentpunkte auf 42,0 Prozent, vergleichsweise zu Modell 2.1(2) wird es um 6,0 Prozentpunkte erhöht, und gegenüber Modell 2.1(3) sinkt das korrigierte Bestimmtheitsmaß um 1,1 Prozentpunkte. Nach dem F-Test ($p = 0{,}000$) ist auch der in dieser Regressionsbeziehung angenommene Wirkungszusammenhang höchst signifikant (Backhaus/Erichson/Plinke/Weiber 2000: 24-28). In Modell 2.1(4) wird bei den Support-Faktoren vergleichsweise zu Modell 2.1(2) für Individuellen Support kein signifikanter Einfluss mehr nachgewiesen, demgegenüber erhöht Grundlagenvermittlung weiterhin signifikant die Gründungsrelevanz, und Networking-Support hat nun einen sehr signifikanten negativen Effekt auf den Regressanden. Ferner üben in Modell 2.1(4), wie bereits in Modell 2.1(3), die Gründungsidee sowie das Selbständigen-Umfeld eine höchst signifikante positive Wirkung auf die Gründungsrelevanz aus. In Modell 2.1(4) liegen bei den anderen Einflussgrößen vergleichsweise zum Ausgangsmodell keine Unterschiede bei den Wirkungsrichtungen der signifikanten Regressionskoeffizienten vor, und die im Ausgangsmodell nicht signifikanten Regressionskoeffizienten sind auch in Modell 2.1(4) nicht signifikant. Jedoch ändern sich in Modell 2.1(4) vergleichsweise zum Ausgangsmodell bei drei Regressoren die Signifikanzniveaus. Demzufolge steigert der Faktor Ideen- und Selbstverwirklichung noch signifikant die Gründungsrelevanz, Ökonomische Notwendigkeit senkt sie noch signifikant, und Qualifikation/Idee/Partner übt noch eine sehr signifikante negative Wirkung auf die endogene Variable aus. Zusammengefasst können auch in diesem Modell die Schätzer der Regressionskoeffizienten der Einflussgrößen des Ausgangsmodells sowie der binären Variablen gegenüber Modell 2.1(3) als relativ reliabel eingestuft werden (Stock/Watson 2006: 236f.). Dies trifft jedoch auch teilweise für die Schätzer der Support-Faktoren vergleichsweise zu Modell 2.1(2) zu, wobei jetzt für den Faktor Individueller Support kein signifikanter Einfluss auf die Gründungsrelevanz nachgewiesen wird. Wie bereits im Rahmen von Modell 1 kann aufgrund der schwankenden Ergebnisse bei den Gründungsunterstützungs-Faktoren Individueller Support und Networking-Support angenommen werden, dass sie, anders als die konstant höchst signifikanten binären Variablen Gründungsidee und Selbständigen-Umfeld, tendenziell eine vergleichsweise nachrangige Bedeutung für die Gründungsrelevanz der Studierenden ausüben, zumindest unterliegen ihre Schätzer durch die Modellerweiterung relevanten Änderungen. Aufgrund signifikanter Einflüsse erscheint es jedoch sinnvoll, die Support-Faktoren auch in Modell 2 weiter zu berücksichtigen.

- **Analyse potenzieller Moderatoreffekte der Informationsquellenanzahl**

Die Ergebnisse der Regression ohne Kontrollvariablen nach der Einschlussmethode im Rahmen von Modell 2.1(5) sind in Spalte (5) der Tabelle 17 abgebildet. Dieses Modell umfasst neben den Variablen von Modell 2.1(4) erneut die fünf Interaktionsterme, jeweils zwischen der Gründungsinformationsquellenanzahl und Risikohaltung, Volkswirtschaftlicher Rahmen/F&F[1154], Kapital[1155], Gründungsidee sowie Selbständigen-Umfeld. So lässt sich untersuchen, inwiefern die Informationsquellenanzahl potenzielle Moderatoreffekte auf die Beziehungen zwischen den genannten Einflussgrößen und der Gründungsrelevanz ausübt (Hair/Black/Babin/Anderson 2006, zit. n. Gerstlberger/Knudsen/Stampe 2014: 135; Backhaus/Erichson/Plinke/Weiber 2000: 37).

Durch die Integration der Interaktionsterme in Modell 2.1(5), das nach dem listenweisen Fallausschluss auf 2.503 Fällen basiert, steigt das adjustierte Bestimmtheitsmaß vergleichsweise zu Modell 2.1(4) geringfügig um 0,1 Prozentpunkte auf 42,1 Prozent. Nach dem F-Test (p = 0,000) ist auch der in dieser Regressionsbeziehung angenommene Wirkungszusammenhang höchst signifikant (Backhaus/Erichson/Plinke/Weiber 2000: 24-28). In der Regressionsbeziehung existieren keine signifikanten Moderatoreffekte der Informationsquellenanzahl auf den Einfluss von Risikohaltung, Volkswirtschaftlicher Rahmen/F&F, Kapital, Gründungsidee sowie Selbständigen-Umfeld auf die Gründungsrelevanz. In Modell 2.1(5) kann, anders als in Modell 1.1(5), somit kein signifikanter negativer Interaktionseffekt der Informationsquellenanzahl auf die Be-

[1154] Ursprünglich wurde ein Interaktionsterm zwischen der Informationsquellenanzahl und dem Hemmnis „mangelnder Support von Familie und Freunden“ herausgearbeitet (vgl. Kapitel 2.7.8); da dieses Hemmnis allerdings insbesondere auf den mittlerweile aufgegriffenen Faktor „Volkswirtschaftlicher Rahmen/F&F“ lädt, bildet alternativ dieser den multiplikativen Term mit der Informationsquellenanzahl (vgl. hierzu auch Kapitel 4.3.1.1).

[1155] Ursprünglich wurde ein Interaktionsterm zwischen der Informationsquellenanzahl und dem Hemmnis „fehlendes Eigenkapital“ herausgearbeitet (vgl. Kapitel 2.7.8); da dieses Hemmnis allerdings insbesondere auf den mittlerweile aufgegriffenen Faktor „Kapital“ lädt, bildet alternativ dieser den multiplikativen Term mit der Informationsquellenanzahl (vgl. hierzu auch Kapitel 4.3.1.1).

ziehung zwischen Gründungsidee und Gründungsrelevanz mehr nachgewiesen werden, so dass dieser Moderatoreffekt nicht erhärtet wird. Da in Modell 2.1(5) aufgrund der Interaktionsterme keine sogenannten „Haupteffekte als identische Effekte" (Baltes-Götz 2009: 23) der Einflussgrößen Informationsquellen, Risikohaltung, Volkswirtschaftlicher Rahmen/F&F, Kapital, Gründungsidee und Selbständigen-Umfeld vorliegen, aber sich auch die sogenannten „Haupteffekte als mittlere bedingte Effekte" (Baltes-Götz 2009: 23) bei diesen Regressoren aufgrund der nicht vorhandenen Werte Null nicht sinnvoll interpretieren lassen (Baltes-Götz 2009: 22f.), beschränkt sich die weitere Interpretation von Modell 2.1(5) auf die übrigen Einflussgrößen. So wird für die Faktoren Materielles Macht- und Prestigestreben, Erwirtschaftungsrisiko, Ängstlichkeit und Individueller Support wie bereits in Modell 2.1(4) kein signifikanter Einfluss auf den Regressanden nachgewiesen. Ferner ändern sich in Modell 2.1(5) bei den Faktoren Ideen- und Selbstverwirklichung, Ökonomische Notwendigkeit, Qualifikation/Idee/Partner, Grundlagenvermittlung und Networking-Support vergleichsweise zu Modell 2.1(4) die Wirkungsrichtungen nicht, und lediglich bei Qualifikation/Idee/Partner ändert sich das Signifikanzniveau auf einen höchst signifikanten negativen Einfluss auf die Gründungsrelevanz. Somit sind auch bei Integration der Interaktionsterme die Schätzer der nicht von den Interkationen betroffenen Regressoren weitgehend reliabel (Stock/Watson 2006: 236f.).

Schrittweise, Vorwärts- und Rückwärtsmethode

Die Ergebnisse der Modelle 2.1a, 2.1b, 2.1c und 2.1d, d.h. der Regressionen auf die Gründungsrelevanz ohne Kontrollvariablen nach der schrittweisen Methode, inklusive Hinweise auf Gemeinsamkeiten und Unterschiede der Ergebnisse nach der Vorwärts- sowie der Rückwärtsmethode, sind im Anhang 7 aufgeführt.

4.3.2.2 Regressionsanalysen mit Kontrollvariablen

In diesem Unterabschnitt werden die Regressionsmodelle mit den Kontrollvariablen Alter und Geschlecht zunächst nach der Einschlussmethode dargestellt, woraufhin ihre Ergebnisse denen von schrittweiser, Vorwärts- sowie Rückwärtsmethode gegenübergestellt werden. Hierbei erfolgen auch Vergleiche mit den entsprechenden Ergebnissen ohne Kontrollvariablen aus dem vorhergehenden Unterabschnitt. Einerseits wird aufgezeigt, wie sich durch die Integration der Kontrollvariablen Alter und Geschlecht die Schätzer der Regressionskoeffizienten der übrigen exogenen Variablen ändern, und andererseits werden die potenziellen Effekte der Kontrollvariablen auf die endogene Variable aufgedeckt (Stangl 2012: o. S.). Darüber hinaus werden im Rahmen der diversen Methoden jeweils abschließend weitere Kontrollvariablen nacheinander berücksichtigt.

Einschlussmethode

Tabelle 18 illustriert die Ergebnisse von Modell 2.2, d.h. fünf Regressionen auf die Gründungsrelevanz mit Kontrollvariablen nach der Einschlussmethode, die im Folgenden nacheinander beschrieben und dabei mit den entsprechenden Ergebnissen von Modell 2.1 verglichen werden.

- **Ausgangsmodell**

Die Ergebnisse der Regression mit Kontrollvariablen nach der Einschlussmethode im Rahmen des Ausgangsmodells sind in Modell 2.2(1), d.h. in Spalte (1) der Tabelle 18, dargestellt. Dieses Ausgangsmodell beinhaltet neben dem Regressanden Gründungsrelevanz die exogenen Variablen Gründungsinformationsquellenanzahl, Risikohaltung, die drei Gründungsmotiv- und die fünf Gründungshemmnis-Faktoren sowie die beiden Kontrollvariablen Alter und Geschlecht.

Durch die Regressionsbeziehung in Modell 2.2(1), das nach dem listenweisen Fallausschluss auf 3.102 Fällen basiert, werden zusammen 37,4 Prozent der Varianz der Gründungsrelevanz erklärt, also 0,8 Prozentpunkte mehr als in Modell 2.1(1). Somit führt die Aufnahme der beiden Kontrollvariablen zu einer Verbesserung des Gesamtmodells. Dem F-Test (p = 0,000) zufolge ist der in der Regressionsbeziehung angenommene Wirkungszusammenhang höchst signifikant (Backhaus/Erichson/Plinke/Weiber 2000: 24-28). Sowohl eine höhere Anzahl an Gründungsinformationsquellen als auch eine höhere Risikohaltung erhöhen höchst signifikant die Gründungsrelevanz der Studierenden. Bei den Gründungsmotiven wird für den Faktor Materielles Macht- und Prestigestreben kein signifikanter Einfluss auf den Regressanden nachgewiesen,

Tabelle 18

Regression – Modell 2.2 – Einschlussverfahren mit Kontrollvariablen

Modell 2.2 – Regressand: Gründungsrelevanz (5 Kategorien; Vorbereiter und Gründer getrennt); Einschlussmethode					
Regressor	**(1)**	**(2)**	**(3)**	**(4)**	**(5)**
Informationsquellen	,623*** (,018)	,612*** (,020)	,496*** (,018)	,487*** (,020)	,555*** (,100)
Risikohaltung	,146*** (,028)	,173*** (,031)	,090*** (,027)	,105*** (,030)	,037 (,062)
Materielles Macht- und Prestigestreben	-,005 (,017)	,010 (,019)	-,006 (,016)	,012 (,018)	,012 (,018)
Ideen- und Selbstverwirklichung	,079*** (,017)	,061** (,020)	,049** (,016)	,039* (,019)	,039* (,019)
Ökonomische Notwendigkeit	-,037* (,017)	-,035 (,019)	-,033* (,016)	-,026 (,018)	-,026 (,018)
Qualifikation/Idee/Partner	-,120*** (,017)	-,117*** (,019)	-,058*** (,016)	-,058** (,018)	-,060*** (,018)
Erwirtschaftungsrisiko	-,008 (,017)	-,004 (,019)	,003 (,016)	,008 (,018)	,007 (,018)
Volkswirtschaftlicher Rahmen/F&F	,027 (,017)	,026 (,018)	,017 (,016)	,022 (,018)	,060 (,039)
Ängstlichkeit	-,011 (,017)	-,001 (,019)	-,026 (,016)	-,019 (,018)	-,020 (,018)
Kapital	-,044** (,017)	-,047* (,019)	-,049*** (,016)	-,051** (,018)	,000 (,039)
Individueller Support		,042* (,019)		,019 (,018)	,019 (,018)
Grundlagenvermittlung		,033 (,019)		,033 (,018)	,034 (,018)
Networking-Support		-,033 (,019)		-,043* (,018)	-,044* (,018)
Gründungsidee			,680*** (,040)	,673*** (,044)	,809*** (,107)
Selbständigen-Umfeld			,129*** (,032)	,114** (,036)	,219** (,080)
Risikohaltung * Informationsquellen					,036 (,029)
Volkswirtschaftlicher Rahmen/F&F * Informationsquellen					-,019 (,017)
Kapital * Informationsquellen					-,025 (,017)
Gründungsidee * Informationsquellen					-,060 (,044)
Selbständigen-Umfeld * Informationsquellen					-,056 (,037)

Modell 2.2 – Regressand: Gründungsrelevanz (5 Kategorien; Vorbereiter und Gründer getrennt); Einschlussmethode					
Alter (kategorisiert)	,115*** (,022)	,125*** (,025)	,065** (,021)	,071** (,024)	,070** (,024)
Geschlecht (männlich)	,119** (,038)	,101* (,043)	,094** (,036)	,090* (,041)	,090* (,041)
Schnittpunkt	-,015 (,105)	-,050 (,117)	-,550*** (,110)	-,537*** (,123)	-,682** (,226)
Gesamtstatistiken					
SER	,920	,931	,854	,868	,867
$\bar{R}^2$	,374	,367	,434	,423	,424
p	,000	,000	,000	,000	,000
n	3102	2568	2992	2482	2482

Anmerkung: Dargestellt ist die Einschlussmethode. Standardfehler sind in Klammern unter den Koeffizienten dargestellt. Der individuelle Koeffizient ist im Rahmen eines zweiseitigen Tests statistisch signifikant bei einem *5% Niveau, **1% oder ***0,1% Signifikanzniveau. *SER* = Standardfehler; $\bar{R}^2$ = Adjustiertes Bestimmtheitsmaß; *p* = Signifikanzwert; *n* = Fälle.

Quelle: Eigene Erstellung.

während Ideen- und Selbstverwirklichung einen höchst signifikanten positiven und Ökonomische Notwendigkeit einen signifikanten negativen Einfluss auf die Gründungsrelevanz ausüben. Bei den Gründungshemmnissen wird die Gründungsrelevanz durch den Faktor Qualifikation/Idee/Partner höchst signifikant und durch Kapital sehr signifikant reduziert, während für die Faktoren Erwirtschaftungsrisiko, Volkswirtschaftlicher Rahmen/F&F und Ängstlichkeit keine signifikante Wirkung nachgewiesen wird. Bei den aufgenommenen Kontrollvariablen steigert ein höheres Alter höchst signifikant und ein männliches Geschlecht sehr signifikant die Gründungsrelevanz.

Die Integration der beiden Kontrollvariablen in die Regressionsbeziehung ändert nicht die Wirkungsrichtungen der Regressoren, führt allerdings bei dem in Modell 2.1(1) noch höchst signifikanten Faktor Ökonomische Notwendigkeit zu einer Verschiebung im Signifikanzniveau, so dass er in Modell 2.2(1) die Gründungsrelevanz signifikant senkt. Abgesehen von dieser Abweichung von Modell 2.1(1) sind die Schätzer der Regressionskoeffizienten bei Aufnahme der Kontrollvariablen zuverlässig.

- **Erweiterung um Support-Faktoren**

Die Ergebnisse der Regression mit Kontrollvariablen nach der Einschlussmethode im Rahmen von Modell 2.2(2) sind in Spalte (2) der Tabelle 18 dargestellt. Dieses Modell umfasst neben den Variablen des Ausgangsmodells mit Kontrollvariablen die drei herausgearbeiteten Gründungssupport-Faktoren.

Durch Aufnahme der Support-Faktoren in Modell 2.2(2), das nach dem listenweisen Fallausschluss auf 2.568 Fällen basiert, sinkt das korrigierte Bestimmtheitsmaß gegenüber Modell 2.2(1) geringfügig um 0,7 Prozentpunkte auf 36,7 Prozent. Vergleichsweise zu Modell 2.1(2) steigt es dagegen um 0,7 Prozentpunkte, so dass die Aufnahme der beiden Kontrollvariablen zu einer Verbesserung des Gesamtmodells führt. Nach dem F-Test (p = 0,000) ist auch der in dieser Regressionsbeziehung angenommene Wirkungszusammenhang höchst signifikant (Backhaus/Erichson/Plinke/Weiber 2000: 24-28). Der Faktor Individueller Support steigert signifikant die Gründungsrelevanz, während für Grundlagenvermittlung und Networking-Support kein signifikanter Effekt auf den Regressanden nachgewiesen wird. Was die Einflussgrößen des Ausgangsmodells betrifft, ändern sich bei den signifikanten Regressoren gegenüber Modell 2.2(1) die Wirkungsrichtungen nicht. Jedoch wird für den in Modell 2.2(1) noch signifikanten Faktor Ökonomische Notwendigkeit in Modell 2.2(2) keine signifikante Wirkung mehr nachgewiesen. Ferner sinken gegenüber Modell 2.2(1) bei den drei folgenden exogenen Variablen die Signifikanzniveaus. Demnach erhöht der Faktor Ideen- und Selbstverwirklichung nun sehr signifikant die Gründungsrelevanz, Kapital senkt sie signifikant, und was das Geschlecht betrifft, ist für männliche Studierende die Gründung nur noch signifikant relevanter als für Studentinnen. Die Integration der Support-Faktoren führt somit zu diesen genannten Änderungen, demgegenüber sind die Schätzer der übrigen Regressionskoeffizienten zuverlässig (Stock/Watson 2006: 236f.).

Durch die Aufnahme der Kontrollvariablen Alter und Geschlecht ändern sich gegenüber Modell 2.1(2) die Wirkungsrichtungen der signifikanten Regressoren nicht. Allerdings werden in Modell 2.2(2) für Ökonomische Notwendigkeit, Grundlagenvermittlung sowie Networking-Support keine signifikanten Wirkungen mehr aufgedeckt. Zudem sinken vergleichsweise zu Modell 2.1(2) die Signifikanzniveaus der folgenden zwei Faktoren. Ideen- und Selbstverwirklichung hat nun einen sehr signifikanten positiven Einfluss auf die Gründungsrelevanz und Kapital einen signifikanten negativen. Die Schätzer der übrigen Regressionskoeffizienten erweisen sich bei Berücksichtigung der beiden Kontrollvariablen als reliabel.

- **Erweiterung um binäre Variablen**

Die Ergebnisse der Regression mit Kontrollvariablen nach der Einschlussmethode im Rahmen von Modell 2.2(3) sind in Spalte (3) der Tabelle 18 dargestellt. Dieses Modell umfasst neben den Variablen des Ausgangsmodells mit Kontrollvariablen die zwei binären Variablen Gründungsidee und Selbständigen-Umfeld.

Durch die Aufnahme der beiden binären Regressoren in Modell 2.2(3), das nach dem listenweisen Fallausschluss auf 2.992 Fällen basiert, steigt das adjustierte Bestimmtheitsmaß gegenüber Modell 2.2(1) um 6,0 Prozentpunkte auf 43,4 Prozent, was ihre hohe Bedeutung für das Gesamtmodell untermauert. Vergleichsweise zu Modell 2.1(3) steigt es hingegen um 0,3 Prozentpunkte, so dass die Aufnahme der beiden Kontrollvariablen zu einer geringen Verbesserung des Gesamtmodells führt. Dem F-Test (p = 0,000) zufolge ist auch der in dieser Regressionsbeziehung angenommene Wirkungszusammenhang höchst signifikant (Backhaus/Erichson/Plinke/Weiber 2000: 24-28). Beide Regressoren Gründungsidee und Selbständigen-Umfeld steigern höchst signifikant die Gründungsrelevanz. Bei den signifikanten Einflussgrößen des Ausgangsmodells gibt es gegenüber Modell 2.2(1) keine Veränderungen bei den Wirkungsrichtungen. Allerdings ändern sich vergleichsweise zu Modell 2.2(1) die Signifikanzniveaus bei den drei folgenden Regressoren. So übt Ideen- und Selbstverwirklichung nun einen sehr signifikanten positiven Einfluss auf die Gründungsrelevanz aus, Kapital einen höchst signifikanten negativen und Alter einen sehr signifikanten positiven. Die Schätzer der anderen Regressionskoeffizienten sind bei Integration der Variablen Gründungsidee und Selbständigen-Umfeld reliabel (Stock/Watson 2006: 236f.).

Durch die Aufnahme der Kontrollvariablen Alter und Geschlecht ändern sich gegenüber Modell 2.1(3) die Wirkungsrichtungen der anderen Regressoren nicht, und es existiert lediglich eine Verschiebung im Signifikanzniveau bei dem in Modell 2.2(3) die Gründungsrelevanz nur noch signifikant reduzierenden Faktor Ökonomische Notwendigkeit. Die Schätzer der anderen Regressionskoeffizienten sind nach Aufnahme der beiden Kontrollvariablen robust.

- **Erweiterung um Support-Faktoren und binäre Variablen**

Die Ergebnisse der Regression mit Kontrollvariablen nach der Einschlussmethode im Rahmen von Modell 2.2(4) sind in Spalte (4) der Tabelle 18 dargestellt. Dieses Modell enthält neben den Variablen des Ausgangsmodells mit Kontrollvariablen die drei herausgearbeiteten Gründungssupport-Faktoren sowie die beiden binären Variablen Gründungsidee und Selbständigen-Umfeld.

Durch Aufnahme der Support-Faktoren sowie der zwei binären Variablen in Modell 2.2(4), das nach dem listenweisen Fallausschluss auf 2.482 Fällen basiert, steigt das korrigierte Bestimmtheitsmaß vergleichsweise zu Modell 2.2(1) um 4,9 Prozentpunkte auf 42,3 Prozent. Im Vergleich zu Modell 2.1(4) steigt es um 0,3 Prozentpunkte, so dass die Berücksichtigung der beiden Kontrollvariablen das Gesamtmodell erneut verbessert. Nach dem F-Test ($p = 0{,}000$) ist auch der in dieser Regressionsbeziehung angenommene Wirkungszusammenhang höchst signifikant (Backhaus/Erichson/Plinke/Weiber 2000: 24-28). Bei den Support-Faktoren wird für den in Modell 2.2(2) noch signifikant positiv wirkenden Faktor Individueller Support in Modell 2.2(4) kein signifikanter Einfluss mehr nachgewiesen, für Grundlagenvermittlung wird weiterhin kein signifikanter Effekt nachgewiesen, und Networking-Support reduziert jetzt signifikant die Gründungsrelevanz. Die Variable Gründungsidee erhöht wie in Modell 2.2(3) höchst signifikant den Regressanden, und Selbständigen-Umfeld steigert ihn in Modell 2.2(4) nur noch sehr signifikant. Was die Einflussgrößen des Ausgangsmodells betrifft, sind in Modell 2.2(4) die Wirkungsrichtungen der signifikanten Regressoren identisch mit denen in Modell 2.2(1). Jedoch wird für Ökonomische Notwendigkeit kein signifikanter Einfluss mehr aufgedeckt, und bei den folgenden vier weiteren Regressoren existieren Verschiebungen in den Signifikanzniveaus. So wirkt der Faktor Ideen- und Selbstverwirklichung in Modell 2.2(4) nur noch signifikant positiv auf die Gründungsrelevanz, Qualifikation/Idee/Partner reduziert den Regressanden sehr signifikant, das Alter erhöht ihn sehr signifikant, und für männliche Studierende ist die Gründung signifikant relevanter als für Studentinnen. Durch die Integration von Support-Faktoren sowie binärer Variablen ändern sich die Schätzer einiger Regressoren des Ausgangsmodells, jedoch überwiegen die Regressionskoeffizienten ohne relevante Abweichungen gegenüber Modell 2.2(1). Wie schon zuvor bei Modell 1 scheint die

Berücksichtigung einer höheren Anzahl an Regressoren mehr oder weniger starke Auswirkungen auf die Effizienz der Schätzer der Regressionskoeffizienten zu haben, was wiederum für die schrittweise Erweiterung des Ausgangsmodells um weitere Regressoren spricht.

Durch die Integration der Kontrollvariablen Alter und Geschlecht ändern sich vergleichsweise zu Modell 2.1(4) die Wirkungsrichtungen der anderen Regressoren nicht. Allerdings gibt es bei den folgenden Regressoren relevante Änderungen gegenüber Modell 2.1(4). So wird in Modell 2.2(4) für Ökonomische Notwendigkeit und Grundlagenvermittlung kein signifikanter Einfluss mehr auf den Regressanden nachgewiesen, Networking-Support reduziert die Gründungsrelevanz nur noch signifikant, und Selbständigen-Umfeld erhöht sie nur noch sehr signifikant. Die Schätzer der übrigen Regressionskoeffizienten erscheinen nach Aufnahme der beiden Kontrollvariablen als zuverlässig.

- **Analyse potenzieller Moderatoreffekte der Informationsquellenanzahl**

Die Ergebnisse der Regression mit Kontrollvariablen nach der Einschlussmethode im Rahmen von Modell 2.2(5) sind in Spalte (5) der Tabelle 18 aufgeführt. Dieses Modell umfasst neben den Variablen von Modell 2.2(4) fünf Interaktionsterme, jeweils zwischen der Gründungsinformationsquellenanzahl und einer weiteren Einflussgröße, namentlich Risikohaltung, Volkswirtschaftlicher Rahmen/F&F, Kapital, Gründungsidee und Selbständigen-Umfeld. So wird die Informationsquellenanzahl auf potenzielle Moderatoreffekte auf die Beziehung zwischen den genannten Regressoren und der Gründungsrelevanz untersucht (Hair/Black/Babin/Anderson 2006, zit. n. Gerstlberger/Knudsen/Stampe 2014: 135; Backhaus/Erichson/Plinke/Weiber 2000: 37).

Durch die Integration der Interaktionsterme in Modell 2.2(5), das nach dem listenweisen Fallausschluss auf 2.482 Fällen basiert, erhöht sich das adjustierte Bestimmtheitsmaß gegenüber Modell 2.2(4) um 0,1 Prozentpunkte und vergleichsweise zu Modell 2.1(5) um 0,3 Prozentpunkte auf 42,4 Prozent. Nach dem F-Test (p = 0,000) ist auch der in dieser Regressionsbeziehung angenommene Wirkungszusammenhang höchst signifikant (Backhaus/Erichson/Plinke/Weiber 2000: 24-28). Den Ergebnissen zufolge werden wie bereits in Modell 2.1(5) keine signifikanten Moderatoreffekte der Informationsquellenanzahl auf den Einfluss von Risikohaltung, Volkswirtschaftlicher Rahmen/F&F, Kapital, Gründungsidee sowie Selbständigen-Umfeld auf die Gründungsrelevanz nachgewiesen. Auch in Modell 2.2(5) existieren aufgrund der Interaktionsterme keine sogenannten „Haupteffekte als identische Effekte“ (Baltes-Götz 2009: 23) der Einflussgrößen Informationsquellen, Risikohaltung, Volkswirtschaftlicher Rahmen/F&F, Kapital, Gründungsidee und Selbständigen-Umfeld. Aber auch die sogenannten „Haupteffekte als mittlere bedingte Effekte“ (Baltes-Götz 2009: 23) lassen sich bei diesen Regressoren nicht sinnvoll interpretieren, da die Regressoren nicht den Wert Null annehmen (Baltes-Götz 2009: 22f.). Folglich beschränkt sich die Analyse von Modell 2.2(5) auf die restlichen Einflussgrößen. So sind im Vergleich zu Modell 2.2(4) die Wirkungsrichtungen der Regressoren identisch, und es existiert lediglich eine Verschiebung im Signifikanzniveau. Demnach reduziert nun der Faktor Qualifikation/Idee/Partner die Gründungsrelevanz höchst signifikant. Die Schätzer der übrigen, nicht von Interaktionen mit der Informationsquellenanzahl betroffenen exogenen Variablen sind zuverlässig (Stock/Watson 2006: 236f.).

In Modell 2.2(5) erhöht die Kontrollvariable Alter den Regressanden sehr signifikant, und für männliche Studierende ist die Gründung signifikant relevanter als für weibliche. Relevante Änderungen gegenüber Modell 2.1(5) durch die Aufnahme der zwei Kontrollvariablen existieren bei den folgenden drei Faktoren. Ökonomische Notwendigkeit und Grundlagenvermittlung üben in Modell 2.2(5) keinen signifikanten Einfluss mehr auf die Gründungsrelevanz aus und Networking-Support nur noch einen signifikant negativen. Die Schätzer der restlichen Regressionskoeffizienten erweisen sich gegenüber Modell 2.1(5) als zuverlässig (Stock/Watson 2006: 236f.).

- **Analyse weiterer Kontrollvariablen**

Nachdem die Kontrollvariablen Alter und Geschlecht getestet wurden, folgt fortan die Berücksichtigung der weiteren Kontrollvariablen Ingenieurwissenschaften sowie Informatik, Jahr/Semester (Zeitverlauf), Semestergruppe, Weiterführendes Studium, Fernstudium und Universität. Da nicht zu viele Einflüsse gleichzeitig getestet werden sollen, um nicht die externe Validität einzuschränken (Stangl 2012: o. S.), folgen getrennte Analysen; ausgenommen Ingenieurwissenschaften und Informatik, die nicht zu hoch miteinander korrelieren und somit gemeinsam überprüft werden können, um so potenzielle Einflüsse aller drei Fachrichtungen zu testen. Die Kontrollvariablen Alter und Geschlecht verbleiben in den Modellen, sofern sie keine Korrelationen mit anderen Kontrollvariablen aufweisen, die über dem weiter oben zugrunde gelegten Grenzwert liegen. Dies ist der Fall zwischen Alter und Semestergruppe, Weiterführendes Studium sowie Fernstudium (vgl. hierzu auch Tabelle A-2 und Tabelle A-3 im Anhang 4).

Die Regression mit den Einflussgrößen aus Modell 2.2(4) und den weiteren Kontrollvariablen Ingenieurwissenschaften und Informatik nach der Einschlussmethode basiert nach dem listenweisen Fallausschluss auf 2.482 Fällen und weist ein adjustiertes Bestimmtheitsmaß von 42,4 Prozent auf. Vergleichsweise zu Modell 2.2(4) steigt es um 0,1 Prozentpunkte. Nach dem F-Test ($p = 0{,}000$) ist auch der in dieser Regressionsbeziehung angenommene Wirkungszusammenhang höchst signifikant (Backhaus/Erichson/Plinke/Weiber 2000: 24-28). Für Informatik wird kein signifikanter Einfluss nachgewiesen, demgegenüber haben die Ingenieurwissenschaften einen signifikanten negativen Einfluss auf den Regressanden. Im Vergleich zu den Studierenden der Betriebswirtschaftslehre – die hier als Vergleichsbasis gegenüber den anderen beiden Fachrichtungen fungieren (Brosius 2011: 582) – ist für Studierende der Ingenieurwissenschaften die Gründung also wie bereits in Modell 1 auch in Modell 2 signifikant weniger relevant. Demgegenüber existieren zwischen Studierenden der Informatik und denen der Betriebswirtschaftslehre wiederum keine signifikanten Unterschiede bezüglich der Gründungsrelevanz. Verglichen mit Modell 2.2(4) sind die Wirkungsrichtungen der Regressoren identisch, und bei den Signifikanzniveaus existiert nur eine Abweichung dahingehend, dass das Selbständigen-Umfeld jetzt einen höchst signifikanten positiven Einfluss auf die Gründungsrelevanz ausübt. Die Schätzer der anderen Regressionskoeffizienten sind bei zusätzlicher Integration der Kontrollvariablen Ingenieurwissenschaften und Informatik reliabel (Stock/Watson 2006: 236f.).

Die Regression mit den Variablen aus Modell 2.2(4) und der weiteren Kontrollvariable Jahr/Semester (Zeitverlauf) nach der Einschlussmethode basiert nach dem listenweisen Fallausschluss auf 2.482 Fällen und weist wie in Modell 2.2(4) ein adjustiertes Bestimmtheitsmaß von 42,3 Prozent auf. Nach dem F-Test (p = 0,000) ist auch der in dieser Regressionsbeziehung angenommene Wirkungszusammenhang höchst signifikant (Backhaus/Erichson/Plinke/Weiber 2000: 24-28). Für Jahr/Semester wird in Modell 2, anders als in Modell 1, ein signifikanter negativer Einfluss aufgezeigt, so dass sich die Gründungsrelevanz im Zeitverlauf signifikant reduziert. Als ursächlich für dieses Ergebnis könnte unter anderem der infolge der globalen Wirtschaftskrise erschwerte Fremdkapitalzugang im Rahmen von Gründungsvorhaben sein, zumal die Daten während vier Semestern vor und zehn Semestern nach dem Einsetzen der seit 1929 größten Rezession im Herbst 2008 (Danko/Ruda/Martin/Ascúa/Gerstlberger 2013: 318; Schäfer 2009: 9) erhoben wurden. Allerdings sollte dies im Rahmen von Forschungsaktivitäten untersucht werden, die explizit die Auswirkungen der globalen Wirtschaftskrise auf Gründungsvorhaben bzw. -aktivitäten durch Studierende und/oder Akademiker fokussieren. Was die anderen Einflussgrößen betrifft, liegen gegenüber den Regressoren in Modell 2.2(4) keine Abweichungen bei den Wirkungsrichtungen und den Signifikanzniveaus vor. Folglich sind die Schätzer der Regressionskoeffizienten bei zusätzlicher Aufnahme der Kontrollvariablen Jahr/Semester reliabel (Stock/Watson 2006: 236f.).

Die Regression mit den Variablen aus Modell 2.2(4) sowie der weiteren Kontrollvariable Semestergruppe – aber aufgrund der Korrelation exklusive der Kontrollvariable Alter – nach der Einschlussmethode basiert nach dem listenweisen Fallausschluss auf 2.490 Fällen und weist mit 42,2 Prozent ein um 0,1 Prozentpunkte geringeres korrigiertes Bestimmtheitsmaß als Modell 2.2(4) auf. Nach dem F-Test (p = 0,000) ist auch der in dieser Regressionsbeziehung angenommene Wirkungszusammenhang höchst signifikant (Backhaus/Erichson/Plinke/Weiber 2000: 24-28). Für Semestergruppe wird, anders als in Modell 1, ein signifikanter positiver Einfluss aufgezeigt, so dass für Studierende aus höheren Semestergruppen die Gründung signifikant relevanter ist als für Studierende aus niedrigeren Semestergruppen. Ursächlich für dieses Ergebnis könnte sein, dass bei Studierenden aus höheren Semestern der Einstieg in die Erwerbstätigkeit normalerweise in kürzerer Zeit bzw. unmittelbar bevorsteht, sie sich demzufolge auch der Gründungsalternative stärker widmen und sich somit tendenziell in weiter fortgeschrittenen Phasen des Gründungsprozesses befinden als Studierende, denen noch mehr Zeit bis zum Studienabschluss verbleibt. Was die anderen Einflussgrößen betrifft, existieren gegenüber den Regressoren in Modell 2.2(4) keine Abweichungen bei den Wirkungsrichtungen und lediglich eine Verschiebung bei den Signifikanzniveaus. So erhöht das Selbständigen-Umfeld die Gründungsrelevanz jetzt höchst signifikant. Ansonsten sind die Schätzer der übrigen Regressionskoeffizienten bei Integration der Kontrollvariablen Semestergruppe reliabel (Stock/Watson 2006: 236f.).

Die Regression mit den Variablen aus Modell 2.2(4) sowie der weiteren Kontrollvariable Weiterführendes Studium – aber aufgrund der Korrelation exklusive der Kontrollvariable Alter – nach der Einschlussmethode basiert nach dem listenweisen Fallausschluss auf 2.490 Fällen und weist wie in Modell 2.2(4) ein adjustiertes Bestimmtheitsmaß von 42,3 Prozent auf. Nach dem F-Test (p = 0,000) ist auch der in dieser Regressionsbeziehung angenommene Wirkungszusammenhang höchst signifikant (Backhaus/Erichson/Plinke/Weiber 2000: 24-28). Für Weiterführendes Studium wird ein sehr signifikanter Einfluss aufgedeckt, d.h. für Studierende in weiterführenden Studiengängen ist die Gründung sehr signifikant relevanter als für Studierende in grundständigen Studiengängen. Was die anderen Einflussgrößen betrifft, existieren gegenüber den Regressoren in Modell 2.2(4) keine Abweichungen bei den Wirkungsrichtungen, und bei den Signifikanzniveaus gibt es nur eine Verschiebung bei Selbständigen-Umfeld, das jetzt die Gründungsrelevanz höchst signifikant erhöht. Die Schätzer der anderen Regressionskoeffizienten sind bei Aufnahme der Kontrollvariablen Weiterführendes Studium reliabel (Stock/Watson 2006: 236f.).

Die Regression mit den Variablen aus Modell 2.2(4) sowie der weiteren Kontrollvariable Fernstudium – aber aufgrund der Korrelation exklusive der Kontrollvariable Alter – nach der Einschlussmethode basiert nach dem listenweisen Fallausschluss auf 2.490 Fällen und weist mit 42,2 Prozent gegenüber Modell 2.2(4) ein um 0,1 Prozentpunkte geringeres adjustiertes Bestimmtheitsmaß auf. Nach dem F-Test (p = 0,000) ist auch der in dieser Regressionsbeziehung angenommene Wirkungszusammenhang höchst signifikant (Backhaus/Erichson/Plinke/Weiber 2000: 24-28). Für Fernstudium wird wie in Modell 1 kein signifikanter Einfluss nachgewiesen, d.h. es existieren zwischen Studierenden aus Präsenzstudiengängen und Fernstudiengängen keine signifikanten Unterschiede bei der Gründungsrelevanz. Was die anderen Einflussgrößen betrifft, existieren gegenüber den Regressoren in Modell 2.2(4) keine Abweichungen bei den Wirkungsrichtungen. Allerdings liegen die beiden folgenden relevanten Abweichungen zu Modell 2.2(4) vor. So erhöht jetzt der Faktor Grundlagenvermittlung die Gründungsrelevanz signifikant und das Selbständigen-Umfeld höchst signifikant. Ansonsten sind die Schätzer der Regressionskoeffizienten bei Integration der Kontrollvariablen Fernstudium reliabel (Stock/Watson 2006: 236f.).

Die Regression mit den Variablen aus Modell 2.2(4) sowie der weiteren Kontrollvariable Universität nach der Einschlussmethode basiert nach dem listenweisen Fallausschluss auf 2.482 Fällen und weist gegenüber Modell 2.2(4) ein um 0,2 Prozentpunkte höheres korrigiertes Bestimmtheitsmaß von 42,5 Prozent auf. Nach dem F-Test (p = 0,000) ist auch der in dieser Regressionsbeziehung angenommene Wirkungszusammenhang höchst signifikant (Backhaus/Erichson/Plinke/Weiber 2000: 24-28). Für Universität wird wie in Modell 1 ein sehr signifikanter Einfluss aufgezeigt, d.h. für Studierende an der Universität ist die Gründung sehr signifikant relevanter als für Studierende an nicht universitären Hochschulen. Dieses Ergebnis ist wie zuvor nicht allzu überraschend, da an der Universität nur Studierende aus der Fachrichtung Betriebswirtschaftslehre befragt wurden, für die eine höhere Gründungsrelevanz zumindest gegenüber den Studierenden der Ingenieurwissenschaften aufgedeckt wurde. Jedoch ist, wie in Kapitel 4.3.1.2 bereits betont, mit der Interpretation dieser Ergebnisse aufgrund der vergleichsweise sehr geringen Anzahl an Fällen, die von einer universitären Hochschuleinrichtung herrühren, vorsichtig umzugehen, so dass nach Ansicht des Autors der vorliegenden Arbeit diesbezüglich weitere Forschungsaktivitäten erforderlich sind. Was die anderen Einflussgrößen betrifft, existieren gegenüber den Regressoren in Modell 2.2(4) weder Abweichungen bei den Wirkungsrichtungen noch bei den Signifikanzniveaus. Demnach sind die Schätzer der Regressionskoeffizienten bei Berücksichtigung der Kontrollvariablen Universität zuverlässig (Stock/Watson 2006: 236f.).

Schrittweise, Vorwärts- und Rückwärtsmethode

Die Ergebnisse der Modelle 2.2a, 2.2b, 2.2c und 2.2d, d.h. der Regressionen auf die Gründungsrelevanz mit den Kontrollvariablen Alter und Geschlecht – sowie die Ergebnisse im Rahmen der weiteren Kontrollvariablen – nach der schrittweisen Methode, inklusive Hinweise auf Gemeinsamkeiten und Unterschiede der Ergebnisse nach der Vorwärts- sowie der Rückwärtsmethode, sind im Anhang 8 aufgeführt.

4.3.2.3 Arbeitsmodell nach Ergebnissen von Modell 2

In Abbildung 4 sind in das in der vorliegenden Arbeit herausgearbeitete Arbeitsmodell im Rahmen der durchgezogenen Linien die Ergebnisse nach Modell 2.2(4) aufgezeigt; hierbei sind entsprechend die Signifikanzniveaus und im Falle signifikanter Effekte die Wirkungsrichtungen der Regressoren aufgeführt. Ferner finden sich im Rahmen der gestrichelten Linien die Ergebnissen von Modell 2.2(5) bzgl. der Interaktionseffekte wieder, wobei die Ergebnisse bzgl. der anderen Variablen unberücksichtigt bleiben, zumal sich die durchgezogenen Linien auf die Ergebnisse des Modells 2.2(4) beziehen. Im Zusammenhang der Interaktionseffekte ist zudem illustriert, dass keine signifikanten Effekte aufgedeckt werden konnten. Dass im Rahmen der durchgezogenen Linien die Ergebnisse des Modells 2.2(4) und nicht diejenigen des Modells 2.2(5) aufgezeigt werden, liegt darin begründet, dass im Rahmen von Modell 2.2(5) aufgrund der integrierten Interaktionsterme bei den entsprechenden Einflussgrößen ohnehin keine „Haupteffekte als identische Effekte“ (Baltes-Götz 2009: 23) existieren, und sich zudem die „Haupteffekte als mittlere bedingte Effekte“ (Baltes-Götz 2009: 23) nicht sinnvoll interpretieren lassen (vgl. hierzu Baltes-Götz 2009: 22f.). Abbildung 4 veranschaulicht somit neben den in Modell 2.2(5) separat überprüften Moderatoreffekten die Ergebnisse des Modells 2.2(4), das exklusive der Interaktionsterme und einiger Kontrollvariablen ansonsten alle Bereiche des in der vorliegenden Arbeit entwickelten Arbeitsmodells berücksichtigt, wobei im Falle von Gründungsmotiven, Gründungshemmnissen und Gründungssupport anstelle der einzelnen herausgearbeiteten Variablen jeweils auf die durch Faktorenanalysen generierten Komponenten zurückgegriffen wurde (vgl. hierzu z.B. Ucbasaran/Westhead/Wright 2008: 161); im Rahmen dieser Vorgehensweise waren allerdings einige wenige Variablen auszuschließen, weshalb sie ebenfalls nicht in Abbildung 4 aufgeführt sind.

Da die entsprechenden Ergebnisse bereits im vorhergehenden Unterabschnitt, mit Verweisen auf den ersten Unterabschnitt, erläutert wurden, erfolgt an dieser Stelle keine

Abbildung 4

Arbeitsmodell nach Ergebnissen von Modell 2

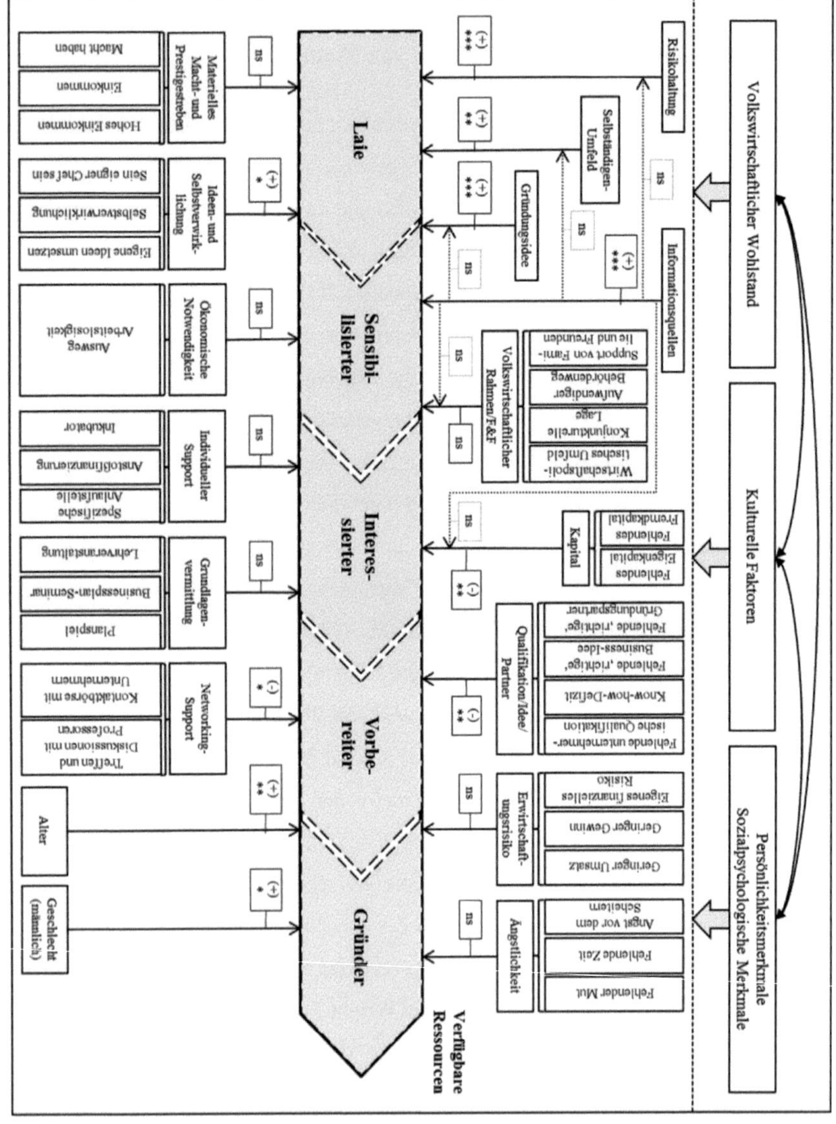

erneute Beschreibung, so dass Abbildung 4 vielmehr einen illustrierenden und zusammenfassenden Charakter einnimmt.

4.3.3 Gegenüberstellung von Modell 1 und Modell 2

Insgesamt betrachtet ergeben sich durch die getrennte Berücksichtigung aller Gründungsrelevanztypen – gegenüber der gemeinsamen Analyse von Gründungsvorbereiter und Gründer – zwar geringfügige Abweichungen, aber keine ausschlaggebenden Unterschiede. Vielmehr wird ein Großteil der Annahmen des Arbeitsmodells durch die Regressionsanalysen sowohl in Kapitel 4.3.1 als auch in Kapitel 4.3.2 empirisch bestätigt. Demzufolge erscheint die getrennte Untersuchung aller Gründungsrelevanztypen durchaus sinnvoll zu sein, zumal sich dadurch differenziertere Analysen durchführen lassen, was wiederum profundere Schlussfolgerungen zulässt.

Den Ergebnissen zufolge üben in allen Varianten von Modell 1 und Modell 2 sowohl die Anzahl der genutzten Gründungsinformationsquellen als auch die Risikohaltung der Studierenden eine höchst signifikante positive Wirkung auf die Gründungsrelevanz aus, wobei die Informationsquellenanzahl vergleichsweise zu allen anderen Einflussgrößen die höchste Effektstärke aufweist.

Bei den Gründungsmotiven hat der Faktor Ideen- und Selbstverwirklichung den stärksten Effekt auf die Gründungsrelevanz und erhöht sie in allen Modellen mindestens mit signifikantem Ausmaß. Der Motiv-Faktor Ökonomische Notwendigkeit reduziert in den Modellen ohne Kontrollvariablen (abgesehen von den Modellen 1.1d und 2.1d) mindestens signifikant die erklärte Variable, bei Aufnahme von Alter und Geschlecht können allerdings in den Modellen, die auch die Support-Faktoren berücksichtigen (mit Ausnahme von Modell 1.2b) keine signifikanten Einflüsse mehr nachgewiesen werden. Folglich ist der zuvor signifikante Effekt des Notgründungsmotivs zwar nicht robust und nicht mehr nachweisbar bei Aufnahme einer höheren Anzahl von weiteren Regressoren bzw. von den Support-Faktoren und Kontrollvariablen, allerdings führen die Varianten der Modelle 1 und 2 (exklusive der Vergleiche zwischen den Modellen 1.2b und 2.2b sowie 1.2c und 2.2c) zu gleichen Ergebnissen hinsichtlich seines Signifikanzniveaus. Für den Motiv-Faktor Materielles Prestigedenken weisen alle Modelle keine signifikante Wirkung auf die Gründungsrelevanz nach.

Bei den Gründungshemmnissen hat der Faktor Qualifikation/Idee/Partner den stärksten Effekt auf die Gründungsrelevanz und reduziert sie in allen Modellen mit mindestens sehr signifikantem Ausmaß. Bei dem Hemmnis-Faktor Kapital scheint sich hingegen die unterschiedliche Kategorisierung innerhalb der beiden Modelle auf seinen Einfluss auszuwirken. So reduziert das Kapital in den Varianten von Modell 2 mindestens sehr signifikant die Gründungsrelevanz (mit Ausnahme von Modell 2.2(2) mit signifikantem Ausmaß), während bei den Varianten von Modell 1 nur in Modell 1.1(3) ein sehr signifikanter Einfluss vorliegt. Ansonsten hat der Faktor Kapital in den Varianten von Modell 1 einen signifikanten negativen Effekt auf die Gründungsrelevanz, oder es kann teilweise (wie in den Modellen 1.1(2), 1.1b nach der Rückwärtsmethode, 1.2(1), 1.2(2), 1.2a und 1.2b) keine signifikante Wirkung nachgewiesen werden. Ursächlich für diese differierenden Ergebnisse der Signifikanzniveaus des Hemmnis-Faktors Kapital bei den Modellen 1 und 2 könnte sein, dass die gemeinsame Betrachtung von Gründungsvorbereiter und Gründer die Unterschiede dieser beiden Relevanztypen bezüglich der Wahrnehmung der Gründungsbarrieren des fehlenden Eigen- und Fremdkapitals – deren Variablen insbesondere auf diesen Hemmnis-Faktor laden – nicht berücksichtigt. So schätzen den Ergebnissen zufolge die Gründer diese beiden Gründungshemmnisse nämlich geringer ein als die Gründungsvorbereiter, für die vor der beabsichtigten Gründungsrealisation die Suche nach potenziellen Finanzierungsmöglichkeiten normalerweise noch nicht abgeschlossen ist, während die weiteren Gründungsrelevanztypen fehlendes Fremd- und Eigenkapital wiederum als Gründungs-hinderlicher einstufen als die Gründungsvorbereiter. Für die weiteren Hemmnis-Faktoren Erwirtschaftungsrisiko, Volkswirtschaftlicher Rahmen/F&F und Ängstlichkeit weist keines der Modelle signifikante Effekte auf die Gründungsrelevanz nach.

Beim Gründungssupport schwanken die Effektstärken der Faktoren in den diversen Modellen dahingehend, dass, je nach Modell, jedem der drei Support-Faktoren im direkten Vergleich untereinander die höchste Effektstärke auf die Gründungsrelevanz zukommt. Im Rahmen der Modelle ohne die binären Variablen Gründungsidee und

Selbständigen-Umfeld weisen die Modelle 1.1b und 1.2b die Grundlagenvermittlung als Support-Faktor mit dem stärksten Effekt aus, während dies in Modell 2.1b zusätzlich und in Modell 2.2b nur auf den Faktor Individueller Support zutrifft. Bei Erweiterung der Modelle um die binären Variablen übt in den Modellen 1.1d, 2.1d sowie 2.2d der Faktor Networking-Support den stärksten Effekt auf die Gründungsrelevanz aus, während in Modell 1.2d die Grundlagenvermittlung die höchste Effektstärke aufweist. Diese Ergebnisse deuten darauf hin, dass die Support-Faktoren nicht sonderlich robust gegenüber der entsprechenden Modellerweiterung sind. So erhöht der Faktor Individueller Support in allen Varianten der Modelle ohne die beiden binären Variablen die Gründungsrelevanz mit signifikantem Ausmaß, während in allen Varianten der Modelle mit binären Variablen keine signifikanten Wirkungen nachgewiesen werden. Bezüglich der Signifikanzniveaus bestehen beim Faktor Individueller Support demnach keine Unterschiede zwischen Modell 1 und Modell 2. Der Faktor Grundlagenvermittlung übt in allen Varianten von Modell 1 mindestens einen signifikanten positiven Einfluss auf die Gründungsrelevanz aus, so auch bei allen Varianten von Modell 2.1. Werden jedoch die Kontrollvariablen Alter und Geschlecht in Modell 2 berücksichtigt, weist keine der Modellvarianten einen signifikanten Effekt für Grundlagenvermittlung nach. Da für Grundlagenvermittlung in drei von vier Varianten von Modell 1.1 sogar ein sehr signifikanter und in allen Varianten von Modell 1.2 nur ein signifikanter Einfluss aufgezeigt wird, scheint die Integration dieser beiden Kontrollvariablen zwar den Schätzer des Regressionskoeffizienten nicht nur in Modell 2, sondern auch in Modell 1 nach unten zu korrigieren. Dennoch unterscheiden sich die Modelle 1 und 2 dahingehend, dass Modell 2.2 für Grundlagenvermittlung keine signifikante Wirkung mehr nachweisen kann. Während für den Faktor Networking-Support in allen Modellen mit den binären Variablen Gründungsidee und Selbständigen-Umfeld mindestens ein signifikanter negativer Effekt auf die Gründungsrelevanz vorliegt, wird in den Modellen ohne die binären Variablen, mit Ausnahme von den Modellen 2.1(2) und 2.1b, kein signifikanter Einfluss nachgewiesen. Die Integration beider binärer Variablen führt entweder zu einem Übergang von nicht signifikanter zu mindestens signifikanter Wirkung oder zu einem Anstieg des Signifikanzniveaus des Faktors Networking-Support. Bei den Modellen ohne Kontrollvariablen weisen die Varianten von Modell 2 (mit Ausnahme von Modell 2.1d gegenüber Modell 1.1d) entweder ein höheres Signifikanzniveau auf als die entsprechende Variante von Modell 1 oder sie weisen zumindest einen signifikanten Effekt nach, was bei den Modellen 1.1(2) und 1.1b nicht der Fall ist. Demgegenüber liegen zwischen den entsprechenden Varianten der Modelle 1.2 und 2.2, d.h. bei Integration der Kontrollvariablen Alter und Geschlecht, keine Unterschiede im Signifikanzniveau von Networking-Support vor. Insgesamt betrachtet erscheinen bei den Support-Faktoren die Schätzer der Regressionskoeffizienten, insbesondere bei Integration der beiden binären Variablen Gründungsidee und Selbständigen-Umfeld und/oder der zwei Kontrollvariablen, nicht sehr robust, was nicht überrascht, zumal die Aufnahme der Support-Faktoren in allen Modellen das korrigierte Bestimmtheitsmaß, wenn auch nur geringfügig, verringert. Demzufolge lässt sich den Support-Faktoren im Rahmen der Erklärung der Gründungsrelevanz der Studierenden, vergleichsweise zu einigen anderen Einflussgrößen, eine geringere Bedeutung zuschreiben, was bei ihrer Interpretation zu berücksichtigen ist.

Durch die Integration der binären Variablen Gründungsidee und Selbständigen-Umfeld verbessern sich die Modelle hingegen grundsätzlich, so dass auf ihre Berücksichtigung nicht verzichtet werden sollte. Das Vorhandensein einer Gründungsidee übt nach der Anzahl der Gründungsinformationsquellen in allen Modellen den zweitstärksten Effekt auf die Gründungsrelevanz aus. Zudem wird für die Gründungsidee in allen Modellen ein höchst signifikanter positiver Einfluss auf den Regressanden aufgezeigt. Das Selbständigen-Umfeld erhöht die Gründungsrelevanz in fast allen Modellen (mit Ausnahme von den Modellen 2.2(4) und 2.2d mit sehr signifikantem Ausmaß) ebenfalls höchst signifikant. Während folglich bei den Signifikanzniveaus des Selbständigen-Umfelds diese beiden Abweichungen zwischen Modell 1 und Modell 2 vorliegen, unterscheiden sich die Modelle nicht bezüglich der Gründungsidee mit ihrem stets höchst signifikanten Einfluss auf die Gründungsrelevanz.

Was die Kontrollvariablen Alter und Geschlecht betrifft, hat das Alter in fast allen Modellen (mit Ausnahme von Modell 1.2c) einen stärkeren Effekt auf den Regressanden als das Geschlecht. Sowohl ein höheres Alter als auch das männliche Geschlecht üben in allen Modellen mindestens einen signifikanten positiven Einfluss auf die Gründungsrelevanz aus. Ein höheres Alter steigert den Regressanden in den Varianten des Ausgangsmodells und der Erweiterungen um die Support-Faktoren sowohl von

Modell 1 als auch von Modell 2 jeweils höchst signifikant. Demgegenüber erhöht das Alter im Rahmen von Modell 2 bei den Varianten, in denen auch die binären Variablen integriert sind, die Gründungsrelevanz sehr signifikant, während dies in den entsprechenden Varianten von Modell 1 nur mit signifikantem Ausmaß der Fall ist. Beim Geschlecht ist auffallend, dass in allen Varianten der Modelle, die auch die Support-Faktoren berücksichtigen, für männliche Studierende die Gründung signifikant relevanter ist als für Studentinnen, während in den Varianten der Modelle ohne Support-Faktoren (mit Ausnahme von Modell 2.2c) mindestens ein sehr signifikanter Einfluss ausgewiesen wird. Zwischen den entsprechenden Varianten von Modell 1 und Modell 2 gibt es bei den Signifikanzniveaus des Geschlechts die folgenden Abweichungen. So hat das männliche Geschlecht einerseits in den Modellen 1.2(1) und 1.2a eine höchst signifikante positive Wirkung auf die endogene Variable, während in den Modellen 2.2(1) und 2.2a ein sehr signifikanter Einfluss nachgewiesen wird. Andererseits erhöht das männliche Geschlecht die Gründungsrelevanz in Modell 1.2c sehr signifikant und in Modell 2.2c noch signifikant.

Bei den analysierten Interaktionseffekten zeigt sich, dass in den Modellen 1.1(5) und 1.2(5) jeweils für den Interaktionsterm zwischen den Gründungsinformationsquellen und der Gründungsidee ein signifikanter negativer Effekt nachgewiesen wird, während dies im Rahmen der Modelle 2.1(5) und 2.2(5) nicht der Fall ist. Die Ergebnisse der Modelle 1 und 2 sind diesbezüglich zwar uneinheitlich, jedoch sprechen sie zumindest teilweise dafür, dass die Anzahl der Gründungsinformationsquellen einen negativen moderierenden Effekt auf die Beziehung zwischen der Gründungsidee und der Gründungsrelevanz ausübt. Demnach erscheint es sinnvoll, im Rahmen weiterer Forschungsaktivitäten diesen Moderatoreffekt gezielter zu analysieren.

Was die weiteren analysierten Kontrollvariablen betrifft, zeigen sich bei zusätzlicher Integration in die jeweiligen Varianten der Modelle 1.2(4) bzw. 1.2d und 2.2(4) bzw. 2.2d die folgenden Unterschiede zwischen Modell 1 und Modell 2. Bei den Fachrichtungen weisen die Modelle 1 und 2 nach allen Methoden keine signifikanten Unterschiede zwischen Studierenden der Informatik und der Betriebswirtschaftslehre hinsichtlich der Gründungsrelevanz aus. Demgegenüber existiert in allen Modellen bei den Ingenieurwissenschaften gegenüber der Betriebswirtschaftslehre ein mindestens signifikanter negativer Einfluss auf den Regressanden, wobei es zwischen den Modellen 1 und 2 einen Unterschied im Rahmen der Rückwärtsmethode gibt, nach der in Modell 1.2d ein signifikanter und in Modell 2.2d ein sehr signifikanter negativer Effekt auf die Gründungsrelevanz vorliegt. Die Kontrollvariable Jahr/Semester (Zeitverlauf) reduziert in Modell 2 nach allen Methoden die erklärte Variable signifikant, während in keiner Variante von Modell 1 eine signifikante Wirkung nachgewiesen werden kann. Genauso kann für die Kontrollvariable Semestergruppe in Modell 1 kein signifikanter Effekt nachgewiesen werden, demgegenüber erhöht in Modell 2 nach allen Methoden die Zugehörigkeit zu einer höheren Semestergruppe die Gründungsrelevanz signifikant. Die Kontrollvariable Weiterführendes Studium steigert die Gründungsrelevanz in Modell 2 nach der Einschlussmethode sehr signifikant und nach den anderen Methoden sowie bei allen Varianten von Modell 1 mit signifikantem Ausmaß. Für die Kontrollvariable Fernstudium kann weder in Modell 1 noch in Modell 2 ein signifikanter Einfluss auf den Regressanden nachgewiesen werden. Demgegenüber erhöht die Kontrollvariable Universität nach allen Methoden sowohl in Modell 1 als auch in Modell 2 die Gründungsrelevanz sehr signifikant. Demzufolge lassen sich erst bei getrennter Berücksichtigung von Gründungsvorbereiter und Gründer, und somit bei ausdifferenzierterer Analyse der Gründungsrelevanztypen, für den durch die Kontrollvariable Jahr/Semester erfassten Zeitverlauf eine signifikante negative und für die durch die Kontrollvariable Semestergruppe abgebildete längere Studiendauer eine signifikante positive Wirkung auf die Gründungsrelevanz nachweisen.

4.3.4 Modell 3 – Gründungswahrscheinlichkeit

In diesem Abschnitt erfolgen Regressionen auf die endogene Variable Gründungswahrscheinlichkeit, ebenfalls mit Berücksichtigung der Einflussvariablen des Arbeitsmodells. Während sich die Gründungsrelevanz auf den aktuellen Zeitpunkt bzgl. des Fortschrittes der Studierenden im Gründungsprozess bezieht, stellt die Gründungswahrscheinlichkeit auf die von den Studierenden eingeschätzte Wahrscheinlichkeit einer Unternehmensgründung ab. Die antizipierte Höhe der Gründungswahrscheinlichkeit ist somit zukunftsgerichtet und wird auch verwendet, um das Konstrukt der Gründungsintention zu messen (vgl. hierzu z.B. Krueger/Reilly/Carsrud 2000: 421;

Ajzen/Fishbein 1980, zit. n. Bagozzi 1993: 218, sowie Kapitel 2.4 und Kapitel 2.5). Die zusätzliche Analyse der Gründungswahrscheinlichkeit erscheint zweckdienlich, da sie sich nicht unbedingt auf aktuelle Gründungsaktivitäten bereits während des Studiums bezieht, sondern gerade auch berücksichtigt, inwiefern die Studierenden eine Gründung bspw. unmittelbar nach dem Studium oder erst nach einigen Jahren Berufserfahrung erwägen (vgl. hierzu z.B. Bergmann 2014: 1, 27).

Wie in den vorigen beiden Abschnitten werden fortan das Ausgangsmodell sowie schrittweise die erweiterten Modelle getestet, so dass entsprechend potenziell ineffiziente Schätzer der Regressionskoeffizienten (vgl. hierzu Backhaus/Erichson/Plinke/Weiber 2000: 37[1156]) aufgedeckt werden können bzw. die Reliabilität der Schätzer des Ausgangsmodells überprüft wird (Stock/Watson 2006: 236f.; Audretsch/Keilbach 2004a: 426). Wiederum wird zuerst die Einschlussmethode angewendet, um potenzielle Einflüsse aller berücksichtigten exogenen Variablen aufzudecken. Daraufhin wird durch die Anwendung von schrittweiser, Vorwärts- sowie Rückwärtsmethode die Robustheit der Modelle getestet (Gerstlberger/Knudsen/Stampe 2014: 139; Brosius 2011: 584-86), was jedoch nicht bei den um Interaktionsterme erweiterten Modellen erfolgt. Im ersten Unterabschnitt erfolgen die Regressionsanalysen ohne Kontrollvariablen und im zweiten Unterabschnitt mit den Kontrollvariablen Alter und Geschlecht, um deren potenzielle Effekte auf die endogene Variable aufzudecken bzw. herauszurechnen (Stangl 2012: o. S.), wobei anschließend noch weitere Kontrollvariablen nacheinander überprüft werden. Im dritten Unterabschnitt sind die Ergebnisse des nachfolgenden Modells 3.2(4) in das herausgearbeitete Arbeitsmodell eingearbeitet. Ferner werden die Ergebnisse der untersuchten potenziellen Moderatoreffekte separat gekennzeichnet im Arbeitsmodell aufgeführt, jedoch ohne die „Haupteffekte“ (Baltes-Götz 2009: 23) der exogenen Variablen, wie bereits weiter oben begründet.

4.3.4.1 Regressionsanalysen ohne Kontrollvariablen

In diesem Unterabschnitt werden die Regressionsmodelle ohne Kontrollvariablen nach der Einschlussmethode dargestellt und daraufhin mit den Ergebnissen der schrittweisen, Vorwärts- sowie Rückwärtsmethode verglichen.

1156 Mit weiteren Verweisen.

Einschlussmethode

Tabelle 19 umfasst die Ergebnisse von Modell 3.1 mit fünf Regressionen auf die Gründungswahrscheinlichkeit ohne Kontrollvariablen nach der Einschlussmethode, die im Folgenden beschrieben werden.

- **Ausgangsmodell**

Die Ergebnisse der Regression ohne Kontrollvariablen nach der Einschlussmethode im Rahmen des Ausgangsmodells sind in Modell 3.1(1), d.h. in Spalte (1) der Tabelle 19, illustriert. So beinhaltet das Ausgangsmodell, neben dem Regressanden Gründungswahrscheinlichkeit, als Regressoren die Anzahl der Gründungsinformationsquellen, die Risikohaltung sowie die drei herausgearbeiteten Gründungs-motivationalen und die fünf Gründungs-hemmenden Faktoren.

Durch die Einflussgrößen des Ausgangsmodells, das nach dem listenweisen Fallausschluss auf 2.482 Fällen basiert, werden zusammen 29,8 Prozent der Varianz der Gründungsrelevanz erklärt.[1157] Dieser nicht sonderlich hohe, aber grundsätzlich akzeptable Wert des korrigierten Bestimmtheitsmaßes besagt jedoch weder, dass Omitted Variable Bias vorliegt, noch deutet er auf eine unzweckmäßige Zusammensetzung der Regressoren hin (Stock/Watson 2006: 237-39). Da sich gerade in den Wirtschafts- und Sozialwissenschaften aufgrund vorherrschender Interdependenzen zwischen fast allen Größen ohnehin nicht alle relevanten Einflüsse erfassen lassen, geht es vielmehr darum, die wichtigsten Einflussgrößen einzubeziehen (Brosius 2011: 571). Jedoch wird es durch die Erweiterung des Ausgangsmodells möglich, einerseits die geschätzten Regressionskoeffizienten auf ihre Reliabilität hin zu überprüfen (Stock/Watson 2006: 236f.), und andererseits können dadurch potenzielle Einflüsse der weiteren Größen des Arbeitsmodells auf die Gründungswahrscheinlichkeit überprüft werden. Da der F-Test (p = 0,000) einen höchst signifikanten Wirkungszusammenhang in dieser Regressionsbeziehung ausweist (Backhaus/Erichson/Plinke/Weiber 2000: 24-28), ist es sinnvoll, fortan die einzelnen Regressionskoeffizienten anhand des t-Tests auf potenzielle

[1157] Audretsch und Fritsch bezeichnen die im Rahmen ihrer empirischen Untersuchung erzielten darunter liegenden Werte i.H.v. 21,3 und 23,0 Prozent für eine Querschnittsuntersuchung als „quite acceptable“ (2002: 121).

Tabelle 19

Regression – Modell 3.1 – Einschlussverfahren ohne Kontrollvariablen

Modell 3.1 – Regressand: Gründungswahrscheinlichkeit; Einschlussmethode					
Regressor	**(1)**	**(2)**	**(3)**	**(4)**	**(5)**
Informationsquellen	9,212*** (,468)	8,897*** (,521)	6,846*** (,485)	6,709*** (,539)	5,507* (2,687)
Risikohaltung	7,693*** (,728)	7,259*** (,808)	6,501*** (,713)	6,084*** (,792)	5,811*** (1,709)
Materielles Macht- und Prestigestreben	2,509*** (,437)	2,422*** (,481)	2,404*** (,426)	2,432*** (,471)	2,418*** (,472)
Ideen- und Selbstverwirklichung	4,019*** (,454)	3,643*** (,519)	3,286*** (,445)	3,092*** (,510)	3,059*** (,512)
Ökonomische Notwendigkeit	,681 (,443)	,755 (,498)	,900* (,431)	,976* (,487)	,985* (,488)
Qualifikation/Idee/Partner	-3,519*** (,442)	-4,001*** (,491)	-2,579*** (,439)	-3,027*** (,487)	-3,067*** (,490)
Erwirtschaftungsrisiko	-,891* (,445)	-1,179* (,497)	-,621 (,434)	-,856 (,487)	-,853 (,488)
Volkswirtschaftlicher Rahmen/F&F	,163 (,430)	,107 (,475)	,037 (,419)	,034 (,464)	-,343 (1,053)
Ängstlichkeit	-2,049*** (,444)	-1,625*** (,489)	-2,283*** (,434)	-1,887*** (,480)	-1,871*** (,482)
Kapital	-,821 (,440)	-1,162* (,490)	-1,010* (,428)	-1,359** (,478)	-,570 (1,099)
Individueller Support		1,302** (,507)		,845 (,496)	,877 (,497)
Grundlagenvermittlung		,965 (,495)		,673 (,484)	,689 (,485)
Networking-Support		,739 (,493)		,493 (,481)	,490 (,483)
Gründungsidee			12,810*** (1,029)	12,415*** (1,137)	13,611*** (2,808)
Selbständigen-Umfeld			4,661*** (,858)	3,952*** (,951)	1,979 (2,173)
Risikohaltung * Informationsquellen					,166 (,772)
Volkswirtschaftlicher Rahmen/F&F * Informationsquellen					,189 (,466)
Kapital * Informationsquellen'					-,370 (,478)
Gründungsidee * Informationsquellen					-,536 (1,148)
Selbständigen-Umfeld * Informationsquellen					,993 (,993)

Modell 3.1 – Regressand: Gründungswahrscheinlichkeit; Einschlussmethode					
Schnittpunkt	-1,371 (2,043)	,528 (2,277)	-17,295*** (2,380)	-14,186*** (2,651)	-12,117* (5,787)
Gesamtstatistiken					
SER	21,549	21,662	20,672	20,849	20,865
$\bar{R}^2$	,298	,290	,350	,337	,336
p	,000	,000	,000	,000	,000
n	2482	2059	2420	2010	2010

Anmerkung: Dargestellt ist die Einschlussmethode. Standardfehler sind in Klammern unter den Koeffizienten dargestellt. Der individuelle Koeffizient ist im Rahmen eines zweiseitigen Tests statistisch signifikant bei einem *5% Niveau, **1% oder ***0,1% Signifikanzniveau. *SER* = Standardfehler; $\bar{R}^2$ = Adjustiertes Bestimmtheitsmaß; *p* = Signifikanzwert; *n* = Fälle.

Quelle: Eigene Erstellung.

signifikante Einflüsse auf die Gründungswahrscheinlichkeit zu analysieren (Backhaus/ Erichson/Plinke/Weiber 2000: 29-31). Den Ergebnissen zufolge steigert der Zugang zu einer höheren Anzahl an Gründungsinformationsquellen als auch eine höhere Risikohaltung höchst signifikant die von den Studierenden angegebene Gründungswahrscheinlichkeit. Bei den Gründungsmotiven erhöhen Materielles Macht- und Prestigestreben sowie Ideen- und Selbstverwirklichung die Gründungswahrscheinlichkeit jeweils höchst signifikant, wohingegen für den Faktor Ökonomische Notwendigkeit keine signifikante Wirkung nachgewiesen wird. Während für den Faktor Materielles Macht- und Prestigestreben kein signifikanter Einfluss auf die (aktuelle) Gründungsrelevanz nachgewiesen wird, geben Studierende, bei denen der insbesondere auf den Gründungsmotiven Hohes Einkommen, Einkommen, Ansehen und Macht basierende Faktor höher ausgeprägt ist, höchst signifikant eine höhere Gründungswahrscheinlichkeit an. Der insbesondere auf den Gründungsmotiven Umsetzung eigener Ideen, Selbstverwirklichung und Autonomiestreben basierende Faktor erhöht sowohl die Gründungsrelevanz als auch die Gründungswahrscheinlichkeit höchst signifikant. Demgegenüber hat das Notgründungsmotiv den Ergebnissen zufolge keinen signifikanten Effekt auf die Gründungswahrscheinlichkeit. Wie weiter oben bereits erläutert, besagen nicht signifikante Regressoren jedoch nicht, dass sie keinen Einfluss auf die erklärte Variable ausüben. So sind z.B. verdeckte Wirkungen aufgrund von Störeinflüssen oder geringe Variation der Einflussgröße in der Stichprobe denkbar (Backhaus/ Erichson/Plinke/Weiber 2000: 38). Folglich sollte aufgrund von nicht nachgewiesenen signifikanten Wirkungen nicht geschlussfolgert werden, dass die betroffene Variable zwangsläufig irrelevant sei. Die Modelle 1.1(1) und 2.1(1) weisen für den Faktor Ökonomische Notwendigkeit jeweils einen höchst signifikanten negativen Effekt auf die Gründungsrelevanz aus, so dass zumindest die Ergebnisse dieser Modelle darauf hinweisen, dass unter den Studierenden tendenziell keine Gründungen und Gründungsvorhaben aus ökonomischer Not heraus existieren. Demgegenüber deckt Modell 3.1(1) keinen signifikanten Einfluss des Notgründungsmotivs auf die zukunftsorientierte Gründungswahrscheinlichkeit auf. Bei den Gründungshemmnissen wird die Gründungsrelevanz durch die Faktoren Qualifikation/Idee/Partner sowie Ängstlichkeit höchst signifikant und durch Erwirtschaftungsrisiko signifikant reduziert, während bei den Faktoren Volkswirtschaftlicher Rahmen/F&F und Kapital keine signifikanten Wirkungen nachgewiesen werden. Sofern die Studierenden höhere Defizite bei ihren unternehmerischen Qualifikationen sowie ihrem Know-how und höhere Schwierigkeiten beim Vorhandensein geeigneter Gründungsideen und Gründungspartner, die fehlende Qualifikationen und Gründungsideen potenziell kompensieren können, aufweisen, geben sie mit höchst signifikantem Ausmaß nicht nur eine geringere Gründungsrelevanz, sondern auch eine geringere Gründungswahrscheinlichkeit an. Die verstärkten Annahmen geringen Umsatzes, geringen Gewinns und des eigenen finanziellen Risikos im Rahmen einer Gründung wirken signifikant negativ auf die Gründungswahrscheinlichkeit, während kein signifikanter Effekt auf die Gründungsrelevanz nachgewiesen wird. Wenn die Studierenden das wirtschaftspolitische Umfeld, die Konjunkturlage, den aufwendigen Behördenweg sowie Support von Familie und Freunden als höhere Gründungsbarrieren bewerten, hat dies weder einen signifikanten Einfluss auf die Gründungsrelevanz noch auf die Gründungswahrscheinlichkeit. Während höhere Schwierigkeiten bei fehlendem Mut, fehlender Zeit und Angst vor dem Scheitern keine signifikante Wirkung auf die Gründungsrelevanz ausüben, senken diese Gründungshemmnisse hingegen höchst signifikant die Gründungswahrscheinlichkeit. Demgegenüber senken stärkere Gründungshemmnisse bezüglich mangelndem Eigen- und Fremdkapital zwar signifikant die Gründungsrelevanz, allerdings wird in Modell 3.1(1) kein signifikanter Effekt des insbesondere auf diesen beiden Gründungshürden basierenden Faktors auf die Gründungswahrscheinlichkeit aufgedeckt. Wie bereits erläutert, handelt es sich bei der zukunftsorientierten Gründungswahrscheinlichkeit um eine andere Größe als bei der zeitpunktorientierten Gründungsrelevanz, so dass die existierenden Unterschiede bezüglich signifikanter und nicht signifikanter Wirkungen auf den jeweiligen Regressanden nicht ungewöhnlich, sondern vielmehr zu erwarten sind. Viel entscheidender ist, dass innerhalb der Varianten eines Modells keine widersprüchlichen Ergebnisse wie z.B. wechselnde Wirkungsrichtung eines signifikanten Regressors bei einer Modellerweiterung vorliegen (Backhaus/Erichson/Plinke/Weiber 2000: 38).

- **Erweiterung um Support-Faktoren**

Die Ergebnisse der Regression ohne Kontrollvariablen nach der Einschlussmethode im Rahmen von Modell 3.1(2) sind in Spalte (2) der Tabelle 19 dargestellt. Dieses Modell beinhaltet neben den Variablen des Ausgangsmodells die drei herausgearbeiteten Gründungssupport-Faktoren.

Durch Berücksichtigung der Support-Faktoren in Modell 3.1(2), das nach dem listenweisen Fallausschluss auf 2.059 Fällen basiert, sinkt das adjustierte Bestimmtheitsmaß gegenüber Modell 3.1(1) geringfügig um 0,8 Prozentpunkte auf 29,0 Prozent. Demnach wirkt sich die Integration der Support-Faktoren ähnlich aus, wie bei den entsprechenden Erweiterungen im Rahmen von Modell 1 und Modell 2. Nach dem F-Test (p = 0,000) ist auch der in dieser Regressionsbeziehung angenommene Wirkungszusammenhang höchst signifikant (Backhaus/Erichson/Plinke/Weiber 2000: 24-28). Der Faktor Individueller Support steigert die Gründungswahrscheinlichkeit sehr signifikant, wohingegen für Grundlagenvermittlung sowie Networking-Support kein signifikanter Einfluss auf den Regressanden aufgezeigt wird. Wenn die Studierenden gründungsspezifischen Anlaufstellen, Anstoßfinanzierung und Inkubatoren eine höhere Bedeutung für die Gründung zuordnen, ist für sie die Gründung sehr signifikant wahrscheinlicher. Bei der Bewertung von Planspielen, Businessplan-Seminaren und Lehrveranstaltungen zeigt sich kein signifikanter Einfluss auf die Gründungsrelevanz. Auch die Gründungssupportmaßnahmen Treffen und Diskussionen mit Professoren sowie Kontaktbörsen mit Unternehmern haben den Ergebnissen zufolge keinen signifikanten Effekt auf die Gründungswahrscheinlichkeit der Studierenden. Bei den anderen Regressoren existieren gegenüber dem Ausgangsmodell keine Unterschiede bei den Wirkungsrichtungen und nur eine Abweichung bezüglich der Signifikanz. Demnach reduziert in Modell 3.1(2) der im Ausgangsmodell nicht signifikante Faktor Kapital die Gründungswahrscheinlichkeit jetzt signifikant. Abgesehen von diesem geringfügigen Unterschied gegenüber dem Ausgangsmodell sind die Schätzer der anderen Regressionskoeffizienten reliabel (Stock/Watson 2006: 236f.).

- **Erweiterung um binäre Variablen**

Die Ergebnisse der Regression ohne Kontrollvariablen nach der Einschlussmethode im Rahmen von Modell 3.1(3) sind in Spalte (3) der Tabelle 19 dargestellt. Dieses Modell umfasst neben den Variablen des Ausgangsmodells die zwei binären Variablen Gründungsidee und Selbständigen-Umfeld.

Durch die Einflussgrößen in Modell 3.1(3), das nach dem listenweisen Fallausschluss auf 2.420 Fällen basiert, werden zusammen 35,0 Prozent der Varianz der Gründungsrelevanz erklärt, so dass die Aufnahme der beiden binären Variablen das adjustierte Bestimmtheitsmaß gegenüber dem Ausgangsmodell um 5,2 Prozentpunkte erhöht. Folglich wird das Gesamtmodell durch die Integration von Gründungsidee und Selbständigen-Umfeld, wie bereits bei den entsprechenden Erweiterungen im Rahmen von Modell 1 und Modell 2, deutlich verbessert. Dem F-Test zufolge (p = 0,000) ist mindestens einer der Regressionskoeffizienten ungleich Null (Backhaus/Erichson/Plinke/Weiber 2000: 24-28). Beide binären Variablen haben einen höchst signifikanten positiven Einfluss auf die Gründungswahrscheinlichkeit. Das Vorhandensein von Gründungsideen bei den Studierenden steigert somit höchst signifikant die von ihnen angegebene Gründungswahrscheinlichkeit. Genauso ist für Studierende mit mindestens einer unternehmerisch selbständigen Person im privaten Umfeld die Gründung höchst signifikant wahrscheinlicher. Bei den anderen Einflussgrößen liegen vergleichsweise zum Ausgangsmodell keine Unterschiede bei den Wirkungsrichtungen der Regressionskoeffizienten vor, allerdings existieren die folgenden drei Abweichungen bezüglich signifikanter Einflüsse. So erhöht der im Ausgangsmodell nicht signifikante Motiv-Faktor Ökonomische Notwendigkeit in Modell 3.1(3) die Gründungswahrscheinlichkeit signifikant, wohingegen in den entsprechenden Varianten von Modell 1 und Modell 2 sehr signifikante negative Wirkungen auf die Gründungsrelevanz existieren. Dieser Unterschied in der Wirkungsrichtung ist allerdings nachvollziehbar, da die

Gründungswahrscheinlichkeit im Gegensatz zur Gründungsrelevanz zukunftsorientiert ist, so dass die Studierenden im Falle einer drohenden Arbeitslosigkeit einer potenziellen zukünftigen Gründung eine höhere Wahrscheinlichkeit beimessen bzw. die Gründung als erwägenswerte Erwerbsalternative betrachten, auch wenn sie notgetrieben erfolgte. Die anderen beiden Unterschiede bezüglich signifikanter Effekte zwischen Modell 3.1(3) und Modell 3.1(1) betreffen die folgenden beiden Hemmnis-Faktoren. Demnach kann für den im Ausgangsmodell die Gründungswahrscheinlichkeit signifikant hemmenden Faktor Erwirtschaftungsrisiko in Modell 3.1(3) keine signifikante Wirkung nachgewiesen werden, während der im Ausgangsmodell nicht signifikante Faktor Kapital die Gründungswahrscheinlichkeit jetzt signifikant reduziert. Abgesehen von diesen drei Abweichungen gegenüber dem Ausgangsmodell erweisen sich die Schätzer der übrigen Regressionskoeffizienten als zuverlässig (Stock/Watson 2006: 236f.), und durch die Aufnahme der binären Variablen wird ein deutlich höherer Anteil der Varianz der Gründungswahrscheinlichkeit erklärt.

- **Erweiterung um Support-Faktoren und binäre Variablen**

Die Ergebnisse der Regression ohne Kontrollvariablen nach der Einschlussmethode im Rahmen von Modell 3.1(4) sind in Spalte (4) der Tabelle 19 aufgeführt. Dieses Modell umfasst neben den Variablen des Ausgangsmodells die drei herausgearbeiteten Gründungssupport-Faktoren sowie die beiden binären Einflussgrößen Gründungsidee und Selbständigen-Umfeld.

Durch Aufnahme der Support-Faktoren sowie der Variablen Gründungsidee und Selbständigen-Umfeld in Modell 3.1(4), das nach dem listenweisen Fallausschluss auf 2.010 Fällen basiert, erhöht sich das korrigierte Bestimmtheitsmaß gegenüber dem Ausgangsmodell um 3,9 Prozentpunkte auf 33,7 Prozent, vergleichsweise zu Modell 3.1(2) wird es um 4,7 Prozentpunkte erhöht, und gegenüber Modell 3.1(3) sinkt das korrigierte Bestimmtheitsmaß um 1,3 Prozentpunkte. Nach dem F-Test (p = 0,000) ist auch der in dieser Regressionsbeziehung angenommene Wirkungszusammenhang höchst signifikant (Backhaus/Erichson/Plinke/Weiber 2000: 24-28). Abweichend von Modell 3.1(2) mit einem sehr signifikanten positiven Effekt des Faktors Individueller Support auf den Regressanden, wird in Modell 3.1(4) für keinen der Support-Faktoren ein signifikanter Einfluss nachgewiesen. Ferner üben in Modell 3.1(4), wie auch schon in Modell 3.1(3), die Gründungsidee sowie das Selbständigen-Umfeld höchst signifikante positive Wirkungen auf die Gründungwahrscheinlichkeit aus. In Modell 3.1(4) liegen vergleichsweise zum Ausgangsmodell bei allen Einflussgrößen keine Unterschiede bei den Wirkungsrichtungen vor. Von den im Ausgangsmodell nicht signifikanten Regressionskoeffizienten ist in Modell 3.1(4) der Faktor Volkswirtschaftlicher Rahmen/F&F weiterhin nicht signifikant, der Faktor Ökonomische Notwendigkeit erhöht hingegen signifikant die Gründungswahrscheinlichkeit, und der Faktor Kapital senkt sie sehr signifikant. Zudem wird in Modell 3.1(4) für den im Ausgangsmodell den Regressanden signifikant reduzierenden Faktor Erwirtschaftungsrisiko kein signifikanter Einfluss mehr nachgewiesen. Bei den restlichen Regressoren ändern sich in Modell 3.1(4) vergleichsweise zum Ausgangsmodell die Signifikanzniveaus nicht, so dass ihre Schätzer relativ zuverlässig sind (Stock/Watson 2006: 236f.).

- **Analyse potenzieller Moderatoreffekte der Informationsquellenanzahl**

Die Ergebnisse der Regression ohne Kontrollvariablen nach der Einschlussmethode im Rahmen von Modell 3.1(5) sind in Spalte (5) der Tabelle 19 illustriert. Dieses Modell beinhaltet neben den Variablen von Modell 3.1(4) fünf Interaktionsterme, jeweils zwischen der Gründungsinformationsquellenanzahl und einer weiteren Einflussgröße, namentlich Risikohaltung, Volkswirtschaftlicher Rahmen/F&F[1158], Kapital[1159], Gründungsidee und Selbständigen-Umfeld. So wird entsprechend analysiert, ob die Informationsquellenanzahl potenzielle moderierende Effekte auf die Beziehungen zwischen den entsprechenden Regressoren und der Gründungswahrscheinlichkeit ausübt (Hair/ Black/Babin/Anderson 2006, zit. n. Gerstlberger/Knudsen/Stampe 2014: 135; Backhaus/Erichson/Plinke/Weiber 2000: 37).

1158 Ursprünglich wurde ein Interaktionsterm zwischen der Informationsquellenanzahl und dem Hemmnis „mangelnder Support von Familie und Freunden" herausgearbeitet (vgl. Kapitel 2.7.8); da dieses Hemmnis allerdings insbesondere auf den mittlerweile aufgegriffenen Faktor „Volkswirtschaftlicher Rahmen/F&F" lädt, bildet alternativ dieser den multiplikativen Term mit der Informationsquellenanzahl (vgl. hierzu auch Kapitel 4.3.1.1).

1159 Ursprünglich wurde ein Interaktionsterm zwischen der Informationsquellenanzahl und dem Hemmnis „fehlendes Eigenkapital" herausgearbeitet (vgl. Kapitel 2.7.8); da dieses Hemmnis allerdings insbesondere auf den mittlerweile aufgegriffenen Faktor „Kapital" lädt, bildet alternativ dieser den multiplikativen Term mit der Informationsquellenanzahl (vgl. hierzu auch Kapitel 4.3.1.1).

Durch das Einbeziehen der Interaktionsterme in Modell 3.1(5), das nach dem listenweisen Fallausschluss auf 2.010 Fällen basiert, reduziert sich das korrigierte Bestimmtheitsmaß gegenüber Modell 3.1(4) um 0,1 Prozentpunkte auf 33,6 Prozent. Nach dem F-Test (p = 0,000) ist der in dieser Regressionsbeziehung angenommene Wirkungszusammenhang höchst signifikant (Backhaus/Erichson/Plinke/Weiber 2000: 24-28). In der Regressionsbeziehung werden keine signifikanten Moderatoreffekte der Informationsquellenanzahl auf den Einfluss von Risikohaltung, Volkswirtschaftlicher Rahmen/F&F, Kapital, Gründungsidee sowie Selbständigen-Umfeld auf die Gründungswahrscheinlichkeit aufgedeckt. Da in Modell 3.1(5) aufgrund der Interaktionsterme keine sogenannten „Haupteffekte als identische Effekte“ (Baltes-Götz 2009: 23) der Einflussgrößen Informationsquellen, Risikohaltung, Volkswirtschaftlicher Rahmen/F&F, Kapital, Gründungsidee und Selbständigen-Umfeld vorliegen, aber sich auch die sogenannten „Haupteffekte als mittlere bedingte Effekte“ (Baltes-Götz 2009: 23) bei diesen Regressoren aufgrund der nicht vorhandenen Werte Null nicht sinnvoll interpretieren lassen (Baltes-Götz 2009: 22f.), werden lediglich die übrigen Einflussgrößen in Modell 3.1(5) betrachtet. Demnach ändern sich vergleichsweise zu Modell 3.1(4) die Wirkungsrichtungen dieser Regressoren nicht. Bei den Faktoren Materielles Macht- und Prestigestreben, Ideen- und Selbstverwirklichung, Ökonomische Notwendigkeit, Qualifikation/Idee/Partner sowie Ängstlichkeit ändern sich die Signifikanzniveaus nicht, und für die Faktoren Erwirtschaftungsrisiko, Individueller Support, Grundlagenvermittlung sowie Networking-Support werden wie in Modell 3.1(4) keine signifikanten Effekte nachgewiesen. Somit sind bei Integration der Interaktionsterme die Schätzer der nicht von den Interkationen betroffenen Regressoren reliabel (Stock/ Watson 2006: 236f.).

Schrittweise, Vorwärts- und Rückwärtsmethode

Die Ergebnisse der Modelle 3.1a, 3.1b, 3.1c und 3.1d, d.h. der Regressionen auf die Gründungswahrscheinlichkeit ohne Kontrollvariablen nach der schrittweisen Methode, inklusive Hinweise auf Gemeinsamkeiten und Unterschiede der Ergebnisse nach der Vorwärts- sowie der Rückwärtsmethode, sind im Anhang 9 aufgeführt.

4.3.4.2 Regressionsanalysen mit Kontrollvariablen

In diesem Unterabschnitt werden die Regressionen auf die Gründungswahrscheinlichkeit mit den Kontrollvariablen Alter und Geschlecht zunächst nach der Einschlussmethode beschrieben, woraufhin diese Ergebnisse denen von schrittweiser, Vorwärts- sowie Rückwärtsmethode gegenübergestellt werden. Hierbei erfolgen auch Vergleiche mit den entsprechenden Ergebnissen ohne Kontrollvariablen aus dem vorigen Unterabschnitt. Anhand der Berücksichtigung der Kontrollvariablen Alter und Geschlecht werden deren potenzielle Effekte auf die Gründungswahrscheinlichkeit aufgedeckt bzw. herausgerechnet (Stangl 2012: o. S.). Ferner werden im Rahmen der diversen Methoden jeweils abschließend weitere Kontrollvariablen nacheinander berücksichtigt.

Einschlussmethode

Tabelle 20 illustriert die Ergebnisse von Modell 3.2, d.h. fünf Regressionen auf die Gründungswahrscheinlichkeit mit Kontrollvariablen nach der Einschlussmethode, die fortan nacheinander beschrieben und dabei den entsprechenden Ergebnissen von Modell 3.1 gegenübergestellt werden.

- **Ausgangsmodell**

Die Ergebnisse der Regression mit Kontrollvariablen nach der Einschlussmethode im Rahmen des Ausgangsmodells sind in Modell 3.2(1), d.h. in Spalte (1) der Tabelle 20, dargestellt. Demnach umfasst das Ausgangsmodell dieses Unterabschnitts, neben der endogenen Variable Gründungswahrscheinlichkeit, als exogene Variablen die Anzahl der Gründungsinformationsquellen, die Risikohaltung, die drei herausgearbeiteten Gründungs-motivationalen und die fünf Gründungs-hemmenden Faktoren sowie die beiden Kontrollvariablen Alter und Geschlecht.

Durch die Variablen dieses Ausgangsmodells, das nach dem listenweisen Fallausschluss auf 2.461 Fällen basiert, werden zusammen 29,9 Prozent der Varianz der Gründungsrelevanz erklärt, also 0,1 Prozentpunkte mehr als in Modell 3.1(1). Somit führt die Aufnahme der beiden Kontrollvariablen, anders als bei Modell 1 und Modell

Tabelle 20

Regression – Modell 3.2 – Einschlussverfahren mit Kontrollvariablen

Modell 3.2 – Regressand: Gründungswahrscheinlichkeit; Einschlussmethode					
Regressor	**(1)**	**(2)**	**(3)**	**(4)**	**(5)**
Informationsquellen	9,404*** (,475)	9,122*** (,526)	7,031*** (,488)	6,891*** (,541)	5,821* (2,684)
Risikohaltung	7,541*** (,735)	7,126*** (,814)	6,295*** (,717)	5,864*** (,796)	5,717*** (1,707)
Materielles Macht- und Prestigestreben	2,405*** (,443)	2,272*** (,488)	2,223*** (,431)	2,192*** (,477)	2,173*** (,478)
Ideen- und Selbstverwirklichung	4,181*** (,459)	3,745*** (,521)	3,477*** (,448)	3,216*** (,510)	3,186*** (,512)
Ökonomische Notwendigkeit	,534 (,451)	,552 (,506)	,685 (,437)	,703 (,492)	,708 (,493)
Qualifikation/Idee/Partner	-3,463*** (,443)	-3,929*** (,491)	-2,509*** (,439)	-2,940*** (,486)	-2,984*** (,489)
Erwirtschaftungsrisiko	-,933* (,448)	-1,270* (,499)	-,665 (,435)	-,945 (,487)	-,994 (,488)
Volkswirtschaftlicher Rahmen/F&F	,198 (,432)	,131 (,476)	,078 (,420)	,077 (,464)	-,282 (1,054)
Ängstlichkeit	-2,009*** (,446)	-1,539** (,491)	-2,240*** (,435)	-1,798*** (,480)	-1,785*** (,482)
Kapital	-,812 (,441)	-1,166* (,490)	-1,009* (,429)	-1,365** (,478)	-,448 (1,100)
Individueller Support		1,429** (,508)		,958 (,496)	,991* (,497)
Grundlagenvermittlung		1,189* (,502)		,989* (,489)	1,008* (,491)
Networking-Support		,692 (,495)		,441 (,482)	,443 (,483)
Gründungsidee			13,264*** (1,037)	13,042*** (1,146)	13,941*** (2,818)
Selbständigen-Umfeld			4,851*** (,864)	4,079*** (,956)	2,300 (2,176)
Risikohaltung * Informationsquellen					,101 (,771)
Volkswirtschaftlicher Rahmen/F&F * Informationsquellen					,180 (,466)
Kapital * Informationsquellen					-,433 (,477)
Gründungsidee * Informationsquellen					-,394 (1,150)
Selbständigen-Umfeld * Informationsquellen					,892 (,993)

Modell 3.2 – Regressand: Gründungswahrscheinlichkeit; Einschlussmethode					
Alter (kategorisiert)	-1,691** (,589)	-1,912** (,659)	-2,467*** (,574)	-2,735*** (,645)	-2,742*** (,646)
Geschlecht (männlich)	,747 (1,012)	,378 (1,117)	,738 (,986)	,412 (1,090)	,347 (1,092)
Schnittpunkt	1,445 (2,773)	4,365 (3,068)	-13,332*** (2,987)	-9,128** (3,328)	-7,212 (6,113)
Gesamtstatistiken					
SER	21,540	21,629	20,607	20,759	20,775
$\bar{R}^2$	,299	,293	,355	,343	,342
p	,000	,000	,000	,000	,000
n	2461	2047	2400	1998	1998

Anmerkung: Dargestellt ist die Einschlussmethode. Standardfehler sind in Klammern unter den Koeffizienten dargestellt. Der individuelle Koeffizient ist im Rahmen eines zweiseitigen Tests statistisch signifikant bei einem *5% Niveau, **1% oder ***0,1% Signifikanzniveau. *SER* = Standardfehler; $\bar{R}^2$ = Adjustiertes Bestimmtheitsmaß; *p* = Signifikanzwert; *n* = Fälle.

Quelle: Eigene Erstellung.

2, nur zu einem minimalen Anstieg des adjustierten Bestimmtheitsmaßes. Dem F-Test (p = 0,000) zufolge ist der in der Regressionsbeziehung angenommene Wirkungszusammenhang höchst signifikant (Backhaus/Erichson/Plinke/Weiber 2000: 24-28), so dass fortan die Koeffizienten der Regressoren anhand des t-Tests hinsichtlich potenziellen signifikanten Wirkungen auf den Regressanden analysiert werden (Backhaus/ Erichson/Plinke/Weiber 2000: 29-31). Demnach steigern sowohl eine höhere Anzahl an Gründungsinformationsquellen als auch eine höhere Risikohaltung höchst signifikant die von den Studierenden angegebene Gründungswahrscheinlichkeit. Bei den Gründungsmotiven steigern die Faktoren Materielles Macht- und Prestigestreben sowie Ideen- und Selbstverwirklichung den Regressanden höchst signifikant, während für Ökonomische Notwendigkeit kein signifikanter Einfluss nachgewiesen wird. Bei den Gründungshemmnissen wird die Gründungswahrscheinlichkeit durch die Faktoren Qualifikation/Idee/Partner sowie Ängstlichkeit höchst signifikant und durch Erwirtschaftungsrisiko signifikant reduziert, wohingegen für Volkswirtschaftlicher Rahmen/ F&F sowie Kapital keine signifikanten Einflüsse aufgezeigt werden. Bei den aufgenommenen Kontrollvariablen übt ein höheres Alter eine sehr signifikante negative Wirkung auf den Regressaden aus, während für das Geschlecht kein signifikanter Effekt nachgewiesen wird. Dass ein höheres Alter in Modell 1 und Modell 2 einen positiven Effekt auf die Gründungsrelevanz ausübt, die Gründungswahrscheinlichkeit hingegen reduziert, spiegelt wider, dass ältere Studierende im Gründungsprozess zwar weiter vorangeschritten sind, jedoch tendenziell von einer potenziellen zukünftigen Gründungsrealisierung absehen. Möglicherweise entstehen oftmals erst im Laufe der fortgeschrittenen Gründungsprozesse Schwierigkeiten in der Erschließung von wichtigen Ressourcen, die die Dauer des Gründungsprozesses bei einer Fortführung des Gründungsprojektes verlängern würden, was vor allem bei älteren Studierenden ein erhöhtes Risiko darstellt, zumal sie unter stärkerem Zeitdruck hinsichtlich ihrer Erwerbstätigkeit stehen.

Die Aufnahme der beiden Kontrollvariablen in die Regressionsbeziehung ändert weder die Wirkungsrichtungen noch die Signifikanzniveaus der Regressoren, und zudem werden für die in Modell 3.1(1) nicht signifikanten Einflussgrößen auch in Modell 3.2(1) keine signifikanten Wirkungen nachgewiesen. Folglich erweisen sich die Schätzer der Regressionskoeffizienten nach Aufnahme der beiden Kontrollvariablen als robust.

- **Erweiterung um Support-Faktoren**

Die Ergebnisse der Regression mit Kontrollvariablen nach der Einschlussmethode im Rahmen von Modell 3.2(2) sind in Spalte (2) der Tabelle 20 dargestellt. Dieses Modell umfasst neben den Variablen des Ausgangsmodells mit Kontrollvariablen die drei herausgearbeiteten Gründungssupport-Faktoren.

Durch Aufnahme der Support-Faktoren in Modell 3.2(2), das nach dem listenweisen Fallausschluss auf 2.047 Fällen basiert, sinkt das korrigierte Bestimmtheitsmaß gegenüber Modell 3.2(1) um 0,6 Prozentpunkte auf 29,3 Prozent. Vergleichsweise zu Modell 3.1(2) steigt es dagegen um 0,3 Prozentpunkte, so dass die Aufnahme der beiden Kontrollvariablen den Anteil der erklärten Gesamtvarianz der Gründungswahrscheinlichkeit geringfügig steigert. Nach dem F-Test (p = 0,000) ist auch der in dieser Regressionsbeziehung angenommene Wirkungszusammenhang höchst signifikant (Backhaus/Erichson/Plinke/Weiber 2000: 24-28). Bei den Support-Faktoren erhöht Individueller Support sehr signifikant und Grundlagenvermittlung signifikant die Gründungswahrscheinlichkeit, wohingegen für Networking-Support kein signifikanter Einfluss auf den Regressanden nachgewiesen wird. Was die Einflussgrößen des Ausgangsmodells betrifft, existieren gegenüber Modell 3.2(1) keine Veränderungen bei den Wirkungsrichtungen, allerdings verschiebt sich beim Faktor Ängstlichkeit das Signifikanzniveau, so dass er in die Gründungswahrscheinlichkeit in Modell 3.2(2) sehr signifikant senkt. Von den in Modell 3.2(1) nicht signifikanten Regressoren übt Kapital in Modell 3.2(2) einen signifikanten negativen Effekt auf den Regressanden aus. Abgesehen von diesen Änderungen sind die Schätzer der übrigen Regressionskoeffizienten bei Aufnahme der Support-Faktoren in die Regressionsbeziehung zuverlässig (Stock/Watson 2006: 236f.).

Durch die Integration der Kontrollvariablen Alter und Geschlecht ändern sich gegenüber Modell 3.1(2) die Wirkungsrichtungen der anderen Einflussgrößen nicht. Beim Faktor Ängstlichkeit verringert sich gegenüber Modell 3.1(2) das Signifikanzniveau, so dass er jetzt einen sehr signifikanten negativen Einfluss auf die Gründungswahrscheinlichkeit hat, und der in Modell 3.1(2) nicht signifikante Faktor Grundlagenvermittlung erhöht nun den Regressanden signifikant. Ansonsten sind die Schätzer der Regressionskoeffizienten nach Aufnahme der beiden Kontrollvariablen robust.

- **Erweiterung um binäre Variablen**

Die Ergebnisse der Regression mit Kontrollvariablen nach der Einschlussmethode im Rahmen von Modell 3.2(3) sind in Spalte (3) der Tabelle 20 dargestellt. Dieses Modell umfasst neben den Variablen des Ausgangsmodells mit Kontrollvariablen die zwei binären Variablen Gründungsidee und Selbständigen-Umfeld.

Durch die Aufnahme der beiden binären Regressoren in Modell 3.2(3), das nach dem listenweisen Fallausschluss auf 2.400 Fällen basiert, steigt das adjustierte Bestimmtheitsmaß gegenüber Modell 3.2(1) um 5,6 Prozentpunkte auf 35,5 Prozent, was erneut ihre hohe Bedeutung für das Gesamtmodell verdeutlicht. Vergleichsweise zu Modell 3.1(3) steigt es um 0,5 Prozentpunkte, so dass die Aufnahme der beiden Kontrollvariablen zu einer Verbesserung des Gesamtmodells führt. Dem F-Test ($p = 0{,}000$) zufolge ist auch der in dieser Regressionsbeziehung angenommene Wirkungszusammenhang höchst signifikant (Backhaus/Erichson/Plinke/Weiber 2000: 24-28). Beide Variablen Gründungsidee und Selbständigen-Umfeld steigern höchst signifikant die

Gründungswahrscheinlichkeit. Was die Einflussgrößen des Ausgangsmodells betrifft, existieren gegenüber Modell 3.2(1) keine Veränderungen bei den Wirkungsrichtungen. Für den in Modell 3.2(1) den Regressanden signifikant reduzierenden Faktor Erwirtschaftungsrisiko wird in Modell 3.2(3) kein signifikanter Effekt aufgezeigt, und das in Modell 3.2(1) nicht signifikante Kapital übt nun einen signifikanten negativen Einfluss auf die Gründungswahrscheinlichkeit aus. Zudem erhöht sich gegenüber Modell 3.2(1) bei der Kontrollvariable Alter das Signifikanzniveau, so dass ältere Studierende in Modell 3.2(3) höchst signifikant eine geringere Gründungswahrscheinlichkeit aufweisen. Abgesehen von diesen Unterschieden, erweisen sich die Schätzer der übrigen Regressionskoeffizienten bei Integration der Variablen Gründungsidee und Selbständigen-Umfeld als reliabel (Stock/Watson 2006: 236f.).

Durch die Integration der Kontrollvariablen Alter und Geschlecht ändern sich gegenüber Modell 3.1(3) die Wirkungsrichtungen der anderen Regressoren nicht. Was die Signifikanz betrifft, gibt es allerdings die folgende Abweichung. So kann für den in Modell 3.1(3) die Gründungswahrscheinlichkeit signifikant erhöhenden Faktor Ökonomische Notwendigkeit in Modell 3.2(3) keine signifikante Wirkung nachgewiesen werden. Ansonsten sind die Schätzer der anderen Regressionskoeffizienten nach Aufnahme der beiden Kontrollvariablen robust.

- **Erweiterung um Support-Faktoren und binäre Variablen**

Die Ergebnisse der Regression mit Kontrollvariablen nach der Einschlussmethode im Rahmen von Modell 3.2(4) sind in Spalte (4) der Tabelle 20 dargestellt. Dieses Modell enthält neben den Variablen des Ausgangsmodells mit Kontrollvariablen die drei herausgearbeiteten Gründungssupport-Faktoren sowie die beiden binären Variablen Gründungsidee und Selbständigen-Umfeld.

Durch Aufnahme der Support-Faktoren sowie der zwei binären Variablen in Modell 3.2(4), das nach dem listenweisen Fallausschluss auf 1.998 Fällen basiert, steigt das adjustierte Bestimmtheitsmaß gegenüber Modell 3.2(1) um 4,4 Prozentpunkte auf 34,3 Prozent. Vergleichsweise zu Modell 3.1(4) steigt es um 0,6 Prozentpunkte, so dass die Aufnahme der beiden Kontrollvariablen erneut zu einer Verbesserung des Gesamtmodells führt. Nach dem F-Test (p = 0,000) ist auch der in dieser Regressionsbeziehung angenommene Wirkungszusammenhang höchst signifikant (Backhaus/Erichson/Plinke/Weiber 2000: 24-28). Bei den Support-Faktoren wird für den in Modell 3.2(2) sehr signifikant positiv wirkenden Faktor Individueller Support in Modell 3.2(4) kein signifikanter Effekt nachgewiesen, Grundlagenvermittlung erhöht weiterhin signifikant die Gründungswahrscheinlichkeit, und für Networking-Support wird erneut kein signifikanter Einfluss aufgedeckt. Beide binären Variablen Gründungsidee und Selbständigen-Umfeld erhöhen wie bereits in Modell 3.2(3) höchst signifikant den Regressanden. Bezugnehmend auf die Einflussgrößen des Ausgangsmodells sind in Modell 3.2(4) die Wirkungsrichtungen der Regressoren identisch mit denen in Modell 3.2(1). Allerdings wird für den in Modell 3.2(1) die Gründungswahrscheinlichkeit signifikant reduzierenden Faktor Erwirtschaftungsrisiko in Modell 3.2(4) keine signifikante Wirkung nachgewiesen, und der in Modell 3.2(1) nicht signifikante Faktor Kapital übt jetzt eine sehr signifikante negative Wirkung auf den Regressanden aus. Zudem liegt bei der Kontrollvariable Alter gegenüber Modell 3.2(1) eine Verschiebung im Signifikanzniveau vor, so dass in Modell 3.2(4) ältere Studierende höchst signifikant eine geringere Gründungswahrscheinlichkeit angeben. Abgesehen von diesen Unterschieden existieren keine relevanten Abweichungen, so dass die Schätzer der meisten Regressionskoeffizienten bei Integration der Support-Faktoren sowie der binären Variablen reliabel sind (Stock/Watson 2006: 236f.).

Durch die Berücksichtigung der Kontrollvariablen Alter und Geschlecht ändern sich vergleichsweise zu Modell 3.1(4) die Wirkungsrichtungen der anderen Regressoren nicht. Jedoch gibt es bei den zwei folgenden Faktoren relevante Änderungen gegenüber Modell 3.1(4). So wird für den in Modell 3.1(4) den Regressanden noch signifikant erhöhenden Faktor Ökonomische Notwendigkeit in Modell 3.2(4) kein signifikanter Effekt nachgewiesen, und die in Modell 3.1(4) nicht signifikante Grundlagenvermittlung erhöht in Modell 3.2(4) signifikant die Gründungswahrscheinlichkeit. Abgesehen von diesen beiden Abweichungen von Modell 3.1(4) sind die Schätzer der anderen Regressionskoeffizienten nach Aufnahme der beiden Kontrollvariablen robust.

- **Analyse potenzieller Moderatoreffekte der Informationsquellenanzahl**

Die Ergebnisse der Regression mit Kontrollvariablen nach der Einschlussmethode im Rahmen von Modell 3.2(5) sind in Spalte (5) der Tabelle 20 aufgeführt. Dieses Modell umfasst neben den Variablen von Modell 3.2(4) fünf Interaktionsterme, jeweils zwischen der Gründungsinformationsquellenanzahl und einer weiteren Einflussgröße, namentlich Risikohaltung, Volkswirtschaftlicher Rahmen/F&F, Kapital, Gründungsidee und Selbständigen-Umfeld. Dadurch wird analysiert, ob die Informationsquellenanzahl gegebenenfalls Moderatoreffekte auf die Beziehungen zwischen den genannten Regressoren und der Gründungswahrscheinlichkeit ausübt (Hair/Black/Babin/Anderson 2006, zit. n. Gerstlberger/Knudsen/Stampe 2014: 135; Backhaus/Erichson/Plinke/Weiber 2000: 37).

Durch das Einbeziehen der Interaktionsterme in Modell 3.2(5), das nach dem listenweisen Fallausschluss auf 1.998 Fällen basiert, reduziert sich das adjustierte Bestimmtheitsmaß gegenüber Modell 3.2(4) um 0,1 Prozentpunkte auf 34.2 Prozent, und vergleichsweise zu Modell 3.1(5) ist es um 0,6 Prozentpunkte höher. Nach dem F-Test (p = 0,000) ist auch der in dieser Regressionsbeziehung angenommene Wirkungszusammenhang höchst signifikant (Backhaus/Erichson/Plinke/Weiber 2000: 24-28). Laut den Ergebnissen werden keine signifikanten Moderatoreffekte der Informationsquellenanzahl auf den Einfluss von Risikohaltung, Volkswirtschaftlicher Rahmen/F&F, Kapital, Gründungsidee sowie Selbständigen-Umfeld auf die Gründungswahrscheinlichkeit nachgewiesen. Auch in Modell 3.2(5) existieren aufgrund der Interaktionsterme keine sogenannten „Haupteffekte als identische Effekte“ (Baltes-Götz 2009: 23) der Einflussgrößen Informationsquellen, Risikohaltung, Volkswirtschaftlicher Rahmen/F&F, Kapital, Gründungsidee und Selbständigen-Umfeld. Aber auch die sogenannten „Haupteffekte als mittlere bedingte Effekte“ (Baltes-Götz 2009: 23) lassen sich bei diesen Regressoren nicht sinnvoll interpretieren, da die Regressoren nicht den Wert Null annehmen (Baltes-Götz 2009: 22f.). Folglich beschränkt sich die Analyse von Modell 3.2(5) auf die restlichen Einflussgrößen. Demnach sind vergleichsweise zu Modell 3.2(4) die Wirkungsrichtungen dieser Regressoren identisch, und es existiert lediglich eine Abweichung was die Signifikanz betrifft. So erhöht der in Modell 3.2(4) nicht signifikante Faktor Individueller Support in Modell 3.2(5) die Gründungswahrscheinlichkeit signifikant. Die Schätzer der übrigen, nicht von den Interaktionen mit der Informationsquellenanzahl betroffenen Regressoren sind reliabel (Stock/Watson 2006: 236f.).

Durch die Aufnahme der zwei Kontrollvariablen Alter und Geschlecht existieren gegenüber Modell 3.1(5) keine Unterschiede bei den Wirkungsrichtungen der Regressoren. Allerdings existieren die drei folgenden relevanten Unterschiede. So wird für den in Modell 3.1(5) signifikant positiv auf den Regressanden wirkenden Faktor Ökonomische Notwendigkeit in Modell 3.2(5) kein signifikanter Effekt nachgewiesen. Ferner erhöhen in Modell 3.2(5) die beiden in Modell 3.1(5) nicht signifikanten Regressoren Individueller Support und Grundlagenvermittlung die Gründungswahrscheinlichkeit jeweils signifikant. Die Schätzer der restlichen Regressionskoeffizienten erweisen sich nach Integration der beiden Kontrollvariablen gegenüber Modell 3.1(5) als robust.

- **Analyse weiterer Kontrollvariablen**

Nach der Analyse der Kontrollvariablen Alter und Geschlecht folgt die Berücksichtigung der weiteren Kontrollvariablen Ingenieurwissenschaften sowie Informatik, Jahr/Semester (Zeitverlauf), Semestergruppe, Weiterführendes Studium, Fernstudium und Universität. Da nicht zu viele Einflüsse gleichzeitig getestet werden sollen, um nicht die externe Validität einzuschränken (Stangl 2012: o. S.), erfolgen getrennte Überprüfungen (mit Ausnahme von Ingenieurwissenschaften und Informatik, die nicht zu hoch miteinander korrelieren und folglich zusammen integriert werden können, um so potenzielle Einflüsse aller drei untersuchten Fachrichtungen zu testen). Die Kontrollvariablen Alter und Geschlecht verbleiben hierbei in den Modellen, sofern sie keine Korrelationen mit anderen Kontrollvariablen aufweisen, die über dem weiter oben zugrunde gelegten Grenzwert liegen. Dies ist der Fall zwischen Alter und Semestergruppe, Weiterführendes Studium sowie Fernstudium (vgl. hierzu auch Tabelle A-2 und Tabelle A-3 im Anhang 4).

Die Regression mit den Variablen aus Modell 3.2(4) sowie den weiteren Kontrollvariablen Ingenieurwissenschaften und Informatik nach der Einschlussmethode basiert nach dem listenweisen Fallausschluss auf 1.998 Fällen und weist ein korrigiertes Bestimmtheitsmaß von 34,8 Prozent auf. Vergleichsweise zu Modell 3.2(4) ist es um 0,5 Prozentpunkte höher. Nach dem F-Test ($p = 0{,}000$) ist auch der in dieser Regressionsbeziehung angenommene Wirkungszusammenhang höchst signifikant (Backhaus/ Erichson/Plinke/Weiber 2000: 24-28). Während für die Ingenieurwissenschaften kein signifikanter Einfluss aufgezeigt wird, hat die Informatik einen höchst signifikanten positiven Effekt auf den Regressanden. Im Vergleich zu den Studierenden der Betriebswirtschaftslehre – die hier als Vergleichsbasis gegenüber den anderen beiden Fachrichtungen fungieren (Brosius 2011: 582) – ist für Studierende der Informatik somit die Gründung höchst signifikant wahrscheinlicher. Zwar wurden im Rahmen von Modell 1 und Modell 2 keine signifikanten Unterschiede hinsichtlich der Gründungsrelevanz zwischen diesen beiden Fachrichtungen festgestellt, allerdings bezieht sich die Gründungswahrscheinlichkeit auf eine potenzielle zukünftige Gründung. Folglich erscheint den Studierenden der Informatik eine eigene Gründung, wenn auch erst nach dem Studium, wahrscheinlicher als den Studierenden der Betriebswirtschaftslehre. Dies erscheint nicht überraschend, zumal der GUESSS-Länderbericht Deutschland für Studierende der Informatik gegenüber Studierenden der Betriebswirtschaftslehre (als auch des Ingenieurwesens) neben einer höheren Gründungsquote ebenfalls eine höhere Gründungsabsicht ausweist (Bergmann 2014: 5f., 12f.).[1160] Demgegenüber werden zwischen Studierenden der Ingenieurwissenschaften und denen der Betriebswirtschaftslehre keine signifikanten Unterschiede hinsichtlich der Gründungswahrscheinlichkeit nachgewiesen, wohingegen im Rahmen von Modell 1 und Modell 2 eine signifikant geringere Gründungsrelevanz für Studierende der Ingenieurwissenschaften gegenüber denen der Betriebswirtschaftslehre ausgewiesen wird (vgl. hierzu Kapitel 4.3.1.2 und Kapitel 4.3.2.2). Daraus lässt sich folgern, dass sich die Studierenden der Ingenieurwissenschaften zwar während des Studiums normalerweise in früheren Phasen des Gründungsprozesses befinden als Studierende der Betriebswirtschaftslehre, eine potenzielle zukünftige Gründung im Vergleich jedoch nicht signifikant unwahrscheinlicher betrachten. Vergleichsweise zu Modell 3.2(4) sind die Wirkungsrichtungen der signifikanten Regressoren identisch, und bei den

[1160] „Studierende der Informatik verfügen vermutlich über Kenntnisse und Fähigkeiten, die sich gut für eine eigene unternehmerische Tätigkeit eignen, wie beispielsweise Programmier- oder EDV-Dienstleistungen" (Bergmann 2014: 5).

Signifikanzniveaus existiert nur die folgende Abweichung. Demnach erhöht der Faktor Grundlagenvermittlung jetzt sehr signifikant die Gründungswahrscheinlichkeit. Ansonsten existieren keine relevanten Unterschiede zu Modell 3.2(4), so dass die Schätzer der übrigen Regressionskoeffizienten bei Integration der Kontrollvariablen Ingenieurwissenschaften und Informatik reliabel sind (Stock/Watson 2006: 236f.).

Die Regression mit den Variablen aus Modell 3.2(4) sowie der weiteren Kontrollvariable Jahr/Semester (Zeitverlauf) nach der Einschlussmethode basiert nach dem listenweisen Fallausschluss auf 1.998 Fällen und weist wie in Modell 3.2(4) ein adjustiertes Bestimmtheitsmaß von 34,3 Prozent auf. Nach dem F-Test (p = 0,000) ist auch der in dieser Regressionsbeziehung angenommene Wirkungszusammenhang höchst signifikant (Backhaus/Erichson/Plinke/Weiber 2000: 24-28). Für Jahr/Semester wird kein signifikanter Einfluss aufgezeigt, d.h. es liegen im Zeitverlauf keine signifikanten Unterschiede hinsichtlich der Gründungswahrscheinlichkeit vor. Was die anderen Einflussgrößen betrifft, existieren gegenüber den Regressoren in Modell 3.2(4) keine Abweichungen bei den Wirkungsrichtungen und den Signifikanzniveaus. Somit sind die Schätzer aller Regressionskoeffizienten bei Aufnahme der Kontrollvariablen Jahr/Semester zuverlässig (Stock/Watson 2006: 236f.).

Die Regression mit den Variablen aus Modell 3.2(4) sowie der weiteren Kontrollvariable Semestergruppe – aber aufgrund der Korrelation exklusive der Kontrollvariable Alter – nach der Einschlussmethode basiert nach dem listenweisen Fallausschluss auf 2.001 Fällen und weist ein adjustiertes Bestimmtheitsmaß von 34,9 Prozent auf. Vergleichsweise zu Modell 3.2(4) ist es um 0,6 Prozentpunkte höher. Nach dem F-Test (p = 0,000) ist auch der in dieser Regressionsbeziehung angenommene Wirkungszusammenhang höchst signifikant (Backhaus/Erichson/Plinke/Weiber 2000: 24-28). Für die Kontrollvariable Semestergruppe wird ein höchst signifikanter negativer Effekt auf den Regressanden aufgezeigt. Demzufolge ist für Studierende aus höheren Semestergruppen die Gründung höchst signifikant unwahrscheinlicher als für Studierende aus niedrigeren Semestergruppen. Gegensätzlich hierzu weist Modell 2 für die Semestergruppe einen signifikanten positiven Einfluss auf die Gründungsrelevanz aus. Dieser Unterschied könnte darin liegen, dass sich Studierende in höheren Semestern zwar öfters als Studierende aus niedrigen Semestergruppen in fortgeschrittenen Phasen des

Gründungsprozesses befinden, hierbei möglicherweise vermehrt mit den hohen Herausforderungen der selbständigen Erwerbstätigkeit konfrontiert werden, infolgedessen mehr dazu tendieren, von der Gründungsrealisation abzusehen und schließlich eine geringere Gründungswahrscheinlichkeit angeben. Bei den anderen Einflussgrößen, existieren gegenüber Modell 3.2(4) bei den signifikanten Regressoren keine Abweichungen bei den Wirkungsrichtungen, und was die Signifikanz betrifft, liegt nur der folgende Unterschied vor. Demnach reduziert der in Modell 3.2(4) nicht signifikante Faktor Erwirtschaftungsrisiko jetzt signifikant die Gründungswahrscheinlichkeit. Bis auf diese Ausnahme sind die Schätzer der übrigen Regressionskoeffizienten bei Berücksichtigung der Kontrollvariablen Semestergruppe reliabel (Stock/Watson 2006: 236f.).

Die Regression mit den Variablen aus Modell 3.2(4) sowie der weiteren Kontrollvariable Weiterführendes Studium – aber aufgrund der Korrelation exklusive der Kontrollvariable Alter – nach der Einschlussmethode basiert nach dem listenweisen Fallausschluss auf 2.001 Fällen und weist mit 34,4 Prozent ein um 0,1 Prozentpunkte höheres korrigiertes Bestimmtheitsmaß auf als Modell 3.2(4). Nach dem F-Test (p = 0,000) ist auch der in dieser Regressionsbeziehung angenommene Wirkungszusammenhang höchst signifikant (Backhaus/Erichson/Plinke/Weiber 2000: 24-28). Für die Kontrollvariable Weiterführendes Studium wird ein höchst signifikanter negativer Einfluss aufgezeigt, d.h. für Studierende in weiterführenden Studiengängen ist die Gründung höchst signifikant unwahrscheinlicher als für Studierende in grundständigen Studiengängen. Demgegenüber weisen Modell 1 und Modell 2 für diese Kontrollvariable einen (sehr) signifikanten positiven Effekt auf die Gründungsrelevanz aus. Ursächlich für diesen Unterschied könnte sein, dass die normalerweise höhere Berufserfahrung von Studierenden im weiterführenden Studium zwar in positivem Zusammenhang mit (aktuellen) Gründungsaktivitäten steht (Bhidé 2000, zit. n. Harms/Kraus/Schwarz 2009: 36; Lin/Picot/Compton 2000: 118, zit. n. Kaden 2007: 17; Lin/Picot/Yates 1999: 12), diese Studierenden jedoch aufgrund ihrer Kompetenzerweiterung innerhalb eines weiterführenden Studiums erhöhte Karrierechancen bzw. Verdienstmöglichkeiten im Rahmen von abhängigen Beschäftigungsverhältnissen nach ihrem Studienabschluss erwarten können (Goux/Maurin 1994: 171), und dadurch für sie ein geringerer Anreiz zu einer (zukünftigen) selbständigen Erwerbstätigkeit besteht (Kaden 2007: 17; Laferrère/ McEntee 1999: 8; Laferrère/McEntee 1995: 47), so dass sie ihre Gründungswahrscheinlichkeit höchst signifikant geringer einschätzen als Studierende im grundständigen Studium. Bei den anderen Einflussgrößen existieren gegenüber Modell 3.2(4) keine Abweichungen bei den Wirkungsrichtungen der signifikanten Regressoren, und was die Signifikanz betrifft, liegt nur der folgende Unterschied vor. So reduziert der in Modell 3.2(4) nicht signifikante Faktor Erwirtschaftungsrisiko jetzt signifikant die Gründungswahrscheinlichkeit. Abgesehen von dieser Abweichung sind die Schätzer der Regressionskoeffizienten bei Aufnahme der Kontrollvariablen Weiterführendes Studium reliabel (Stock/Watson 2006: 236f.).

Die Regression mit den Variablen aus Modell 3.2(4) sowie der weiteren Kontrollvariable Fernstudium – aber aufgrund der Korrelation exklusive der Kontrollvariable Alter – nach der Einschlussmethode basiert nach dem listenweisen Fallausschluss auf 2.001 Fällen und weist gegenüber Modell 3.2(4) ein um 0,3 Prozentpunkte höheres adjustiertes Bestimmtheitsmaß von 34,6 Prozent auf. Nach dem F-Test (p = 0,000) ist auch der in dieser Regressionsbeziehung angenommene Wirkungszusammenhang höchst signifikant (Backhaus/Erichson/Plinke/Weiber 2000: 24-28). Für die Kontrollvariable Fernstudium wird ein höchst signifikanter negativer Einfluss aufgezeigt, d.h. Studierende aus Fernstudiengängen geben höchst signifikant eine geringere Gründungswahrscheinlichkeit an als Studierende aus Präsenzstudiengängen. Dies könnte darauf zurückzuführen sein, dass Studierende im Fernstudium gegenüber Studierenden im Präsenzstudium möglicherweise häufiger bereits berufstätig sind (allerdings nicht signifikant häufiger bzw. seltener Gründer oder Gründungsvorbereiter, wie sich aus Modell 1 und Modell 2 folgern lässt) und das Studium tendenziell zwecks Verbesserung ihrer Karrierechancen im Rahmen von abhängigen Beschäftigungsverhältnissen aufnehmen, anstelle sich für eine potenzielle zukünftige Gründung Kompetenzen anzueignen. Bei den anderen Einflussgrößen existieren gegenüber Modell 3.2(4) bei den signifikanten Regressoren keine Abweichungen bei den Wirkungsrichtungen, und was die Signifikanz betrifft, liegen nur die folgenden beiden Unterschiede vor. Demnach reduziert der in Modell 3.2(4) nicht signifikante Faktor Erwirtschaftungsrisiko jetzt signifikant die Gründungswahrscheinlichkeit. Und beim Faktor Kapital erhöht sich gegenüber Modell

3.2(4) das Signifikanzniveau, so dass er jetzt den Regressanden höchst signifikant senkt. Bis auf diese beiden Ausnahmen sind die Schätzer der übrigen Regressionskoeffizienten bei Berücksichtigung der Kontrollvariablen Fernstudium zuverlässig (Stock/ Watson 2006: 236f.).

Die Regression mit den Variablen aus Modell 3.2(4) sowie der weiteren Kontrollvariable Universität nach der Einschlussmethode basiert nach dem listenweisen Fallausschluss auf 1.998 Fällen und weist wie Modell 3.2(4) ein korrigiertes Bestimmtheitsmaß von 34,3 Prozent auf. Nach dem F-Test (p = 0,000) ist auch der in dieser Regressionsbeziehung angenommene Wirkungszusammenhang höchst signifikant (Backhaus/ Erichson/Plinke/Weiber 2000: 24-28). Für die Kontrollvariable Universität wird kein signifikanter Einfluss auf den Regressanden aufgezeigt, d.h. für Studierende an der Universität ist die Gründung nicht signifikant wahrscheinlicher bzw. unwahrscheinlicher als für Studierende an nicht universitären Hochschulen. Bei den anderen Regressoren existieren gegenüber Modell 3.2(4) keine Abweichungen bei den Wirkungsrichtungen, und was die Signifikanz betrifft, existiert lediglich die folgende Abweichung. So erhöht der in Modell 3.2(4) nicht signifikante Faktor Individueller Support nun signifikant die Gründungswahrscheinlichkeit. Abgesehen von dieser Abweichung sind die übrigen Schätzer der Regressionskoeffizienten bei Berücksichtigung der Kontrollvariablen Universität reliabel (Stock/Watson 2006: 236f.).

Schrittweise, Vorwärts- und Rückwärtsmethode

Die Ergebnisse der Modelle 3.2a, 3.2b, 3.2c und 3.2d, d.h. der Regressionen auf die Gründungswahrscheinlichkeit mit den Kontrollvariablen Alter und Geschlecht – sowie die Ergebnisse im Rahmen der weiteren Kontrollvariablen – nach der schrittweisen Methode, inklusive Hinweise auf Gemeinsamkeiten und Unterschiede der Ergebnisse nach der Vorwärts- sowie der Rückwärtsmethode, sind im Anhang 10 aufgeführt.

4.3.4.3 Arbeitsmodell nach Ergebnissen von Modell 3

In Abbildung 5 sind in das in der vorliegenden Arbeit herausgearbeitete Arbeitsmodell im Rahmen der durchgezogenen Linien die Ergebnisse nach Modell 3.2(4) aufgezeigt; hierbei sind entsprechend die Signifikanzniveaus und im Falle signifikanter Effekte die

Abbildung 5

Arbeitsmodell nach Ergebnissen von Modell 3

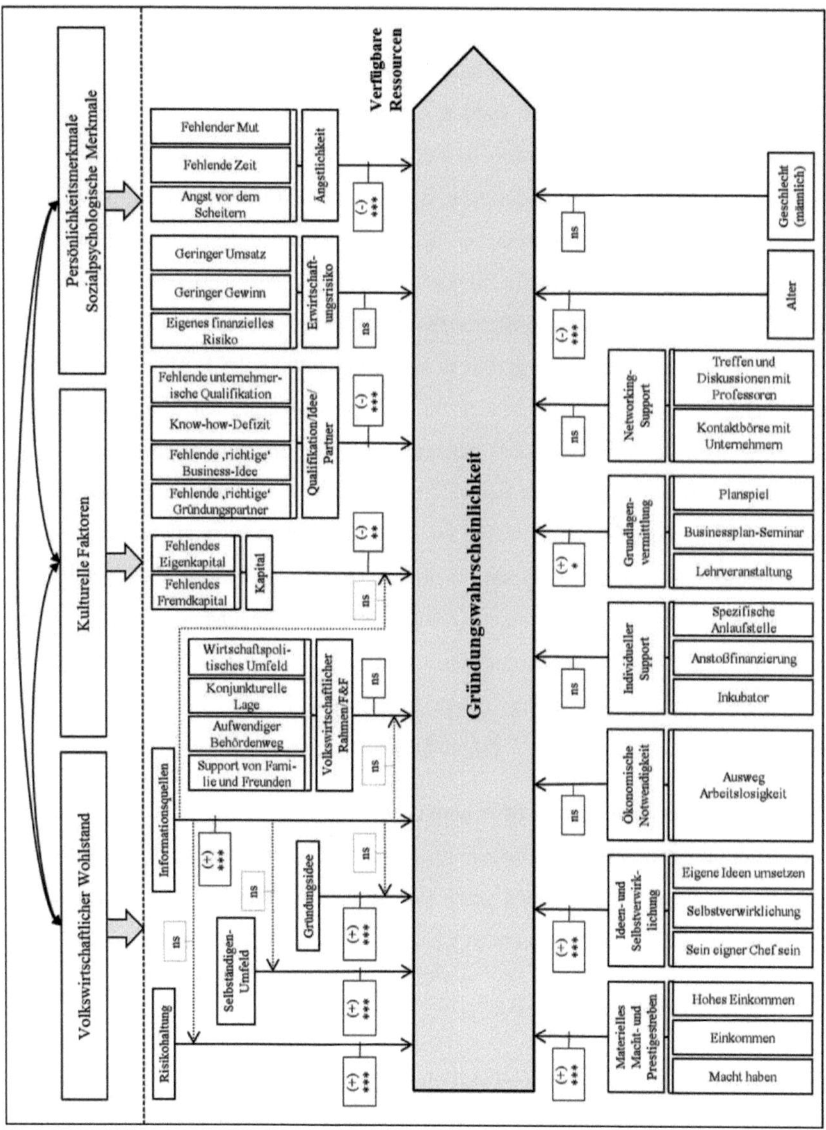

Wirkungsrichtungen der Regressoren aufgeführt. Darüber hinaus finden sich im Rahmen der gestrichelten Linien die Ergebnisse von Modell 3.2(5) bzgl. der Interaktionseffekte wieder, wobei die Ergebnisse bzgl. der anderen Variablen unberücksichtigt bleiben, zumal sich die durchgezogenen Linien auf die Ergebnisse des Modells 3.2(4) beziehen. Im Zusammenhang der Interaktionseffekte ist zudem illustriert, dass keine signifikanten Effekte aufgedeckt werden konnten. Dass im Rahmen der durchgezogenen Linien die Ergebnisse des Modells 3.2(4) und nicht diejenigen des Modells 3.2(5) aufgezeigt werden, liegt darin begründet, dass im Rahmen von Modell 3.2(5) aufgrund der integrierten Interaktionsterme bei den entsprechenden Einflussgrößen ohnehin keine „Haupteffekte als identische Effekte" (Baltes-Götz 2009: 23) existieren, und sich zudem die „Haupteffekte als mittlere bedingte Effekte" (Baltes-Götz 2009: 23) nicht sinnvoll interpretieren lassen (vgl. hierzu Baltes-Götz 2009: 22f.). Abbildung 5 veranschaulicht somit neben den in Modell 3.2(5) separat überprüften Moderatoreffekten die Ergebnisse des Modells 3.2(4), das exklusive der Interaktionsterme und einiger Kontrollvariablen ansonsten alle Bereiche des in der vorliegenden Arbeit entwickelten Arbeitsmodells berücksichtigt, wobei im Falle von Gründungsmotiven, Gründungshemmnissen und Gründungssupport anstelle der einzelnen herausgearbeiteten Variablen jeweils auf die durch Faktorenanalysen generierten Komponenten zurückgegriffen wurde (vgl. hierzu z.B. Ucbasaran/Westhead/Wright 2008: 161); im Rahmen dieser Vorgehensweise waren allerdings einige wenige Variablen auszuschließen, weshalb sie ebenfalls nicht in Abbildung 5 aufgeführt sind.

Da die entsprechenden Ergebnisse bereits im vorhergehenden Unterabschnitt, mit Verweisen auf den ersten Unterabschnitt, erläutert wurden, wird an dieser Stelle auf eine wiederholende Beschreibung verzichtet, so dass Abbildung 5 vielmehr einen illustrierenden und zusammenfassenden Charakter beinhaltet.

4.3.5 Zwischenfazit

Im Rahmen der Gegenüberstellung von Modell 1 und Modell 2 wurde bereits verdeutlicht, dass es aufgrund hoher Übereinstimmungen in und lediglich geringfügiger Abweichungen zwischen den Varianten dieser beiden Modelle sinnvoll erscheint, die Gründungsrelevanztypen Gründungsvorbereiter und Gründer getrennt zu untersuchen, zumal dadurch differenziertere Analysen möglich werden, die zu profunderen Schlussfolgerungen über eine zielgruppenorientierte Gründungsunterstützung an Hochschulen führen können.

Den Ergebnissen zufolge beeinflussen ein intensiverer Gründungsinformationszugang im Sinne einer höheren Anzahl an aufgegriffenen Gründungsinformationsquellen, eine höhere Risikoneigung sowie – sofern berücksichtigt – das Vorhandensein einer Gründungidee in allen Modellvarianten höchst signifikant positiv die Gründungsrelevanz der Studierenden als auch die von diesen eingeschätzte Gründungswahrscheinlichkeit. Aber auch das Vorhandensein von beruflich Selbständigen im privaten Umfeld erhöht die Gründungsrelevanz mindestens sehr signifikant (nach Modell 1 stets höchst signifikant) und die Gründungswahrscheinlichkeit durchgängig höchst signifikant. Durch die Integration der beiden binären Variablen Gründungsidee und Selbständigen-Umfeld wird in allen Modellen ein höherer Anteil der Varianz der Gründungsrelevanz bzw. der Gründungswahrscheinlichkeit erklärt, so dass diesen beiden Einflussgrößen im Rahmen von Analysen des studentischen Gründungsprozesses ebenfalls eine fundamentale Bedeutung beizumessen ist.

Was die Gründungsmotive betrifft, wird für den Faktor Materielles Macht- und Prestigestreben zwar kein signifikanter Einfluss auf die Gründungsrelevanz der Studierenden nachgewiesen, allerdings erhöht er stets höchst signifikant die von diesen eingeschätzte Gründungswahrscheinlichkeit. Das bedeutet, dass sich zwar auch Studierende ohne ausgeprägte Gründungsmotive in den Bereichen Einkommen, Macht und Ansehen in fortgeschrittenen Phasen des Gründungsprozesses befinden, allerdings normalerweise gerade diejenigen mehr zur zukünftigen Unternehmensgründung tendieren, denen diese Gründungsmotive wichtiger sind. Der Faktor Ideen- und Selbstverwirklichung steigert in allen Modellvarianten die Gründungsrelevanz mindestens signifikant und die Gründungswahrscheinlichkeit durchgängig höchst signifikant. Höher ausgeprägte Gründungsmotive in den Bereichen Ideenumsetzung, Selbstverwirklichung und Autonomie sind folglich insbesondere für eine zukünftige Gründungsrealisation entscheidend, jedoch sind sie normalerweise auch bei denjenigen Studierenden stärker vorhanden, die sich bereits intensiver mit der Gründung auseinandergesetzt haben. Für den Faktor Ökonomische Notwendigkeit werden in den Varianten von Modell 1 und

Modell 2 entweder keine signifikanten oder (sehr) signifikante (mit wenigen Ausnahmen auch höchst signifikante) negative Wirkungen auf die Gründungsrelevanz aufgezeigt. Demgegenüber wird bei fast allen Varianten von Modell 3 kein signifikanter Einfluss des Notgründungsmotivs auf die Gründungswahrscheinlichkeit nachgewiesen; der bei drei Modellvarianten existierende signifikante positive Effekt verschwindet bei Berücksichtigung der Kontrollvariablen. Wenn auch nur teilweise signifikante Wirkungen nachgewiesen werden, ist die unterschiedliche Wirkungsrichtung des notgetriebenen Gründungsmotivs auf Gründungsrelevanz und Gründungswahrscheinlichkeit auffallend, was möglicherweise wie folgt interpretiert werden kann. Studierende, die eine drohende Arbeitslosigkeit als überdurchschnittlich problematisch bewerten, sehen normalerweise auch größere Herausforderungen in einer selbständigen Erwerbstätigkeit, insbesondere wenn sie nicht chancengetrieben ist, und bereiten während des Studiums tendenziell weder eine notgetriebene Gründung vor, noch haben sie bereits aus der Not heraus gegründet. Im Unterschied zur Gründungsrelevanz ist die Gründungswahrscheinlichkeit zukunftsorientiert, so dass die Studierenden im Falle einer – insbesondere nach dem Studium – drohenden Arbeitslosigkeit vermehrt eine potenzielle Gründung aus der Not heraus erwägen. Aufgrund der schwankenden Ergebnisse hinsichtlich der Signifikanz sollte die Fragestellung nach dem Einfluss des Notgründungsmotivs auf Gründungsrelevanz bzw. Gründungswahrscheinlichkeit bei Studierenden im Rahmen weiterer Forschungsaktivitäten besonders fokussiert werden.

Bei den Gründungshemmnissen reduziert der Faktor Qualifikation/Idee/Partner, je nach Modellvariante, mindestens sehr signifikant die Gründungsrelevanz und durchgängig höchst signifikant die Gründungswahrscheinlichkeit. Somit befinden sich Studierende, bei denen fehlende unternehmerische Qualifikationen, Know-how-Defizite, fehlende adäquate Business-Ideen und fehlende geeignete Gründungspartner die Gründung stärker hemmen, normalerweise in früheren Phasen des Gründungsprozesses und tendieren weniger zur potenziellen zukünftigen Gründung. Für den Hemmnis-Faktor Erwirtschaftungsrisiko wird im Rahmen von Modell 1 und Modell 2 zwar kein signifikanter Einfluss auf die Gründungsrelevanz aufgedeckt, jedoch in einigen Varianten von Modell 3 ein signifikanter negativer Effekt auf die Gründungswahrscheinlichkeit. Wenn Studierende geringen Umsatz, geringen Gewinn sowie eigenes finanzielles Risiko als höhere Gründungsbarrieren bewerten, beeinflusst dies zwar nicht signifikant ihre potenziellen Fortschritte im Gründungsprozess, allerdings reduziert sich dadurch, zumindest laut einigen Modellvarianten, die Gründungswahrscheinlichkeit signifikant, so dass ein höher eingeschätztes Erwirtschaftungsrisiko die zukünftige Gründungsrealisation tendenziell hemmt. Für den Faktor Volkswirtschaftliches Risiko/ F&F werden weder auf die Gründungsrelevanz noch auf die Gründungswahrscheinlichkeit signifikante Wirkungen nachgewiesen, so dass eine gründungshemmende Beurteilung in den Bereichen wirtschaftspolitisches Umfeld, konjunkturelle Lage, behördlicher Aufwand sowie Support von Familie und Freunden für aktuelle Gründungsaktivitäten sowie für potenzielle zukünftige Unternehmensgründungen der Studierenden scheinbar eine untergeordnete Rolle spielen. Für den Faktor Ängstlichkeit wird in keiner Variante von Modell 1 und Modell 2 ein signifikanter Einfluss aufgedeckt, während er in jeder Variante von Modell 3 einen höchst signifikanten negativen Effekt auf den Regressanden ausübt. Folglich beeinflusst die Bewertung von fehlendem Mut, fehlender Zeit sowie Angst vor dem Scheitern als höhere Gründungshemmnisse nicht signifikant die Gründungsrelevanz, reduziert hingegen offensichtlich die Gründungswahrscheinlichkeit der Studierenden. Der Faktor Kapital reduziert den Regressanden in den meisten Varianten von Modell 1 signifikant, in den Varianten von Modell 2, abgesehen von einer Ausnahme, mindestens sehr signifikant und in den meisten Varianten von Modell 3 mindestens signifikant. Demzufolge befinden sich Studierende, die fehlendes Eigenkapital und/oder fehlendes Fremdkapital als höhere Gründungsschwierigkeiten beurteilen, tendenziell in früheren Phasen des Gründungsprozesses und schätzen ihre Gründungswahrscheinlichkeit normalerweise geringer ein.

Was den Gründungssupport betrifft, liegen zwischen dem Faktor Individueller Support und der Gründungsrelevanz sowie der Gründungswahrscheinlichkeit mindestens signifikante positive Wirkungszusammenhänge vor, wenn die Variablen Gründungsidee und Selbständigen-Umfeld nicht integriert werden. Werden sie jedoch berücksichtigt, kann hingegen ein signifikanter Effekt dieses auf dem Gründungssupport Spezifische Anlaufstelle, Anstoßfinanzierung sowie Inkubator basierenden Faktors weder auf die Gründungsrelevanz noch auf die Gründungswahrscheinlichkeit nachgewiesen werden. Folglich ist der Faktor Individueller Support zwar nicht sonderlich robust gegenüber der entsprechenden Modellerweiterung, dennoch wird für ihn zumindest teilweise ein positiver Zusammenhang mit der Gründungsrelevanz sowie der Gründungswahrscheinlichkeit aufgedeckt; diesbezüglich erscheinen weitere Forschungsaktivitäten angebracht. Der Faktor Grundlagenvermittlung übt in Modell 1 und in den Varianten von Modell 2 ohne Kontrollvariablen einen mindestens signifikanten Einfluss auf die Gründungsrelevanz aus. Werden allerdings in Modell 2 die Kontrollvariablen Alter und Geschlecht berücksichtigt, wird kein signifikanter Effekt der Grundlagenvermittlung auf die Gründungsrelevanz aufgezeigt. In Modell 3 zeigt sich tendenziell ein umgekehrtes Bild. Werden die Kontrollvariablen berücksichtigt, existiert oftmals ein signifikanter positiver Wirkungszusammenhang zwischen Grundlagenvermittlung und Gründungswahrscheinlichkeit, wohingegen die Varianten ohne Kontrollvariablen zumeist keinen signifikanten Einfluss nachweisen. Somit ist der insbesondere auf dem Gründungssupport Planspiel, Businessplan-Seminar und Lehrveranstaltung basierende Faktor in Modell 2 und Modell 3 nicht robust, wenn die Kontrollvariablen berücksichtigt werden; nichtsdestotrotz lässt sich grundsätzlich ein positiver Zusammenhang zwischen der Grundlagenvermittlung und der Gründungsrelevanz sowie der Gründungswahrscheinlichkeit annehmen. Der Faktor Networking-Support steht in Modell 1 und Modell 2 insbesondere bei den Varianten mit den beiden binären Variablen Gründungsidee und Selbständigen-Umfeld in einem mindestens signifikant negativen Wirkungszusammenhang mit der Gründungsrelevanz. Diese Wirkungsrichtung könnte dadurch bedingt sein, dass Treffen und Diskussionen mit Professoren sowie Kontaktbörsen mit Unternehmern ein Voranschreiten der Studierenden im Gründungsprozess möglicherweise bremsen, indem sie vielmehr existierende Herausforderungen einer Gründung offenlegen als lediglich zur Gründung zu ermutigen. Werden die beiden binären Variablen allerdings nicht berücksichtigt, wird in Modell 1 kein signifikanter Effekt aufgedeckt und in Modell 2 nur bei den Varianten ohne die Kontrollvariablen Alter und Geschlecht, so dass es sich beim Networking-Support im Rahmen von Modell 1 und Modell 2 um keinen robusten Faktor handelt. Demgegenüber wird für Networking-Support keine signifikante Wirkung auf die Gründungswahrscheinlichkeit nachgewiesen. Dieser auf dem Gründungssupport Treffen und Diskussionen mit Professoren sowie Kontaktbörse mit Unternehmern basierende Faktor hängt demnach zumindest tendenziell mit der Gründungsrelevanz negativ zusammen, scheinbar aber nicht mit der Gründungswahrscheinlichkeit.

Im Rahmen der getesteten Interaktionsterme jeweils zwischen der Gründungsinformationsquellenanzahl und den Regressoren Risikohaltung, Volkswirtschaftlicher Rahmen/F&F, Kapital, Gründungsidee sowie Selbständigen-Umfeld wurde lediglich in Modell 1 der folgende signifikante Moderatoreffekt aufgedeckt. Demnach moderiert in Modell 1 die Informationsquellenanzahl signifikant negativ die Beziehung zwischen Gründungsidee und Gründungsrelevanz. Folglich hemmt nach Modell 1 eine höhere Anzahl an Gründungsinformationsquellen den – laut den Modellen ohne Interaktionsterme – positiven Einfluss des Vorhandenseins einer Gründungsidee auf die Gründungsrelevanz, so dass durch einen intensivierten Zugang zu gründungsrelevanten Informationen – bspw. zwecks der Überprüfung der bisherigen Annahmen im Zusammenhang mit einem Gründungsvorhaben – oftmals auch Zweifel am Erfolgspotenzial einer Gründungsidee entstehen können, was tendenziell dazu führt, dass das Gründungsvorhaben (zumindest vorläufig) nicht weiter verfolgt wird. Demgegenüber wird im Rahmen von Modell 2 als auch von Modell 3 kein signifikanter Moderatoreffekt der Informationsquellenanzahl auf die Beziehung zwischen Gründungsidee und Gründungsrelevanz bzw. Gründungswahrscheinlichkeit aufgedeckt. Die Ergebnisse verdeutlichen allerdings, dass im Rahmen weiterer Forschungsaktivitäten der Fragestellung nach moderierenden Effekten des Informationszugangs während des Gründungsprozesses weiter nachgegangen werden sollte.

Was die Kontrollvariablen betrifft, ist für ältere Studierende die Fragestellung nach einer Unternehmensgründung mindestens signifikant relevanter bzgl. aktueller Gründungsaktivitäten, jedoch mindestens sehr signifikant unwahrscheinlicher in Bezug auf eine zukünftige Gründung. Ältere Studierende sind also normalerweise weiter im Gründungsprozess vorangeschritten als Studierende aus jüngeren Altersgruppen, jedoch gehen sie vergleichsweise in geringerem Ausmaß davon aus, eine Unternehmensgründung zukünftig zu realisieren. Für männliche Studierende ist die Gründung mindestens signifikant relevanter als für Studentinnen, allerdings existieren zwischen den Geschlechtern keine signifikanten Unterschiede bei der von den Studierenden eingeschätzten Gründungswahrscheinlichkeit. Im Rahmen der Fachrichtungen ist für Studierende der Ingenieurwissenschaften die Gründung mindestens signifikant weniger relevant als für Studierende der Betriebswirtschaftslehre (vgl. hierzu auch Kaden 2007: 84), was vermutlich weitgehend durch die in Deutschland bestehende Akademikerknappheit an Ingenieuren (ZEW et al. 2000: 35; ZEW et al. 1999: 104, zit. n. Lilischkis 2001: 96) bedingt ist, die aufgrund des hohen Wettbewerbs bestehender Unternehmen um die Personalrekrutierung innerhalb dieser Zielgruppe zu relativ hohen Verdienstmöglichkeiten für Ingenieure und weiteren Vorteilen auf dem Arbeitsmarkt (Henrekson/Stenkula 2010: 615f.) führt und die Gründung neuer Unternehmen einschränkt (ZEW 2000: 35; Staudt/Kottmann 1999, zit. n. Lilischkis 2001: 96; Henrekson/Stenkula 2010: 615f.). Demgegenüber werden hinsichtlich der Gründungswahrscheinlichkeit keine signifikanten Unterschiede zwischen Studierenden der Ingenieurwissenschaften und der Betriebswirtschaftslehre nachgewiesen. Während für Studierende der Informatik keine signifikanten Unterschiede bei der Gründungsrelevanz aufgezeigt werden, geben sie höchst signifikant eine höhere Gründungswahrscheinlichkeit an als Studierende der Betriebswirtschaftslehre; was in Einklang mit den Ergebnissen des GUESSS-Länderberichts für Deutschland steht, der für Studierende der Informatik gegenüber Studierenden der Betriebswirtschaftslehre (als auch des Ingenieurwesens) neben einer höheren Gründungsquote ebenfalls eine höhere Gründungsabsicht ausweist (Bergmann 2014: 5f., 12f.). Während Modell 1 sowie Modell 3 zufolge für die Kontrollvariable Jahr/Semester (Zeitverlauf) kein signifikanter Effekt auf die Gründungsrelevanz bzw. die Gründungswahrscheinlichkeit nachgewiesen wird, sinkt nach Modell 2 die Gründungsrelevanz signifikant im Zeitverlauf der Befragungsperiode. Für die Semestergruppe wird in Modell 1 kein signifikanter Einfluss auf die Gründungsrelevanz aufgedeckt, aber nach Modell 2 befinden sich Studierende aus höheren Semestergruppen signifikant in weiter fortgeschrittenen Phasen des Gründungsprozesses. Demgegenüber ist für Studierende aus höheren Semestergruppen die Gründung höchst signifikant unwahrscheinlicher als für Studierende aus niedrigeren Semestergruppen. Ein Grund hierfür könnte sein, dass Studierende aus höheren Semestergruppen zwar normalerweise weiter im Gründungsprozess vorangeschritten sind, allerdings auch vermehrt mit der Herausforderung der selbständigen Erwerbstätigkeit konfrontiert wurden und infolgedessen mehr dazu tendieren, von einer zukünftigen Gründung abzusehen und schließlich eine geringere Gründungswahrscheinlichkeit angeben als

Studierende aus niedrigeren Semestergruppen. Für Studierende aus weiterführenden Studiengängen wird mindestens eine signifikant höhere Gründungsrelevanz und demgegenüber eine höchst signifikant geringere Gründungswahrscheinlichkeit aufgezeigt als für Studierende aus grundständigen Studiengängen. Ursächlich für diesen Unterschied könnte sein, dass die normalerweise höhere Berufserfahrung von Studierenden im weiterführenden Studium zwar in positivem Zusammenhang mit (aktuellen) Gründungsaktivitäten steht (Bhidé 2000, zit. n. Harms/Kraus/Schwarz 2009: 36; Lin/Picot/Compton 2000: 118, zit. n. Kaden 2007: 17; Lin/Picot/Yates 1999: 12), diese Studierenden jedoch aufgrund ihrer Kompetenzerweiterung innerhalb eines weiterführenden Studiums erhöhte Karrierechancen bzw. Verdienstmöglichkeiten im Rahmen von abhängigen Beschäftigungsverhältnissen nach ihrem Studienabschluss erwarten können (Goux/Maurin 1994: 171), und dadurch für sie ein geringerer Anreiz zu einer (zukünftigen) selbständigen Erwerbstätigkeit besteht (Kaden 2007: 17; Laferrère/McEntee 1999: 8; Laferrère/McEntee 1995: 47), so dass sie ihre Gründungswahrscheinlichkeit höchst signifikant geringer einschätzen als Studierende im grundständigen Studium. Für Studierende im Fernstudium werden zwar keine signifikanten Unterschiede hinsichtlich der Gründungsrelevanz nachgewiesen, jedoch geben sie höchst signifikant eine geringere Gründungswahrscheinlichkeit an als Studierende im Präsenzstudium. Ein Grund hierfür könnte sein, dass Studierende im Fernstudium vergleichsweise zu denjenigen im Präsenzstudium möglicherweise häufiger bereits berufstätig sind und das Studium tendenziell vielmehr für die Verbesserung ihrer Karrierechancen im Rahmen von abhängigen Beschäftigungsverhältnissen aufnehmen, als zwecks der Aneignung von gründungsrelevanten Kompetenzen für eine potenzielle zukünftige Unternehmensgründung. Den Ergebnissen zufolge ist für die Studierenden an der universitären Hochschuleinrichtung die Gründung zwar nicht signifikant wahrscheinlicher, allerdings sehr signifikant relevanter als für die Studierenden an den nicht universitären Hochschulen. Dies kann jedoch auch dadurch bedingt sein, dass an der Universität nur Studierende mit der Fachrichtung Betriebswirtschaftslehre befragt wurden, für die zumindest gegenüber den Studierenden der Ingenieurwissenschaften eine signifikant höhere Gründungsrelevanz aufgezeigt wurde. Jedoch ist mit der Interpretation dieser Ergebnisse aufgrund der vergleichsweise sehr geringen Anzahl an Fällen, die von einer universitären Hochschuleinrichtung herrühren, vorsichtig umzugehen; diesbezüglich sind weitere Forschungsaktivitäten erforderlich.

Den standardisierten Regressionskoeffizienten zufolge übt der Gründungsinformationszugang bzw. die Anzahl der Gründungsinformationsquellen in allen Modellen die höchste und, sofern berücksichtigt, das Vorhandensein einer Gründungsidee die zweithöchste Effektstärke auf den jeweiligen Regressanden, d.h. Gründungsrelevanz oder Gründungswahrscheinlichkeit, aus. Während in allen Varianten von Modell 3 die Risikohaltung folgt, schwanken in den Varianten von Modell 1 und von Modell 2 die Reihenfolgen der Effektstärken der anderen Regressoren, wobei entweder Risikohaltung, der Hemmnis-Faktor Qualifikation/Idee/Partner oder Selbständigen-Umfeld auf Informationsquellen und, sofern integriert, Gründungsidee folgen. In den meisten Varianten von Modell 3 übt ferner der Motiv-Faktor Ideen- und Selbstverwirklichung einen stärkeren Effekt auf den Regressanden aus als der Hemmnis-Faktor Qualifikation/Idee/Partner, wohingegen es in den meisten Varianten von Modell 1 und in allen Varianten von Modell 2 umgekehrt ist, so dass der Hemmnis-Faktor Qualifikation/Idee/Partner vergleichsweise eine höhere Bedeutung im Rahmen der Gründungsrelevanz einnimmt, während der Motiv-Faktor Ideen- und Selbstverwirklichung vergleichsweise bedeutender bzgl. der Gründungswahrscheinlichkeit ist. Bei diesen beiden Regressoren handelt es sich innerhalb der Bereiche der Gründungsmotive bzw. der Gründungshemmnisse jeweils um den einflussreichsten Faktor sowohl für Gründungsrelevanz als auch für Gründungswahrscheinlichkeit. Was den Gründungssupport betrifft, schwanken die Effektstärken der Faktoren in den diversen Modellen. So üben im Rahmen des Gründungssupports in den Varianten von Modell 1 entweder die Grundlagenvermittlung oder der Networking-Support den vergleichsweise stärksten Effekt auf die Gründungsrelevanz aus, während in Modell 2, je nach Variante, jedem der drei Support-Faktoren die höchste Effektstärke auf die Gründungsrelevanz zukommt. In Modell 3 übt in den Varianten ohne binäre Variablen der Faktor Individueller Support den vergleichsweise zu den anderen Support-Faktoren stärksten Effekt auf die Gründungswahrscheinlichkeit aus, gefolgt von Grundlagenvermittlung, wohingegen in den Varianten mit Gründungsidee und Selbständigen-Umfeld bei keinem der Support-Faktoren eine signifikante Wirkung aufgedeckt wird. Insgesamt betrachtet sind bei den

Support-Faktoren die Schätzer der Regressionskoeffizienten, insbesondere bei Integration der beiden binären Variablen Gründungsidee und Selbständigen-Umfeld, nicht sehr robust, und durch die Aufnahme der Support-Faktoren verringert sich in allen Modellen, sowohl im Rahmen der Gründungsrelevanz als auch der Gründungswahrscheinlichkeit, das korrigierte Bestimmtheitsmaß geringfügig. Bei der Interpretation der Ergebnisse sollte somit berücksichtigt werden, dass für die jeweiligen Support-Faktoren im Rahmen der diversen Modellvarianten keine durchgängig signifikanten Wirkungszusammenhänge mit der Gründungsrelevanz bzw. der Gründungswahrscheinlichkeit nachgewiesen werden.

Insgesamt betrachtet, konnten zwar nicht für alle analysierten (potenziellen) Einflussgrößen signifikante Effekte auf die Gründungsrelevanz bzw. Gründungswahrscheinlichkeit aufgedeckt werden, allerdings wurden im Rahmen der Modelle durchaus relativ beträchtliche Anteile der Varianzen der Regressanden erklärt (Bamford/Dean/McDougall 2000: 271), und es konnte jeweils ein Großteil der Annahmen des Arbeitsmodells empirisch bestätigt werden. Da das Arbeitsmodell demzufolge für eine ressourcenorientierte Analyse des aktuellen Fortschritts im Gründungsprozess sowie der Wahrscheinlichkeit einer zukünftigen Gründung bei der studentischen Zielgruppe als geeignet einzustufen ist, konnten die beiden Forschungsziele, die Gründungsrelevanz und die Gründungswahrscheinlichkeit empirisch zu erklären, grundsätzlich erreicht werden.

„Of course, this first evidence should be interpreted carefully. In addition, estimates do not allow the derivation of specific policy measures; however, they give important directions for future research“ (Audretsch/Keilbach 2004b: 956).

4.4 Hypothesentests

In diesem Unterkapitel sollen die in Kapitel 2.7 aus der Literatur abgeleiteten Hypothesen basierend auf den Ergebnissen der im vorigen Unterkapitel analysierten Regressionsmodelle multivariat getestet werden; hierbei wird ein Signifikanzniveau in Höhe von fünf Prozent zugrunde gelegt. Da allerdings hinsichtlich der Gründungsmotive, der Gründungshemmnisse und des Gründungssupports im Rahmen der in Kapitel 4.2 durchgeführten Hauptkomponentenanalysen jeweils Faktoren generiert und daraufhin in Kapitel 4.3 im Rahmen der Regressionsanalysen, anstelle der ursprünglichen Variablen aus diesen Bereichen, verwendet wurden, werden die sich auf diese ursprünglichen Variablen aus den Bereichen der Gründungsmotive, der Gründungshemmnisse und des Gründungssupports beziehenden Hypothesen (*H3a* bzw. *H3b* - *H37a bzw. H37b*), basierend auf den Ergebnissen der Faktorenanalysen, entsprechend sogenannten Hypothesenkomplexen zugeordnet, die anstelle der betroffenen Hypothesen überprüft werden.

Bzgl. der Hypothesen aus dem Bereich der Gründungsmotive (*H3a* bzw. *H3b* - *H11a* bzw. *H11b)* resultiert demnach Folgendes. *H3a* bzw. *H3b*, ursprünglich bezogen auf die Variable „Ausweg aus der Arbeitslosigkeit", beziehen sich nun auf den Motiv-Faktor „Ökonomische Notwendigkeit". *H4a* bzw. *H4b* (Autonomie), *H5a* bzw. *H5b* (Selbstverwirklichung) und *H6a* bzw. *H6b* (Ideenverwirklichung) werden zu den Hypothesenkomplexen *H4a/H5a/H6a* bzw. *H4b/H5b/H6b* zusammengefasst und beziehen sich auf den Motiv-Faktor „Ideen- und Selbstverwirklichung". *H7a* bzw. *H7b* (Macht), *H9a* bzw. *H9b* (Ansehen), *H10a* bzw. *H10b* (Einkommen) und *H11a* bzw. *H11b* (hohes Einkommen) werden zu den Hypothesenkomplexen *H7a/H9a/H10a/ H11a* bzw. *H7b/H9b/H10b/H11b* zusammengefasst und beziehen sich auf den Motiv-Faktor „Materielles Macht- und Prestigestreben". Da innerhalb der Gründungsmotiv-basierten Faktorenanalyse die Variable „Flexible Arbeitszeiten" infolge ihrer geringen als auch auf zwei Faktoren streuenden Faktorladungen eliminiert wurde, lassen sich demzufolge *H8a* bzw. *H8b* (flexible Arbeitszeiten) nicht im Rahmen der hier durchgeführten multivariaten Hypothesentests überprüfen.

Bzgl. der Hypothesen aus dem Bereich der Gründungshemmnisse (*H12a* bzw. *H12b* - *H28a* bzw. *H28b)* resultiert analog Folgendes. *H12a* bzw. *H12b* (fehlende ‚richtige' Geschäftsidee), *H13a* bzw. *H13b* (fehlende unternehmerische Qualifikation), *H14a* bzw. *H14b* (Know-how-Defizit) und *H15a* bzw. *H15b* (fehlende ‚richtige' Gründungspartner) werden zu den Hypothesenkomplexen *H12a/H13a/H14a/H15a* bzw. *H12b/ H13b/H14b/H15b* zusammengefasst und beziehen sich auf den Hemmnis-Faktor „Qualifikation/Idee/Partner". *H16a* bzw. *H16b* (fehlendes Eigenkapital) und *H17a* bzw. *H17b* (fehlendes Fremdkapital) werden zu den Hypothesenkomplexen *H16a/ H17a* bzw. *H16b/H17b* zusammengefasst und beziehen sich auf den Hemmnis-Faktor

„Kapital“. *H18a* bzw. *H18b* (fehlende Zeit), *H20a* bzw. *H20b* (fehlender Mut) und *H22a* bzw. *H22b* (Angst vor dem Scheitern) werden zu den Hypothesenkomplexen *H18a/H20a/H22a* bzw. *H18b/H20b/H22b* zusammengefasst und beziehen sich auf den Hemmnis-Faktor „Ängstlichkeit“. *H19a* bzw. *H19b* (mangelnder Support von Familie und Freunden), *H23a* bzw. *H23b* (konjunkturelle Lage), *H27a* bzw. *H27b* (wirtschaftspolitisches Umfeld) und *H28a* bzw. *H28b* (aufwendiger Behördenweg) werden zu den Hypothesenkomplexen *H19a/H23a/H27a/H28a* bzw. *H19b/H23b/H27b/H28b* zusammengefasst und beziehen sich auf den Hemmnis-Faktor „Volkswirtschaftlicher Rahmen/F&F“. *H21a* bzw. *H21b* (eigenes finanzielles Risiko), *H25a* bzw. *H25b* (geringer Umsatz) und *H26a* bzw. *H26b* (geringer Gewinn) werden zu den Hypothesenkomplexen *H21a/H25a/H26a* bzw. *H21b/H25b/H26b* zusammengefasst und beziehen sich auf den Hemmnis-Faktor „Erwirtschaftungsrisiko“. Innerhalb der Gründungshemmnis-basierten Faktoranalyse wurde die Variable „Fehlende Kundenkontakte“ infolge ihrer als nicht sonderlich relevant zu betrachtenden sowie auf zwei Faktoren streuenden Faktorladungen ausgeschlossen, so dass sich demzufolge *H24a* bzw. *H24b* nicht im Rahmen der hier durchgeführten multivariaten Hypothesentests überprüfen lassen.

Bzgl. der Hypothesen aus dem Bereich des Gründungssupports (*H29a* bzw. *H29b - H37a* bzw. *H37b)* resultiert entsprechend Folgendes. *H29a* bzw. *H29b* (Businessplan-Seminar), *H31a* bzw. *H31b* (Planspiel) und *H35a* bzw. *H35b* (Lehrveranstaltung) werden zu den Hypothesenkomplexen *H29a/H31a/H35a* bzw. *H29b/H31b/H35b* zusammengefasst und beziehen sich auf den Support-Faktor „Grundlagenvermittlung“. *H32a* bzw. *H32b* (Kontaktbörse mit Unternehmern) und *H37a* bzw. *H37b* (Treffen und Diskussionen mit Professoren) werden zu den Hypothesenkomplexen *H32a/H37a* bzw. *H32b/H37b* zusammengefasst und beziehen sich auf den Support-Faktor „Networking-Support“. *H33a* bzw. *H33b* (Anstoßfinanzierung), *H34a* bzw. *H34b* (Inkubator) und *H36a* bzw. *H36b* (spezifische Anlaufstelle) werden zu den Hypothesenkomplexen *H33a/H34a/H36a* bzw. *H33b/H34b/H36b* zusammengefasst und beziehen sich auf den Support-Faktor „Individueller Support“. Innerhalb der Gründungssupport-basierten Faktorenanalyse wurde die Variable „Coaching und Beratung“ infolge ihrer auf zwei Faktoren streuenden und nicht hohen Faktorladungen eliminiert, so dass sich demzufolge zudem *H30a* bzw. *H30b* nicht im Rahmen der hier durchgeführten multivariaten Hypothesentests überprüfen lassen.

H1a als auch *H1b* gelten als bestätigt, da nach den Ergebnissen in allen Regressionsmodellen die Anzahl der genutzten Gründungsinformationsquellen einen signifikanten positiven Einfluss auf die Gründungsrelevanz bzw. auf die Gründungswahrscheinlichkeit der Studierenden ausübt. *H2a* sowie *H2b* werden ebenfalls bestätigt, zumal alle Regressionsmodelle[1161] einen signifikanten positiven Effekt der Risikohaltung auf die Gründungsrelevanz bzw. auf die Gründungswahrscheinlichkeit der Studierenden ausweisen. Bzgl. der mittlerweile auf den Motiv-Faktor „Ökonomische Notwendigkeit" bezogenen *H3a* weisen einige Regressionsmodelle[1162] keine signifikanten Effekte aus, wohingegen die Mehrzahl an Regressionsmodellen[1163] einen signifikanten negativen Einfluss des Motiv-Faktors „Ökonomische Notwendigkeit" auf die Gründungsrelevanz der Studierenden aufdecken. Wenn keine signifikanten Regressoren ausgewiesen werden, bedeutet das nicht unbedingt, dass kein Einfluss existiert; im Zusammenhang mit der Entscheidung für die Annahme oder Ablehnung einer Hypothese ist es viel entscheidender, dass keine widersprüchlichen Ergebnisse vorliegen, wie bspw. einerseits ein signifikanter positiver und andererseits ein signifikanter negativer Einflussfaktor, so dass eine sachlich begründete Hypothese nicht verworfen zu werden braucht (Backhaus/Erichson/Plinke/Weiber 2000: 38). Da im hier vorliegenden Fall entweder kein signifikanter oder ein signifikanter negativer Effekt ausgewiesen wird, allerdings nie ein signifikanter positiver, kann *H3a* zumindest als teilweise bestätigt betrachtet werden. Demgegenüber wird im Rahmen der Gründungswahrscheinlichkeit der Studierenden für den Motiv-Faktor „Ökonomische Notwendigkeit" in einigen Regressionsmodellen[1164] ein signifikanter positiver Einfluss ausgewiesen, während die Mehrzahl an Regressionsmodellen[1165] keine signifikanten Effekte offenlegt, so dass *H3b* teilweise bestätigt wird; wichtig an dieser Stelle erscheint der Hinweis, dass sich die im Rahmen

---

1161 Ungeachtet der Modelle, die über Interaktionsterme zwischen der Risikohaltung und der Informationsquellenanzahl verfügen, zumal infolge des Interaktionsterms bei der Risikohaltung keine Haupteffekte als identische Effekte existieren (vgl. hierzu Baltes-Götz 2009: 22f.).

1162 Modelle 1.1d, 1.2(2), 1.2(4), 1.2(5), 1.2d, 2.1d, 2.2(2), 2.2(4), 2.2(5), 2.2b, 2.2c, 2.2d.

1163 Modelle 1.1(1), 1.1(2), 1.1(3), 1.1(4), 1.1(5), 1.1a, 1.1b, 1.1c, 1.2(1), 1.2(3), 1.2a, 1.2b, 1.2c, 2.1(1), 2.1(2), 2.1(3), 2.1(4), 2.1(5), 2.1a, 2.1b, 2.1c, 2.2(1), 2.2(3), 2.2a.

1164 Modelle 3.1(3), 3.1(4), 3.1(5), 3.1d.

1165 Modelle 3.1(1), 3.1(2), 3.1a, 3.1b, 3.1c, 3.2(1), 3.2(2), 3.2(3), 3.2(4), 3.2(5), 3.2a, 3.2b, 3.2c, 3.2d.

von *H3a* und *H3b* aufgedeckten entgegengesetzten Wirkungsrichtungen des „Notgründungsmotivs“ auf unterschiedliche Regressanden beziehen. Das dies wiederum sachlich begründet werden kann, wurde bereits wie folgt verdeutlicht. Studierende, die eine drohende Arbeitslosigkeit als überdurchschnittlich problematisch bewerten, sehen normalerweise auch größere Herausforderungen in einer selbständigen Erwerbstätigkeit, insbesondere wenn sie nicht chancengetrieben ist, und bereiten während des Studiums tendenziell weder eine notgetriebene Gründung vor, noch haben sie bereits aus der Not heraus gegründet. Im Unterschied zur Gründungsrelevanz ist die Gründungswahrscheinlichkeit zukunftsorientiert, so dass die Studierenden im Falle einer – insbesondere nach dem Studium – drohenden Arbeitslosigkeit vermehrt eine potenzielle Gründung aus der Not heraus erwägen. Da jedoch *H3a* und *H3b* jeweils nur teilweise bestätigt werden konnten, sind bezüglich der Fragestellung nach dem unterschiedlichen Einfluss des Notgründungsmotivs auf Gründungsrelevanz und Gründungswahrscheinlichkeit der Studierenden weitere Forschungsaktivitäten erforderlich. Dennoch wird an dieser Stelle die Bedeutung der Unterscheidung zwischen der Gründungsrelevanz und der Gründungswahrscheinlichkeit deutlich; demnach kann ein identischer Einflussfaktor sogar einen entgegengesetzten Einfluss auf die Gründungsrelevanz ausüben als auf die Gründungswahrscheinlichkeit. Demgegenüber beeinflusst der Motiv-Faktor „Ideen- und Selbstverwirklichung“ allen Regressionsmodellen zufolge sowohl Gründungsrelevanz als auch Gründungswahrscheinlichkeit der Studierenden jeweils signifikant positiv, so dass *H4a/H5a/H6a* sowie *H4b/H5b/H6b* bestätigt werden. Was den Motiv-Faktor „Materielles Macht- und Prestigestreben“ betrifft, existieren wiederum unterschiedliche Ergebnisse im Rahmen der Gründungsrelevanz und der Gründungswahrscheinlichkeit; während kein Regressionsmodell einen signifikanten Effekt dieses Motiv-Faktors auf die Gründungsrelevanz der Studierenden aufdeckt, und somit *H7a/H9a/H10a/H11a* verworfen wird, weisen alle Regressionsmodelle einen signifikanten positiven Einfluss des „materiellen Macht- und Prestigestrebens“ auf die Gründungswahrscheinlichkeit der Studierenden aus, wodurch *H7b/H9b/H10b/H11b* bestätigt wird. Der Hemmnis-Faktor „Qualifikation/Idee/Partner“ übt in allen Regressionsmodellen einen signifikanten negativen Einfluss auf die Gründungsrelevanz bzw. Gründungswahrscheinlichkeit der Studierenden aus, so dass *H12a/H13a/H14a/H15a* sowie *H12b/H13b/H14b/H15b* bestätigt werden. Was den Hemmnis-Faktor „Kapital“ betrifft, weisen bzgl. der Gründungsrelevanz der Studierenden die meisten Regressionsmodelle[1166] einen signifikanten negativen Effekt aus, während andere Regressionsmodelle[1167] keinen signifikanten Einfluss aufdecken,[1168] so dass *H16a/H17a* als weitgehend bestätigt betrachtet werden kann. Hinsichtlich der Gründungswahrscheinlichkeit der Studierenden weist mit drei Vierteln[1169] der Regressionsmodelle[1170] ebenfalls die Mehrzahl einen signifikanten negativen Effekt des Hemmnis-Faktors „Kapital" aus, während die restlichen Regressionsmodelle[1171] keinen signifikanten Einfluss nachweisen, weshalb auch *H16b/H17b* weitgehend bestätigt wird. Beim Hemmnis-Faktor „Ängstlichkeit" wird wieder die Bedeutung einer Differenzierung zwischen der Gründungsrelevanz und der Gründungswahrscheinlichkeit ersichtlich, zumal für diesen Hemmnis-Faktor in keinem der jeweiligen Regressionsmodelle eine signifikante Wirkung auf die Gründungsrelevanz der Studierenden nachgewiesen wird, wodurch *H18a/H20a/H22a* verworfen wird, während die „Ängstlichkeit" allen entsprechenden Regressionsmodellen zufolge einen signifikanten negativen Einfluss auf die Gründungswahrscheinlichkeit der Studierenden ausübt, so dass *H18b/H20b/H22b* bestätigt wird. Hingegen kann keines der Regressionsmodelle einen signifikanten Einfluss des Hemmnis-Faktors „Volkswirtschaftlicher Rahmen/F&F" auf die Gründungsrelevanz bzw. auf die Gründungswahrscheinlichkeit der Studierenden aufdecken, weshalb *H19a/H23a/H27a/H28a* als auch *H19b/H23b/H27b/H28b* nicht bestätigt werden können. Für den Hemmnis-Faktor „Erwirtschaftungsrisiko" weist kein Regressionsmodell eine signifikante Wirkung auf die Gründungsrelevanz der Studierenden aus, so dass *H21a/H25a/H26a* nicht bestätigt wird. Demgegenüber beeinflusst das „Erwirtschaftungsrisiko" nach einigen Regressionsmodellen[1172] die Gründungswahrscheinlichkeit der Studierenden signifikant negativ, während die Mehrzahl an Regressionsmodel-

1166 Modelle 1.1(1), 1.1(3), 1.1(4), 1.1a, 1.1b, 1.1c, 1.1d, 1.2(3), 1.2(4), 1.2c, 1.2d, 2.1(1), 2.1(2), 2.1(3), 2.1(4), 2.1a, 2.1b, 2.1c, 2.1d, 2.2(1), 2.2(2), 2.2(3), 2.2(4), 2.2a, 2.2b, 2.2c, 2.2d.

1167 Modelle 1.1(2), 1.2(1), 1.2(2), 1.2a, 1.2b.

1168 Ungeachtet der Modelle, die über Interaktionsterme zwischen dem Hemmnis-Faktor „Kapital" und der Informationsquellenanzahl verfügen, zumal infolge des Interaktionsterms beim „Kapital" keine Haupteffekte als identische Effekte existieren (vgl. hierzu Baltes-Götz 2009: 22f.).

1169 Ungeachtet der Modelle, die über Interaktionsterme zwischen dem Hemmnis-Faktor „Kapital" und der Informationsquellenanzahl verfügen, zumal infolge des Interaktionsterms beim „Kapital" keine Haupteffekte als identische Effekte existieren (vgl. hierzu Baltes-Götz 2009: 22f.).

1170 Modelle 3.1(2), 3.1(3), 3.1(4), 3.1b, 3.1c, 3.1d, 3.2(2), 3.2(3), 3.2(4), 3.2b, 3.2c, 3.2d.

1171 Modelle 3.1(1), 3.1a, 3.2(1), 3.2a.

1172 Modelle 3.1(1), 3.1(2), 3.1b, 3.2(1), 3.2(2), 3.2b.

len[1173] diesbezüglich keine signifikanten Einflüsse nachweisen kann, wodurch *H21b/H25b/H26b* zumindest teilweise bestätigt wird. Der Support-Faktor „Grundlagenvermittlung“ beeinflusst dem überwiegenden Anteil der Regressionsmodelle[1174] zufolge signifikant positiv die Gründungsrelevanz der Studierenden, während in anderen Regressionsmodellen[1175] diesbezüglich keine signifikanten Wirkungen aufgedeckt werden, so dass *H29a/H31a/H35a* teilweise bestätigt wird. Auch bzgl. der Gründungswahrscheinlichkeit der Studierenden wird von einigen Regressionsmodellen[1176] eine signifikante positive Wirkung des Support-Faktors „Grundlagenvermittlung“ offengelegt, während andere Regressionsmodelle[1177] diesbezüglich keinen signifikanten Einfluss aufdecken, wodurch *H29b/H31b/H35b* als zumindest teilweise bestätigt angesehen werden kann. Für den Support-Faktor „Networking-Support“ wird bzgl. der Gründungsrelevanz der Studierenden einigen Regressionsmodellen[1178] zufolge ein signifikanter negativer Effekt ausgewiesen, während in weiteren Regressionsmodellen[1179] kein signifikanter Einfluss offengelegt wird, wodurch *H32a/H37a* als teilweise bestätigt betrachtet werden kann. Demgegenüber deckt keines der Regressionsmodelle einen signifikanten Effekt des Support-Faktors „Networking-Support“ auf die Gründungswahrscheinlichkeit der Studierenden auf, so dass *H32b/H37b* nicht bestätigt werden kann. *H33a/H34a/H36a* kann als teilweise bestätigt betrachtet werden, zumal der Support-Faktor „Individueller Support“ einigen Regressionsmodellen[1180] zufolge einen signifikanten positiven Einfluss auf die Gründungsrelevanz der Studierenden ausübt, während andere Regressionsmodelle[1181] keine signifikante Wirkung ausweisen. Auch *H33b/H34b/H36b* wird als teilweise bestätigt angesehen, da ein Teil der Regressionsmodelle[1182] für den Support-Faktor „Individueller Support“ eine signifikante positive Wirkung auf die Gründungswahrscheinlichkeit der Studierenden offenlegt, während

[1173] Modelle 3.1(3), 3.1(4), 3.1(5), 3.1a, 3.1c, 3.1d, 3.2(3), 3.2(4), 3.2(5), 3.2a, 3.2c, 3.2d.
[1174] Modelle 1.1(2), 1.1(4), 1.1(5), 1.1b, 1.1d, 1.2(2), 1.2(4), 1.2(5), 1.2b, 1.2d, 2.1(2), 2.1(4), 2.1(5), 2.1b, 2.1d.
[1175] Modelle 2.2(2), 2.2(4), 2.2(5), 2.2b, 2.2d.
[1176] Modelle 3.1b, 3.2(2), 3.2(4), 3.2(5).
[1177] Modelle 3.1(2), 3.1(4), 3.1(5), 3.1d, 3.2b, 3.2d.
[1178] Modelle 1.1(4), 1.1(5), 1.1d, 1.2(4), 1.2(5), 1.2d, 2.1(2), 2.1(4), 2.1(5), 2.1b, 2.1d, 2.2(4), 2.2(5), 2.2d.
[1179] Modelle 1.1(2), 1.1b, 1.2(2), 1.2b, 2.2(2), 2.2b.
[1180] Modelle 1.1(2), 1.1b, 1.2(2), 1.2b, 2.1(2), 2.1b, 2.2(2), 2.2b.
[1181] Modelle 1.1(4), 1.1(5), 1.1d, 1.2(4), 1.2(5), 1.2d, 2.1(4), 2.1(5), 2.1d, 2.2(4), 2.2(5), 2.2d.
[1182] Modelle 3.1(2), 3.1b, 3.1d, 3.2(2), 3.2(5), 3.2b.

weitere Regressionsmodelle[1183] diesbezüglich keinen signifikanten Einfluss ausweisen. *H38a* als auch *H38b* gelten als bestätigt, da das Vorliegen einer Gründungsidee allen Regressionsmodellen zufolge einen signifikanten positiven Einfluss auf die Gründungsrelevanz bzw. auf die Gründungswahrscheinlichkeit der Studierenden ausübt. *H39a* sowie *H39b* werden ebenfalls bestätigt, zumal alle Regressionsmodelle[1184] einen signifikanten positiven Effekt der Risikohaltung auf die Gründungsrelevanz bzw. auf die Gründungswahrscheinlichkeit ausweisen. Hingegen werden *H40a* als auch *H40b* nicht bestätigt, da in keinem der Regressionsmodelle die Informationsquellenanzahl die Beziehungen diverser Einflussgrößen und der Gründungsrelevanz bzw. der Gründungswahrscheinlichkeit der Studierenden signifikant beeinflusst; zwar wurde in Modell 1.1(5) als auch in Modell 1.2(5) ein signifikanter negativer Moderatoreffekt der Informationsquellenanzahl auf die Beziehung zwischen Gründungsidee und Gründungsrelevanz aufgedeckt, jedoch werden im Rahmen von *H40a* entsprechende moderierende Effekte auf die Beziehungen zwischen nicht nur einer, sondern diversen Einflussgrößen und der Gründungsrelevanz der Studierenden vermutet. Nichtsdestotrotz deuten diese Ergebnisse an, dass im Rahmen von studentischen Gründungsaktivitäten moderierende Effekte der Gründungsinformationsquellen möglicherweise eine Rolle spielen; so dass diesbezüglich gezieltere Forschungsaktivitäten zweckdienlich erscheinen. Bezugnehmend auf das Alter ist erneut eine Unterscheidung zwischen Gründungsrelevanz und Gründungswahrscheinlichkeit bedeutend. Bzgl. der Gründungsrelevanz der Studierenden weisen alle Regressionsmodelle einen signifikanten positiven Effekt aus, wodurch *H41a* bestätigt wird. Bzgl. der Gründungswahrscheinlichkeit der Studierenden wird demgegenüber von allen Regressionsmodellen ein signifikanter negativer Einfluss offengelegt, so dass auch *H41b* bestätigt werden kann; zumal sich diese entgegengesetzte Wirkungsrichtung auf unterschiedliche Regressanden bezieht. Während ältere Studierende normalerweise weiter im Gründungsprozess vorangeschritten sind als jüngere Studierende, so gehen sie jedoch vergleichsweise seltener davon aus, eine Unternehmensgründung zukünftig zu realisieren. *H42a* wird ebenfalls bestätigt, zumal ein männliches Geschlecht allen Regressionsmodellen zufolge einen

[1183] Modelle 3.1(4), 3.1(5), 3.2(4), 3.2d.

[1184] Ungeachtet der Modelle, die über Interaktionsterme zwischen dem Selbständigen-Umfeld und der Informationsquellenanzahl verfügen, zumal infolge des Interaktionsterms beim Selbständigen-Umfeld keine Haupteffekte als identische Effekte existieren (vgl. hierzu Baltes-Götz 2009: 22f.).

signifikanten positiven Einfluss auf die Gründungsrelevanz der Studierenden ausübt. Hingegen kann *H42b* nicht bestätigt werden, da in keinem der Regressionsmodelle eine signifikante Wirkung des Geschlechts auf die Gründungswahrscheinlichkeit der Studierenden aufgedeckt wird.

5 Fazit

„Research on entrepreneurship, because the topic is inherently complex and multidisciplinary, is exceedingly difficult to do well“ (Gartner 1989b: 27).

Wie die empirischen Ergebnisse der vorliegenden Arbeit verdeutlichen, trägt eine – aus den Annahmen des ressourcenbasierten Ansatzes abgeleitete – ressourcenbasierte Perspektive des Unternehmensgründungsprozesses von Studierenden beziehungsweise das daraus im Rahmen dieser betriebswirtschaftlichen Arbeit hervorgegangene Arbeitsmodell dazu bei, aktuelle Gründungsaktivitäten von Studierenden als auch deren eingeschätzte zukünftige Gründungsaktivitäten empirisch erklären zu können. Demnach konnte mit der vorliegenden Arbeit dahingehend ein Beitrag zur Entrepreneurship-Forschung geleistet werden, indem im Rahmen des weitgehend unerforschten Unternehmensgründungsprozesses diverse ressourcenbasierte Einflussgrößen aufgedeckt wurden, denen vergleichsweise eine höhere oder eine geringere Bedeutung innerhalb der Informations- und Entscheidungsprozesse potenzieller Unternehmensgründer aus der studentischen Zielgruppe bezüglich der Verfolgung potenzieller unternehmerischer Gelegenheiten beigemessen werden kann.

Bezugnehmend auf die erste Forschungsfrage untermauern die Ergebnisse der empirischen Analyse, dass es sich bei dem im theoretischen Teil der vorliegenden betriebswirtschaftlichen Arbeit entwickelten – ressourcenbasierte unternehmensgründungsprozessuale Einflussfaktoren beinhaltenden – Arbeitsmodell grundsätzlich um ein relativ robustes Modell handelt, mit dem sich sowohl die Gründungsrelevanz von Studierenden (im Sinne von aktuellen Gründungsaktivitäten) als auch die Gründungswahrscheinlichkeit von Studierenden (im Sinne von eingeschätzten zukünftigen Gründungsaktivitäten) durchaus umfangreich erklären lassen. So lassen sich anhand der diversen Regressionsmodellvarianten Anteile der Varianzen der Gründungsrelevanz zwischen 36 und 44 Prozent und Anteile der Varianzen der Gründungswahrscheinlichkeit zwischen 29 und 36 Prozent erklären; wobei jeweils die Regressionsvarianten der zweiten Modellerweiterung die höchsten Varianzanteile der Gründungsrelevanz als auch der Gründungswahrscheinlichkeit der Studierenden erklären. Dass sich anhand der Regressionsmodelle bzgl. der Gründungswahrscheinlichkeit gegenüber der Gründungsrelevanz geringere Varianzanteile erklären lassen, könnte vermutlich u.a. dadurch bedingt sein, dass sich die Gründungswahrscheinlichkeit auf eine potenzielle zukünftige Gründungsaktivität bezieht, während die Gründungsrelevanz nicht antizipiert zu werden braucht, sondern auf aktuelle Gegebenheiten abstellt. Nichtsdestotrotz lässt sich das entwickelte Arbeitsmodell insgesamt betrachtet zweckdienlich aufgreifen, um aktuelle als auch zukünftige Gründungsaktivitäten von Studierenden anhand von ressourcenbasierten Einflussfaktoren zu erklären.

Ferner bekräftigen die empirischen Ergebnisse eine Vielzahl der im theoretischen Teil der vorliegenden Arbeit abgeleiteten Hypothesen. So konnten von den schließlich 36 getesteten Hypothesen bzw. „Hypothesenkomplexen", die infolge der Faktorenanalysen hervorgegangen sind, ausgehend von einem Signifikanzniveau in Höhe von fünf Prozent, annähernd die Hälfte, d.h. 17, durchgängig von allen Regressionsmodellvarianten bestätigt werden, weitere 10 wurden teilweise bestätigt, und die übrigen neun konnten nicht bestätigt werden. Im Rahmen der Überprüfungen der einzelnen Hypothesen bzw. Hypothesenkomplexe wurden von den diversen Regressionsmodellvarianten keine widersprüchlichen bzw. entgegengesetzten signifikanten Wirkungsrichtungen ausgewiesen.

Bezugnehmend auf die zweite Forschungsfrage, inwiefern die Gründungsrelevanz und die Gründungswahrscheinlichkeit der Studierenden von den untersuchten ressourcenbasierten Einflussgrößen mit unterschiedlicher Wirkungsrichtung beeinflusst werden, haben sich im Rahmen der 36 getesteten Hypothesen bzw. Hypothesenkomplexe, wiederum basierend auf einem Signifikanzniveau in Höhe von fünf Prozent, lediglich zwei Einflussfaktoren herauskristallisiert, die die beiden Erfolgsgrößen entweder – je nach Regressionsmodellvariante – teilweise signifikant oder – allen Regressionsmodellvarianten zufolge – durchgängig signifikant und in entgegengesetzter Richtung beeinflussen. Betroffen sind einerseits das „Notgründungsmotiv" und andererseits das „Alter". Demnach beeinflusst einigen Regressionsmodellvarianten zufolge das Notgründungsmotiv die Gründungsrelevanz der Studierenden signifikant negativ, wohingegen einige Regressionsmodellvarianten für das Notgründungsmotiv einen signifikanten positiven Einfluss auf die Gründungswahrscheinlichkeit der Studierenden aufdecken. Dieses Ergebnis lässt sich dahingehend interpretieren, als dass Studierende, die eine drohende Arbeitslosigkeit als überdurchschnittlich problematisch bewerten, normalerweise auch größere Herausforderungen in einer eigenen Unternehmensgründung sehen, insbesondere wenn sie nicht chancengetrieben ist, und während des Studiums tendenziell weder eine notgetriebene Gründung vorbereiten, noch bereits aus der Not heraus gegründet haben, so dass für sie die Gründung weniger relevant ist als für Studierende mit einem geringer ausgeprägten Notgründungsmotiv. Gegenüber der Gründungsrelevanz ist die Gründungswahrscheinlichkeit zukunftsorientiert, so dass die Studierenden im Falle einer aus ihrer Sicht – tendenziell nach dem Studium – drohenden Arbeitslosigkeit vermehrt eine potenzielle Unternehmensgründung aus der Not heraus als eine alternative zukünftige Erwerbsform erwägen. Wie bereits im vierten Kapitel verdeutlicht wurde, sind allerdings insbesondere aufgrund der nur teilweise ausgewiesenen signifikanten Wirkungszusammenhänge bezüglich der Fragestellung nach dem unterschiedlichen Einfluss des Notgründungsmotivs auf Gründungsrelevanz und Gründungswahrscheinlichkeit der Studierenden weitere Forschungsaktivitäten bedeutsam. Bezüglich des Alters sind die Ergebnisse robuster, zumal von allen Regressionsmodellvarianten ein signifikanter positiver Einfluss eines höheren Alters auf die Gründungsrelevanz der Studierenden ausgewiesen wird, wohingegen ein höheres Alter durchgängig eine signifikante negative Wirkung auf die Gründungswahrscheinlichkeit der Studierenden ausübt. Während demnach ältere Studierende normalerweise weiter im Gründungsprozess vorangeschritten sind als jüngere Studierende, so gehen sie jedoch vergleichsweise seltener davon aus, eine Unternehmensgründung zukünftig zu verwirklichen. Aber auch durch weitere Ergebnisse wird die Zweckdienlichkeit der Unterscheidung zwischen der Gründungsrelevanz und der Gründungswahrscheinlichkeit der Studierenden untermauert. Zwar werden bei den weiteren Einflussfaktoren keine signifikanten entgegengesetzten Wirkungsrichtungen offengelegt, allerdings existieren drei Fälle, bei denen alle Regressionsmodellvarianten bzgl. der einen Erfolgsgröße signifikante Effekte ausweisen, hingegen bzgl. der anderen Erfolgsgröße keine signifikanten Wirkungen aufdecken. So beeinflussen der Gründungsmotivfaktor „Materielles Macht- und Prestigestreben" durchgängig signifikant positiv und der Gründungshemmnis-Faktor „Ängstlichkeit" durchgängig signifikant negativ die Gründungswahrscheinlichkeit der Studierenden, während keine signifikanten Wirkungen dieser beiden Einflussfaktoren auf die Gründungsrelevanz der Studierenden offengelegt werden. Ferner ist allen Regressionsmodellvarianten zufolge für männliche gegenüber weiblichen Studierenden die Gründung signifikant relevanter, während keine signifikanten Unterschiede zwischen den Geschlechtern bzgl. der eingeschätzten Gründungswahrscheinlichkeit ausgewiesen werden.

Hinsichtlich der dritten Forschungsfrage, welche ressourcenbasierten Einflussgrößen den stärksten Effekt auf den studentischen Unternehmensgründungsprozess ausüben, wird bezüglich der Gründungsrelevanz der Studierenden – bei exemplarischer Zugrundelegung einer komplexeren Regressionsmodellvariante aus der dritten Modellerweiterung inklusive Kontrollvariablen, namentlich Modell 1.2d und hierbei nach der schrittweisen Methode (vgl. Anhang 6, Tabelle A-11) – der Gründungsinformationszugang als effektstärkster Einflussfaktor ausgewiesen, gefolgt vom Vorliegen einer Gründungsidee, der Risikoneigung, einem privaten Umfeld mit selbständig Erwerbstätigen, einem gering eingeschätzten Gründungshemmnis-Faktor „Qualifikation/Idee/Partner" (fehlende unternehmerische Qualifikation, Know-how-Defizit, fehlende ‚richtige' Geschäftsidee, fehlende ‚richtige' Gründungspartner), einem hoch bewerteten Gründungsmotiv-Faktor „Ideen- und Selbstverwirklichung" (eigene Ideen umsetzen, Selbstverwirklichung, sein eigener Chef sein), einem hoch präferierten Gründungssupport-Faktor „Grundlagenvermittlung" (Planspiel, Businessplan-Seminar, Lehrveranstaltung) sowie einem höheren Alter, einem männlichen Geschlecht, einem gering präferierten Gründungssupport-Faktor „Networking-Support" (Treffen und Diskussionen mit Professoren, Kontaktbörse mit Unternehmern) und sodann einem gering eingeschätzten Gründungshemmnis-Faktor „Kapital" (fehlendes Eigenkapital, fehlendes Fremdkapital); während für den zudem in diesem Modell enthaltenen gründungshemmenden Faktor „Ökonomische Notwendigkeit" (Ausweg aus der Arbeitslosigkeit) – unter Zugrundelegung eines Signifikanzniveaus in Höhe von fünf Prozent – kein signifikanter Einfluss auf die Gründungsrelevanz der Studierenden ausgewiesen wird. Bezüglich der Gründungswahrscheinlichkeit der Studierenden wird – wiederum bei exemplarischer Zugrundelegung einer komplexeren Regressionsmodellvariante aus der dritten Modellerweiterung inklusive Kontrollvariablen, namentlich Modell 3.2d und hierbei nach der schrittweisen Methode (vgl. Anhang 10, Tabelle A-27) – ebenfalls der Gründungsinformationszugang als effektstärkster Einflussfaktor ausgewiesen, gefolgt vom Vorliegen einer Gründungsidee, der Risikoneigung, einem hoch bewerteten Gründungsmotiv-Faktor „Ideen- und Selbstverwirklichung“ (eigene Ideen umsetzen, Selbstverwirklichung, sein eigener Chef sein), einem gering eingeschätzten Gründungshemmnis-Faktor „Qualifikation/Idee/Partner“ (fehlende unternehmerische Qualifikation, Know-how-Defizit, fehlende ‚richtige‘ Geschäftsidee, fehlende ‚richtige‘ Gründungspartner), einem hoch bewerteten Gründungsmotiv-Faktor „Materielles Macht- und Prestigestreben“ (hohes Einkommen, Einkommen, Ansehen, Macht haben), einem privaten Umfeld mit selbständig Erwerbstätigen, einem niedrigeren Alter, einem gering eingeschätzten Gründungshemmnis-Faktor „Ängstlichkeit“ (fehlender Mut, fehlende Zeit, Angst vor dem Scheitern) und schließlich einem gering eingeschätzten Gründungshemmnis-Faktor „Kapital“ (fehlendes Eigenkapital, fehlendes Fremdkapital); während für den ebenfalls in diesem Modell enthaltenen gründungshemmenden Faktor „Ökonomische Notwendigkeit“ (Ausweg aus der Arbeitslosigkeit) – unter Zugrundelegung eines Signifikanzniveaus in Höhe von fünf Prozent – keine signifikante Wirkung auf die Gründungswahrscheinlichkeit der Studierenden aufgedeckt wird.

Als Limitationen der vorliegenden Arbeit lassen sich insbesondere die folgenden aufführen. Durch die durchgeführte Querschnittsuntersuchung sind keine Rückschlüsse auf individuelle Entwicklungspfade möglich. Zwar werden Einflussgrößen auf den studentischen Gründungsprozess untersucht, offen bleibt jedoch, inwiefern die potenziellen Gründer den Gründungsprozess weiter durchlaufen. Entsprechend lässt sich auch nicht die interessante Fragestellung beantworten, inwiefern sich die im Vorfeld der Unternehmensgründung als relevant aufgedeckten Einflussgrößen auf den Gründungserfolg auswirken. Einige im Gründungsprozess relevanten Einflussbereiche wie beispielsweise Informationsverarbeitungsprozesse wurden innerhalb der vorliegenden Arbeit nicht untersucht, was auf den betriebswirtschaftlichen Fokus einerseits und die Interdisziplinarität der Untersuchungsfeldes andererseits zurückzuführen ist. Der Informationszugang wurde – wie auch in anderen betriebswirtschaftlichen Untersuchungen – anhand der Anzahl an aufgegriffenen Informationsquellen operationalisiert, ohne hierbei die Informationen selbst zu berücksichtigen, was insbesondere durch die Schwierigkeit der Erhebung bzw. Quantifizierung von Informationen bedingt ist. Geschäftsideen wurden nicht näher analysiert, sondern es wurde lediglich zwischen Vorhandensein und Nichtvorhandensein von Gründungsideen differenziert. Die Befragungsdurchführungen an vier deutschen Hochschulen lassen keine Rückschlüsse auf Studierende in Deutschland allgemein zu, hierfür sind weitere Forschungsaktivitäten nötig.

Nichtsdestotrotz liefern die Ergebnisse der vorliegenden Arbeit zumindest Hinweise, welche ressourcenbasierten gründungsprozessualen Einflussfaktoren im Rahmen einer bedarfsgerechten Ausgestaltung der akademischen Gründungsförderung allgemein als auch der Gründungsausbildung an Hochschulen speziell insbesondere zu berücksichtigen sind; hierbei ist eine Differenzierung zwischen aktuellen Gründungsaktivitäten und intendierten zukünftigen Gründungsaktivitäten anzuraten. Die Hochschulen sind aufgrund der signifikanten Bedeutung des Zugangs zu gründungsrelevanten Informationen während des Gründungsprozesses neben, auf der Vermittlung von generellen Gründungskompetenzen basierenden Unterstützungsformen insbesondere gefordert, ein informationsbasiertes Gründungsunterstützungsangebot zu etablieren, das sowohl den Bedarf an generellen Gründungsinformationen als auch spezifischer Beratung beispielsweise bezüglich vorliegender Geschäftsideen oder Kontaktvermittlung – z.B. zu potenziellen Gründungspartnern – abdecken sollte.

Im Rahmen weiterer Forschungsaktivitäten könnte überprüft werden, inwiefern das vorliegende ressourcenbasierte Modell zur Erklärung der Gründungsrelevanz und der Gründungswahrscheinlichkeit von Studierenden an weiteren Hochschulen beiträgt. So könnten die Ergebnisse beispielweise dahingehend miteinander verglichen werden, inwiefern Faktorenanalysen übereinstimmende Faktoren ausweisen, die diversen Einflussgrößen vergleichbare Effektstärken aufweisen und die nicht signifikanten Faktoren übereinstimmen oder möglicherweise als signifikant aufgedeckt werden. Sofern hierbei auch Hochschulen außerhalb Deutschlands berücksichtigt werden, könnten zudem in einem weiteren Schritt zusätzliche Einflussgrößen wie der volkswirtschaftlichen Wohlstand und kulturelle Faktoren berücksichtigt werden; bestenfalls mit direkter Messung von individuellen Kulturfaktoren (McCoy/Galleta/King 2005: 219f.; Shinnar/Giacomin/Janssen 2012: 487). Dadurch ließen sich vermutlich höhere Anteile der Varianzen von Gründungsrelevanz und Gründungswahrscheinlichkeit erklären, und zudem könnte überprüft werden, inwiefern sich die zusätzliche Berücksichtigung derartiger Einflussgrößen auf die Effektstärken der im Arbeitsmodell bereits integrierten Variablen auswirkt. Zudem könnten auch weitere Forschungsdesigns zu erkenntnisreichen Ergebnissen führen. So könnten beispielsweise im Rahmen von Längsschnittuntersuchungen Studierende während des Gründungsprozesses „begleitet" werden, um Entwicklungstendenzen und ansonsten nicht analysierbare Einflüsse aufzudecken; beispielsweise, inwiefern individuelle Unterschiede ausschlaggebend bei der Überwindung von Hemmnissen während des Gründungsprozesses sind (Venkataraman 1997: 122). Daraus ließen sich tiefergehende Erkenntnisse über eine bedarfsgerechte Gründungsförderung an Hochschulen ableiten. Weiterer Forschungsbedarf wird auch darin gesehen, anhand des in der vorliegenden Arbeit entwickelten ressourcenbasierten Modells unterschiedliche Zielgruppen miteinander zu vergleichen; beispielsweise einerseits Unterschiede und Gemeinsamkeiten von Studierenden der drei fokussierten Fachrichtungen spezifisch zu durchleuchten und andererseits Studierende weiterer Fachrichtungen zu analysieren und entsprechend gegenüberzustellen. Daraus resultierende Forschungsergebnisse könnten zu einer zielgruppenspezifischeren hochschulischen Gründungsförderung beitragen.

„Educators can invoke this model to better understand our students' motivations and intentions, and thus provide better training" (Krueger/Reilly/Carsrud 2000: 428).

Anhangsverzeichnis

Anhang

Anhang 1 – Stichprobenverteilung nach Studiengängen und Befragungszeitraum

Tabelle A-1

Stichprobenverteilung nach Studiengängen und Befragungszeitraum (Semester)

Studiengang	WS 06/07	SS 07	WS 07/08	SS 08	WS 08/09	SS 09	WS 09/10	SS 10	WS 10/11	SS 11	WS 11/12	SS 12	WS 12/13	SS 13
Mittelstandsökonomie (BA/Diplom)	192	17	86	56	135	1	10	98	-	27	-	39	-	26
Finanzdienstleistungen (BA/Diplom)	58	-	31	37	110	13	21	108	-	-	-	-	-	-
Wirtschaftsinformatik (BSc/Diplom)	48	-	48	32	70	45	17	66	-	-	-	-	-	-
Technische Betriebswirtschaft (BSc/Diplom)	34	-	24	25	43	31	19	66	-	-	-	-	-	-
Fernstudiengang Vertriebsingenieur (MBA/ Diplom)	14	15	30	-	16	2	-	-	4	3	8	5	8	-
Fernstudiengang Bankmanagement (Diplom)	28	28	18	-	1	1	-	-	-	-	-	-	-	-
Fernstudiengang Marketing-Management (MBA)	-	-	-	-	4	11	-	-	11	7	4	2	16	-
International Finance & Entrepreneurship (MA)	3	-	5	7	8	3	4	-	5	-	-	-	-	-
Information Management (MSc)	1	-	-	3	5	6	6	-	3	6	-	-	-	-
Master of Pension Management	-	-	-	-	-	7	-	-	-	-	-	-	-	-
Fernstudiengang Betriebswirtschaft (BA)	-	-	-	-	-	-	-	-	-	-	2	-	-	4
Applied Life Sciences (BPM) (BSc)	-	-	-	4	46	56	12	27	66	-	-	-	-	-
Technische Logistik (BEng/ Diplom)	-	-	-	-	-	77	57	20	41	-	-	-	-	-
Wirtschaftsingenieurwesen (BEng/ Diplom)	-	-	-	-	-	-	97	11	49	-	-	-	-	-
Produkt- und Prozess-Engineering (BEng/ Diplom)	-	-	-	-	-	38	24	17	59	-	-	-	-	-
Mikrosystem- und Nanotechnologie/ Mikrosystemtechnik (BEng/ Diplom)	-	-	-	33	30	37	7	5	15	-	-	-	-	-

Studiengang	WS 06/ 07	SS 07	WS 07/ 08	SS 08	WS 08/ 09	SS 09	WS 09/ 10	SS 10	WS 10/ 11	SS 11	WS 11/ 12	SS 12	WS 12/ 13	SS 13
Bauingenieurwesen (BEng/ Diplom)	-	-	-	-	-	-	106	-	-	-	-	-	-	-
Elektrotechnik (BEng/ Diplom)	-	-	-	-	-	-	22	-	43	-	-	-	-	-
Maschinenbau (BEng/ Diplom)	-	-	-	-	-	-	10	45	7	-	-	-	-	-
Mechatronik (BEng/ Diplom)	-	-	-	-	-	-	1	10	9	-	-	-	-	-
Ingenieurinformatik (BEng/ Diplom)	-	-	-	-	-	-	10	5	3	-	-	-	-	-
Informationstechnik (BEng)	-	-	-	-	-	-	3	7	7	-	-	-	-	-
Micro Systems and Nano Technologies /Mikrosystemtechnik (MEng)	-	-	-	9	-	-	7	-	-	-	-	-	-	-
Applied Life Sciences BPM (MSc)	-	-	-	-	-	-	5	-	-	-	-	-	-	-
Logistik und Produktionsmanagement (MSc)	-	-	-	-	-	-	-	-	5	-	-	-	-	-
Medieninformatik/Digitale Medien (BSc/Diplom)	-	-	-	132	85	97	48	59	11	-	-	-	-	-
Angewandte Informatik (BSc/Diplom)	-	-	-	71	57	41	27	19	36	-	-	-	-	-
Medizintechnische Informatik (BSc)	-	-	-	-	15	17	1	4	3	-	-	-	-	-
Informatik (MSc)	-	-	-	3	7	5	9	-	-	-	-	-	-	-
Fernstudiengang Wirtschaftsingenieurwesen (MBA/ Diplom)	75	14	21	10	30	22	39	25	31	22	25	18	-	-
Fernstudiengang Logistik (MSc/ Diplom)	42	3	12	19	11	16	17	9	10	-	-	-	20	-
Fernstudiengang Facility Management (MSc/ Diplom)	33	1	8	8	17	8	7	4	17	-	-	-	13	
Dual BW-Mittelstandsmanagement (BA)	-	-	-	-	-	-	-	-	-	4	4	5	-	-
Dual BW-Logistikmanagement (BA)	-	-	-	-	-	-	-	-	-	-	4	-	-	-
Wirtschaftsingenieurwesen (BSc/Diplom)	-	-	-	-	-	27	-	53	-	32	57	59	-	-
Dual Ingenieurwesen-Maschinenbau (BEng)	-	-	-	-	-	-	-	-	-	12	5	6	-	-
Facility Management (BSc)	-	-	-	-	-	-	-	-	-	1	13	-	-	-
Dual Wirtschaftsingenieurwesen-Elektrotechnik (BEng)	-	-	-	-	-	-	-	-	-	3	1	6	-	-

Studiengang	WS 06/ 07	SS 07	WS 07/ 08	SS 08	WS 08/ 09	SS 09	WS 09/ 10	SS 10	WS 10/ 11	SS 11	WS 11/ 12	SS 12	WS 12/ 13	SS 13
Internationales Personalmanagement und Organisation (BA)	-	-	-	27	32	-	-	-	-	-	-	-	-	-
Logistik (BA)	-	-	-	-	-	-	41	-	-	-	-	-	-	-
Finanzdienstleistungen und Corporate Finance (BA)	-	-	-	-	-	-	29	-	-	-	-	-	-	-
Betriebswirtschaftliche Steuerlehre und Wirtschaftsprüfung (BA)	-	-	-	-	-	-	27	-	-	-	-	-	-	-
International Human Resource Management (MA)	-	-	-	-	-	-	11	-	-	-	-	-	-	-
Wirtschaftsingenieurwesen (Diplom)	23	-	8	-	-	-	-	-	-	-	-	-	-	-
Betriebswirtschaftslehre (Diplom)	13	-	5	-	-	-	-	-	-	-	-	-	-	-
Gesamt	**564**	**78**	**296**	**476**	**722**	**561**	**694**	**658**	**435**	**117**	**123**	**140**	**57**	**30**

Quelle: Eigene Erstellung.

Anhang 2 – Beschreibung Faktorenanalyse

In Zusammenhang mit der Erklärung menschlicher Handlungstendenzen und Verhaltensweisen bzw. „allgemeiner sozialer Phänomene“ wie das der Unternehmensgründung ist es grundsätzlich erforderlich, viele Einflussfaktoren in Betracht zu ziehen. Mit höherer Anzahl von Erklärungsvariablen steigt jedoch auch die Möglichkeit ihrer Abhängigkeiten untereinander, was sich in verzerrten Ergebnissen widerspiegelt (Backhaus/Erichson/Plinke/Weiber 2000: 253). So sollten nur voneinander unabhängige, zur Beantwortung der Forschungsfrage notwendige Variablen geprüft werden. Die damit verbundene erforderliche Reduzierung der Erklärungsvariablen steht oft im Widerspruch mit dem Forschungsinteresse, gerade sämtliche als relevant erscheinende Einflussfaktoren empirisch zu untersuchen. Die Faktorenanalyse bietet eine Möglichkeit zur Lösung dieser beschriebenen Problematik, indem sie es ermöglicht, eine größere Anzahl von Erklärungsvariablen mithilfe der vorliegenden Fälle auf eine überschaubare geringere Anzahl von untereinander unabhängigen Einflussgrößen, den sogenannten „Faktoren“, zu verringern (Bühl 2012: 589). Anhand der Reduzierung des durch zahlreiche Variablen bedingten hohen Komplexitätsgrades auf möglichst wenige Faktoren werden wirtschafts- und sozialwissenschaftliche Sachverhalte oftmals überhaupt erst interpretierbar (Brosius 2011: 787). Mithilfe der Faktorenanalyse können in der empirischen Untersuchung also einerseits viele Einflussfaktoren berücksichtigt werden, aus denen die erklärungsrelevanten Variablen(-bündel) ausfindig gemacht werden können, andererseits erleichtert die damit einhergehende Datenreduzierung die statistische Analyse (Backhaus/Erichson/Plinke/Weiber 2000: 253; Janssen/Laatz 2003: 457f.).

Um die Faktorenzahl zu bestimmen, wird neben dem „subjektiven Eingriff" des Forschers auf statistische Kriterien – wie den Scree-Test (vgl. hierzu Backhaus/Erichson/ Plinke/Weiber 2000: 289f.; Brosius 2011: 800) – zurückgegriffen, wobei das gängigste das Kaiser-Kriterium ist, nach dem die zu extrahierende Faktorenzahl der Anzahl an Faktoren mit Eigenwerten – „ein Maßstab für die durch den jeweiligen Faktor erklärte Varianz der Beobachtungswerte" (Backhaus/Erichson/Plinke/Weiber 2000: 288) – größer als eins entspricht (Backhaus/Erichson/Plinke/Weiber 2000: 288; Bühl 2012: 589; Brosius 2011: 799f.). „Die zu diesen Eigenwerten gehörenden Eigenvektoren bilden die Faktoren; die Elemente der Eigenvektoren nennt man die Faktorladungen" (Bühl 2012: 589), welche als Korrelationskoeffizienten zwischen den entsprechenden Variablen und den Faktoren anzusehen sind (Bühl 2012: 589). Als faktorenanalytische Verfahren zur Bestimmung der Kommunalitäten (vgl. hierzu Backhaus/Erichson/Plinke/Weiber 2000: 282-86; Brosius 2011: 798f.) wird auf die am gebräuchlichsten einzustufende Hauptkomponentenanalyse zurückgegriffen, da sie mit ihrem Ziel, anhand einer möglichst geringen Anzahl an Faktoren eine möglichst umfassende Reproduktion der Datenstruktur vorzunehmen (Backhaus/Erichson/Plinke/Weiber 2000: 285), für die Beantwortung der Forschungsfragen am geeignetsten erscheint. Um die Faktorladungen der rotierten Faktormatrix – welche als eigentliches faktorenanalytisches Ergebnis zu verstehen sind und die der Interpretation der Faktoren dienen – zu erhalten, wird das gängigste Rotationsverfahren der Varimax-Methode, die primär der Interpretierbarkeit der Faktoren dient, angewandt (Backhaus/Erichson/Plinke/Weiber 2000: 291-93; Brosius 2011: 803-06; Bühl 2012: 589, 625). Bei Interpretationsschwierigkeiten im Zusammenhang mit der Zuordnung von Variablen zu einem Faktor aufgrund von inhaltlich nicht konsistenten Faktorladungen wird i.d.R. auf entwickelte Regeln zurückgegriffen. Hierbei wird in der praktischen Anwendung ab 0,5 eine hohe

Ladung angenommen (Backhaus/Erichson/Plinke/Weiber 2000: 292), während Items mit Faktorladungen unter 0,4 i.d.R. eliminiert werden sollten (Bühl 2012: 610).

Anhang 3 – Beschreibung Regressionsanalyse

Die Regressionsanalyse, und hierbei insbesondere die multiple Regressionsanalyse, zählt zu den bekanntesten, flexibelsten und auch am häufigsten angewandten statistischen Analyseverfahren (Fahrmeir/Künstler/Pigeot/Tutz 2004: 513; Backhaus/Erichson/Plinke/Weiber 2000: 2). Sie analysiert die Auswirkung einer Veränderung von einer – oder bei der multiplen Regression den Einfluss von mehreren – exogenen bzw. unabhängigen Variablen auf eine endogene bzw. abhängige Variable (Schnell/Hill/Esser 2005: 455f.; Backhaus/Erichson/Plinke/Weiber 2000: 2), wobei im Falle von mehreren unabhängigen Variablen der Effekt jedes einzelnen Regressors erklärt wird, während die anderen Regressoren jeweils konstant gehalten werden (Stock/Watson 2006: 186). Bei der multiplen Regressionsanalyse werden demnach diejenigen Effekte auf den Regressanden, die durch Korrelationen der erklärenden Variablen untereinander bedingt sind, herausgerechnet und nur die reinen Effekte der Regressoren auf die erklärte Variable berechnet (Denz 1989: 123, zit. n. Mayer 2006: 159), um so Scheinkorrelationen zu eliminieren (Bühl 2012: 442). Die zentrale Aufgabe der Regressionsanalyse ist das Auffinden einer linearen Funktion, die den Einfluss von einer oder mehreren unabhängigen Variablen auf den Regressanden quantifiziert (Janssen/Laatz 2003: 379), wobei diese – über die *Methode der Kleinsten Quadrate* (vgl. hierzu z.B. Fahrmeir/Künstler/Pigeot/Tutz 2004: 153-55; Stock/Watson 2006: 118-23, 166f., 196-98, 202-06) bestimmte – *Ausgleichsgerade* möglichst nahe an den beobachteten Werten liegt (Fahrmeir/Künstler/Pigeot/Tutz 2004: 153) und deren Abweichungen von den anhand der *Regressionskoeffizienten* dieser Regressionsgeraden prognostizierten Werte als *Residuen* bezeichnet werden (Janssen/Laatz 2003: 380f.; Fahrmeir/Künstler/Pigeot/Tutz 2004: 158). Neben den die Regressoren gewichtenden Regressionskoeffizienten wird die Regressionsgerade zudem durch eine *Konstante* definiert (Backhaus/Erichson/Plinke/Weiber 2000: 6, 10; Schnell/Hill/Esser 2006: 455; Brosius 2011: 546), die den Wert der Regressionsgeraden angibt, wenn alle Regressoren den Wert Null annehmen – bzw. der ihr potenziell zugewiesene *konstante Regressor* stets den Wert Eins einnimmt (Stock/Watson 2006: 195) – und somit als Schnittpunkt der Regressionsgeraden zu verstehen ist, so dass ihr oftmals lediglich mathematische Bedeutung zukommt, ohne ökonomisch sinnvoll interpretierbar zu sein (Stock/Watson 2006: 114). Die Residuen entstehen aufgrund von in der Regressionsgleichung unberücksichtigten Einflussgrößen, die mit mindestens einem Regressor korrelieren und ebenfalls einen Einfluss auf den Regressanden haben – also durch sogenannte *Omitted Variable Bias* (Stock/Watson 2006: 186-91) bzw. Verzerrung aufgrund von ausgelassenen Variablen –, wobei auch weitere Gründe wie beispielsweise Messfehler denkbar sind (Backhaus/ Erichson/Plinke/Weiber 2000: 11f.). Die Residuen sind bei der Bewertung der Güte eines linearen Regressionsmodells entscheidend und nach einigen Voraussetzungen (vgl. hierzu z.B. Janssen/Laatz 2003: 383f.) zu überprüfen (Fahrmeir/Künstler/Pigeot/Tutz 2004: 490), da sie keine systematischen Einflüsse auf den Regressanden vorweisen dürfen (Schnell/Hill/Esser 2005: 455f.). Insgesamt unterliegt das stochastische Regressionsmodell einigen prüfbaren Prämissen (Kmenta 1986: 260-341, 430-55, zit. n. Backhaus/Erichson/Plinke/Weiber 2000: 33-44), wobei es relativ robust gegenüber geringeren Verstößen ist, was sich wiederum in seiner flexiblen und vielseitigen Einsetzbarkeit widerspiegelt (Backhaus/Erichson/Plinke/Weiber 2000: 44). Beispielsweise können nichtlineare Zusammenhänge mittels Variablentransformation in lineare Zusammenhänge überführt werden (Backhaus/Erichson/Plinke/Weiber 2000: 34-37; Stock/Watson 2006: 254-97) oder durch nichtlineare bzw. nichtparametrische Regressionsmodelle geprüft werden (Fahrmeir/Künstler/Pigeot/Tutz 2004: 165f., 508-12).

Ziel der Regressionsanalyse ist die Herleitung derjenigen Regressionsfunktion, die einen möglichst hohen Anteil der Abweichungen der beobachteten Werte von ihren gemeinsamen Mittelwerten erklärt und einen möglichst geringen Anteil an unerklärten Residuen beinhaltet (Backhaus/Erichson/Plinke/Weiber 2000: 13). Zur Beurteilung der Güte des Regressionsmodells dienen einerseits globale Gütemaße und andererseits Maße zur Prüfung der Regressionskoeffizienten (vgl. hierzu Backhaus/Erichson/Plinke/Weiber 2000: 19-32). So beschreibt das *Bestimmtheitsmaß* bzw. das *R-Quadrat*, das Werte zwischen Null und Eins annehmen kann, welcher Anteil der Gesamtstreuung der beobachteten Werte durch die Regression erklärt wird (Janssen/Laatz 2003: 381f.; Fahrmeir/Künstler/Pigeot/Tutz 2004: 159-61, 498; Stock/Watson 2006: 200). Da das

Bestimmtheitsmaß generell bei der Aufnahme auch irrelevanter Variablen ansteigt, greift man bei multiplen Regressionsanalysen zur Beurteilung der Modellgüte auf das korrigierte bzw. adjustierte Bestimmtheitsmaß ($\bar{R}^2$) zurück, das das R-Quadrat um eine Korrekturgröße vermindert (Backhaus/Erichson/Plinke/Weiber 2000: 24; Stock/Watson 2006: 201f.). Der Beantwortung der Frage, ob das auf einer Stichprobe basierende geschätzte Regressionsmodell auch für die Grundgesamtheit gültig ist, dient die *F-Statistik*, die zudem den Stichprobenumfang berücksichtigt und es anhand des F-Tests ermöglicht, den empirischen mit dem kritischen F-Wert zu vergleichen, um so bei Ablehnung der *Nullhypothese* (vgl. hierzu und generell zu Hypothesentests Diekmann 2000: 585-94) einen signifikanten Zusammenhang im Regressionsmodell zu bestätigen (Backhaus/Erichson/Plinke/Weiber 2000: 24-28). In empirischen Forschungsarbeiten wird i.d.R. ein *Signifikanzniveau* von fünf Prozent (d.h. die *Irrtumswahrscheinlichkeit* bzw. $\alpha = 0{,}05$) bzw. eine *Vertrauenswahrscheinlichkeit* von 0,95 verwendet (Backhaus/Erichson/Plinke/Weiber 2000: 26f.; Schnell/Hill/Esser 2005: 450), wobei alternativ auch ein Signifikanzniveau von einem Prozent üblich ist (Backhaus/Erichson/Plinke/Weiber 2000: 26; Diekmann 2000: 587). Nur wenn die globale Güte des Regressionsmodells bestätigt wird, macht es Sinn, die Effekte der Regressoren zu interpretieren (Schnell/Hill/Esser 2005: 457). Als Prüfgröße der über die Methode der kleinsten Quadrate ermittelten Regressionskoeffizienten dient die *t-Statistik*, die unter der Nullhypothese einer t-Verteilung bzw. *Student-Verteilung* um den Mittelwert Null folgt und anhand des Standardfehlers und des t-Tests ermöglicht, den empirischen mit dem theoretischen t-Wert zu vergleichen, um so im Falle der Ablehnung der Nullhypothese einen signifikanten Effekt des überprüften Regressors aufzuzeigen (Backhaus/Erichson/Plinke/Weiber 2000: 29-31; Stock/Watson 2006: 221-23). Die Regressionskoeffizienten geben den Effekt der Erhöhung der entsprechenden unabhängigen Variablen um eine Einheit auf die abhängige Variable an, wenn die anderen Regressoren gleichzeitig konstant gehalten werden (Schnell/Hill/Esser 2005: 456; Stock/Watson 2006: 193f.). Bei einem höheren absoluten Betrag des Regressionskoeffizienten wird demnach ein stärkerer Einfluss auf den Regressanden vermutet (Backhaus/Erichson/Plinke/Weiber 2000: 18). Da die absoluten Größen der Regressionskoeffizienten jedoch von den jeweiligen Skalen der Regressoren abhängen, sind sie nur eingeschränkt untereinander vergleichbar (Schnell/Hill/Esser 2005: 456; Brosius 2011: 572). Demzufolge werden die Regressionskoeffizienten zwecks Vergleichbarkeit in standardisierte Regressionskoeffizienten bzw. *Beta-Koeffizienten*, bei denen unterschiedliche Messdimensionen der Variablen standardisiert werden (Janssen/Laatz 2003: 390), umgeformt (Backhaus/Erichson/Plinke/Weiber 2000: 18; Brosius 2011: 573). Diese Vergleichbarkeit der relativen Erklärungsstärken der standardisierten Regressionskoeffizienten auf den Regressanden wird allerdings durch *Multikollinearität* (vgl. hierzu z.B. Stock/Watson 2006: 206-09) bzw. deutliche Korrelationen der Regressoren untereinander eingeschränkt (Janssen/Laatz 2003: 391; Brosius 2011: 573, 580). Zwar drückt das (adjustierte) Bestimmtheitsmaß aus, in wie fern die Werte der endogenen Variablen innerhalb der Stichprobe durch die Regressoren hervorgesagt werden (Stock/Watson 2006: 237), allerdings gibt es weder an, ob die exogenen Variablen statistisch signifikant oder eine direkte Ursache der Veränderungen des Regressanden sind, noch lässt sich aus ihm erkennen, ob Omitted Variable Bias oder ein (in-)adäquates Set an Regressoren vorliegen (Stock/Watson 2006: 237-39). Das Ziel, alle relevanten, den Regressanden beeinflussenden Variablen in das Regressionsmodell aufzunehmen, damit der Fehlerterm bzw. die Störgröße nur zufälligen Schwankungen ausgesetzt ist (Backhaus/Erichson/Plinke/Weiber 2000: 37), lässt sich in der Forschungspraxis – insbesondere in den Wirtschafts- und Sozialwissenschaften mit den dort vorherrschenden Wechselwirkungen nahezu aller Faktoren (Brosius 2011: 571) – nur selten vollständig erreichen (Backhaus/Erichson/Plinke/Weiber 2000: 37; Brosius 2011: 571). Vielmehr geht es darum, anhand von theoretischen Vorüberlegungen die Unvollständigkeit bei der Modellformulierung bzw. die Anzahl der unberücksichtigten erklärenden Variablen möglichst gering zu halten und die wichtigsten Einflussvariablen zu erfassen, um so die damit verbundenen Verzerrungen der geschätzten Koeffizienten der integrierten Regressoren zu minimieren (Backhaus/Erichson/Plinke/Weiber 2000: 37; Brosius 2011: 571). „Decisions about the regressors must weigh issues of omitted variable bias, data availability, data quality, and, most importantly, economic theory and the nature of the substantive questions being addressed" (Stock/Watson 2006: 238).

Anhang 4 – Korrelationstabellen

Tabelle A-2

Korrelationskoeffizienten nach Pearson und Signifikanzniveaus

	Gründungsrelevanz (4)	Gründungsrelevanz (5)	Gründungswahrschein-lichkeit	Informationsquellen	Risikohaltung	MateriellesMacht- und Prestigestreben	Ideen- und Selbstverwirk-lichung	Ökonomische Notwendig-keit	Qualifikation/Idee/Partner	Erwirtschaftungsrisiko
Gründungsrelevanz (4)		,987	,502	,576	,195	,002	,194	-,097	-,201	-,090
Gründungsrelevanz (5)	,000		,501	,570	,194	,000	,186	-,097	-,204	-,087
Gründungswahrschein-lichkeit	,000	,000		,422	,315	,125	,261	-,028	-,203	-,082
Informationsquellen	,000	,000	,000		,183	,004	,185	-,090	-,152	-,104
Risikohaltung	,000	,000	,000	,000		,101	,141	-,029	-,126	-,100
Materielles Macht- und Prestigestreben	,906	,980	,000	,799	,000		,000	,000	-,034	,097
Ideen- und Selbstver-wirklichung	,000	,000	,000	,000	,000	1,000		,000	-,064	-,046
Ökonomische Notwen-digkeit	,000	,000	,107	,000	,059	1,000	1,000		,077	,095
Qualifikation/Idee/ Partner	,000	,000	,000	,000	,000	,044	,000	,000		,000
Erwirtschaftungsrisiko	,000	,000	,000	,000	,000	,000	,007	,000	1,000	
Volkswirtschaftlicher Rahmen/F&F	,972	,865	,604	,125	,833	,304	,010	,000	1,000	1,000
Ängstlichkeit	,000	,000	,000	,000	,000	,363	,007	,388	1,000	1,000
Kapital	,094	,010	,769	,798	,551	,216	,000	,005	1,000	1,000
Individueller Support	,000	,000	,000	,003	,363	,000	,000	,000	,112	,001
Grundlagenvermittlung	,000	,000	,000	,000	,024	,060	,000	,005	,104	,157
Networking-Support	,829	,705	,000	,002	,001	,000	,000	,000	,257	,001
Gründungsidee	,000	,000	,000	,000	,000	,148	,000	,000	,000	,000
Selbständigen-Umfeld	,000	,000	,000	,000	,000	,015	,000	,002	,011	,271
Alter	,000	,000	,232	,000	,246	,000	,000	,000	,490	,000
Geschlecht	,000	,000	,019	,000	,000	,787	,009	,000	,083	,000
BWL	,000	,000	,006	,000	,840	,749	,000	,000	,269	,442
Ingenieurwissenschaf-ten	,000	,000	,000	,000	,266	,911	,000	,000	,094	,679
Informatik	,356	,642	,003	,000	,265	,763	,004	,867	,581	,121
Jahr/Semester	,010	,012	,000	,004	,000	,453	,432	,159	,001	,329
Semestergruppe	,000	,000	,222	,000	,048	,000	,000	,000	,032	,000
Weiterführendes Studi-um	,000	,000	,411	,000	,995	,000	,000	,000	,008	,000
Fernstudium	,000	,000	,109	,000	,398	,000	,000	,000	,036	,002
Universität	,000	,000	,063	,000	,021	,158	,839	,091	,360	,403

Tabelle A-2

(Fortsetzung I)

	Volkswirtschaftlicher Rahmen/F&F	Ängstlichkeit	Kapital	Individueller Support	Grundlagenvermittlung	Networking-Support	Gründungsidee	Selbständigen-Umfeld	Alter
Gründungsrelevanz (4)	,001	-,077	-,028	,057	,148	-,004	,499	,167	,176
Gründungsrelevanz (5)	,003	-,082	-,043	,058	,142	-,006	,495	,163	,187
Gründungswahrscheinlichkeit	-,010	-,169	-,006	,072	,129	,089	,414	,169	,020
Informationsquellen	-,026	-,086	,004	,050	,159	,052	,407	,171	,156
Risikohaltung	,004	-,268	-,010	-,015	,037	,053	,186	,057	,017
Materielles Macht- und Prestigestreben	-,018	-,015	-,021	,076	,031	,114	,022	-,037	-,132
Ideen- und Selbstverwirklichung	,044	-,046	,066	,171	,175	,163	,188	,071	,102
Ökonomische Notwendigkeit	,080	-,015	,048	,065	,047	,090	-,083	-,047	-,129
Qualifikation/Idee/ Partner	,000	,000	,000	,029	,030	,021	-,232	-,042	-,011
Erwirtschaftungsrisiko	,000	,000	,000	,059	,026	,058	-,117	-,018	-,074
Volkswirtschaftlicher Rahmen/F&F		,000	,000	,097	-,002	,030	,009	-,022	,005
Ängstlichkeit	1,000		,000	,014	-,015	-,040	-,028	-,024	-,014
Kapital	1,000	1,000		,125	-,028	,043	,039	-,014	-,028
Individueller Support	,000	,453	,000		,000	,000	,042	,004	,005
Grundlagenvermittlung	,919	,400	,128	1,000		,000	,094	,038	,171
Networking-Support	,106	,028	,020	1,000	1,000		,029	,045	-,022
Gründungsidee	,602	,096	,021	,011	,000	,089		,157	,149
Selbständigen-Umfeld	,193	,148	,407	,796	,021	,006	,000		,065
Alter	,749	,406	,095	,759	,000	,177	,000	,000	
Geschlecht	,007	,665	,839	,005	,009	,000	,000	,007	,000
BWL	,001	,000	,008	,823	,000	,047	,000	,000	,000
Ingenieurwissenschaften	,021	,000	,006	,615	,000	,389	,000	,081	,000
Informatik	,134	,560	,814	,751	,000	,000	,146	,005	,000
Jahr/Semester	,035	,000	,927	,537	,798	,001	,103	,751	,010
Semestergruppe	,035	,099	,072	,165	,000	,267	,000	,000	,000
Weiterführendes Studium	,047	,802	,008	,004	,000	,183	,000	,000	,000
Fernstudium	,001	,792	,000	,000	,000	,074	,000	,000	,000
Universität	,198	,218	,248	,904	,956	,028	,265	,374	,049

Tabelle A-2

(Fortsetzung II)

	Geschlecht	BWL	Ingenieurwissenschaften	Informatik	Jahr/Semester	Semestergruppe	Weiterführendes Studium	Fernstudium	Universität
Gründungsrelevanz (4)	,110	,140	-,142	-,013	-,037	,152	,145	,112	,057
Gründungsrelevanz (5)	,110	,133	-,140	-,007	-,037	,153	,150	,118	,056
Gründungswahrscheinlichkeit	,039	,045	-,086	,049	-,078	-,020	-,014	-,027	,031
Informationsquellen	,072	,160	-,123	-,065	-043	,134	,118	,095	,062
Risikohaltung	,116	,003	-,016	,016	-,053	-,029	,000	-,012	,033
Materielles Macht- und Prestigestreben	-,004	-,005	,002	,005	,011	-,126	-,124	-,108	,021
Ideen- und Selbstverwirklichung	-,040	,081	-,055	-,043	-,012	,112	,090	,068	,003
Ökonomische Notwendigkeit	-,161	-,055	,059	,002	-,021	-,141	-,132	-,128	-,025
Qualifikation/Idee/ Partner	-,029	-,018	,028	-,009	,056	-,035	-,044	-,035	-,015
Erwirtschaftungsrisiko	-,082	,013	,007	-,026	,016	-,070	-,069	-,050	-,014
Volkswirtschaftlicher Rahmen/F&F	-,045	-,053	,038	,025	,035	-,035	-,033	-,056	-021
Ängstlichkeit	-,007	-,062	,060	,010	,097	,027	,004	,004	-,020
Kapital	,003	-,044	,046	,004	,002	-,030	-,044	-,067	-,019
Individueller Support	-,046	-,004	,008	-,005	,010	-,023	-,047	-,065	,002
Grundlagenvermittlung	-,043	,253	-,121	-,201	-,004	,171	,174	,188	-,001
Networking-Support	-,096	,032	,014	-,062	-,054	-,018	-,022	-,029	,036
Gründungsidee	,113	,093	-,084	-,022	-,024	,134	,141	,120	,016
Selbständigen-Umfeld	-,039	,053	-,025	-,041	-,005	,065	,062	,053	,013
Alter	,127	,269	-,188	-,135	-,037	,614	,613	,623	,028
Geschlecht		-,090	-,004	,128	,027	,072	,094	,083	-,036
BWL	,000		-,719	-,478	-,312	,351	,363	,401	,088
Ingenieurwissenschaften	,796	,000		-,276	,373	-,226	-,269	-,288	-,063
Informatik	,000	,000	,000		-,039	-,201	-,164	-,192	-,042
Jahr/Semester	,059	,000	,000	,006		-,014	-,022	-,072	-,154
Semestergruppe	,000	,000	,000	,000	,331		,803	,721	,081
Weiterführendes Studium	,000	,000	,000	,000	,121	,000		,851	-,047
Fernstudium	,000	,000	,000	,000	,000	,000	,000		-,045
Universität	,013	,000	,000	,003	,000	,000	,001	,001	

Anmerkung: Signifikanzniveaus unterhalb der Hauptdiagonalen.

Quelle: Eigene Erstellung.

Tabelle A-3

Korrelationskoeffizienten nach Spearmans Rho und Signifikanzniveaus

	Gründungsrelevanz (4)	Gründungsrelevanz (5)	Gründungswahrschein-lichkeit	Informationsquellen	Risikohaltung	Materielles Macht- und Prestigestreben	Ideen- und Selbstverwirk-lichung	Ökonomische Notwendig-keit	Qualifikation/Idee/Partner	Erwirtschaftungsrisiko
Gründungsrelevanz (4)		1,000	,491	,583	,189	-,001	,206	-,088	-,193	-,075
Gründungsrelevanz (5)	,000		,491	,584	,189	-,001	,206	-,088	-,194	-,075
Gründungswahrschein-lichkeit	,000	,000		,429	,311	,116	,268	-,014	-,184	-,072
Informationsquellen	,000	,000	,000		,182	,001	,191	-,080	-,148	-,086
Risikohaltung	,000	,000	,000	,000		,101	,142	-,024	-,121	-,091
Materielles Macht- und Prestigestreben	,935	,922	,000	,929	,000		-,006	,014	-,030	,102
Ideen- und Selbstver-wirklichung	,000	,000	,000	,000	,000	,705		-,023	-,069	-,037
Ökonomische Notwen-digkeit	,000	,000	,431	,000	,112	,359	,128		,061	,099
Qualifikation/Idee/ Partner	,000	,000	,000	,000	,000	,076	,000	,000		-,028
Erwirtschaftungsrisiko	,000	,000	,000	,000	,000	,000	,030	,000	,085	
Volkswirtschaftlicher Rahmen/F&F	,781	,803	,493	,048	,556	,466	,009	,000	,961	,614
Ängstlichkeit	,000	,000	,000	,000	,000	,107	,008	,423	,498	,762
Kapital	,892	,833	,580	,387	,995	,274	,000	,035	,006	,164
Individueller Support	,000	,000	,000	,003	,292	,000	,000	,000	,300	,004
Grundlagenvermittlung	,000	,000	,000	,000	,020	,086	,000	,035	,164	,401
Networking-Support	,655	,651	,000	,003	,000	,000	,000	,000	,398	,009
Gründungsidee	,000	,000	,000	,000	,000	,108	,000	,000	,000	,000
Selbständigen-Umfeld	,000	,000	,000	,000	,000	,032	,000	,006	,007	,254
Alter	,000	,000	,283	,000	,376	,000	,000	,000	,443	,000
Geschlecht	,000	,000	,035	,000	,000	,873	,054	,000	,074	,000
BWL	,000	,000	,001	,000	,914	,904	,000	,000	,140	,374
Ingenieurwissenschaf-ten	,000	,000	,000	,000	,234	,925	,000	,000	,042	,954
Informatik	,152	,161	,009	,000	,180	,775	,014	,908	,626	,229
Jahr/Semester	,002	,002	,000	,001	,000	,631	,401	,271	,001	,614
Semestergruppe	,000	,000	,083	,000	,005	,000	,000	,000	,034	,000
Weiterführendes Studi-um	,000	,000	,463	,000	,869	,000	,000	,000	,002	,000
Fernstudium	,000	,000	,114	,000	,364	,000	,000	,000	,010	,005
Universität	,000	,000	,046	,000	,015	,124	,943	,090	,352	,424

Tabelle A-3

(Fortsetzung I)

	Volkswirtschaftlicher Rahmen/F&F	Ängstlichkeit	Kapital	Individueller Support	Grundlagenvermittlung	Networking-Support	Gründungsidee	Selbständigen-Umfeld	Alter
Gründungsrelevanz (4)	-,005	-,072	-,002	,060	,156	,007	,490	,172	,171
Gründungsrelevanz (5)	-,004	-,073	-,004	,061	,157	,007	,491	,172	,173
Gründungswahrscheinlichkeit	-,013	-,165	,010	,067	,128	,104	,397	,170	,018
Informationsquellen	-,034	-,083	,015	,050	,166	,050	,406	,171	,157
Risikohaltung	,010	-,265	,000	-,017	,038	,060	,184	,061	,013
Materielles Macht- und Prestigestreben	-,012	-,027	-,019	,080	,029	,109	,025	-,032	-,126
Ideen- und Selbstverwirklichung	,045	-,045	,079	,164	,168	,166	,198	,070	,114
Ökonomische Notwendigkeit	,086	-,014	,036	,059	,035	,090	-,077	-,042	-,121
Qualifikation/Idee/ Partner	-,001	,011	-,045	,019	,026	,015	-,222	-,045	-,013
Erwirtschaftungsrisiko	-,008	-,005	-,023	,052	,015	,048	-,110	-,019	-,078
Volkswirtschaftlicher Rahmen/F&F		,014	-,012	,091	-,010	,023	,009	-,031	,006
Ängstlichkeit	,400		-,012	,016	-,013	-,042	-,026	-,023	-,008
Kapital	,484	,462		,120	-,010	,042	,056	-,013	-,008
Individueller Support	,000	,384	,000		-,018	-,014	,044	,011	,010
Grundlagenvermittlung	,584	,494	,574	,270		-,018	,099	,041	,176
Networking-Support	,215	,023	,022	,377	,259		,035	,038	-,011
Gründungsidee	,575	,126	,001	,009	,000	,038		,157	,143
Selbständigen-Umfeld	,059	,167	,446	,518	,012	,022	,000		,063
Alter	,728	,639	,650	,554	,000	,487	,000	,000	
Geschlecht	,004	,760	,534	,013	,009	,000	,000	,007	,000
BWL	,002	,000	,008	,724	,000	,072	,000	,000	,000
Ingenieurwissenschaften	,017	,000	,029	,600	,000	,680	,000	,081	,000
Informatik	,185	,466	,357	,870	,000	,003	,146	,005	,000
Jahr/Semester	,005	,000	,517	,179	,410	,000	,040	,617	,002
Semestergruppe	,065	,036	,558	,598	,000	,474	,000	,000	,000
Weiterführendes Studium	,043	,778	,045	,014	,000	,162	,000	,000	,000
Fernstudium	,001	,755	,000	,000	,000	,075	,000	,000	,000
Universität	,249	,135	,674	,957	,782	,042	,265	,374	,037

Tabelle A-3

(Fortsetzung II)

	Geschlecht	BWL	Ingenieurwissenschaften	Informatik	Jahr/Semester	Semestergruppe	Weiterführendes Studium	Fernstudium	Universität
Gründungsrelevanz (4)	,109	,144	-,141	-,021	-,045	,144	,147	,115	,058
Gründungsrelevanz (5)	,110	,143	-,141	-,020	-,045	,145	,148	,117	,058
Gründungswahrscheinlichkeit	,035	,053	-,090	,043	-,095	-,029	-,012	-,026	,033
Informationsquellen	,076	,165	-,127	-,069	-,052	,130	,117	,098	,063
Risikohaltung	,118	,002	-,017	,019	-,057	-,041	-,002	-,013	,035
Materielles Macht- und Prestigestreben	-,002	-,002	-,001	,004	,007	-,122	-,122	-,109	,023
Ideen- und Selbstverwirklichung	-,029	,080	-,059	-,037	-,013	,110	,088	,064	-,001
Ökonomische Notwendigkeit	-,165	-,053	,057	,002	-,016	-,133	-,125	-,122	-,025
Qualifikation/Idee/ Partner	-,030	-,024	,034	-,008	,053	-,035	-,050	-,042	-,015
Erwirtschaftungsrisiko	-,078	,016	-,001	-,020	,008	-,070	-,066	-,046	-,013
Volkswirtschaftlicher Rahmen/F&F	-,048	-,052	,040	,022	,046	-,030	-,033	-,057	-,019
Ängstlichkeit	-,005	-,065	,062	,012	,102	,035	,005	,005	-,025
Kapital	,010	-,044	,036	,015	-,011	-,010	-,033	-,057	-,007
Individueller Support	-,041	-,006	,009	-,003	,022	-,009	-,040	-,061	,001
Grundlagenvermittlung	-,043	,255	-,126	-,198	-,013	,168	,187	,194	,005
Networking-Support	-,093	,029	,007	-,049	-,059	-,012	-,023	-,029	,033
Gründungsidee	,113	,093	-,084	-,022	-,030	,124	,141	,120	,016
Selbständigen-Umfeld	-,039	,053	-,025	-,041	-,007	,063	,062	,053	,013
Alter	,132	,258	-,178	-,132	-,044	,570	,575	,585	,030
Geschlecht		-,090	-,004	,128	,028	,061	,094	,083	-,036
BWL	,000		-,719	-,478	-,330	,319	,363	,401	,088
Ingenieurwissenschaften	,796	,000		-,267	,410	-,199	-,269	-,288	-,063
Informatik	,000	,000	,000		-,060	-,191	-,164	-,192	-,042
Jahr/Semester	,053	,000	,000	,000		-,010	-,034	-,084	-,145
Semestergruppe	,000	,000	,000	,000	,480		,703	,641	,092
Weiterführendes Studium	,000	,000	,000	,000	,017	,000		,851	-,047
Fernstudium	,000	,000	,000	,000	,000	,000	,000		-,045
Universität	,013	,000	,000	,003	,000	,000	,001	,001	

Anmerkung: Signifikanzniveaus unterhalb der Hauptdiagonalen.

Quelle: Eigene Erstellung.

Anhang 5 – Ergebnisse Modell 1.1 – Schrittweise, Vorwärts- und Rückwärtsmethode

Die Ergebnisse der Modelle 1.1a, 1.1b, 1.1c und 1.1d, d.h. der Regressionen auf die Gründungsrelevanz ohne Kontrollvariablen nach der schrittweisen Methode, inklusive Hinweise auf Gemeinsamkeiten und Unterschiede der Ergebnisse nach der Vorwärts- sowie der Rückwärtsmethode, sind in den Tabellen A-4, A-5, A-6 und A-7 in diesem Anhang abgebildet bzw. angemerkt. Diese Tabellen enthalten weitere Informationen als die bisherigen Regressionstabellen. So sind dort z.B. Beta-Koeffizienten ausgewiesen, die es durch ihre Standardisierung ermöglichen sollen, die Effektstärken der Regressoren auf die erklärte Variable miteinander zu vergleichen. Jedoch sind die Beta-Werte nur bedingt aussagekräftig, da sie aufgrund von Multikollinearität mehr oder weniger abhängig voneinander sind (Janssen/Laatz 2003: 391). Deshalb sind die Erklärungsbeiträge der exogenen Variablen anhand ihrer Beta-Koeffizienten nur eingeschränkt miteinander vergleichbar. Fortan werden diese Ergebnisse nach schrittweiser, Vorwärts- und Rückwärtsmethode denen der Einschlussmethode gegenübergestellt.

- **Ausgangsmodell**

Die Ergebnisse der Regression ohne Kontrollvariablen nach der schrittweisen, Vorwärts- und Rückwärtsmethode im Rahmen des Ausgangsmodells, d.h. Modell 1.1a, sind in Tabelle A-4 in diesem Anhang illustriert bzw. angemerkt. So umfasst dieses Ausgangsmodell wiederum die endogene Variable Gründungsrelevanz und als exogene Variablen die Gründungsinformationsquellenanzahl, die Risikohaltung sowie die herausgearbeiteten Gründungsmotiv- und Gründungshemmnis-Faktoren.

Durch die Einflussgrößen in Modell 1.1a, das nach dem listenweisen Fallausschluss auf 3.133 Fällen basiert, werden wie in Modell 1.1(1) zusammen 37,2 Prozent der Varianz der Gründungsrelevanz erklärt. Nach dem F-Test ($p = 0{,}000$) ist auch der in dieser Regressionsbeziehung angenommene Wirkungszusammenhang höchst signifikant (Backhaus/Erichson/Plinke/Weiber 2000: 24-28). Bei den signifikanten Regressoren entsprechen sowohl die Wirkungsrichtungen als auch die Signifikanzniveaus denen aus Modell 1.1(1). Zudem werden in Modell 1.1a diejenigen exogenen Variablen ausgeschlossen, bei denen in Modell 1.1(1) keine signifikanten Wirkungen nachgewiesen werden. Diese hohe Übereinstimmung spricht für sehr reliable Schätzer der Regressionskoeffizienten (Stock/Watson 2006: 236f.), was ferner dadurch untermauert wird, dass sowohl Vorwärts- als auch Rückwärtsmethode zu identischen Ergebnissen wie die schrittweise Methode führen. Den Beta-Werten zufolge übt in Modell 1.1a die Informationsquellenanzahl tendenziell den stärksten absoluten Erklärungsbeitrag auf die endogene Variable aus, gefolgt von Qualifikation/Idee/Partner, Risikohaltung, Ideen- und Selbstverwirklichung, Ökonomische Notwendigkeit und schließlich Kapital.

Tabelle A-4

Regression – Modell 1.1a – Schrittweise Methode ohne Kontrollvariablen

Unabhängige Variablen: Informationsquellen-Anzahl, Risikohaltung, Motiv-Faktoren, Hemmnis-Faktoren	**Modell 1.1a – Regressand: Gründungsrelevanz (4 Kategorien; Vorbereiter und Gründer gemeinsam); Schrittweise Methode**				
	Nicht standardisierte Koeffizienten		Standardisierte Koeffizienten	t-Statistik	p-Wert
	Regressions-koeffizient B	Standard-fehler	Beta		
(Konstante)	,498	,068		7,341	,000
Informationsquellen	,590	,016	,536	36,310	,000
Qualifikation/Idee/Partner	-,103	,015	-,097	-6,714	,000
Risikohaltung	,142	,024	,085	5,804	,000
Ideen- und Selbstverwirklichung	,088	,016	,082	5,643	,000
Ökonomische Notwendigkeit	-,050	,015	-,047	-3,304	,001
Kapital	-,030	,015	-,028	-1,982	,048
Korrigiertes R^2: ,372	F (,844): 310,370		Signifikanz: ,000		n = 3133
Ausgeschlossene Variablen: Materielles Macht- und Prestigestreben, Erwirtschaftungsrisiko, Volkswirtschaftlicher Rahmen/F&F, Ängstlichkeit					

Anmerkung: Dargestellt ist die schrittweise Methode; Vorwärts- und Rückwärtsmethode führen zu identischen Ergebnissen.

Quelle: Eigene Erstellung.

- **Erweiterung um Support-Faktoren**

Die Ergebnisse der Regression ohne Kontrollvariablen nach der schrittweisen, Vorwärts- und Rückwärtsmethode im Rahmen von Modell 1.1b sind in Tabelle A-5 in diesem Anhang aufgeführt bzw. angemerkt. In diesem Modell werden neben den Variablen des Ausgangsmodells die herausgearbeiteten Gründungssupport-Faktoren berücksichtigt.

Tabelle A-5

Regression – Modell 1.1b – Schrittweise Methode ohne Kontrollvariablen

Unabhängige Variablen: Informationsquellen-Anzahl, Risikohaltung, Motiv-Faktoren, Hemmnis-Faktoren, Support-Faktoren	**Modell 1.1b – Regressand: Gründungsrelevanz (4 Kategorien; Vorbereiter und Gründer gemeinsam); Schrittweise Methode**				
	Nicht standardisierte Koeffizienten		Standardisierte Koeffizienten	t-Statistik	p-Wert
	Regressions-koeffizient B	Standard-fehler	Beta		
(Konstante)	,482	,076		6,321	,000
Informationsquellen	,575	,018	,523	31,706	,000
Risikohaltung	,161	,027	,095	5,882	,000
Qualifikation/Idee/Partner	-,106	,017	-,099	-6,167	,000
Ideen- und Selbstverwirklichung	,066	,018	,061	3,725	,000
Grundlagenvermittlung	,053	,017	,049	3,037	,002
Ökonomische Notwendigkeit	-,051	,017	-,047	-2,949	,003
Individueller Support	,040	,017	,037	2,304	,021
Kapital	-,034	,017	-,032	-2,006	,045
Korrigiertes R^2: ,367	F (,853): 188,356		Signifikanz: ,000		n = 2589
Ausgeschlossene Variablen: Materielles Macht- und Prestigestreben, Erwirtschaftungsrisiko, Volkswirtschaftlicher Rahmen/F&F, Ängstlichkeit, Networking-Support					

Anmerkung: Dargestellt ist die schrittweise Methode; Vorwärtsmethode führt zu identischen Ergebnissen. Relevante Unterschiede (d.h. im Falle von Veränderungen bzgl. Einschluss/Ausschluss, Signifikanzniveau, Wirkungsrichtung bei signifikanten Koeffizienten sowie adjustiertem Bestimmtheitsmaß) bei der Rückwärtsmethode: *Networking-Support* [-,032; ,017; -,030; -1,869; ,062 (vgl. Spalten 2-6)] integriert; *Kapital* [-,033; ,017; -,031; -1,954; ,051 (vgl. Spalten 2-6)].

Quelle: Eigene Erstellung.

Mit den aufgenommenen Einflussgrößen in Modell 1.1b, das nach dem listenweisen Fallausschluss auf 2.589 Fällen basiert, werden wie in Modell 1.1(2) zusammen 36,7 Prozent der Varianz der Gründungsrelevanz erklärt. Nach dem F-Test (p = 0,000) ist auch der in dieser Regressionsbeziehung angenommene Wirkungszusammenhang höchst signifikant (Backhaus/Erichson/Plinke/Weiber 2000: 24-28). In Modell 1.1b wird von den Regressoren, die in Modell 1.1(2) nicht signifikant sind, im Rahmen der schrittweisen sowie der Vorwärtsmethode nur der Faktor Kapital, der jetzt einen signifikanten negativen Einfluss auf die Gründungsrelevanz ausübt, nicht ausgeschlossen.

Demgegenüber wird im Rahmen der Rückwärtsmethode neben dem hier nicht signifikanten Kapital auch der Faktor Networking-Support in die Regressionsbeziehung integriert, wobei bei ihm keine signifikante Wirkung nachgewiesen wird. Ansonsten existieren jedoch keine relevanten Unterschiede zwischen den drei Methoden. Bei den übrigen in Modell 1.1b aufgenommenen erklärenden Variablen stimmen wiederum die Wirkungsrichtungen als auch die Signifikanzniveaus mit denjenigen aus Modell 1.1(2) überein. Trotz diesen geringen Abweichungen erscheinen die Schätzer der Regressionskoeffizienten zuverlässig (Stock/Watson 2006: 236f.). Den Beta-Werten zufolge übt in Modell 1.1b nach der schrittweisen Methode die Informationsquellenanzahl tendenziell den stärksten absoluten Erklärungsbeitrag auf den Regressanden aus, gefolgt von Qualifikation/Idee/Partner, Risikohaltung, Ideen- und Selbstverwirklichung, Grundlagenvermittlung, Ökonomische Notwendigkeit, Individueller Support und schließlich Kapital.

- **Erweiterung um binäre Variablen**

Die Ergebnisse der Regression ohne Kontrollvariablen nach der schrittweisen, Vorwärts- und Rückwärtsmethode im Rahmen von Modell 1.1c sind in Tabelle A-6 in diesem Anhang aufgeführt bzw. angemerkt. In diesem Modell sind die Variablen des Ausgangsmodells sowie die beiden binären Variablen Gründungsidee und Selbständigen-Umfeld enthalten.

Durch die Regressionsbeziehung in Modell 1.1c, das nach dem listenweisen Fallausschluss auf 3.022 Fällen basiert, werden wie in Modell 1.1(3) zusammen 43,7 Prozent der Varianz der Gründungsrelevanz erklärt. Nach dem F-Test (p = 0,000) ist auch der in dieser Regressionsbeziehung angenommene Wirkungszusammenhang höchst signifikant (Backhaus/Erichson/Plinke/Weiber 2000: 24-28). In Modell 1.1c werden alle exogenen Variablen ausgeschlossen, bei denen in Modell 1.1(3) keine signifikanten Effekte nachgewiesen werden. Zudem entsprechen bei den signifikanten Regressoren alle Wirkungsrichtungen denen aus Modell 1.1(3). Lediglich bei zwei Regressoren gibt es Verschiebungen im Signifikanzniveau gegenüber Modell 1.1(3). So weist Modell 1.1c für den Faktor Qualifikation/Idee/Partner einen sehr signifikanten negativen und für Kapital einen signifikanten negativen Einfluss auf die Gründungsrelevanz aus. Insgesamt erscheinen die Schätzer der Regressionskoeffizienten weiterhin zuverlässig (Stock/Watson 2006: 236f.), was wiederum dadurch untermauert wird, dass sowohl Vorwärts- als auch Rückwärtsmethode zu identischen Ergebnissen wie die schrittweise Methode führen. Den Beta-Werten zufolge übt in Modell 1.1c die Informationsquellenanzahl tendenziell den stärksten absoluten Erklärungsbeitrag auf den Regressanden aus, gefolgt von Gründungsidee, Selbständigen-Umfeld, Risikohaltung, Ideen- und Selbstverwirklichung, Qualifikation/Idee/Partner, Ökonomische Notwendigkeit und schließlich Kapital.

Tabelle A-6

Regression – Modell 1.1c – Schrittweise Methode ohne Kontrollvariablen

Unabhängige Variablen: Informationsquellen-Anzahl, Risikohaltung, Motiv-Faktoren, Hemmnis-Faktoren, Gründungsidee, Selbständigen-Umfeld	**Modell 1.1c – Regressand: Gründungsrelevanz (4 Kategorien; Vorbereiter und Gründer gemeinsam); Schrittweise Methode**				
	Nicht standardisierte Koeffizienten		Standardisierte Koeffizienten	t-Statistik	p-Wert
	Regressions-koeffizient B	Standard-fehler	Beta		
(Konstante)	-,181	,079		-2,285	,022
Informationsquellen	,469	,017	,430	28,143	,000
Gründungsidee	,658	,036	,283	18,211	,000
Risikohaltung	,091	,023	,055	3,867	,000
Selbständigen-Umfeld	,123	,029	,058	4,201	,000
Ideen- und Selbstverwirklichung	,054	,015	,051	3,620	,000
Qualifikation/Idee/Partner	-,047	,015	-,044	-3,139	,002
Ökonomische Notwendigkeit	-,038	,015	-,036	-2,632	,009
Kapital	-,034	,014	-,033	-2,390	,017
Korrigiertes R^2: ,437	F (,790): 293,607		Signifikanz: ,000		n = 3022
Ausgeschlossene Variablen: Materielles Macht- und Prestigestreben, Erwirtschaftungsrisiko, Volkswirtschaftlicher Rahmen/F&F, Ängstlichkeit					

Anmerkung: Dargestellt ist die schrittweise Methode; Vorwärts- und Rückwärtsmethode führen zu identischen Ergebnissen.

Quelle: Eigene Erstellung.

- **Erweiterung um Support-Faktoren und binäre Variablen**

Die Ergebnisse der Regression ohne Kontrollvariablen nach der schrittweisen, Vorwärts- und Rückwärtsmethode im Rahmen von Modell 1.1d sind in Tabelle A-7 in diesem Anhang aufgeführt bzw. angemerkt. In diesem Modell werden neben den Variablen des Ausgangsmodells die herausgearbeiteten Gründungssupport-Faktoren sowie die binären Variablen Gründungsidee und Selbständigen-Umfeld berücksichtigt.

Tabelle A-7

Regression – Modell 1.1d – Schrittweise Methode ohne Kontrollvariablen

Unabhängige Variablen: Informationsquellen-Anzahl, Risikohaltung, Motiv-Faktoren, Hemmnis-Faktoren, Support-Faktoren, Gründungsidee, Selbständigen-Umfeld	**Modell 1.1d – Regressand: Gründungsrelevanz (4 Kategorien; Vorbereiter und Gründer gemeinsam); Schrittweise Methode**				
	Nicht standardisierte Koeffizienten		Standardisierte Koeffizienten	t-Statistik	p-Wert
	Regressions-koeffizient B	Standard-fehler	Beta		
(Konstante)	-,148	,089		-1,660	,097
Informationsquellen	,461	,019	,424	24,784	,000
Gründungsidee	,646	,040	,277	16,064	,000
Risikohaltung	,103	,026	,062	3,931	,000
Selbständigen-Umfeld	,106	,033	,050	3,240	,001
Qualifikation/Idee/Partner	-,052	,017	-,049	-3,119	,002
Grundlagenvermittlung	,042	,017	,039	2,529	,011
Ideen- und Selbstverwirklichung	,048	,017	,045	2,820	,005
Networking-Support	-,042	,016	-,040	-2,579	,010
Kapital	-,037	,016	-,035	-2,288	,022
Korrigiertes R^2: ,425	F (,803): 206,105		Signifikanz: ,000		n = 2503
Ausgeschlossene Variablen: Materielles Macht- und Prestigestreben, Ökonomische Notwendigkeit, Erwirtschaftungsrisiko, Volkswirtschaftlicher Rahmen/F&F, Ängstlichkeit, Individueller Support					

Anmerkung: Dargestellt ist die schrittweise Methode; Vorwärtsmethode führt zu identischen Ergebnissen. Relevante Unterschiede (d.h. im Falle von Veränderungen bzgl. Einschluss/Ausschluss, Signifikanzniveau, Wirkungsrichtung bei signifikanten Koeffizienten sowie adjustiertem Bestimmtheitsmaß) bei der Rückwärtsmethode: *Ökonomische Notwendigkeit* [-,032; ,017; -,029; -1,916; ,055 (vgl. Spalten 2-6)] integriert; *Grundlagenvermittlung* [,044; ,017; ,041; 2,649; ,008 (vgl. Spalten 2-6)].

Quelle: Eigene Erstellung.

Durch die Regressionsbeziehung in Modell 1.1d, das nach dem listenweisen Fallausschluss auf 2.503 Fällen basiert, werden wie in Modell 1.1(4) zusammen 43,7 Prozent der Varianz der Gründungsrelevanz erklärt. Nach dem F-Test (p = 0,000) ist auch der in dieser Regressionsbeziehung angenommene Wirkungszusammenhang höchst signifikant (Backhaus/Erichson/Plinke/Weiber 2000: 24-28). In Modell 1.1d werden alle

Regressoren, die in Modell 1.1(4) nicht signifikant sind, ausgeschlossen. Allerdings wird im Rahmen der schrittweisen sowie der Vorwärtsmethode, die zu identischen Ergebnissen führen, zudem der Faktor Ökonomische Notwendigkeit ausgeschlossen, während er bei der Rückwärtsmethode integriert wird, obwohl für ihn keine signifikante Wirkung festgestellt wird. Diese abweichende Regressionsbeziehung führt dazu, dass für den Faktor Grundlagenvermittlung im Rahmen der Rückwärtsmethode ein – wie in Modell 1.1(4) – sehr signifikanter positiver Effekt ausgewiesen wird, während bei der schrittweisen sowie Vorwärtsmethode ein signifikanter positiver Einfluss vorliegt. Ansonsten existieren keine relevanten Abweichungen zwischen der Rückwärtsmethode und den anderen beiden genannten Methoden. Bei allen in Modell 1.1d integrierten exogenen Variablen stimmen die Wirkungsrichtungen mit denen in Modell 1.1(4) überein. Was die Signifikanzniveaus betrifft, existieren neben den oben beschriebenen Abweichungen bei den Faktoren Ökonomische Notwendigkeit und Grundlagenvermittlung die zwei folgenden Unterschiede zwischen Modell 1.1d und Modell 1.1(4). So erhöht in Modell 1.1d der Faktor Ideen- und Selbstverwirklichung sehr signifikant die Gründungsrelevanz, und Networking-Support senkt sie ebenfalls sehr signifikant. Zwar liegen diese geringfügigen Verschiebungen bei den Signifikanzniveaus der genannten Variablen vor, da allerdings die Schätzer der meisten Regressionskoeffizienten reliabel sind (Stock/Watson 2006: 236f.), und eine relativ hohe Anzahl von Einflussgrößen berücksichtigt wird, sind auch die Modelle 1.1d bzw. 1.1(4) insgesamt als relativ robust zu bewerten. Den Beta-Werten zufolge übt in Modell 1.1d nach der schrittweisen Methode die Informationsquellenanzahl tendenziell den stärksten absoluten Erklärungsbeitrag auf die Gründungsrelevanz aus, gefolgt von Gründungsidee, Risikohaltung, Selbständigen-Umfeld, Qualifikation/Idee/Partner, Ideen- und Selbstverwirklichung, Networking-Support, Grundlagenvermittlung und schließlich Kapital.

Anhang 6 – Ergebnisse Modell 1.2 – Schrittweise, Vorwärts- und Rückwärtsmethode

Die Ergebnisse der Modelle 1.2a, 1.2b, 1.2c und 1.2d, d.h. der Regressionen auf die Gründungsrelevanz mit den Kontrollvariablen Alter und Geschlecht nach der schrittweisen Methode, inklusive Hinweise auf Gemeinsamkeiten und Unterschiede der Ergebnisse nach der Vorwärts- sowie der Rückwärtsmethode, sind in den Tabellen A-8, A-9, A-10 und A-11 in diesem Anhang illustriert bzw. angemerkt. Diese Tabellen enthalten erneut weiterführende Informationen wie die Beta-Koeffizienten, so dass wiederum die Effektstärken der Regressoren auf die erklärte Variable miteinander verglichen werden können, was allerdings aufgrund von Multikollinearität nur bedingt möglich ist (Janssen/Laatz 2003: 391). Fortan werden diese Ergebnisse – und abschließend zudem die Ergebnisse im Rahmen der weiteren Kontrollvariablen – nach schrittweiser, Vorwärts- und Rückwärtsmethode denen der Einschlussmethode gegenübergestellt.

- **Ausgangsmodell**

Die Ergebnisse der Regression mit Kontrollvariablen nach der schrittweisen, Vorwärts- und Rückwärtsmethode im Rahmen des Ausgangsmodells, d.h. Modell 1.2a, sind in Tabelle A-8 in diesem Anhang enthalten bzw. angemerkt. So umfasst dieses Ausgangsmodell wiederum die endogene Variable Gründungsrelevanz und als exogene Variablen die Gründungsinformationsquellenanzahl, die Risikohaltung, die herausgearbeiteten Gründungsmotiv- und Gründungshemmnis-Faktoren und zudem die beiden Kontrollvariablen Alter und Geschlecht.

Durch die Einflussgrößen in Modell 1.2a, das nach dem listenweisen Fallausschluss auf 3.102 Fällen basiert, werden wie in Modell 1.2(1) zusammen 37,9 Prozent der Varianz der Gründungsrelevanz erklärt. Nach dem F-Test (p = 0,000) ist auch der in dieser Regressionsbeziehung angenommene Wirkungszusammenhang höchst signifikant (Backhaus/Erichson/Plinke/Weiber 2000: 24-28). Bei den signifikanten Regressoren sind sowohl die Wirkungsrichtungen als auch die Signifikanzniveaus identisch mit denen aus Modell 1.2(1). Ferner werden in Modell 1.2a im Rahmen der schrittweisen und Vorwärtsmethode diejenigen Regressoren ausgeschlossen, bei denen in Modell 1.2(1) keine signifikanten Wirkungen nachgewiesen werden. Bei der Rückwärtsmethode wird allerdings der nicht signifikante Faktor Kapital auch in die Regressionsbeziehung integriert. Die hohe Übereinstimmung im Rahmen der diversen Methoden spricht insgesamt für sehr zuverlässige Schätzer der Regressionskoeffizienten (Stock/Watson

2006: 236f.). Den Beta-Werten zufolge übt in Modell 1.2a nach der schrittweisen Methode die Informationsquellenanzahl tendenziell den stärksten absoluten Erklärungsbeitrag auf die endogene Variable aus, gefolgt von Qualifikation/Idee/Partner, Risikohaltung, Ideen- und Selbstverwirklichung, Alter, Geschlecht und schließlich Ökonomische Notwendigkeit.

Tabelle A-8

Regression – Modell 1.2a – Schrittweise Methode mit Kontrollvariablen

Unabhängige Variablen: Informationsquellen-Anzahl, Risikohaltung, Motiv-Faktoren, Hemmnis-Faktoren; **Kontrollvariablen:** Alter, Geschlecht	**Modell 1.2a – Regressand: Gründungsrelevanz (4 Kategorien; Vorbereiter und Gründer gemeinsam); Schrittweise Methode**				
	Nicht standardisierte Koeffizienten		Standardisierte Koeffizienten	t-Statistik	p-Wert
	Regressions-koeffizient B	Standard-fehler	Beta		
(Konstante)	,119	,093		1,284	,199
Informationsquellen	,578	,016	,526	35,250	,000
Qualifikation/Idee/Partner	-,104	,015	-,098	-6,792	,000
Risikohaltung	,135	,025	,080	5,483	,000
Ideen- und Selbstverwirklichung	,082	,016	,076	5,206	,000
Ökonomische Notwendigkeit	-,036	,015	-,034	-2,360	,018
Alter (kategorisiert)	,093	,020	,068	4,683	,000
Geschlecht (männlich)	,112	,035	,047	3,219	,001
Korrigiertes R^2: ,379	F (,839): 271,394		Signifikanz: ,000		n = 3102
Ausgeschlossene Variablen: Materielles Macht- und Prestigestreben, Erwirtschaftungsrisiko, Volkswirtschaftlicher Rahmen/F&F, Ängstlichkeit, Kapital					

Anmerkung: Dargestellt ist die schrittweise Methode; Vorwärtsmethode führt zu identischen Ergebnissen. Relevante Unterschiede (d.h. im Falle von Veränderungen bzgl. Einschluss/Ausschluss, Signifikanzniveau, Wirkungsrichtung bei signifikanten Koeffizienten sowie adjustiertem Bestimmtheitsmaß) bei der Rückwärtsmethode: *Kapital* [-,028; ,015; -,026; -1,826; ,068 (vgl. Spalten 2-6)] integriert.

Quelle: Eigene Erstellung.

- **Erweiterung um Support-Faktoren**

Die Ergebnisse der Regression mit Kontrollvariablen nach der schrittweisen, Vorwärts- und Rückwärtsmethode im Rahmen von Modell 1.2b sind in Tabelle A-9 in diesem Anhang aufgeführt bzw. angemerkt. In diesem Modell sind neben den Variablen des Ausgangsmodells die herausgearbeiteten Gründungssupport-Faktoren enthalten.

Tabelle A-9

Regression – Modell 1.2b – Schrittweise Methode mit Kontrollvariablen

Unabhängige Variablen: Informationsquellen-Anzahl, Risikohaltung, Motiv-Faktoren, Hemmnis-Faktoren, Support-Faktoren; **Kontrollvariablen:** Alter, Geschlecht	**Modell 1.2b – Regressand: Gründungsrelevanz (4 Kategorien; Vorbereiter und Gründer gemeinsam); Schrittweise Methode**				
	Nicht standardisierte Koeffizienten		Standardisierte Koeffizienten	t-Statistik	p-Wert
	Regressions-koeffizient B	Standard-fehler	Beta		
(Konstante)	,109	,105		1,044	,297
Informationsquellen	,567	,018	,516	31,049	,000
Risikohaltung	,154	,028	,091	5,607	,000
Qualifikation/Idee/Partner	-,103	,017	-,097	-6,052	,000
Ideen- und Selbstverwirklichung	,064	,018	,059	3,538	,000
Grundlagenvermittlung	,042	,017	,039	2,413	,016
Ökonomische Notwendigkeit	-,035	,017	-,032	-2,009	,045
Networking-Support	-,028	,017	-,026	-1,612	,107
Individueller Support	,034	,017	,032	1,983	,047
Alter (kategorisiert)	,099	,022	,072	4,447	,000
Geschlecht (männlich)	,096	,039	,040	2,478	,013
Korrigiertes R^2: ,373	F (,848): 153,925		Signifikanz: ,000		n = 2568
Ausgeschlossene Variablen: Materielles Macht- und Prestigestreben, Erwirtschaftungsrisiko, Volkswirtschaftlicher Rahmen/F&F, Ängstlichkeit, Kapital					

Anmerkung: Dargestellt ist die schrittweise Methode; Vorwärtsmethode führt zu identischen Ergebnissen. Relevante Unterschiede (d.h. im Falle von Veränderungen bzgl. Einschluss/Ausschluss, Signifikanzniveau, Wirkungsrichtung bei signifikanten Koeffizienten sowie adjustiertem Bestimmtheitsmaß) bei der Rückwärtsmethode: *Kapital* [-,032; ,017; -,030; -1,890; ,059 (vgl. Spalten 2-6)] integriert; *Networking-Support* ausgeschlossen; Korrigiertes R^2: ,374.

Quelle: Eigene Erstellung.

Mit den aufgenommenen Einflussgrößen in Modell 1.2b, das nach dem listenweisen Fallausschluss auf 2.568 Fällen basiert, werden wie in Modell 1.2(2) zusammen 37,3 Prozent der Varianz der Gründungsrelevanz erklärt. Nach dem F-Test (p = 0,000) ist auch der in dieser Regressionsbeziehung angenommene Wirkungszusammenhang höchst signifikant (Backhaus/Erichson/Plinke/Weiber 2000: 24-28). Mit Ausnahme des nun die Gründungsrelevanz signifikant reduzierenden Faktors Ökonomische Notwendigkeit, für den in Modell 1.2(2) keine signifikante Wirkung nachgewiesen wird, stimmen bei den anderen signifikanten Einflussgrößen sowohl die Wirkungsrichtungen als auch die Signifikanzniveaus mit denen aus Modell 1.2(2) überein. Von den nicht signifikanten Regressoren wird im Rahmen der schrittweisen sowie der Vorwärtsmethode der Faktor Networking-Support integriert, während bei der Rückwärtsmethode der Faktor Kapital nicht ausgeschlossen wird. Ansonsten existieren keine relevanten Unterschiede zwischen den drei Methoden. Mit Ausnahme des Faktors Ökonomische Notwendigkeit sind die Schätzer der anderen Regressionskoeffizienten reliabel (Stock/ Watson 2006: 236f.). Den Beta-Werten zufolge übt in Modell 1.2b nach der schrittweisen Methode die Informationsquellenanzahl tendenziell den stärksten absoluten Erklärungsbeitrag auf die Gründungsrelevanz aus, gefolgt von Qualifikation/Idee/Partner, Risikohaltung, Alter, Ideen- und Selbstverwirklichung, Geschlecht, Grundlagenvermittlung und schließlich Ökonomische Notwendigkeit sowie Individueller Support.

- **Erweiterung um binäre Variablen**

Die Ergebnisse der Regression mit Kontrollvariablen nach der schrittweisen, Vorwärts- und Rückwärtsmethode im Rahmen von Modell 1.2c sind in Tabelle A-10 in diesem Anhang aufgeführt bzw. angemerkt. Dieses Modell berücksichtigt die Variablen des Ausgangsmodells sowie die beiden binären Variablen Gründungsidee und Selbständigen-Umfeld.

Durch die Regressionsbeziehung in Modell 1.2c, das nach dem listenweisen Fallausschluss auf 2.992 Fällen basiert, werden 43,9 Prozent der Varianz der Gründungsrelevanz erklärt, also vergleichsweise zu Modell 1.2(3) ein um 0,1 Prozentpunkte höherer Anteil. Nach dem F-Test ($p = 0{,}000$) ist auch der in dieser Regressionsbeziehung angenommene Wirkungszusammenhang höchst signifikant (Backhaus/Erichson/Plinke/ Weiber 2000: 24-28). In Modell 1.2c werden alle Regressoren ausgeschlossen, bei denen in Modell 1.2(3) keine signifikanten Wirkungen nachgewiesen werden. Ferner entsprechen bei den signifikanten Einflussgrößen sowohl die Wirkungsrichtungen als auch die Signifikanzniveaus denen aus Modell 1.2(3). Die Schätzer der Regressionskoeffizienten erweisen sich als sehr zuverlässig (Stock/Watson 2006: 236f.), was wiederum dadurch untermauert wird, dass sowohl Vorwärts- als auch Rückwärtsmethode zu identischen Ergebnissen wie die schrittweise Methode führen. Den Beta-Werten zufolge übt in Modell 1.2c die Informationsquellenanzahl tendenziell den stärksten absoluten Erklärungsbeitrag auf die Gründungsrelevanz aus, gefolgt von Gründungsidee, Selbständigen-Umfeld, Risikohaltung, Ideen- und Selbstverwirklichung, Qualifikation/ Idee/Partner, Geschlecht, Alter, Kapital und schließlich Ökonomische Notwendigkeit.

Tabelle A-10

Regression – Modell 1.2c – Schrittweise Methode mit Kontrollvariablen

Unabhängige Variablen: Informationsquellen-Anzahl, Risikohaltung, Motiv-Faktoren, Hemmnis-Faktoren, Gründungsidee, Selbständigen-Umfeld; **Kontrollvariablen:** Alter, Geschlecht	**Modell 1.2c – Regressand: Gründungsrelevanz (4 Kategorien; Vorbereiter und Gründer gemeinsam); Schrittweise Methode**				
	Nicht standardisierte Koeffizienten		Standardisierte Koeffizienten	t-Statistik	p-Wert
	Regressions-koeffizient B	Standard-fehler	Beta		
(Konstante)	-,409	,099		-4,126	,000
Informationsquellen	,465	,017	,426	27,680	,000
Gründungsidee	,638	,036	,274	17,483	,000
Risikohaltung	,086	,024	,052	3,616	,000
Selbständigen-Umfeld	,125	,030	,059	4,218	,000
Ideen- und Selbstverwirklichung	,053	,015	,050	3,504	,000
Qualifikation/Idee/Partner	-,049	,015	-,046	-3,271	,001
Ökonomische Notwendigkeit	-,030	,015	-,028	-2,020	,043
Kapital	-,032	,014	-,031	-2,240	,025
Geschlecht (männlich)	,090	,033	,038	2,708	,007
Alter (kategorisiert)	,048	,019	,036	2,515	,012
Korrigiertes R^2: ,439	F (,789): 234,720		Signifikanz: ,000		n = 2992
Ausgeschlossene Variablen: Materielles Macht- und Prestigestreben, Erwirtschaftungsrisiko, Volkswirtschaftlicher Rahmen/F&F, Ängstlichkeit					

Anmerkung: Dargestellt ist die schrittweise Methode; Vorwärts- und Rückwärtsmethode führen zu identischen Ergebnissen.

Quelle: Eigene Erstellung.

- **Erweiterung um Support-Faktoren und binäre Variablen**

Die Ergebnisse der Regression mit Kontrollvariablen nach der schrittweisen, Vorwärts- und Rückwärtsmethode im Rahmen von Modell 1.2d sind in Tabelle A-11 in diesem Anhang aufgeführt bzw. angemerkt. In diesem Modell werden neben den Variablen des Ausgangsmodells die herausgearbeiteten Gründungssupport-Faktoren sowie die binären Variablen Gründungsidee und Selbständigen-Umfeld berücksichtigt.

Tabelle A-11

Regression – Modell 1.2d – Schrittweise Methode mit Kontrollvariablen

Unabhängige Variablen: Informationsquellen-Anzahl, Risikohaltung, Motiv-Faktoren, Hemmnis-Faktoren, Support-Faktoren, Gründungsidee, Selbständigen-Umfeld; **Kontrollvariablen:** Alter, Geschlecht	**Modell 1.2d – Regressand: Gründungsrelevanz (4 Kategorien; Vorbereiter und Gründer gemeinsam); Schrittweise Methode**				
	Nicht standardisierte Koeffizienten		Standardisierte Koeffizienten	t-Statistik	p-Wert
	Regressions-koeffizient B	Standard-fehler	Beta		
(Konstante)	-,366	,112		-3,267	,001
Informationsquellen	,456	,019	,419	24,321	,000
Gründungsidee	,625	,041	,268	15,406	,000
Risikohaltung	,097	,027	,058	3,653	,000
Selbständigen-Umfeld	,106	,033	,050	3,220	,001
Qualifikation/Idee/Partner	-,051	,017	-,048	-3,029	,002
Grundlagenvermittlung	,040	,017	,037	2,365	,018
Networking-Support	-,036	,016	-,034	-2,183	,029
Ideen- und Selbstverwirklichung	,045	,017	,042	2,626	,009
Kapital	-,033	,016	-,032	-2,072	,038
Ökonomische Notwendigkeit	-,023	,017	-,021	-1,373	,170
Alter (kategorisiert)	,051	,022	,037	2,330	,020
Geschlecht (männlich)	,086	,037	,036	2,300	,022
Korrigiertes R^2: ,427	F (,801): 154,996		Signifikanz: ,000		n = 2482

Ausgeschlossene Variablen: Materielles Macht- und Prestigestreben, Erwirtschaftungsrisiko, Volkswirtschaftlicher Rahmen/F&F, Ängstlichkeit, Individueller Support

Anmerkung: Dargestellt ist die schrittweise Methode; Vorwärtsmethode führt zu identischen Ergebnissen. Relevante Unterschiede (d.h. im Falle von Veränderungen bzgl. Einschluss/Ausschluss, Signifikanzniveau, Wirkungsrichtung bei signifikanten Koeffizienten sowie adjustiertem Bestimmtheitsmaß) bei der Rückwärtsmethode: *Ökonomische Notwendigkeit* ausgeschlossen.

Quelle: Eigene Erstellung.

Durch die Regressionsbeziehung in Modell 1.2d, das nach dem listenweisen Fallausschluss auf 2.482 Fällen basiert, werden wie in Modell 1.2(4) zusammen 42,7 Prozent der Varianz der Gründungsrelevanz erklärt. Nach dem F-Test (p = 0,000) ist auch der in dieser Regressionsbeziehung angenommene Wirkungszusammenhang höchst signifikant (Backhaus/Erichson/Plinke/Weiber 2000: 24-28). Bei den signifikanten Regressoren stimmen die Wirkungsrichtungen mit denen in Modell 1.2(4) überein. Mit Ausnahme des Faktors Ideen- und Selbstverwirklichung, der die Gründungsrelevanz nun sehr signifikant erhöht, stimmen in Modell 1.2d auch die Signifikanzniveaus mit denen in Modell 1.2(4) überein. Während der nicht signifikante Faktor Ökonomische Notwendigkeit bei der Rückwärtsmethode ausgeschlossen wird, verbleibt er im Rahmen der schrittweisen sowie der Vorwärtsmethode, die zu identischen Ergebnissen führen, in der Regressionsbeziehung. Ansonsten existieren keine relevanten Unterschiede zwischen den drei Methoden. Abgesehen von der Verschiebung im Signifikanzniveau beim Faktor Ideen- und Selbstverwirklichung sind die Schätzer der anderen Regressionskoeffizienten zuverlässig (Stock/Watson 2006: 236f.). Den Beta-Werten zufolge übt in Modell 1.2d nach der schrittweisen Methode die Informationsquellenanzahl tendenziell den stärksten absoluten Erklärungsbeitrag auf die Gründungsrelevanz aus, gefolgt von Gründungsidee, Risikohaltung, Selbständigen-Umfeld, Qualifikation/Idee/Partner, Ideen- und Selbstverwirklichung, Grundlagenvermittlung sowie Alter, Geschlecht, Networking-Support und schließlich Kapital.

- **Analyse weiterer Kontrollvariablen**

Im Folgenden werden die weiteren Kontrollvariablen Ingenieurwissenschaften sowie Informatik, Jahr/Semester (Zeitverlauf), Semestergruppe, Weiterführendes Studium, Fernstudium und Universität im Rahmen von Regressionen nach schrittweiser, Vorwärts- und Rückwärtsmethode berücksichtigt und die Ergebnisse denjenigen der entsprechenden Regressionen nach der Einschlussmethode gegenübergestellt. Hierbei erfolgen demnach analog zur Einschlussmethode getrennte Überprüfungen – wieder mit Ausnahme von den gemeinsam integrierten Kontrollvariablen Ingenieurwissenschaften und Informatik –, wobei die Kontrollvariablen Alter und Geschlecht wiederum mit berücksichtigt werden, es sei denn, ihre Korrelationen mit anderen Kontrollvariablen (vgl. hierzu Tabelle A-2 und Tabelle A-3 im Anhang 4) liegen über dem weiter oben zugrunde gelegten Grenzwert.

Die Regressionen mit den Variablen aus Modell 1.2d und den weiteren Kontrollvariablen Ingenieurwissenschaften und Informatik nach der schrittweisen, Vorwärts- sowie

Rückwärtsmethode basieren nach dem listenweisen Fallausschluss auf 2.482 Fällen und weisen alle wie das entsprechende Modell nach der Einschlussmethode ein adjustiertes Bestimmtheitsmaß von 42,8 Prozent auf. Nach den F-Tests (p = 0,000) sind auch die in diesen Regressionsbeziehungen angenommenen Wirkungszusammenhänge höchst signifikant (Backhaus/Erichson/Plinke/Weiber 2000: 24-28). Erneut wird für Informatik kein signifikanter Einfluss aufgezeigt, während Ingenieurwissenschaften nach der Rückwärtsmethode den Regressanden wie nach der Einschlussmethode signifikant reduzieren und im Rahmen der schrittweisen und Vorwärtsmethode sogar sehr signifikant. Somit ist auch im Rahmen dieser drei Methoden für Studierende der Ingenieurwissenschaften die Gründung (sehr) signifikant weniger relevant als für Studierende der Betriebswirtschaftslehre, während zwischen Studierenden der Informatik und denen der Betriebswirtschaftslehre erneut keine signifikanten Unterschiede hinsichtlich der Gründungsrelevanz nachgewiesen werden. Was die anderen Einflussgrößen betrifft, verbleiben im Rahmen der schrittweisen und Vorwärtsmethode, die beide zum gleichen Ergebnis führen, neben dem nicht signifikanten Faktor Ökonomische Notwendigkeit die bei der Einschlussmethode signifikanten Regressoren mit identischen Wirkungsrichtungen im Modell, und bei ihren Signifikanzniveaus kommt es bei den zwei folgenden Variablen zu Verschiebungen. So üben der Faktor Ideen- und Selbstverwirklichung und das männliche Geschlecht im Rahmen der schrittweisen sowie Vorwärtsmethode sehr signifikante positive Effekte auf die Gründungsrelevanz aus. Bei der Rückwärtsmethode liegt der Unterschied zur schrittweisen sowie Vorwärtsmethode darin, dass der nicht signifikante Faktor Ökonomische Notwendigkeit ausgeschlossen wird, die Kontrollvariable Alter einen signifikanten positiven Einfluss auf den Regressanden ausübt und entsprechend ins Modell integriert wird, und für männliche Studierende die Gründung signifikant relevanter ist als für Studentinnen. Abgesehen von diesen wenigen Ausnahmen erweisen sich die Modelle bei Integration der Kontrollvariablen Ingenieurwissenschaften und Informatik im Rahmen der diversen Methoden als robust.

Die Regressionen mit den Variablen aus Modell 1.2d und der weiteren Kontrollvariablen Jahr/Semester (Zeitverlauf) nach der schrittweisen, Vorwärts- sowie Rückwärtsmethode basieren nach dem listenweisen Fallausschluss auf 2.482 Fällen und weisen alle wie das entsprechende Modell nach der Einschlussmethode ein adjustiertes Bestimmtheitsmaß von 42,7 Prozent auf. Nach den F-Tests (p = 0,000) sind auch die in diesen Regressionsbeziehungen angenommenen Wirkungszusammenhänge höchst signifikant (Backhaus/Erichson/Plinke/Weiber 2000: 24-28). Für Jahr/Semester wird wie bereits bei der Einschlussmethode bei allen drei hier angewandten Methoden kein signifikanter Einfluss auf die Gründungsrelevanz nachgewiesen. Allerdings verbleibt die Kontrollvariable Jahr/Semester im Rahmen der Rückwärtsmethode im Modell, während sie bei der schrittweisen sowie Vorwärtsmethode, die zu identischen Ergebnissen führen, ausgeschlossen wird. Was die anderen Einflussgrößen betrifft, verbleiben im Rahmen der schrittweisen und Vorwärtsmethode neben dem nicht signifikanten Faktor Ökonomische Notwendigkeit die bei der Einschlussmethode signifikanten Regressoren mit identischen Wirkungsrichtungen im Modell, und hinsichtlich ihren Signifikanzniveaus gibt es lediglich beim Faktor Ideen- und Selbstverwirklichung mit jetzt sehr signifikantem positiven Effekt eine Verschiebung. Bei der Rückwärtsmethode liegt der Unterschied zur schrittweisen sowie Vorwärtsmethode darin, dass anstelle der Kontrollvariablen Jahr/Semester der Faktor Ökonomische Notwendigkeit ausgeschlossen wird. Abgesehen von diesen geringen Abweichungen erweisen sich die Modelle bei Integration der Kontrollvariablen Jahr/Semester im Rahmen der diversen Methoden als robust.

Die Regressionen mit den Variablen aus Modell 1.2d und der weiteren Kontrollvariablen Semestergruppe – aber aufgrund der Höhe der Korrelation exklusive der Kontrollvariable Alter – nach der schrittweisen, Vorwärts- sowie Rückwärtsmethode basieren nach dem listenweisen Fallausschluss auf 2.490 Fällen. Während die Regressionen nach der schrittweisen sowie Vorwärtsmethode 42,6 Prozent der Varianz der Gründungsrelevanz erklären, weist die Regression nach der Rückwärtsmethode ein adjustiertes Bestimmtheitsmaß wie bei der Einschlussmethode von 42,7 Prozent auf. Nach den F-Tests (p = 0,000) sind auch die in diesen Regressionsbeziehungen angenommenen Wirkungszusammenhänge höchst signifikant (Backhaus/Erichson/Plinke/Weiber 2000: 24-28). Für Semestergruppe wird wie bereits bei der Einschlussmethode bei allen drei hier angewandten Methoden kein signifikanter Einfluss auf die Gründungsrelevanz nachgewiesen. Jedoch verbleibt die Kontrollvariable Semestergruppe im Rahmen der Rückwärtsmethode im Modell, während sie bei der schrittweisen sowie Vorwärtsmethode, die zu identischen Ergebnissen führen, ausgeschlossen wird. Was die anderen Einflussgrößen betrifft, werden im Rahmen der schrittweisen und Vorwärtsmethode alle bei der Einschlussmethode nicht signifikanten Regressoren ausgeschlossen, während die bei der Einschlussmethode signifikanten erklärenden Variablen mit identischen Wirkungsrichtungen im Modell verbleiben, und hinsichtlich ihrer Signifikanzniveaus gibt es lediglich bei den Faktoren Ideen- und Selbstverwirklichung und Grundlagenvermittlung dahingehend Verschiebungen, dass sie jetzt jeweils einen sehr signifikanten positiven Einfluss auf die Gründungsrelevanz ausüben. Bei der Rückwärtsmethode liegt neben der Integration der Kontrollvariable Semestergruppe der Unterschied zur schrittweisen sowie Vorwärtsmethode darin, dass der Faktor Grundlagenvermittlung mit seiner signifikanten Wirkung ein geringeres Signifikanzniveau aufweist. Abgesehen von diesen wenigen Abweichungen erweisen sich die Modelle bei Integration der Kontrollvariablen Semestergruppe im Rahmen der diversen Methoden als robust.

Die Regressionen mit den Variablen aus Modell 1.2d und der weiteren Kontrollvariablen Weiterführendes Studium – aber aufgrund der Höhe der Korrelation exklusive der Kontrollvariable Alter – nach der schrittweisen, Vorwärts- sowie Rückwärtsmethode basieren nach dem listenweisen Fallausschluss auf 2.490 Fällen und weisen alle wie das entsprechende Modell nach der Einschlussmethode ein adjustiertes Bestimmtheitsmaß von 42,7 Prozent auf. Nach den F-Tests (p = 0,000) sind auch die in diesen Regressionsbeziehungen angenommenen Wirkungszusammenhänge höchst signifikant (Backhaus/Erichson/Plinke/Weiber 2000: 24-28). Für Studierende im weiterführenden Studium wird wie bereits bei der Einschlussmethode auch im Rahmen der schrittweisen, Vorwärts- sowie Rückwärtsmethode, die alle zu identischen Ergebnissen führen, ein signifikanter positiver Einfluss auf die Gründungsrelevanz nachgewiesen. Was die anderen Einflussgrößen betrifft, werden im Rahmen der drei hier angewandten Methoden alle bei der Einschlussmethode nicht signifikanten Regressoren ausgeschlossen, während die bei der Einschlussmethode signifikanten erklärenden Variablen mit gleichen Wirkungsrichtungen im Modell verbleiben, und hinsichtlich ihren Signifikanzniveaus gibt es die beiden folgenden Verschiebungen. Demnach üben jetzt der Faktor

Ideen- und Selbstverwirklichung sowie das männliche Geschlecht jeweils eine sehr signifikante positive Wirkung auf die Gründungsrelevanz aus. Abgesehen von diesen geringfügigen Abweichungen sind die Modelle bei Berücksichtigung der Kontrollvariablen Weiterführendes Studium im Rahmen der diversen Methoden robust.

Die Regressionen mit den Variablen aus Modell 1.2d und der weiteren Kontrollvariablen Fernstudium – aber aufgrund der Höhe der Korrelation exklusive der Kontrollvariable Alter – nach der schrittweisen, Vorwärts- sowie Rückwärtsmethode basieren nach dem listenweisen Fallausschluss auf 2.490 Fällen und weisen alle wie das entsprechende Modell nach der Einschlussmethode ein adjustiertes Bestimmtheitsmaß von 42,6 Prozent auf. Nach den F-Tests (p = 0,000) sind auch die in diesen Regressionsbeziehungen angenommenen Wirkungszusammenhänge höchst signifikant (Backhaus/Erichson/Plinke/Weiber 2000: 24-28). Im Rahmen der schrittweisen, Vorwärts- sowie Rückwärtsmethode, die alle zu identischen Ergebnissen führen, wird die wie bereits bei der Einschlussmethode nicht signifikante Kontrollvariable Fernstudium aus den Modellen ausgeschlossen. Was die anderen Einflussgrößen betrifft, werden im Rahmen der drei hier geprüften Methoden alle bei der Einschlussmethode nicht signifikanten Regressoren ausgeschlossen, während die bei der Einschlussmethode signifikanten exogenen Variablen mit gleichen Wirkungsrichtungen im Modell verbleiben, und hinsichtlich ihrer Signifikanzniveaus gibt es lediglich eine Verschiebung. So erhöht der Faktor Grundlagenvermittlung die Gründungsrelevanz nun sehr signifikant. Abgesehen von dieser Abweichung sind die Modelle bei Berücksichtigung der Kontrollvariablen Fernstudium im Rahmen der diversen Methoden robust.

Die Regressionen mit den Variablen aus Modell 1.2d und der weiteren Kontrollvariablen Universität nach der schrittweisen, Vorwärts- sowie Rückwärtsmethode basieren nach dem listenweisen Fallausschluss auf 2.482 Fällen. Während die Regressionen nach der schrittweisen sowie Vorwärtsmethode 42,9 Prozent der Varianz der Gründungsrelevanz erklären, weist die Regression nach der Rückwärtsmethode ein adjustiertes Bestimmtheitsmaß wie bei der Einschlussmethode von 42,8 Prozent auf. Nach den F-Tests (p = 0,000) sind auch die in diesen Regressionsbeziehungen angenommenen Wirkungszusammenhänge höchst signifikant (Backhaus/Erichson/Plinke/Weiber 2000: 24-28). Für die Kontrollvariable Universität existiert wie bereits bei der Einschlussmethode bei allen drei hier angewandten Methoden ein sehr signifikanter positiver Einfluss auf die Gründungsrelevanz. Was die anderen Einflussgrößen betrifft, verbleiben im Rahmen der schrittweisen und Vorwärtsmethode, die zu gleichen Ergebnissen führen, neben dem nicht signifikanten Faktor Ökonomische Notwendigkeit die bei der Einschlussmethode signifikanten Regressoren mit identischen Wirkungsrichtungen im Modell, und hinsichtlich ihren Signifikanzniveaus gibt es lediglich beim Faktor Ideen- und Selbstverwirklichung mit jetzt sehr signifikantem positiven Effekt eine Verschiebung. Bei der Rückwärtsmethode liegen die Unterschiede zur schrittweisen sowie Vorwärtsmethode darin, dass der nicht signifikante Faktor Ökonomische Notwendigkeit ausgeschlossen wird und sich bei der Kontrollvariable Geschlecht das Signifikanzniveau verschiebt. So ist im Rahmen der Rückwärtsmethode die Gründung für männliche Studierende sehr signifikant relevanter als für Studentinnen. Abgesehen von diesen geringen Abweichungen erweisen sich die Modelle bei Integration der Kontrollvariablen Universität im Rahmen der diversen Methoden als robust.

Anhang 7 – Ergebnisse Modell 2.1 – Schrittweise, Vorwärts- und Rückwärtsmethode

Die Ergebnisse der Modelle 2.1a, 2.1b, 2.1c und 2.1d, d.h. der Regressionen auf die Gründungsrelevanz ohne Kontrollvariablen nach der schrittweisen Methode, inklusive Hinweise auf Gemeinsamkeiten und Unterschiede der Ergebnisse nach der Vorwärts- sowie der Rückwärtsmethode, sind in den Tabellen A-12, A-13, A-14 und A-15 in diesem Anhang illustriert bzw. angemerkt. Diese Tabellen enthalten erneut weitere Informationen als die Regressionstabellen im Rahmen der Einschlussmethode. Im Folgenden werden diese Ergebnisse nach schrittweiser, Vorwärts- und Rückwärtsmethode denen der Einschlussmethode gegenübergestellt.

- **Ausgangsmodell**

Die Ergebnisse der Regression ohne Kontrollvariablen nach der schrittweisen, Vorwärts- und Rückwärtsmethode im Rahmen des Ausgangsmodells, d.h. Modell 2.1a, sind in Tabelle A-12 in diesem Anhang aufgeführt bzw. angemerkt. Demnach berücksichtigt dieses Ausgangsmodell wiederum die endogene Variable Gründungsrelevanz und als exogene Variablen die Gründungsinformationsquellenanzahl, die Risikohaltung sowie die herausgearbeiteten Gründungsmotiv- und Gründungshemmnis-Faktoren.

Tabelle A-12

Regression – Modell 2.1a – Schrittweise Methode ohne Kontrollvariablen

Unabhängige Variablen: Informationsquellen-Anzahl, Risikohaltung, Motiv-Faktoren, Hemmnis-Faktoren	**Modell 2.1a – Regressand: Gründungsrelevanz (5 Kategorien; Vorbereiter und Gründer getrennt); Schrittweise Methode**				
	Nicht standardisierte Koeffizienten		Standardisierte Koeffizienten	t-Statistik	p-Wert
	Regressions-koeffizient B	Standard-fehler	Beta		
(Konstante)	,405	,075		5,438	,000
Informationsquellen	,639	,018	,531	35,753	,000
Qualifikation/Idee/Partner	-,117	,017	-,101	-6,969	,000
Risikohaltung	,159	,027	,087	5,923	,000
Ideen- und Selbstverwirklichung	,087	,017	,074	5,056	,000
Ökonomische Notwendigkeit	-,053	,017	-,046	-3,181	,001
Kapital	-,048	,017	-,041	-2,873	,004
Korrigiertes R^2: ,366	F (,927): 301,865		Signifikanz: ,000		n = 3133

Ausgeschlossene Variablen: Materielles Macht- und Prestigestreben, Erwirtschaftungsrisiko, Volkswirtschaftlicher Rahmen/F&F, Ängstlichkeit

Anmerkung: Dargestellt ist die schrittweise Methode; Vorwärtsmethode führt zu identischen Ergebnissen. Relevante Unterschiede (d.h. im Falle von Veränderungen bzgl. Einschluss/Ausschluss, Signifikanzniveau, Wirkungsrichtung bei signifikanten Koeffizienten sowie adjustiertem Bestimmtheitsmaß) bei der Rückwärtsmethode: *Volkswirtschaftlicher Rahmen/F&F* [,030; ,017; ,026; 1,820; ,069 (vgl. Spalten 2-6)] integriert.

Quelle: Eigene Erstellung.

Durch die Einflussgrößen in Modell 2.1a, das nach dem listenweisen Fallausschluss auf 3.133 Fällen basiert, werden wie in Modell 2.1(1) zusammen 36,6 Prozent der Varianz der Gründungsrelevanz erklärt. Nach dem F-Test (p = 0,000) ist auch der in dieser Regressionsbeziehung angenommene Wirkungszusammenhang höchst signifikant (Backhaus/Erichson/Plinke/Weiber 2000: 24-28). Bei den signifikanten Regressoren entsprechen sowohl die Wirkungsrichtungen als auch die Signifikanzniveaus denen aus Modell 2.1(1). Zudem werden in Modell 2.1a bei der schrittweisen und der Vorwärtsmethode, die zu identischen Ergebnissen führen, diejenigen Einflussgrößen ausgeschlossen, bei denen in Modell 2.1(1) keine signifikanten Wirkungen nachgewiesen werden. Einziger relevanter Unterschied zwischen der schrittweisen und der Rückwärtsmethode ist, dass im Rahmen der Rückwärtsmethode der nicht signifikante Faktor Volkswirtschaftlicher Rahmen/F&F in die Regressionsbeziehung integriert wird. Die hohe Übereinstimmung zwischen Modell 2.1a und Modell 2.1(1) äußert sich in sehr zuverlässigen Schätzern der Regressionskoeffizienten (Stock/Watson 2006: 236f.). Den Beta-Werten zufolge übt in Modell 2.1a nach der schrittweisen Methode die Informationsquellenanzahl tendenziell den stärksten absoluten Erklärungsbeitrag auf die erklärte Variable aus, gefolgt von Qualifikation/Idee/Partner, Risikohaltung, Ideen- und Selbstverwirklichung, Ökonomische Notwendigkeit und schließlich Kapital.

- **Erweiterung um Support-Faktoren**

Die Ergebnisse der Regression ohne Kontrollvariablen nach der schrittweisen, Vorwärts- und Rückwärtsmethode im Rahmen von Modell 2.1b sind in Tabelle A-13 in diesem Anhang aufgeführt bzw. angemerkt. In diesem Modell werden neben den Variablen des Ausgangsmodells die herausgearbeiteten Gründungssupport-Faktoren berücksichtigt.

Mit den in Modell 2.1b integrierten Einflussgrößen, das nach dem listenweisen Fallausschluss auf 2.589 Fällen basiert, werden wie in Modell 2.1(2) zusammen 36,0 Prozent der Varianz der Gründungsrelevanz erklärt. Nach dem F-Test (p = 0,000) ist auch der in dieser Regressionsbeziehung angenommene Wirkungszusammenhang höchst signifikant (Backhaus/Erichson/Plinke/Weiber 2000: 24-28). In Modell 2.1b werden bei der schrittweisen und der Vorwärtsmethode, die zu identischen Ergebnissen führen, diejenigen Einflussgrößen ausgeschlossen, bei denen in Modell 2.1(2) keine signifikanten Wirkungen nachgewiesen werden. Allerdings wird im Rahmen der Rückwärtsmethode der nicht signifikante Faktor Volkswirtschaftlicher Rahmen/F&F in die Regressionsbeziehung integriert, ansonsten gibt es keine relevanten Unterschiede zur schrittweisen Methode. Bei allen in Modell 2.1b aufgenommenen erklärenden Variablen stimmen sowohl die Wirkungsrichtungen als auch die Signifikanzniveaus mit denjenigen aus Modell 2.1(2) überein. Die Schätzer der Regressionskoeffizienten erweisen sich bei Anwendung der alternativen Methoden als zuverlässig (Stock/Watson 2006: 236f.). Den Beta-Werten zufolge übt in Modell 2.1b nach der schrittweisen Methode die Informationsquellenanzahl tendenziell den stärksten absoluten Erklärungsbeitrag auf den Regressanden aus, gefolgt von Qualifikation/Idee/Partner, Risikohaltung, Ideen- und Selbstverwirklichung, Kapital sowie Ökonomische Notwendigkeit, Individueller Support sowie Grundlagenvermittlung und schließlich Networking-Support.

Tabelle A-13

Regression – Modell 2.1b – Schrittweise Methode ohne Kontrollvariablen

Unabhängige Variablen: Informationsquellen-Anzahl, Risikohaltung, Motiv-Faktoren, Hemmnis-Faktoren, Support-Faktoren	**Modell 2.1b – Regressand: Gründungsrelevanz (5 Kategorien; Vorbereiter und Gründer getrennt); Schrittweise Methode**				
	Nicht standardisierte Koeffizienten		Standardisierte Koeffizienten	t-Statistik	p-Wert
	Regressions-koeffizient B	Standard-fehler	Beta		
(Konstante)	,377	,084		4,481	,000
Informationsquellen	,624	,020	,519	31,233	,000
Risikohaltung	,183	,030	,098	6,075	,000
Qualifikation/Idee/Partner	-,118	,019	-,101	-6,283	,000
Ideen- und Selbstverwirklichung	,069	,020	,058	3,501	,000
Kapital	-,051	,019	-,044	-2,764	,006
Ökonomische Notwendigkeit	-,052	,019	-,044	-2,728	,006
Individueller Support	,046	,019	,039	2,418	,016
Grundlagenvermittlung	,046	,019	,039	2,393	,017
Networking-Support	-,038	,019	-,032	-2,027	,043
Korrigiertes R^2: ,360	F (,939): 162,539		Signifikanz: ,000		n = 2589
Ausgeschlossene Variablen: Materielles Macht- und Prestigestreben, Erwirtschaftungsrisiko, Volkswirtschaftlicher Rahmen/F&F, Ängstlichkeit					

Anmerkung: Dargestellt ist die schrittweise Methode; Vorwärtsmethode führt zu identischen Ergebnissen. Relevante Unterschiede (d.h. im Falle von Veränderungen bzgl. Einschluss/Ausschluss, Signifikanzniveau, Wirkungsrichtung bei signifikanten Koeffizienten sowie adjustiertem Bestimmtheitsmaß) bei der Rückwärtsmethode: *Volkswirtschaftlicher Rahmen/F&F* [,033; ,018; ,028; 1,766; ,078 (vgl. Spalten 2-6)] integriert.

Quelle: Eigene Erstellung.

- **Erweiterung um binäre Variablen**

Die Ergebnisse der Regression ohne Kontrollvariablen nach der schrittweisen, Vorwärts- und Rückwärtsmethode im Rahmen von Modell 2.1c sind in Tabelle A-14 in diesem Anhang aufgeführt bzw. angemerkt. In diesem Modell werden die Variablen des Ausgangsmodells sowie die beiden binären Variablen Gründungsidee und Selbständigen-Umfeld berücksichtigt.

Tabelle A-14

Regression – Modell 2.1c – Schrittweise Methode ohne Kontrollvariablen

Unabhängige Variablen: Informationsquellen-Anzahl, Risikohaltung, Motiv-Faktoren, Hemmnis-Faktoren, Gründungsidee, Selbständigen-Umfeld	**Modell 2.1c – Regressand: Gründungsrelevanz (5 Kategorien; Vorbereiter und Gründer getrennt); Schrittweise Methode**				
	Nicht standardisierte Koeffizienten		Standardisierte Koeffizienten	t-Statistik	p-Wert
	Regressions-koeffizient B	Standard-fehler	Beta		
(Konstante)	-,306	,086		-3,564	,000
Informationsquellen	,503	,018	,427	27,842	,000
Gründungsidee	,701	,039	,279	17,881	,000
Risikohaltung	,104	,025	,058	4,078	,000
Selbständigen-Umfeld	,129	,032	,057	4,039	,000
Qualifikation/Idee/Partner	-,055	,016	-,048	-3,365	,001
Kapital	-,052	,016	-,046	-3,347	,001
Ideen- und Selbstverwirklichung	,053	,016	,046	3,240	,001
Ökonomische Notwendigkeit	-,041	,016	-,035	-2,569	,010
Korrigiertes R^2: ,431	F (,857): 286,788		Signifikanz: ,000		n = 3022

Ausgeschlossene Variablen: Materielles Macht- und Prestigestreben, Erwirtschaftungsrisiko, Volkswirtschaftlicher Rahmen/F&F, Ängstlichkeit

Anmerkung: Dargestellt ist die schrittweise Methode; Vorwärtsmethode führt zu identischen Ergebnissen. Relevante Unterschiede (d.h. im Falle von Veränderungen bzgl. Einschluss/Ausschluss, Signifikanzniveau, Wirkungsrichtung bei signifikanten Koeffizienten sowie adjustiertem Bestimmtheitsmaß) bei der Rückwärtsmethode: *Ängstlichkeit* [-,029; ,016; -,026; -1,804; ,071 (vgl. Spalten 2-6)] integriert.

Quelle: Eigene Erstellung.

Durch die Regressionsbeziehung in Modell 2.1c, das nach dem listenweisen Fallausschluss auf 3.022 Fällen basiert, werden wie in Modell 2.1(3) zusammen 43,1 Prozent der Varianz der Gründungsrelevanz erklärt. Nach dem F-Test (p = 0,000) ist auch der in dieser Regressionsbeziehung angenommene Wirkungszusammenhang höchst signifikant (Backhaus/Erichson/Plinke/Weiber 2000: 24-28). In Modell 2.1c werden im Rahmen der schrittweisen und der Rückwärtsmethode, die zu identischen Ergebnissen führen, alle Regressoren ausgeschlossen, bei denen in Modell 2.1(3) keine signifikanten Effekte nachgewiesen werden. Bei der Rückwärtsmethode wird hingegen der nicht signifikante Faktor Ängstlichkeit integriert, ansonsten existieren keine relevanten Unterschiede zu den anderen beiden Methoden. Bei den signifikanten Regressoren entsprechen alle Wirkungsrichtungen denen aus Modell 2.1(3). Lediglich bei dem in Modell 2.1c höchst signifikant positiv wirkenden Faktor Ideen- und Selbstverwirklichung gibt es gegenüber Modell 2.1(3) eine Verschiebung im Signifikanzniveau. Insgesamt sind die Schätzer der Regressionskoeffizienten jedoch als weitgehend zuverlässig zu betrachten (Stock/Watson 2006: 236f.). Den Beta-Werten zufolge übt in Modell 2.1c nach der schrittweisen Methode die Informationsquellenanzahl tendenziell den stärksten absoluten Erklärungsbeitrag auf den Regressanden aus, gefolgt von Gründungsidee, Risikohaltung, Selbständigen-Umfeld, Qualifikation/Idee/Partner, Ideen- und Selbstverwirklichung sowie Kapital und schließlich Ökonomische Notwendigkeit.

- **Erweiterung um Support-Faktoren und binäre Variablen**

Die Ergebnisse der Regression ohne Kontrollvariablen nach der schrittweisen, Vorwärts- und Rückwärtsmethode im Rahmen von Modell 2.1d sind in Tabelle A-15 in diesem Anhang aufgeführt bzw. angemerkt. In diesem Modell werden neben den Variablen des Ausgangsmodells die herausgearbeiteten Gründungssupport-Faktoren sowie die binären Variablen Gründungsidee und Selbständigen-Umfeld berücksichtigt.

Durch die Regressionsbeziehung in Modell 2.1d, das nach dem listenweisen Fallausschluss auf 2.503 Fällen basiert, werden wie in Modell 2.1(4) zusammen 42,0 Prozent der Varianz der Gründungsrelevanz erklärt. Nach dem F-Test ($p = 0{,}000$) ist auch der in dieser Regressionsbeziehung angenommene Wirkungszusammenhang höchst signifikant (Backhaus/Erichson/Plinke/Weiber 2000: 24-28). In Modell 2.1d werden alle Regressoren, die in Modell 2.1(4) nicht signifikant sind, ausgeschlossen. Während ferner bei der schrittweisen und der Vorwärtsmethode, die zu identischen Ergebnissen führen, der vergleichsweise zu Modell 2.1(4) nicht mehr signifikante Faktor Ökonomi-

Tabelle A-15

Regression – Modell 2.1d – Schrittweise Methode ohne Kontrollvariablen

Unabhängige Variablen: Informationsquellen-Anzahl, Risikohaltung, Motiv-Faktoren, Hemmnis-Faktoren, Support-Faktoren, Gründungsidee, Selbständigen-Umfeld	**Modell 2.1d – Regressand: Gründungsrelevanz (5 Kategorien; Vorbereiter und Gründer getrennt); Schrittweise Methode**				
	Nicht standardisierte Koeffizienten		Standardisierte Koeffizienten	t-Statistik	p-Wert
	Regressions-koeffizient B	Standard-fehler	Beta		
(Konstante)	-,287	,097		-2,974	,003
Informationsquellen	,495	,020	,421	24,493	,000
Gründungsidee	,698	,044	,277	15,990	,000
Risikohaltung	,117	,029	,065	4,113	,000
Selbständigen-Umfeld	,113	,036	,049	3,180	,001
Qualifikation/Idee/Partner	-,059	,018	-,051	-3,227	,001
Kapital	-,054	,017	-,047	-3,094	,002
Networking-Support	-,049	,018	-,043	-2,785	,005
Ideen- und Selbstverwirklichung	,047	,019	,041	2,543	,011
Grundlagenvermittlung	,037	,018	,032	2,045	,041
Korrigiertes R^2: ,420	F (,872): 202,077		Signifikanz: ,000		n = 2503

Ausgeschlossene Variablen: Materielles Macht- und Prestigestreben, Ökonomische Notwendigkeit, Erwirtschaftungsrisiko, Volkswirtschaftlicher Rahmen/F&F, Ängstlichkeit, Individueller Support

Anmerkung: Dargestellt ist die schrittweise Methode; Vorwärtsmethode führt zu identischen Ergebnissen. Relevante Unterschiede (d.h. im Falle von Veränderungen bzgl. Einschluss/Ausschluss, Signifikanzniveau, Wirkungsrichtung bei signifikanten Koeffizienten sowie adjustiertem Bestimmtheitsmaß) bei der Rückwärtsmethode: *Ökonomische Notwendigkeit* [-,033; ,018; -,028; -1,830; ,067 (vgl. Spalten 2-6)] integriert; *Qualifikation/Idee/Partner* [-,057; ,018; -,049; -3,118; ,002 (vgl. Spalten 2-6)], *Selbständigen-Umfeld* [,112; ,036; ,049; 3,156; ,002 (vgl. Spalten 2-6)].

Quelle: Eigene Erstellung.

sche Notwendigkeit ausgeschlossen wird, verbleibt er bei der Rückwärtsmethode ebenfalls mit nicht signifikantem Einfluss im Modell. Diese abweichende Regressionsbeziehung führt dazu, dass für den Faktor Qualifikation/Idee/Partner bei der Rückwärtsmethode wie in Modell 2.1(4) ein sehr signifikanter negativer Effekt ausgewiesen wird, während bei der schrittweisen sowie Vorwärtsmethode eine höchst signifikante negative Wirkung auf den Regressanden vorliegt. Ein weiterer Unterschied existiert dahingehend, dass das Selbständigen-Umfeld bei der schrittweisen und Vorwärtsmethode wie in Modell 2.1(4) die Gründungsrelevanz höchst signifikant erhöht, bei der Rückwärtsmethode hingegen nur sehr signifikant. Ansonsten existieren keine relevanten Abweichungen zwischen der Rückwärtsmethode und der schrittweisen Methode. Was die übrigen in Modell 2.1d signifikanten Regressoren betrifft, sind die Signifikanzniveaus mit denen von Modell 2.1(4) identisch. Zudem stimmen bei allen in Modell 2.1d integrierten erklärenden Variablen die Wirkungsrichtungen mit denen in Modell 2.1(4) überein. Zwar liegen bei den drei genannten Variablen geringfügige Verschiebungen bei den Signifikanzniveaus vor, allerdings sind die Schätzer der meisten Regressionskoeffizienten zuverlässig (Stock/Watson 2006: 236f.). Den Beta-Werten zufolge übt in Modell 2.1d nach der schrittweisen Methode die Informationsquellenanzahl tendenziell den stärksten absoluten Erklärungsbeitrag auf die Gründungsrelevanz aus, gefolgt von Gründungsidee, Risikohaltung, Qualifikation/Idee/Partner, Selbständigen-Umfeld, Kapital, Networking-Support, Ideen- und Selbstverwirklichung und schließlich Grundlagenvermittlung.

Anhang 8 – Ergebnisse Modell 2.2 – Schrittweise, Vorwärts- und Rückwärtsmethode

Die Ergebnisse der Modelle 2.2a, 2.2b, 2.2c und 2.2d, d.h. der Regressionen auf die Gründungsrelevanz mit den Kontrollvariablen Alter und Geschlecht nach der schrittweisen Methode, inklusive Hinweise auf Gemeinsamkeiten und Unterschiede der Ergebnisse nach der Vorwärts- sowie der Rückwärtsmethode, sind in den Tabellen A-16, A-17, A-18 und A-19 in diesem Anhang aufgeführt bzw. angemerkt. Diese Tabellen enthalten wieder weiterführende Informationen wie die Beta-Koeffizienten, so dass sich erneut die Effektstärken der Regressoren auf den Regressanden miteinander vergleichen lassen, was jedoch aufgrund von Multikollinearität nur bedingt möglich ist (Janssen/Laatz 2003: 391). Fortan werden diese Ergebnisse – und abschließend zudem die Ergebnisse im Rahmen der weiteren Kontrollvariablen – nach schrittweiser, Vorwärts- und Rückwärtsmethode denen der Einschlussmethode gegenübergestellt.

- **Ausgangsmodell**

Die Ergebnisse der Regression mit Kontrollvariablen nach der schrittweisen, Vorwärts- und Rückwärtsmethode im Rahmen des Ausgangsmodells, d.h. Modell 2.2a, sind in Tabelle A-16 in diesem Anhang enthalten bzw. angemerkt. Dieses Ausgangsmodell berücksichtigt die endogene Variable Gründungsrelevanz und als exogene Variablen die Gründungsinformationsquellenanzahl, die Risikohaltung, die herausgearbeiteten Gründungsmotiv- und Gründungshemmnis-Faktoren und zudem die beiden Kontrollvariablen Alter und Geschlecht.

Tabelle A-16

Regression – Modell 2.2a – Schrittweise Methode mit Kontrollvariablen

Unabhängige Variablen: Informationsquellen-Anzahl, Risikohaltung, Motiv-Faktoren, Hemmnis-Faktoren; **Kontrollvariablen:** Alter, Geschlecht	**Modell 2.2a – Regressand: Gründungsrelevanz (5 Kategorien; Vorbereiter und Gründer getrennt); Schrittweise Methode**				
	Nicht standardisierte Koeffizienten		Standardisierte Koeffizienten	t-Statistik	p-Wert
	Regressions-koeffizient B	Standard-fehler	Beta		
(Konstante)	-,030	,102		-,290	,772
Informationsquellen	,623	,018	,519	34,646	,000
Qualifikation/Idee/Partner	-,119	,017	-,103	-7,123	,000
Risikohaltung	,151	,027	,083	5,612	,000
Ideen- und Selbstverwirklichung	,080	,017	,086	4,634	,000
Ökonomische Notwendigkeit	-,036	,017	-,030	-2,098	,036
Kapital	-,044	,017	-,038	-2,661	,008
Alter (kategorisiert)	,116	,022	,078	5,309	,000
Geschlecht (männlich)	,118	,038	,045	3,083	,002
Korrigiertes R^2: ,374	F (,920): 232,733		Signifikanz: ,000		n = 3102
Ausgeschlossene Variablen: Materielles Macht- und Prestigestreben, Erwirtschaftungsrisiko, Volkswirtschaftlicher Rahmen/F&F, Ängstlichkeit					

Anmerkung: Dargestellt ist die schrittweise Methode; Vorwärts- und Rückwärtsmethode führen zu identischen Ergebnissen.

Quelle: Eigene Erstellung.

Durch die Einflussgrößen in Modell 2.2a, das nach dem listenweisen Fallausschluss auf 3.102 Fällen basiert, werden wie in Modell 2.2(1) zusammen 37,4 Prozent der Varianz der Gründungsrelevanz erklärt. Nach dem F-Test ($p = 0{,}000$) ist auch der in dieser Regressionsbeziehung angenommene Wirkungszusammenhang höchst signifikant (Backhaus/Erichson/Plinke/Weiber 2000: 24-28). Bei den signifikanten Regressoren sind sowohl die Wirkungsrichtungen als auch die Signifikanzniveaus identisch mit denen aus Modell 2.2(1). Ferner werden in Modell 2.2a im Rahmen von schrittweiser,

Vorwärts- sowie Rückwärtsmethode, die alle zu identischen Ergebnissen führen, alle Regressoren ausgeschlossen, bei denen in Modell 2.2(1) keine signifikanten Wirkungen nachgewiesen werden. Diese Übereinstimmung im Rahmen der diversen Methoden spricht insgesamt für sehr zuverlässige Schätzer der Regressionskoeffizienten (Stock/Watson 2006: 236f.). Den Beta-Werten zufolge übt in Modell 2.2a die Informationsquellenanzahl tendenziell den stärksten absoluten Erklärungsbeitrag auf den Regressanden aus, gefolgt von Qualifikation/Idee/Partner, Ideen- und Selbstverwirklichung, Risikohaltung, Alter, Geschlecht, Kapital und schließlich Ökonomische Notwendigkeit.

- **Erweiterung um Support-Faktoren**

Die Ergebnisse der Regression mit Kontrollvariablen nach der schrittweisen, Vorwärts- und Rückwärtsmethode im Rahmen von Modell 2.2b sind in Tabelle A-17 in diesem Anhang aufgeführt bzw. angemerkt. In dieses Modell sind neben den Variablen des Ausgangsmodells die herausgearbeiteten Gründungssupport-Faktoren integriert.

Durch die Regressionsbeziehung in Modell 2.2b, das nach dem listenweisen Fallausschluss auf 2.568 Fällen basiert, werden zusammen 36,8 Prozent der Varianz der Gründungsrelevanz erklärt, also 0,1 Prozentpunkte mehr als durch Modell 2.2(2). Nach dem F-Test ($p = 0{,}000$) ist auch der in dieser Regressionsbeziehung angenommene Wirkungszusammenhang höchst signifikant (Backhaus/Erichson/Plinke/Weiber 2000: 24-28). In Modell 2.2b führen schrittweise, Vorwärts- und Rückwärtsmethode zu gleichen Ergebnissen. Die Wirkungsrichtungen der in die Regressionsbeziehung aufgenommenen Variablen stimmen mit denen aus Modell 2.2(2) überein. Allerdings ändert sich das Signifikanzniveau des nun die Gründungsrelevanz sehr signifikant reduzierenden Faktors Kapital. Für die in Modell 2.2(2) nicht signifikanten Variablen können auch in Modell 2.2b keine signifikanten Wirkungen nachgewiesen werden, jedoch werden die nicht signifikanten Regressoren Ökonomische Notwendigkeit, Grundlagenvermittlung und Networking-Support in der Regressionsbeziehung von Modell 2.2b berücksichtigt, während die anderen nicht signifikanten Variablen ausgeschlossen werden. Mit Ausnahme von Kapital sind die Schätzer der Regressionskoeffizienten reliabel (Stock/Watson 2006: 236f.). Den Beta-Werten zufolge übt in Modell 2.2b die Informationsquellenanzahl tendenziell den stärksten absoluten Erklärungsbeitrag auf die Gründungsrelevanz aus, gefolgt von Qualifikation/Idee/Partner, Risikohaltung, Alter, Ideen- und Selbstverwirklichung, Kapital und schließlich Individueller Support sowie Geschlecht.

Tabelle A-17

Regression – Modell 2.2b – Schrittweise Methode mit Kontrollvariablen

Unabhängige Variablen: Informationsquellen-Anzahl, Risikohaltung, Motiv-Faktoren, Hemmnis-Faktoren, Support-Faktoren; **Kontrollvariablen:** Alter, Geschlecht	**Modell 2.2b – Regressand: Gründungsrelevanz (5 Kategorien; Vorbereiter und Gründer getrennt); Schrittweise Methode**				
	Nicht standardisierte Koeffizienten		Standardisierte Koeffizienten	t-Statistik	p-Wert
	Regressions-koeffizient B	Standard-fehler	Beta		
(Konstante)	-,053	,115		-,459	,646
Informationsquellen	,611	,020	,509	30,496	,000
Risikohaltung	,175	,030	,094	5,805	,000
Qualifikation/Idee/Partner	-,118	,019	-,101	-6,290	,000
Ideen- und Selbstverwirklichung	,061	,020	,052	3,112	,002
Ökonomische Notwendigkeit	-,034	,019	-,029	-1,781	,075
Kapital	-,048	,019	-,041	-2,585	,010
Grundlagenvermittlung	,034	,019	,029	1,748	,081
Individueller Support	,045	,019	,038	2,353	,019
Networking-Support	-,032	,019	-,027	-1,687	,092
Alter (kategorisiert)	,124	,025	,082	5,048	,000
Geschlecht (männlich)	,100	,043	,038	2,351	,019
Korrigiertes R^2: ,368	F (,931): 136,664		Signifikanz: ,000		n = 2568
Ausgeschlossene Variablen: Materielles Macht- und Prestigestreben, Erwirtschaftungsrisiko, Volkswirtschaftlicher Rahmen/F&F, Ängstlichkeit					

Anmerkung: Dargestellt ist die schrittweise Methode; Vorwärts- und Rückwärtsmethode führen zu identischen Ergebnissen.

Quelle: Eigene Erstellung.

- **Erweiterung um binäre Variablen**

Die Ergebnisse der Regression mit Kontrollvariablen nach der schrittweisen, Vorwärts- und Rückwärtsmethode im Rahmen von Modell 2.2c sind in Tabelle A-18 in diesem Anhang aufgeführt bzw. angemerkt. Dieses Modell berücksichtigt die Variablen des Ausgangsmodells und die beiden binären Variablen Gründungsidee und Selbständigen-Umfeld.

Tabelle A-18

Regression – Modell 2.2c – Schrittweise Methode mit Kontrollvariablen

Unabhängige Variablen: Informationsquellen-Anzahl, Risikohaltung, Motiv-Faktoren, Hemmnis-Faktoren, Gründungsidee, Selbständigen-Umfeld; **Kontrollvariablen:** Alter, Geschlecht	**Modell 2.2c – Regressand: Gründungsrelevanz (5 Kategorien; Vorbereiter und Gründer getrennt); Schrittweise Methode**				
	Nicht standardisierte Koeffizienten		Standardisierte Koeffizienten	t-Statistik	p-Wert
	Regressions-koeffizient B	Standard-fehler	Beta		
(Konstante)	-,570	,107		-5,313	,000
Informationsquellen	,497	,018	,423	27,346	,000
Gründungsidee	,677	,040	,270	17,132	,000
Risikohaltung	,099	,026	,056	3,871	,000
Selbständigen-Umfeld	,128	,032	,057	4,009	,000
Qualifikation/Idee/Partner	-,058	,016	-,050	-3,534	,000
Kapital	-,049	,016	-,043	-3,135	,002
Ideen- und Selbstverwirklichung	,050	,016	,043	3,031	,002
Ökonomische Notwendigkeit	-,030	,016	-,027	-1,889	,059
Alter (kategorisiert)	,066	,021	,045	3,160	,002
Geschlecht (männlich)	,092	,036	,036	2,545	,011
Korrigiertes R^2: ,434	F (,854): 229,888		Signifikanz: ,000		n = 2992
Ausgeschlossene Variablen: Materielles Macht- und Prestigestreben, Erwirtschaftungsrisiko, Volkswirtschaftlicher Rahmen/F&F, Ängstlichkeit					

Anmerkung: Dargestellt ist die schrittweise Methode; Vorwärts- und Rückwärtsmethode führen zu identischen Ergebnissen.

Quelle: Eigene Erstellung.

Durch die Regressionsbeziehung in Modell 2.2c, das nach dem listenweisen Fallausschluss auf 2.992 Fällen basiert, werden wie in Modell 2.2(3) zusammen 43,4 Prozent der Varianz der Gründungsrelevanz erklärt. Nach dem F-Test (p = 0,000) ist auch der in dieser Regressionsbeziehung angenommene Wirkungszusammenhang höchst signifikant (Backhaus/Erichson/Plinke/Weiber 2000: 24-28). In Modell 2.2c werden im Rahmen von schrittweiser, Vorwärts- sowie Rückwärtsmethode, die zu identischen Ergebnissen führen, alle Regressoren ausgeschlossen, bei denen in Modell 2.2(3) keine signifikanten Wirkungen nachgewiesen werden. Die Wirkungsrichtungen der in Modell 2.2c integrierten Regressoren stimmen mit denen von Modell 2.2(3) überein. Allerdings kann für den Faktor Ökonomische Notwendigkeit kein signifikanter Effekt wie in Modell 2.2(3) nachgewiesen werden, und bei den folgenden zwei Regressoren sinken die Signifikanzniveaus. So übt Kapital in Modell 2.2c einen sehr signifikanten negativen und das männliche Geschlecht einen signifikanten positiven Einfluss auf die Gründungsrelevanz aus. Die Schätzer der übrigen Regressionskoeffizienten erweisen sich als reliabel (Stock/Watson 2006: 236f.), was wiederum dadurch untermauert wird, dass sowohl Vorwärts- als auch Rückwärtsmethode zu identischen Ergebnissen wie die schrittweise Methode führen. Den Beta-Werten zufolge übt in Modell 2.2c die Informationsquellenanzahl tendenziell den stärksten absoluten Erklärungsbeitrag auf die Gründungsrelevanz aus, gefolgt von Gründungsidee, Selbständigen-Umfeld, Risikohaltung, Qualifikation/Idee/Partner, Alter, Ideen- und Selbstverwirklichung sowie Kapital und schließlich Geschlecht.

- **Erweiterung um Support-Faktoren und binäre Variablen**

Die Ergebnisse der Regression mit Kontrollvariablen nach der schrittweisen, Vorwärts- und Rückwärtsmethode im Rahmen von Modell 2.2d sind in Tabelle A-19 in diesem Anhang aufgeführt bzw. angemerkt. In diesem Modell werden neben den Variablen des Ausgangsmodells die herausgearbeiteten Gründungssupport-Faktoren sowie die binären Variablen Gründungsidee und Selbständigen-Umfeld berücksichtigt.

Durch die Regressionsbeziehung in Modell 2.2d, das nach dem listenweisen Fallausschluss auf 2.482 Fällen basiert, werden wie in Modell 2.2(4) zusammen 42,3 Prozent der Varianz der Gründungsrelevanz erklärt. Nach dem F-Test (p = 0,000) ist auch der in dieser Regressionsbeziehung angenommene Wirkungszusammenhang höchst signifikant (Backhaus/Erichson/Plinke/Weiber 2000: 24-28). In Modell 2.2d werden im Rahmen von schrittweiser, Vorwärts- sowie Rückwärtsmethode, die zu identischen Ergebnissen führen, bis auf den integrierten und weiterhin nicht signifikanten Faktor Grundlagenvermittlung alle Regressoren ausgeschlossen, bei denen in Modell 2.2(4) keine signifikanten Effekte nachgewiesen werden. Bei den signifikanten Regressoren

Tabelle A-19

Regression – Modell 2.2d – Schrittweise Methode mit Kontrollvariablen

Unabhängige Variablen: Informationsquellen-Anzahl, Risikohaltung, Motiv-Faktoren, Hemmnis-Faktoren, Support-Faktoren, Gründungsidee, Selbständigen-Umfeld; **Kontrollvariablen:** Alter, Geschlecht	**Modell 2.2d – Regressand: Gründungsrelevanz (5 Kategorien; Vorbereiter und Gründer getrennt); Schrittweise Methode**				
	Nicht standardisierte Koeffizienten		Standardisierte Koeffizienten	t-Statistik	p-Wert
	Regressions-koeffizient B	Standard-fehler	Beta		
(Konstante)	-,560	,120		-4,668	,000
Informationsquellen	,489	,020	,416	24,108	,000
Gründungsidee	,673	,044	,267	15,311	,000
Risikohaltung	,112	,029	,062	3,893	,000
Selbständigen-Umfeld	,112	,036	,049	3,130	,002
Qualifikation/Idee/Partner	-,059	,018	-,051	-3,265	,001
Kapital	-,050	,017	-,044	-2,873	,004
Networking-Support	-,043	,018	-,038	-2,421	,016
Ideen- und Selbstverwirklichung	,043	,019	,037	2,285	,022
Grundlagenvermittlung	,032	,018	,028	1,747	,081
Alter (kategorisiert)	,072	,023	,049	3,068	,002
Geschlecht (männlich)	,091	,040	,036	2,268	,023
Korrigiertes R^2: ,423	F (,868): 166,074		Signifikanz: ,000		n = 2482

Ausgeschlossene Variablen: Materielles Macht- und Prestigestreben, Ökonomische Notwendigkeit, Erwirtschaftungsrisiko, Volkswirtschaftlicher Rahmen/F&F, Ängstlichkeit, Individueller Support

Anmerkung: Dargestellt ist die schrittweise Methode; Vorwärts- und Rückwärtsmethode führen zu identischen Ergebnissen.

Quelle: Eigene Erstellung.

stimmen die Wirkungsrichtungen mit denen in Modell 2.2(4) überein. Mit Ausnahme des Faktors Qualifikation/Idee/Partner, der die Gründungsrelevanz nun höchst signifikant senkt, stimmen in Modell 2.2d auch die Signifikanzniveaus mit denen in Modell 2.2(4) überein. Die Schätzer aller anderen Regressionskoeffizienten sind zuverlässig (Stock/Watson 2006: 236f.), was wiederum dadurch untermauert wird, dass sowohl Vorwärts- als auch Rückwärtsmethode zu identischen Ergebnissen wie die schrittweise Methode führen. Den Beta-Werten zufolge übt in Modell 2.2d die Informationsquellenanzahl tendenziell den stärksten absoluten Erklärungsbeitrag auf die Gründungsrelevanz aus, gefolgt von Gründungsidee, Risikohaltung, Qualifikation/Idee/Partner,

Selbständigen-Umfeld sowie Alter, Kapital, Networking-Support, Ideen- und Selbstverwirklichung und schließlich Geschlecht.

- **Analyse weiterer Kontrollvariablen**

Fortan werden die Kontrollvariablen Ingenieurwissenschaften sowie Informatik, Jahr/ Semester (Zeitverlauf), Semestergruppe, Weiterführendes Studium, Fernstudium und Universität im Rahmen von Regressionen nach schrittweiser, Vorwärts- und Rückwärtsmethode überprüft und die Ergebnisse mit denjenigen Regressionen nach der Einschlussmethode verglichen. Die Vorgehensweise erfolgt hierbei analog zur Einschlussmethode.

Die Regressionen mit den Variablen aus Modell 2.2d und den weiteren Kontrollvariablen Ingenieurwissenschaften und Informatik nach der schrittweisen, Vorwärts- sowie Rückwärtsmethode basieren nach dem listenweisen Fallausschluss auf 2.482 Fällen und weisen alle wie das entsprechende Modell nach der Einschlussmethode ein adjustiertes Bestimmtheitsmaß von 42,4 Prozent auf. Nach den F-Tests (p = 0,000) sind auch die in diesen Regressionsbeziehungen angenommenen Wirkungszusammenhänge höchst signifikant (Backhaus/Erichson/Plinke/Weiber 2000: 24-28). Die schrittweise, Vorwärts- und Rückwärtsmethode führen alle zu identischen Ergebnissen. Erneut wird für Informatik kein signifikanter Einfluss nachgewiesen, während die Fachrichtung Ingenieurwissenschaften den Regressanden mit höherem Signifikanzniveau als bei der Einschlussmethode jetzt sehr signifikant reduziert. Folglich ist im Rahmen dieser drei Methoden für Studierende der Ingenieurwissenschaften die Gründung sehr signifikant weniger relevant als für Studierende der Betriebswirtschaftslehre, während zwischen Studierenden der Informatik und denen der Betriebswirtschaftslehre erneut keine signifikanten Unterschiede hinsichtlich der Gründungsrelevanz nachgewiesen werden. Was die anderen Einflussgrößen betrifft, werden bis auf den integrierten und wie bei der Einschlussmethode weiterhin nicht signifikanten Faktor Grundlagenvermittlung alle anderen nicht signifikanten exogenen Variablen von der Regressionsbeziehung ausgeschlossen. Bei den signifikanten Regressoren stimmen die Wirkungsrichtungen mit denen im Modell nach der Einschlussmethode überein, und bei den Signifikanzniveaus gibt es neben der geschilderten Abweichung bezüglich Ingenieurwissenschaften noch die zwei folgenden Verschiebungen gegenüber der Einschlussmethode. So übt der Faktor Qualifikation/Idee/Partner nun einen höchst signifikanten negativen und das Selbständigen-Umfeld einen sehr signifikanten positiven Einfluss auf den Regressanden aus. Abgesehen von diesen wenigen Ausnahmen erweisen sich die Modelle bei Integration der Kontrollvariablen Ingenieurwissenschaften und Informatik im Rahmen der diversen Methoden als robust.

Die Regressionen mit den Variablen aus Modell 2.2d und der weiteren Kontrollvariablen Jahr/Semester (Zeitverlauf) nach der schrittweisen, Vorwärts- sowie Rückwärtsmethode basieren nach dem listenweisen Fallausschluss auf 2.482 Fällen und weisen alle wie das entsprechende Modell nach der Einschlussmethode ein adjustiertes Bestimmtheitsmaß von 42,3 Prozent auf. Nach den F-Tests (p = 0,000) sind auch die in diesen Regressionsbeziehungen angenommenen Wirkungszusammenhänge höchst signifikant (Backhaus/Erichson/Plinke/Weiber 2000: 24-28). Die schrittweise, Vorwärts- und Rückwärtsmethode führen alle zu identischen Ergebnissen. Für Jahr/Semester wird wie bereits bei der Einschlussmethode ein signifikanter negativer Effekt nachgewiesen. Was die anderen Einflussgrößen betrifft, werden bis auf den integrierten und wie bei der Einschlussmethode weiterhin nicht signifikanten Faktor Grundlagenvermittlung alle anderen nicht signifikanten exogenen Variablen von der Regressionsbeziehung ausgeschlossen. Bei den signifikanten Regressoren stimmen sowohl die Wirkungsrichtungen als auch die Signifikanzniveaus mit denen im Modell nach der Einschlussmethode überein. Folglich erweisen sich die Modelle bei Integration der Kontrollvariablen Jahr/Semester im Rahmen der diversen Methoden als sehr robust.

Die Regressionen mit den Variablen aus Modell 2.2d und der weiteren Kontrollvariablen Semestergruppe – aber aufgrund der Höhe der Korrelation exklusive der Kontrollvariable Alter – nach der schrittweisen, Vorwärts- sowie Rückwärtsmethode basieren nach dem listenweisen Fallausschluss auf 2.490 Fällen und weisen alle wie das entsprechende Modell nach der Einschlussmethode ein adjustiertes Bestimmtheitsmaß von 42,2 Prozent auf. Nach den F-Tests (p = 0,000) sind auch die in diesen Regressionsbeziehungen angenommenen Wirkungszusammenhänge höchst signifikant (Backhaus/Erichson/Plinke/Weiber 2000: 24-28). Die schrittweise, Vorwärts- und Rückwärtsmethode führen alle zu identischen Ergebnissen. Für die Semestergruppe wird wie bereits bei der Einschlussmethode ein signifikanter positiver Einfluss auf die Gründungsrelevanz nachgewiesen. Was die anderen Einflussgrößen betrifft, werden bis auf den integrierten und wie bei der Einschlussmethode weiterhin nicht signifikanten Faktor Grundlagenvermittlung alle anderen nicht signifikanten exogenen Variablen von der Regressionsbeziehung ausgeschlossen. Bei den signifikanten Regressoren stimmen die Wirkungsrichtungen mit denen im Modell nach der Einschlussmethode überein, und bei den Signifikanzniveaus gibt es lediglich die folgende Verschiebung gegenüber der Einschlussmethode. So übt der Faktor Qualifikation/Idee/Partner nun einen höchst signifikanten negativen Einfluss auf die Gründungsrelevanz aus. Abgesehen von dieser geringfügigen Abweichung erweisen sich die Modelle bei Integration der Kontrollvariablen Semestergruppe im Rahmen der diversen Methoden als robust.

Die Regressionen mit den Variablen aus Modell 2.2d und der weiteren Kontrollvariablen Weiterführendes Studium – aber aufgrund der Höhe der Korrelation exklusive der Kontrollvariable Alter – nach der schrittweisen, Vorwärts- sowie Rückwärtsmethode basieren nach dem listenweisen Fallausschluss auf 2.490 Fällen und weisen alle wie das entsprechende Modell nach der Einschlussmethode ein adjustiertes Bestimmtheitsmaß von 42,3 Prozent auf. Nach den F-Tests (p = 0,000) sind auch die in diesen Regressionsbeziehungen angenommenen Wirkungszusammenhänge höchst signifikant (Backhaus/Erichson/Plinke/Weiber 2000: 24-28). Die schrittweise, Vorwärts- und Rückwärtsmethode führen alle zu identischen Ergebnissen. Für Studierende im wieterführenden Studium wird jetzt ein signifikanter positiver Effekt auf die Gründungsrelevanz aufgedeckt, während er bei der Einschlussmethode sehr signifikant ist. Was die anderen Einflussgrößen betrifft, werden bis auf den integrierten und wie bei der Einschlussmethode weiterhin nicht signifikanten Faktor Grundlagenvermittlung alle anderen nicht signifikanten exogenen Variablen von der Regressionsbeziehung ausgeschlossen. Die bei der Einschlussmethode signifikanten erklärenden Variablen verbleiben alle mit gleichen Wirkungsrichtungen im Modell. Bei den Signifikanzniveaus gibt es gegenüber der Einschlussmethode lediglich die oben genannte Verschiebung bei Weiterführendem Studium. Ansonsten sind die Modelle bei Berücksichtigung der Kontrollvariablen Weiterführendes Studium im Rahmen der diversen Methoden sehr robust.

Die Regressionen mit den Variablen aus Modell 2.2d und der weiteren Kontrollvariablen Fernstudium – aber aufgrund der Höhe der Korrelation exklusive der Kontrollvariable Alter – nach der schrittweisen, Vorwärts- sowie Rückwärtsmethode basieren nach dem listenweisen Fallausschluss auf 2.490 Fällen und weisen alle ein adjustiertes Bestimmtheitsmaß von 42,1 Prozent auf, also ein um 0,1 Prozentpunkte geringeres als die Regression nach der Einschlussmethode. Nach den F-Tests (p = 0,000) sind auch die in diesen Regressionsbeziehungen angenommenen Wirkungszusammenhänge höchst signifikant (Backhaus/Erichson/Plinke/Weiber 2000: 24-28). Die schrittweise, Vorwärts- und Rückwärtsmethode führen alle zu identischen Ergebnissen. Die bereits bei der Einschlussmethode nicht signifikante Kontrollvariable Fernstudium wird aus den Modellen ausgeschlossen, genauso wie alle anderen nicht signifikanten Variablen. Die bei der Einschlussmethode signifikanten exogenen Variablen verbleiben mit gleichen Wirkungsrichtungen in den Modellen, und bei den drei folgenden Variablen ändern sich gegenüber der Einschlussmethode die Signifikanzniveaus. So erhöht der Faktor Ideen- und Selbstverwirklichung nun sehr signifikant den Regressanden, Qualifikation/Idee/Partner senkt ihn höchst signifikant, und für männliche Studierende ist die Gründung sehr signifikant relevanter als für Studentinnen. Abgesehen von diesen wenigen Abweichungen sind die Modelle bei Berücksichtigung der Kontrollvariablen Fernstudium im Rahmen der diversen Methoden robust.

Die Regressionen mit den Variablen aus Modell 2.2d und der weiteren Kontrollvariablen Universität nach der schrittweisen, Vorwärts- sowie Rückwärtsmethode basieren nach dem listenweisen Fallausschluss auf 2.482 Fällen und weisen alle wie das entsprechende Modell nach der Einschlussmethode ein adjustiertes Bestimmtheitsmaß von 42,5 Prozent auf. Nach den F-Tests (p = 0,000) sind auch die in diesen Regressionsbeziehungen angenommenen Wirkungszusammenhänge höchst signifikant (Backhaus/Erichson/Plinke/Weiber 2000: 24-28). Die schrittweise, Vorwärts- und Rückwärtsmethode führen alle zu identischen Ergebnissen. Für die Kontrollvariable Universität existiert wie bereits bei der Einschlussmethode ein sehr signifikanter positiver Einfluss auf die Gründungsrelevanz. Was die anderen Einflussgrößen betrifft, werden bis auf den integrierten und wie bei der Einschlussmethode weiterhin nicht signifikanten Faktor Grundlagenvermittlung alle anderen nicht signifikanten exogenen Variablen von der Regressionsbeziehung ausgeschlossen. Die bei der Einschlussmethode signifikanten erklärenden Variablen verbleiben mit gleichen Wirkungsrichtungen in den Modellen, und lediglich bei der folgenden Variable ändert sich gegenüber der Einschlussmethode das Signifikanzniveau. Demzufolge reduziert nun der Faktor Qualifikation/ Idee/Partner die Gründungsrelevanz höchst signifikant. Abgesehen von dieser geringfügigen Abweichung erweisen sich die Modelle bei Integration der Kontrollvariablen Universität im Rahmen der diversen Methoden als sehr robust.

Anhang 9 – Ergebnisse Modell 3.1 – Schrittweise, Vorwärts- und Rückwärtsmethode

Die Ergebnisse der Modelle 3.1a, 3.1b, 3.1c und 3.1d, d.h. der Regressionen auf die Gründungswahrscheinlichkeit ohne Kontrollvariablen nach der schrittweisen Methode, inklusive Hinweise auf Gemeinsamkeiten und Unterschiede der Ergebnisse nach der Vorwärts- sowie der Rückwärtsmethode, sind in den Tabellen A-20, A-21, A-22 und A-23 in diesem Anhang abgebildet bzw. angemerkt. Diese Tabellen umfassen weitere Informationen als die Tabelle der Regressionen nach der Einschlussmethode. So beinhalten sie z.B. Beta-Koeffizienten, die es durch ihre Standardisierung ermöglichen sollen, die Effektstärken der Regressoren auf die endogene Variable miteinander zu vergleichen. Allerdings sind die Beta-Werte nur bedingt aussagekräftig, da sie aufgrund von Multikollinearität mehr oder weniger abhängig voneinander sind (Janssen/Laatz 2003: 391). Folglich sind die Erklärungsbeiträge der exogenen Variablen anhand ihrer Beta-Koeffizienten nur eingeschränkt miteinander vergleichbar. Im Folgenden werden diese Ergebnisse nach schrittweiser, Vorwärts- und Rückwärtsmethode denen der Einschlussmethode gegenübergestellt.

- **Ausgangsmodell**

Die Ergebnisse der Regression ohne Kontrollvariablen nach der schrittweisen, Vorwärts- und Rückwärtsmethode im Rahmen des Ausgangsmodells, d.h. Modell 3.1a, sind in Tabelle A-20 in diesem Anhang aufgeführt bzw. angemerkt. So umfasst dieses Ausgangsmodell wiederum den Regressanden Gründungswahrscheinlichkeit und als

Regressoren die Gründungsinformationsquellenanzahl, die Risikohaltung sowie die herausgearbeiteten Gründungsmotiv- und Gründungshemmnis-Faktoren.

Tabelle A-20

Regression – Modell 3.1a – Schrittweise Methode ohne Kontrollvariablen

Unabhängige Variablen: Informationsquellen-Anzahl, Risikohaltung, Motiv-Faktoren, Hemmnis-Faktoren	**Modell 3.1a – Regressand: Gründungswahrscheinlichkeit; Schrittweise Methode**				
	Nicht standardisierte Koeffizienten		Standardisierte Koeffizienten	t-Statistik	p-Wert
	Regressions-koeffizient B	Standard-fehler	Beta		
(Konstante)	-1,909	2,022		-,944	,345
Informationsquellen	9,229	,466	,345	19,803	,000
Risikohaltung	7,868	,724	,195	10,874	,000
Ideen- und Selbstverwirklichung	3,971	,453	,151	8,757	,000
Qualifikation/Idee/Partner	-3,437	,441	-,133	-7,801	,000
Materielles Macht- und Prestigestreben	2,386	,434	,093	5,502	,000
Ängstlichkeit	-2,027	,444	-,080	-4,571	,000
Korrigiertes R^2: ,296	F (21,573): 174,992		Signifikanz: ,000		n = 2482
Ausgeschlossene Variablen: Ökonomische Notwendigkeit, Erwirtschaftungsrisiko, Volkswirtschaftlicher Rahmen/F&F, Kapital					

Anmerkung: Dargestellt ist die schrittweise Methode; Vorwärtsmethode führt zu identischen Ergebnissen. Relevante Unterschiede (d.h. im Falle von Veränderungen bzgl. Einschluss/Ausschluss, Signifikanzniveau, Wirkungsrichtung bei signifikanten Koeffizienten sowie adjustiertem Bestimmtheitsmaß) bei der Rückwärtsmethode: *Erwirtschaftungsrisiko* [-,813; ,442; -,032; -1,838; ,066 (vgl. Spalten 2-6)], *Kapital* [-,803; ,440; -,031; -1,825; ,068 (vgl. Spalten 2-6)] integriert; Korrigiertes R^2: ,298.

Quelle: Eigene Erstellung.

Durch die Einflussgrößen in Modell 3.1a, das nach dem listenweisen Fallausschluss auf 2.482 Fällen basiert, werden nach der schrittweisen sowie der Vorwärtsmethode 29,6 Prozent und nach der Rückwärtsmethode, ebenfalls wie in Modell 3.1(1), 29,8 Prozent der Varianz der Gründungswahrscheinlichkeit erklärt. Nach dem F-Test (p = 0,000) ist auch der in dieser Regressionsbeziehung angenommene Wirkungszusammenhang höchst signifikant (Backhaus/Erichson/Plinke/Weiber 2000: 24-28). Bei den signifikanten Regressoren entsprechen sowohl die Wirkungsrichtungen als auch die Signifikanzniveaus denen aus Modell 3.1(1). Zudem werden in Modell 3.1a nach der schrittweisen und der Vorwärtsmethode, die beide zu identischen Ergebnissen führen, nicht nur die exogenen Variablen ausgeschlossen, bei denen in Modell 3.1(1) keine signifikanten Wirkungen nachgewiesen werden, sondern darüber hinaus der Faktor Erwirtschaftungsrisiko. Demgegenüber verbleiben bei der Rückwärtsmethode die Faktoren Erwirtschaftungsrisiko und Kapital in der Regressionsbeziehung, allerdings ohne dass signifikante Effekte auf die Gründungswahrscheinlichkeit nachgewiesen werden. Insgesamt betrachtet existiert jedoch eine hohe Übereinstimmung im Rahmen der diversen Methoden, so dass die meisten Schätzer der Regressionskoeffizienten zuverlässig sind (Stock/Watson 2006: 236f.). Den Beta-Werten zufolge übt in Modell 3.1a nach der schrittweisen Methode die Informationsquellenanzahl tendenziell den stärksten absoluten Erklärungsbeitrag auf die Gründungswahrscheinlichkeit aus, gefolgt von Risikohaltung, Ideen- und Selbstverwirklichung, Qualifikation/Idee/Partner, Materielles Macht- und Prestigestreben und schließlich Ängstlichkeit.

- **Erweiterung um Support-Faktoren**

Die Ergebnisse der Regression ohne Kontrollvariablen nach der schrittweisen, Vorwärts- und Rückwärtsmethode im Rahmen von Modell 3.1b sind in Tabelle A-21 in diesem Anhang aufgeführt bzw. angemerkt. In diesem Modell werden neben den Variablen des Ausgangsmodells die herausgearbeiteten Gründungssupport-Faktoren berücksichtigt.

Mit den aufgenommenen Einflussgrößen in Modell 3.1b, das nach dem listenweisen Fallausschluss auf 2.059 Fällen basiert, werden wie in Modell 3.1(2) zusammen 29,0 Prozent der Varianz der Gründungswahrscheinlichkeit erklärt. Nach dem F-Test (p = 0,000) ist auch der in dieser Regressionsbeziehung angenommene Wirkungszusammenhang höchst signifikant (Backhaus/Erichson/Plinke/Weiber 2000: 24-28). In Modell 3.1b wird von den Regressoren, die in Modell 3.1(2) nicht signifikant sind, im Rahmen der schrittweisen sowie der Vorwärtsmethode, die zu gleichen Ergebnissen führen, nur der Faktor Grundlagenvermittlung, der jetzt einen signifikanten positiven Einfluss auf die Gründungswahrscheinlichkeit ausübt, nicht ausgeschlossen. Demgegenüber verbleibt bei der Rückwärtsmethode neben der hier nicht signifikanten Grundlagenvermittlung auch der ebenfalls nicht signifikante Faktor Ökonomische Notwendigkeit in der Regressionsbeziehung. Ansonsten existieren jedoch keine relevanten

Tabelle A-21

Regression – Modell 3.1b – Schrittweise Methode ohne Kontrollvariablen

Unabhängige Variablen: Informationsquellen-Anzahl, Risikohaltung, Motiv-Faktoren, Hemmnis-Faktoren, Support-Faktoren	**Modell 3.1b – Regressand: Gründungswahrscheinlichkeit; Schrittweise Methode**				
	Nicht standardisierte Koeffizienten		Standardisierte Koeffizienten	t-Statistik	p-Wert
	Regressions-koeffizient B	Standard-fehler	Beta		
(Konstante)	,556	2,277		,244	,807
Informationsquellen	8,884	,518	,334	17,138	,000
Risikohaltung	7,258	,808	,178	8,981	,000
Qualifikation/Idee/Partner	-3,908	,489	-,151	-7,995	,000
Ideen- und Selbstverwirklichung	3,755	,511	,143	7,343	,000
Materielles Macht- und Prestigestreben	2,479	,476	,099	5,211	,000
Ängstlichkeit	-1,668	,489	-,065	-3,410	,001
Kapital	-1,113	,489	-,043	-2,275	,023
Individueller Support	1,284	,502	,049	2,560	,011
Erwirtschaftungsrisiko	-1,058	,494	-,041	-2,140	,032
Grundlagenvermittlung	,984	,493	,038	1,998	,046
Korrigiertes R^2: ,290	F (21,673): 84,937		Signifikanz: ,000		n = 2059

Ausgeschlossene Variablen: Ökonomische Notwendigkeit, Volkswirtschaftlicher Rahmen/F&F, Networking-Support

Anmerkung: Dargestellt ist die schrittweise Methode; Vorwärtsmethode führt zu identischen Ergebnissen. Relevante Unterschiede (d.h. im Falle von Veränderungen bzgl. Einschluss/Ausschluss, Signifikanzniveau, Wirkungsrichtung bei signifikanten Koeffizienten sowie adjustiertem Bestimmtheitsmaß) bei der Rückwärtsmethode: *Ökonomische Notwendigkeit* [,824; ,496; ,031; 1,662; ,097 (vgl. Spalten 2-6)] integriert; *Grundlagenvermittlung* [,917; ,494; ,036; 1,855; ,064 (vgl. Spalten 2-6)].

Quelle: Eigene Erstellung.

Unterschiede zwischen den drei Methoden. Bei den übrigen in Modell 3.1b aufgenommenen Regressoren stimmen die Wirkungsrichtungen mit denen aus Modell 3.1(2) überein, und bei den Signifikanzniveaus existiert lediglich die folgende Abweichung. So erhöht der Faktor Individueller Support in Modell 3.1b die Gründungswahrscheinlichkeit signifikant. Abgesehen von diesen geringen Abweichungen sind die Schätzer der Regressionskoeffizienten reliabel (Stock/Watson 2006: 236f.). Den Beta-Werten zufolge übt in Modell 3.1b nach der schrittweisen Methode die Informationsquellenanzahl tendenziell den stärksten absoluten Erklärungsbeitrag auf den Regressanden aus, gefolgt von Risikohaltung, Qualifikation/Idee/Partner, Ideen- und Selbstverwirklichung, Materielles Macht- und Prestigestreben, Ängstlichkeit, Individueller Support, Kapital, Erwirtschaftungsrisiko und schließlich Grundlagenvermittlung.

- **Erweiterung um binäre Variablen**

Die Ergebnisse der Regression ohne Kontrollvariablen nach der schrittweisen, Vorwärts- und Rückwärtsmethode im Rahmen von Modell 3.1c sind in Tabelle A-22 in diesem Anhang aufgeführt bzw. angemerkt. In diesem Modell sind die Variablen des Ausgangsmodells sowie die beiden binären Variablen Gründungsidee und Selbständigen-Umfeld enthalten.

Tabelle A-22

Regression – Modell 3.1c – Schrittweise Methode ohne Kontrollvariablen

Unabhängige Variablen: Informationsquellen-Anzahl, Risikohaltung, Motiv-Faktoren, Hemmnis-Faktoren, Gründungsidee, Selbständigen-Umfeld	**Modell 3.1c – Regressand: Gründungswahrscheinlichkeit; Schrittweise Methode**				
	Nicht standardisierte Koeffizienten: Regressions-koeffizient B	Nicht standardisierte Koeffizienten: Standard-fehler	Standardisierte Koeffizienten: Beta	t-Statistik	p-Wert
(Konstante)	-17,568	2,356		-7,457	,000
Informationsquellen	6,833	,483	,256	14,140	,000
Gründungsidee	12,835	1,026	,231	12,506	,000
Risikohaltung	6,604	,709	,164	9,315	,000
Ideen- und Selbstverwirklichung	3,284	,445	,125	7,381	,000
Qualifikation/Idee/Partner	-2,504	,438	-,097	-5,719	,000
Selbständigen-Umfeld	4,643	,858	,090	5,410	,000
Materielles Macht- und Prestigestreben	2,314	,422	,091	5,480	,000
Ängstlichkeit	-2,296	,434	-,090	-5,294	,000
Kapital	-,993	,429	-,038	-2,316	,021
Korrigiertes R^2: ,349	F (20,685): 145,399		Signifikanz: ,000		n = 2420
Ausgeschlossene Variablen: Ökonomische Notwendigkeit, Erwirtschaftungsrisiko, Volkswirtschaftlicher Rahmen/F&F					

Anmerkung: Dargestellt ist die schrittweise Methode; Vorwärtsmethode führt zu identischen Ergebnissen. Relevante Unterschiede (d.h. im Falle von Veränderungen bzgl. Einschluss/Ausschluss, Signifikanzniveau, Wirkungsrichtung bei signifikanten Koeffizienten sowie adjustiertem Bestimmtheitsmaß) bei der Rückwärtsmethode: *Ökonomische Notwendigkeit* [,834; ,427; ,032; 1,951; ,051 (vgl. Spalten 2-6)] integriert; Korrigiertes R^2: ,350.

Quelle: Eigene Erstellung.

Durch die Regressionsbeziehung in Modell 3.1c, das nach dem listenweisen Fallausschluss auf 2.420 Fällen basiert, werden nach der schrittweisen sowie der Vorwärtsmethode 34,9 Prozent und nach der Rückwärtsmethode, ebenfalls wie in Modell 3.1(3), 35,0 Prozent der Varianz der Gründungswahrscheinlichkeit erklärt. Nach dem F-Test (p = 0,000) ist auch der in dieser Regressionsbeziehung angenommene Wirkungszusammenhang höchst signifikant (Backhaus/Erichson/Plinke/Weiber 2000: 24-28). In Modell 3.1c werden im Rahmen der schrittweisen und der Vorwärtsmethode, die zu identischen Ergebnissen führen, neben den beiden in Modell 3.1(3) nicht signifikanten Regressoren der Faktor Ökonomische Notwendigkeit ausgeschlossen. Demgegenüber verbleibt Ökonomische Notwendigkeit bei der Rückwärtsmethode in der Regressionsbeziehung, jedoch ohne signifikanten Einfluss auf die Gründungswahrscheinlichkeit. Bei den signifikanten Regressoren entsprechen sowohl die Wirkungsrichtungen als auch die Signifikanzniveaus denen aus Modell 3.1(3). Abgesehen von der geschilderten Abweichung sind die Schätzer der Regressionskoeffizienten zuverlässig (Stock/ Watson 2006: 236f.). Den Beta-Werten zufolge übt in Modell 3.1c nach der schrittweisen Methode die Informationsquellenanzahl tendenziell den stärksten absoluten Erklärungsbeitrag auf die Gründungswahrscheinlichkeit aus, gefolgt von Gründungsidee, Risikohaltung, Ideen- und Selbstverwirklichung, Qualifikation/Idee/Partner, Materielles Macht- und Prestigestreben, Selbständigen-Umfeld sowie Ängstlichkeit und schließlich Kapital.

- **Erweiterung um Support-Faktoren und binäre Variablen**

Die Ergebnisse der Regression ohne Kontrollvariablen nach der schrittweisen, Vorwärts- und Rückwärtsmethode im Rahmen von Modell 3.1d sind in Tabelle A-23 in diesem Anhang aufgeführt bzw. angemerkt. In diesem Modell werden neben den Variablen des Ausgangsmodells die herausgearbeiteten Gründungssupport-Faktoren sowie die binären Variablen Gründungsidee und Selbständigen-Umfeld berücksichtigt.

Durch die Regressionsbeziehung in Modell 3.1d, das nach dem listenweisen Fallausschluss auf 2.010 Fällen basiert, werden zusammen 33,6 Prozent der Varianz der Gründungswahrscheinlichkeit erklärt, also 0,1 Prozentpunkte weniger als in Modell 3.1(4). Nach dem F-Test (p = 0,000) ist auch der in dieser Regressionsbeziehung ange-

Tabelle A-23

Regression – Modell 3.1d – Schrittweise Methode ohne Kontrollvariablen

Unabhängige Variablen: Informationsquellen-Anzahl, Risikohaltung, Motiv-Faktoren, Hemmnis-Faktoren, Support-Faktoren, Gründungsidee, Selbständigen-Umfeld	**Modell 3.1d – Regressand: Gründungswahrscheinlichkeit; Schrittweise Methode**				
	Nicht standardisierte Koeffizienten		Standardisierte Koeffizienten	t-Statistik	p-Wert
	Regressions-koeffizient B	Standard-fehler	Beta		
(Konstante)	-15,062	2,621		-5,747	,000
Informationsquellen	6,894	,533	,260	12,942	,000
Gründungsidee	12,655	1,133	,228	11,174	,000
Risikohaltung	6,152	,787	,152	7,819	,000
Ideen- und Selbstverwirklichung	3,384	,492	,129	6,872	,000
Qualifikation/Idee/Partner	-2,905	,485	-,112	-5,993	,000
Materielles Macht- und Prestigestreben	2,498	,459	,100	5,443	,000
Selbständigen-Umfeld	3,992	,949	,078	4,207	,000
Ängstlichkeit	-1,877	,480	-,047	-3,907	,000
Kapital	-1,308	,474	-,051	-2,761	,006
Ökonomische Notwendigkeit	1,031	,479	,039	2,153	,031
Korrigiertes R^2: ,336	F (20,862): 102,656		Signifikanz: ,000		n = 2010
Ausgeschlossene Variablen: Erwirtschaftungsrisiko, Volkswirtschaftlicher Rahmen/F&F, Individueller Support, Grundlagenvermittlung, Networking-Support					

Anmerkung: Dargestellt ist die schrittweise Methode; Vorwärts- und Rückwärtsmethode führen zu identischen Ergebnissen.

Quelle: Eigene Erstellung.

nommene Wirkungszusammenhang höchst signifikant (Backhaus/Erichson/Plinke/Weiber 2000: 24-28). In Modell 3.1d werden nach der schrittweisen, der Vorwärts- sowie der Rückwärtsmethode, die alle zu gleichen Ergebnissen führen, alle in Modell 3.1(4) nicht signifikanten Regressoren ausgeschlossen. Bei den signifikanten Regressoren entsprechen sowohl die Wirkungsrichtungen als auch die Signifikanzniveaus denen aus Modell 3.1(4). Folglich sind die Schätzer aller Regressionskoeffizienten im Rahmen der diversen Methoden reliabel (Stock/Watson 2006: 236f.). Den Beta-Werten zufolge übt in Modell 3.1d die Informationsquellenanzahl tendenziell den stärksten absoluten Erklärungsbeitrag auf die Gründungswahrscheinlichkeit aus, gefolgt von Gründungsidee, Risikohaltung, Ideen- und Selbstverwirklichung, Qualifikation/Idee/

Partner, Materielles Macht- und Prestigestreben, Selbständigen-Umfeld, Kapital, Ängstlichkeit und schließlich Ökonomische Notwendigkeit.

Anhang 10 – Ergebnisse Modell 3.2 – Schrittweise, Vorwärts- und Rückwärtsmethode

Die Ergebnisse der Modelle 3.2a, 3.2b, 3.2c und 3.2d, d.h. der Regressionen auf die Gründungswahrscheinlichkeit mit den Kontrollvariablen Alter und Geschlecht nach der schrittweisen Methode, inklusive Hinweise auf Gemeinsamkeiten und Unterschiede der Ergebnisse nach der Vorwärts- sowie der Rückwärtsmethode, sind in den Tabellen A-24, A-25, A-26 und A-27 in diesem Anhang illustriert bzw. angemerkt. Diese Tabellen enthalten weiterführende Informationen wie die Beta-Koeffizienten, so dass die Effektstärken der Regressoren auf den Regressanden miteinander verglichen werden können, was allerdings aufgrund von Multikollinearität nur bedingt möglich ist (Janssen/Laatz 2003: 391). Fortan werden diese Ergebnisse – und abschließend zudem die Ergebnisse im Rahmen der weiteren Kontrollvariablen – nach schrittweiser, Vorwärts- und Rückwärtsmethode denen der Einschlussmethode gegenübergestellt.

- **Ausgangsmodell**

Die Ergebnisse der Regression mit Kontrollvariablen nach der schrittweisen, Vorwärts- und Rückwärtsmethode im Rahmen des Ausgangsmodells, d.h. Modell 3.2a, sind in Tabelle A-24 in diesem Anhang aufgeführt bzw. angemerkt. Dieses Ausgangsmodell berücksichtigt die endogene Variable Gründungswahrscheinlichkeit und als exogene Variablen die Gründungsinformationsquellenanzahl, die Risikohaltung, die herausgearbeiteten Gründungsmotiv- und Gründungshemmnis-Faktoren und zudem die beiden Kontrollvariablen Alter und Geschlecht.

Durch die Einflussgrößen in Modell 3.2a, das nach dem listenweisen Fallausschluss auf 2.461 Fällen basiert, werden nach der schrittweisen und der Vorwärtsmethode zusammen 29,8 Prozent der Varianz der Gründungswahrscheinlichkeit erklärt, also 0,1 Prozentpunkte weniger als in Modell 3.2(1), und nach der Rückwärtsmethode 30,0 Prozent, d.h. 0,1 Prozentpunkte mehr als in Modell 3.2(1). Nach dem F-Test (p = 0,000) ist auch der in dieser Regressionsbeziehung angenommene Wirkungszusam-

Tabelle A-24

Regression – Modell 3.2a – Schrittweise Methode mit Kontrollvariablen

Unabhängige Variablen: Informationsquellen-Anzahl, Risikohaltung, Motiv-Faktoren, Hemmnis-Faktoren; **Kontrollvariablen:** Alter, Geschlecht	**Modell 3.2a – Regressand: Gründungswahrscheinlichkeit; Schrittweise Methode**				
	Nicht standardisierte Koeffizienten		Standardisierte Koeffizienten	t-Statistik	p-Wert
	Regressions-koeffizient B	Standard-fehler	Beta		
(Konstante)	1,812	2,381		,761	,447
Informationsquellen	9,446	,473	,353	19,965	,000
Risikohaltung	7,794	,725	,193	10,745	,000
Ideen- und Selbstverwirklichung	4,110	,456	,157	9,008	,000
Qualifikation/Idee/Partner	-3,391	,442	-,131	-7,667	,000
Materielles Macht- und Prestigestreben	2,287	,439	,090	5,207	,000
Ängstlichkeit	-1,972	,446	-,077	-4,423	,000
Alter (kategorisiert)	-1,633	,581	-,049	-2,809	,005
Korrigiertes R^2: ,298	F (21,559): 150,293		Signifikanz: ,000		n = 2461

Ausgeschlossene Variablen: Ökonomische Notwendigkeit, Erwirtschaftungsrisiko, Volkswirtschaftlicher Rahmen/F&F, Kapital, Geschlecht

Anmerkung: Dargestellt ist die schrittweise Methode; Vorwärtsmethode führt zu identischen Ergebnissen. Relevante Unterschiede (d.h. im Falle von Veränderungen bzgl. Einschluss/Ausschluss, Signifikanzniveau, Wirkungsrichtung bei signifikanten Koeffizienten sowie adjustiertem Bestimmtheitsmaß) bei der Rückwärtsmethode: *Erwirtschaftungsrisiko* [-,898; ,444; -,035; -2,020; ,044 (vgl. Spalten 2-6)], *Kapital* [-,801; ,441; -,031; -1,816; ,069 (vgl. Spalten 2-6)] integriert; Korrigiertes R^2: ,300.

Quelle: Eigene Erstellung.

menhang höchst signifikant (Backhaus/Erichson/Plinke/Weiber 2000: 24-28). Sowohl bei der schrittweisen und Vorwärtsmethode, die zu identischen Ergebnissen führen, als auch bei der Rückwärtsmethode stimmen die Wirkungsrichtungen der signifikanten Regressoren mit denen in Modell 3.2(1) überein. Während die Faktoren Erwirtschaftungsrisiko und Kapital im Rahmen der schrittweisen Methode aus der Regressionsbeziehung ausgeschlossen werden, verbleiben sie bei der Rückwärtsmethode im Modell, wobei wie in Modell 3.2(1) für Erwirtschaftungsrisiko ein signifikanter negativer Effekt und für Kapital kein signifikanter Einfluss auf die Gründungswahrscheinlichkeit nachgewiesen werden. Neben diesen Abweichungen von der schrittweisen Methode, die zu dem oben beschriebenen höheren korrigierten Bestimmtheitsmaß im Rahmen der Rückwärtsmethode führen, existieren in Modell 3.2a keine relevanten Unterschiede zwischen schrittweiser und Rückwärtsmethode. Was die anderen Einflussgrößen betrifft, werden in Modell 3.2a diejenigen Regressoren, für die in Modell 3.2(1) keine signifikanten Wirkungen nachgewiesen werden, ausgeschlossen, und bei den signifikanten exogenen Variablen stimmen die Signifikanzniveaus mit denen in Modell 3.2(1) überein. Abgesehen von den genannten Unterschieden bei den beiden Einflussgrößen, führen die diversen Methoden zu zuverlässigen Schätzern der übrigen Regressionskoeffizienten (Stock/Watson 2006: 236f.). Den Beta-Werten zufolge übt in Modell 3.2a nach der schrittweisen Methode die Informationsquellenanzahl tendenziell den stärksten absoluten Erklärungsbeitrag auf die Gründungswahrscheinlichkeit aus, gefolgt von Risikohaltung, Ideen- und Selbstverwirklichung, Qualifikation/Idee/Partner, Materielles Macht- und Prestigestreben, Ängstlichkeit und schließlich Alter.

- **Erweiterung um Support-Faktoren**

Die Ergebnisse der Regression mit Kontrollvariablen nach der schrittweisen, Vorwärts- und Rückwärtsmethode im Rahmen von Modell 3.2b sind in Tabelle A-25 in diesem Anhang aufgeführt bzw. angemerkt. In diesem Modell sind neben den Variablen des Ausgangsmodells die herausgearbeiteten Gründungssupport-Faktoren enthalten.

Mit den aufgenommenen Einflussgrößen in Modell 3.2b, das nach dem listenweisen Fallausschluss auf 2.047 Fällen basiert, werden nach der schrittweisen sowie Vorwärtsmethode zusammen 29,1 Prozent der Varianz der Gründungswahrscheinlichkeit erklärt und nach der Rückwärtsmethode genauso wie in Modell 3.2(2) 29,3 Prozent, also 0,2 Prozentpunkte mehr als nach der schrittweisen und Vorwärtsmethode. Nach dem F-Test (p = 0,000) ist auch der in dieser Regressionsbeziehung angenommene Wirkungszusammenhang höchst signifikant (Backhaus/Erichson/Plinke/Weiber 2000: 24-28). Zwischen der schrittweisen sowie Vorwärtsmethode, die zu identischen Ergebnissen führen, und der Rückwärtsmethode besteht ein relevanter Unterschied dahingehend, dass bei der Rückwärtsmethode der Faktor Grundlagenvermittlung nicht aus dem Modell ausgeschlossen wird und wie in Modell 3.2(2) einen signifikanten negativen Effekt auf die Gründungswahrscheinlichkeit ausübt. Dieser Unterschied bedingt das im Rahmen der Rückwärtsmethode gegenüber der schrittweisen Methode gering-

Tabelle A-25

Regression – Modell 3.2b – Schrittweise Methode mit Kontrollvariablen

Unabhängige Variablen: Informationsquellen-Anzahl, Risikohaltung, Motiv-Faktoren, Hemmnis-Faktoren, Support-Faktoren; **Kontrollvariablen:** Alter, Geschlecht	**Modell 3.2b – Regressand: Gründungswahrscheinlichkeit; Schrittweise Methode**				
	Nicht standardisierte Koeffizienten		Standardisierte Koeffizienten	t-Statistik	p-Wert
	Regressions-koeffizient B	Standard-fehler	Beta		
(Konstante)	4,143	2,662		1,556	,120
Informationsquellen	9,303	,519	,350	17,911	,000
Risikohaltung	7,156	,809	,176	8,843	,000
Ideen- und Selbstverwirklichung	4,003	,509	,153	7,864	,000
Qualifikation/Idee/Partner	-3,783	,489	-,146	-7,735	,000
Materielles Macht- und Prestigestreben	2,394	,481	,095	4,974	,000
Ängstlichkeit	-1,573	,491	-,062	-3,206	,001
Individueller Support	1,347	,502	,051	2,682	,007
Kapital	-1,177	,490	-,045	-2,401	,016
Erwirtschaftungsrisiko	-1,105	,495	-,042	-2,233	,026
Alter (kategorisiert)	-1,726	,643	-,052	-2,684	,007
Korrigiertes R^2: ,291	F (21,652): 85,171		Signifikanz: ,000		n = 2047

Ausgeschlossene Variablen: Ökonomische Notwendigkeit, Volkswirtschaftlicher Rahmen/F&F, Grundlagenvermittlung, Networking-Support, Geschlecht

Anmerkung: Dargestellt ist die schrittweise Methode; Vorwärtsmethode führt zu identischen Ergebnissen. Relevante Unterschiede (d.h. im Falle von Veränderungen bzgl. Einschluss/Ausschluss, Signifikanzniveau, Wirkungsrichtung bei signifikanten Koeffizienten sowie adjustiertem Bestimmtheitsmaß) bei der Rückwärtsmethode: *Grundlagenvermittlung* [1,198; ,498; ,047; 2,404; ,016 (vgl. Spalten 2-6)] integriert; Korrigiertes R^2: ,293.

Quelle: Eigene Erstellung.

fügig höhere adjustierte Bestimmtheitsmaß. Ferner werden von den in Modell 3.2(2) nicht signifikanten Regressoren in Modell 3.2b alle aus der Regressionsbeziehung ausgeschlossen, die Wirkungsrichtungen der Einflussgrößen bleiben identisch, und ihre Signifikanzniveaus stimmen, abgesehen von der beschriebenen Abweichung beim Faktor Grundlagenvermittlung nach der schrittweisen Methode, mit denjenigen in Modell 3.2(2) überein. Folglich sind, abgesehen von der genannten Ausnahme, die Schätzer der übrigen Regressionskoeffizienten im Rahmen der diversen Methoden zuverlässig (Stock/Watson 2006: 236f.). Den Beta-Werten zufolge übt in Modell 3.2b nach der schrittweisen Methode die Informationsquellenanzahl tendenziell den stärksten absoluten Erklärungsbeitrag auf die Gründungswahrscheinlichkeit aus, gefolgt von Risikohaltung, Ideen- und Selbstverwirklichung, Qualifikation/Idee/Partner, Materielles Macht- und Prestigestreben, Ängstlichkeit, Alter, Individueller Support, Kapital und schließlich Erwirtschaftungsrisiko.

- **Erweiterung um binäre Variablen**

Die Ergebnisse der Regression mit Kontrollvariablen nach der schrittweisen, Vorwärts- und Rückwärtsmethode im Rahmen von Modell 3.2c sind in Tabelle A-26 in diesem Anhang aufgeführt bzw. angemerkt. Dieses Modell umfasst die Variablen des Ausgangsmodells sowie die beiden binären Variablen Gründungsidee und Selbständigen-Umfeld.

Durch die Regressionsbeziehung in Modell 3.2c, das nach dem listenweisen Fallausschluss auf 2.400 Fällen basiert, werden wie in Modell 3.2(3) zusammen 35,5 Prozent der Varianz der Gründungswahrscheinlichkeit erklärt. Nach dem F-Test ($p = 0{,}000$) ist auch der in dieser Regressionsbeziehung angenommene Wirkungszusammenhang höchst signifikant (Backhaus/Erichson/Plinke/Weiber 2000: 24-28). In Modell 3.2c führen schrittweise, Vorwärts- sowie Rückwärtsmethode zu gleichen Ergebnissen. Es werden alle Regressoren ausgeschlossen, bei denen in Modell 3.2(3) keine signifikanten Wirkungen nachgewiesen werden. Ferner entsprechen in Modell 3.2c bei den signifikanten Einflussgrößen sowohl die Wirkungsrichtungen als auch die Signifikanzniveaus mit denen aus Modell 3.2(3) überein. Somit sind die Schätzer aller Regressionskoeffizienten im Rahmen der diversen Methoden zuverlässig (Stock/Watson 2006: 236f.). Den Beta-Werten zufolge übt in Modell 3.2c die Informationsquellenanzahl tendenziell den stärksten absoluten Erklärungsbeitrag auf die Gründungswahrscheinlichkeit aus, gefolgt von Gründungsidee, Risikohaltung, Ideen- und Selbstverwirklichung, Qualifikation/Idee/Partner, Selbständigen-Umfeld, Ängstlichkeit, Materielles Macht- und Prestigestreben, Alter und schließlich Kapital.

Tabelle A-26

Regression – Modell 3.2c – Schrittweise Methode mit Kontrollvariablen

Unabhängige Variablen: Informationsquellen-Anzahl, Risikohaltung, Motiv-Faktoren, Hemmnis-Faktoren, Gründungsidee, Selbständigen-Umfeld; **Kontrollvariablen:** Alter, Geschlecht	**Modell 3.2c – Regressand: Gründungswahrscheinlichkeit; Schrittweise Methode**				
	Nicht standardisierte Koeffizienten		Standardisierte Koeffizienten	t-Statistik	p-Wert
	Regressions-koeffizient B	Standard-fehler	Beta		
(Konstante)	-12,553	2,605		-4,819	,000
Informationsquellen	7,047	,487	,264	14,485	,000
Gründungsidee	13,379	1,033	,241	12,952	,000
Risikohaltung	6,469	,709	,161	9,126	,000
Ideen- und Selbstverwirklichung	3,456	,446	,132	7,748	,000
Qualifikation/Idee/Partner	-2,446	,438	-,094	-5,584	,000
Selbständigen-Umfeld	4,775	,860	,093	5,555	,000
Materielles Macht- und Prestigestreben	2,127	,427	,083	4,984	,000
Ängstlichkeit	-2,235	,435	-,088	-5,143	,000
Kapital	-1,005	,429	-,039	-2,345	,019
Alter (kategorisiert)	-2,482	,567	-,074	-4,380	,000
Korrigiertes R^2: ,355	F (20,611): 132,973		Signifikanz: ,000		n = 2400
Ausgeschlossene Variablen: Ökonomische Notwendigkeit, Erwirtschaftungsrisiko, Volkswirtschaftlicher Rahmen/F&F, Geschlecht					

Anmerkung: Dargestellt ist die schrittweise Methode; Vorwärts- und Rückwärtsmethode führen zu identischen Ergebnissen.

Quelle: Eigene Erstellung.

- **Erweiterung um Support-Faktoren und binäre Variablen**

Die Ergebnisse der Regression mit Kontrollvariablen nach der schrittweisen, Vorwärts- und Rückwärtsmethode im Rahmen von Modell 3.2d sind in Tabelle A-27 in diesem Anhang aufgeführt bzw. angemerkt. In diesem Modell werden neben den Variablen des Ausgangsmodells die herausgearbeiteten Gründungssupport-Faktoren sowie die binären Variablen Gründungsidee und Selbständigen-Umfeld berücksichtigt.

Durch die Regressionsbeziehung in Modell 3.2d, das nach dem listenweisen Fallausschluss auf 1.998 Fällen basiert, werden nach der schrittweisen sowie Vorwärtsme-

Tabelle A-27

Regression – Modell 3.2d – Schrittweise Methode mit Kontrollvariablen

Unabhängige Variablen: Informationsquellen-Anzahl, Risikohaltung, Motiv-Faktoren, Hemmnis-Faktoren, Support-Faktoren, Gründungsidee, Selbständigen-Umfeld; **Kontrollvariablen:** Alter, Geschlecht	**Modell 3.2d – Regressand: Gründungswahrscheinlichkeit; Schrittweise Methode**				
	Nicht standardisierte Koeffizienten		Standardisierte Koeffizienten	t-Statistik	p-Wert
	Regressions-koeffizient B	Standard-fehler	Beta		
(Konstante)	-10,022	2,895		-3,462	,001
Informationsquellen	7,115	,536	,268	13,283	,000
Gründungsidee	13,305	1,142	,240	11,650	,000
Risikohaltung	5,977	,786	,148	7,605	,000
Ideen- und Selbstverwirklichung	3,537	,493	,135	7,174	,000
Qualifikation/Idee/Partner	-2,800	,484	-,108	-5,780	,000
Materielles Macht- und Prestigestreben	2,293	,465	,092	4,935	,000
Selbständigen-Umfeld	4,058	,949	,079	4,276	,000
Ängstlichkeit	-1,784	,480	-,070	-3,714	,000
Kapital	-1,320	,474	-,051	-2,787	,005
Ökonomische Notwendigkeit	,774	,481	,030	1,610	,108
Alter (kategorisiert)	-2,485	,634	-,075	-3,920	,000
Korrigiertes R^2: ,341	F (20,784): 95,091		Signifikanz: ,000		n = 1998

Ausgeschlossene Variablen: Erwirtschaftungsrisiko, Volkswirtschaftlicher Rahmen/F&F, Individueller Support, Grundlagenvermittlung, Networking-Support, Geschlecht

Anmerkung: Dargestellt ist die schrittweise Methode; Vorwärtsmethode führt zu identischen Ergebnissen. Relevante Unterschiede (d.h. im Falle von Veränderungen bzgl. Einschluss/Ausschluss, Signifikanzniveau, Wirkungsrichtung bei signifikanten Koeffizienten sowie adjustiertem Bestimmtheitsmaß) bei der Rückwärtsmethode: *Erwirtschaftungsrisiko* [-,867; ,483; -,033; -1,794; ,073 (vgl. Spalten 2-6)], *Individueller Support* [,958; ,490; ,037; 1,956; ,051 (vgl. Spalten 2-6)], *Grundlagenvermittlung* [1,026; ,485; ,040; 2,115; ,035 (vgl. Spalten 2-6)] integriert; *Ökonomische Notwendigkeit* ausgeschlossen; Korrigiertes R^2: ,343.

Quelle: Eigene Erstellung.

thode zusammen 34,1 Prozent der Varianz der Gründungwahrscheinlichkeit erklärt und nach der Rückwärtsmethode genauso wie in Modell 3.2(4) 34,3 Prozent, also 0,2 Prozentpunkte mehr als nach der schrittweisen und Vorwärtsmethode. Nach dem F-Test ($p = 0{,}000$) ist auch der in dieser Regressionsbeziehung angenommene Wirkungszusammenhang höchst signifikant (Backhaus/Erichson/Plinke/Weiber 2000: 24-28).

Die schrittweise sowie die Vorwärtsmethode, die zu identischen Ergebnissen führen, unterscheiden sich dahingehend von der Rückwärtsmethode, dass der Faktor Ökonomische Notwendigkeit, trotz der wie auch schon in Modell 3.2(4) nicht nachgewiesenen Signifikanz, in das Modell aufgenommen wird, und die Faktoren Erwirtschaftungsrisiko, Individueller Support und Grundlagenvermittlung von der Regressionsbeziehung ausgeschlossen werden, während sie bei der Rückwärtsmethode integriert werden, wobei wie im Rahmen von Modell 3.2(4) für Erwirtschaftungsrisiko sowie Individueller Support keine signifikanten Wirkungen nachgewiesen werden und Grundlagenvermittlung die Gründungswahrscheinlichkeit wiederum signifikant erhöht. Diese Abweichungen gegenüber der schrittweisen Methode bedingen das höhere adjustierte Bestimmtheitsmaß bei der Rückwärtsmethode. In Modell 3.2d stimmen sowohl die Wirkungsrichtungen als auch die Signifikanzniveaus der Regressoren mit denen in Modell 3.2(4) überein. Abgesehen von den genannten Unterschieden sind die Schätzer der anderen Regressionskoeffizienten im Rahmen der diversen Methoden reliabel (Stock/Watson 2006: 236f.). Den Beta-Werten zufolge übt in Modell 3.2d nach der schrittweisen Methode die Informationsquellenanzahl tendenziell den stärksten absoluten Erklärungsbeitrag auf die Gründungswahrscheinlichkeit aus, gefolgt von Gründungsidee, Risikohaltung, Ideen- und Selbstverwirklichung, Qualifikation/Idee/Partner, Materielles Macht- und Prestigestreben, Selbständigen-Umfeld, Alter, Ängstlichkeit und schließlich Kapital.

- **Analyse weiterer Kontrollvariablen**

Im Folgenden werden im Rahmen von Regressionen nach schrittweiser, Vorwärts- und Rückwärtsmethode die weiteren Kontrollvariablen Ingenieurwissenschaften sowie Informatik, Jahr/Semester (Zeitverlauf), Semestergruppe, Weiterführendes Studium, Fernstudium und Universität berücksichtigt und die Ergebnisse denjenigen der entsprechenden Regressionen nach der Einschlussmethode gegenübergestellt. Hierbei erfolgen demnach analog zur Einschlussmethode getrennte Überprüfungen (wieder mit Ausnahme von den gemeinsam integrierten Kontrollvariablen Ingenieurwissenschaften und Informatik), wobei die Kontrollvariablen Alter und Geschlecht wiederum mit berücksichtigt werden, es sei denn, ihre Korrelationen mit anderen Kontrollvariablen (vgl. hierzu Tabelle A-2 und Tabelle A-3 im Anhang 4) liegen über dem weiter oben zugrunde gelegten Grenzwert.

Die Regressionen mit den Variablen aus Modell 3.2d und den weiteren Kontrollvariablen Ingenieurwissenschaften und Informatik nach der schrittweisen, Vorwärts- sowie Rückwärtsmethode basieren nach dem listenweisen Fallausschluss auf 1.998 Fällen. Während die Regressionen nach schrittweiser und Vorwärtsmethode, die zu identischen Ergebnissen führen, zusammen 34,5 Prozent der Varianz der Gründungswahrscheinlichkeit erklären, weist das entsprechende Modell nach der Rückwärtsmethode wie das Modell nach der Einschlussmethode ein um 0,3 Prozentpunkte höheres korrigiertes Bestimmtheitsmaß von 34,8 Prozent auf. Nach den F-Tests (p = 0,000) sind auch die in diesen Regressionsbeziehungen angenommenen Wirkungszusammenhänge höchst signifikant (Backhaus/Erichson/Plinke/Weiber 2000: 24-28). Wie im Modell nach der Einschlussmethode übt bei den anderen Methoden die Informatik vergleichsweise zur Betriebswirtschaftslehre einen höchst signifikanten positiven Effekt auf die Gründungswahrscheinlichkeit aus. Demgegenüber werden die Ingenieurwissenschaften bei der schrittweisen Methode aus der Regressionsbeziehung ausgeschlossen, und bei der Rückwärtsmethode verbleiben sie zwar im Modell, allerdings wird für sie, wie im Rahmen der Einschlussmethode, im Vergleich zur Betriebswirtschaftslehre kein signifikanter Einfluss nachgewiesen. Was die anderen Einflussgrößen betrifft, verbleiben im Rahmen der schrittweisen Methode neben dem nicht signifikanten Faktor Ökonomische Notwendigkeit und mit Ausnahme des ausgeschlossenen Faktors Grundlagenvermittlung die bei der Einschlussmethode signifikanten Regressoren mit identischen Wirkungsrichtungen sowie Signifikanzniveaus im Modell. Nach der Rückwärtsmethode werden hingegen von den bei der Einschlussmethode nicht signifikanten Regressoren die weiterhin nicht signifikanten Faktoren Erwirtschaftungsrisiko und Individueller Support nicht ausgeschlossen, und bei den signifikanten Einflussgrößen stimmen die Wirkungsrichtungen sowie Signifikanzniveaus mit dem Modell nach der Einschlussmethode überein. Abgesehen von diesen wenigen Ausnahmen sind die Modelle bei Integration der Kontrollvariablen Ingenieurwissenschaften und Informatik im Rahmen der diversen Methoden robust.

Die Regressionen mit den Variablen aus Modell 3.2d und der weiteren Kontrollvariablen Jahr/Semester (Zeitverlauf) nach der schrittweisen, Vorwärts- sowie Rückwärtsmethode basieren nach dem listenweisen Fallausschluss auf 1.998 Fällen. Während die Regressionen nach schrittweiser und Vorwärtsmethode, die zu identischen Ergebnissen führen, zusammen 34,1 Prozent der Varianz der Gründungswahrscheinlichkeit erklären, weist das entsprechende Modell nach der Rückwärtsmethode wie das Modell nach der Einschlussmethode ein um 0,2 Prozentpunkte höheres korrigiertes Bestimmtheitsmaß von 34,3 Prozent auf. Nach den F-Tests (p = 0,000) sind auch die in diesen Regressionsbeziehungen angenommenen Wirkungszusammenhänge höchst signifikant (Backhaus/Erichson/Plinke/Weiber 2000: 24-28). Die Kontrollvariable Jahr/Semester, für die bereits bei der Einschlussmethode kein signifikanter Einfluss auf die Gründungswahrscheinlichkeit nachgewiesen wird, wird im Rahmen aller drei hier angewandten Methoden aus den Regressionsbeziehungen ausgeschlossen. Was die anderen Einflussgrößen betrifft, verbleiben im Rahmen der schrittweisen Methode neben dem nicht signifikanten Faktor Ökonomische Notwendigkeit und mit Ausnahme des ausgeschlossenen Faktors Grundlagenvermittlung die bei der Einschlussmethode signifikanten Regressoren mit identischen Wirkungsrichtungen sowie Signifikanzniveaus im Modell. Nach der Rückwärtsmethode werden hingegen von den bei der Einschlussmethode nicht signifikanten Regressoren die weiterhin nicht signifikanten Faktoren Erwirtschaftungsrisiko und Individueller Support nicht ausgeschlossen, und bei den signifikanten Einflussgrößen stimmen die Wirkungsrichtungen sowie Signifikanzniveaus mit dem Modell nach der Einschlussmethode überein. Abgesehen von diesen geringen Abweichungen erweisen sich die Modelle bei Integration der Kontrollvariablen Jahr/Semester im Rahmen der diversen Methoden als robust.

Die Regressionen mit den Variablen aus Modell 3.2d und der weiteren Kontrollvariablen Semestergruppe – aber aufgrund der Höhe der Korrelation exklusive der Kontrollvariable Alter – nach der schrittweisen, Vorwärts- sowie Rückwärtsmethode basieren nach dem listenweisen Fallausschluss auf 2.001 Fällen. Während die Regressionen nach schrittweiser und Vorwärtsmethode, die zu identischen Ergebnissen führen, zusammen 34,7 Prozent der Varianz der Gründungswahrscheinlichkeit erklären, weist das entsprechende Modell nach der Rückwärtsmethode wie das Modell nach der Einschlussmethode ein um 0,2 Prozentpunkte höheres korrigiertes Bestimmtheitsmaß von 34,9 Prozent auf. Nach den F-Tests ($p = 0{,}000$) sind auch die in diesen Regressionsbeziehungen angenommenen Wirkungszusammenhänge höchst signifikant (Backhaus/ Erichson/Plinke/Weiber 2000: 24-28). Für Semestergruppe wird wie bereits bei der Einschlussmethode bei allen drei hier angewandten Methoden ein höchst signifikanter negativer Einfluss auf die Gründungswahrscheinlichkeit nachgewiesen. Was die anderen Einflussgrößen betrifft, verbleiben im Rahmen der schrittweisen Methode neben dem nicht signifikanten Faktor Ökonomische Notwendigkeit und mit Ausnahme der ausgeschlossenen Faktoren Erwirtschaftungsrisiko und Grundlagenvermittlung die bei der Einschlussmethode signifikanten Regressoren mit identischen Wirkungsrichtungen sowie Signifikanzniveaus im Modell. Nach der Rückwärtsmethode wird hingegen von den bei der Einschlussmethode nicht signifikanten Regressoren der weiterhin nicht signifikante Faktor Erwirtschaftungsrisiko nicht ausgeschlossen, und bei den signifikanten Einflussgrößen stimmen die Wirkungsrichtungen sowie Signifikanzniveaus mit dem Modell nach der Einschlussmethode überein. Abgesehen von diesen wenigen Abweichungen erweisen sich die Modelle bei Integration der Kontrollvariablen Semestergruppe im Rahmen der diversen Methoden als robust.

Die Regressionen mit den Variablen aus Modell 3.2d und der weiteren Kontrollvariablen Weiterführendes Studium – aber aufgrund der Höhe der Korrelation exklusive der Kontrollvariable Alter – nach der schrittweisen, Vorwärts- sowie Rückwärtsmethode basieren nach dem listenweisen Fallausschluss auf 2.001 Fällen. Während die Regressionen nach schrittweiser und Vorwärtsmethode, die zu identischen Ergebnissen führen, zusammen 34,2 Prozent der Varianz der Gründungswahrscheinlichkeit erklären, weist das entsprechende Modell nach der Rückwärtsmethode wie das Modell nach der Einschlussmethode ein um 0,2 Prozentpunkte höheres korrigiertes Bestimmtheitsmaß von 34,4 Prozent auf. Nach den F-Tests ($p = 0{,}000$) sind auch die in diesen Regressionsbeziehungen angenommenen Wirkungszusammenhänge höchst signifikant (Backhaus/Erichson/Plinke/Weiber 2000: 24-28). Für Studierende im weiterführenden Studium wird wie bereits bei der Einschlussmethode bei allen drei hier angewandten Methoden ein höchst signifikanter negativer Einfluss auf die Gründungswahrscheinlichkeit nachgewiesen. Was die anderen Einflussgrößen betrifft, verbleiben im Rahmen der schrittweisen Methode neben dem nicht signifikanten Faktor Ökonomische Notwendigkeit und mit Ausnahme der ausgeschlossenen Faktoren Erwirtschaftungsrisiko und Grundlagenvermittlung die bei der Einschlussmethode signifikanten Regressoren mit identischen Wirkungsrichtungen sowie Signifikanzniveaus im Modell. Bei der Rückwärtsmethode werden, abgesehen vom nicht signifikanten Faktor Ökonomische Notwendigkeit, die nach der Einschlussmethode nicht signifikanten Regressoren ausgeschlossen, und die Wirkungsrichtungen der exogenen Variablen stimmen mit denen im Rahmen der Einschlussmethode überein. Allerdings wird bei der Rückwärtsmethode für Erwirtschaftungsrisiko, abweichend von der Einschlussmethode, kein signifikanter Effekt auf die Gründungswahrscheinlichkeit nachgewiesen, während die Signifikanzniveaus der restlichen Regressoren mit denen nach der Einschlussmethode übereinstimmen. Abgesehen von diesen wenigen Abweichungen sind die Modelle bei Berücksichtigung der Kontrollvariablen Weiterführendes Studium im Rahmen der diversen Methoden robust.

Die Regressionen mit den Variablen aus Modell 3.2d und der weiteren Kontrollvariablen Fernstudium – aber aufgrund der Höhe der Korrelation exklusive der Kontrollvariable Alter – nach der schrittweisen, Vorwärts- sowie Rückwärtsmethode basieren nach dem listenweisen Fallausschluss auf 2.001 Fällen. Während die Regressionen nach schrittweiser und Vorwärtsmethode, die zu identischen Ergebnissen führen, zusammen 34,4 Prozent der Varianz der Gründungswahrscheinlichkeit erklären, weist das entsprechende Modell nach der Rückwärtsmethode wie das Modell nach der Einschlussmethode ein um 0,2 Prozentpunkte höheres korrigiertes Bestimmtheitsmaß von 34,6 Prozent auf. Nach den F-Tests (p = 0,000) sind auch die in diesen Regressionsbeziehungen angenommenen Wirkungszusammenhänge höchst signifikant (Backhaus/Erichson/Plinke/Weiber 2000: 24-28). Studierende im Fernstudium geben wie bereits bei der Einschlussmethode im Rahmen aller drei hier angewandten Methoden höchst signifikant eine geringere Gründungswahrscheinlichkeit an. Was die anderen Einflussgrößen betrifft, verbleiben im Rahmen der schrittweisen Methode neben dem nicht signifikanten Faktor Ökonomische Notwendigkeit und mit Ausnahme der ausgeschlossenen Faktoren Erwirtschaftungsrisiko und Grundlagenvermittlung die bei der Einschlussmethode signifikanten Regressoren mit identischen Wirkungsrichtungen im

Modell. Ferner existiert im Rahmen der schrittweisen Methode gegenüber der Einschlussmethode eine Abweichung bei den Signifikanzniveaus dahingehend, dass der Faktor Kapital die Gründungswahrscheinlichkeit jetzt sehr signifikant reduziert. Bei der Rückwärtsmethode werden, abgesehen vom nicht signifikanten Faktor Ökonomische Notwendigkeit, die nach der Einschlussmethode nicht signifikanten Regressoren ausgeschlossen, und die Wirkungsrichtungen der exogenen Variablen stimmen mit denen nach der Einschlussmethode überein. Jedoch wird bei der Rückwärtsmethode, anders als nach der Einschlussmethode, für Erwirtschaftungsrisiko kein signifikanter Effekt auf die Gründungswahrscheinlichkeit ausgewiesen, und der Faktor Kapital übt einen sehr signifikanten Einfluss auf den Regressanden aus, während bei den Signifikanzniveaus der restlichen Regressoren keine Unterschiede zur Einschlussmethode vorliegen. Abgesehen von diesen Abweichungen sind die Modelle bei Berücksichtigung der Kontrollvariablen Fernstudium im Rahmen der diversen Methoden robust.

Die Regressionen mit den Variablen aus Modell 3.2d und der weiteren Kontrollvariablen Universität nach der schrittweisen, Vorwärts- sowie Rückwärtsmethode basieren nach dem listenweisen Fallausschluss auf 1.998 Fällen. Während die Regressionen nach schrittweiser und Vorwärtsmethode, die zu identischen Ergebnissen führen, zusammen 34,1 Prozent der Varianz der Gründungswahrscheinlichkeit erklären, weist das entsprechende Modell nach der Rückwärtsmethode wie das Modell nach der Einschlussmethode ein um 0,2 Prozentpunkte höheres korrigiertes Bestimmtheitsmaß von 34,3 Prozent auf. Nach den F-Tests ($p = 0{,}000$) sind auch die in diesen Regressionsbeziehungen angenommenen Wirkungszusammenhänge höchst signifikant (Backhaus/ Erichson/Plinke/Weiber 2000: 24-28). Die Kontrollvariable Universität, für die bereits bei der Einschlussmethode keine signifikante Wirkung auf die Gründungswahrscheinlichkeit nachgewiesen wird, wird im Rahmen aller drei hier angewandten Methoden aus den Regressionsbeziehungen ausgeschlossen. Was die anderen Einflussgrößen betrifft, verbleiben im Rahmen der schrittweisen Methode neben dem nicht signifikanten Faktor Ökonomische Notwendigkeit und mit Ausnahme der ausgeschlossenen Faktoren Individueller Support und Grundlagenvermittlung die bei der Einschlussmethode signifikanten Regressoren mit identischen Wirkungsrichtungen und Signifikanzniveaus im Modell. Bei der Rückwärtsmethode werden, abgesehen vom nicht signifikanten Faktor Erwirtschaftungsrisiko, die nach der Einschlussmethode nicht signifikanten Regressoren ausgeschlossen, und die Wirkungsrichtungen der exogenen Variablen stimmen mit denen nach der Einschlussmethode überein. Allerdings wird bei der Rückwärtsmethode, anders als nach der Einschlussmethode, für den Faktor Individueller Support kein signifikanter Effekt auf die Gründungswahrscheinlichkeit ausgewiesen, während bei den Signifikanzniveaus der restlichen Regressoren keine Unterschiede zur Einschlussmethode vorliegen. Abgesehen von diesen geringen Abweichungen erweisen sich die Modelle bei Integration der Kontrollvariablen Universität im Rahmen der diversen Methoden als robust.

Literaturverzeichnis

Acs, Z. J. (1996) (Hrsg.): Small Firms and Economic Growth, Two-Volume-Set, Cheltenham: Edward Elgar.

Acs, Z. J. (2001): The New American Evolution, in: Acs, Z. J. (Hrsg.), Are Small Firms Important? Their Role and Impact, Second Printing 2001 (Ersterscheinung 1999), Boston; Dordrecht; London: Kluwer Academic Publishers, 1-20.

Acs, Z. J. (2008): Foundations of High Impact Entrepreneurship, in: Foundations and Trends in Entrepreneurship, Vol. 4(6), 535-620.

Acs, Z. J. (2010): High-Impact Entrepreneurship, in: Acs, Z. J./Audretsch, D. B. (Hrsg.), Handbook of Entrepreneurship Research. An Interdisciplinary Survey and Introduction, 2. Aufl., New York, NY: Springer, 165-82.

Acs, Z. J./Armington, C. (1998): Longitudinal Establishment and Enterprise Microdata (LEEM) Documentation, Center for Economic Studies, Bureau of the Census, Washington, D.C.

Acs, Z. J./Armington, C. (2006): Entrepreneurship, Geography, and American Economic Growth, Cambridge; New York, NY: Cambridge University Press.

Acs, Z. J./Audretsch, D. B. (1990): Innovation and Small Firms, Cambridge, MA: MIT Press.

Acs, Z. J./Audretsch, D. B. (1993): Small Firms and Entrepreneurship: An East-West Perspective, Cambridge: Cambridge University Press.

Acs, Z. J./Audretsch, D. B. (2003): Introduction to the Handbook of Entrepreneurship Research, in: Acs, Z. J./Audretsch, D. B. (Hrsg.), Handbook of Entrepreneurship Research. An Interdisciplinary Survey and Introduction, New York, NY: Springer, 3-20.

Acs, Z. J./Audretsch, D. B. (2005a): Innovation and Technological Change, in: Acs, Z. J./Audretsch, D. B. (Hrsg.), Handbook of Entrepreneurship Research. An Interdisciplinary Survey and Introduction, First Softcover Printing 2005 (zuvor 2003), New York, NY: Springer, 55-79.

Acs, Z. J./Audretsch, D. B. (2005b): Introduction to the Handbook of Entrepreneurship Research, in: Acs, Z. J./Audretsch, D. B. (Hrsg.), Handbook of Entrepreneurship Research. An Interdisciplinary Survey and Introduction, First Softcover Printing 2005 (zuvor 2003), New York, NY: Springer, 3-20.

Acs, Z. J./Audretsch, D. B. (2010a): Knowledge Spillover Entrepreneurship, in: Acs, Z. J./Audretsch, D. B. (Hrsg.), Handbook of Entrepreneurship Research. An Interdisciplinary Survey and Introduction, 2. Aufl., New York, NY: Springer, 273-301.

Acs, Z. J./Audretsch, D. B. (Hrsg.) (2010b): Handbook of Entrepreneurship Research. An Interdisciplinary Survey and Introduction, 2. Aufl., New York, NY: Springer.

Acs, Z. J./Audretsch, D. B./Braunerhjelm, P./Carlsson, B. (2012): Growth and entrepreneurship, in: Small Business Economics, Vol. 39(2), 289-300.

Acs, Z. J./Audretsch, D. B./Evans, D. S. (1994): Why does the self-employment rate vary across countries and over time?, Discussion Paper No. 871, London: CEPR.

Acs, Z. J./Audretsch, D. B./Feldman, M. P. (1994): R & D Spillovers and Recipient Firm Size, in: The Review of Economics and Statistics, Vol. 76(2), 336-40.

Acs, Z. J./Audretsch, D. B./Lehmann, E. E. (2013): The knowledge theory of entrepreneurship, in: Small Business Economics, Vol. 41(4), 757-74.

Acs, Z. J./Braunerhjelm, P./Audretsch, D. B./Carlsson, B. (2009): The knowledge spillover theory of entrepreneurship, in: Small Business Economics, Vol. 32(1), 15-30.

Acs, Z. J./Carlsson, B./Karlsson, C. (1999): The Linkages Among Entrepreneurship, SMEs and the Macroeconomy, in: Acs, Z. J./Carlsson, B./Karlsson, C. (Hrsg.), Entrepreneurship, Small and Medium-Sized Enterprises and the Macroeconomy, Cambridge: Cambridge University Press, 3-42.

Acs, Z. J./Parsons, W./Tracy, S. (2008): High-Impact Firms: Gazelles Revisited, Washington, D.C.: United States Small Business Administration, Office of Advocacy.

Acs, Z. J./Plummer, L. A. (2005): Penetrating the "knowledge filter" in regional economies, in: The Annals of Regional Science, Vol. 39(3), 439-56.

Acs, Z. J./Szerb, L. (2007): Entrepreneurship, Economic Growth and Public Policy, in: Small Business Economics, Vol. 28(2-3), 109-22.

Admiraal, P. H. (1996) (Hrsg.): Small Business in the Modern Economy, Oxford: Blackwell Publishers.

Ahmed, S. U. (1985): nAch, Risk-taking Propensity, Locus of Control and entrepreneurship, in: Personality and Individual Differences, Vol. 6(6), 781-82.

Ahmetoglu, G./Leutner, F./Chamorro-Premuzic, T. (2011): EQ-nomics: Understanding the relationship between individual differences in Trait Emotional Intelligence and entrepreneurship, in: Personality and Individual Differences, Vol. 51(8), 1028-33.

Ajzen, I. (1985): From Intentions to Actions: A Theory of Planned Behavior, in: Kuhl, J./Beckmann, J. (Hrsg.), Action Control. From Cognition to Behavior, Berlin; Heidelberg: Springer, 11-39.

Ajzen, I. (1987): Attitudes, Traits, and Actions: Dispositional Prediction of Behavior in Personality and Social Psychology, in: Advances in Experimental Social Psychology, Vol. 20, 1-63.

Ajzen, I. (1991): The Theory of Planned Behavior, in: Organizational Behavior and Human Decision Processes, Vol. 50(2), 179-211.

Ajzen, I. (2001): Nature and Operation of Attitudes, in: Annual Review of Psychology, Vol. 52, 27-58.

Ajzen, I. (2002): Perceived Behavioral Control, Self-Efficacy, Locus of Control, and the Theory of Planned Behavior, in: Journal of Applied Social Psychology, Vol. 32(4), 665-83.

Ajzen, I./Fishbein, M. (1980): Understanding Attitudes and Predicting Social Behavior, Englewood Cliffs, NJ: Prentice-Hall.

Ajzen, I./Fishbein, M. (2005): The Influence of Attitudes on Behavior, in: Albarracin, D./Johnson, B. T./Zanna, M. P. (Hrsg.), The Handbook of Attitudes, Mahwah, NJ: Lawrence Erlbaum Associates, 173-221.

Akerlof, G. A. (1970): The Market for "Lemons": Quality Uncertainty and the Market Mechanism, in: Quarterly Journal of Economics, Vol. 84(3), 488-500.

Albach, H. (1971): Ansätze zu einer empirischen Theorie der Unternehmung, in: Zeitschrift für betriebswirtschaftliche Forschung, Vol. 23, 133-55.

Albach, H. (1976): Kritische Wachstumsschwellen in der Unternehmensentwicklung, in: Zeitschrift für Betriebswirtschaft, Vol. 46(10), 683-96.

Alchian, A. A. (1984): Specificity, Specialization, and Coalitions, in: Zeitschrift für die gesamte Staatswissenschaft / Journal of Institutional and Theoretical Economics, Vol. 140(1), 34-49.

Aldrich, H. E. (1979): Organizations and Environments, Englewood Cliffs, NJ: Prentice Hall.

Aldrich, H. E. (1990): Using an Ecological Perspective to Study Organizational Founding Rates, in: Entrepreneurship Theory and Practice, Vol. 14(3), 7-24.

Aldrich, H. E. (1999): Organizations Evolving, London: Sage.

Aldrich, H. E./Auster, E. R. (1986): Even Dwarfs Started Small: Liabilities of Size and Age and their Strategic Implications, in: Research in Organizational Behavior, Vol. 8, 165-98.

Aldrich, H. E./Herker, D. (1977): Boundary Spanning Roles and Organization Structure, in: Academy of Management Review, Vol. 2(2), 217-30.

Aldrich, H. E./Martinez, M. A. (2001): Many are Called, but Few are Chosen: An Evolutionary Perspective for the Study of Entrepreneurship, in: Entrepreneurship Theory and Practice, Vol. 25(4), 41-56.

Aldrich, H. E./Martinez, M. A. (2010): Entrepreneurship as Social Construction: A Multilevel Evolutionary Approach, in: Acs, Z. J./Audretsch, D. B. (Hrsg.), Handbook of Entrepreneurship Research. An Interdisciplinary Survey and Introduction, 2. Aufl., New York, NY: Springer, 387-427.

Aldrich, H. E./Rosen, B./Woodward, W. (1987): The Impact of Social Networks on Business Foundings and Profit: A Longitudinal Study, in: Churchill, N. C./Hornaday, J. A./Kirchhoff, B. A./Krasner, O. J./Vesper, K. H. (Hrsg.), Frontiers of Entrepreneurship Research, Wellesley, MA: Babson College, 154-68.

Aldrich, H. E./Wiedenmayer, G. (1993): From Traits to Rates: An Ecological Perspective on Organizational Foundings, in: Katz, J. A./Brockhaus, R. H., Sr. (Hrsg.), Advances in Entrepreneurship, Firm Emergence, and Growth, Volume 1, Greenwich, CT: JAI Press, 145-95.

Aldrich, H. E./Zimmer, C. (1986a): Entrepreneurship Through Social Networks, in: Aldrich, H. E. (Hrsg.), Population Perspectives on Organizations, Uppsala: Acta Universitatis Upsaliensis, 13-28.

Aldrich, H. E./Zimmer, C. (1986b): Entrepreneurship Through Social Networks, in: Sexton, D. L./Smilor, R. W. (Hrsg.), The Art and Science of Entrepreneurship, Cambridge, MA: Ballinger, 3-23.

Alexander, A. P. (1967): The Supply of Industrial Entrepreneurship, in: Explorations in Entrepreneurial History, Vol. 4(2), 136-49.

Alvarez, S. A./Busenitz, L. W. (2001): The entrepreneurship of resource-based theory, in: Journal of Management, Vol. 27(6), 755-75.

Amit, R./Muller, E./Cockburn, I. (1995): Opportunity Costs and Entrepreneurial Activity, in: Journal of Business Venturing, Vol. 10(2), 95-106.

Amit, R./Schoenmaker, P. J. H. (1993): Strategic assets and organizational rent, in: Strategic Management Journal, Vol. 14(1), 33-46.

Andrews, K. (1971): The Concept of Corporate Strategy, Homewood, IL: Dow Jones-Irwin.

Ansoff, H. I. (1965): Corporate Strategy. An Analytical Approach to Business Policy for Growth and Expansion, New York, NY: McGraw-Hill.

Antonakis, J./Autio, E. (2007): Entrepreneurship and Leadership, in: Baum, J. R./ Frese, M./Baron, R. A. (Hrsg.), The Psychology of Entrepreneurship, Mahwah, NJ: Lawrence Erlbaum Associates, 189-207.

Ardichvili, A./Cardozo, R./Ray, S. (2003): A Theory of Entrepreneurial Opportunity Identification and Development, in: Journal of Business Venturing, Vol. 18(1), 105-23.

Arenius, P./De Clercq, D. (2005): A Network-based Approach on Opportunity Recognition, in: Small Business Economics, Vol. 24(3), 249-65.

Arentz, J./Sautet, F./Storr, V. (2013): Prior-knowledge and opportunity identification, in: Small Business Economics, Vol. 41(2), 461-78.

Arnold, J. (1996): Existenzgründung. Von der Idee zum Erfolg, 2. Aufl., Würzburg: Schimmel Verlag.

Aronson, R. L. (1991): Self-Employment. A Labor Market Perspective, Ithaca, NY: ILR Press.

Arrow, K. J. (1962a): Economic Welfare and the Allocation of Resources for Invention, in: Universities-National Bureau Committee for Economic Research (Hrsg.), The Rate and Direction of Inventive Activity. Economic and Social Factors, Princeton, NJ: Princeton University Press, 609-25.

Arrow, K. J. (1962b): The Economic Implications of Learning by Doing, in: The Review of Economic Studies, Vol. 29(3), 155-73.

Arrow, K. J. (1974): Limited Knowledge and Economic Analysis, in: American Economic Review, Vol. 64(1), 1-10.

Åstebro, T./Bazzazian, N./Braguinsky, S. (2012): Startups by recent university graduates and their faculty: Implications for university entrepreneurship policy, in: Research Policy, Vol. 41(4), 663-77.

Atkinson, J. W./Hoselitz, B. F. (1963): Leadership in Change: Entrepreneurship and Personality, in: Smelser, N. J./Smelser, W. T. (Hrsg.), Personality and Social Systems, New York, NY: Wiley, 500-07.

Audretsch, D. B. (1995): Innovation and Industry Evolution, Cambridge, MA: MIT Press.

Audretsch, D. B. (2001): Small Firms and Efficiency, in: Acs, Z. J. (Hrsg.), Are Small Firms Important? Their Role and Impact, Second Printing 2001 (Ersterscheinung 1999), Boston; Dordrecht; London: Kluwer Academic Publishers, 21-37.

Audretsch, D. B. (2002): The Dynamic Role of Small Firms: Evidence from the U.S., in: Small Business Economics, Vol. 18(1-3), Special Issue: Small Firm Dynamism in East Asia, 13-40.

Audretsch, D. B./Elston, J. A. (1997): Financing the German Mittelstand, in: Small Business Economics, Vol. 9(2), 97-110.

Audretsch, D. B./Feldman, M. P. (1996): R&D Spillovers and the Geography of Innovation and Production, in: American Economic Review, Vol. 86(3), 630-40.

Audretsch, D. B./Fritsch, M. (1996): Turbulence and Economic Growth in Germany, in: Helmstädter, E./Perlman, M. (Hrsg.), Behavioral Norms, Technological Progress, and Economic Dynamics. Studies in Schumpeterian Economics, Ann Arbor: University of Michigan Press, 137-50.

Audretsch, D. B./Fritsch, M. (2002): Growth Regimes over Time and Space, in: Regional Studies, Vol. 36(2), 113-24.

Audretsch, D. B./Keilbach, M. (2004a): Does Entrepreneurship Capital Matter?, in: Entrepreneurship Theory and Practice, Vol. 28(5), 419-29.

Audretsch, D. B./Keilbach, M. (2004b): Entrepreneurship Capital and Economic Performance, in: Regional Studies, Vol. 38(8), 949-59.

Audretsch, D. B./Keilbach, M. C./Lehmann, E. E. (2006): Entrepreneurship and Economic Growth, New York: Oxford University Press.

Audretsch, D. B./Lehmann, E. E. (2005): Does the Knowledge Spillover Theory of Entrepreneurship hold for regions?, in: Research Policy, Vol. 34(8), 1191-202.

Audretsch, D. B./Thurik, A. R. (1997): Sources of growth: the entrepreneurial versus the managed economy. Tinbergen Institute discussion paper TI 97-109/3, Erasmus University Rotterdam.

Audretsch, D. B./Thurik, A. R. (2000): Capitalism and democracy in the 21st Century: from the managed to the entrepreneurial economy, in: Journal of Evolutionary Economics, Vol. 10(1-2), 17-34.

Audretsch, D. B./Thurik, A. R. (2001): What's New about the New Economy? Sources of Growth in the Managed and Entrepreneurial Economies, in: Industrial and Corporate Change, Vol. 10(1), 267-315.

Audretsch, D. B./Thurik, A. R./Verheul, I./Wennekers, S. (2002): Entrepreneurship: Determinants and Policy in a European-U.S. Comparison, Boston, MA; Dordrecht; London: Kluwer Academic Publishers.

Backes-Gellner, U./Demirer, G./Moog, P. M./Otten, C. (1998): Unternehmensgründer aus Hochschulen als Gegenstand wissenschaftlicher Forschung – Perspektiven aus einem Forschungsprojekt, in: Kölner Zeitschrift für Wirtschaft und Pädagogik, Vol. 13(24), 27-44.

Backhaus, K./Erichson, B./Plinke, W./Weiber, R. (2000): Multivariate Analysemethoden. Eine anwendungsorientierte Einführung, 9. Aufl., Berlin; Heidelberg: Springer.

Bagozzi, R. P. (1993): On the Neglect of Volition in Consumer Research: A Critique and Proposal, in: Psychology & Marketing, Vol. 10(3), 215-37.

Bagozzi, R. P./Warshaw, P. R. (1990): Trying to Consume, in: Journal of Consumer Research, Vol. 17(2), 127-40.

Bagozzi, R. P./Warshaw, P. R. (1992): An Examination of the Etiology of the Attitude-Behavior Relation for Goal-Directed Behaviors, in: Multivariate Behavioral Research, Vol. 27(4), 601-34.

Bahß, C./Lehnert, N./Reents, N. (2003): Warum manche Gründungen nicht zustande kommen, in: KfW Research; Wirtschafts-Observer, Nr. 10, Frankfurt/Main: KfW Bankengruppe.

Baier, W./Pleschak, F. (1996): Marketing und Finanzierung junger Technologieunternehmen. Den Gründungserfolg sichern, Wiesbaden: Gabler Verlag.

Bain, J. S. (1968): Industrial Organization, New York, NY: Wiley.

Baker, W. E. (2000): Achieving Success Through Social Capital. Tapping the Hidden Resources in Your Personal and Business Networks, San Francisco, CA: Jossey-Bass.

Baldwin, J. R./Johnson, J. (2001): Entry, Innovation and Firm Growth, in: Acs, Z. J. (Hrsg.), Are Small Firms Important? Their Role and Impact, Second Printing 2001 (Ersterscheinung 1999), Boston; Dordrecht; London: Kluwer Academic Publishers, 51-77.

Baltes-Götz, B. (2009): Moderatoranalyse per multipler Regressin mit SPSS. Online im Internet – URL: http://www.uni-trier.de/fileadmin/urt/doku/modreg/modreg.pdf (Stand: 09.07.2014).

Bamford, C. E./Dean, T. J./McDougall, P. P. (2000): An Examination of the Impact of Initial Founding Conditions and Decisions upon the Performance of New Bank Start-ups, in: Journal of Business Venturing, Vol. 15(3), 253-77.

Bandura, A. (1977): Self-efficacy: Toward a unifying theory of behavioral change, in: Psychological Review, Vol. 84(2), 191-215.

Bandura, A. (1978): Reflections on Self-efficacy, in: Advances in Behavioral Research and Therapy, Vol. 1(4), 237-69.

Bandura, A. (1986): Social Foundation of Thought and Action: A Social Cognitive Theory, Englewood Cliffs, NJ: Prentice Hall.

Bandura, A. (Hrsg.) (1995): Self-Efficacy in Changing Societies, Cambridge: Cambridge University Press.

Barney, J. B. (1986): Organizational Culture: Can It Be a Source of Sustained Competitive Advantage?, in: Academy of Management Review, Vol. 11(3), 656-65.

Barney, J. B. (1991): Firm Resources and Sustained Competitive Advantage, in: Journal of Management, Vol. 17(1), 99-120.

Barney, J. B. (2001a): Is the Resource-Based "View" a Useful Perspective for Strategic Management Research? Yes, in: Academy of Management Review, Vol. 26(1), 41-56.

Barney, J. B. (2001b): Resource-based *theories* of competitive advantage: A ten-year retrospective on the resource-based view, in: Journal of Management, Vol. 27(6), 643-50.

Barney, J. B./Ouchi, W. G. (Hrsg.) (1986): Organizational Economics. Toward a New Paradigm for Studying and Understanding Organizations, San Francisco, CA: Jossey-Bass.

Barney, J. B./Wright, M./Ketchen, D. J., Jr. (2001): The resource-based view of the firm: Ten years after 1991, in: Journal of Management, Vol. 27(6), 625-41.

Baron, R. A. (1998): Cognitive mechanisms in entrepreneurship research: Why and when entrepreneurs think differently than other people, in: Journal of Business Venturing, Vol. 13(4), 275-94.

Baron, R. A. (2004a): Opportunity Recognition: A Cognitive Perspective, New Orleans, LA: Academy of Management, Proceedings, A1-A6.

Baron, R. A. (2004b): Potential Benefits of the Cognitive Perspective: Expanding Entrepreneurship's Array of Conceptual Tools, in: Journal of Business Venturing, Vol. 19(2), 169-72.

Baron, R. A. (2004c): The Cognitive Perspective: A Valuable Tool for Answering Entrepreneurship's Basic "Why" Questions, in: Journal of Business Venturing, Vol. 19(2), 221-39.

Baron, R. A. (2007a): Behavioral and Cognitive Factors in Entrepreneurship: Entrepreneurs as the Active Element in New Venture Creation, in: Strategic Entrepreneurship Journal, Vol. 1(1-2), 167-82.

Baron, R. A. (2007b): Entrepreneurship: A Process Perspective, in: Baum, J. R./Frese, M./Baron, R. A. (Hrsg.), The Psychology of Entrepreneurship, Mahwah, NJ: Lawrence Erlbaum Associates, 19-39.

Baron, R. A./Ensley, M. D. (2006): Opportunity Recognition as the Detection of Meaningful Patterns: Evidence from Comparisons of Novice and Experienced Entrepreneurs, in: Management Science, Vol. 52(9), 1331-44.

Baron, R. A./Frese, M./Baum, J. R. (2007): Research Gains: Benefits of Closer Links Between I/O Psychology and Entrepreneurship, in: Baum, J. R./Frese, M./Baron, R. A. (Hrsg.), The Psychology of Entrepreneurship, Mahwah, NJ: Lawrence Erlbaum Associates, 347-73.

Baron, R. A./Ward, T. B. (2004): Expanding Entrepreneurial Cognition's Toolbox: Potential Contributions from the Field of Cognitive Science, in: Entrepreneurship Theory and Practice, Vol. 28(6), 553-73.

Barreto, H. (1989): The Entrepreneur in Microeconomic Theory. Disappearance and Explanation, London: Routledge.

Barrick, M. R./Mitchell, T. R./Steward, G. L. (2003): Situational and Motivational Influences on Trait-Behavior Relationships, in: Barrick, M. R./Ryan, A. M. (Hrsg.), Personality and Work. Reconsidering the Role of Personality in Organizations, San Francisco, CA: Jossey-Bass, 60-82.

Barrick, M. R./Mount, M. K. (1991): The Big Five Personality Dimensions and Job Performance: A Meta-Analysis, in: Personnel Psychology, Vol. 44(1), 1-26.

Baum, J. R./Frese, M./Baron, R. A./Katz, J. A. (2007): Entrepreneurship as an Area of Psychology Study: An Introduction, in: Baum, J. R./Frese, M./Baron, R. A. (Hrsg.), The Psychology of Entrepreneurship, Mahwah, NJ: Lawrence Erlbaum Associates, 1-18.

Baum, J. R./Locke, E. A. (2004): The Relationship of Entrepreneurial Traits, Skill, and Motivation to Subsequent Venture Growth, in: Journal of Applied Psychology, Vol. 89(4), 587-98.

Baum, J. R./Locke, E. A./Smith, K. G. (2001): A Multidimensional Model of Venture Growth, in: Academy of Management Journal, Vol. 44(2), 292-303.

Baumol, W. J. (1968): Entrepreneurship in Economic Theory, in: American Economic Review, Vol. 58(2), 64-71.

Baumol, W. J. (1982): Toward Operational Models of Entrepreneurship, in: Ronen, J. (Hrsg.), Entrepreneurship, Lexington, MA: Lexington Books, 29-48.

Baumol, W. J. (1993): Formal Entrepreneurship Theory in Economics: Existence and Bounds, in: Journal of Business Venturing, Vol. 8(3), 197-210.

Baumol, W. J. (2002): The Free-Market Innovation Machine. Analyzing the Growth Miracle of Capitalism, Princeton, NJ: Princeton University Press.

Baumol, W. J./Litan, R. E./Schramm, C. J. (2007): Good Capitalism, Bad Capitalism, and the Economics of Growth and Prosperity, New Haven, CT; London: Yale University Press.

Becker, G. S. (1964): Human Capital. A Theoretical and Empirical Analysis, with Special Reference to Education, Chicago, IL: University of Chicago Press.

Becker, G. S. (1993a): Human Capital. A Theoretical and Empirical Analysis, with Special Reference to Education, 3. Aufl., Chicago, IL: University of Chicago Press.

Becker, G. S. (1993b): Nobel Lecture: The Economic Way of Looking at Behavior, in: Journal of Political Economy, Vol. 101(3), 385-409.

Begley, T. M./Boyd, D. P. (1985): The Relationship of the Jenkins Activity Survey to Type A Behavior among Business Executives, in: Journal of Vocational Behavior, Vol. 27(3), 316-28.

Begley, T. M./Boyd, D. P. (1986): Executive and Corporate Correlates of Financial Performance in Smaller Firms, in: Journal of Small Business Management, Vol. 24(2), 8-15.

Begley, T. M./Boyd, D. P. (1987): Psychological Characteristics Associated With Performance in Entrepreneurial Firms and Smaller Businesses, in: Journal of Business Venturing, Vol. 2(1), 79-93.

Belak, J./Belak, J./Duh, M. (2014): Integral Management and Governance: Basic Features of MER Model, Saarbrücken: LAP LAMBERT Academic Publishing.

Belak, J. et al. (1993): Podjetništvo, politika podjetja in management (Entrepreneurship, Enterprise's Policy and Management), Maribor: Založba Obzorja.

Belk, R. W. (1985): Issues in the Intention-Behavior Discrepancy, in: Sheth, J. N. (Hrsg.), Research in Consumer Behavior, Vol. 1, Greenwich, CT: JAI Press, 1-34.

Berg, H. (2004): Evolution der Gründungsunternehmung im Lichte des Resource-Based View, Lohmar; Köln: Josef Eul Verlag.

Bergmann, H. (2014): Unternehmerische Absichten und Aktivitäten von Studierenden in Deutschland. Ergebnisse des Global University Entrepreneurial Spirit Students' Survey (GUESSS) 2013/14, St. Gallen: Schweizerisches Institut für Klein- und Mittelunternehmen (KMU-HSG) der Universität St. Gallen.

Bergmann, H./Cesinger, B./Ostertag, F. (2011): Unternehmerische Absichten und Aktivitäten von Studierenden in Deutschland im internationalen Vergleich. Ergebnisse des Global University Entrepreneurial Spirit Students' Survey (GUESSS), Stuttgart: Stiftungslehrstuhl Entrepreneurship der Universität Hohenheim.

Bhave, M. P. (1994): A Process Model of Entrepreneurial Venture Creation, in: Journal of Business Venturing, Vol. 9(3), 223-42.

Bhidé, A. V. (2000): The Origin and Evolution of New Businesses, New York, NY: Oxford University Press.

Bhidé, A. V. (2003): The Origin and Evolution of New Businesses (Paperback), New York, NY: Oxford University Press.

Biggadike, E. R. (1979): Corporate Diversification: Entry, Strategy, and Performance, Cambridge, MA: Harvard University Press.

Bingham, C. B./Eisenhardt, K. M./Furr, N. R. (2007): What Makes a Process a Capability? Heuristics, Strategy, and Effective Capture of Opportunities, in: Strategic Entrepreneurship Journal, Vol. 1(1-2), 27-47.

Birch, D. L. (1979): The Job Generation Process, MIT Program on Neighborhood and Regional Change, Cambridge, MA.

Birch, D. L. (1981): Who Creates Jobs?, in: The Public Interest, Vol. 65, Fall, 3-14.

Birch, D. L./Haggerty, A./Parsons, W. (1995): Who's Creating Jobs?, Boston, MA: Cognetics Inc.

Birch, D. L./Medoff, J. (1994): Gazelles, in: Solomon, L. C./Levenson, A. R. (Hrsg.), Labor Markets, Employment Policy, & Job Creation, Boulder, CO: Westview Press, 159-68.

Bird, B. J. (1988): Implementing Entrepreneurial Ideas: The Case for Intention, in: Academy of Management Review, Vol. 13(3), 442-53.

Bird, B. J. (1989): Entrepreneurial Behavior, Glenview, IL: Scott, Foresman and Company.

Bird, B. J./Schjoedt, L. (2009): Entrepreneurial Behavior: Its Nature, Scope, Recent Research, and Agenda for Future Research, in: Carsrud, A. L./Brännback, M. (Hrsg.), Understanding the Entrepreneurial Mind. Opening the Black Box, New York, NY: Springer, 327-58.

Birley, S. (1985): The Role of Networks in the Entrepreneurial Process, in: Journal of Business Venturing, Vol. 1(1), 107-17.

Birley, S. (1986): The Role of New Firms: Births, Deaths, and Job Generation, in: Strategic Management Journal, Vol. 7(4), 361-76.

Blanchflower, D. G./Oswald, A. J. (1998): What Makes an Entrepreneur?, in: Journal of Labor Economics, Vol. 16(1), 26-60.

Blumberg, B. F. (2006): What Distinguishes Entrepreneurs? A Comparative Study of European Entrepreneurs from a Social Identity Perspective, in: Achleitner, A.-K./Klandt, H./Koch, L. T./Voigt, K.-I. (Hrsg.), Jahrbuch Entrepreneurship 2005/06. Gründungsforschung und Gründungsmanagement, Berlin; Heidelberg: Springer, 185-208.

BMBF (Hrsg.) (1998): EXIST: Existenzgründer aus Hochschulen. 12 regionale Netzwerke für innovative Unternehmensgründungen, Bonn: BMBF.

Boeker, W. P. (1988): Organizational Origins: Entrepreneurial and Environmental Imprinting at the Time of Founding, in: Carroll, G. R./Hawley, A. H. (Hrsg.), Ecological Models of Organizations, Cambridge, MA: Ballinger, 33-51.

Boeker, W. P. (1989): Strategic Change: The Effects of Founding and History, in: Academy of Management Journal, Vol. 32(3), 489-515.

Boettke, P. J./Coyne, C. J. (2009): Context Matters: Institutions and Entrepreneurship, in: Foundations and Trends in Entrepreneurship, Vol. 5(3), 135-209.

Bögenhold, D. (1987): Der Gründerboom. Realität und Mythos der neuen Selbständigen, Frankfurt/Main: Campus.

Bögenhold, D. (1989): Die Berufspassage in das Unternehmertum. Theoretische und empirische Befunde zum sozialen Prozeß von Firmengründungen, in: Zeitschrift für Soziologie, Vol. 18(4), 263-81.

Bonnet, C./Furnham, A. (1991): Who wants to be an entrepreneur? A study of adolescents interested in a Young Enterprise scheme, in: Journal of Economic Psychology, Vol. 12(3), 465-78.

Borch, O. J./Huse, M./Senneseth, K. (1999): Resource Configuration, Competitive Strategies, and Corporate Entrepreneurship: An Empirical Examination of Small Firms, in: Entrepreneurship Theory and Practice, Vol. 24(1), 49-70.

Borgatta, E. F. (1964): The structure of personality characteristics, in: Behavioral Science, Vol. 9(1), 8-17.

Borland, C. (1974): Locus of Control, Need for Achievement, and Entrepreneurship, Doctoral Dissertation, University of Texas at Austin.

Boutillier, S. (2008a): Finance, State and Entrepreneurship in the Contemporary Economy, in: Laperche, B./Uzunidis, D. (Hrsg.), Powerful Finance and Innovation Trends in a High-Risk Economy, Basingstoke; New York, NY: Palgrave Macmillan, 66-87.

Boutillier, S. (2008b): The Russian Entrepreneur Today: Elements of Analysis of the Socialized Entrepreneur, in: Journal of Innovations Economics, 2008/1, Nr. 1, 131-54.

Bowles, S. (1998): Endogenous Preferences: The Cultural Consequences of Markets and other Economic Institutions, in: Journal of Economic Literature, Vol. 36(1), 75-111.

Boyd, B. (1990): Corporate Linkages and Organizational Environment: A Test of the Resource Dependence Model, in: Strategic Management Journal, Vol. 11(6), 419-30.

Boyd, D. P. (1984): Type A behavior, financial performance and organizational growth in small business firms, in: Journal of Occupational Psychology, Vol. 57(2), 137-40.

Bradley, D. E./Roberts, J. A. (2004): Self-Employment and Job Satisfaction: Investigating the Role of Self-Efficacy, Depression, and Seniority, in: Journal of Small Business Management, Vol. 42(1), 37-58.

Brandstätter, H. (1997): Becoming an entrepreneur – A question of personality structure?, in: Journal of Economic Psychology, Vol. 18(2-3), 157-77.

Brännback, M./Carsrud, A. L. (2009): Cognitive Maps in Entrepreneurship: Researching Sense Making and Action, in: Carsrud, A. L./Brännback, M. (Hrsg.), Understanding the Entrepreneurial Mind. Opening the Black Box, New York, NY: Springer, 75-96.

Braukmann, U. (2002): »Entrepreneurship Education« an Hochschulen: Der Wuppertaler Ansatz einer wirtschaftspädagogisch fundierten Förderung der Unternehmensgründung aus Hochschulen, in: Weber, B. (Hrsg.), Eine Kultur der Selbständigkeit in der Lehrerausbildung, Bergisch Gladbach: Thomas Hobein Verlag, 47-98.

Braukmann, U. (2003): Zur Gründungsmündigkeit als einer zentralen Zielkategorie der Didaktik der Unternehmensgründung an Hochschulen und Schulen, in: Walterscheid, K. (Hrsg.), Entrepreneurship in Forschung und Lehre. Festschrift für Klaus Anderseck, Frankfurt/Main: Peter Lang, 187-203.

Braun, R. (2006): Erkennung unternehmerischer Chancen. Ein multidisziplinärer Ansatz aus der Entrepreneurship-Forschung, Hamburg: Kovač.

Braunerhjelm, P. (2008): Entrepreneurship, Knowledge, and Growth, in: Foundations and Trends in Entrepreneurship, Vol. 4(5), 451-533.

Braunerhjelm, P./Acs, Z. J./Audretsch, D. B./Carlsson, B. (2010): The missing link: knowledge diffusion and entrepreneurship in endogenous growth, in: Small Business Economics, Vol. 34(2), 105-25.

Breckler, S. J./Greenwald, A. G. (1986): Motivational Facets of the Self, in: Sorrentino, R. M./Higgins, E. T. (Hrsg.), Handbook of Motivation and Cognition. Foundations of Social Behavior, Chichester: Wiley.

Brenner, R. (1987): Rivalry: In Business, Science, Among Nations, Cambridge: Cambridge University Press.

Breuer, B. (2006): Unternehmensgründung als Berufsperspektive für Hochschulabsolventen und Wissenschaftler, in: Oppelland, H. J. (Hrsg.), Deutschland und seine Zukunft. Innovation und Veränderung in Bildung, Forschung und Wirtschaft. Festschrift zum 75. Geburtstag von Prof. Dr. Dr. h. c. Norbert Szyperski, Lohmar; Köln: Josef Eul Verlag, 75-98.

Brigham, K. H./De Castro, J. O./Shepherd, D. A. (2007): A Person-Organization Fit Model of Owner-Managers' Cognitive Style and Organizational Demands, in: Entrepreneurship Theory and Practice, Vol. 31(1), 29-51.

Brixy, U./Fritsch, M. (2002): Die Betriebsdatei der Beschäftigungsstatistik der Bundesanstalt für Arbeit, in: Fritsch, M./Grotz, R. (Hrsg.), Das Gründungsgeschehen in Deutschland. Darstellung und Vergleich der Datenquellen, Heidelberg: Physica-Verlag, 55-77.

Brockhaus, R. H., Sr. (1975): I-E Locus of Control Scores as Predictors of Entrepreneurial Intentions, New Orleans, LA: Academy of Management, Proceedings.

Brockhaus, R. H., Sr. (1980): Risk Taking Propensity of Entrepreneurs, in: Academy of Management Journal, Vol. 23(3), 509-20.

Brockhaus, R. H., Sr. (1982): The Psychology of the Entrepreneur, in: Kent, C. A./ Sexton, D. L./Vesper, K. H. (Hrsg.), Encyclopedia of Entrepreneurship, Englewood Cliffs, NJ: Prentice-Hall, 39-56.

Brockhaus, R. H., Sr./Horwitz, P. S. (1986): The Psychology of the Entrepreneur, in: Sexton, D. L./Smilor, R. W. (Hrsg.), The Art and Science of Entrepreneurship, Cambridge, MA: Ballinger, 25-48.

Brockhaus, R. H., Sr./Nord, W. R. (1979): An Exploration of the Factors Affecting Entrepreneurial Decision: Personal Characteristics vs. Environmental Conditions, Atlanta, GA: Academy of Management, Proceedings, 364-68.

Brockmann, H./Greaney, P. K. (2006): Gründungen aus Hochschulen. Ergebnisse und Implikationen einer Befragung von Drittsemestern der TFH Berlin, Bericht

Nr. 4/2006, Berichte aus dem Fachbereich I, Wirtschafts- und Gesellschaftswissenschaften, Technische Fachhochschule Berlin, Berlin: Fachbereich I der Technischen Fachhochschule Berlin.

Bromiley, P./Curley, S. P. (1992): Individual Differences in Risk Taking, in: Yates, J. F. (Hrsg.), Risk-Taking Behavior, New York, NY: Wiley, 87-132.

Bronfenbrenner, U. (1986): Ecology of the family as a context for human development: Research perspectives, in: Developmental Psychology, Vol. 22(6), 723-42.

Brosius, F. (2011): SPSS 19, Heidelberg et al.: mitp.

Brüderl, J./Preisendörfer, P. (1998): Network Support and the Success of Newly Founded Businesses, in: Small Business Economics, Vol. 10(3), 213-25.

Brüderl, J./Preisendörfer, P. (2000): Fast-Growing Businesses. Empirical Evidence from a German Study, in: International Journal of Sociology, Vol. 30(3), 45-70.

Brüderl, J./Preisendörfer, P./Ziegler, R. (1992): Survival Chances of Newly Founded Business Organizations, in: American Sociological Review, Vol. 57(2), 227-42.

Brüderl, J./Preisendörfer, P./Ziegler, R. (1996): Der Erfolg neugegründeter Betriebe. Eine empirische Studie zu den Chancen und Risiken von Unternehmensgründungen, Berlin: Duncker & Humblot.

Brüderl, J./Preisendörfer, P./Ziegler, R. (1998): Der Erfolg neugegründeter Betriebe. Eine empirische Studie zu den Chancen und Risiken von Unternehmensgründungen, 2. Aufl., Berlin: Duncker & Humblot.

Brüderl, J./Schüssler, R. (1990): Organizational Mortality: The Liability of Newness and Adolescence, in: Administrative Science Quarterly, Vol. 35(3), 530-47.

Bruns, R. W./Görisch, J. (2002): Unternehmensgründungen aus Hochschulen im regionalen Kontext – Gründungsneigung und Mobilitätsbereitschaft von Studierenden, Arbeitspapiere Unternehmen und Region Nr. R1/2002, Karlsruhe: Fraunhofer-Institut für System- und Innovationsforschung (ISI).

Brush, C. G./Duhaime, I. M./Gartner, W. B./Stewart, A./Katz, J. A./Hitt, M. A./Alvarez, S. A./Meyer, G. D./Venkataraman, S. (2003): Doctoral Education in the Field of Entrepreneurship, in: Journal of Management, Vol. 29(3), 309-31.

Brush, C. G./Greene, P. G./Hart, M. M. (2001): From initial idea to unique advantage: The entrepreneurial challenge of constructing a resource base, in: Academy of Management Executive, Vol. 15(1), 64-78.

Budner, S. (1962): Intolerance of ambiguity as a personality variable, in: Journal of Personality, Vol. 30(1), 29-50.

Buenstorf, G. (2007): Creation and Pursuit of Entrepreneurial Opportunities: An Evolutionary Economics Perspective, in: Small Business Economics, Vol. 28(4), 323-37.

Bühl, A. (2012): SPSS 20. Einführung in die moderne Datenanalyse, 13. Aufl., München: Pearson.

Burt, R. S. (1992): Structural Holes. The Social Structure of Competition, Cambridge, MA: Harvard University Press.

Buschmann, B. (2006): Potenziale mobilisieren – Nachholbedarf bei Gründerinnen in Deutschland, in: Venture Capital Magazin, Sonderausgabe Start-up 2007, Vol. 2, 34-35.

Busenitz, L. W. (1996): Research on Entrepreneurial Alertness: Sampling, Measurement, and Theoretical Issues, in: Journal of Small Business Management, Vol. 34(4), 35-44.

Busenitz, L. W./Arthurs, J. D. (2007): Cognition and Capabilities in Entrepreneurial Ventures, in: Baum, J. R./Frese, M./Baron, R. A. (Hrsg.), The Psychology of Entrepreneurship, Mahwah, NJ: Lawrence Erlbaum Associates, 131-50.

Busenitz, L. W./Barney, J. B. (1997): Differences Between Entrepreneurs and Managers in Large Organizations: Biases and Heuristics in Strategic Decision-Making, in: Journal of Business Venturing, Vol. 12(1), 9-30.

Bygrave, W. D. (1989): The Entrepreneurship Paradigm (I): A Philosophical Look at its Research Methodologies, in: Entrepreneurship Theory and Practice, Vol. 14(1), 7-26.

Bygrave, W. D. (1993): Theory Building in the Entrepreneurship Paradigm, in: Journal of Business Venturing, Vol. 8(3), 255-80.

Bygrave, W. D. (1995): Mom-and-Pops, High-Potential Startups, and Intrapreneurship: Are They Part of the Same Entrepreneurship Paradigm?, in: Katz, J. A./ Brockhaus, R. H., Sr. (Hrsg.), Advances in Entrepreneurship, Firm Emergence, and Growth, Vol. 2, Greenwich, CT: JAI Press, 1-19.

Bygrave, W. D./Hofer, C. W. (1991): Theorizing about Entrepreneurship, in: Entrepreneurship Theory and Practice, Vol. 16(2), 13-22.

Campbell, J. P./McCloy, R. A./Oppler, S. H./Sager, C. E. (1993): A Theory of Performance, in: Schmitt, N./Borman, W. C. (Hrsg.), Personnel Selection in Organizations, San Francisco, CA: Jossey-Bass, 35-79.

Cantillon, R. (1755): Essai sur la nature du commerce en général, London: Fletcher Gyles. Online im Internet – URL: https://fr.wikisource.org/wiki/Essai_sur_la_nature_du_commerce_en_g%C3%A9n%C3%A9ral/Texte_entier (Stand: 08.06.2016).

Cantillon, R. (1931): Essai sur la nature du commerce en général, Edited and translated by H. Higgs, London: Macmillan.

Caplan, B. (1999): The Austrian Search for Realistic Foundations, in: Southern Economic Journal, Vol. 65(4), 823-38.

Carland, J. W./Hoy, F./Boulton, W. R./Carland, J. A. C. (1984): Differentiating Entrepreneurs from Small Business Owners: A Conceptualization, in: Academy of Management Review, Vol. 9(2), 354-59.

Carlsson, B. (1989a): Flexibility and the Theory of the Firm, in: International Journal of Industrial Organization, Vol. 7(2), 179-203.

Carlsson, B. (1989b): The Evolution of Manufacturing Technology and Its Impact on Industrial Structure: An International Study, in: Small Business Economics, Vol. 1(1), 21-37.

Carlsson, B. (1992): The Rise of Small Business: Causes and Consequences, in: Adams, W. J. (Hrsg.), Singular Europe. Economy and Polity of the European Community after 1992, Ann Arbor, MI: University of Michigan Press, 145-69.

Carlsson, B. (2001): Small Business, Entrepreneurship, and Industrial Dynamics, in: Acs, Z. J. (Hrsg.), Are Small Firms Important? Their Role and Impact, Second Printing 2001 (Ersterscheinung 1999), Boston; Dordrecht; London: Kluwer Academic Publishers, 99-110.

Carlsson, B./Acs, Z. J./Audretsch, D. B./Braunerhjelm, P. (2009): Knowledge Creation, Entrepreneurship, and Economic Growth: A Historical Review, in: Industrial and Corporate Change, Vol. 18(6), 1193-229.

Carlsson, B./Braunerhjelm, P./McKelvey, M./Olofsson, C./Persson, L./Ylinenpää, H. (2013): The evolving domain of entrepreneurship research, in: Small Business Economics, Vol. 41(4), 913-30.

Carlsson, B./Fridh, A.-C. (2002): Technology transfer in United States universities. A survey and statistical analysis, in: Journal of Evolutionary Economics, Vol. 12(1-2), 199-232.

Carree, M. A./Klomp, L. (1996): Small Business and Job Creation: A Comment, in: Small Business Economics, Vol. 8(4), 317-22.

Carree, M. A./Thurik, A. R. (2010): The Impact of Entrepreneurship on Economic Growth, in: Acs, Z. J./Audretsch, D. B. (Hrsg), Handbook of Entrepreneurship Research. An Interdisciplinary Survey and Introduction, 2. Aufl., New York, NY: Springer, 557-94.

Carree, M. A./van Stel, A./Thurik, A. R./Wennekers, S. (2007): The relationship between economic development and business ownership revisited, in: Entrepreneurship & Regional Development, Vol. 19(3), 281-91.

Carroll, G. R. (1984): Organizational Ecology, in: Annual Review of Sociology, Vol. 10, 71-93.

Carroll, G. R./Delacroix, J. (1982): Organizational Mortality in the Newspaper Industries of Argentina and Ireland: An Ecological Approach, in: Administrative Science Quarterly, Vol. 27(2), 169-98.

Carroll, G. R./Hannan, M. T. (1989): Density Delay in the Evolution of Organizational Populations: A Model and Five Empirical Tests, in: Administrative Science Quarterly, Vol. 34(3), 411-30.

Carroll, G. R./Hannan, M. T. (2000): The Demography of Corporations and Industries, Princeton, NJ: Princeton University Press.

Carsrud, A. L./Brännback, M./Elfving, J./Brandt, K. (2009): Motivations: The Entrepreneurial Mind and Behavior, in: Carsrud, A. L./Brännback, M. (Hrsg.), Understanding the Entrepreneurial Mind. Opening the Black Box, New York, NY: Springer, 141-65.

Carsrud, A. L./Olm, K. W./Thomas, J. B. (1989): Predicting entrepreneurial success: effects of multidimensional achievement motivation, levels of ownership, and cooperative relationships, in: Entrepreneurship & Regional Development, Vol. 1(3), 237-44.

Carter, N. M./Gartner, W. B./Reynolds, P. D. (1996): Exploring Start-Up Event Sequences, in: Journal of Business Venturing, Vol. 11(3), 151-66.

Carter, N. M./Williams, M./Reynolds, P. D. (1997): Discontinuance among New Firms in Retail: The Influence of Initial Resources, Strategy, and Gender, in: Journal of Business Venturing, Vol. 12(2), 125-45.

Casson, M. (1982): The Entrepreneur: An Economic Theory, Totowa, NJ: Barnes & Noble.

Casson, M. (1987): Entrepreneur, in: Eatwell, J./Milgate, M./Newman, P. (Hrsg.), The New Palgrave. A Dictionary of Economics, London: The MacMillan Press Limited, 151-53.

Casson, M. (1997): Information and Organization. A New Perspective on the Theory of the Firm, Oxford: Clarendon Press.

Casson, M. (1999): Entrepreneurship and the Theory of the Firm, in: Acs, Z. J./Carlsson, B./Karlsson, C. (Hrsg.), Entrepreneurship, Small and Medium-Sized Enterprises and the Macroeconomy, Cambridge: Cambridge University Press, 45-78.

Casson, M. (2003): The Entrepreneur. An Economic Theory, 2. Aufl., Cheltenham; Northampton, MA: Edward Elgar.

Casson, M. (2005a): Entrepreneurship and the theory of the firm, in: Journal of Economic Behavior and Organization, Vol. 58(2), 327-48.

Casson, M. (2005b): The Individual-Opportunity Nexus: A Review of Scott Shane: A General Theory of Entrepreneurship, in: Small Business Economics, Vol. 24(5), 423-30.

Casson, M. (2010): Entrepreneurship. Theory, Networks, History, Cheltenham; Northampton, MA: Edward Elgar.

Casson, M./Wadeson, N. (2007a): Entrepreneurship and Macroeconomic Performance, in: Strategic Entrepreneurship Journal, Vol. 1(3-4), 239-62.

Casson, M./Wadeson, N. (2007b): The Discovery of Opportunities: Extending the Economic Theory of the Entrepreneur, in: Small Business Economics, 28(4), 285-300.

Cattell, R. B. (1943): The description of personality: basic traits resolved into clusters, in: Journal of Abnormal and Social Psychology, Vol. 38(4), 476-506.

Cattell, R. B. (1946): Description and Measurement of Personality, Oxford: World Book Company.

Cattell, R. B. (1947): Confirmation and Clarification of Primary Personality Factors, in: Psychometrika, Vol. 12(3), 197-220.

Cattell, R. B. (1948): The Primary Personality Factors in Women Compared With Those in Men, in: British Journal of Statistical Psychology, Vol. 1(2), 114-130.

Caves, R. E. (1982): Multinational Enterprise and Economic Analysis, Cambridge, MA: Harvard University Press.

Chandler, A. D., Jr. (1962): Strategy and Structure. Chapters in the History of the Industrial Enterprise, Cambridge, MA: M.I.T. Press.

Chandler, A. D., Jr. (1999): The Visible Hand. The Managerial Revolution in American Business, 15. Aufl., Cambridge, MA: Harvard University Press.

Chandler, A. D., Jr. (2004): Scale and Scope: The Dynamics of Industrial Capitalism, Seventh Printing, Cambridge, MA: Harvard University Press.

Chandler, G. N./DeTienne, D./Lyon, D. W. (2003): Outcome Implications of Opportunity Creation / Discovery Processes, in: Bygrave, W. D./Brush, C. G./Lerner, M./Davidsson, P./Meyer, G. D./Fiet, J./Sohl, J./Greene, P. G./Zacharakis, A./ Harrison, R. T. (Hrsg.), Frontiers of Entrepreneurship Research, Wellesley, MA: Babson College, 398-409.

Chandler, G. N./Hanks, S. H. (1994): Market Attractiveness, Resource-Based Capabilities, Venture Strategies, and Venture Performance, in: Journal of Business Venturing, Vol. 9(4), 331-49.

Chandler, G. N./Lyon, D. W. (2001): Issues of Research Design and Construct Measurement in Entrepreneurship Research: The Past Decade, in: Entrepreneurship Theory and Practice, Vol. 25(4), 101-13.

Chell, E./Haworth, J. M./Brearley, S. (1991): The Entrepreneurial Personality. Concepts, Cases, and Categories, London: Routledge.

Chen, C. C./Greene, P. G./Crick, A. (1998): Does Entrepreneurial Self-Efficacy Distinguish Entrepreneurs from Managers?, in: Journal of Business Venturing, Vol. 13(4), 295-316.

Child, J. (1972): Organizational Structure, Environment and Performance: The Role of Strategic Choice, in: Sociology, Vol. 6(1), 1-22.

Chiles, T. H./Bluedorn, A. C./Gupta, V. K. (2007): Beyond Creative Destruction and Entrepreneurial Discovery: A Radical Austrian Approach to Entrepreneurship, in: Organization Studies, Vol. 28(4), 467-93.

Chiles, T. H./Gupta, V. K./Bluedorn, A. C. (2008): On Lachmannian and Effectual Entrepreneurship: A Rejoinder to Sarasvathy and Dew (2008), in: Organization Studies, Vol. 29(2), 247-53.

Chlosta, S./Klandt, H./Johann, T. (2006): German Survey on Collegiate Entrepreneurship. Gründungsneigung deutscher Studierender, Oestrich-Winkel: European Business School.

Churchill, N. (1989): Contributing Editor's Feature, in: Entrepreneurship Theory and Practice, Vol. 14(1), 7.

Churchill, N. C./Lewis, V. L. (1983): The Five Stages of Small Business Growth, in: Harvard Business Review, Vol. 61(3), May-June, 30-50.

Ciavarella, M. A./Buchholtz, A. K./Riordan, C. M./Gatewood, R. D./Stokes, G. S. (2004): The Big Five and venture survival: Is there a linkage?, in: Journal of Business Venturing, Vol. 19(4), 456-83.

Coase, R. H. (1937): The Nature of the Firm, in: Economica, Vol. 4(16), 386-405.

Coase, R. H. (1960): The Problem of Social Cost, in: The Journal of Law and Economics, Vol. 3, 1-44.

Cochran, T. C. (1965): The Entrepreneur in Economic Change, in: Explorations in Entrepreneurial History, Vol. 3(1), 25-38.

Cohen, W. M./Levinthal, D. A. (1989): Innovation and Learning: The Two Faces of R & D, in: The Economic Journal, Vol. 99(397), 569-96.

Cohen, W. M./Levinthal, D. A. (1990): Absorptive Capacity: A New Perspective on Learning and Innovation, in: Administrative Science Quarterly, Vol. 35(1), 128-52.

Cole, A. H. (1944): A Report on Research in Economic History, in: The Journal of Economic History; Vol. 4(1), 49-72.

Cole, A. H. (1968): Meso-economics: A Contribution from Entrepreneurial History, in: Explorations in Entrepreneurial History, Vol. 6(1), 3-33.

Cole, A. H. (1970): The Committee on Research in Economic History: An Historical Sketch, in: The Journal of Economic History; Vol. 30(4), 723-41.

Cole, J./Sokol, A. (1999): Structuring Venture Capital Investments, in: Kwateng, D. (Hrsg.), Pratt's Guide to Venture Capital Sources, 23. Aufl., New York, NY: Securites Data Publishing, 31-39.

Coleman, J. S. (1988): Social Capital in the Creation of Human Capital, in: The American Journal of Sociology, Vol. 94, Supplement: Organizations and Institutions: Sociological and Economic Approaches to the Analysis of Social Structure, S95-S120.

Collins, C. J./Hanges, P. J./Locke, E. A. (2004): The Relationship of Achievement Motivation to Entrepreneurial Behavior: A Meta-Analysis, in: Human Performance, Vol. 17(1), 95-117.

Collins, D. J. (1994): Research Note: How Valuable are Organizational Capabilities?, in: Strategic Management Journal, Vol. 15(S1), 143-52.

Collins, O. F./Moore, D. G. (1964): The Enterprising Man, East Lansing, MI: Michigan State University Press.

Companys, Y. E./McMullen, J. S. (2007): Strategic Entrepreneurs at Work: The Nature, Discovery, and Exploitation of Entrepreneurial Opportunities, in: Small Business Economics, Vol. 28(4), 301-22.

Conner, K. R. (1991): A Historical Comparison of Resource-Based Theory and Five Schools of Thought Within Industrial Organization Economics: Do We Have a New Theory of the Firm?, in: Journal of Management, Vol. 17(1), 121-54.

Conner, K. R./Prahalad, C. K. (1996): A Resource-based Theory of the Firm: Knowledge Versus Opportunism, in: Organization Science, Vol. 7(5), 477-501.

Cooper, A. (2005): Entrepreneurship: The Past, the Present, the Future, in: Acs, Z. J./ Audretsch, D. B. (Hrsg.), Handbook of Entrepreneurship Research. An Interdisciplinary Survey and Introduction, First Softcover Printing 2005 (zuvor 2003), New York, NY: Springer, 21-34.

Cooper, A. C./Dunkelberg, W. C. (1986): Entrepreneurship and Paths to Business Ownership, in: Strategic Management Journal, Vol. 7(1), 53-68.

Cooper, A. C./Dunkelberg, W. C. (1987): Entrepreneurial Research: Old Questions, New Answers, and Methodological Issues, in: American Journal of Small Business, Vol. 11(3), 11-23.

Cooper, A. C./Folta, T. B./Woo, C. (1995): Entrepreneurial Information Search, in: Journal of Business Venturing, Vol. 10(2), 107-20.

Cooper, A. C./Gimeno-Gascon, F. J. (1992): Entrepreneurs, Process of Founding, and New Firm Performance, in: Sexton, D. L./Kasarda, J. D. (Hrsg.), The State of the Art in Entrepreneurship, Boston, MA: PWS Kent Publishing Company, 301-40.

Cooper, A. C./Gimeno-Gascon, F. J./Woo, C. Y. (1994): Initial Human and Financial Capital as Predictors of New Venture Performance, in: Journal of Business Venturing, Vol. 9(5), 371-95.

Cooper, A. C./Woo, C. Y./Dunkelberg, W. C. (1989): Entrepreneurship and the Initial Size of Firms, in: Journal of Business Venturing, Vol. 4(5), 317-32.

Corbett, A. C./Hmieleski, K. M. (2007): The Conflicting Cognitions of Corporate Entrepreneurs, in: Entrepreneurship Theory and Practice, Vol. 31(1), 103-21.

Corman, J./Perles, B./Vancini, P. (1988): Motivational Factors Influencing High-Technology Entrepreneurship, in: Journal of Small Business Management, Vol. Vol. 26(1), 36-42.

Costa, P. T./McCrae, R. R. (1988): From Catalog to Classification: Murray's Needs and the Five-Factor Model, in: Journal of Personality and Social Psychology, Vol. 55(2), 258-65.

Cromie, S. (2000): Assessing entrepreneurial inclinations: Some approaches and empirical evidence, in: European Journal of Work and Organizational Psychology, Vol. 9(1), 7-30.

Cromie, S./Johns, S. (1983): Irish Entrepreneurs: Some Personal Characteristics, in: Journal of Occupational Behavior, Vol 4(4), 317-24.

Cruikshank, J. L. (2005): Shaping the Waves. A History of Entrepreneurship at Harvard Business School, Boston, MA: Harvard Business School Press.

Daft, R. L. (1983): Organization Theory and Design, New York, NY: West.

Daft, R. L./Lengel, R. H. (1986): Organizational Information Requirements, Media Richness and Structural Design, in: Management Science, Vol. 32(5), 554-71.

Daft, R. L./Weick, K. E. (1984): Toward a Model of Organizations as Interpretation Systems, in: Academy of Management Review, Vol. 9(2), 284-95.

Danko, B./Ruda, W./Martin, Th. A./Ascúa, R./Gerstlberger, W. (2013): Comparing entrepreneurial attributes and internationalization perceptions of business students in Germany before and during the economic crisis, in: Etemad, H./ Madsen, T. K./Rasmussen, E. S./Servais, P. (Hrsg.), Current Issues in International Entrepreneurship, The McGill International Entrepreneurship Series, Cheltenham; Northampton, MA: Edward Elgar, 317-45.

Davids, L. E. (1963): Characteristics of Small Business Founders in Texas and Georgia, Washington, D.C.: Small Business Administration.

Davidsson, P. (2005): Researching Entrepreneurship (first softcover printing), New York, NY: Springer.

Davidsson, P. (2006a): Method Challenges and Opportunities in the Psychological Study of Entrepreneurship, in: Baum, J. R./Frese, M./Baron, R. A. (Hrsg.), The Psychology of Entrepreneurship, Mahwah, NJ: Lawrence Erlbaum Associates, 287-323.

Davidsson, P. (2006b): Nascent Entrepreneurship: Empirical Studies and Developments, in: Foundations and Trends in Entrepreneurship, Vol. 2(1), 1-76.

Davidsson, P./Honig, B. (2003): The role of social and human capital among nascent entrepreneurs, in: Journal of Business Venturing, Vol. 18(3), 301-31.

Davidsson, P./Wicklund, J. (2001): Levels of Analysis in Entrepreneurship Research: Current Research Practice and Suggestions for the Future, in: Entrepreneurship Theory and Practice, Vol. 25(4), 81-99.

Davis, S. J./Haltiwanger, J./Schuh, S. (1996a): Job Creation and Destruction in U.S. Manufacturing, Cambridge, MA: MIT Press.

Davis, S. J./Haltiwanger, J./Schuh, S. (1996b): Small Business and Job Creation: Dissecting the Myth and Reassessing the Facts, in: Small Business Economics, Vol. 8(4), 297-315.

Davis-Blake, A./Pfeffer, J. (1989): Just a Mirage: The Search for Dispositional Effects in Organizational Research, in: Academy of Management Review, Vol. 14(3), 385-400.

De Carolis, D. M./Saparito, P. (2006): Social Capital, Cognition, and Entrepreneurial Opportunities: A Theoretical Framework, in: Entrepreneurship Theory and Practice, Vol. 30(1), 41-56.

De Gregori, T. R. (1987): Resources Are Not; They Become: An Institutional Theory, in: Journal of Economic Issues, Vol. 21(3), 1241-63.

DeCarlo, J. F./Lyons, P. R. (1979): A Comparison of Selected Personal Characteristics of Minority and Non-Minority Female Entrepreneurs, in: Journal of Small Business Management, Vol. 17(4), 22-29.

Dees, J. G./Starr, J. A. (1992): Entrepreneurship through an Ethical Lens: Dilemmas and Issues for Research and Practice, in: Sexton, D. L./Kasarda, J. D. (Hrsg.), The State of the Art of Entrepreneurship, Boston, MA: PWS-Kent, 89-116.

Demsetz, H. (1982): Barriers to Entry, in: American Economic Review, Vol. 72(1), 47-57.

Denz, H. (1989): Einführung in die empirische Sozialforschung. Ein Lern- und Arbeitsbuch mit Disketten, Wien: Springer.

Deschryvere, M. (2008): High Growth Firms and Job Creation in Finland, Keskusteluaiheita – Discussion papers, No. 1144, ETLA, The Research Institute of the Finnish Economy, Helsinki.

Dess, G. G./Beard, D. W. (1984): Dimensions of Organizational Task Environments, in: Administrative Science Quarterly, Vol. 29(1), 52-73.

Dess, G. G./Newport, S./Rasheed, A. M. (1993): Configuration Research in Strategic Management: Key Issues and Suggestions, in: Journal of Management, Vol. 19(4), 775-95.

Dickson, P. R./Giglierano, J. J. (1986): Missing the Boat and Sinking the Boat: A Conceptual Model of Entrepreneurial Risk, in: Journal of Marketing, Vol. 50(3), 58-70.

Diekmann, A. (2000): Empirische Sozialforschung. Grundlagen, Methoden, Anwendungen, 6. Aufl., Reinbek bei Hamburg: Rowohlt.

Dierickx, I./Cool, K. (1989): Asset Stock Accumulation and the Sustainability of Competitive Advantage, in: Management Science, Vol. 35(12), 1504-11.

Dietrich, H. (1999): Empirische Befunde zur selbständigen Erwerbstätigkeit unter besonderer Berücksichtigung scheinselbständiger Erwerbsverhältnisse, in: Mitteilungen aus der Arbeitsmarkt- und Berufsforschung, Vol. 32(1), 85-101.

Dobbin, F./Dowd, T. J. (1997): How Policy Shapes Competition: Early Railroad Foundings in Massachusetts, in: Administrative Science Quarterly, Vol. 42(3), 501-29.

Dollinger, M. J. (1999): Entrepreneurship. Strategies and Resources, 2. Aufl., Saddle River, NJ: Prentice-Hall.

Dollinger, M. J. (2008): Entrepreneurship. Strategies and Resources, 4. Aufl., Lombard, IL: Marsh Publications.

Douglas, E. (2009): Perceptions – Looking at the World Through Entrepreneurial Lenses, in: Carsrud, A. L./Brännback, M. (Hrsg.), Understanding the Entrepreneurial Mind. Opening the Black Box, New York, NY: Springer, 3-22.

Douglas, E. J./Shepherd, D. A. (2000): Entrepreneurship as a Utility Maximizing Response, in: Journal of Business Venturing, Vol. 15(3), 231-51.

Douglas, E. J./Shepherd, D. A. (2003): Selbständigkeit als Karrierewahl: Einstellungen, unternehmerische Absichten und Nutzenmaximierung, in: IGA – Zeitschrift für Klein- und Mittelunternehmen, Vol. 51(1), 26-39.

Driescher, H. F. (1999): Erfolgsfaktoren im Produktions- und Absatzbereich junger Industrieunternehmen. Eine empirische Analyse der Gründungs- und Frühentwicklungsphase, Köln; Dortmund; Oestrich-Winkel: Förderkreis Gründungs-Forschung.

Drnovsek, M./Cardon, M. S./Murnieks, C. Y. (2009): Collective Passion in Entrepreneurial Teams, in: Carsrud, A. L./Brännback, M. (Hrsg.), Understanding the Entrepreneurial Mind. Opening the Black Box, New York, NY: Springer, 191-215.

Drucker, P. F. (1985): Innovation and Entrepreneurship. Practice and Principles, New York, NY: HarperCollins Publishers.

Drucker, P. F. (1993): Innovation and Entrepreneurship, Practice and Principles, New York, NY: Harper Business.

Duchesneau, D. A./Gartner, W. B. (1990): A Profile of New Venture Success and Failure in an Emerging Industry, in: Journal of Business Venturing, Vol. 5(5), 297-312.

Dubini, P./Aldrich, H. (1991): Personal and Extended Networks are Central to the Entrepreneurial Process, in: Journal of Business Venturing, Vol. 6(5), 305-13.

Dziuban, C. D./Shirkey, E. C. (1974): When is a Correlation Matrix Appropriate for Factor Analysis? Some Decision Rules, in: Psychological Bulletin, Vol. 81(6), 358-61.

Eckart, W./v. Einem, E./Stahl, K. (1987): Dynamik der Arbeitsplatzentwicklung: Eine kritische Betrachtung der empirischen Forschung in den Vereinigten Staaten, in: Fritsch, M./Hull, C. (Hrsg.), Arbeitsplatzdynamik und Regionalentwicklung, Berlin: Edition Sigma, 21-47.

Edwards, A. L. (1959): Edwards Personal Preference Schedule, New York, NY: The Psychological Corporation.

Eisenhardt, K. M. (1989): Agency Theory: An Assessment and Review, in: Academy of Management Review, Vol. 14(1), 57-74.

Eisenhardt, K. M./Schoonhoven, C. B. (1990): Organizational Growth: Linking Founding Team, Strategy, Environment, and Growth among U.S. Semiconductor Ventures, 1978-1988, in: Administrative Science Quarterly, Vol. 35(3), 504-29.

Eldredge, N. (1997): Evolution in the marketplace, in: Structural Change and Economic Dynamics, Vol. 8(4), 385-98.

Elfving, J. (2008): Contextualizing Entrepreneurial Intentions: A Multiple Case Study on Entrepreneurial Cognitions and Perceptions, Turku: Åbo Akademi förlag.

Elfving, J./Brännback, M./Carsrud, A. L. (2009): Toward a Contextual Model of Entrepreneurial Intentions, in: Carsrud, A. L./Brännback, M. (Hrsg.), Understanding the Entrepreneurial Mind. Opening the Black Box, New York, NY: Springer, 23-33.

ENSR (European Network for SME Research)/**EIM** (Small Business Research and Consultancy) (1997): The European Observatory for SMEs. Fifth Annual Report, EU Commission, Working Document, Zoetermeer: EIM.

Epstein, S./O'Brian, E. J. (1985): The Person-Situation Debate in Historical and Current Perspective, in: Psychological Bulletin, Vol. 98(3), 513-37.

Europäische Kommission (2003): Empfehlung der Kommission vom 6. Mai 2003 betreffend die Definition der Kleinstunternehmen sowie der kleinen und mittleren Unternehmen (2003/361/EG), in: Amtsblatt der Europäischen Union, 20.05.2003, L 124/36-41.

Europäische Kommission (2013): Aktionsplan Unternehmertum 2020. Den Unternehmergeist in Europa neu entfachen, COM(2012) 795 final, Brüssel. Online im Internet – URL: http://eur-lex.europa.eu/LexUriServ/LexUriServ.do?uri=COM:2012:0795:FIN:de:PDF (Stand: 16.12.2014).

European Commission (1999): Action Plan to Promote Entrepreneurship and Competitiveness, Luxemburg: Office for Official Publications of the European Communities.

Evans, D. S./Jovanovic, B. (1989): An Estimated Model of Entrepreneurial Choice under Liquidity Constraints, in: Journal of Political Economy, Vol. 97(4), 808-27.

Evans, D. S./Leighton, L. S. (1989): Some Empirical Aspects of Entrepreneurship, in: American Economic Review, Vol. 79(3), 519-35.

Fahrmeir, L./Künstler, R./Pigeot, I./Tutz, G. (2004): Statistik. Der Weg zur Datenanalyse, 5. Aufl., Berlin; Heidelberg: Springer.

Fallgatter, M. J. (2002): Theorie des Entrepreneurship. Perspektiven zur Erforschung der Entstehung und Entwicklung junger Unternehmungen, Wiesbaden: Deutscher Universitäts-Verlag.

Fallgatter, M. J. (2004): Entrepreneurship: Konturen einer jungen Disziplin, in: Zeitschrift für betriebswirtschaftliche Forschung, Vol. 56(1), 23-44.

Fallgatter, M. J. (2007): Junge Unternehmen. Charakteristika, Potenziale, Dynamik, Stuttgart: Kohlhammer.

Fayolle, A. (2005): Evaluation of Entrepreneurship Education: Behaviour Performing or Intention Increasing?, in: International Journal of Entrepreneurship and Small Business, Vol. 2(1), 89-98.

Fayolle, A. (2006): Essay on the Nature of Entrepreneurship Education, Paper presented at the Rencontres de St-Gall 2006, September 18-21, Wildhaus.

Feinberg, R. M./Price, G. N. (2004): The Funding of Economics Research: Does Social Capital Matter for Success at the National Science Foundation?, in: Review of Economics and Statistics, Vol. 86(1), 245-52.

Festinger, L. (1954): A Theory of Social Comparison Processes, in: Human Relations, Vol. 7(2), 117-40.

Feyerabend, P. (1976): Wider den Methodenzwang. Skizze einer anarchischen Erkenntnistheorie, Frankfurt/Main: Suhrkamp.

Feyerabend, P. (1993): Wider den Methodenzwang, 4. Aufl., Frankfurt/Main: Suhrkamp.

Fiet, J. O. (1995): Risk Avoidance Strategies in Venture Capital Markets, in: Journal of Management Studies, Vol. 32(4), 551-74.

Fiet, J. O. (1996): The Informational Basis of Entrepreneurial Discovery, in: Small Business Economics, Vol. 8(6), 419-30.

Finke-Schürmann, T. H. (2001): Der integrierte Gründungsplan, in: Koch, L. T./Zacharias, C. (Hrsg.), Gründungsmanagement, München; Wien: Oldenbourg, 107-20.

Fiske, D. W. (1949): Consistency of the factorial structures of personality ratings from different sources, in: Journal of Abnormal Social Psychology, Vol. 44(3), 329-44.

Florin, J./Lubatkin, M./Schulze, W. (2003): A Social Capital Model of High-Growth Ventures, in: Academy of Management Journal, Vol. 46(3), 374-84.

Foray, D./Lundvall, B.-Å. (1996): The knowledge-based economy: From the economics of knowledge to the learning economy, in: OECD (Organisation for Economic Co-operation and Development) (Hrsg.), Employment and growth in the knowledge-based economy, Paris: OECD, 11-32.

Forbes, D. P. (1999): Cognitive approaches to new venture creation, in: International Journal of Management Reviews, Vol. 1(4), 415-39.

Foss, N. J. (Hrsg.) (1997): Resources, Firms and Strategies. A Reader in the Resource-Based Perspective, Oxford: Oxford University Press.

Foss, N. J./Ishikawa, I. (2007): Towards a Dynamic Resource-based View: Insights from Austrian Capital and Entrepreneurship Theory, in: Organization Studies, Vol. 28(5), 749-72.

Frank, H. (1997): Von der Gründerperson zum Gründungsprozeß: Zur Neuorientierung der Gründungsforschung, in: Wirtschaftspolitische Blätter, Vol. 44(5), 400-08.

Frank, H./Lueger, M. (2002): Reconstructing Development Processes. Conceptual Basis and Empirical Analysis of Setting up a Business, in: International Studies of Management and Organization, Vol. 27(3), 34-63.

Frank, H./Mitterer, G. (2009): Opportunity Recognition – State of the Art und Forschungsperspektiven, in: Zeitschrift für Betriebswirtschaft, Vol. 79(3), 367-406.

Franke, N./Lüthje, C. (2000): Studentische Unternehmensgründungen – dank oder trotz Förderung? Kovarianzstrukturanalytische Erklärung studentischen Gründungsverhaltens anhand der Persönlichkeitskonstrukte „Risikopräferenz“ und „Unabhängigkeitsstreben“ sowie der subjektiven Wahrnehmung der Umfeldbedingungen, Münchener betriebswirtschaftliche Beiträge 2000-04, München: Ludwig-Maximilians-Universität München.

Franke, N./Lüthje, C. (2004): Entrepreneurship und Innovation, in: Achleitner, A.-K./Klandt, H./Koch, L. T./Voigt, K.-I. (Hrsg.), Jahrbuch Entrepreneurship

2003/04. Gründungsforschung und Gründungsmanagement, Berlin; Heidelberg: Springer, 33-46.

Freeman, J./Carroll, G. R./Hannan, M. T. (1983): The Liability of Newness: Age Dependence in Organizational Death Rates, in: American Sociological Review, Vol. 48(5), 692-710.

Frese, M. (1998) (Hrsg.): Erfolgreiche Unternehmensgründer. Psychologische Analysen und praktische Anleitungen für Unternehmer in Ost- und Westdeutschland, Göttingen: Verlag für Angewandte Psychologie.

Frese, M./Fay, D./Hilburger, T./Leng, K./Tag, A. (1997): The concept of personal initiative: Operationalization, reliability and validity in two German samples, in: Journal of Occupational and Organizational Psychology, Vol. 70(2), 139-61.

Frese, M./Stewart, J./Hannover, B. (1987): Goal Orientation and Planfulness: Action Styles as Personality Concepts, in: Journal of Personality and Social Psychology, Vol. 52(6), 1182-94.

Frey, D./Dauenheimer, D./Parge, O./Haisch, J. (1993): Die Theorie sozialer Vergleichsprozesse, in: Frey, D./Irle, M. (Hrsg.), Theorien der Sozialpsychologie. Bd. 1: Kognitive Theorien, 2. Aufl., Bern: Huber, 81-121.

Frick, S./Lageman, B./von Rosenbladt, B./Voelzkow, H./Welter, F. (1998): Möglichkeiten zur Verbesserung des Umfeldes für Existenzgründer und Selbständige. Wege zu einer neuen Kultur der Selbständigkeit, Essen: Rheinisch-Westfälischen Instituts für Wirtschaftsforschung.

Fried, V. H./Hisrich, R. D. (1994): Toward a Model of Venture Capital Investment Decision Making, in: Financial Management, Vol. 23(3), 28-37.

Friedman, M./Rosenman, R. H. (1974): Type A Behavior and Your Heart, Greenwich, CT: Fawcett.

Friedrichs, J. (1990): Methoden empirischer Sozialforschung, 14. Aufl., Opladen: VS Verlag für Sozialwissenschaften.

Fritsch, M. (1990): Arbeitsplatzentwicklung in Industriebetrieben, Berlin: De Gruyter.

Fritsch, M. (1997): New Firms and Regional Employment Change, in: Small Business Economics, Vol. 9(5), 437-48.

Fritsch, M. (2004): Analyse zeitlicher und sektoraler Determinanten des Gründungsgeschehens, in: Fritsch, M./Grotz, R. (Hrsg.), Empirische Analysen zum Gründungsgeschehen in Deutschland, Heidelberg: Physica-Verlag, 41-58.

Fritsch, M./Aamoucke, R. (2013): Regional public research, higher education, and innovative start-ups: an empirical investigation, in: Small Business Economics, Vol. 41(4), 865-85.

Fritsch, M./Brixy, U. (2004): The Establishment File of the German Social Insurance Statistics, in: Smollers Jahrbuch. Zeitschrift für Wirtschafts- und Sozialwissenschaften, Vol. 124(1), 183-90.

Fritsch, M./Grotz, R./Brixy, U./Niese, M./Otto, A. (2002): Zusammenfassender Vergleich der Datenquellen zum Gründungsgeschehen in Deutschland, in: Fritsch, M./Grotz, R. (Hrsg.), Das Gründungsgeschehen in Deutschland. Darstellung und Vergleich der Datenquellen, Heidelberg: Physica-Verlag, 199-214.

Fritsch, M./Hull, C. J. (1987): Empirische Befunde zur Arbeitsplatzdynamik in großen und kleinen Unternehmen in der Bundesrepublik Deutschland – eine Zwischenbilanz, in: Fritsch, M./Hull, C. J. (Hrsg.), Arbeitsplatzdynamik und Regionalentwicklung. Beiträge zur beschäftigungspolitischen Bedeutung von Klein- und Großunternehmen, Berlin: Edition Sigma, 149-72.

Fritsch, M./Weyh, A. (2006): How Large are the Direct Employment Effects of New Businesses? An Empirical Investigation for West Germany, in: Small Business Economics, Vol. 27(2/3), 245-60.

Fueglistaller, U./Halter, F. (2006): Swiss Survey on Collegiate Entrepreneurship 2006, St. Gallen: Schweizerisches Institut für Klein- und Mittelunternehmen an der Universität St. Gallen (KMU-HSG).

Fueglistaller, U./Halter, F./Blickle, D./Werner, M./Balazi, A. (2004): Swiss Survey on Collegiate Entrepreneurship 2004. Auswertung einer Erhebung an sechs Schweizer Universitäten und Fachhochschulen, St. Gallen: Schweizerisches Institut für Klein- und Mittelunternehmen an der Universität St. Gallen (KMU-HSG) und START Studentenschaft Universität St. Gallen (START-HSG).

Fueglistaller, U./Klandt, H./Halter, F. (2006): International Survey on Collegiate Entrepreneurship 2006, St. Gallen; Oestrich-Winkel: Universität St. Gallen (HSG) und European Business School (ebs).

Fueglistaller, U./Klandt, H./Halter, F./Müller, C. (2009): An international comparison of entrepreneurship among students. International report of the Global University Entrepreneurial Spirit Students' Survey project (GUESSS 2008), St. Gallen; Oestrich-Winkel: Swiss Research Institute of Small Business and Entrepreneurship at the University of St. Gallen und European Business School.

Fueglistaller, U./Müller, C./Volery, T. (2008): Entrepreneurship. Modelle – Umsetzung – Perspektiven. Mit Fallbeispielen aus Deutschland, Österreich und der Schweiz, 2. Aufl., Wiesbaden: Gabler.

Fueglistaller, U./Volery, T./Halter, F./Hartl, R./Rottmann, M./Derungs, R. (2003): Swiss Survey on Collegiate Entrepreneurship 2003. Auswertung einer Erhebung an der Universität St. Gallen im April 2003, St. Gallen: Schweizerisches Institut für gewerbliche Wirtschaft an der Universität St. Gallen (IGW-HSG) und START Studentenschaft der Universität St. Gallen (START).

Furnham, A. (1986): Economic Locus of Control, in: Human Relations, Vol. 39(1), 29-43.

Gaglio, C. M. (2004a): So What Is an Entrepreneurial Opportunity?, in: Butler, J. E. (Hrsg.), Opportunity Identification and Entrepreneurial Behavior, Greenwich, CT: Information Age Publishing, 115-34.

Gaglio, C. M. (2004b): The Role of Mental Simulations and Counterfactual Thinking in the Opportunity Identification Process, in: Entrepreneurship Theory and Practice, Vol. 28(6), 533-52.

Gaglio, C. M./Katz, J. A. (2001): The Psychological Basis of Opportunity Identification: Entrepreneurial Alertness, in: Small Business Economics, Vol. 16(2), 95-111.

Gaglio, C. M./Winter, S. (2009): Entrepreneurial Alertness and Opportunity Identification: Where Are We Now?, in: Carsrud, A. L./Brännback, M. (Hrsg.), Understanding the Entrepreneurial Mind. Opening the Black Box, New York, NY: Springer, 305-25.

Galbraith, J. K. (2007): The New Industrial State. First edition, 1967. First Princeton edition, with a foreword by James K. Galbraith, 2007. Princeton, NJ: Princeton University Press.

Gartner, W. B. (1985): A Conceptional Framework for Describing the Phenomenon of New Venture Creation, in: Academy of Management Review, Vol. 10(4), 696-706.

Gartner, W. B. (1988): "Who Is an Entrepreneur?" Is the Wrong Question, in: American Journal of Small Business, Vol. 12(4), 11-32.

Gartner, W. B. (1989a): "Who Is an Entrepreneur?" Is the Wrong Question, in: Entrepreneurship Theory and Practice, Vol. 13, Summer, 47-68.

Gartner, W. B. (1989b): Some Suggestions for Research on Entrepreneurial Traits and Characteristics, in: Entrepreneurship Theory and Practice, Vol. 14(1), 27-37.

Gartner, W. B. (1995): Aspects of Organizational Emergence, in: Bull, J./Thomas, H./Willard, G. (Hrsg.), Entrepreneurship. Perspectives on Theory Building, Oxford: Elsevier, 67-86.

Gartner, W. B./Bird, B. J./Starr, J. A. (1992): Acting As If: Differentiating Entrepreneurial From Organizational Behavior, in: Entrepreneurship Theory and Practice, Vol. 16(3), 13-31.

Gartner, W. B./Gatewood, E. (1992): Thus the Theory of Description Matters Most, in: Entrepreneurship Theory and Practice, Vol. 10, Fall, 5-9.

Gartner, W. B./Mitchell, T. R./Vesper, K. H. (1989): A Taxonomy of New Business Ventures, in: Journal of Business Venturing, Vol. 4(3), 169-86.

Gartner, W. B./Shaver, K. G./Gatewood, E./Katz, J. A. (1994): Finding the Entrepreneur in Entrepreneurship, in: Entrepreneurship Theory and Practice, Vol. 18(3), 5-9.

Gasse, Y. (1982): Elaborations on the Psychology of the Entrepreneur, in: Kent, C. A./ Sexton, D. L./Vesper, K. H. (Hrsg.), Encyclopedia of Entrepreneurship, Englewood Cliffs, NJ: Prentice-Hall, 57-71.

Gatewood, E./Hoy, F./Spindler, C. (1984): Functionalist vs. Conflict Theories: Entrepreneurship Disrupts the Power Structure in a Small Southern Community, in: Hornaday, J. A./Shils, E. B./Timmons, J. A./Vesper, K. H. (Hrsg.), Frontiers of Entrepreneurship Research, Wellesley, MA: Babson College, 265-79.

Gatewood, E. J./Shaver, K. G./Gartner, W. B. (1995): A Longitudinal Study of Cognitive Factors Influencing Start-Up Behaviors and Success at Venture Creation, in: Journal of Business Venturing, Vol. 10(5), 371-91.

George, D./Mallery, P. (2012): IBM SPSS Statistics 19 Step by Step. A Simple Guide and Reference, 12. Aufl., Boston, MA: Pearson.

Gerdsmeier, G./Keidel, T./Kuss, S. (2003): Der Weg in die unternehmerische Selbständigkeit als Prozess der Identitätsentwicklung, in: Walterscheid, K. (Hrsg.), Entrepreneurship in Forschung und Lehre. Festschrift für Klaus Anderseck, Frankfurt/Main: Peter Lang, 107-19.

Gerstlberger, W./Knudsen, M. P./Stampe, I. (2014). Sustainable Development Strategies for Product Innovation and Energy Efficiency, in: Business Strategy and the Environment, Vol. 23(2), 131-44.

Gibb, A. A. (1993): The Enterprise Culture and Education. Understanding Enterprise Education and its Links with Small Business, Entrepreneurship and Wider Educational Goals, in: International Small Business Journal, Vol. 11(3), 11-34.

Giddens, A. (1984): The Constitution of Society: Outline of the Theory of Structuration, Berkeley, CA: University of California Press.

Gifford, S. (2005): Risk and Uncertainty, in: Acs, Z. J./Audretsch, D. B. (Hrsg.), Handbook of Entrepreneurship Research. An Interdisciplinary Survey and Introduction, First Softcover Printing 2005 (zuvor 2003), New York, NY: Springer, 37-53.

Gimeno, J./Folta, T. B./Cooper, A. C./Woo, C. Y. (1997): Survival of the Fittest? Entrepreneurial Human Capital and the Persistence of Underperforming Firms, in: Administrative Science Quarterly, Vol. 42(4), 750-83.

Ginsberg, A./Buchholtz, A. (1989): Are entrepreneurs a breed apart? A look at the evidence, in: Journal of General Management, Vol. 15(2), 32-40.

Gist, M. E. (1987): Self-Efficacy: Implications for Organizational Behavior and Human Resource Management, in: Academy of Management Review, Vol. 12(3), 472-85.

Gist, M. E./Mitchell, T. R. (1992): Self-Efficacy: A Theoretical Analysis of its Determinants and Malleability, in: Academy of Management Review, Vol. 17(2), 183-211.

Gladbach, S. (2015): Der Abbruch akademischer Gründungsvorhaben. Eine explorativ-empirische Untersuchung, Lohmar; Köln: Josef Eul Verlag.

Glade, W. P. (1967): Approaches to a Theory of Entrepreneurial Formation, in: Explorations in Entrepreneurial History, Vol. 4(3), 245-59.

Glaeser, E. L./Kallal, H. D./Scheinkman, J. A./Shleifer, A. (1992): Growth in Cities, in: Journal of Political Economy, Vol. 100(6), 1126-52.

Goldberg, L. R. (1990): An Alternative "Description of Personality": The Big-Five Factor Structure, in: Journal of Personality and Social Psychology, Vol. 59(6), 1216-29.

Golla, S./Halter, F./Fueglistaller, U./Klandt, H. (2006): Gründungsneigung Studierender – Eine empirische Analyse in Deutschland und der Schweiz, in: Achleitner, A.-K./Klandt, H./Koch, L. T./Voigt, K.-I. (Hrsg.), Jahrbuch Entrepreneurship 2005/06. Gründungsforschung und Gründungsmanagement, Berlin; Heidelberg: Springer, 209-37.

Gompers, P./Lerner, J. (2010): Equity Financing, in: Acs, Z. J./Audretsch, D. B. (Hrsg.), Handbook of Entrepreneurship Research. An Interdisciplinary Survey and Introduction, 2. Aufl., New York, NY: Springer, 183-214.

Görisch, J. (2002a): Studierende und Selbständigkeit, in: Klandt, H./Weihe, H. (Hrsg.), Gründungsforschungsforum 2001. Dokumentation des 5. G-Forums. Lüneburg, 4./5. Oktober 2001, Lohmar; Köln: Josef Eul Verlag, 17-33.

Görisch, J. (2002b): Studierende und Selbständigkeit. Ergebnisse der EXIST-Studierendenbefragung, EXIST Studien 2, Bonn: Bundesministerium für Bildung und Forschung (BMBF).

Gorman, G./Hanlon, D./King, W. (1997): Some Research Perspectives on Entrepreneurship Education, Enterprise Education, and Education for Small Business Management: A Ten-year Literature Review, in: International Small Business Journal, Vol. 15(3), 56-77.

Gottfredson, G. D. (1999): John L. Holland's Contributions to Vocational Psychology: A Review and Evaluation, in: Journal of Vocational Behavior, Vol. 55(1), 15-40.

Gould, S. J. (2002): The Structure of Evolutionary Theory, Cambridge, MA; London: The Belknap Press of Harvard University Press.

Goux, D./Maurin, E. (1994): Education, expérience et salaire, in: Économie & prévision, Numéro 116, 1994-5, Économie de l'éducation, 155-78.

Granovetter, M. S. (1973): The Strength of Weak Ties, in: American Journal of Sociology, Vol. 78(6), 1360-80.

Granovetter, M. S. (1985): Economic Action and Social Structure: The Problem of Embeddedness, in: American journal of Sociology, Vol. 91(3), 481-510.

Grant, R. M. (1991): A Resource-Based Theory of Competitive Advantage: Implications for Strategy Formulation, in: California Management Review, Vol. 33(3), 114-35.

Grant, R. M./Baden-Fuller, C. (1995): A Knowledge-Based Theory of Inter-Firm Collaboration, in: Academy of Management Best Papers Proceedings, 1995, 17-21.

Green, R./David, J./Dent, M./Tyshkovsky, A. (1996): The Russian entrepreneur: a study of psychological characteristics, in: International Journal of Entrepreneurial Behavior & Research, Vol. 2(1), 49-58.

Greene, P. G./Brown, T. E. (1997): Resource Needs and the Dynamic Capitalism Typology, in: Journal of Business Venturing, Vol. 12(3), 161-73.

Greene, P. G./Rice, M. P. (Hrsg.) (2007): Entrepreneurship Education, Cheltenham; Northampton, MA: Edward Elgar.

Greenwald, A. G./Pratkanis, A. R. (1984): The Self, in: Wyer, R. S./Srull, T. K. (Hrsg.), Handbook of Social Cognition. Volume 3, Hillsdale, NJ; London: Lawrence Erlbaum Associates, 129-78.

Greiner, L. E. (1972): Evolution and Revolution as Organizations Grow, in: Harvard Business Review, Vol. 50(4), July-August, 37-46.

Grichnik, D. (2006): Entscheidungs- und Risikoverhalten von Unternehmensgründern in kulturellen Kontexten, in: Achleitner, A.-K./Klandt, H./Koch, L. T./Voigt, K.-I. (Hrsg.), Jahrbuch Entrepreneurship 2005/06. Gründungsforschung und Gründungsmanagement, Berlin; Heidelberg: Springer, 239-58.

Grieco, M. S./Hosking, D. M. (1987): Networking, Exchange, and Skill, in: International Studies of Management & Organization, Vol. 17(1), 75-87.

Griliches, Z. (1979): Issues in assessing the contribution of research and development to productivity growth, in: Bell Journal of Economics, Vol. 10(1), 92-116.

Grossman, G. M./Helpman, E. (1991): Innovation and Growth in the Global Economy, Cambridge, MA: MIT Press.

Gustafsson, V. (2009): Entrepreneurial Decision-Making: Thinking Under Uncertainty, in: Carsrud, A. L./Brännback, M. (Hrsg.), Understanding the Entrepreneurial Mind. Opening the Black Box, New York, NY: Springer, 285-304.

Hackman, J. R./Lawler, E. E. (1971): Employee Reactions to Job Characteristics, in: Journal of Applied Psychology, Vol. 55(3), 259-86.

Hair, J. F./Black, W. C./Babin, B. J./Anderson, R. E. (2006). Multivariate Data Analysis, 7. Aufl., Upper Saddle River: Pearson.

Hakel, M. D. (1974): Normative Personality Factors Recovered from Ratings of Personality Descriptors: The Beholder's Eye, in: Personnel Psychology, Vol. 27(3), 409-21.

Hambrick, D. C./Crozier, L. M. (1985): Stumblers and Stars in the Management of Rapid Growth, in: Journal of Business Venturing, Vol. 1(1), 31-45.

Hannan, M. T./Freeman, J. (1977): The Population Ecology of Organizations, in: American Journal of Sociology, Vol. 82(5), 929-64.

Hannan, M. T./Freeman, J. (1989): Organizational Ecology, Cambridge, MA: Harvard University Press.

Harabi, N./Meyer, R. (2000): Die neuen Selbständigen: Forschungsbericht. Reihe B: Sonderdruck 2000, Olten: Fachhochschule Solothurn Nordwestschweiz.

Harms, R./Kraus, S./Schwarz, E. (2009): The suitability of the configuration approach in entrepreneurship research, in: Entrepreneurship & Regional Development, Vol. 21(1), 25-49.

Hatten, T. S. (2003): Small Business Management. Entrepreneurship and Beyond, Boston, MA: Houghton Mifflin.

Hatten, T. S. (2012): Small Business Management. Entrepreneurship and Beyond, 5. Aufl., Mason, OH: South-Western Cengage Learning.

Hattrup, K./Jackson, S. E. (1996): Learning About Individual Differences by Taking Situations Seriously, in: Murphy, K. R. (Hrsg.), Individual Differences and Behavior in Organizations, San Francisco, CA: Jossey-Bass, 507-47.

Hauschildt, J. (2004): Innovationsmanagement, 3. Aufl., München: Vahlen.

Hawking, S. W. (1988): A Brief History of Time. From the Big Bang to Black Holes, London: Bantam Press.

Hayek, F. A. (1937): Economics and Knowledge, in: Economica, Vol. IV (new series), 33-54 [wiedergedruckt in: Hayek, F. A. (1948): Individualism and Economic Order, Chicago, IL: University of Chicago Press, 33-56 (Third Impression 1958)].

Hayek, F. A. (1945): The Use of Knowledge in Society, in: American Economic Review, Vol. 35(4), 519-30.

Haynie, J. M./Shepherd, D. A./McMullen, J. S. (2009): An Opportunity for Me? The Role of Resources in Opportunity Evaluation Decisions, in: Journal of Management Studies, Vol. 46(3), 337-61.

Hayter, C. S. (2013): Conceptualizing knowledge-based entrepreneurship networks: perspectives from the literature, in: Small Business Economics, Vol. 41(4), 899-911.

Hébert, R. F./Link, A. N. (1988): The Entrepreneur. Mainstream Views and Radical Critiques, 2. Aufl., New York, NY: Praeger Publishing.

Hébert, R. F./Link, A. N. (1989): In Search of the Meaning of Entrepreneurship, in: Small Business Economics, Vol. 1(1): 39-49.

Heider, F. (1958): The Psychology of Interpersonal Relations, New York, NY: Wiley.

Heinrich, G. B./Lettmayr, C. F. (1997): Motive und Barrieren potentieller Unternehmensgründer, in: IGA – Zeitschrift für Klein- und Mittelunternehmen, Vol. 45(2), 73-84.

Henrekson, M./Johansson, D. (2010): Gazelles as job creators: a survey and interpretation of the evidence, in: Small Business Economics, Vol. 35(2), 227-44.

Henrekson, M./Stenkula, M. (2010): Entrepreneurship and Public Policy, in: Acs, Z. J./Audretsch, D. B. (Hrsg), Handbook of Entrepreneurship Research. An Interdisciplinary Survey and Introduction, 2. Aufl., New York, NY: Springer, 595-637.

Herron, L./Sapienza, H. J./Smith-Cook, D. (1991): Entrepreneurship Theory from an Interdisciplinary Perspective: Volume I, in: Entrepreneurship Theory and Practice, Vol. 15(4), 7-12.

Herron, L./Sapienza, H. J./Smith-Cook, D. (1992): Entrepreneurship Theory from an Interdisciplinary Perspective: Volume II, in: Entrepreneurship Theory and Practice, Vol. 16(3), 5-11.

Hills, G. E./Singh, R. P./Lumpkin, G. T./Baltrusaityte, J. (2004): Opportunity Recognition: Examining How Search Formality and Search Processes Relate to the Reasons for Pursuing Entrepreneurship, in: Zahra, S. A./Brush, C. G./ Greene, P. G./Meyer, G. D./Davidsson, P./Harrison, R. T./Sohl, J./Fiet, J./Lerner, M./Zacharakis, A./Mason, C. (Hrsg.), Frontiers of Entrepreneurship Research, Wellesley, MA: Babson College, 368-80.

Hindle, K. (2004): Choosing Qualitative Methods for Entrepreneurial Cognition Research: A Canonical Development Approach, in: Entrepreneurship Theory and Practice, Vol. 28(6), 575-607.

Hindle, K./Klyver, K./Jennings, D. F. (2009): An "Informed" Intent Model: Incorporating Human Capital, Social Capital, and Gender Variables into the Theoretical Model of Entrepreneurial Intentions, in: Carsrud, A. L./Brännback, M. (Hrsg.), Understanding the Entrepreneurial Mind. Opening the Black Box, New York, NY: Springer, 35-50.

Hinz, T. (2000): Sind Studierende in Deutschland bereit für die berufliche Selbständigkeit?, in: Klandt, H./Nathusius, K./Szyperski, N./Heil, A. H. (Hrsg.), G-Forum 1999. Dokumentation des 3. Forums Gründungsforschung. Köln, 8. Oktober 1999, Lohmar; Köln: Josef Eul Verlag, 51-57.

Hirschman, A. O. (1958): The Strategy of Economic Development, New Haven, CT: Yale University Press.

Hisrich, R. D. (1990): Entrepreneurship/Intrapreneurship, in: American Psychologist, Vol. 45(2), 209-22.

Hisrich, R. D. (2006): Entrepreneurship Research and Education in the World: Past, Present and Future, in: Achleitner, A.-K./Klandt, H./Koch, L. T./Voigt, K.-I.

(Hrsg.), Jahrbuch Entrepreneurship 2005/06. Gründungsforschung und Gründungsmanagement, Berlin; Heidelberg: Springer, 3-14.

Hitt, M. A./Ireland, R. D. (1986): Relationships Among Corporate Level Distinctive Competencies, Diversification Strategy, Corporate Structure and Performance, in: Journal of Management Studies, Vol. 23(4), 401-16.

Hofmeister, R. (1996): Business Plan. Erfolgreiche Umsetzung von Geschäftsideen. Ein leicht nachvollziehbarer Stufenprozeß, Wien: Wirtschaftsverlag Carl Ueberreuter.

Hofstede, G. (2001): Culture's Consequences. Comparing Values, Behaviors, Institutions, and Organizations Across Nations, 2. Aufl., Thousand Oaks, CA: Sage Publications.

Hofstede, G./Noorderhaven, N. G./Thurik, A. R./Uhlaner, L. M./Wennekers, A. R. M./Wildeman, R. E. (2004): Culture's role in entrepreneurship: self-employment out of dissatisfaction, in: Brown, T. E./Ulijn, J. (Hrsg.), Innovation, Entrepreneurship and Culture. The Interaction between Technology, Progress and Economic Growth, Cheltenham; Northampton, MA: Edward Elgar, 162-203.

Hogan, R. T. (1991): Personality and Personality Measurement, in: Dunnette, M. D./ Hough, L. M. (Hrsg.), Handbook of Industrial and Organizational Psychology, Bd. 2, Palo Alto, CA: Consulting Psychologists Press, 873-919.

Holcombe, R. G. (1998): Entrepreneurship and Economic Growth, in: The Quarterly Journal of Austrian Economics, Vol. 1(2), 45-62.

Holland, J. L. (1985): Making Vocational Choices. A theory of vocational personalities and work environments, 2. Aufl., Englewood Cliffs, NJ: Prentice Hall.

Holland, J. L. (1997): Making Vocational Choices. A Theory of Vocational Personalities and Work Environments, 3. Aufl., Odessa, FL: Psychological Assessment Resources.

Honig, B./Davidsson, P. (2000): The Role of Social and Human Capital among Nascent Entrepreneurs, Toronto: Academy of Management, Proceedings, B1-B6.

Hornaday, J. A. (1982): Research About Living Entrepreneurs, in: Kent, C. A./Sexton, D. L./Vesper, K. H. (Hrsg.), Encyclopedia of Entrepreneurship, Englewood Cliffs, NJ: Prentice-Hall, 20-38.

Hornaday, J. A./Aboud, J. (1971): Characteristics of Successful Entrepreneurs, in: Personnel Psychology, Vol. 24(2), 141-53.

Hornaday, J. A./Bunker, C. S. (1970): The Nature of the Entrepreneur, in: Personnel Psychology, Vol. 23(1), 47-54.

Hoselitz, B. F. (1951): The Early History of Entrepreneurial Theory, in: Explorations in Entrepreneurial History, Vol. 3, 193-220.

Hughes, J. R. T. (1983): Arthur Cole and Entrepreneurial History, in: Business and Economic History, Vol. 12, 133-44.

Hull, D. L./Bosley, J. J./Udell, G. G. (1980): Renewing the Hunt for the Haffalump: Identifying Potential Entrepreneurs by Personality Characteristics, in: Journal of Small Business Management, Vol. 18(1), 11-18.

Hundt, C./Sternberg, R. (2014): How Did the Economic Crisis Influence New Firm Creation? A Multilevel Approach Based Upon Data from German Regions, in: Journal of Economics and Statistics (Jahrbücher für Nationalökonomie und Statistik), Vol. 234(6), 722-56.

Hunsdiek, D./May-Strobl, E. (1986): Entwicklungen und Entwicklungsrisiken neugegründeter Unternehmen, Stuttgart: Poeschel.

Hunter, J. E./Schmidt, F. L. (1990): Methods of Meta-Analysis. Correcting Error and Bias in Research Findings, Newbury Park, CA: Sage.

Huntington, S. P. (1996): The Clash of Civilizations and the Remaking of World Order, New York, NY: Simon & Schuster.

Huntsman, B./Hoban, J. P., Jr. (1980): Investment in New Enterprise: Some Empirical Observations on Risk, Return, and Market Structure, in: Financial Management, Vol. 9(2), 44-51.

Hustedde, R. J./Pulver, G. C. (1992): Factors Affecting Equity Capital Acquisition: The Demand Side, in: Journal of Business Venturing, Vol. 7(5), 363-74.

Huuskonen, V. (1989): Yrittäjäksi ryhtyminen motivoitumis- ja päätöksentekoprosessina, Turku: Publications of the Turku School of Economics.

Hvide, H. K. (2009): The Quality of Entrepreneurs, in: Economic Journal, Vol. 119(539), 1010-35.

Inmit/IfM (1998): Erfolgsfaktor Qualifikation: Unternehmerische Aus- und Weiterbildung in Deutschland, Kurzfassung eines Gutachtens im Auftrag des Bundesministeriums für Wirtschaft, Trierer Schriften zur Mittelstandsökonomie Nr. 2, Münster.

Institut für Mittelstandsforschung (1997): Wissenschaftliche Begleitforschung 1996 zur Gründungsoffensive Nordrhein-Westfalen. Gutachten im Auftrag des Ministeriums für Wirtschaft, Mittelstand, Technologie und Verkehr des Landes Nordrhein-Westfalen, IfM-Materialien Nr. 123, Bonn.

Isenberg, D. J. (1986): Thinking and Managing: A Verbal Protocol Analysis of Managerial Problem Solving, in: Academy of Management Journal, Vol. 29(4), 775-78.

Isfan, K./Moog, P./Backes-Gellner, U. (2005): Die Rolle der Hochschullehrer für Gründungen aus deutschen Hochschulen – erste empirische Erkenntnisse, in: Achleitner, A.-K./Klandt, H./Koch, L. T./Voigt, K.-I. (Hrsg.), Jahrbuch Entrepreneurship 2004/05. Gründungsforschung und Gründungsmanagement, Berlin; Heidelberg: Springer, 339-61.

Jackson, D. N. (1994): Jackson Personality Inventory: Revised Manual, Port Huron, MI: Sigma Assessment Systems.

Jackson, D. N./Hourany, L./Vidmar, N. J. (1972): A four-dimensional interpretation of risk taking, in: Journal of Personality, Vol. 40(3), 483-501.

Jaffe, A. B. (1986): Technological Opportunity and Spillovers of R&D: Evidence from Firms' Patets, Profits, and Market Value, in: American Economic Review, Vol. 76(5), 984-1001.

Jaffe, A. B. (1989): Real Effects of Academic Research, in: American Economic Review, Vol. 79(5), 957-70.

Jäger, W. (1976): Gründung, in: Büschgen, H. E. (Hrsg.), Handwörterbuch der Finanzwirtschaft, Stuttgart: Poeschel, Sp. 787-94.

Janssen, J./Laatz, W. (2003): Statistische Datenanalyse mit SPSS für Windows, 4. Aufl., Berlin; Heidelberg: Springer.

Jarillo, J. C. (1989): Entrepreneurship and Growth: The Strategic Use of External Resources, in: Journal of Business Venturing, Vol. 4(2), 133-47.

Jenks, L. (1965): Approaches to Entrepreneurial Personality, in: Aitken, H. G. J. (Hrsg.), Explorations in Enterprise, Cambridge, MA: Harvard University Press, 80-92.

Johannisson, B. (1984): A Cultural Perspective on Small Business – Local Business Climate, in: International Small Business Journal, Vol. 2(4), 32-43.

Johannisson, B. (1987): Beyond Process and Structure: Social Exchange Networks, in: International Studies of Management & Organization, Vol. 17(1), 3-23.

Johansson, E. (2000): Self-employment and Liquidity Constraints: Evidence from Finland, in: Scandinavian Journal of Economics, Vol. 102(1), 123-34.

Johnson, J. W. (2003): Toward a Better Understanding of the Relationship Between Personality and Individual Job Performance, in: Barrick, M. R./Ryan, A. M. (Hrsg.), Personality and Work. Reconsidering the Role of Personality in Organizations, San Francisco, CA: Jossey-Bass, 83-120.

Joos, T. (1987): Unternehmensgründungen aus wirtschaftspolitischer Sicht, Frankfurt/ Main: Peter Lang.

Josten, M./van Elkan, M./Laux, J./Thomm, M. (2008a): Gründungspotenziale bei Studierenden. Zentrale Ergebnisse der Studierendenbefragung an 37 deutschen Hochschulen, Bonn; Berlin: Bundesministerium für Bildung und Forschung (BMBF).

Josten, M./van Elkan, M./Laux, J./Thomm, M. (2008b): Gründungsquell Campus (I). Neue akademische Gründungspotenziale in wissensintensiven Dienstleistungen bei Studierenden. Teil I: Ergebnisse der Inmit-Befragung bei Studierenden an 37 deutschen Hochschulen im Rahmen des Forschungsvorhabens FACE – Female Academic Entrepreneurs, Arbeitspapiere zur Mittelstandsökonomie Nr. 12, Trier: Inmit.

Judge, T. A./Higgins, C. A./Thoresen, C. J./Barrick, M. R. (1999): The Big Five Personality Traits, General Mental Ability, and Career Success Across the Life Span, in: Personnel Psychology, Vol. 52(3), 621-52.

Judge, T. A./Kristof-Brown, A. (2004): Personality, Interactional Psychology, and Person-Organization Fit, in: Schneider, B./Smith, D. B. (Hrsg.), Personality and Organizations, Mahwah, NJ: Lawrence Erlbaum Associates, 87-109.

Kaden, J. (2007): Regionale Unterschiede der Selbständigkeit in Deutschland, Lohmar; Köln: Josef Eul Verlag.

Kailer, H. (2007): Gründungspotenzial und -Aktivitäten von Studierenden an österreichischen Hochschulen. Austrian Survey on Collegiate Entrepreneurship, IUG-Arbeitsbericht 2007/3, Linz: Institut für Unternehmensgründung und Unternehmensentwicklung.

Kaiser, H. F. (1974): An Index of Factorial Simplicity, in: Psychometrika, Vol. 39, 31-36.

Kaiser, L./Gläser, J. (1999): Entwicklungsphasen neugegründeter Unternehmen, 2. Aufl., Trier: Institut für Mittelstandsökonomie Universität Trier.

Kaish, S./Gilad, B. (1991): Characteristics of Opportunities Search of Entrepreneurs Versus Executives: Sources, Interests, General Alertness, in: Journal of Business Venturing, Vol. 6(1), 45-61.

Kajzer, Š./Duh, M./Belak, J. (2008): Integral Management: Concept and Basic Features of the MER Model, in: Frank, H./Neubauer, H./Rößl, D. (Hrsg.), Zeitschrift für KMU und Entrepreneurship. Sonderheft 7. Beiträge zur Betriebswirtschaftslehre der Klein- und Mittelbetriebe. Festschrift für Josef Mugler zum 60. Geburtstag, Berlin; St. Gallen: Duncker & Humblot, 159-72.

Kanfer, R. (1992): Work Motivation: New Directions in Theory and Research, in: Cooper, C. L./Robertson, I. T. (Hrsg.), International Review of Industrial and Organizational Psychology, Vol. 7, London: Wiley, 1-53.

Katz, J. A. (1991): The Institution and Infrastructure of Entrepreneurship, in: Entrepreneurship Theory and Practice, Vol. 15(3), 85-102.

Katz, J. A. (1992): A Psychosocial Cognitive Model of Employment Status Choice, in: Entrepreneurship Theory and Practice, Vol. 17(1), 29-37.

Katz, J. A. (1994): Modeling Entrepreneurial Career Progressions: Concepts and Considerations, in: Entrepreneurship Theory and Practice, Vol. 19(2), 23-39.

Katz, J. A./Gartner, W. B. (1988): Properties of Emerging Organizations, in: Academy of Management Review, Vol. 13(3), 429-41.

Kauffman Foundation (2007): On the Road to an Entrepreneurial Economy: A Research and Policy Guide. Version 2.0. July, 2007, Ewing Marion Kauffman Foundation.

Keh, H. T./Foo, M. D./Lim, B. C. (2002): Opportunity Evaluation under Risky Conditions: The Cognitive Processes of Entrepreneurs, in: Entrepreneurship Theory and Practice, Vol. 27(2), 125-48.

Keynes, J. M. (1936): The General Theory of Employment, Interest and Money, London: Macmillan.

Kihlstrom, R. E./Laffont, J.-J. (1979): A General Equilibrium Entrepreneurial Theory of Firm Formation Based on Risk Aversion, in: Journal of Political Economy, Vol. 87(4), 719-48.

Kilby, P. (1971): Hunting the Heffalump, in: Kilby, P. (Hrsg.), Entrepreneurship and Economic Development, New York, NY: The Free Press, 1-40.

Kimberly, J. R. (1979): Issues in the Creation of Organizations: Initiation, Innovation, and Institutionalization, in: Academy of Management Journal, Vol. 22(3), 437-57.

King, A. S. (1985): Self-Analysis and Assessment of Entrepreneurial Potential, in: Simulation & Games, Vol. 16(4), 399-416.

Kirchhoff, B. A. (1996): Self-Employment and Dynamic Capitalism, in: Journal of Labor Research, Vol. 17(4), 627-43.

Kirchhoff, B. A. (1997): Entrepreneurship Economics, in: Bygrave, W. B. (Hrsg.), The Portable MBA in Entrepreneurship, 2. Aufl., New York, NY: Wiley, 450-71.

Kirchler, E. (1995): Wirtschaftspsychologie. Grundlagen und Anwendungsfelder der ökonomischen Psychologie, Göttingen: Hogrefe.

Kirzner, I. M. (1973): Competition & Entrepreneurship, Chicago, IL: University of Chicago Press.

Kirzner, I. M. (1979): Perception, Opportunity, and Profit. Studies in the Theory of Entrepreneurship, Chicago, IL: University of Chicago Press.

Kirzner, I. M. (1985): Discovery and the Capitalist Process, Chicago, IL: University of Chicago Press.

Kirzner, I. M. (1997): Entrepreneurial Discovery and the Competitive Market Process: An Austrian Approach, in: Journal of Economic Literature, Vol. 35(1), 60-85.

Klandt, H. (1984a): Aktivität und Erfolg des Unternehmensgründers. Eine empirische Analyse unter Einbeziehung des mikrosozialen Umfeldes, Bergisch-Gladbach: Josef Eul Verlag.

Klandt, H. (1984b): Überlegungen und Vorschläge zur Abgrenzung und Strukturierung des Objektbereiches der Gründungsforschung, in: Nathusius, K./Klandt, H./Kirschbaum, G. (Hrsg.), Unternehmensgründung. Konfrontation von Forschung und Praxis, Bergisch Gladbach: Josef Eul Verlag, 37-64.

Klandt, H. (1999): Gründungsmanagement: Der integrierte Unternehmensplan, München; Wien: Oldenbourg.

Klandt, H. (2006): Das aktuelle Gründungsklima in Deutschland, in: Oppelland, H. J. (Hrsg.), Deutschland und seine Zukunft. Innovation und Veränderung in Bildung, Forschung und Wirtschaft. Festschrift zum 75. Geburtstag von Prof. Dr. Dr. h. c. Norbert Szyperski, Lohmar; Köln: Josef Eul Verlag, 117-47.

Klandt, H./Brüning, E. (2002): Das Internationale Gründungsklima. Neun Länder im Vergleich ihrer Rahmenbedingungen für Existenz- und Unternehmensgründungen, Berlin: Duncker & Humblot.

Klandt, H./Kirchhoff-Kestel, S./Struck, J. (1998): Zur Wirkung der Existenzgründungsförderung auf junge Unternehmen. Eine vergleichende Analyse geförderter und nicht-geförderter Unternehmen, FGF Entrepreneurship Research Monographien, Köln; Dortmund; Oestrich-Winkel: Förderkreis Gründungs-Forschung.

Klandt, H./Kirschbaum, G. (1985): Software- und Systemhäuser: Strategien in der Gründungs- und Frühentwicklungsphase, Gesellschaft für Mathematik und Datenverarbeitung, GMD-Studien Nr. 105, Sankt Augustin.

Klandt, H./Münch, G. (1990): Gründungsforschung im deutschsprachigen Raum – Ergebnisse einer empirischen Untersuchung, in: Szyperski, N./Roth, P. (Hrsg.), Entrepreneurship – Innovative Unternehmensgründung als Aufgabe, Stuttgart: Poeschel, 171-86.

Klein, B. (1995): Die Strukturalistische Theoriekonzeption in der Psychologie, Diplomarbeit in der Fachrichtung Psychologie der Universität des Saarlandes, Saarbrücken: Selbstverlag.

Klein, K. J./Sorra, J. S. (1996): The Challenge of Innovation Implementation, in: Academy of Management Review, Vol. 21(4), 1055-80.

Klemmer, P./Friedrich, W./Lagemann, B. et al. (1996): Mittelstandsförderung in Deutschland – Konsistenz, Transparenz und Ansatzpunkte für Verbesserungen. Untersuchungen des Rheinisch-Westfälischen Instituts für Wirtschaftsforschung, Heft 21, Essen: RWI.

Klepper, S./Sleeper, S. D. (2005): Entry by Spinoffs, in: Management Science, Vol. 51(8), 1291-306.

Kmenta, J. (1986): Elements of Econometrics, 2. Aufl., New York, NY: Macmillan.

Knight, F. H. (1921): Risk, Uncertainty and Profit, Boston, MA; New York, NY: Houghton Mifflin Company.

Knoll, T. (2000): Etablierte Netzbetreiber in der Telekommunikationsbranche, Wiesbaden: Deutscher Universitäts-Verlag.

Koch, L. T. (2002): Theory and Practice of Entrepreneurship Education: A German View, Wuppertal: Bergische Universität Gesamthochschule Wuppertal.

Kofner, S./Menges, H./Schmidt, T. (1999): Existenzgründungen nach dem Hochschulabschluß, Bonn: Friedrich-Ebert-Stiftung.

Kogut, B./Zander, U. (1997): Knowledge of the Firm, Combinative Capabilities, and the Replication of Technology, in: Foss, N. J. (Hrsg.), Resources, Firms and Strategies. A Reader in the Resource-Based Perspective, Oxford: Oxford University Press, 306-26.

Kolvereid, L./Moen, Ø. (1997): Entrepreneurship among business graduates: does a major in entrepreneurship make a difference?, in: Journal of European Industrial Training, 21(4), 154-60.

Komives, J. L. (1972): A Preliminary Study of the Personal Values of High Technology Entrepreneurs, in: Cooper, A. C./Komives, J. L. (Hrsg.), Technical Entrepreneurship: A Symposium, Milwaukee, WI: Center for Venture Management, 231-42.

Korunka, C./Frank, H./Lueger, M./Mugler, J. (2003): The Entrepreneurial Personality in the Context of Resources, Environment, and the Startup Process – A Configurational Approach, in: Entrepreneurship Theory and Practice, Vol. 28(1), 23-42.

Korunka, C./Keßler, A. (2005): Prädiktoren der Realisierung von Unternehmensgründungen: Eine Längsschnittanalyse, in: Zeitschrift für Betriebswirtschaft, Vol. 75(11), 1053-76.

Kourilsky, M. (1980): Predictors of Entrepreneurship in a Simulated Economy, in: The Journal of Creative Behavior, Vol. 14(3), 175-98.

Kraaijenbrink, J./Spender, J.-C./Groen, A. J. (2010): The Resource-Based View: A Review and Assessment of Its Critiques, in: Journal of Management, Vol. 36(1), 349-72.

Krackhardt, D. (1995): Entrepreneurial Opportunities in an Entrepreneurial Firm: A Structural Approach, in: Entrepreneurship Theory and Practice, Vol. 19(3), 53-69.

Kristof, A. L. (1996): Person-Organization Fit: An Integrative Review of Its Conceptualizations, Measurement, and Implications, in: Personnel Psychology, Vol. 49(1), 1-49.

Kristof-Brown, A. L./Zimmerman, R. D./Johnson, E. C. (2005): Consequences of Individuals' Fit at Work: A Meta-Analysis of Person-Job, Person-Organization, Person-Group, and Person-Supervisor Fit, in: Personnel Psychology, Vol. 58(2), 281-342.

Krueger, N. F., Jr. (2000): The Cognitive Infrastructure of Opportunity Emergence, in: Entrepreneurship Theory and Practice, Vol. 24(3), 5-23.

Krueger, N. F., Jr. (2005): The Cognitive Psychology of Entrepreneurship, in: Acs, Z. J./Audretsch, D. B. (Hrsg.), Handbook of Entrepreneurship Research. An Interdisciplinary Survey and Introduction, First Softcover Printing 2005 (zuvor 2003), New York, NY: Springer, 105-40.

Krueger, N. F., Jr. (2007): What Lies Beneath? The Experiential Essence of Entrepreneurial Thinking, in: Entrepreneurship Theory and Practice, Vol. 31(1), 123-38.

Krueger, N. F., Jr. (2009): Entrepreneurial Intentions are Dead: Long Live Entrepreneurial Intentions, in: Carsrud, A. L./Brännback, M. (Hrsg.), Understanding the Entrepreneurial Mind. Opening the Black Box, New York, NY: Springer, 51-72.

Krueger, N. F., Jr./Day, M. (2010): Looking Forward, Looking Backward: From Entrepreneurial Cognition to Neuroentrepreneurship, in: Acs, Z. J./Audretsch, D. B. (Hrsg.), Handbook of Entrepreneurship Research. An Interdisciplinary Survey and Introduction, 2. Aufl., New York, NY: Springer, 321-57.

Krueger, N. F., Jr./Reilly, M. D./Carsrud, A. L. (2000): Competing Models of Entrepreneurial Intentions, in: Journal of Business Venturing, Vol. 15(5-6), 411-32.

Krugman, P. (2009): Die neue Weltwirtschaftskrise (aus dem Englischen von Herbert Allgeier und Friedrich Griese), Frankfurt/Main: Campus.

Kuhn, T. S. (1962): The Structure of Scientific Revolutions, Chicago, IL: University of Chicago Press.

Kuhn, T. S. (1976): Die Struktur wissenschaftlicher Revolutionen, 2. Aufl., Frankfurt/Main: Suhrkamp.

Kuhn, T. S. (1983): La structure des révolutions scientifiques, Paris: Flammarion.

Kulicke, M. (1987): Technologieorientierte Unternehmen in der Bundesrepublik Deutschland. Eine empirische Untersuchung der Strukturbildungs- und Wachstumsphase von Neugründungen, Frankfurt/Main: Peter Lang.

Kulicke, M./Dornbusch, F./Kripp, K./Schleinkofer, M. (2012): Nachhaltigkeit der EXIST-Förderung. Gründungsunterstützung an Hochschulen, die zwischen 1998 und 2011 gefördert wurden. Bericht der wissenschaftlichen Begleitforschung zu „EXIST – Existenzgründungen aus der Wissenschaft", Karlsruhe: Fraunhofer Institut für System- und Innovationsforschung.

Kumar, M. (2006): Fundamentals of Entrepreneurship, in: Gillin, L. M. (Hrsg), Regional Frontiers of Entrepreneurship Research, Australian Graduate School of Entrepreneurship Research Report Series, Vol. 3, No. 1, Melbourne: Swinburne University of Technology.

Kunda, Z. (1999): Social Cognition. Making Sense of People, Cambridge, MA: MIT Press.

Kupferberg, F. (1997): Soziologie des beruflichen Neuanfangs: von akademischer Lehrtätigkeit zu beruflicher Selbständigkeit, in: Thomas, M. (Hrsg.), Selbständige – Gründer – Unternehmer. Passagen und Paßformen im Umbruch, Berlin: Berliner Debatte Wissenschaftsverlag, 162-74.

Kuratko, D. F. (2005): The Emergence of Entrepreneurship Education: Development, Trends, and Challenges, in: Entrepreneurship Theory and Practice, Vol. 29(5), 577-97.

Kußmaul, H. (1999): Betriebswirtschaftslehre für Existenzgründer. Arbeitsbuch, 2. Aufl., München: Oldenbourg.

Lachmann, L. M. (1956): Capital and Its Structure, London: Bell and Sons.

Lachmann, L. M. (1970): The Legacy of Max Weber, Berkeley, CA: Glendessary.

Lachmann, L. M. (1976): On the Central Concept of Austrian Economics: Market Process, in: Dolan, E. G. (Hrsg.), The Foundations of Modern Austrian Economics, Kansas City, MO: Sheed and Ward, 126-32.

Laferrère, A./McEntee, P. (1995): Self-employment and Intergenerational Transfers of Physical and Human Capital: An Empirical Analysis of French Data, in: The Economic and Social Review, Vol. 27(1), 43-54.

Laferrère, A./McEntee, P. (1999): Self-employment and Intergenerational Transfers: Liquidity Constrains or Family Environment?, Human Capital and Mobility Program (Contract no. chrx-ct93-0236).

Lakatos, I. (1974): Falsifikation und die Methodologie wissenschaftlicher Forschungsprogramme, in: Lakatos, I./Musgrave, A. (Hrsg.), Kritik und Erkenntnisfortschritt. Abhandlungen des Internationalen Kolloquiums über die Philosophie der Wissenschaft, London 1965, Band 4, Braunschweig: Vieweg, 89-189.

Lamont, M./Molnár, V. (2002): The Study of Boundaries in the Social Sciences, in: Annual Review of Sociology, Vol. 28, 167-95.

Landström, H. (2010): Pioneers in Entrepreneurship and Small Business Research, New York, NY: Springer.

Lang-von Wins, T. (1997): Arbeitnehmer, Unternehmer oder arbeitslos? Ein psychologischer Beitrag zum Berufseinstieg von Hochschulabsolventen, München; Mering: Rainer Hampp.

Lanzillotti, R. F. (2005): Schumpeter, product innovation and public policy: the case of cigarettes, in: Cantner, U./Dinopoulos, E./Lanzillotti, R. F. (Hrsg.), Entrepreneurship, the New Economy and Public Policy. Schumpeterian Perspectives, Berlin; Heidelberg: Springer, 11-32.

Laurent, J./Nightingale, J. (2001): Darwinism and Evolutionary Economics, in: Laurent, J./Nightingale, J. (Hrsg.), Darwinism and Evolutionary Economics, Cheltenham; Northampton, MA: Edward Elgar, 1-13.

Learned, E. P./Christensen, C. R./Andrews, K. R./Guth, W. D. (1965): Business Policy. Text and Cases, Homewood, IL: Irwin.

Leibenstein, H. (1968): Entrepreneurship and Development, in: American Economic Review, Vol. 58(2), 72-83.

Leicht, R./Stockmann, R. (1993): Die Kleinen ganz groß? Der Wandel der Betriebsgrößenstruktur im Branchenvergleich, in: Soziale Welt, Vol. 44(2), 243-74.

Lendner, C. (2004): Organisationsmodell und Erfolgsfaktoren von Hochschulinkubatoren. Eine internationale Studie, Lohmar; Köln: Josef Eul Verlag.

Lent, R. W./Brown, S. D./Hackett, G. (1994): Toward a Unifying Social Cognitive Theory of Career and Academic Interest, Choice, and Performance, in: Journal of Vocational Behavior, Vol. 45(1), 79-122.

Leutner, F./Ahmetoglu, G./Akhtar, R./Chamorro-Premuzic, T. (2014): The relationship between the entrepreneurial personality and the Big Five personality traits, in: Personality and Individual Differences, Vol. 63, 58-63.

Light, I. H. (1979): Disadvantaged Minorities in Self-Employment, in: International Journal of Comparative Sociology, Vol. 20(1-2), 31-45.

Liles, P. R. (1974): New Business Ventures and the Entrepreneur, Homewood, IL: Irwin.

Lilischkis, S. (2001): Förderung von Unternehmensgründungen aus Hochschulen. Eine Fallstudie der University of Washington (Seattle) und der Ruhr-Universität Bochum, Lohmar; Köln: Josef Eul Verlag.

Lin, Z./Picot, G./Compton, J. (2000): The entry and exit dynamics of self-employment in Canada, in: Small Business Economics, Vol. 15, 105-25.

Lin, Z./Picot, G./Yates, J. (1999): The Entry and Exit Dynamics of Self-Employment in Canada, Analytical Studies Branch – Research Paper Series, Statistics Canada, 11F0019MPE, No. 134.

Link, A. N./Welsh, D. H. B. (2013): From laboratory to market: on the propensity of young inventors to form a new business, in: Small Business Economics, Vol. 40(1), 1-7.

Lippman, S. A./McCall, J. J. (Hrsg.) (1979): Studies in the Economics of Search, Amsterdam: North-Holland.

Lippman, S. A./Rumelt, R. P. (1982): Uncertain imitability: an analysis of interfirm differences in efficiency under competition, in: Bell Journal of Economics, Vol. 13(2), 418-53.

Littré, É. (1874): Dictionnaire de la Langue Française, Vol. 2, Paris: Hachette.

Littré, É. (1883): Dictionnaire de la Langue Française, Vol. 2, Paris: Hachette.

Litzinger, W. D. (1965): The Motel Entrepreneur and the Motel Manager, in: Academy of Management Journal, Vol. 8(4), 268-81.

Locke, E. A. (2000): The Prime Movers. Traits of the Great Wealth Creators, New York, NY: AMACOM.

Locke, E. A./Baum, J. R. (2007): Entrepreneurial Motivation, in: Baum, J. R./Frese, M./Baron, R. A. (Hrsg.), The Psychology of Entrepreneurship, Mahwah, NJ: Lawrence Erlbaum Associates, 93-112.

Locke, E. A./Latham, G. P. (1990): A Theory of Goal Setting & Task Performance, Englewood Cliffs, NJ: Prentice-Hall.

Loveman, G./Sengenberger, W. (1991): The Re-emergence of Small-Scale Production: An International Comparison, in: Small Business Economics, Vol. 3(1), 1-37.

Low, M. B. (2001): The Adolescence of Entrepreneurship Research: Specification of Purpose, in: Entrepreneurship Theory and Practice, Vol. 26(4), 17-25.

Low, M. B./Abrahamson, E. (1997): Movements, Bandwagons, and Clones: Industry Evolution and the Entrepreneurial Process, in: Journal of Business Venturing, Vol. 12(6), 435-57.

Low, M. B./MacMillan, I. C. (1988): Entrepreneurship: Past Research and Future Challenges, in: Journal of Management, Vol. 14(2), 139-61.

Lucas, R. E. Jr. (1988): On the Mechanics of Economic Development, in: Journal of Monetary Economics, Vol. 22(1), 3-42.

Lucas, R. E. Jr. (1993): Making a Miracle, in: Econometrica, Vol. 61(2), 251-72.

Luhmann, N. (2008): Die Ausdifferenzierung von Erkenntnisgewinn: Zur Genese von Wissenschaft, in: Luhmann, N. (herausgegeben von André Kieserling), Ideenevolution: Beiträge zur Wissenssoziologie, Frankfurt/Main: Suhrkamp.

Lumpkin, G. T./Dess, G. G. (1996): Clarifying the Entrepreneurial Orientation Construct and Linking it to Performance, in: Academy of Management Review, Vol. 21(1), 135-72.

MacMillan, I. C./Katz, J. A. (1992): Idiosyncratic Milieus of Entrepreneurship Research: The Need for Comprehensive Theories, in: Journal of Business Venturing, Vol. 7(1), 1-8.

Magnusson, D./Endler, N. S. (1977): Interactional Psychology: Present Status and Future Prospects, in: Magnusson, D./Endler, N. S. (Hrsg.), Personality at the Crossroads: Current Issues in Interactional Psychology, Hillsdale, NJ: Lawrence Erlbaum Associates, 3-36.

Mahoney, J. T./Pandian, J. R. (1992): The Resource-Based View Within the Conversation of Strategic Management, in: Strategic Management Journal, Vol. 13(5), 363-80.

Maidique, M. A./Zirger, B. J. (1985): The New Product Learning Cycle, in : Research Policy, Vol. 14(6), 299-313.

March, J. G./Shapira, Z. (1987): Managerial Perspectives on Risk and Risk Taking, in: Management Science, Vol. 33(11), 1404-18.

March, J. G./Simon, H. A. (1958): Organizations, New York, NY: Wiley.

Markman, G. D. (2007): Entrepreneurs' Competencies, in: Baum, J. R./Frese, M./Baron, R. A. (Hrsg.), The Psychology of Entrepreneurship, Mahwah, NJ: Lawrence Erlbaum Associates, 67-92.

Markman, G. D./Baron, R. A. (2003): Person-entrepreneurship fit: why some people are more successful as entrepreneurs than others, in: Human Resource Management Review, Vol. 13(2), 281-301.

Markman, G. D./Baron, R. A./Balkin, D. B. (2005): Are perseverance and self-efficacy costless? Assessing entrepreneurs' regretful thinking, in: Journal of Organizational Behavior, Vol. 26(1), 1-19.

Martin, M. J. C. (1984): Managing Technological Innovation and Entrepreneurship, Reston, VA: Reston Publishing Company.

Maslow, A. H. (1970): Motivation and Personality, 2. Aufl., New York, NY: Harper & Row.

Mason, C. M. (1989): Explaining Recent Trends in New Firm Formation in the UK: Some Evidence from South Hampshire, in: Regional Studies, Vol. 23(4), 331-46.

Mason, E. S. (1957): Economic Concentration and the Monopoly Problem, Cambridge, MA: Harvard University Press.

Masters, R./Meier, R. (1988): Sex Differences and Risk-Taking Propensity of Entrepreneurs, in: Journal of Small Business Management, Vol. 26(1), 31-35.

Matthes, W. (2001): Gründungscontrolling zur Sicherung des Unternehmenserfolgs, in: Koch, L. T./Zacharias, C. (Hrsg.), Gründungsmanagement, München; Wien: Oldenbourg, 321-39.

Mauer, R./Neergaard, H./Kirketerp Linstad, A. (2009): Self-Efficacy: Conditioning the Entrepreneurial Mindset, in: Carsrud, A. L./Brännback, M. (Hrsg.), Understanding the Entrepreneurial Mind. Opening the Black Box, New York, NY: Springer, 233-57.

Mayer, H. O. (2006): Interview und schriftliche Befragung. Entwicklung, Durchführung und Auswertung, 3. Aufl., München: Oldenbourg.

McClelland, D. C. (1961): The Achieving Society, New York, NY: The Free Press.

McClelland, D. C. (1962): Business Drive and National Achievement, in: Harvard Business Review, Vol. 40(4), 99-112.

McClelland, D. C. (1965): N Achievement and Entrepreneurship: A Longitudinal Study, in: Journal of Personality and Social Psychology, Vol. 1(4), 389-92.

McClelland, D. C. (1967): The Achieving Society, New York, NY: The Free Press.

McClelland, D. C. (1986): Characteristics of Successful Entrepreneurs, Proceedings of the Third Creativity, Innovation and Entrepreneurship Symposium, Framingham, Mass., Washington, D.C.: US Small Business Administration, 219-33.

McClelland, D. C. (1987a): Characteristics of Successful Entrepreneurs, in: Journal of Creative Behavior, Vol. 21(3), 219-33.

McClelland, D. C. (1987b): Human Motivation, Cambridge; New York, NY: Cambridge University Press.

McClelland, D. C./Burnham, D. H. (1995): Power Is the Great Motivator, in: Harvard Business Review, Vol. 73(1), 126-39.

McClelland, D. C./Winter, D. G. (1969): Motivating Economic Achievement, New York, NY: Free Press.

McCoy, S./Galleta, D. F./King, W. R. (2005): Integrating National Culture into IS Research: The Need for Current Individual-Level Measures, in: Communications of the Association for Information Systems, Vol. 15, 211-24.

McDougall, P. P./Covin, J. G./Robinson, R. B., Jr./Herron, L. (1994): The Effects of Industry Growth and Strategic Breadth on New Venture Performance and Strategy Content, in: Strategic Management Journal, Vol. 15(7), 537-54.

McDougall, P./Robinson, R. B., Jr. (1990): New Venture Strategies: An Empirical Identification of Eight 'Archetypes' of Competitive Strategies for Entry, in: Strategic Management Journal, Vol. 11(6), 447-67.

McGrath, R. G./MacMillan, I. C. (1992): More Like Each Other Than Anyone Else? A Cross-Cultural Study of Entrepreneurial Perceptions, in: Journal of Business Venturing, Vol. 7(5), 419-29.

McGrath, R. G./MacMillan, I. C./Scheinberg, S. (1992): Elitists, Risk-Takers, and Rugged Individualists? An Exploratory Analysis of Cultural Differences Between Entrepreneurs and Non-Entrepreneurs, in: Journal of Business Venturing, Vol. 7(2), 115-35.

McMullen, J. S./Plummer, L. A./Acs, Z. J. (2007): What is an Entrepreneurial Opportunity?, in: Small Business Economics, Vol. 28(4), 273-83.

McMullen, J. S./Shepherd, D. A. (2006): Entrepreneurial Action and the Role of Uncertainty in the Theory of the Entrepreneur, in: Academy of Management Review, Vol. 31(1), 132-52.

Mellewigt, T./Schmidt, F./Weller, I. (2006): Stuck in the Middle – Eine empirische Untersuchung zu Barrieren im Vorgründungsprozess, in: Zeitschrift für Betriebswirtschaft, Special Issue 4/2006, Entrepreneurship, 93-115.

Mellewigt, T./Witt, P. (2002): Die Bedeutung des Vorgründungsprozesses für die Evolution von Unternehmen: Stand der empirischen Forschung, in: Zeitschrift für Betriebswirtschaft, Vol. 72(1), 81-110.

Mescon, T. S./Montanari, J. R. (1981): The Personalities of Independent and Franchise Entrepreneurs. An Empirical Analysis of Concepts, San Diego, CA: Academy of Management, Proceedings, 413-17.

Meyer. A. D./Tsui, A. S./Hinings, C. R. (1993): Configurational Approaches to Organizational Analysis, in: Academy of Management Journal, Vol. 36(6), 1178-95.

Michelacci, C. (2003): Low Returns in R&D Due to the Lack of Entrepreneurial Skills, in: The Economic Journal, Vol. 113(484), 207-25.

Michl, T./Welpe, I. M./Spörrle, M./Picot. A. (2009): The Role of Emotions and Cognitions in Entrepreneurial Decision-Making, in: Carsrud, A. L./Brännback, M. (Hrsg.), Understanding the Entrepreneurial Mind. Opening the Black Box, New York, NY: Springer, 167-90.

Mill, J. S. (1848): Principles of Political Economy with some of their Applications to Social Philosophy, Vol. I, London: John W. Parker.

Mill, J. S. (1871): Principles of Political Economy with some of their Applications to Social Philosophy, Vol. I, 7. Aufl., London: Longmans, Green, Reader and Dyer.

Miller, A./Camp, B. (1985): Exploring Determinants of Success in Corporate Ventures, in: Journal of Business Venturing, Vol. 1(1), 87-105.

Miller, D. (1987): The Genesis of Configuration, in: Academy of Management Review, Vol. 12(4), 686-701.

Miller, D. (1990): Organizational Configurations: Cohesion, Change, and Prediction, in: Human Relations, Vol. 43(8), 771-89.

Miller, D. (1996): Configurations Revisited, in: Strategic Management Journal, Vol. 17(7), 505-12.

Miller, D./Friesen, P. H. (1977): Strategy-Making in Context: Ten Empirical Archetypes, in: Journal of Management Studies, Vol. 14(3), 253-80.

Miller, D./Friesen, P. H. (1984): A Longitudinal Study of the Corporate Life Cycle, in: Management Science, Vol. 30(10), 1161-83.

Min, P. G. (1984): From White-Collar Occupations to Small Business: Korean Immigrants' Occupational Adjustment, in: Sociological Quarterly, Vol. 25(3), 333-52.

Mincer, J. (1974): Schooling, Experience, and Earnings, New York, NY: National Bureau of Economic Research.

Miner, J. B./Raju, N. S. (2004): Risk Propensity Differences Between Managers and Entrepreneurs and Between Low- and High-Growth Entrepreneurs: A Reply in a More Conservative Vein, in: Journal of Applied Psychology, Vol. 89(1), 3-13.

Minniti, M./Bygrave, W. (2001): A Dynamic Model of Entrepreneurial Learning, in: Entrepreneurship Theory and Practice, Vol. 25(3), 5-16.

Mintzberg, H. (1979): The Structuring of Organizations, Englewood Cliffs, NJ: Prentice Hall.

Mintzberg, H. (1987): The Strategy Concept I: Five Ps for Strategy, in: California Management Review, Vol. 30(1), 11-24.

Mintzberg, H./Ahlstrand, B./Lampel, J. (1998): Strategy Safari. A Guided Tour Through the Wilds of Strategic Management, New York, NY: The Free Press.

Mischel, W. (1968): Personality and Assessment, New York, NY: Wiley.

Mitchell, R. K./Busenitz, L. W./Bird, B./Gaglio, C. M./McMullen, J. S./Morse, E. A./Smith, J. B. (2007): The Central Question in Entrepreneurial Cognition Research 2007, in: Entrepreneurship Theory and Practice, Vol. 31(1), 1-27.

Mitchell, R. K./Busenitz, L./Lant, T./McDougall, P. P./Morse, E. A./Smith, J. B. (2002): Toward a Theory of Entrepreneurial Cognition: Rethinking the People Side of Entrepreneurship Research, in: Entrepreneurship Theory and Practice, Vol. 27(2), 93-104.

Mitchell, R. K./Busenitz, L./Lant, T./McDougall, P. P./Morse, E. A./Smith, J. B. (2004): The Distinctive and Inclusive Domain of Entrepreneurial Cognition Research, in: Entrepreneurship Theory and Practice, Vol. 28(6), 505-18.

Mitchell, R. K./Mitchell, B. T./Mitchell, J. R. (2009): Entrepreneurial Scripts and Entrepreneurial Expertise: The Information Processing Perspective, in: Carsrud, A. L./Brännback, M. (Hrsg.), Understanding the Entrepreneurial Mind. Opening the Black Box, New York, NY: Springer, 97-137.

Mitchell, R. K./Smith, B./Seawright, K. W./Morse, E. A. (2000): Cross-Cultural Cognitions and the Venture Creation Decision, in: Academy of Management Journal, Vol. 43(5), 974-93.

Mitchell, R. K./Smith, J. B./Morse, E. A./Seawright, K. W./Peredo, A. M./McKenzie, B. (2002): Are Entrepreneurial Cognitions Universal? Assessing Entrepreneurial Cognitions Across Cultures, in: Entrepreneurship Theory and Practice, Vol. 26(4), 9-32.

Mitchell, W. C. (1941): Consersation, Liberty, and Economics, in: The Foundations of Conservation Education, New York: National Wildlife Federation.

Mittelman, W. (1991): Maslow's Study of Self-Actualization: A Reinterpretation, in: Journal of Humanistic Psychology, Vol. 31(1), 114-35.

Mitton, D. G. (1989): The Compleat Entrepreneur, in: Entrepreneurship Theory and Practice, Vol. 13(3), 9-19.

Modick, H. E. (1977): Fragebogen zur Erfassung des Leistungsmotivs, in: Diagnostica, Vol. 23(4), 298-321.

Monsen, E./Urbig, D. (2009): Perceptions of Efficacy, Control, and Risk: A Theory of Mixed Control, in: Carsrud, A. L./Brännback, M. (Hrsg.), Understanding the Entrepreneurial Mind. Opening the Black Box, New York, NY: Springer, 259-81.

Moore, C. F. (1986): Understanding Entrepreneurial Behavior: A Definition and Model, in: Academy of Management Best Papers Proceedings, 1986, 66-70.

Mount, M. K./Barrick, M. R. (1995): The Big Five personality dimensions: Implications for research and practice in human resource management, in: Research in Personnel and Human Resources Management, Vol. 13, 153-200.

Mount, M. K./Barrick, M. R. (1998): Five Reasons Why the "Big Five" Article Has Been Frequently Cited, in: Personnel Psychology, Vol. 51(4), 849-57.

Mueller, P. (2006): Exploring the knowledge filter: How entrepreneurship and university-industry relationships drive economic growth, in: Research Policy, Vol. 35(10), 1499-508.

Mueller, P. (2007): Exploiting Entrepreneurial Opportunities: The Impact of Entrepreneurship on Growth, in: Small Business Economics, Vol. 28(4), 355-62.

Müller, G. F. (1999): Dispositionelle und familienbiographische Faktoren unselbständiger, teilselbständiger und vollselbständiger Erwerbsarbeit, in: von Rosenstiel, L./Lang-von Wins, T. (Hrsg.), Existenzgründung und Unternehmertum. Themen, Trends und Perspektiven, Stuttgart: Schäffer-Poeschel, 157-80.

Müller, G. F. (2000): Eigenschaftsmerkmale und unternehmerisches Handeln, in: Müller, G. F. (Hrsg.), Existenzgründung und unternehmerisches Handeln: Forschung und Förderung, Landau: Verlag Empirische Pädagogik, 105-21.

Müller, G. F./Dauenhauer, E./Schöne, K. (1997): Selbständigkeit im Berufsleben, in: ABOaktuell – Psychologie für die Wirtschaft, Nr. 4, 2-7.

Müller-Böling, D./Klandt, H. (1990): Bezugsrahmen für die Gründungsforschung mit einigen empirischen Ergebnissen, in: Szyperski, N./Roth, P. (Hrsg.), Entrepreneurship – Innovative Unternehmensgründung als Aufgabe, Stuttgart: Poeschel, 143-70.

Müller-Böling, D./Klandt, H. (1993a): Methoden Empirischer Wirtschafts- und Sozialforschung. Eine Einführung mit wirtschaftswissenschaftlichem Schwerpunkt, Köln; Dortmund: Förderkreis Gründungs-Forschung.

Müller-Böling, D./Klandt, H. (1993b): Unternehmensgründung, in: Hauschildt, J./ Grün, O. (Hrsg.), Ergebnisse empirischer betriebswirtschaftlicher Forschung. Zu einer Realtheorie der Unternehmung. Festschrift für Eberhard Witte, Stuttgart: Schäffer-Poeschel, 135-78.

Mullins, J. W. (1996): Early Growth Decisions of Entrepreneurs: The Influence of Competency and Prior Performance under Changing Market Conditions, in: Journal of Business Venturing, Vol. 11(2), 89-105.

Mugler, J. (1998): Betriebswirtschaftslehre der Klein- und Mittelbetriebe, 3. Aufl., Bd. 1, Wien: Springer.

Mugler, J. (2004): The Configuration Approach to the Strategic Management of Small and Medium-Sized Enterprises, Proceedings of Budapest Tech Jubilee Conference, Science in Engineering, Economics and Education, September 4, 2004, Budapest: Budapest Tech.

Mugler, J./Plaschka, G. (1987): Stand und Perspektiven der empirischen Gründungsforschung in Österreich, in: Journal für Betriebswirtschaft, Vol. 37(4), 164-77.

Murray, H. A. (1938): Explorations in Personality. A Clinical and Experimental Study of Fifty Men of College Age. By the Workers at the Harvard Psychological Clinic, New York, NY: Oxford University Press.

Nahapiet, J./Ghoshal, S. (1998): Social Capital, Intellectual Capital, and the Organizational Advantage, in: Academy of Management Review, Vol. 23(2), 242-66.

Neisser, U. (1967): Cognitive Psychology, Englewood Cliffs, NJ: Prentice-Hall.

Nelson, R. R. (1994): Evolutionary theorizing about economic change, in: Smelser, N. J./Swedberg, R. (Hrsg.), The Handbook of Economic Sociology, Princeton, NJ: Princeton University Press, 108-36.

Nelson, R. R./Winter, S. G. (1982): An Evolutionary Theory of Economic Change, Cambridge, MA; London: The Belknap Press of Harvard University Press.

Nelson, R. R./Winter, S. G. (1997): An Evolutionary Theory of Economic Change, in: Foss, N. J. (Hrsg.), Resources, Firms and Strategies. A Reader in the Resource-Based Perspective, Oxford: Oxford University Press, 82-102.

Nesselroade, J. R. (1991): Interindividual Differences in Intraindividual Change, in: Collins, L. M./Horn, J. L. (Hrsg.), Best Methods for the Analysis of Change: Recent Advances, Unanswered Questions, Future Directions, Washington, D.C.: American Psychological Association, 95-105.

Newell, A./Simon, H. A. (1972): Human Problem Solving, Englewood Cliffs, NJ: Prentice Hall.

Noel, T. W. (2001): Effects of Entrepreneurial Education on Intent to Open a Business, in: Bygrave, W. B./Autio, E./Brush, C. G./Davidsson, P./Green, P. G./ Reynolds, P. D./Sapienza, H. J. (Hrsg.), Frontiers of Entrepreneurship Research, Wellesley, MA: Babson College.

Norman, W. T. (1963): Toward an adequate taxonomy of personality attributes: Replicated factor structure in peer nomination personality ratings, in: Journal of Abnormal and Social Psychology, Vol. 66(6), 574-83.

Nuttin, J. (1984): Motivation, Planning, and Action, Leuven: Leuven University Press and Lawrence Erlbaum Associates.

o. V. (1997): The State of Small Business. A Report of the President. 1996, Washington, D.C.: United States Government Printing Office.

OECD (Organisation for Economic Co-operation and Development) (1996): SMEs: Employment, Innovation and Growth. The Washington Workshop, Paris: OECD.

OECD (Organisation for Economic Co-operation and Development) (1998): Entrepreneurship Policy Brief 1244, Paris: OECD.

OECD (Organisation for Economic Co-operation and Development) (2014): Entrepreneurship at a Glance 2014, OECD Publishing.

Olbert, J./Schweizer, C./Sturm, P. (1998): Forschung und Lehre in Entrepreneurship. Stand der Disziplin in den USA und Schlussfolgerungen für Deutschland, Bd. 1: Hauptteil, WHU-Forschungspapier Nr. 46, Vallendar: WHU – Otto Beisheim School of Management.

Otten, C. (2000): Einflußfaktoren auf nascent entrepreneurs an Kölner Hochschulen. Working Paper No. 2000-03, Köln: Wirtschafts- und Sozialgeographisches Institut der Universität zu Köln.

Owens, R. L. (1978): The Anthropological Study of Entrepreneurship, in: The Eastern Anthropologist, Vol. 31(l), 65-80.

Ozgen, E./Baron, R. A. (2007): Social sources of information in opportunity recognition: Effects of mentors, industry networks, and professional forums, in: Journal of Business Venturing, Vol. 22(2), 174-92.

Palich, L. E./Bagby, D. R. (1995): Using Cognitive Theory to Explain Entrepreneurial Risk-Taking: Challenging Conventional Wisdom, in: Journal of Business Venturing, Vol. 10(6), 425-38.

Palmer, M. (1971): The Application of Psychological Testing to Entrepreneurial Potential, in: California Management Review, Vol. 13(3), 32-38.

Pandey, J./Tewary, N. B. (1979): Locus of control and achievement values of entrepreneurs, in: Journal of Occupational Psychology, Vol. 52(2), 107-11.

Parker, S. C. (2004): The Economics of Self-Employment and Entrepreneurship, Cambridge: Cambridge University Press.

Parker, S. C. (2006): Learning about the unknown: How fast do entrepreneurs adjust their beliefs?, in: Journal of Business Venturing, Vol. 21(1), 1-26.

Patchen, M. (1965): Some Questionnaire Measures of Employee Motivation and Morale, Ann Arbor, MI: Institute for Social Research, University of Michigan.

Penrose, E. T. (1959): The Theory of the Growth of the Firm, New York, NY: Wiley.

Penrose, E. T. (1980): The Theory of the Growth of the Firm (Ersterscheinung 1959), White Plains, NY: M. E. Sharpe.

Penrose, E. T. (2009): The Theory of the Growth of the Firm (Ersterscheinung 1959), 4. Aufl., Oxford: Oxford University Press.

Perwin, L. (2003): The Science of Personality, Oxford: Oxford University Press.

Peteraf, M. A. (1993): The Cornerstones of Competitive Advantage: A Resource-Based View, in: Strategic Management Journal, Vol. 14(3), 179-91.

Peterson, R. A. (1981): Entrepreneurship and Organization, in: Nystrom, P. C./Starbuck, W. H. (Hrsg.), Handbook of Organizational Design. Vol. 1. Adapting Organizations to their Environments, New York, NY: Oxford University Press, 65-83.

Pfeffer, J./Salancik, G. R. (1978): The External Control of Organizations. A Resource Dependence Perspective, New York, NY: Harper & Row.

Pfeiffer, F. (1994): Selbständige und abhängige Erwerbstätigkeit, Frankfurt/Main: Campus.

Phares, E. J. (1968) Differential utilization of information as a function of internal-external control, in: Journal of Personality, Vol. 36(4), 649-62.

Picot, A./Laub, U.-D./Schneider, D. (1989): Innovative Unternehmensgründungen. Eine ökonomisch-empirische Analyse, Berlin; Heidelberg: Springer.

Picot, A./Reichwald, R./Wigand, R. (2008): Information, Organization and Management, Berlin; Heidelberg: Springer.

Piorkowsky, M.-B. (2004): Unternehmensgründungen im Zu- und Nebenerwerb – Motive, Wachstumsziele und gefühlte Restriktionen, in: Achleitner, A.-K./ Klandt, H./Koch, L. T./Voigt, K.-I. (Hrsg.), Jahrbuch Entrepreneurship 2003/04. Gründungsforschung und Gründungsmanagement, Berlin; Heidelberg: Springer, 207-25.

Plax, T. G./Rosenfeld, L. B. (1976): Correlates of Risky Decision-Making, in: Journal of Personality Assessment, Vol. 40(4), 413-18.

Pleitner, H. J. (1996): Unternehmerpersönlichkeit und Unternehmensentwicklung, in: Pleitner, H. J. (Hrsg.), Bedeutung und Behauptung der KMU in einer neuen Umfeldkonstellation. Beiträge zu den Rencontres de St-Gall 1996, St. Gallen:

Schweizerisches Institut für gewerbliche Wirtschaft an der Universität St. Gallen (IGW), 531-46.

Popper, K. R. (1969): Conjectures and Refutations. The Growth of Scientific Knowledge, 3. Aufl., London: Routledge & Kegan Paul.

Popper, K. R. (1972): Objective Knowledge: An Evolutionary Approach, Revised Edition, Oxford: Clarendon Press.

Popper, K. R. (1974): Objektive Erkenntnis. Ein evolutionärer Entwurf, 2. Aufl., Hamburg: Hoffman und Campe.

Pörner, R. (1989): Strategisches Management für innovative technologieorientierte Gründerunternehmen, Frankfurt/Main: Peter Lang.

Porter, M. E. (1980): Competitive Strategy. Techniques for Analyzing Industries and Competitors, New York, NY: The Free Press.

Porter, M. E. (1981): The Contributions of Industrial Organization to Strategic Management, in: Academy of Management Review, Vol. 6(4), 609-20.

Porter, M. E. (1990a): The Competitive Advantage of Nations, in: Harvard Business Review, March-April 1990, 73-91.

Porter, M. E. (1990b): The Competitive Advantage of Nations, New York, NY: The Free Press.

Priem, R. L./Butler, J. E. (2001): Is the Resource-Based "View" a Useful Perspective for Strategic Management Research?, in: Academy of Management Review, Vol. 26(1), 22-40.

Pryor, C./Webb, J. W./Ireland, R. D./Ketchen, D. J., Jr. (2016): Toward an Integration of the Behavioral and Cognitive Influences on the Entrepreneurship Process, in: Strategic Entrepreneurship Journal, Vol. 10(1), 21-42.

Putnam, R. D. (1993): Making Democracy Work. Civic Traditions in Modern Italy, Princeton, NJ: Princeton University Press.

Putnam, R. D. (2000): Bowling Alone. The Collapse and Revival of American Community, New York, NY: Simon & Schuster.

Qian, H./Acs, Z. J. (2013): An absorptive capacity theory of knowledge spillover entrepreneurship, in: Small Business Economics, Vol. 40(2), 185-97.

Ramanujam, V./Varadarajan, P. (1989): Research on Corporate Diversification: A Synthesis, in: Strategic Management Journal, Vol. 10(6), 523-51.

Rauch, A./Frese, M. (2000): Psychological Approaches to Entrepreneurial Success: A General Model and an Overview of Findings, in: Cooper, C. L./Robertson, I. T. (Hrsg.), International Review of Industrial and Organizational Psychology, Vol. 15, New York, NY: Wiley, 101-41.

Rauch, A./Frese, M. (2005): Let's put the person back into entrepreneurship research: A meta-analysis on the relationship between business owners' personality and business creation and success, Manuscript submitted for publication [vgl. hierzu Rauch/Frese 2007: 64].

Rauch, A./Frese, M. (2007): Born to Be an Entrepreneur? Revisiting the Personality Approach to Entrepreneurship, in: Baum, J. R./Frese, M./Baron, R. A. (Hrsg.), The Psychology of Entrepreneurship, Mahwah, NJ: Lawrence Erlbaum Associates, 41-65.

Ravasi, D./Turati, C. (2005): Exploring Entrepreneurial Learning: A Comparative Study of Technology Development Projects, in: Journal of Business Venturing, Vol. 20(1), 137-64.

Ray, D. M. (1993): Understanding the Entrepreneur: Entrepreneurial Attributes, Experience and Skills, in: Entrepreneurship & Regional Development, Vol. 5(4), 345-58.

Reents, N./Bahß, C./Billich, C. (2004): Unternehmer im Gründungsprozess: Zwischen Realisierung und Aufgabe des Gründungsvorhabens. Ergebnisse einer qualitativen Studie des KfW Gründungsmonitors, in: KfW Research; Wirtschafts-Observer, Frankfurt/Main: KfW Bankengruppe.

Rees, H./Shah, A. (1986): An empirical analysis of self-employment in the U.K., in: Journal of Applied Econometrics, Vol. 1(1), 95-108.

Reinhold, G. (Hrsg.) (1997): Soziologie-Lexikon, 3. Aufl, München; Wien: Oldenbourg.

Reynolds, P. D. (1987): New Firms: Societal Contribution Versus Survival Potential, in: Journal of Business Venturing, Vol. 2(3), 231-46.

Reynolds, P. D. (1994): Reducing barriers to understanding new firm gestation: Prevalence and success of nascent entrepreneurs, Paper presented at the annual meeting of the Academy of Management, Dallas, TX.

Reynolds, P. D. (1999): Creative Destruction: Source or Symptom of Economic Growth?, in: Acs, Z. J./Carlsson, B./Karlsson, C. (Hrsg.), Entrepreneurship, Small and Medium-Sized Enterprises and the Macroeconomy, Cambridge: Cambridge University Press, 97-136.

Reynolds, P. D./Bygrave, W. D./Autio, E./Hay, M. (2002): Global Entrepreneurship Monitor 2002. Summary Report, Boston, MA; London: Babson College; London Business School.

Reynolds, P. D./Miller, B. (1992): New Firm Gestation: Conception, Birth, and Implications for Research, in: Journal of Business Venturing, Vol. 7(5), 405-17.

Richter, H. J. (1970): Die Strategie schriftlicher Massenbefragungen, Bad Harzburg: Verlag für Wissenschaft, Wirtschaft und Technik.

Ripsas, S. (1997): Entrepreneurship als ökonomischer Prozeß. Perspektiven zur Förderung unternehmerischen Handelns, Wiesbaden: Deutscher Universitäts-Verlag.

Roberts, E. B. (1991): Entrepreneurs in High Technology. Lessons from MIT and Beyond, New York, NY: Oxford University Press.

Roberts, E. B./Wainer, H. A. (1971): Some Characteristics of Technical Entrepreneurs, in: IEEE Transactions on Engineering Management, Vol. EM-18(3), 100-09.

Roberts, M. J./Stevenson, H. H./Sahlmann, W. A./Marshall, P./Hamermesh, R. G. (2006): New Business Ventures and the Entrepreneur, 6. Aufl., New York, NY: McGraw-Hill/Irwin.

Robinson, P. B./Sexton, E. A. (1994): The Effect of Education and Experience on Self-Employment Success, in: Journal of Business Venturing, Vol. 9(2), 141-56.

Robson, P. J. A./Akuetteh, C. K./Westhead, P./Wright, M. (2012): Innovative opportunity pursuit, human capital and business ownership experience in an emerging region: evidence from Ghana, in: Small Business Economics, Vol. 39(3), 603-25.

Roccas, S./Sagiv, L./Schwartz, S. H./Knafo, A. (2002): The Big Five Personality Factors and Personal Values, in: Personality and Social Psychology Bulletin, Vol. 28(6), 789-801.

Romanelli, E. (1989): Organization birth and population variety: A community perspective on origins, in: Staw, B. M./Cummings, L. L. (Hrsg.), Research in Organizational Behavior, Vol. 11, Greenwich, CT: JAI Press, 211-46.

Romer, P. M. (1986): Increasing Returns and Long-Run Growth, in: Journal of Political Economy, Vol. 94(5), 1002-37.

Romer, P. M. (1990): Endogenous Technological Change, in: Journal of Political Economy, Vol. 98(5), S71-S102.

Rotter, J. B. (1966): Generalized Expectancies for Internal Versus External Control of Reinforcement, in: Psychological Monographs: General and Applied, Vol. 80(1), 1-28.

Rotter, J. B./Mulry, R. C. (1965): Internal versus external control of reinforcement and decision time, in: Journal of Personality and Social Psychology, Vol. 2(4), 598-604.

Roure, J. B./Keeley, R. H. (1990): Predictors of Success in New Technology Based Ventures, in: Journal of Business Venturing, Vol. 5(4), 201-20.

Ruda, W. (2002): Mittelstandsökonomie. Existenzgründung, Montabaur: Akademie Deutscher Genossenschaften ADG.

Ruda, W./Ascúa, R./Arnold, W./Danko, B./Grüner, A. (2013): Entrepreneurial Characteristics and Business Start-up Propensities of Students from Diverse Macroeconomic Contexts – A Comparison of Germany and Chile, in: ICSB (Hrsg.), GLObal-loCAL: Innovation & Entrepreneurship, Lessons from a Diverse World, 2013 International Council for Small Business World Conference Proceedings, Ponce.

Ruda, W./Ascúa, R./Martin, Th. A./Danko, B. (2015a): Comparación internacional de las condiciones para emprender entre los estudiantes universitarios, in: Ruda, W./Ascúa, R./Danko, B./Martin, Th. A. (Hrsg.), Propensión emprendedora de estudiantes universitarios. Estudio GESt. Análisis y evaluación empírica en Europa y América Latina, Santa Fe, Argentinien: Ediciones UNL, 17-27.

Ruda, W./Ascúa, R./Martin, Th. A./Danko, B. (2015b): Gründungsambitionen und Entrepreneurship von Studierenden: Grundlagen des internationalen Vergleichs, in: Ruda, W./Ascúa, R./Danko, B./Martin, Th. A. (Hrsg.), Gründung und Entrepreneurship von Studierenden. GESt-Studie. Empirische Bestandsaufnahme und Analyse in Europa und Lateinamerika, Santa Fe, Argentinien: Ediciones UNL, 17-27.

Ruda, W./Ascúa, R./Martin, Th. A./Danko, B. (2015c): Start-up Ambitions and Entrepreneurship of University Students: Background of the International Comparison, in: Ruda, W./Ascúa, R./Danko, B./Martin, Th. A. (Hrsg.), Entrepreneurial Propensity of University Students. GESt Study. Analysis and Empirical Evaluation in Europe and Latin America, Santa Fe, Argentinien: Ediciones UNL, 17-26.

Ruda, W./Danko, B./Martin, Th. A./Gerstlberger, W. (2015a): Análisis de las diferentes ambiciones fundacionales y de las características emprendedoras de los estudiantes universitarios en Alemania, in: Ruda, W./Ascúa, R./Danko, B./Martin, Th. A. (Hrsg.), Propensión emprendedora de estudiantes universitarios. Estudio GESt. Análisis y evaluación empírica en Europa y América Latina, Santa Fe, Argentinien: Ediciones UNL, 29-53.

Ruda, W./Danko, B./Martin, Th. A./Gerstlberger, W. (2015b): Analysis of Different Start-up Ambitions and Entrepreneurial Characteristics of University Students in Germany, in: Ruda, W./Ascúa, R./Danko, B./Martin, Th. A. (Hrsg.), Entrepreneurial Propensity of University Students. GESt Study. Analysis and Empirical Evaluation in Europe and Latin America, Santa Fe, Argentinien: Ediciones UNL, 27-50.

Ruda, W./Danko, B./Martin, Th. A./Gerstlberger, W. (2015c): Gründungsambitionsdifferenzierte Analyse unternehmerischer Merkmale von Studierenden in Deutschland, in: Ruda, W./Ascúa, R./Danko, B./Martin, Th. A. (Hrsg.), Gründung und Entrepreneurship von Studierenden. GESt-Studie. Empirische Bestandsaufnahme und Analyse in Europa und Lateinamerika, Santa Fe, Argentinien: Ediciones UNL, 29-53.

Ruda, W./Martin, Th. A./Arnold, W./Danko, B. (2012): Comparing Start-up Propensities and Entrepreneurship Characteristics of Students in Russia and Germany, in: Acta Polytechnica Hungarica, Journal of Applied Sciences, Special Issue on Management, Enterprise and Benchmarking, Vol. 9(3), 97-113.

Ruda, W./Martin, Th. A./Ascúa, R./Danko, B. (2008): Foundation Propensity and Entrepreneurship Characteristics of Students in Germany, in: ICSB (Hrsg.), Advancing Small Business and Entrepreneurship: From Research to Results, 2008 International Council for Small Business World Conference Proceedings, Halifax.

Ruda, W./Martin, Th. A./Ascúa, R./Danko, B. (2009a): Análisis de la propensión de los estudiantes universitarios a crear empresas y señales de entrepreneurship (GESt-Studie) – Una comparación entre los estudiantes alemanes y argentinos, in: Red Pymes/Facultad de Ciencias Económicas, Universidad Nacional del Litoral (Hrsg.), Memorias de la 14° Reunión Anual de la Red Pymes Mercosur. "Las Pymes Latinoamericanas y la Crisis Global. Desafíos y Oportunidades", Santa Fe, Argentinien.

Ruda, W./Martin, Th. A./Ascúa, R./Danko, B. (2009b): Assisting Invention and Innovation as Needed: Analysis of Student's Entrepreneurial Criteria – An International Comparison, in: ICSB (Hrsg.), The Dynamism of Small Business: Theory, Practice, and Policy, 2009 International Council for Small Business World Conference Proceedings, Seoul.

Ruda, W./Martin, Th. A./Ascúa, R./Danko, B. (2009c): Implementing Entrepreneurial Encouragement and Education Considering Student Requirements in an International Context – Argentina vs. Germany, Proceedings of Eurasia Business and Economics Society EBES 2009 Conference, Istanbul.

Ruda, W./Martin, Th. A./Ascúa, R./Danko, B. (2011): Señales de entrepreneurship a partir de una comparación entre muestras de estudiantes alemanes y argentinos, in: Theiler, J. C./Maíz, C./Agramunt, L. F. (Hrsg.), Los desafíos de la integración en el siglo XXI. Presentaciones del I Congreso Internacional de la Red de Integración Latinoamericana 2011, Santa Fe, Argentinien: Ediciones UNL, 181-205.

Ruda, W./Martin, Th. A./Ascúa, R./Danko, B. (2015a): Análisis comparativo de los principales resgos emprendedores de los estudiantes universitarios a partir de los países estudiados, in: Ruda, W./Ascúa, R./Danko, B./Martin, Th. A. (Hrsg.), Propensión emprendedora de estudiantes universitarios. Estudio GESt. Análisis y evaluación empírica en Europa y América Latina, Santa Fe, Argentinien: Ediciones UNL, 217-26.

Ruda, W./Martin, Th. A./Ascúa, R./Danko, B. (2015b): Comparative Analysis of Entrepreneurial Characteristics of University Students in the Analyzed Countries, in: Ruda, W./Ascúa, R./Danko, B./Martin, Th. A. (Hrsg.), Entrepreneurial Propensity of University Students. GESt Study. Analysis and Empirical Evaluation in Europe and Latin America, Santa Fe, Argentinien: Ediciones UNL, 205-14.

Ruda, W./Martin, Th. A./Ascúa, R./Danko, B. (2015c): Vergleichende Analyse der Entrepreneurship-Merkmale von Studierenden in den untersuchten Ländern, in: Ruda, W./Ascúa, R./Danko, B./Martin, Th. A. (Hrsg.), Gründung und Entrepreneurship von Studierenden. GESt-Studie. Empirische Bestandsaufnahme und Analyse in Europa und Lateinamerika, Santa Fe, Argentinien: Ediciones UNL, 219-29.

Ruda, W./Martin, Th. A./Ascúa, R./Danko, B./Fafaliou, I. (2013): Analyzing Entrepreneurial Potential – A Comparison of Students in Germany and Greece, in: Journal of Marketing Development and Competitiveness, Vol. 7(3), 96-111.

Ruda, W./Martin, Th. A./Ascúa, R./Gerstlberger, W./Danko, B. (2012): Comparación de la propensión a crear empresas y características empresariales de estudiantes universitarios en Alemania, Argentina y Brasil, in: Ascúa, R./Garcia, R./Camprubí, G. (Hrsg.), Entrepreneurship, Creación y Desarrollo de Empresas y Formación. Lecturas seleccionadas de la XVII Reunión Anual Red Pymes Mercosur, São Paulo: Red Pymes, 100-48.

Ruda, W./Martin, Th. A./Ascúa, R./Gerstlberger, W./Danko, B. (2013): Comparing Entrepreneurial Criteria of Students in Germany and China within the Pre-start-up Process, in: Journal of Business and Economics, Vol. 4(4), 275-91.

Ruda, W./Martin, Th. A./Danko, B. (2008): Essential Attitudes in Founding of New Ventures and Cultivating Entrepreneurship among Students: the German Experience, in: Acta Universitatis Latviensis, Scientific Papers University of Latvia, Management, Vol. 721, 360-75.

Ruda, W./Martin, Th. A./Danko, B. (2009): Target Group-Specific Design of Student Entrepreneurship Support – A German Example Focusing on Start-Up Motives and Barriers, in: Acta Polytechnica Hungarica, Journal of Applied Sciences, Special Issue on Management, Enterprise and Benchmarking, Vol. 6(3), 5-22.

Ruda, W./Martin, Th. A./Danko, B. (2010): Zum Stand und der Entwicklung von studentischen Gründungsintentionen sowie korrespondierender Entrepreneurship-Merkmale im Ländervergleich von Ungarn und Deutschland, in: Óbuda University (Hrsg.), Proceedings of 8th International Conference on Management, Enterprise and Benchmarking, MEB 2010, Budapest: Óbuda University, 53-68.

Ruda, W./Martin, Th. A./Danko, B./Kurczewska, A. (2012): Existenzgründungsintentionen von Studierenden – Ein Entrepreneurship-Vergleich von Polen und Deutschland, in: Óbuda University (Hrsg.), Proceedings of 10th International Conference on Management, Enterprise and Benchmarking, MEB 2012, Budapest: Óbuda University, 27-41.

Rüegg-Stürm, J. (2003): Das neue St. Galler Management-Modell. Grundkategorien einer integrierten Managementlehre. Der HSG-Ansatz, 2. Aufl., Bern: Paul Haupt.

Rumelt, R. P. (1984): Toward a Strategic Theory of the Firm, in: Lamb, R. (Hrsg.), Competitive Strategic Management, Englewood Cliffs, NJ: Prentice-Hall, 556-70.

Saffo, P. (2007): Six Rules for Effective Forecasting, in: Harvard Business Review, Vol. 85(7-8), 122-31.

Samuelsson, M./Davidsson, P. (2009): Does venture opportunity variation matter? Investigating systematic process differences between innovative and imitative new ventures, in: Small Business Economics, Vol. 33(2), 229-55.

Sandberg, W./Hofer, C. W. (1987): Improving New Venture Performance: The Role of Strategy, Industry Structure, and the Entrepreneur, in: Journal of Business Venturing, Vol. 2(1), 5-28.

Sarason, Y./Dean, T./Dillard, J. F. (2006): Entrepreneurship as the Nexus of Individual and Opportunity: A Structuration View, in: Journal of Business Venturing, Vol. 21(3), 286-305.

Sarasvathy, S. D. (2001): Causation and Effectuation: Toward a Theoretical Shift from Economic Inevitability to Entrepreneurial Contingency, in: Academy of Management Review, Vol. 26(2): 243-63.

Sarasvathy, S. D. (2004a): Making It Happen: Beyond Theories of the Firm to Theories of Firm Design, in: Entrepreneurship Theory and Practice, Vol. 28(6), 519-31.

Sarasvathy, S. D. (2004b): The Questions We Ask and the Questions We Care About: Reformulating Some Problems in Entrepreneurship Research, in: Journal of Business Venturing, Vol. 19(5), 707-17.

Sarasvathy, S. D./Dew, N./Velamuri, S. R./Venkataraman, S. (2010): Three Views of Entrepreneurial Opportunity, in: Acs, Z. J./Audretsch, D. B. (Hrsg.), Handbook of Entrepreneurship Research. An Interdisciplinary Survey and Introduction, 2. Aufl., New York, NY: Springer, 77-96.

Sargeant, W./Moutray, C. (2010): The Small Business Economy. A Report to the President, Washington, D.C.: United States Government Printing Office.

Saßmannshausen, S. P. (2009): Der homo oeconomicus im Spiegel kognitions- und biopsychologischer Erkenntnisse, in: Goldschmidt, N./Nutzinger, H. G. (Hrsg.),

Vom homo oeconomicus zum homo culturalis. Handlung und Verhalten in der Ökonomie, Berlin: LIT Verlag, 61-86.

Saßmannshausen, S. P. (2012): Entrepreneurship-Forschung: Fach oder Modetrend?, Lohmar; Köln: Josef Eul Verlag.

Saxenian, A. (1994): Regional Advantage. Culture and Competition in Silicon Valley and Route 128, Cambridge, MA: Harvard University Press.

Say, J.-B. (1803): Traité d'économie politique, ou simple exposition de la manière dont se forment, se distribuent et se consomment les richesses, Tomé I, Paris.

Say, J.-B. (1803/1972): Traité d'économie politique, ou simple exposition de la manière dont se forment, se distribuent et se consomment les richesses, Livre I: De la production des richesses, Paris: Calmann-Lévy.

Say, J.-B. (1966): Traité d'économie politique, ou simple exposition de la manière dont se forment, se distribuent et se consomment les richesses, 6. Aufl. (Nachdruck der Auflage von 1841), Osnabrück: Otto Zeller.

Scarborough, N. M./Zimmerer, T. W. (2005): Effective Small Business Management. An Entrepreneurial Approach, 8. Aufl., Upper Saddle River, NJ: Pearson Education.

Schäfer, U. (2009): Der Crash des Kapitalismus. Warum die entfesselte Marktwirtschaft scheiterte und was zu tun ist, Frankfurt/Main: Campus.

Schallberger, U./Venetz, M. (1999): Kurzversion des MRS-Inventars von Ostendorf (1990) zur Erfassung der fünf "grossen" Persönlichkeitsfaktoren, Bericht aus der Abteilung angewandte Psychologie, Nr. 30, Zürich: Psychologisches Institut der Universität Zürich.

Schatz, S. P. (1971): N-Achievement and Economic Growth: A Critical Appraisal, in: Kilby, P. (Hrsg.), Entrepreneurship and Economic Development, New York, NY: The Free Press, 183-90.

Schefczyk, M. (1999): Erfolgsdeterminanten von Venture Capital-Investments in Deutschland. Eine Analyse der Investitionsaktivitäten und des Beteiligungsmanagements von Venture Capital-Gesellschaften, in: Zeitschrift für betriebswirtschaftliche Forschung, Vol. 51(12), 1123-45.

Schein, E. H. (1983): The Role of the Founder in Creating Organizational Culture, in: Organizational Dynamics, Vol. 12(1), 13-28.

Schenkel, M. T./Hechavarria, D. M./Matthews, C. H. (2009): The Role of Human and Social Capital and Technology in Nascent Ventures, in: Reynolds, P. D./ Curtin, R. T. (Hrsg.), New Firm Creation in the United States. Initial Explorations with the PSED II Data Set, New York, NY: Springer, 157-83.

Scheré, J. L. (1982): Tolerance of ambiguity as a discriminating variable between entrepreneurs and managers, New York, NY: Academy of Management, Proceedings, 404-08.

Scherer, F. M./Ross, D. (1990): Industrial Market Structure and Economic Performance, Boston, MA: Houghton Mifflin.

Scherer, R. F./Adams, J. S./Carley, S. S./Wiebe, F. A. (1989): Role Model Performance Effects on Development of Entrepreneurial Career Preference, in: Entrepreneurship Theory and Practice, Vol. 13(3), 53-71.

Schjoedt, L./Kraus, S. (2009): Entrepreneurial teams: definition and performance factors, in: Management Research News, Vol. 32(6), 513-24.

Schlug, M. T./Brüning, E./Klandt, H. (2002): Das Internationale Gründungsklima. Neun Länder im Vergleich ihrer Rahmenbedingungen für Existenz- und Unternehmensgründungen, in: Klandt, H./Weihe, H. (Hrsg.), Gründungsforschungsforum 2001. Dokumentation des 5. G-Forums. Lüneburg, 4./5. Oktober 2001, Lohmar; Köln: Josef Eul Verlag, 227-45.

Schmitz, C. E. (2004): Zur Entwicklung des Unternehmerbegriffs, Lohmar; Köln: Josef Eul Verlag.

Schmitz, J. A. (1989): Imitation, Entrepreneurship, and Long-Run Growth, in: Journal of Political Economy, Vol. 97(3), 721-39.

Schnädelbach, H. (1989): Positivismus, in: Seiffert, H./Radnitzky, G. (Hrsg.), Handlexikon der Wissenschaftstheorie, München: Ehrenwirt, 267-69.

Schneider, D. (1988): Zur Entstehung innovativer Unternehmen. Eine ökonomisch-theoretische Perspektive, München: VVF-Verlag.

Schnell, R./Hill, P. B./Esser, E. (1995): Methoden der empirischen Sozialforschung, 5. Aufl., München: Oldenbourg.

Schnell, R./Hill, P. B./Esser, E. (2005): Methoden der empirischen Sozialforschung, 7. Aufl., München: Oldenbourg.

Schrage, H. (1965): The R&D Entrepreneur: Profile of Success, in: Harvard Business Review, Vol. 43(6), 56-69.

Schreyer, P. (2000): High-Growth Firms and Employment, in: OECD Science, Technology and Industry Working Papers, 2000/03, Paris: OECD Publishing.

Schüßler, R./Voss, T. (1988): Bedingungen des Überlebens von Kleinbetrieben, München: Universität München, Institut für Soziologie.

Schultz, T. W. (1961): Investment in Human Capital, in: American Economic Review, Vol. 51(1), 1-17.

Schultz, T. W. (1971): Investment in Human Capital. The Role of Education and Research, New York, NY: The Free Press.

Schultz, T. W. (1975): The Value of the Ability to Deal with Disequilibria, in: Journal of Economic Literature, Vol. 13(3), 827-46.

Schultz, T. W. (1980): Investment in Entrepreneurial Ability, in: The Scandinavian Journal of Economics, Vol. 82(4), 437-48.

Schumpeter, J. A. (1908): Das Wesen und der Hauptinhalt der theoretischen Nationalökonomie, Leipzig: Duncker & Humblot.

Schumpeter, J. A. (1911): Theorie der wirtschaftlichen Entwicklung, Leipzig: Duncker & Humblot.

Schumpeter, J. A. (1934a): The Theory of Economic Development. An Inquiry Into Profits, Capital, Credit, Interest, and the Business Cycle, Cambridge, MA: Harvard University Press.

Schumpeter, J. A. (1934b): Theorie der wirtschaftlichen Entwicklung. Eine Untersuchung über Unternehmergewinn, Kapital, Kredit, Zins und den Konjunkturzyklus, 4. Aufl., München; Leipzig: Duncker & Humblot.

Schumpeter, J. A. (1939a): Business Cycles. A Theoretical, Historical, and Statistical Analysis of the Capitalist Process, Vol. I, New York, NY; London: McGraw-Hill.

Schumpeter, J. A. (1939b): Business Cycles. A Theoretical, Historical, and Statistical Analysis of the Capitalist Process, Vol. II, New York, NY; London: McGraw-Hill.

Schumpeter, J. A. (1942): Capitalism, Socialism and Democracy, New York, NY; London: Harper.

Schumpeter, J. A. (1952): Theorie der wirtschaftlichen Entwicklung. Eine Untersuchung über Unternehmergewinn, Kapital, Kredit, Zins und den Konjunkturzyklus, 5. Aufl., Berlin: Duncker & Humblot.

Schumpeter, J. A. (1954): History of Economic Analysis, Edited by E. B. Schumpeter, New York, NY: Oxford University Press.

Schumpeter, J. A. (1975): Kapitalismus, Sozialismus und Demokratie, 4. Aufl., München: Francke.

Schumpeter, J. A. (1976): Capitalism, Socialism and Democracy, New York, NY: Harper & Row.

Schumpeter, J. A. (1993a): Kapitalismus, Sozialismus und Demokratie, 7. Aufl., Tübingen; Basel: Francke.

Schumpeter, J. A. (1993b): Theorie der wirtschaftlichen Entwicklung. Eine Untersuchung über Unternehmergewinn, Kapital, Kredit, Zins und den Konjunkturzyklus, 8. Aufl., Berlin: Duncker & Humblot.

Schumpeter, J. A. (1996): Unternehmer, in: Leube, K. R. (Hrsg.), Die österreichische Schule der Nationalökonomie. Bd. 3. The essence of J. A. Schumpeter: die wesentlichen Texte, Wien: Manz, 155-73 (Zugleich: Schumpeter, J. A. (1928): Unternehmer, in: Handwörterbuch der Staatswissenschaften, 4. Aufl., Bd. 8, Jena: Gustav Fischer, 476-86).

Schumpeter, J. A. (1997): Theorie der wirtschaftlichen Entwicklung. Eine Untersuchung über Unternehmergewinn, Kapital, Kredit, Zins und den Konjunkturzyklus, 9. Aufl., Berlin: Duncker & Humblot.

Schwarz, E./Grieshuber, E. (2001): Selbständigkeit als Alternative, in: Klandt, H./ Nathusius, K./Mugler, J./Heil, A. H. (Hrsg.), Gründungsforschungs-Forum 2000. Dokumentation des 4. G-Forums. Wien, 5./6. Oktober 2000, Lohmar; Köln: Josef Eul Verlag, 105-19.

Scott, W. R. (1992): Organizations, Englewood Cliffs, NJ: Prentice-Hall.

Seeman, M. (1967): Powerlessness and Knowledge: A Comparative Study of Alienation and Learning, in: Sociometry, Vol. 30(2), 105-23.

Seeman, M./Evans, J. W. (1962): Alienation and Learning in a Hospital Setting, in: American Sociological Review, Vol. 27(6), 772-82.

Seligman, M. E. P. (1975): Helplessness. On Depression, Development, and Death, San Francisco, CA: Freeman.

Selznick, P. (1957): Leadership in Administration. A Sociological Interpretation, New York, NY: Harper & Row.

Sengenberger, W./Loveman, G. (1987): Smaller Units of Employment, Geneva: ILO-Discussion Paper No. DP/3/1987.

Sexton, D. L./Bowman, N. B. (1983a): Comparative Entrepreneurship Characteristics of Students: Preliminary Results, in: Hornaday, J. A./Timmons, J. A./Vesper, K. H. (Hrsg.), Frontiers of Entrepreneurship Research, Wellesley, MA: Babson Center for Entrepreneurial Studies, 213-32.

Sexton, D. L./Bowman, N. B. (1983b): Determining Entrepreneurial Potential of Students, Dallas, TX: Academy of Management, Proceedings, 408-12.

Sexton, D. L./Bowman, N. B. (1984a): Personality Inventory for Potential Entrepreneurs: Evaluation of a Modified JPI/PRF-E Test Instrument, in: Hornaday, J. A./Tarpley, F./Timmons, J. A./Vesper, K. H. (Hrsg.), Frontiers of Entrepreneurship Research, Wellesley, MA: Babson Center for Entrepreneurial Studies, 513-28.

Sexton, D. L./Bowman, N. B. (1984b): The Effects of Preexisting Psychological Characteristics on New Venture Initiations, Presented at the Academy of Management, Boston, MA.

Sexton, D. L./Bowman, N. B. (1985): The Entrepreneur: A Capable Executive and More, in: Journal of Business Venturing, Vol. 1(1), 129-40.

Sexton, D. L./Bowman, N. B. (1986): Validation of a Personality Index: Comparative Psychological Characteristics Analysis of Female Entrepreneurs, Managers, Entrepreneurship Students, and Business Students, in: Ronstadt, R./Hornaday, J. A./Peterson, R./Vesper, K. H. (Hrsg.), Frontiers of Entrepreneurship Research, Wellesley, MA: Babson Center for Entrepreneurial Studies, 40-51.

Shackle, G. L. S. (1979): Imagination and the Nature of Choice, Edinburgh: Edinburgh University Press.

Shane, S. (1996): Explaining Variation in Rates of Entrepreneurship in the United States: 1899-1988, in: Journal of Management, Vol. 22(5), 747-81.

Shane, S. (2000): Prior Knowledge and the Discovery of Entrepreneurial Opportunities, in: Organization Science, Vol. 11(4), 448-69.

Shane, S. (2003): A General Theory of Entrepreneurship. The Individual-Opportunity Nexus, Cheltenham; Northampton, MA: Edward Elgar.

Shane, S. (2004): Academic Entrepreneurship. University Spinoffs and Wealth Creation, Cheltenham: Edward Elgar.

Shane, S./Locke, E. A./Collins, C. J. (2003): Entrepreneurial motivation, in: Human Resource Management Review, Vol. 13(2), 257-79.

Shane, S./Venkataraman, S. (2000): The Promise of Entrepreneurship as a Field of Research, in: Academy of Management Review, Vol. 25(1), 217-26.

Shapero, A. (1975): The Displaced, Uncomfortable Entrepreneur, in: Psychology Today, Vol. 9(6), 83-88.

Shapero, A./Sokol, L. (1982): The Social Dimensions of Entrepreneurship, in: Kent, C. A./Sexton, D. L./Vesper, K. H. (Hrsg.), Encyclopedia of Entrepreneurship, Englewood Cliffs, NJ: Prentice-Hall, 72-90.

Shaver, K. G. (2003): The Social Psychology of Entrepreneurial Behaviour, in: Acs, Z. J./Audretsch, D. B. (Hrsg.), Handbook of Entrepreneurship Research. An Interdisciplinary Survey and Introduction, Boston, MA; Dordrecht: Kluwer Academic Publishers, 331-57.

Shaver, K. G./Carter, N. M./Gartner, W. B./Reynolds, P. D. (2001): Who Is a Nascent Entrepreneur? Decision Rules for Identifying and Selecting Entrepreneurs in the Panel Study of Entrepreneurial Dynamics (PSED), Paper presented at the Babson College Entrepreneurship Research Conference, Jönköping.

Shaver, K. G./Scott, L. R. (1991): Person, Process, Choice: The Psychology of New Venture Creation, in: Entrepreneurship Theory and Practice, Vol. 16(2), 23-45.

Shinnar, R. C./Giacomin, O./Janssen, F. (2012): Entrepreneurial Perceptions and Intentions: The Role of Gender and Culture, in: Entrepreneurship Theory and Practice, Vol. 36(3), 465-93.

Shook, C. L./Priem, R. L./McGee, J. E. (2003): Venture Creation and the Enterprising Individual: A Review and Synthesis, in: Journal of Management, Vol. 29(3): 379-99.

Shrader, R. C./Simon, M. (1997): Corporate versus Independent New Ventures: Resource, Strategy, and Performance Differences, in: Journal of Business Venturing, Vol. 12(1), 47-66.

Sieger, P./Fueglistaller, U./Zellweger, T. (2011): Entrepreneurial Intentions and Activities of Students across the World. International Report of the Global University Entrepreneurial Spirit Students' Survey Project (GUESSS 2011), St. Gallen: Swiss Research Institute of Small Business and Entrepreneurship at the University of St. Gallen (KMU-HSG).

Sieger, P./Fueglistaller, U./Zellweger, T. (2014): Student Entrepreneurship Across the Globe: A Look at Intentions and Activities. International Report of the GUESSS Project 2013/2014, St. Gallen: Swiss Research Institute of Small Business and Entrepreneurship at the University of St. Gallen (KMU-HSG).

Simon, M./Houghton, S. M./Aquino, K. (2000): Cognitive Biases, Risk Perception, and Venture Formation: How Individuals Decide to Start Companies, in: Journal of Business Venturing, Vol. 15(2), 113-34.

Sitkin, S. B./Weingart, L. R. (1995): Determinants of Risky Decision-Making Behavior: A Test of the Mediating Role of Risk Perceptions and Propensity, in: Academy of Management Journal, Vol. 38(6), 1573-92.

Small Business Administration (1983): The State of Small Business: A Report to the President, Washington, D.C.

Small Business Administration (1998): The New American Evolution: The Role and Impact of Small Firms, Washington, D.C.: Government Printing Office.

Smilor, R. W./Feeser, H. R. (1991): Chaos and the Entrepreneurial Process: Patterns and Policy Implications for Technology Entrepreneurship, in: Journal of Business Venturing, Vol. 6(3), 165-72.

Smilor, R. W/Gill, M. D., Jr. (1986): The New Business Incubator, Lexington, MA: Lexington Books.

Smith, A. (1770): Theorie der moralischen Empfindung. Nach der dritten Englischen Ausgabe übersetzt (von Chr. G. Rautenberg), Braunschweig: Meyersche Buchhandlung.

Smith, K. G./Gannon, M. J./Grimm, C./Mitchell, T. R. (1988): Decision Making Behavior in Smaller Entrepreneurial and Larger Professionally Managed Firms, in: Journal of Business Venturing, Vol. 3(3), 223-32.

Smith, V. L. (2003): Constructivist and Ecological Rationality in Economics, in: American Economic Review, Vol. 93(3), 465-508.

Smock, C. D. (1955): The influence of psychological stress on the "intolerance of ambiguity", in: Journal of Abnormal and Social Psychology, Vol. 50(2), 177-82.

Snuif, H. R./Zwart, P. S. (1994): Modeling New Venture Development as a Path of Configurations, in: Obrecht, J. J./Bayad, M. (Hrsg.), Small Business and Its Contribution to Regional and International Development, Proceedings of the 39th ICSB World Conference, Paris 1994, 263-74.

Sombart, W. (1969): Der moderne Kapitalismus. Erster Halbband. Die vorkapitalistische Wirtschaft, Berlin: Duncker & Humblot.

Solow, R. M. (1956): A Contribution to the Theory of Economic Growth, in: Quarterly Journal of Economics, Vol. 70(1), 65-94.

Soltow, J. H. (1968): The Entrepreneur in Economic History, in: American Economic Review, Vol. 58(2), 84-92.

Sorenson, O. (2005): Social networks and industrial geography, in: Cantner, U./Dinopoulos, E./Lanzillotti, R. F. (Hrsg.), Entrepreneurship, the New Economy and Public Policy. Schumpeterian Perspectives, Berlin; Heidelberg: Springer, 55-69.

Sorenson, O./Stuart, T. E. (2001): Syndication Networks and the Spatial Distribution of Venture Capital Investments, in: American Journal of Sociology, Vol. 106(6), 1546-88.

Stangl, W. (2012). Kontrollvariablen. Lexikon für Psychologie und Pädagogik. Online im Internet – URL: http://lexikon.stangl.eu/5504/kontrollvariablen/ (Stand: 31.07.2014).

Stangler, D./Litan, R. E. (2009): Where Will the Jobs Come From?, Kansas City, MO: Ewing Marion Kauffman Foundation.

Staudt, E./Kottmann, M. (1999): Window of competence. Von der Gründungsdynamik von gestern zur Innovationsschwäche von morgen. Berichte aus der angewandten Innovationsforschung, Nr. 182. Bochum: Institut für angewandte Innovationsforschung.

Steers, R. M./Porter, L. W. (1991): Motivation and Work Behavior, New York, NY: McGraw-Hill.

Steinmetz, G./Wright, E. O. (1989): The Fall and Rise of the Petty Bourgeoisie: Changing Patterns of Self-Employment in the Postwar United States, in: American Journal of Sociology, Vol. 94(5), 973-1018.

Sternberg, R. J. (2004): Successful intelligence as a basis for entrepreneurship, in: Journal of Business Venturing, Vol. 19(2), 189-201.

Sternberg, R./Brixy, U./Hundt, C. (2007): Global Entrepreneurship Monitor. Unternehmensgründungen im weltweiten Vergleich. Länderbericht Deutschland 2006, Hannover; Nürnberg: Global Entrepreneurship Research Association.

Sternberg, R./von Bloh, J./Brixy, U. (2016): Global Entrepreneurship Monitor. Unternehmensgründungen im weltweiten Vergleich. Länderbericht Deutschland 2015, Hannover; Nürnberg: Global Entrepreneurship Research Association (GERA).

Sternberg, R./Vorderwülbecke, A./Brixy, U. (2014): Global Entrepreneurship Monitor. Unternehmensgründungen im weltweiten Vergleich. Länderbericht Deutschland 2013, Hannover; Nürnberg: Global Entrepreneurship Research Association (GERA).

Sternberg, R./Vorderwülbecke, A./Brixy, U. (2015): Global Entrepreneurship Monitor. Unternehmensgründungen im weltweiten Vergleich. Länderbericht Deutschland 2014, Hannover; Nürnberg: Global Entrepreneurship Research Association (GERA).

Stevenson, H. H. (2006): A Perspective on Entrepreneurship, Harvard Business School Background Note 384-131, October 1983 (Revised April 2006), Boston, MA: Selbstverlag.

Stevenson, H. H./Jarillo, J. C. (1990): A Paradigm of Entrepreneurship: Entrepreneurial Management, in: Strategic Management Journal, Vol. 11, Special Issue: Corporate Entrepreneurship (Summer, 1990), 17-27.

Stewart, D. W. (1981): The Application and Misapplication of Factor Analysis in Marketing Research, in: Journal of Marketing Research, Vol. 18(1), 51-62.

Stewart, W. H., Jr. (1996): Psychological Correlates of Entrepreneurship, New York, NY: Garland Publishing.

Stewart, W. H., Jr./Roth, P. L. (2001): Risk Propensity Differences Between Entrepreneurs and Managers: A Meta-Analytic Review, in: Journal of Applied Psychology, Vol. 86(1), 145-53.

Stewart, W. H., Jr./Roth, P. L. (2004): Data Quality Affects Meta-Analytic Conclusions: A Response to Miner and Raju (2004) Concerning Entrepreneurial Risk Propensity, in: Journal of Applied Psychology, Vol. 89(1), 14-21.

Stigler, G. J. (1961): The Economics of Information, in: Journal of Political Economy, Vol. 69(3), 213-25.

Stigler, G. J. (1983): The Organization of Industry (Nachdruck der ursprünglichen Veröffentlichung von 1968), Chicago, IL: University of Chicago Press.

Stinchcombe, A. L. (1965): Social Structure and Organizations, in: March, J. G. (Hrsg.), Handbook of Organizations, Chicago, IL: Rand McNally, 142-93.

Stinchcombe, A. L. (1990): Information and Organizations, Berkeley, CA: University of California Press.

Stock, J. H./Watson, M. W. (2006): Introduction to Econometrics, 2. Aufl., Reading, MA: Addison-Wesley.

Storey, D. J. (1994): Understanding the Small Business Sector, London: Routledge.

Storey, D. J. (2005): Entrepreneurship, Small and Medium Sized Enterprises and Public Policies, in: Acs, Z. J./Audretsch, D. B. (Hrsg), Handbook of Entrepreneurship Research. An Interdisciplinary Survey and Introduction, First Softcover Printing 2005 (zuvor 2003), New York, NY: Springer, 473-511.

Sydow, J. (1992): Strategische Netzwerke. Evolution und Organisation, Wiesbaden: Gabler.

Szyperski, N./Klandt, H. (1981): The Empirical Research on Entrepreneurship in the Federal Republic of Germany, in: Vesper, K. H. (Hrsg.), Frontiers of Entrepreneurship Research, Wellesley, MA: Babson Center for Entrepreneurial Studies, 158-78.

Szyperski, N./Nathusius, K. (1977): Probleme der Unternehmensgründung, Stuttgart: Poeschel.

Szyperski, N./Nathusius, K. (1999): Probleme der Unternehmensgründung, 2. Aufl. (Wiederveröffentlichung der Erstauflage von 1977), Lohmar; Köln: Josef Eul Verlag.

Tang, J. (2008): Environmental munificence for entrepreneurs: entrepreneurial alertness and commitment, in: International Journal of Entrepreneurial Behavior & Research, Vol. 14(3), 128-51.

Taylor, M. P. (1996): Earnings, Independence or Unemployment: Why Become Self-employed?, in: Oxford Bulletins of Economics and Statistics, Vol. 58(2), 253-66.

Tegtmeier, S. (2008): Die Existenzgründungsabsicht. Eine theoretische und empirische Analyse auf Basis der Theory of Planned Behavior, Dissertation, Leuphana Universität Lüneburg, Marburg: Tectum Verlag.

Thom, R. (1968): A Dynamic Theory of Morphogenesis, in: Waddington, C. H. (Hrsg.), Towards a Theoretical Biology I, Edinburgh: Edinburgh University Press.

Thompson, A. A., Jr./Strickland, A. J. (1980): Strategy Formulation and Implementation: Tasks of General Manager, Dallas, TX: Business Publications.

Thore, S./Ronstadt, R. (2005): The growth of commercialization – facilitating organizations and practices: A Schumpeterian perspective, in: Cantner, U./Dinopoulos, E./Lanzillotti, R. F. (Hrsg.), Entrepreneurship, the New Economy and Public Policy. Schumpeterian Perspectives, Berlin; Heidelberg: Springer, 117-36.

Thurik, A. R. (1999): Entrepreneurship, Industrial Transformation and Growth, in: Libecap, G. D. (Hrsg.), The Sources of Entrepreneurial Activity, Stamford, CT: JAI Press, 29-65.

Thurik, A. R. (2009): Entreprenomics: Entrepreneurship, economic growth and policy, in: Acs, Z. J./Audretsch, D. B./Strom, R. (Hrsg.), Entrepreneurship, Growth, and Public Policy, Cambridge: Cambridge University Press, 219-49.

Timmons, J. A. (1978): Characteristics And Role Demands Of Entrepreneurship, in: American Journal of Small Business, Vol. 3(1), 5-17.

Timmons, J. A. (1982): New Venture Creation. Methods and Models, in: Kent, C. A./ Sexton, D. L./Vesper, K. H. (Hrsg.), Encyclopedia of Entrepreneurship, Englewood Cliffs, NJ: Prentice-Hall, 126-38.

Timmons, J. A. (1999): New Venture Creation. Entrepreneurship for the 21st Century, 5. Aufl., Boston, MA: McGraw-Hill.

Timmons, J. A./Smollen, L. E./Dingee, A. L. M. (1985): New Venture Creation. A Guide to Entrepreneurship, 2. Aufl., Homewood, IL: Irvine.

Tkachev, A./Kolvereid, L. (1999): Self-employment intentions among Russian students, in: Entrepreneurship & Regional Development, Vol. 11(3), 269-80.

Tokuda, A. (2005): The Critical Assessment of the Resource-Based View of Strategic Management: The Source of Heterogeneity of the Firm, in: Ritsumeikan International Affairs, Vol. 3, 125-50.

Tomer, J. F. (1987): Organizational Capital. The Path to Higher Productivity and Well-being, New York, NY: Praeger Publishing.

Turgot, A. J. (1769/1990): Reflexions sur la formation et la distribution de richesses. Ephemerides du citoyen ou bibliotheque raisonnée des sciences morales et politiques, Düsseldorf.

Ucbasaran, D./Westhead, P./Wright, M. (2008): Opportunity Identification and Pursuit: Does an Entrepreneur's Human Capital Matter?, in: Small Business Economics, Vol. 30(2), 153-73.

Uebelacker, S. (2005): Gründungsausbildung. Entrepreneurship Education an deutschen Hochschulen und ihre raumrelevanten Strukturen, Inhalte und Effekte, Wiesbaden: Deutscher Universitäts-Verlag.

Ulrich, H./Krieg, W. (1972): Das St. Galler Management-Modell, Bern: Paul Haupt.

Unterkofler, G. (1989): Erfolgsfaktoren innovativer Unternehmensgründungen. Ein gestaltungsorientierter Lösungsansatz betriebswirtschaftlicher Gründungsprobleme, Frankfurt/Main: Peter Lang.

Utsch, A./Rauch, A./Rothfuß, R./Frese, M. (1999): Who Becomes a Small Scale Entrepreneur in a Post-Socialist Environment: On the Differences between Entrepreneurs and Managers in East Germany, in: Journal of Small Business Management, Vol. 37(3), 31-42.

Van de Ven, A. H. (1993): The Development of an Infrastructure for Entrepreneurship, in: Journal of Business Venturing, Vol. 8(3), 211-30.

Van de Ven, A. H./Engleman, R. M. (2004): Event- and outcome-driven explanations of entrepreneurship, in: Journal of Business Venturing, Vol. 19(3), 343-58.

Van de Ven, A. H./Hudson, R./Schroeder, D. M. (1984): Designing New Business Startups: Entrepreneurial, Organizational, and Ecological Considerations, in: Journal of Management, Vol. 10(1), 87-107.

van Gelderen, M./Frese, M./Thurik, R. (2000): Strategies, Uncertainty and Performance of Small Business Startups, in: Small Business Economics, Vol. 15(3), 165-81.

van Gelderen, M./Patel, P./Fiet, J. (2007): Pre Start-Up Problems and Abandonment of Nascent Ventures, Paper presented at Small Enterprise Conference, Waikato, University of Waikato, New Zealand, September 2007.

van Gelderen, M./Thurik, R./Patel, P. (2011): Encountered Problems and Outcome Status in Nascent Entrepreneurship, in: Journal of Small Business Management, Vol. 49(1), 71-91.

van Praag, C. M./van Ophem, H. (1995): Determinants of Willingness and Opportunity to Start as an Entrepreneur, in: Kyklos, Vol. 48(4), 513-40.

van Praag, C. M./Versloot, P. H. (2008): The Economic Benefits and Costs of Entrepreneurship: A Review of the Research, in: Foundations and Trends in Entrepreneurship Research, Vol. 4(2), 65-154.

Varela, R./Jimenez, J. E. (2001): The Effect of Entrepreneurship Education in the Universities of Cali, in: Bygrave, W. B./Autio, E./Brush, C. G./Davidsson, P./ Green, P. G./Reynolds, P. D./Sapienza, H. J. (Hrsg.), Frontiers of Entrepreneurship Research, Wellesley, MA: Babson College.

Varga, A. (2000): Local Academic Knowledge Transfers and the Concentration of Economic Activity, in: Journal of Regional Science, Vol. 40(2), 289-309.

Vasarhelyi, M. A. (1977): Man-Machine Planning Systems: A Cognitive Style Examination of Interactive Decision Making, in: Journal of Accounting Research, Vol. 15(1), 138-53.

Veblen, T. (1898): Why is Economics Not an Evolutionary Science?, in: Quarterly Journal of Economics, Vol. 12(4), 373-97.

Venkatapathy, R. (1984): Locus of Control among Entrepreneurs: A Review, in: Psychological Studies 29(1), 97-100.

Venkataraman, S. (1997): The Distinctive Domain of Entrepreneurship Research, in: Katz, J. A. (Hrsg.), Advances in Entrepreneurship, Firm Emergence, and Growth, Vol. 3, Greenwich, CT: JAI Press, 119-38.

Venkataraman, S./Sarasvathy, S. D. (2001): Strategy and Entrepreneurship: Outlines of an Untold Story, in: Hitt, M. A./Freeman, R. E./Harrison, J. S. (Hrsg.), The Blackwell Handbook of Strategic Management, London; New York, NY: Blackwell Publishers, 650-69.

Vesper, K. H. (1983): Entrepreneurship and National Policy, Pittsburgh, PA: Carnegie-Mellon University.

Volery, T./Müller, S. (2006): A Conceptual Framework for Testing the Effectiveness of Entrepreneurship Education Programs towards Entrepreneurial Intention, Paper presented at the Rencontres de St-Gall 2006, September 18-21, Wildhaus.

von Mises, L. (1998): Human Action. A Treatise on Economics (Wiederveröffentlichung der englischen Erstauflage von 1949), Auburn, AL: Ludwig von Mises Institute.

Walterscheid, K. (2001): Zur Diagnose des „Theoriedefizits“ in der Gründungsforschung, in: Anderseck, K./Walterscheid, K. (Hrsg.), Entrepreneurship: gründungstheoretische, wirtschaftspädagogische und didaktische Positionen, Diskussionsbeiträge Fachbereich Wirtschaftswissenschaft, Nr. 304, Hagen: Fern-Universität Hagen, 7-18.

Ward, T. B./Smith, S. M./Vaid, J. (Hrsg.) (1997): Creative Thought. An Investigation of Conceptual Structures and Processes, Washington, D.C.: American Psychological Association.

Ward, T. B. (2004): Cognition, Creativity, and Entrepreneurship, in: Journal of Business Venturing, Vol. 19(2), 173-88.

Wärneryd, K.-E. (1988): The Psychology of Innovative Entrepreneurship, in: van Raaij, W. F./van Veldhoven, G. M./Wärneryd, K.-E. (Hrsg.), Handbook of Economic Psychology, Dordrecht: Kluwer, 404-47.

Weber, M. (1930): The Protestant Ethic and the Spirit of Capitalism, Translated by Talcott Parsons, New York, NY: Scribner's.

Weber, M. (1981): Die protestantische Ethik I. Herausgegeben von J. Winckelmann, Gütersloh: Gütersloher Verlagshaus Mohn.

Webster's New World Collegiate Dictionary (1980), Springfield, MA: Merriam.

Weick, K. E. (1979a): Cognitive Processes in Organizations, in: Staw, B. M. (Hrsg.), Research in Organizational Behavior, Vol. 1, Greenwich, CT: JAI Press, 41-74.

Weick, K. E. (1979b): The Social Psychology of Organizing, 2. Aufl., New York, NY: McGraw-Hill.

Weick, K. E. (1995): Sensemaking in Organizations, Newbury Park, CA: Sage.

Weihe, H. J. (1988): Stand und Perspektiven der Gründungsforschung, in: Riebesehl, D./Schmidt, K./Sturm, N. (Hrsg.), Wissenschaft und Wirtschaftspraxis. Jubiläumsschrift zum zehnjährigen Bestehen des Fachbereiches Wirtschaft der Fachhochschule Nordostniedersachsen, Frankfurt/Main: Deutsch, 209-42.

Weihe, J. (2001): Networking als zentrale Schlüsselqualifikation für Gründungsvorhaben, in: Klandt, H./Nathusius, K./Mugler, J./Heil, A. H. (Hrsg.), Gründungsforschungs-Forum 2000. Dokumentation des 4. G-Forums. Wien, 5./6. Oktober 2000, Lohmar; Köln: Josef Eul Verlag, 231-51.

Welsh, J. A./White, J. F. (1981): Converging on Characteristics of Entrepreneurs, in: Vesper, K. H. (Hrsg.), Frontiers of Entrepreneurship Research, Wellesley, MA: Babson Center for Entrepreneurial Studies, 504-15.

Welter, F. (2001): Das Gründungspotenzial in Deutschland: Konzeptionelle Überlegungen, empirische Ergebnisse, in: Klandt, H./Nathusius, K./Mugler, J./Heil,

A. H. (Hrsg.), Gründungsforschungs-Forum 2000. Dokumentation des 4. G-Forums. Wien, 5./6. Oktober 2000, Lohmar; Köln: Josef Eul Verlag, 31-45.

Welter, F./Bergmann, H. (2002): „Nascent Entrepreneurs" in Deutschland, in: Schmude, J./Leiner, R. (Hrsg.), Unternehmensgründungen. Interdisziplinäre Beiträge zum Entrepreneurship Research, Heidelberg: Physica-Verlag, 33-62.

Wennekers, S./Thurik, R. (1999): Linking Entrepreneurship and Economic Growth, in: Small Business Economics, Vol. 13(1), 27-56.

Wernerfelt, B. (1984): A Resource-based View of the Firm, in: Strategic Management Journal, Vol. 5(2), 171-80.

Wernerfelt, B. (1995): The Resource-Based View of the Firm: Ten Years After, in: Strategic Management Journal, Vol. 16(3), 171-74.

West, G. P., III (2003): Connecting Levels of Analysis in Entrepreneurship Research: A Focus on Information Processing, Asymmetric Knowledge and Networks, in: Steyaert, C./Hjorth, D. (Hrsg.), New Movements in Entrepreneurship, Cheltenham; Northampton, MA: Edward Elgar, 51-72.

West, G. P., III (2007): Collective Cognition: When Entrepreneurial Teams, Not Individuals, Make Decisions, in: Entrepreneurship Theory and Practice, Vol. 31(1), 77-102.

Westhead, P./Ucbasaran, D./Wright, M./Binks, M. (2004): Policy toward Novice, Serial and Portfolio Entrepreneurs, in: Environment and Planning C: Government and Policy, Vol. 22(6), 779-98.

Whetten, D. A. (1987): Organizational Growth and Decline Processes, in: Annual Review of Sociology, Vol. 13, 335-58.

Whitlock, D. W./Masters, R. J. (1996): Influences on Business Students' Decisions to Pursue Entrepreneurial Opportunities or Traditional Career Paths, Paper presented at the Small Business Institute Director's Association (SBIDA), San Diego, CA.

Wickham, P. A. (2004): Strategic Entrepreneurship, 3. Aufl., Harlow: Prentice Hall.

Wiklund, J./Shepherd, D. (2003): Knowledge-based resources, entrepreneurial orientation, and the performance of small and medium-sized businesses, in: Strategic Management Journal, Vol. 24(13), 1307-14.

Williamson, O. E. (1975): Markets and Hierarchies: Analysis and Antitrust Implications, New York, NY: The Free Press.

Williamson, O. E. (1985): The Economic Institutions of Capitalism. Firms, Markets, Relational Contracting, New York, NY: The Free Press.

Wimmer, R. (1996): Regionale Hemmnisse in der Gründungs- und Frühentwicklungsphase. Ein empirischer Vergleich von Erfolgsfaktoren bei Industrieunternehmen, Köln; Dortmund: Förderkreis Gründungs-Forschung.

Winslow, E. K./Solomon, G. T. (1987): Entrepreneurs Are More Than Non-Conformists: They Are Mildly Sociopathic, in: Journal of Creative Behavior, Vol. 21(3), 202-13.

Winter, S. G. (1984): Schumpeterian competition in alternative technological regimes, in: Journal of Economic Behavior & Organization, Vol. 5(3-4), 287-320.

Wippler, A. (1998): Innovative Unternehmensgründungen in Deutschland und den USA, Wiesbaden: Deutscher Universitäts-Verlag.

Witt, P. (2004): Entrepreneurs' networks and the success of start-ups, in: Entrepreneurship & Regional Development, Vol. 16(5), 391-412.

Wöhe, G./Döring, U. (2000): Einführung in die Allgemeine Betriebswirtschaftslehre, 20. Aufl., München: Vahlen.

Wooten, K. C./Timmerman, T. A./Folger, R. (1999): The Use of Personality and the Five Factor-Model to Predict New Business Ventures: From Outplacement to Start-up, in: Journal of Vocational Behavior, Vol. 54(1), 82-101.

Woywode, M. (1998): Determinanten der Überlebenswahrscheinlichkeit von Unternehmen. Eine empirische Überprüfung organisationstheoretischer und industrieökonomischer Erklärungsansätze, ZEW Wirtschaftsanalysen, Band 25, Baden-Baden: Nomos.

Yu, T. F.-L. (1998): Adaptive entrepreneurship and the economic development of Hong Kong, in: World Development, Vol. 26(5), 897-911.

Zacharias, C. (2001): Gründungsmanagement als komplexe unternehmerische Aufgabe, in: Koch, L. T./Zacharias, C. (Hrsg.), Gründungsmanagement, München; Wien: Oldenbourg, 37-48.

Zahra, S. A. (2007): Contextualizing Theory Building in Entrepreneurship Research, in: Journal of Business Venturing, Vol. 22(3), 443-52.

ZEW (Zentrum für Europäische Wirtschaftsforschung) (Hrsg.) (2000): Die Bereitstellung von Standardauswertungen zum Gründungsgeschehen in Deutschland und Österreich für externe Datennutzer. Version 1.06 Oktober 2000. ZEW.

ZEW (Zentrum für Europäische Wirtschaftsforschung)/NIW (Niedersächsisches Institut für Wirtschaftsforschung)/DIW (Deutsches Institut für Wirtschaftsforschung)/ISI (Fraunhofer Institut für Systemtechnik und Innovationsforschung)/ Wissenschaftsstatistik im Stifterverband für die deutsche Wissenschaft (2000): Zur technologischen Leistungsfähigkeit Deutschlands. Zusammenfassender Endbericht 1999. Gutachten im Auftrag des Bundesministeriums für Bildung und Forschung. Bonn.

ZEW (Zentrum für Europäische Wirtschaftsforschung)/NIW (Niedersächsisches Institut für Wirtschaftsforschung)/DIW (Deutsches Institut für Wirtschaftsforschung)/ISI (Fraunhofer Institut für Systemtechnik und Innovationsforschung)/ Wissenschaftsstatistik im Stifterverband für die deutsche Wissenschaft/Wissenschaftszentrum Berlin für Sozialforschung (1999): Zur technologischen Leistungsfähigkeit Deutschlands. Zusammenfassender Endbericht 1998. Gutachten im Auftrag des Bundesministeriums für Bildung und Forschung. Bonn.

Zhang, J. (2005): Growing Silicon Valley on a landscape: an agent-based approach to high-tech industrial clusters, in: Cantner, U./Dinopoulos, E./Lanzillotti, R. F. (Hrsg.), Entrepreneurship, the New Economy and Public Policy. Schumpeterian Perspectives, Berlin; Heidelberg: Springer, 71-90.

Zhao, H./Seibert, S. E./Lumpkin, G. T. (2010): The Relationship of Personality to Entrepreneurial Intentions and Performance: A Meta-Analytic Review, in: Journal of Management, Vol. 36(2), 381-404.

Ziegler, R. (1995): Organizational Populations, in: Warner, M. (Hrsg.), International Encyclopedia of Business and Management, London: Routledge, 3956-65.

Zucker, L. G. (1977): The Role of Institutionalization in Cultural Persistence, in: American Sociological Review, Vol. 42(5), 726-43.

Zucker, L. G./Darby, M. R./Brewer, M. B. (1998): Intellectual Human Capital and the Birth of U.S. Biotechnology Enterprises, in: American Economic Review, Vol. 88(1), 290-306.